31

32

33

34

35

36

37

38

39

40

41

42

43

44

45

NORBERT GRIEBL

Die Kosmos Alpen—flora

KOSMOS

Inhalt

Vorwort

Wanderungen in den Alpen zählen zu den beeindruckendsten Erlebnissen, die naturbegeisterte Menschen unternehmen können. Landschaften, die ihresgleichen suchen und Bergblumen, die an Schönheit kaum zu übertreffen sind. Beides zusammen ergibt ein oft unvergessliches Bild.

Wer die Liebe zur Natur und zu den Bergen in sich trägt, wird immer wieder hierher in die Alpen kommen, um die Blumenpracht zu genießen. Das geht oft so weit, dass bestimmte Berge begangen werden, um die eine oder andere konkrete Pflanze dort anzutreffen und zu fotografieren. Dazu ist es aber notwendig, dass man die Arten kennt. Vielen Bergwanderern reicht es, die Bergblumen zu sehen und mit einem „schön“ zu quittieren. Wird dann aber fotografiert, beginnt meist schon das Dilemma, man möchte eben schon wissen, was da gefunden wurde. Also wird irgendwo nachgeschlagen und frei nach dem alten, wahren Spruch „Seitdem ich deinen Namen kenne, liebe ich dich, Blümlein“, kann es schon passiert sein, dass man der Blumensucht verfallen ist.
Das Kennen der Pflanzen ist auch wesentlich für den Naturschutz. Wenn wir Menschen etwas nicht kennen, dann schätzen wir es nicht und wenn wir es nicht schätzen, dann schützen wir es nicht. Ein langfristig und tiefgreifend wirksamer Ansatz im Naturschutz muss Kopf und Herz der Menschen ansprechen. So schreibt der norwegische Tiefenökologe Arne Naess: „Die notwendige Fürsorge fließt ganz natürlich, wenn das Selbst weiter und tiefer wird, sodass der Schutz der Natur wie der Schutz unseres eigenen Selbst empfunden und wahrgenommen wird.“

Bergwandern ist etwas für alle Sinne – etwas Gutes für den Körper und Befreiendes für die Seele. Und Alpenpflanzen können nicht langweilig werden – viel zu mannigfaltig sind ihre Formen, viel zu bewundernswert ihre Farben und ihr Lebenswille. Selbst wenn man schon fast alle gesehen und abgelichtet hat – die Variabilität der einzelnen Arten und die gebildeten Hybriden machen Alpenpflanzen zu einer schier unendlichen Spielwiese für Naturbegeisterte.
Bedauernswert all jene Berggeher, die darin lediglich den Sport sehen und nicht staunen können über die Fülle von Schönheit in dieser oft so kargen Bergwelt.

Den achtsamen Wanderern in dieser schönen Bergwelt wünsche ich viel Freude mit diesem Buch.

Norbert Griebl, Stainz (Österreich) 2018

Bayern-Enzian, *Gentiana bavarica* var. *subacaulis*, in den Hohen Tauern Kärntens

Einleitung

Rosenwurz, *Rhodiola rosea*, in der Adamello-Gruppe, Italien

FASZINATION ALPENFLORA

Etwa 4500 verschiedene wildwachsende Gefäßpflanzen sind zurzeit aus dem Gebiet der Alpen bekannt. Viele davon kommen aber nur in den tiefen Lagen, etwa ausstrahlend aus dem mediterranen Gebiet, vor. Um den Rahmen des Buches nicht zu sprengen, wird auf diese Arten kaum eingegangen, vielmehr beschäftigt es sich mit den typischen Alpenpflanzen. Also mit Pflanzen, die über der Baumgrenze vorkommen, aber auch charakteristischen Arten unterhalb dieser, sodass es bei einer Wanderung im montanen Bereich oder darüber möglich sein soll, alle dort vorgefundenen Pflanzen richtig zu bestimmen. Zugegebenermaßen stiefkindlich werden die Gräser behandelt. Das liegt daran, dass sie meist zu den wenig auffälligen Alpenpflanzen gehören und dadurch oft die ersten sind, die dem Platzspar-Streichstift zum Opfer fallen. Allein 111 im Alpenraum vorkommende Seggen-Arten und 67 Schwingel-Arten würden das Buch aber zu umfangreich machen. Deshalb können hier nur die auffälligsten Gräser vorgestellt werden. Insgesamt werden über 1000 Arten in Wort und Bild dargestellt, mehr als 400 beschrieben.

Die Anordnung erfolgt in diesem Buch alphabetisch, sortiert nach botanischem Familien-, Gattungs- und Artnamen. Diese alphabetische Anordnung wurde der verwandtschaftlichen vorgezogen, weil letztere durch die vielen neuen Erkenntnisse der systematischen Forschung mit molekularen Methoden einem ständigen Wechsel unterliegt. Als Beispiel sei der Ehrenpreis, *Veronica*, genannt, der lange Zeit als Braunwurzgewächs, *Scrophulariaceae*, zwischen den Ölbaumgewächsen, *Oleaceae*, und den Kugelblumengewächsen, *Globulariaceae*, seinen verwandtschaftlichen Platz innehatte. Anfang dieses Jahrhunderts wurde er von den Braunwurzgewächsen zu den Löwenmaulgewächsen, *Antirrhinaceae*, überstellt und nur wenig später in die Wegerichgewächse, *Plantaginaceae*, eingegliedert, die zwischen den Kugelblumengewächsen und den Sommerwurzgewächsen, *Orobanchaceae*, angesiedelt sind. Die neuen Kenntnisse machen diese Änderungen notwendig und deshalb halten wir die alphabetische Anordnung für benutzerfreundlicher.
Die Hauptgruppen der Sporenpflanzen, Nacktsamer, Zweikeimblättrigen und Einkeimblättrigen

Der Braun-Storchschnabel, *Geranium phaeum*, tritt in den Alpen in zwei Unterarten auf. Im Bild die subsp. *lividum*.

Der Alpen-Mohn, *Papaver alpinum*, tritt in den Alpen in sieben Unterarten auf. Im Bild Kerners Alpen-Mohn, *Papaver alpinum* subsp. *kerneri*.

werden in dieser Reihenfolge in getrennten Abschnitten dargestellt. Folgend werden der Aufbau und die verschiedenen Abschnitte in der Darstellung der einzelnen Pflanzenarten erklärt.

PFLANZENNAMEN

Fett gedruckt ist der deutsche Pflanzenname der beschriebenen Art, darunter kursiv der korrekte wissenschaftliche Name und die Pflanzenfamilie. Anschließend steht ggf. noch die Bezeichnung des Synonyms.

Bei den deutschen Pflanzennamen wurden die Benennungen von der „Exkursionsflora für Österreich, Liechtenstein und Südtirol" (2008) gewählt. Dieses Werk versucht, auch die deutschen Pflanzenbenennungen zu standardisieren. Dadurch kann eine Pflanze bereits am deutschen Pflanzennamen eindeutig zugeordnet werden.

Ein Ärgernis für Pflanzenfreunde waren und sind die Änderungen der wissenschaftlichen Pflanzennamen. Das Pflanzensystem war aber schon immer in ständiger Veränderung begriffen. Dass es in den letzten Jahren und Jahrzehnten doch vermehrt zu diesen notwendigen Namensänderungen kam, liegt an den neuen technischen Möglichkeiten und daraus folgernd dem neuen Wissen. Insbesondere die Erkenntnisse der Karyologie (Chromosomenzahlen), der Phytochemie (sekundäre Inhaltsstoffe), der Palynologie (Strukturen und Skulpturen der Pollenkornwand), der Ultrastrukturforschung (v.a. mit Hilfe des Rasterelektronenmikroskops), der Isoenzymforschung (die erstmals direkte Einblicke in das Genom ermöglicht) und seit etwa 20 Jahren die erstaunlichen Möglichkeiten der DNA-Analysen (von den Fingerprint-Techniken bis zur „Sequenzierung", d.h. zur Analyse der Aufeinanderfolge der Basenpaare der DNA, also der Buchstaben des genetischen Codes) – alle haben jeweils taxonomische Veränderungen bewirkt (M. Fischer, 2013).

Auch aus nomenklatorischen Gründen kann sich ein Name ändern, und zwar meist deshalb, weil sich ein (traditioneller und daher vertrauter) Name als nicht den Regeln (des ICN, Internationaler Code der Nomenklatur für Algen, Pilze und Pflanzen) entsprechend herausgestellt hat. So war z. B. der nomenklatorisch illegale Status aus irgendwelchen Gründen bisher ignoriert worden, was aber nun nicht weiter toleriert werden soll.

Synonyme werden in Klammern angegeben (Syn.:). Es werden aber nur gängige Synonyme angeführt. Auf die meist große Anzahl an Synonymen, welche viele Arten besitzen, wird bewusst verzichtet, weil sie meist mehr verwirren als klären. Auch wird auf die Angabe von Autorennamen hinter dem wissenschaftlichen Namen verzichtet, weil diese meist wenig hilfreich sind und oft ebenfalls nur zur Verwirrung beitragen. Der nomenklatorische Autor bezieht sich bloß auf den Namen, nicht aber auf das Taxon. Er sagt daher nichts aus über die Identität des Taxons. Hingegen wird auf Personennamen aufmerksam gemacht, wenn diese im wissenschaftlichen Gattungs- oder Artnamen enthalten sind. Die entsprechend geehrte Person wird in wenigen Worten vorgestellt (ein Steckenpferd des Autors).

BESCHREIBUNG

Unter diesem Absatz werden artrelevante Merkmale, die zur Bestimmung hilfreich sind, beschrieben. Immer angegeben ist die Wuchshöhe der beschriebenen Pflanze. Auf etwaig auftretende Ausreißer wie Kümmerformen oder Mastwüchsigkeit wird dabei nicht eingegangen. Den Abschluss dieses Absatzes bildet die übliche Blütezeit. Auf Vorwitzlinge oder Nachblüten wird dabei nicht eingegangen. Der Begriff *Blatt* bzw. *Blätter* bezieht sich immer auf die Laubblätter. Da dieser Begriff praktisch bei jeder Pflanze vorkommt, konnte so Platz gespart werden, ohne zu verwirren, denn „*Blätter*" impliziert in der Regel ohnehin die Laubblätter. Auf Abkürzungen und Fachtermini ist so weit wie möglich verzichtet worden, denn sie machen ein Bestimmen oft zu einem wenig vergnüglichen Unterfangen.

VERWECHSLUNG

Unter diesem Absatz wird auf ähnliche Arten hingewiesen, mit denen die beschriebene Art verwechselt werden kann. Trennende Merkmale werden vorgestellt. In der Regel kommen die ähnlichen Arten aus der gleichen Gattung, in Ausnahmefällen auch aus anderen Gattungen oder gar aus anderen Pflanzenfamilien.

LEBENSRAUM

Hier werden die Lebensgemeinschaften angeführt, in welchen die beschriebene Art vorrangig zu finden ist. Es folgt die Höhenverbreitung, in welcher die Art zu finden ist und etwaige Ausreißer nach oben oder unten, sofern diese bekannt sind.
Es werden hier bewusst Höhenmeterangaben (NN) und keine Vegetationsstufen angegeben, um auch den botanischen Laien gerecht zu werden. Zugegeben, wissenschaftlicher wären Bezeichnungen wie montane bis subalpine Stufe, doch reicht die subalpine Stufe in den Nordalpen bis etwa 1900 Meter NN, in den Zentralalpen bis etwa 2400 Meter und in den Südalpen bis um die 2000 Meter. Es ist auch nicht immer klar, in welchem Teil der Alpen, nämlich Nord-, Zentral- oder Südalpen, man sich eigentlich befindet, weil die Grenzziehung komplexer ist als in manch netter Karte ersichtlich. Das sind Parameter, mit denen sich der Naturfreund, der einfach Freude an der Schönheit der Alpenblumen hat, oft nicht auseinandersetzen will und das auch nicht braucht, und daher wurden hier die anwenderfreundlicheren Höhenmeter angegeben.

VERBREITUNG

Dieser Punkt beschreibt die allgemeine Verbreitung der beschriebenen Art, aus der man erlesen kann, ob es sich bei der beschriebenen Pflanze um eine handelt, die nur in den Alpen zu finden ist (Endemit), oder um eine, die man in verschiedenen Gebirgen oder Teilen der Erde antreffen kann.

ANMERKUNG

Unter diesem, nur in manchen Fällen angegebenen Absatz, wird weiteres Wissenswertes über die beschriebene Art vorgestellt, etwa die große Variabilität innerhalb der Alpen.

VERBREITUNGSKÄRTCHEN

Die Kärtchen geben den Alpenraum, unterteilt in Regionen, wider und die Häufigkeit der beschriebenen Art, gemessen auf den gesamten Verbreitungsraum innerhalb der Alpen.
Die Einteilung in *häufig*, *zerstreut*, *selten* und *sehr selten* resultiert aus den eigenen Erfahrungen und den Angaben in der Literatur. Sie ist nach bestem Wissen und Gewissen vorgenommen worden und trotzdem naturgegeben subjektiv.
Kommt eine Art nur in einem kleinen Teil der Alpen vor, ist dort aber recht häufig anzutreffen, so kann die Pflanze trotzdem mit selten oder sehr selten angegeben werden, weil sich die Angaben zur Häufigkeit auf die gesamten Alpen beziehen. Auf die Häufigkeitsunterschiede in den verschiedenen Regionen konnte nicht eingegangen werden.
Beispiel: Die Bach-Gänsekresse, *Arabis soyeri*, tritt in den Alpen zerstreut auf, ist aber in Nieder- und Oberösterreich selten. Trotzdem wird sie auch in diesen beiden Regionen blau dargestellt, weil die genaue Häufigkeit der Sippen in den einzelnen Regionen meist nicht bekannt ist.

Jede vorgestellte Art wird mit einer Verbreitungskarte versehen, in der auch gleich die Häufigkeit/Seltenheit der Art ersichtlich ist:

grün: häufig

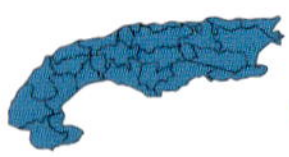
blau: zerstreut

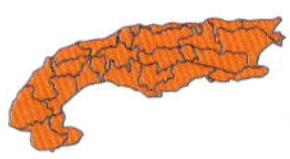
orange: selten

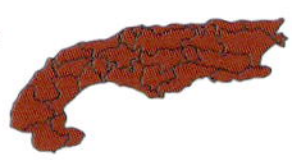
rot: sehr selten

beige: nicht ursprünglich, unsicher oder ausgestorben – nähere Infos dazu im Text.

EINTEILUNG DER REGIONEN

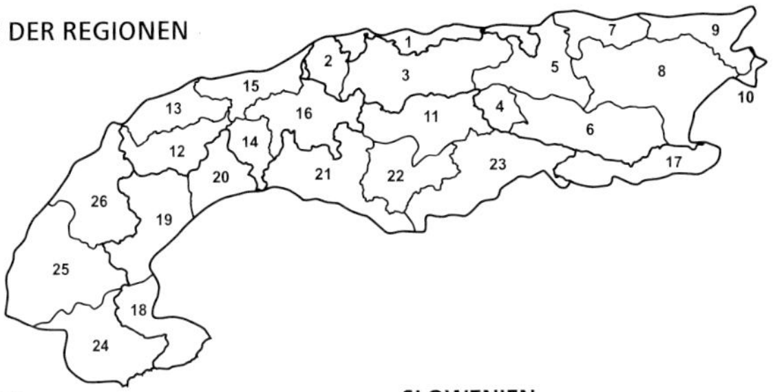

DEUTSCHLAND

1 Deutschland (Alpenanteil Oberbayerns und Schwabens)

ÖSTERREICH, LIECHTENSTEIN

2 Vorarlberg, Liechtenstein (Alpenanteil)
3 Nordtirol
4 Osttirol
5 Salzburg (Alpenanteil)
6 Kärnten
7 Oberösterreich (Alpenanteil)
8 Steiermark (Alpenanteil)
9 Niederösterreich, Wien (Alpenanteil)
10 Burgenland (Alpenanteil)

SÜDTIROL

11 Südtirol

SCHWEIZ

12 Wallis
13 Bern, Waadt, Freiburg (Alpenanteil)
14 Tessin
15 Luzern, Unterwalden, Uri, Schwyz, Glarus, St. Gallen, Appenzell (Alpenanteil)
16 Graubünden

SLOWENIEN

17 Slowenien (Alpenanteil, bis zum Unterlauf der Idrijca, das südlich anschließende Gebiet wird bereits den Dinariden zugerechnet)

ITALIEN

18 Savona, Imperia, Cuneo (Alpenanteil)
19 Aosta, Turin (Alpenanteil)
20 Novara, Verbania, Vercelli, Biella, Varese (Alpenanteil)
21 Como, Lecco, Sondrio, Bergamo, Brescia, Verona (Alpenanteil)
22 Trento
23 Vicenza, Treviso, Belluno, Pordenone, Udine (Alpenanteil)

FRANKREICH

24 Alpes-Maritimes, Var, Alpes-de-Haute-Provence (Alpenanteil)
25 Hautes-Alpen, Drôme, Vaucluse, Isère (Alpenanteil)
26 Savoie, Haute-Savoie (Alpenanteil)

FOTOS

Bei den Fotos wurde besonders darauf geachtet, dass bestimmungsrelevante Merkmale der jeweils beschriebenen Art gut ersichtlich sind und der typische Habitus bzw. die typische Blüte zu sehen ist. Ist dies auf einem Foto nicht möglich gewesen oder ist die jeweils beschriebene Art variabel (z. B. mit mehreren Unterarten), kommt in einigen Fällen ein zweites, selten auch ein drittes Bild zur Hilfe.

BESTIMMEN DER PFLANZEN

Im Regelfall wird so vorgegangen, dass der Finder einer unbekannten Pflanze meist einen Verdacht hat, zu welcher Gattung oder Familie diese gehören könnte. Dann wird im Bildteil nachgesehen, ob man hier grob richtig liegt. Nun können im Ausschlussverfahren schon viele Arten ausgeschlossen werden. Bei den verbleibenden Möglichkeiten kommt nun das genaue Bestimmen mittels der Beschreibung und den Verwechslungsmöglichkeiten zum Einsatz.

Beispiel: Ein gelb blühendes, hohes Läusekraut wird gefunden. Schnell können alle roten oder rosa Läusekräuter ausgeschlossen werden. *Pedicularis oederi*, *P. tuberosa*, *P. elongata*, *P. julica* und *P. ascendens* können es aufgrund des hohen Wuchses nicht sein. Weil der Standort nicht nass ist, wird *P. sceptrum-carolinum* ausgeschlossen. Es verbleiben drei Möglichkeiten: *P. foliosa*, *P. hoermanniana* und *P. hacquetii*. Im Absatz „VERWECHSLUNG" stehen nun die Merkmale, auf die zu achten sind, um die Art bestimmen zu können. Oft helfen auch die Verbreitungskärtchen. Wird das Läusekraut in den bayerischen Alpen gefunden, so bleibt eigentlich nur *Pedicularis foliosa* als Möglichkeit übrig.

Botanische Fachausdrücke

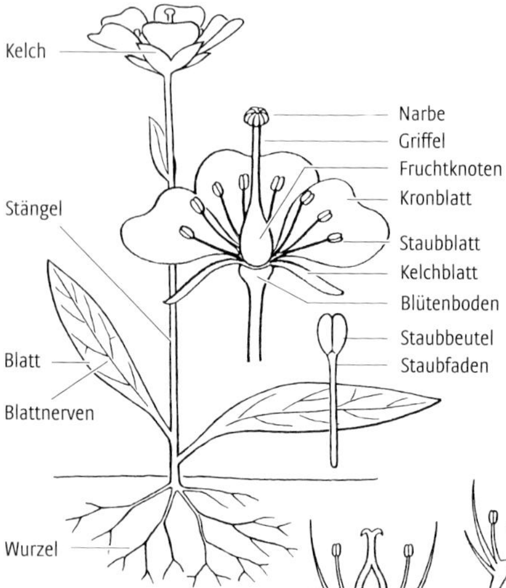

Sprossaufbau

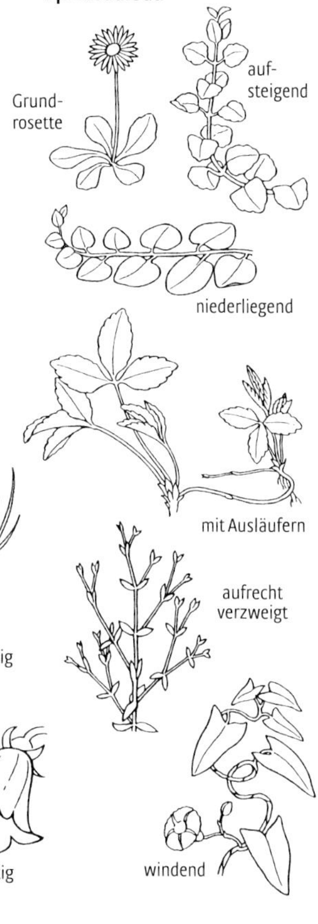

Fruchtknoten

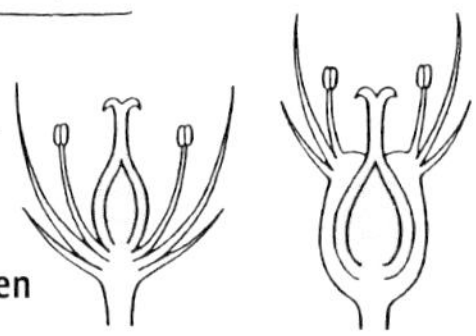

Blütenkrone radiär

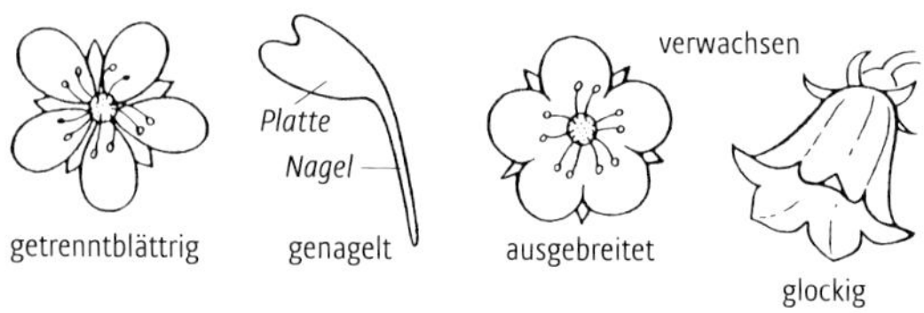

Blütenkrone zweiseitig-symmetrisch

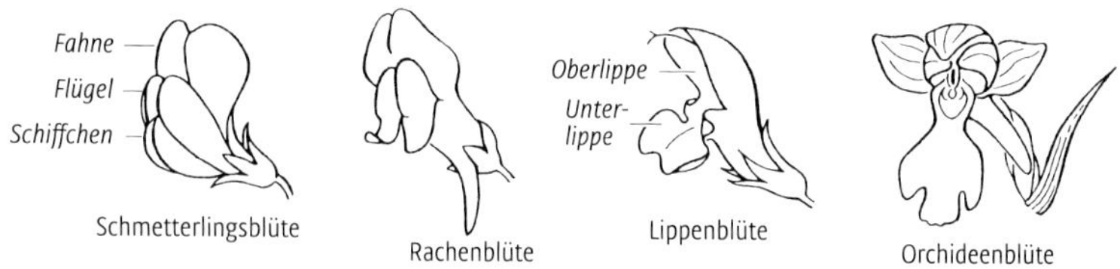

Kelch

Blütenstände

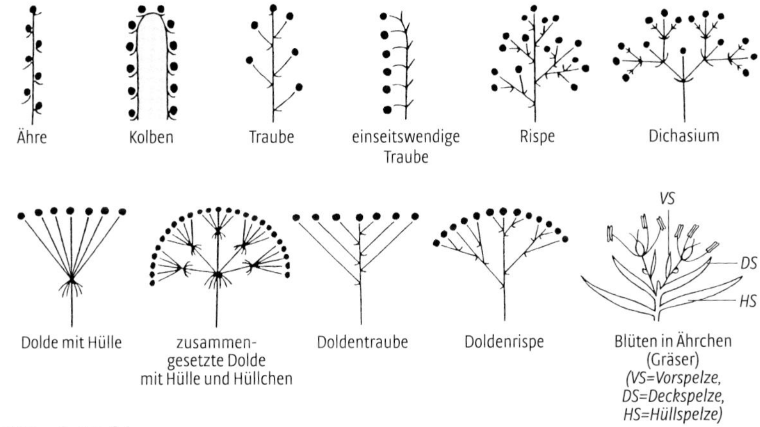

Blüten in Köpfchen

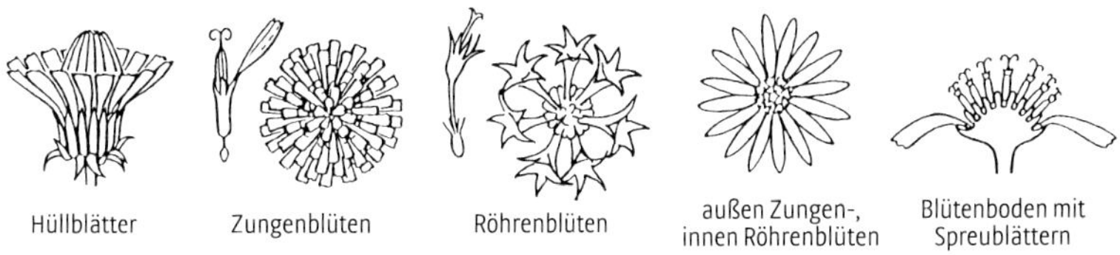

Spaltfrucht

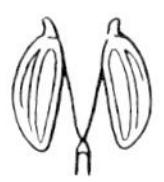

Öffnungsfrüchte

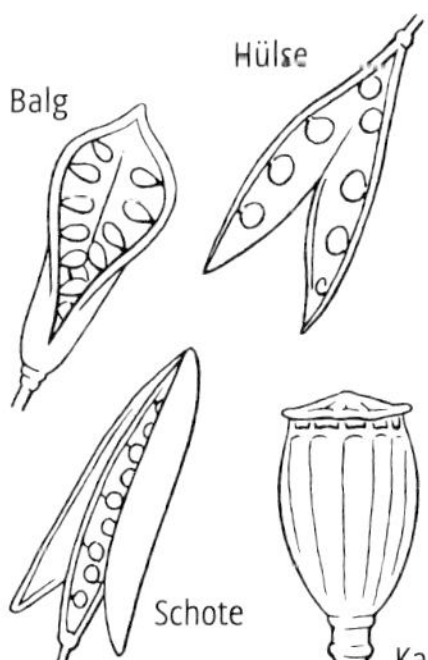

Schließfrüchte

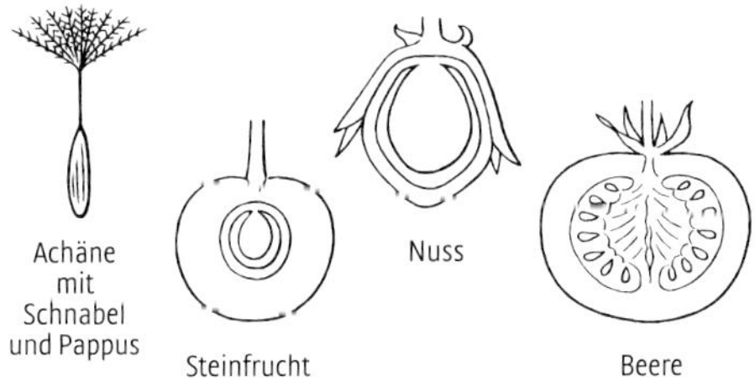

Sammelfrüchte

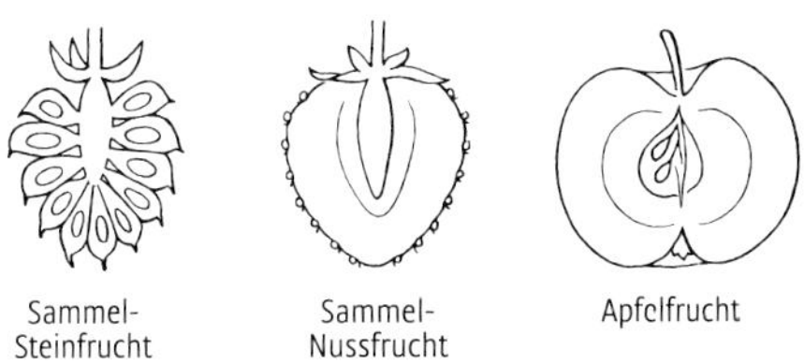

Botanische Fachausdrücke

Das Blatt

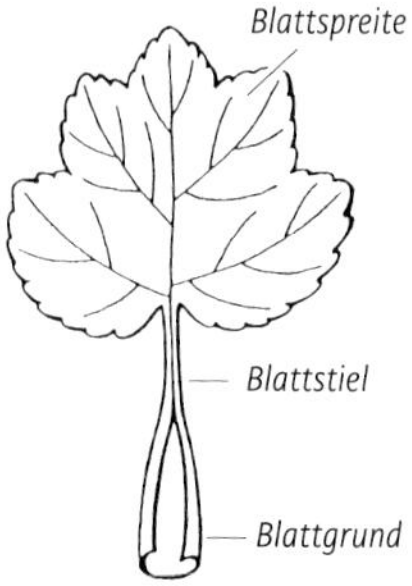

Blattspreite

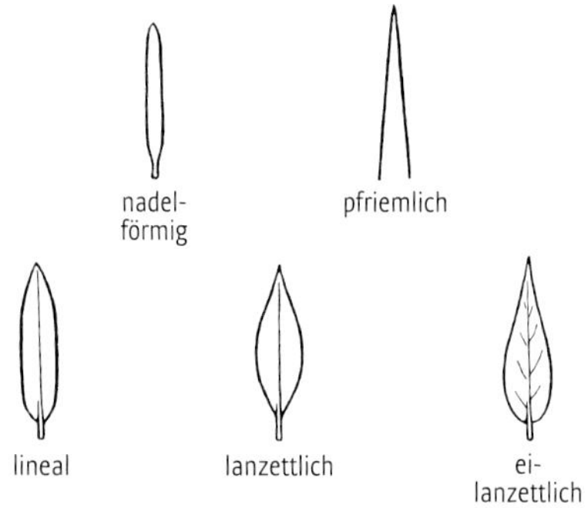

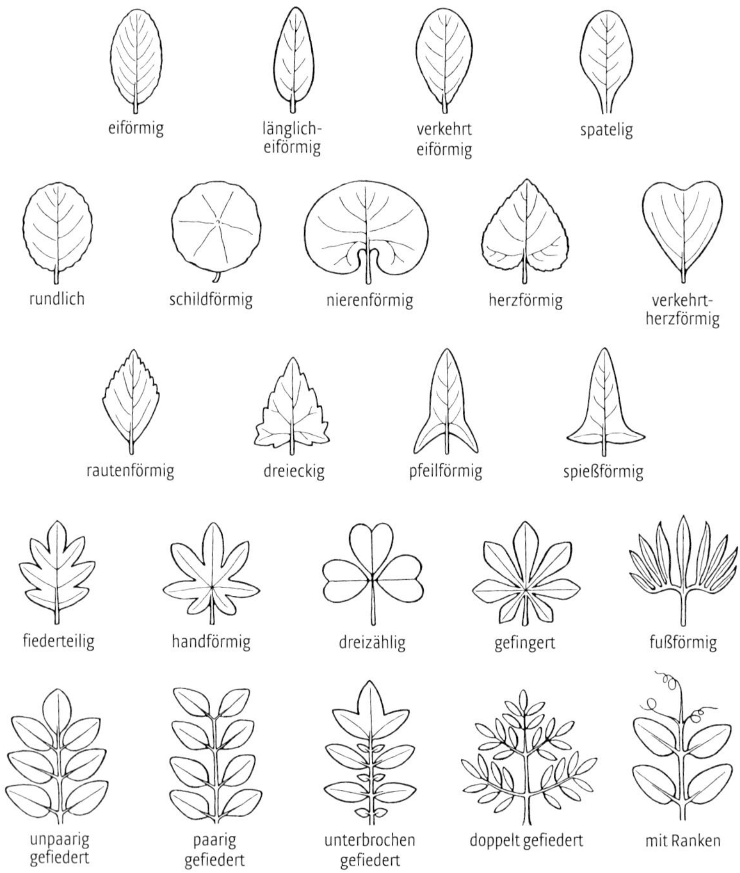

Blattrand

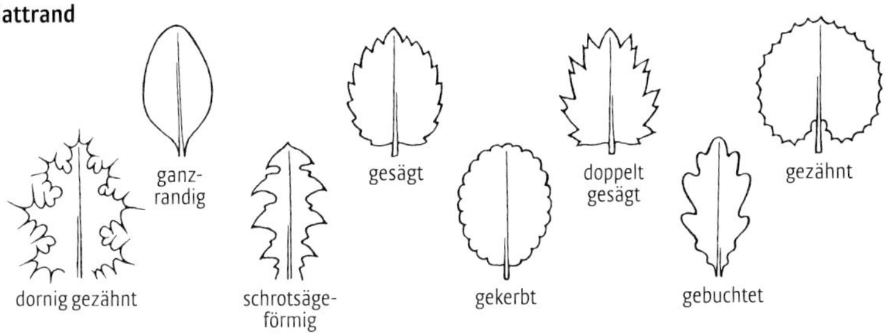

Blattansatz

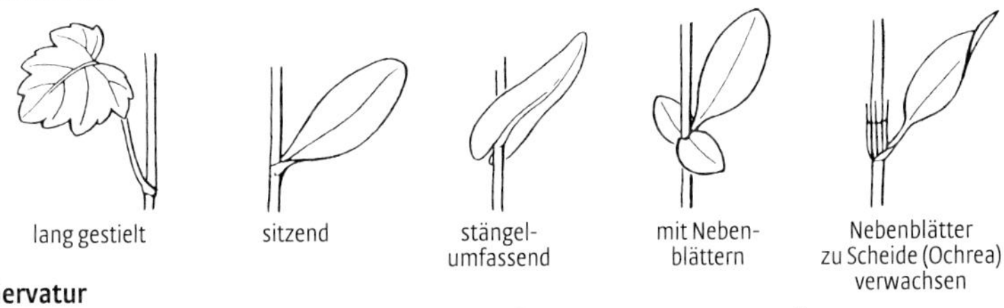

Nervatur

Blattstellung

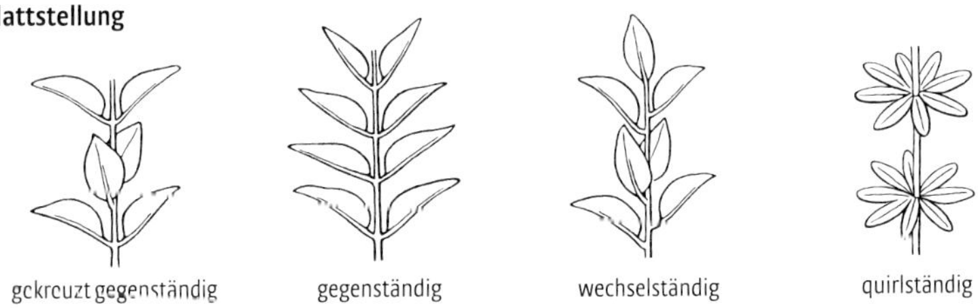

Unterirdische Pflanzenteile

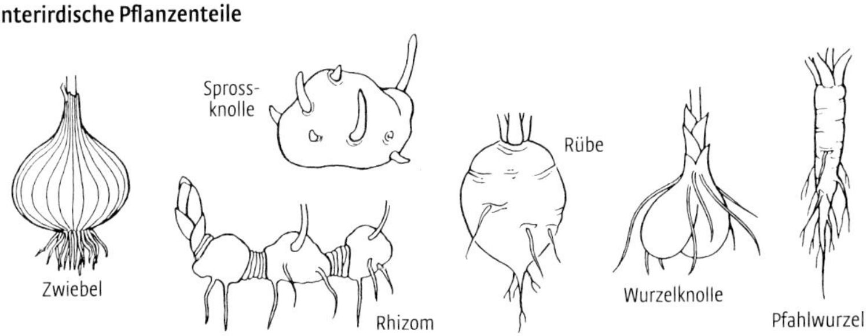

So funktioniert dieses Buch

Caryophyllaceae

1 | Kalk-Stängellos-Leimkraut
Silene acaulis subsp. *longiscapa* – Caryophyllaceae (Syn.: *Silene acaulis* subsp. *acaulis*)

1–4 cm hoch, dichte flache Pölster bildend; Stängel einblütig, dicht dachziegelig beblättert; Blätter lineal-lanzettlich, 8–12 mm lang; Blütenstiel 10–30 mm lang; Kronblätter rosa, 5–14 mm lang; Kelch 5–8 mm lang, am Grunde verschmälert; Kapsel 3–13 mm lang. Blütezeit VI–VIII.
VERWECHSLUNG: Mit dem Kiesel-Stängellos-L., *S. acaulis* subsp. *exscapa*, bei dem die Laubblätter aber 4–8 mm lang, der Blütenstiel 1–5 mm lang und der Kelch 3,5–5 mm lang sind.
LEBENSRAUM: Steinige Magerrasen, Felsspalten und Felsfluren; kalkstet. 1400–2900 m NN, gelegentlich auch tiefer, wie herabgeschwemmt an der Enns (500 m NN) oder höher, wie in den Cottischen Alpen (3500 m NN).
VERBREITUNG: Südeuropäisch-montane Sippe von den Gebirgen Spaniens bis nach Rumänien.
ALLGEMEIN: Die *Silene*-Arten kennzeichnen sich durch den röhrenförmigen Kelch ohne Kelchschuppen am Grund, in Platte und Nagel gegliederte Kronblätter und eine mit meist 6 Zähnen aufspringende Kapsel.

2 | Kiesel-Stängellos-Leimkraut
Silene acaulis subsp. *exscapa* – Caryophyllaceae (Syn.: *Silene exscapa*)

1–3 cm hoch, dichte flache Pölster bildend; Stängel einblütig, dicht dachziegelig beblättert; Blätter lineal-lanzettlich, 4–8 mm lang, Blütenstiel 1–5 mm lang, Kelch 3,5–5 mm lang. Blütezeit VI–VIII.
VERWECHSLUNG: Mit dem Kalk-Stängellos-L., *S. acaulis* subsp. *longiscapa*.
LEBENSRAUM: Silikatfelsfluren, Krummseggenrasen, Grate; kalkfliehend. 1900–3500 m NN.
VERBREITUNG: Südeuropäisch-montane Sippe von den Pyrenäen bis in die Ostkarpaten.

3 | Herzblatt-Leimkraut
Silene cordifolia – Caryophyllaceae

5–20 cm hoch, drüsig behaart, lockere Rasen bildend; Spreiten der Grundblätter eiförmig; Stängelblätter größer, zugespitzt, die oberen stängelumfassend; Blüten 10–18 mm im ∅, Krone weiß bis blassrosa; Kelch 10–15 mm lang, dicht drüsenhaarig, leicht aufgeblasen, 10-nervig. Blütezeit VI–VIII.
VERWECHSLUNG: Mit dem Nacht-L., *S. noctiflora*, welches aber im ∅ 18–30 mm große Blüten hat.
LEBENSRAUM: Felsspalten, gefestigter Felsschutt; kalkmeidend. 1000–2400 m NN.
VERBREITUNG: Endemit der Seealpen.

4 | Rot-Leimkraut
Silene dioica – Caryophyllaceae

30–90 cm hoch; ziemlich dicht und lang behaart, Haare über 2 mm lang; mit grundständigen Blattrosetten und gegenständigen Stängelblättern; Blätter breit-lanzettlich bis eiförmig; Kelch 10–15 mm lang, grün oder rötlich; Kronblätter kräftig rosa, 18–25 mm lang. Blütezeit IV–IX.
VERWECHSLUNG: v. a. mit dem Nacht-L., *S. noctiflora*, welches aber blassrosa Kronblätter und einen ca. 20 mm langen Kelch hat.
LEBENSRAUM: Hochstaudenfluren, feuchte Gebüsche, kalkreiche Wiesen. Bis 2600 m NN, vereinzelt auch höher, wie am Stilfser Joch in Südtirol (2700 m NN).
VERBREITUNG: Europäische Art von Portugal bis zum Nordkap. Auch im Rifatlas Nordafrikas.
ANMERKUNG: Wo die Art zusammen mit dem Weiß-Leimkraut, *S. latifolia*, vorkommt, bilden sie nicht selten Hybriden (= *Silene × hampeana*).

5 | Elisabeth-Leimkraut
Silene elisabethae – Caryophyllaceae

5–20 cm hoch; Stängel seitlich aus der grundständigen Blattrosette entspringend und bogig aufsteigend; Rosettenblätter breit-lanzettlich, 3–6 cm lang; Stängelblätter drüsig; Blüten 3–4 cm im ∅, kräftig rosa; Kelch 18–24 mm lang, drüsenhaarig. Blütezeit VI–VII.
VERWECHSLUNG: u. U. mit dem Zwerg-Seifenkraut, *Saponaria pumila* (siehe S. 170), und mit Kümmerformen des Rot-Leimkrauts, *S. dioica*, welches aber einen aufgeblasenen, 10–15 mm langen Kelch hat.
LEBENSRAUM: Kalk- und Dolomitfelsspalten, gefestigtes Geröll, lockere Rasen, besonders Polsterseggenrasen; kalkhold. 1400–2450 m NN.
VERBREITUNG: Endemit Insubriens zwischen Comersee und Gardasee.
NAME: Der Artname ehrt Maria Elisabeth von Savoyen-Carignan (1800–1856), Prinzessin von Savoyen und Tante von Viktor Emanuel, dem ersten König des vereinten Italiens.

172

1 **Farbbalken** zur Orientierung im Buch. Die Pflanzen sind in die vier großen Gruppen Kryptogamen, Gymnospermen, Dikotylen und Monokotylen unterteilt. Innerhalb dieser Gruppen sind die Pflanzen nach ihren wissenschaftlichen Artnamen alphabetisch sortiert. Der Familienname ist im Balken angegeben.

2 Fett angegeben ist der **deutsche Name**, es folgen der wissenschaftliche Artname sowie der wissenschaftliche Familienname und, wo vorhanden, die Angabe von Synonymen.

3 Die **Verbreitungskarte** zeigt, in welchen Regionen die Pflanze vorkommt. Die Farbe gibt an, wie häufig eine Art bezogen auf den gesamten Verbreitungsraum innerhalb der Alpen ist.

4 In der **Artbeschreibung** werden relevante Merkmale, die zur Bestimmung wichtig sind, angegeben.

5 Hier wird auf mögliche **Verwechslungsarten** eingegangen und die trennenden Merkmale werden beschrieben.

6 Zum **Lebensraum** gehören die Lebensgemeinschaften, in der die Art hauptsächlich zu finden ist, sowie die Höhenmeterangaben.

7 Ergänzend zur Karte wird hier die allgemeine **Verbreitung** der Art angegeben, aus der ersichtlich wird, ob eine Art endemisch in den Alpen vorkommt oder auch in anderen Gebirgen heimisch ist.

11 

8 Unter dem Punkt **Allgemein** werden Angaben gemacht, die auf alle folgenden Arten der beschriebenen Gattung ebenfalls zutreffen.

9 Wo es weitere wissenswerte Informationen zu einer Art gibt, finden Sie die Angaben dazu unter **Anmerkung**.

10 Wo es Interessantes zur Herkunft oder Bedeutung des **Namens** einer Art gibt, ist dies unter diesem Punkt aufgeführt.

11 Auf der Bildseite finden Sie zu jeder vorgestellten Art mindestens ein Foto. Um wichtige Merkmale deutlich zeigen zu können, gibt es bei manchen Arten noch ein ergänzendes Bild. Auch von verschiedenen Varietäten einer Art können einzelne Bilder gezeigt werden. Die Zahl im Bild korrespondiert mit der Zahl vor dem Artnamen.

EINFACHE ORIENTIERUNG

Um Ihnen die Orientierung im Buch zu erleichtern, finden Sie auf den Außenseiten der Umschlagklappen alle Pflanzenfamilien in alphabetischer Reihenfolge ihres wissenschaftlichen Namens, die in den vier Unterkapiteln des Buches vorkommen. Hier ist auch der deutsche Familienname mit angegeben. Auf der Innenseite der Klappen ist jeweils ein typischer Vertreter der jeweiligen Familie abgebildet. Die Zahl im Bild nimmt Bezug auf die Zahl vor dem wissenschaftlichen Familiennamen. So können die Klappen als Bestimmungshilfe verwendet werden und führen schnell zu den richtigen Seiten im Bestimmungsteil des Buches.

Kryptogamen

1 | Hirschzunge

Asplenium scolopendrium – Aspleniaceae (Syn.: *Phyllitis scolopendrium*)

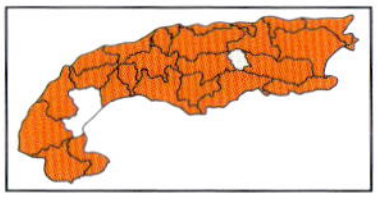

10–60 cm hoch; Blattspreite ungeteilt, ganzrandig, glänzend; Blattunterseite in der Jugend fein spreuschuppig, später kahl; Sori (Sporangien) lineal, paarweise angeordnet. Sporenreife VII–IX.

VERWECHSLUNG: Keine.

LEBENSRAUM: Schluchtwälder, feuchte Felsen. Bis 2000 m NN.

VERBREITUNG: Eurasiatische Art.

2 | Nordisch-Streifenfarn

Asplenium septentrionale – Aspleniaceae

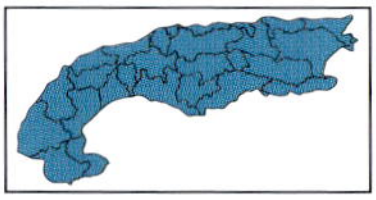

5–15 cm hoch; Blattspreite kahl, glänzend, unregelmäßig gabelig geteilt; Blattabschnitte lineal bis lanzettlich, meist mit beiderseits jeweils 1–2 pfriemlichen bis spitzen Zähnen besetzt; Sori (Sporangien) die ganze Blattunterseite bedeckend. Sporenreife VII–X.

VERWECHSLUNG: Beim Dolomiten-St., *A. seelosii*, sind die Blattspreiten beiderseits drüsenhaarig und 3-zählig.

LEBENSRAUM: Felsspalten; kalkmeidend. Bis 2500 m NN.

VERBREITUNG: Eurasiatisch-nordamerikanische Art.

3 | Grün-Streifenfarn

Asplenium viride – Aspleniaceae

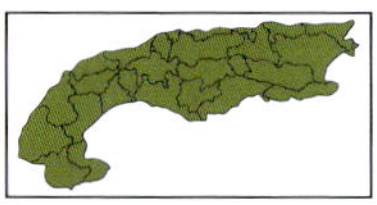

5–15 cm hoch; Blattspreite im Umriss lineal bis lineal-lanzettlich, einfach gefiedert, jederseits mit 10–30 Fiedern; Blattstiel nur am Grunde dunkelbraun, sonst wie die Blattspindel grün; Sori (Sporangien) länglich, der Mittelrippe genähert. Sporenreife VII–VIII.

VERWECHSLUNG: Beim Schwarzbraun-St., *A. trichomanes*, ist der gesamte Blattstiel und die Blattspindel schwarzbraun.

LEBENSRAUM: Felsspalten, schattige Mauern, steinige Wälder; kalkliebend. Bis 3100 m NN.

VERBREITUNG: Eurosibirisch-nordamerikanische Art.

4 | Europa-Rippenfarn

Blechnum spicant – Blechnaceae

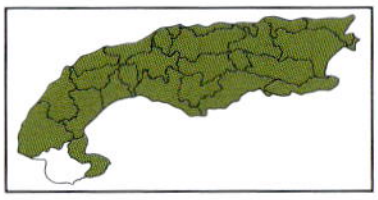

10–75 cm hoch; Blätter rosettig, lanzettlich, an beiden Enden verschmälert, einfach fiederteilig, jederseits mit 30–60 Abschnitten, diese 3–5 mm breit; vegetative Blätter waagrecht ausgebreitet, überwinternd; Sporenblätter länger als die vegetativen, aufrecht, sommergrün. Sporenreife VII–IX.

VERWECHSLUNG: Keine.

LEBENSRAUM: Bodensaure, frische Wälder, Zwergstrauchheiden. Bis etwa 2100 m NN.

VERBREITUNG: Eurasiatisch-nordamerikanische Art.

5 | Adlerfarn

Pteridium aquilinum – Dennstaedtiaceae

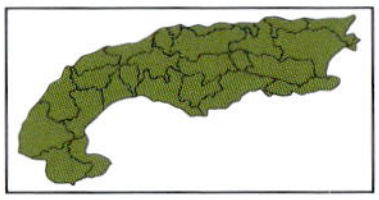

30–250 cm hoch; Blätter lang gestielt, im Umriss dreieckig, (2)3-fach gefiedert; Blattspindel behaart; Sori (Sporangien) unter dem umgebogenen Fiederchenrand. Sporenreife VII–IX.

VERWECHSLUNG: Keine.

LEBENSRAUM: Waldschläge, lichte Wälder, Heiden, Weideränder. Bis 2100 m NN.

VERBREITUNG: Kosmopolitische Art.

6 | Bruch-Blasenfarn

Cystopteris fragilis – Dryopteridaceae

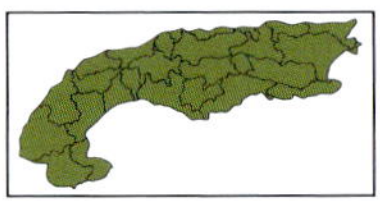

10–40 cm hoch; Blattspreite lanzettlich bis länglich-eiförmig, 2–3 × so lang wie breit, 2–3-fach gefiedert; das unterste Fiedernpaar meist kürzer als das nächste; Nerven der Fiederchen enden in den Zipfelspitzen. Sporenreife VII–IX.

VERWECHSLUNG:
Beim Alpen-B., *C. alpina*, enden die Nerven der Fiederchen in den Zipfelbuchten.

LEBENSRAUM: Schattig-feuchte Felsspalten, Mauern, Blockwälder, Schuttfluren; kalkliebend. Bis 3100 m NN.

VERBREITUNG: Kosmopolitische Art.

1A
1B
2
3
4A
4B
5
6

1 | Villars-Wurmfarn
Dryopteris villarii – Dryopteridaceae

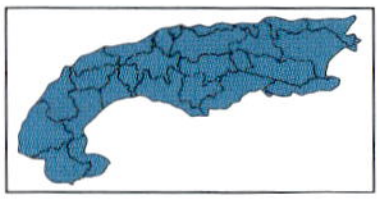

15–50 cm hoch; Blätter lanzettlich, 5–15 cm breit, starr aufrecht, 2-fach gefiedert, in trichterförmigen Büscheln, unterseits dicht drüsenhaarig, herb riechend; unterste Hauptfieder im Umriss symmetrisch; Blattstiel ½–⅓ × so lang wie die Spreite; Spreuschuppen einfarbig hellrotbraun. Sporenreife VII–VIII.

VERWECHSLUNG: Mehrere ähnliche Wurmfarn-Arten im Alpenraum. Der Entferntfieder-W., *D. remota*, hat 10–25 cm breite Blätter und asymmetrische, dreieckige unterste Hauptfiedern.

LEBENSRAUM: Grobschuttfluren, Karrenfelder, Hochstaudenfluren; kalkstet. 1100–2500 m NN.

VERBREITUNG: Südeuropäisch-montane Art.

NAME: Benannt zu Ehren des französischen Botanikers und Arztes Dominique Villars (1745–1814), nach dem u. a. auch die Gattung *Villarsia* aus der Familie der Fieberkleegewächse benannt ist.

2 | Eichenfarn
Gymnocarpium dryopteris – Dryopteridaceae

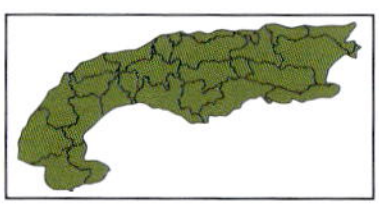

10–40 cm hoch; Blattstiel und Blattspindel drüsenlos; Blätter 2-fach gefiedert, unterste Fiedern fast so groß wie die restliche Spreite; Blattspreite hellgrün, dünn, kahl oder spärlich drüsig, im Umriss breit-dreieckig; Blätter in der Jugend zu 3-teiligen Knäulen eingerollt. Sporenreife VII–VIII.

VERWECHSLUNG: Beim Ruprechtsfarn, *G. robertianum*, sind die Blattspindel und der obere Teil des Blattstiels drüsenhaarig.

LEBENSRAUM: Bodensaure, schattige Wälder. Bis 2800 m NN.

VERBREITUNG: Eurosibirisch-nordamerikanische Art.

3 | Lanzen-Schildfarn
Polystichum lonchitis – Dryopteridaceae

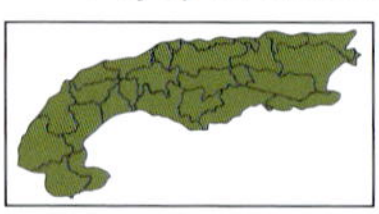

15–50 cm hoch; Blätter lanzettlich, 5–10 × so lang wie breit, einfach gefiedert, derb, überwinternd, dunkelgrün; Abschnitte sichelförmig aufwärts gekrümmt, stachelig gezähnt; Sori (Sporangien) in 2 Reihen, zuletzt zusammenfließend. Sporenreife VI–IX.

VERWECHSLUNG: Die anderen Lanzenfarn-Arten, *Polystichum* spec., im Alpenraum sind 2-fach gefiedert.

LEBENSRAUM: Bergwälder, Felsschuttfluren; kalkliebend. Bis 2700 m NN.

VERBREITUNG: Eurosibirisch-nordamerikanische Art.

4 | Wald-Schachtelhalm
Equisetum sylvaticum – Equisetaceae

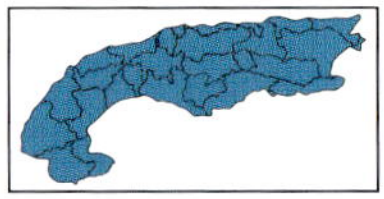

20–70 cm hoch; sowohl fertile als auch sterile Triebe mit grünen Ästen, diese 1–2-fach verzweigt, fein, bogig herabhängend; fertile Stängel zuerst blass und astlos, später ergrünend; Astscheiden mit 3–4 Zähnen. Sporenreife V.

VERWECHSLUNG: Die anderen in den Alpen vorkommenden Schachtelhalm-Arten haben unverzweigte oder keine Äste. Der Bunt-Schachtelhalm, *Equisetum variegatum* (Bild **4B**), etwa hat unverzweigte Stängel. Er besiedelt Quellfluren, sandige Ufer und Niedermoore und steigt bis in die alpine Stufe.

LEBENSRAUM: Feuchte, bodensaure Wälder, Weiden, Moore. Bis etwa 1900 m NN.

VERBREITUNG: Eurosibirisch-nordamerikanische Art.

5 | Alpen-Flachbärlapp
Diphasiastrum alpinum – Lycopodiaceae

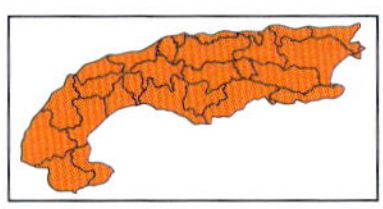

2–10 cm hoch; Triebe ober- und unterirdisch weit kriechend, über dem Boden büschelig verzweigt; Laubsprosse 4-kantig, nicht abgeflacht, im ∅ quadratisch; Blätter spitz-schuppenförmig, etwas bereift, in 4 Reihen den Trieben anliegend; Sporophyllstände zu 1–4 am Ende der Triebe, ungestielt, 1–2 cm lang. Sporenreife VII–IX.

VERWECHSLUNG: Beim Echt-F., *D. complanatum* (Bild **5B**), sind die Laubsprosse deutlich abgeflacht, die Blätter sind klein und spitzschuppig.

LEBENSRAUM: Bodensaure Almweiden, Zwergstrauchheiden, schneereiche Feinschuttfluren; kalkmeidend. 1300–2800 m NN.

VERBREITUNG: Arktisch-alpine Art.

1
2
3A
3B
4A
4B
5A
5B

1 | Tannen-Teufelsklaue
Huperzia selago – Lycopodiaceae

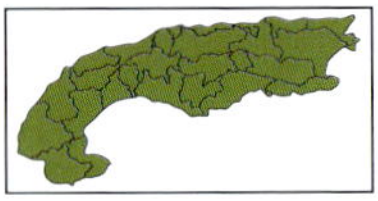

5–20 cm hoch; Triebe bogig aufsteigend, nicht kriechend, gabelig verzweigt; Blätter 6–8 mm lang, zu 4–5 quirl- oder schraubenständig; Sporangien in den Blattwinkeln. Sporenreife VII–IX.
VERWECHSLUNG: Beim Moorbärlapp, *Lycopodiella inundata*, sind die Laubsprosse kriechend, die Sporophyllsprosse aufrecht, die Blätter sind 4–6 mm lang.
LEBENSRAUM: Bodensaure Wälder, Zwergstrauchheiden, Silikatfelsfluren; kalkmeidend. Bis 3100 m NN.
VERBREITUNG: Eurasiatisch-amerikanische Art.
NAME: Benannt zu Ehren des deutschen Botanikers und Arztes Johann Peter HUPERZ (1771–1816), der mit einer Dissertation über die Ausbreitung von Farnen promovierte.

2 | Schlangen-Bärlapp
Lycopodium annotinum – Lycopodiaceae

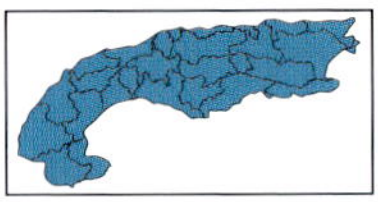

10–30 cm hoch; Triebe bis 1 m lang kriechend, mit aufsteigenden Ästen; Blätter spitz, nicht in einem Haar endend, 5–9 mm lang, meist fein gesägt-gezähnt; Sporophyllstände einzeln, 2–4 cm lang, unmittelbar an den Laubspross anschließend. Sporenreife VII–IX.
VERWECHSLUNG: Beim Kolben-B., *L. clavatum*, sind die Sporophyllstände zu 1–3 auf langen, beblätterten Stielen. Die Blattspitze endet in einem 1–3 mm langen Haar.
LEBENSRAUM: Bodensaure Wälder, besonders Nadelwälder, Zwergstrauchheiden, Blockhalden. Bis 2800 m NN.
VERBREITUNG: Eurosibirisch-nordamerikanische Art.

3 | Mond-Rautenfarn
Botrychium lunaria – Ophioglossaceae

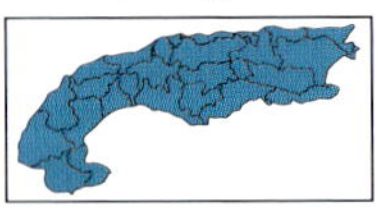

3–25 cm hoch; Blattspreiten sitzend oder kurz gestielt, einfach fiederschnittig mit 3–9 Paar fächerförmigen Abschnitten, diese ganzrandig oder eingeschnitten; Sporangienstand rispig, lang gestielt. Sporenreife VI–VII.
VERWECHSLUNG: Beim sehr seltenen Einfach-R., *B. simplex*, ist der Blattstiel ⅓–1 × so lang wie die Blattspreite.
LEBENSRAUM: Weiden, Magerwiesen. Bis 3100 m NN.
VERBREITUNG: Kosmopolitische Art.

4 | Kraus-Rollfarn
Cryptogramma crispa – Pteridaceae

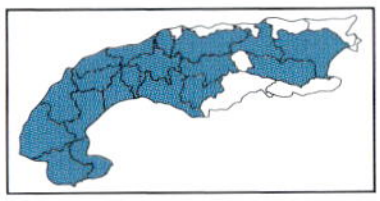

5–30 cm hoch; fertile und sterile Blätter unterschiedlich aussehend, fertile mit eingerollten Fiederchen; Spreite der sterilen Blätter im Umriss eiförmig-dreieckig, grob kerbsägig bis fiederschnittig. Sporenreife VI–VIII.
VERWECHSLUNG: u. a. mit dem Pelzfarn, *Notholaena marantae*, bei dem aber die fertilen und sterilen Blätter gleichgestaltet sind und der vorwiegend über Serpentingestein vorkommt.
LEBENSRAUM: Silikatgesteinsschutt, Grobblockhalden; kalkmeidend. 1000–3000 m NN, vereinzelt auch tiefer, wie bei Locarno im Tessin (250 m NN).
VERBREITUNG: Europäisch-montane Art.

5 | Schweiz-Moosfarn
Selaginella helvetica – Selaginellaceae

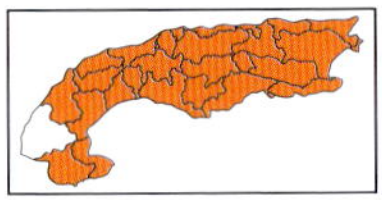

1–5 cm hoch; Stängel fadenförmig, kriechend; Blätter eiförmig, mit breiter, stumpfer Spitze, gegenständig, 4-reihig, in einer Ebene angeordnet; Sporophyllstand 3–6 cm lang. Sporenreife VI–VIII.
VERWECHSLUNG: Der Alpen-M., *S. selaginoides* (Bild **5B**) hat lanzettliche, spitze, fransig gezähnte Blätter, die wechselständig angeordnet sind.
LEBENSRAUM: Sandige Magerrasen, halbschattige Felsen, feuchte Böschungen. Bis 2100 m NN.
VERBREITUNG: Eurasiatische Art.

6 | Buchenfarn
Phegopteris connectilis – Thelypteridaceae

10–40 cm hoch; Blattspreite im Umriss dreieckig bis pfeilförmig, hellgrün, behaart, 1–2 × so lang wie breit; Fiedern jederseits 12–20, an der Spitze aufwärts gebogen; unterstes Fiederpaar schräg abwärts gerichtet; Sori (Sporangien) schleierlos, nahe dem Rande. Sporenreife VII–IX.
VERWECHSLUNG: Beim Bergfarn, *Thelypteris limbosperma* (= *Oreopteris limbosperma*) ist die Blattspreite 2–4 × so lang wie breit, die beiden untersten Fiedern sind waagrecht-abstehend.
LEBENSRAUM: Wälder, Krummholz. Bis 2500 m NN.
VERBREITUNG: Eurosibirisch-nordamerikanische Art.

1
2
3
4
5A
5B
6

Gymnospermen

1 | Echt-Wacholder
Juniperus communis – Cupressaceae

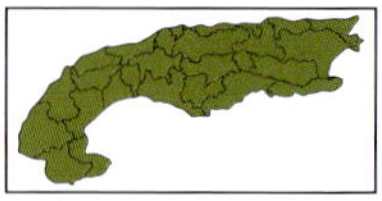

0,1–5 m hoher Strauch; Blätter nadelförmig, beim Zerreiben würzig riechend, oberseits mit einem bläulich weißen Wachsstreifen; Beerenzapfen kugelig, blau bereift, im 2.–3. Jahr reifend, blattachselständig. Blütezeit III–VIII.

VERWECHSLUNG: Beim Gift-W., *J. sabina*, sind die Blätter bei älteren Pflanzen schuppenförmig, die Beerenzapfen sind endständig.

LEBENSRAUM: Weiderasen, Zwergstrauchheiden, Felshänge, Kiefernwälder. Bis etwa 2800 m NN.

VERBREITUNG: Eurasiatisch-nordamerikanische Art.

ANMERKUNG: Tritt in den Alpen in 3 Unterarten auf:
- subsp. *communis* (Bild **1A**): 1–5 m hoch, Blätter 10–18 mm lang, 1–1,5 mm breit. Niedere Lagen.
- subsp. *nana* (Bild **1B**): 0,2–0,6 m hoch, Blätter 5–15 mm lang, 1–2 mm breit. Berglagen.
- subsp. *hemisphaerica*: 0,2–0,6 m hoch, Blätter 12–20 mm lang, 1,3–2 mm breit. Südliche französische Alpen.

2 | Europa-Lärche
Larix decidua – Pinaceae

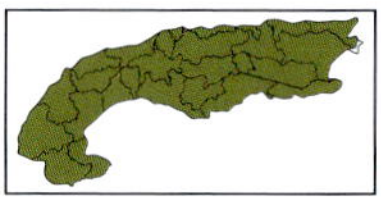

Bis 35 m hoher Baum mit graubrauner Rinde; Nadeln flach, biegsam, hellgrün, zu 20–40 gebüschelt an Kurztrieben, im Herbst sich gelb verfärbend und abfallend; männliche und weibliche Blüten an denselben Zweigen; Samenzapfen eiförmig, nach der Reife nicht zerfallend. Blütezeit IV–VI.

VERWECHSLUNG: Keine.

LEBENSRAUM: Bergwälder. Etwa 1400–2500 m NN, in tiefen Lagen oft auch aufgeforstet.

VERBREITUNG: Alpisch-karpatische Art.

ANMERKUNG: Die Europa-Lärche ist ein ausgesprochener Lichtbaum der obermontanen bis subalpinen Höhenstufe. Gemeinsam mit der Zirbe bildet sie den Zirben-Lärchenwald. Das Vorkommen reiner Lärchenbestände geht zu einem großen Teil auf die jahrhundertelange Beeinflussung der Gebirgswälder durch den Menschen zurück. Ohne menschlichen Eingriff hätte die schattenverträglichere Zirbe die lichthungrige Lärche über die natürliche Waldsukzession allmählich verdrängt. Wo sich Gebirgsflächen jedoch zur Weidenutzung anboten, hat der Mensch gezielt die Zirben und Fichten herausgeschlagen. Entstanden sind auf diese Weise lichtdurchflutete Lärchen-Wälder, die sich für die Weidewirtschaft eigneten.

3 | Zirbe, Arve
Pinus cembra – Pinaceae

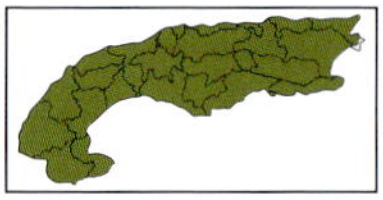

10–25 m hoch; Nadeln in Büscheln zu 5, im ∅ dreieckig, 5–8 cm lang, 1–1,5 mm breit; Zapfen aufrecht, bläulich bis purpurviolett überlaufen; Blütezeit VI–VII.

VERWECHSLUNG: Bei den anderen, in den Alpen ursprünglichen *Pinus*-Arten sind die Nadeln zu 2–3 angeordnet.

LEBENSRAUM: Bergwälder. 1300–2800 m NN.

VERBREITUNG: Verbreitungsschwerpunkt der Zirbe sind die Alpen. Hier kommt sie von den französischen Seealpen bis zum Gamsstein in den Ybbstaler Alpen im Osten und dem Monte Viso im Süden vor. Neben den Alpen besiedelt die Art noch kleinere Gebiete in der Hohen Tatra und in den Süd- und Ostkarpaten.

ANMERKUNG: Die Zirbe wird auch als die „Königin der Alpen" bezeichnet. Sie kann bis zu 1000 Jahre alte werden, ihr Holz gilt als einziges Hartholz unter den Nadelbäumen. Dieses wertvolle Holz ließ sie aber auch gebietsweise selten werden. Arven stehen in enger Lebensgemeinschaft mit dem Tannenhäher, dessen Hauptnahrungsquelle die Zirbelsamen sind. Er ist maßgeblich an der natürlichen Verjüngung der Bestände beteiligt.

4 | Leg-Föhre, Latsche
Pinus mugo – Pinaceae

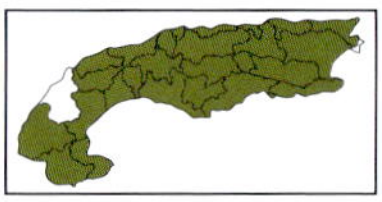

0,3–3 m hoher, strauchartiger Baum mit niederliegenden bis bogig aufsteigenden Stämmen; Nadeln paarweise, 3–5 cm lang, dunkelgrün; Zapfen 2–5 cm lang, symmetrisch. Blütezeit VI–VII.

VERWECHSLUNG: Die Spirke, *P. uncinata* (= *P. mugo* subsp. *uncinata*), hat einen aufrechten, geraden, 3–10 m hohen Stamm. Die Zapfen sind 3–7 cm lang und am Grund asymmetrisch.

LEBENSRAUM: Felsige Stellen an der Waldgrenze, in tieferen Lagen v. a. in Hochmooren. Etwa 1200–2600 m NN.

VERBREITUNG: Südosteuropäisch-montane Art.

ANMERKUNG: Latsche und Spirke lassen sich nicht immer leicht voneinander trennen. Manche Autoren erkennen ihnen deshalb nur den Unterartenrang zu. Zusätzlich sind beide Sippen durch die Hybride *Pinus* × *rotundata* miteinander verbunden.

1A
1B
2A
2B
3A
3B
4A
4B

Dikotylen

1 | Guter Heinrich
Chenopodium bonus-henricus – Amaranthaceae (Syn.: *Blitum bonus-henricus*)

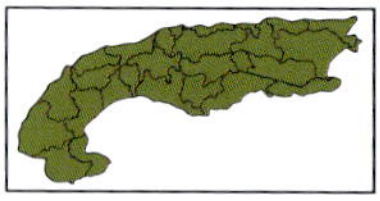

20–80 cm hoch, mehrjährig; Blattspreiten dreieckig-spießförmig, 7–14 cm lang und 4–14 cm breit, grieselig mit Mehlstaub belegt; Blütenstand grün, rispig, aus vielen kurzen Scheinähren. Blütezeit IV–X.

VERWECHSLUNG: Mit Amarant-Arten wie dem Rau-A., *Amaranthus retroflexus*, welcher aber 1-jährig ist und eiförmige, gegen beide Enden verschmälerte Blätter hat.

LEBENSRAUM: Lägerfluren, stickstoffreiche Hochstaudenfluren, Ruderalstellen. Bis 2600 m NN, vereinzelt auch bis 3100 m NN steigend (Gornergrat).

VERBREITUNG: Europäische Art von Spanien bis zum Schwarzen Meer und Südskandinavien.

2 | Blätter-Erdbeerspinat
Chenopodium foliosum – Amaranthaceae (Syn.: *Blitum virgatum*)

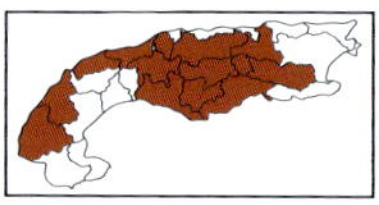

20–60 cm hoch; bis zur Spitze beblättert, der Blütenstand daher fast völlig durchblättert; Blattspreiten länglich-dreieckig, unregelmäßig buchtig-gezähnt; Blüten unscheinbar, in kugeligen Knäueln in den Blattwinkeln; Sammelfrucht leuchtendrot, fleischig, 4–12 mm im ∅, fade im Geschmack. Blütezeit VI–VIII.

VERWECHSLUNG: Mit dem Kopf-E., *Ch. capitatum*, welcher aber nicht bis zur Spitze beblättert ist.

LEBENSRAUM: Balmen, Wildläger, stickstoffreiche Ruderalstellen. Etwa 900–2100 m NN, vereinzelt auch höher, wie im Val Tantermozza in Graubünden (2420 m NN). Gelegentliche Funde im Tiefland stellen meist Verwilderungen aus der Kultur dar.

VERBREITUNG: Eurasiatisch-nordafrikanische Art vom Atlasgebirge bis in den Himalaya.

3 | Wald-Engelwurz
Angelica sylvestris – Apiaceae

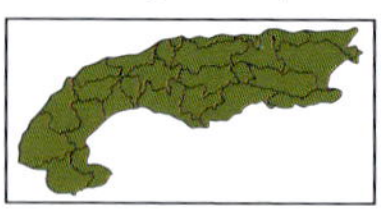

50–150 cm hoch; Blätter bis 60 cm lang, 2-fach gefiedert, Endblättchen breit-eiförmig; Blättchen gezähnt, eiförmig (subsp. *sylvestris*) bis lanzettlich (subsp. *montana*); Dolden stark gewölbt, 20–40-strahlig; Hüllblätter 0–3, Hüllchenblätter zahlreich. Blütezeit VII–IX.

VERWECHSLUNG: In Habitus und Blüte mit der Schierlingssilge, *Conioselinum tataricum*, bei der aber das Endblättchen lineal-lanzettlich ist.

LEBENSRAUM: Feuchte, lichte Wälder, Schluchtwälder, Flachmoore, Bachufer. Bis etwa 2000 m NN.

VERBREITUNG: Eurosibirische Art, östlich bis ins Baikalgebiet.

4 | Glanz-Kerbel
Anthriscus nitidus – Apiaceae (Syn.: *A. nitida*)

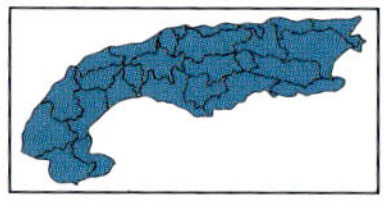

50–120 cm hoch; Blätter glänzend, 2-3-fach gefiedert, unterste Blattfiedern fast so groß wie der Rest der Blattspreite; Rand der Kronblätter kahl; Frucht 5–7 mm lang, höchstens so lang wie ihr Stiel. Blütezeit VI–VIII.

VERWECHSLUNG: Beim Wiesen-K., *A. sylvestris*, sind die untersten Blattfiedern viel kleiner als der Rest der Blattspreite. Seine Frucht ist mindestens so lang wie ihr Stiel. Beim ähnlichen Wimper-Kälberkropf, *Chaerophyllum hirsutum*, sind die Kronblattränder bewimpert.

LEBENSRAUM: Hochstaudenfluren, Schluchtwälder, Bachufer, Fettwiesen; luftfeuchtigkeitsliebend. Etwa 900–2200 m NN.

VERBREITUNG: Mittel- und südosteuropäische Art.

5 | Bayern-Sterndolde
Astrantia bavarica – Apiaceae

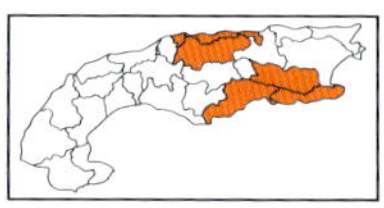

20–50 cm hoch; Stängel meist erst im oberen Viertel verzweigt; untere Blätter 5-zählig geteilt, der Mittelabschnitt bis fast zum Spreitengrund reichend; Dolden mitsamt der Hülle 1–2 cm im ∅; Hüllblätter 8–15 mm lang, 2–3 mm breit, die Dolde deutlich überragend; Dolden 1–5. Blütezeit VI–VIII.

VERWECHSLUNG:
Bei der Krain-St., *A. carniolica* (Bild **5B**), reicht der Mittelabschnitt der unteren Blätter nicht bis zum Spreitengrund, die Hüllblätter sind 4–8 mm lang, 1–2 mm breit, kürzer bis so lang wie die Dolde. Bei der kalkmeidenden Klein-St., *A. minor* (Bild **5C**), sind die unteren Blätter 7-zählig geteilt, der Stängel ist oft schon ab der Mitte ästig.

LEBENSRAUM: Magerwiesen, Zwergstrauchheiden, Latschengebüsch, steinige Wälder; kalkliebend. 900–2300 m NN.

VERBREITUNG: Endemit der Ostalpen.

1
2
3A
3B
4
5A
5B
5C

1 | Groß-Sterndolde
Astrantia major – Apiaceae

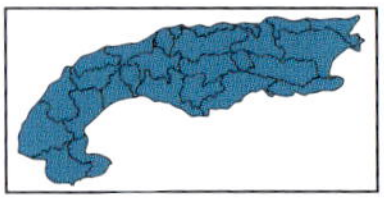

30–80 cm hoch; grundständige Blätter 5–7-teilig, Abschnitte breit, spitz gelappt und gezähnt; Blüten grünlich weiß oder hellrosa, von weißlichen Hüllblättern umgeben; Hüllblätter mit deutlicher Quernervatur; Kelchblätter stachelspitz bis kurzgrannig; endständige Dolde samt Hülle 2–5 cm im ∅. Blütezeit VI–VIII.

VERWECHSLUNG: Mit den anderen Sterndolden-Arten, bei denen aber die endständige Dolde samt Hülle kleiner als 2 cm im ∅ ist, die Hüllblätter zeigen keine oder eine nur sehr undeutliche Quernervatur.

LEBENSRAUM: Edellaubwälder, Hochstaudenfluren, Rostseggenrasen; kalkliebend. Bis 2000 m NN.

VERBREITUNG: Südeuropäisch-montane Art von den Gebirgen Spaniens bis in die Karpaten.

ANMERKUNG: Unterteilt sich im Gebiet in 2 Varietäten:
- var. *major* (Bild **1A**): Hülle meist so lang, bis nur wenig länger als die Dolde, die Kelchblätter sind etwa gleich lang wie die Kronblätter. In den Alpen weit verbreitet.
- var. *involucrata* (Bild **1B**): Hülle fast doppelt so lang wie die Dolde, die Kelchblätter sind deutlich länger als die Kronblätter. In den Alpen bisher nur aus den Ostalpen bekannt.

2 | Alpen-Augenwurz
Athamanta cretensis – Apiaceae

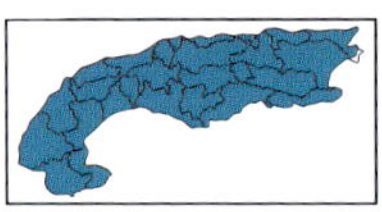

15–40 cm hoch; Blätter rauhaarig, graugrün, 3-fach gefiedert, mit linealen, ± 1 mm breiten Blattzipfeln; Dolden 5–12-strahlig; Hüllblätter 1–4, Hüllchenblätter zahlreich. Blütezeit VI–VIII.

VERWECHSLUNG: Die Südtirol-A., *A. vestina*, hat 15–25-strahlige Dolden und glänzende Blätter. Die Feinblatt-A., *A. turbith*, hat 20–35-strahlige Dolden und kahle, 0,3–0,5 mm breite Blattzipfeln.

LEBENSRAUM: Felsschutt, Fels, steinige Rasen; kalkliebend. Bis etwa 2800 m NN.

VERBREITUNG: Südeuropäisch-montane Art vom Französischen Zentralmassiv bis in die Ostalpen.

3 | Feinblatt-Augenwurz
Athamanta turbith – Apiaceae

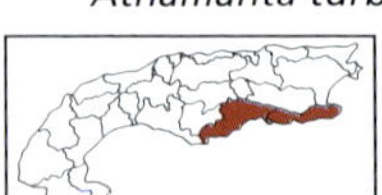

30–50 cm hoch; Blätter kahl, Blattzipfeln 0,3–0,5 mm breit, haarförmig-fädlich; Dolden 20–35-strahlig; Hüllblätter fehlend oder zu wenigen vorhanden, Hüllchenblätter zahlreich; Frucht 7–8 mm lang. Blütezeit V–VII.

VERWECHSLUNG: Mit der Alpen-A., *A. cretensis* (siehe S. 34). Die Südtirol-A., *A. vestina*, hat 15–25-strahlige Dolden und 4–5 mm lange Früchte.

LEBENSRAUM: Felsen, steinige Hänge; kalkhold. Bis 1600 m NN.

VERBREITUNG: Ostalpisch-illyrische Art von der Provinz Pordenone bis zum Monte Maggiore (Ucka).

4 | Südtirol-Augenwurz
Athamanta vestina – Apiaceae

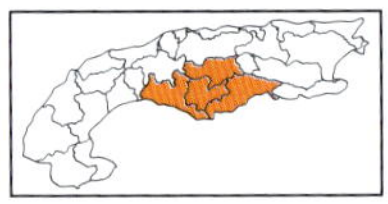

20–50 cm hoch; Blätter kahl oder verkahlend, Blattzipfeln 0,3–0,6 mm breit, haarförmig-fädlich, glänzend; Dolden 15–25-strahlig; Hüllblätter fehlend oder zu 1–2, Hüllchenblätter 7–9; Frucht 4–5 mm lang. Blütezeit V–VII.

VERWECHSLUNG: Mit der Alpen-A., *A. cretensis* und der Feinblatt-A., *A. turbith*. Die ebenfalls ähnliche Bärwurz, *Meum athamanticum*, hat haarfeine, 0,2–0,3 mm breite Blattzipfeln und 3–15-strahlige Dolden.

LEBENSRAUM: Feuchte Spalten schattiger Felswände; kalkliebend. Bis 2100 m NN.

VERBREITUNG: Endemit der Südalpen von Brescia bis Belluno.

5 | Felsen-Hasenohr
Bupleurum petraeum – Apiaceae

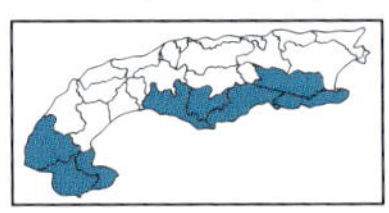

15–30 cm hoch; Stängel nicht ästig, blattlos, nur mit Hochblättern; Grundblätter grasartig, 3–5 mm breit; Dolden mit 5–15 Strahlen; Hüllblätter lineal bis lanzettlich, hellgrün. Blütezeit VI–VIII.

VERWECHSLUNG: v. a. mit dem Hahnenfuß-H., *B. ranunculoides*, dessen Stängel aber ästig sind, mit mehreren Laubblättern, und dem Stern-H., *B. stellatum* (siehe S. 36).

LEBENSRAUM: Felsspalten, Felsrasen, Polsterseggenrasen; kalkliebend. 1300–2200 m NN, vereinzelt auch höher, wie am Montasch in den Julischen Alpen (2300 m NN).

VERBREITUNG: Endemit der Alpen. Beheimatet in den Süd- und Westalpen von den Seealpen bis in die Steiner Alpen.

1A

1B

2

3

4

5

1 | Hahnenfuß-Hasenohr
Bupleurum ranunculoides – Apiaceae

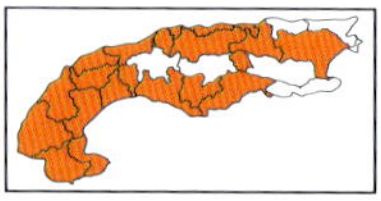

10–60 cm hoch, blaugrün, kahl; Stängel ästig, beblättert; grundständige Blätter schmal-lanzettlich bis lineal; Hüll- und Hüllchenblätter meist 5, breit-oval, höchstens am Grund verwachsen. Blütezeit VII–VIII.
VERWECHSLUNG: v. a. mit dem Felsen-H., *B. petraeum*, (siehe S. 34).
LEBENSRAUM: Felsfluren, trockene Magerwiesen, Felsen, Geröllfluren; kalkliebend. Bis 2800 m NN.
VERBREITUNG: Südeuropäisch-montane Art.
ANMERKUNG: Tritt in den Alpen in 2 Unterarten auf:
– subsp. *ranunculoides*: Grundblätter 5–12 mm breit.
– subsp. *caricinum*: Grundblätter 2–4 mm breit.

2 | Stern-Hasenohr
Bupleurum stellatum – Apiaceae

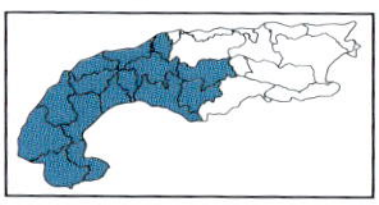

10–40 cm hoch, kahl, blaugrün; Stängel meist blattlos oder mit nur 1–2 Blättern; Blätter lineal-lanzettlich, ganzrandig, unterseits mit 1 Mittelnerv, sonst auffallend netznervig; Hüllblätter 2–4, Hüllchenblätter 8–12, meist bis über die Mitte verwachsen. Blütezeit VII–VIII.
VERWECHSLUNG: Das Felsen-H., *B. petraeum*, hat Blätter mit mehreren Längsnerven und kaum Netznerven. Das Langblatt-H., *B. longifolium*, ist 30–80 cm hoch und besitzt zahlreiche Stängelblätter.
LEBENSRAUM: Felsige Hänge, Weiderasen, Felsspalten, Schuttfluren; kalkmeidend. 1200–2600 m NN, vereinzelt auch tiefer, wie im Tessiner Val Onsernone (640 m NN) oder höher, wie am Südhang des Gornergrates bei Zermatt (2800 m NN).
VERBREITUNG: Alpisch-korsische Art.

3 | Wimper-Kälberkropf
Chaerophyllum hirsutum – Apiaceae

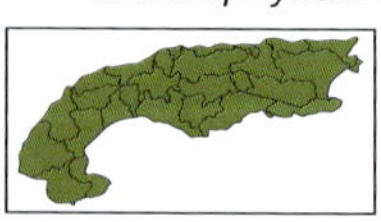

30–100 cm hoch, behaart bis fast kahl; Blätter 2–3-fach gefiedert, unterste Teilblätter fast so groß wie der Rest der Blattspreite; Krone weiß bis rosa. Blütezeit V–VII.
VERWECHSLUNG: Beim Alpen-K., *Ch. villarsii*, sind die untersten Teilblätter viel kleiner als die restliche Blattspreite, die Pflanze ist borstig behaart.
LEBENSRAUM: Feuchte Fettwiesen, Hochstaudenfluren, Bachufer, schattig-feuchte Wälder. Bis 2500 m NN.
VERBREITUNG: Europäisch-montane Art.

4 | Alpen-Kälberkropf
Chaerophyllum villarsii – Apiaceae

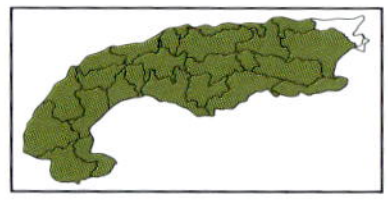

30–100 cm hoch, borstig behaart; Blätter 2–3-fach gefiedert, die untersten Teilblätter sind viel kleiner als die restliche Blattspreite; Blattscheiden der obersten Blätter 3–10 mm lang; Krone weiß, selten rosa. Blütezeit VI–VIII.
VERWECHSLUNG: Mit dem Wimper-K., *Ch. hirsutum*. Beim in den Westalpen endemischen Schön-K., *Ch. elegans*, sind die Blattscheiden der obersten Blätter 15–20 mm lang.
LEBENSRAUM: Hochstaudenfluren, lichte Wälder, Bergwiesen, Bachufer. 1000–2500 m NN.
VERBREITUNG: Südeuropäisch-montane Art.
NAME: Benannt zu Ehren des französischen Botanikers und Arztes Dominique Villars (1745–1814), der sich v. a. um die Erforschung der Flora der Dauphine, der Provence und des Languedoc verdient gemacht hat.

5 | Glanz-Mutterwurz
Coristospermum lucidum subsp. *seguieri* – Apiaceae (Syn.: *Ligusticum lucidum*)

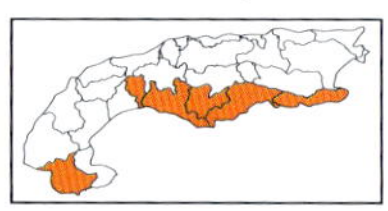

60–130 cm hoch, kahl; Blätter 4-fach gefiedert, Blattzipfeln lineal, mit hellen Spitzchen; Dolden 30–50-strahlig; Hüllblätter 0–3, einfach, Hüllchenblätter 5–8, pfriemlich; Krone weiß. Blütezeit VI–VIII.
VERWECHSLUNG: Die Piemont-Mutterwurz, *Ligusticum ferulaceum*, hat fiederteilige Hüllblätter und 15–25-strahlige Dolden.
LEBENSRAUM: Steinige Hänge, Buschwälder; kalkstet. Bis 2000 m NN.
VERBREITUNG: Südeuropäisch-montane Art.
NAME: Benannt zu Ehren des französischen Jesuiten und Naturforschers Jean Francois Séguier (1703–1784), der sich u. a. der Erforschung der Flora Südtirols verdient gemacht hat.

1

2

3A

3B

4A

4B

5A

5B

1 | Alpen-Mannstreu
Eryngium alpinum – Apiaceae

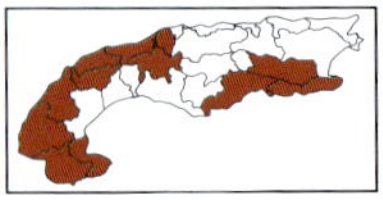

40–80 cm hoch; Grundblätter lang gestielt, Spreite ungeteilt; obere Blätter tief geteilt, grannig gezähnt; Blüten dicht gedrängt auf einer verlängerten Achse sitzend, Blütendolde von vielspaltigen, amethystblauen, langborstigen Hüllblättern umgeben und überragt. Blütezeit VII–VIII.
VERWECHSLUNG: Kaum.
LEBENSRAUM: Hochstaudenfluren, felsige Weiden; kalkliebend. 1500–2400 m NN.
VERBREITUNG: Alpisch-illyrische Art der Alpen, des französischen Hochjuras und der nordbalkanischen Gebirge, südlich bis Montenegro.
ANMERKUNG: Ein alter Brauch der Älpler war es, die symmetrisch aufgebaute Pflanze an einem Faden in der Stubenmitte aufzuhängen. Durch die aufsteigende Wärme wird die Pflanze in eine kreisende Bewegung versetzt. Diese Gepflogenheit ist auch der Grund, warum sie in der Pflanzensymbolik für das wandelnde Glück steht. Volksnamen wie „Laufende Distel" oder „Unruh" beziehen sich ebenfalls auf diesen Brauch.

2 | Weißstachel-Mannstreu
Eryngium spinalba – Apiaceae

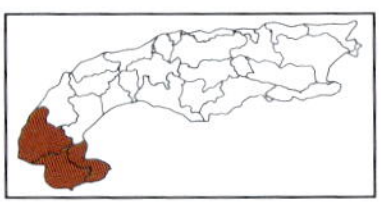

20–60 cm hoch; Grundblätter lang gestielt, Spreite unregelmäßig gelappt, grob dornig gezähnt; Blüten in länglich-eiförmigen Doldenköpfchen, unscheinbar grün, später blauweiß bis silbergrau; Hüllblätter silbrig grün. Blütezeit VI–VIII.
VERWECHSLUNG: Das Alpen-M., *E. alpinum*, hat amethystblaue Hüllblätter und ungeteilte Grundblätter.
LEBENSRAUM: Steinige Rasen, Geröll; kalkliebend. 1200–2100 m NN.
VERBREITUNG: Endemit der Westalpen.

3 | Kerndolde
Grafia golaka – Apiaceae

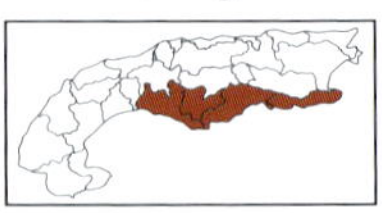

40–100 cm hoch, kahl, seegrün; Blätter glänzend, bis 30 cm lang, im Umriss dreieckig-eiförmig; Dolden ± 20-strahlig; Hüllblätter zahlreich, einfach oder 2-spaltig; Hüllchenblätter ± nur auf der Außenseite der Döldchen ausgebildet; Kronblätter ausgerandet. Blütezeit VI–VIII.
VERWECHSLUNG: Mit der Österreich-Rippendolde, *Pleurospermum austriacum*, bei der aber die Kronblätter nicht ausgerandet und die Hüllblätter fiederteilig sind.
LEBENSRAUM: Felsige Wiesen, Weiden, lichtes Gebüsch; kalkhold. 600–1500 m NN.
VERBREITUNG: Südosteuropäisch-montane Art.
NAME: Benannt zu Ehren des untersteirischen Apothekers und Botanikers Sigmund Graf (1801–1838), der sich um die Erforschung der Flora von Krain verdient gemacht hat.

4 | Schaftdolde
Hacquetia epipactis – Apiaceae

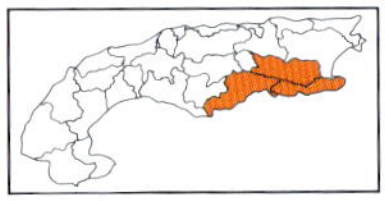

8–20 cm hoch; Blätter alle grundständig, 3–5-schnittig, langgestielt; Blattstiel 3-kantig; Hüllblätter auffallend, 5–6, vorne stumpf, gesägt bis gekerbt. Blütezeit III–V.
VERWECHSLUNG: Keine.
LEBENSRAUM: Edellaubwälder, Waldränder; kalkliebend. Bis etwa 1700 m NN.
VERBREITUNG: Südosteuropäisch-montane Art von den Südostalpen bis zu den Karpaten.
NAME: Der Gattungsname ehrt Balthasar Hacquet (1739–1815), der v. a. die Flora Kärntens, der Untersteiermark und Istriens erforschte und in diesen Gebieten etliche neue Arten entdeckte.
ANMERKUNG: Die Schaftdolde besiedelt einerseits die Südostalpen und die anschließenden illyrischen Gebirge, andererseits die Westkarpaten und deren Vorland. Aufgrund ihrer taxonomisch stark isolierten Stellung schreibt man der monotypischen Schaftdolde ein entwicklungsgeschichtlich hohes Alter zu.

5 | Zwerg-Bärenklau
Heracleum pumilum – Apiaceae

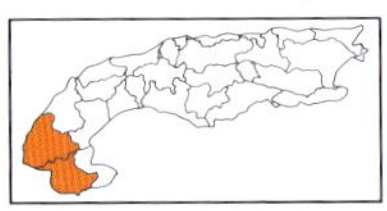

10–30 cm hoch; Blätter glänzend, dunkelgrün, in 3 Teilblätter geteilt, diese wiederum 3-fach gefiedert; Dolde 3–6-strahlig; Hüll- und Hüllchenblätter meist fehlend; äußere Kronblätter der Randblüten nur leicht vergrößert. Blütezeit VI–VIII.
VERWECHSLUNG: u. a. mit dem Kümmel-Haarstrang, *Peucedanum carvifolia*, der aber 30–80 cm hoch ist und dessen Dolden 6–18-strahlig sind.
LEBENSRAUM: Felsschutt, sonnenexponierte Felsen; kalkstet. 1500–2200 m NN.
VERBREITUNG: Endemit der Westalpen.

1A

1B

2

3

4

5

1 | Weiße Österreich-Bärenklau
Heracleum austriacum subsp. *austriacum* – Apiaceae

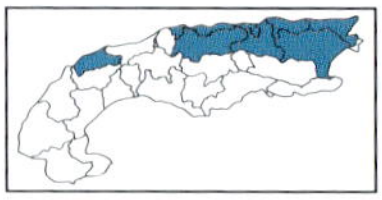

20–50 cm hoch; Blätter einfach gefiedert, mit 1–3 entfernt stehenden Fiederpaaren; Blättchen eiförmig, gezähnt, Endblättchen rundlich; Dolde 7–13-strahlig; Kronblätter weiß, die äußeren stark vergrößert, 5–8 mm lang, ihre beiden Zipfel je 1–2,3 mm breit. Blütezeit VII–IX.

VERWECHSLUNG: Die Rote Österreich-B., *H. austriacum* subsp. *siifolium*, hat rosa Kronblätter mit äußeren Kronblättern, deren Zipfel je 1,8–3,5 mm breit sind.
LEBENSRAUM: Steinschuttrasen, Hochstaudenfluren, lichtes Gebüsch; kalkliebend. 600–2100 m NN.
VERBREITUNG: Endemit der Alpen.

2 | Rote Österreich-Bärenklau
Heracleum austriacum subsp. *siifolium* – Apiaceae

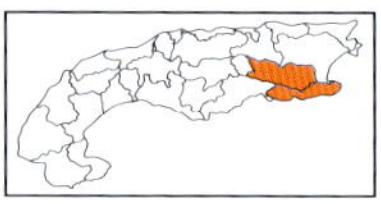

20–50 cm hoch; Blätter einfach gefiedert, mit 1–3 entfernt stehenden Fiederpaaren; Blättchen eiförmig, gezähnt, Endblättchen rundlich; Dolde 6–10-strahlig; Kronblätter rosa, die äußeren stark vergrößert, 6–10 mm lang, ihre beiden Zipfel je 1,8–3,5 mm breit. Blütezeit VII–IX.

VERWECHSLUNG: Mit der Weißen Österreich-B., *H. austriacum* subsp. *austriacum*. Die Groß-Bibernelle, *Pimpinella major*, hat oft ebenfalls rosa Blüten, allerdings sind ihre äußeren Kronblätter nicht vergrößert.
LEBENSRAUM: Steinschuttrasen, Hochstaudenfluren, lichtes Gebüsch; kalkliebend. 1100–2000 m NN.
VERBREITUNG: Endemit der Ostalpen.

3 | Berg-Bärenklau
Heracleum sphondylium subsp. *elegans* – Apiaceae

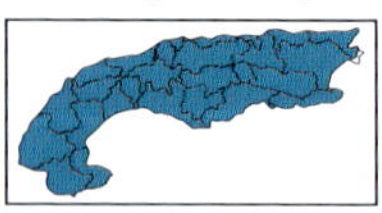

70–200 cm hoch; Stängel borstig behaart; grundständige Blätter nicht gefiedert, im Umriss rundlich, tief 3–7-lappig, mit zugespitzten Lappen; Dolden 15–30-strahlig; Hüllblätter 0–3, Hüllchenblätter mehrere, schmal-lineal; Kronblätter meist weiß, die äußeren einseitig vergrößert. Blütezeit VI–VIII.

VERWECHSLUNG: Die Wiesen-B., *H. sphondylium* subsp. *sphondylium*, hat einfach gefiederte, grundständige Blätter mit 3–7, meist gestielten Blättchen.
LEBENSRAUM: Hochstaudenfluren, Bergwiesen, feuchte Wälder, Karfluren. 800–2500 m NN.
VERBREITUNG: Südeuropäisch-montane Sippe.
ANMERKUNG: Die Wiesen-Bärenklau, *Heracleum sphondylium* s. lat., tritt in den Alpen ausgesprochen formenreich auf. Immer wieder treten Pflanzen mit fein gefiederten Blattspreiten auf, auch bildet sie Hybriden mit der eingeführten Riesen-Bärenklau, *Heracleum mantegazzianum*.

4 | Frankreich-Laserkraut
Laserpitium gallicum – Apiaceae

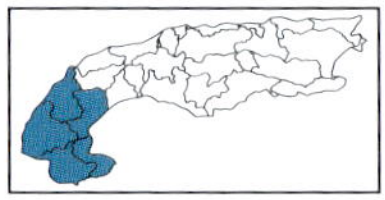

30–150 cm hoch; Blätter dunkelgrün, oberseits glänzend; Blättchen keilförmig bis lanzettlich; Dolden 20–50-strahlig; Hüll- und Hüllchenblätter vorhanden, hautrandig; Hautrand der Hüllchenblätter schmaler als der grüne Mittelstreif. Blütezeit VI–VII.

VERWECHSLUNG: Beim Berg-L., *L. siler*, sind die Blätter blaugrün und ohne Glanz.
LEBENSRAUM: Felsschutt, lichtes Gebüsch, steinige Magerrasen; kalkstet. Bis etwa 2200 m NN.
VERBREITUNG: Südwesteuropäisch-montane Art.

5 | Haller-Laserkraut
Laserpitium halleri – Apiaceae

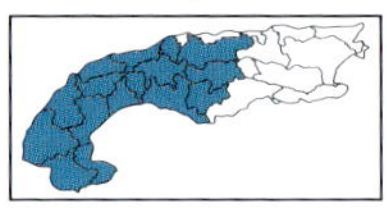

15–60 cm hoch; untere Blätter 4–5-fach fiederschnittig, Blattzipfeln 0,5–1,5 mm breit; Dolden 15–40-strahlig; Hüll- und Hüllchenblätter mit bewimpertem Hautrand. Blütezeit VI–VIII.

VERWECHSLUNG: u. a. mit der Alpen-Augenwurz, *Athamanta cretensis*, die aber graugrüne Blätter und 5–12-strahlige Dolden hat und über Kalk wächst.
LEBENSRAUM: Steinige Rasen, trockenwarme Hänge, lichte Wälder; kalkmeidend. 1200–2600 m NN, vereinzelt auch tiefer, wie im Schaldererertal bei Brixen (900 m NN).
VERBREITUNG: Endemit der Alpen.
NAME: Benannt zu Ehren des Schweizers Albrecht von Haller (1708–1777), der sich u. a. um die Schweizer Flora verdient gemacht hat.

1A

1B

2

3

4

5

1 | Gaudin-Laserkraut

Laserpitium krapfii subsp. *gaudinii* – Apiaceae

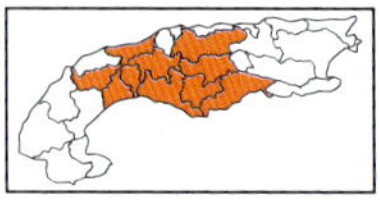

60–120 cm hoch; Stängel blau bereift; Blätter 1–2-fach gefiedert; Blättchen nochmals 3-teilig; Dolden 7–15-strahlig; Hüllblätter 0–5, hinfällig; Hüllchenblätter mehrere; Krone grüngelb. Blütezeit VI–VIII.

VERWECHSLUNG: Mit dem Breitblatt-L., *L. latifolium*.

LEBENSRAUM: Steinige Hänge, Gebüsche, lichte Wälder. Bis 2400 m NN.

VERBREITUNG: Ostalpisch-illyrische Unterart.

NAME: Benannt zu Ehren des Schweizer Botanikers Jean Gaudin (1766–1833), Verfasser einer „Flora Helvetica".

2 | Breitblatt-Laserkraut

Laserpitium latifolium – Apiaceae

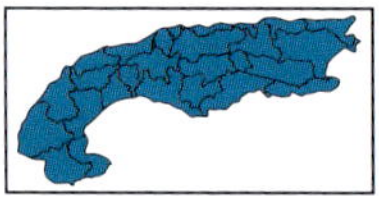

50–120 cm hoch; Blätter 1–2-fach gefiedert; Blättchen eiförmig, oft asymmetrisch, blaugrün, stumpf gezähnt; Dolden 25–40-strahlig; Hüll- und Hüllchenblätter zahlreich; Kronblätter weiß; Früchte wellig geflügelt (Bild **2B**). Blütezeit VI–VIII.

VERWECHSLUNG: Das Gaudin-L., *L. krapfii* subsp. *gaudinii*, hat 7–15-strahlige Dolden und grünlich gelbe Kronblätter. Das in den insubrischen Alpen endemische Glanz-L., *L. nitidum* (Bild **2C**), hat grüne, gesägte Blättchen, bei denen die Zähne in eine Stachelspitze auslaufen und 12–25-strahlige Dolden.

LEBENSRAUM: Steinige Hänge, Gebüsche, lichte Wälder; kalkliebend. Bis 2400 m NN.

VERBREITUNG: Europäische Art.

3 | Haarstrang-Laserkraut

Laserpitium peucedanoides – Apiaceae

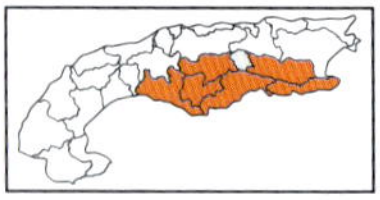

30–60 cm hoch, kahl; Blätter 2–3-fach 3-zählig; Blättchen schmal-lanzettlich, ganzrandig, 15–100 mm lang, 2–12 mm breit; Doldenstrahlen 5–15; Hüll- und Hüllchenblätter vorhanden; Kronblätter weißlich bis blassrötlich. Blütezeit VI–VIII.

VERWECHSLUNG: v. a. mit dem Berg-L., *L. siler*, das aber 20–50-strahlige Dolden hat.

LEBENSRAUM: Steinige, trockene Hänge, Gebüsche, Bergwiesen; kalkliebend. Bis 2200 m NN.

VERBREITUNG: Ostalpisch-illyrische Art.

4 | Berg-Laserkraut

Laserpitium siler – Apiaceae

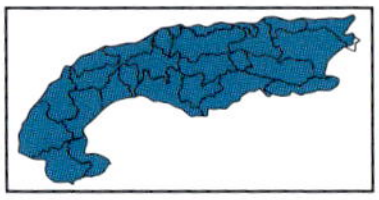

30–120 cm hoch; Blätter blaugrün, kahl, 2–4-fach gefiedert; Blättchen 15–70 mm lang und 3–25 mm breit, mit hellem, schmalem Knorpelrand; Dolden 20–50-strahlig; Hüll- und Hüllchenblätter vorhanden. Blütezeit VI–VIII.

VERWECHSLUNG: Das Haarstrang-L., *L. peucedanoides*, hat 5–15-strahlige Dolden.

LEBENSRAUM: Trockene, steinige, sonnige Hänge, Gebüsche, Schutthalden, lichte Wälder; kalkliebend. Bis etwa 2500 m NN.

VERBREITUNG: Südeuropäisch-montane Art von den Pyrenäen bis zu den Gebirgen der Balkanhalbinsel.

5 | Bärwurz

Meum athamanticum – Apiaceae

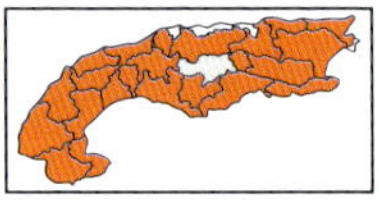

10–50 cm hoch, stark aromatisch; Blätter mehrfach gefiedert mit dunkelgrünen, haarfeinen, 0,2–0,3 mm breiten Blattzipfeln; Dolden 3–15-strahlig; Hüllblätter 0–6, Hüllchenblätter zahlreich, lanzettlich; Kronblätter weiß, nicht selten auch rosa überlaufen. Blütezeit V–VIII.

VERWECHSLUNG: v. a. mit der Südtirol-Augenwurz, *Athamanta vestina*, (siehe S. 34).

LEBENSRAUM: Bergwiesen, Weiderasen, Geröllhalden, Krummholz. 850–2900 m NN.

VERBREITUNG: Europäische Art von den Gebirgen Spaniens bis zu den Gebirgen Rumäniens.

6 | Striemendolde

Molopospermum peloponnesiacum – Apiaceae

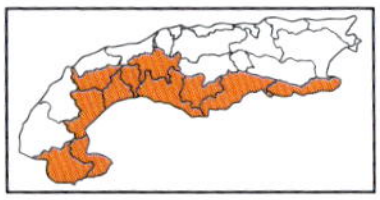

80–150 cm hohe, prächtige Dolde, kahl, beim Zerreiben nach Suppenwürze riechend; Blätter glänzend, groß, 2–4-fach gefiedert, bis 100 cm lang; Teilblätter fiederschnittig, lang ausgezogen, mit vorwärts gerichteten Zipfeln; Hülle und Hüllchen vielblättrig; Enddolde 15–40-strahlig, darunter mehrere quirlig angeordnete Seitendolden. Blütezeit VI–VII.

VERWECHSLUNG: u. U. mit der Süßdolde, *Myrrhis odorata*, der aber die Hüllblätter fehlen.

LEBENSRAUM: Beraste, felsige Abhänge. Bis 2100 m NN.

VERBREITUNG: Südwesteuropäisch-montane Art.

1
2A
2B
2C
3
4
5
6

1 | Alpen-Mutterwurz
Mutellina adonidifolia – Apiaceae (Syn.: *Ligusticum mutellina*)

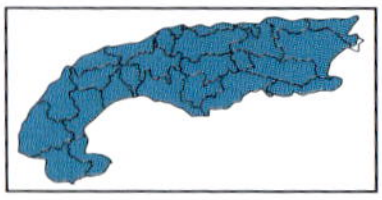

10–50 cm hoch, am Stängelgrund mit Faserschopf; Blätter 2-fach gefiedert, Blattzipfeln ca. 1 mm breit; Hüllblätter 0–2, ganzrandig (wenn vorhanden), Hüllchenblätter meist 3, schmal-lanzettlich, hautrandig; Krone rosa bis weiß. Blütezeit VI–VIII.

VERWECHSLUNG: Mit der Zwerg-Mutterwurz, *Pachypleurum mutellinoides*. Die Alpen-Augenwurz, *Athamanta cretensis*, hat zahlreiche Hüllchenblätter.

LEBENSRAUM: Weiderasen, Hochstaudenfluren. 1100–3000 m NN.

VERBREITUNG: Südeuropäisch-montane Art vom Französischen Zentralmassiv bis zu den Gebirgen Bulgariens.

2 | Süßdolde
Myrrhis odorata – Apiaceae

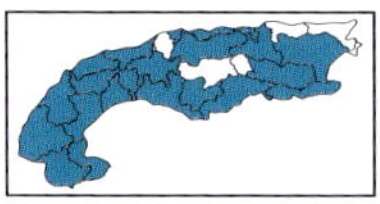

60–120 cm hoch, stark nach Anis riechend; Blattstiele und Knoten zottig behaart; Blätter groß, 2–4-fach gefiedert; Hüllblätter meist fehlend, Hüllchenblätter fast völlig weißhäutig; Doldenstrahlen weichhaarig; Frucht 2–2,5 cm lang. Blütezeit VI–VII.

VERWECHSLUNG: Von den ähnlichen Kälberkropf-, *(Chaerophyllum)* und Kerbel-Arten *(Anthriscus)* unterscheidet sich die Süßdolde durch den typischen Anisgeruch und die fast völlig weißhäutigen Hüllchenblätter.

LEBENSRAUM: Hochstaudenfluren, Waldschläge, Grauerlenwälder; kalkliebend. Bis etwa 2300 m NN.

VERBREITUNG: Südeuropäisch-montane Art.

ANMERKUNG: Der Status mancher Vorkommen, ob ursprünglich oder verwildert, ist durch die ehemals häufige Kultur als Gewürz-, Arznei- und Gemüsepflanze fraglich.

3 | Zwerg-Mutterwurz
Pachypleurum mutellinoides – Apiaceae (Syn.: *Ligusticum mutellinoides*)

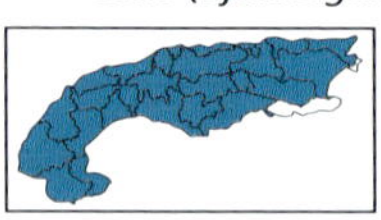

5–15 cm hoch, am Stängelgrund ohne Faserschopf; Blätter 1–2-fach gefiedert, Blattzipfel ca. 1 mm breit; Dolden 12–20-strahlig; Hüllblätter 5–10, fiederschnittig, Hüllchenblätter zahlreich; Krone weiß bis rosa. Blütezeit VII–VIII.

VERWECHSLUNG: Die Alpen-Mutterwurz, *Mutellina adonidifolia*, hat 0–2 Hüllblätter.

LEBENSRAUM: Rasen auf tiefgründigen, meist kalkarmen Böden, windexponierte Grate, Nacktriedrasen. 1600–3350 m NN.

VERBREITUNG: Alpisch-karpatische Art.

4 | Meisterwurz
Peucedanum ostruthium – Apiaceae

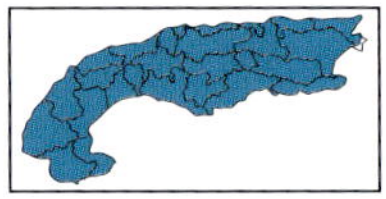

30–100 cm hoch; Stängel hohl, kahl (nur unter den Dolden flaumig), stielrund, gerillt; Blätter 3-zählig zusammengesetzt, Blättchen verschieden tief 3-teilig; Dolden 15–50-strahlig; Hüllblätter 0–1, Hüllchenblätter wenige. Blütezeit VI–VIII.

VERWECHSLUNG: Mit der Berg-Bärenklau, *Heracleum sphondylium* subsp. *elegans*, der aber einen kantig gefurchten, borstig behaarten Stängel hat.

LEBENSRAUM: Hochstaudenfluren, Lägerfluren, feuchte Wiesen, Bachufer. 1200–2800 m NN, vereinzelt auch tiefer, wie im Tessin bei Magadino-Vira (210 m NN).

VERBREITUNG: Südeuropäisch-montane Art.

ANMERKUNG: Die Meisterwurz wird traditionell als Heilpflanze genutzt, auch zur Herstellung von Kräuterschnaps und Kräuterkäse wird sie verwendet, genauso wie zum Räuchern der Stube in der Weihnachtszeit.

5 | Raibl-Haarstrang
Peucedanum rablense – Apiaceae (Syn.: *P. austriacum* subsp. *rablense*)

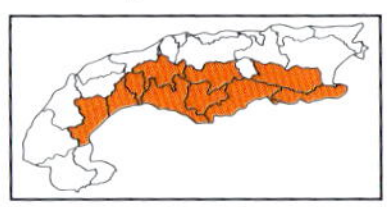

60–120 cm hoch, kahl; Blattzipfeln schmal-lineal, 10–20 × so lang wie breit; Dolden 10–20-strahlig; Hüll- und Hüllchenblätter zahlreich, hautrandig. Blütezeit VII–VIII.

VERWECHSLUNG: Beim nahe verwandten Österreich-H., *P. austriacum* (Bild **5B**) sind die Blattzipfeln nur 2–5 × so lang wie breit. Schott-H., *P. schottii* (Bild **5C**), hat 6–10-strahlige Dolden, Hüll- und Hüllchenblätter fehlen meist.

LEBENSRAUM: Sonnige, trockene, felsige Hänge, lichte Wälder, Säume. Etwa 1000–1900 m NN.

VERBREITUNG: Endemit der Alpen.

1
2
3
4
5A
5B
5C

1 | Quirl-Haarstrang
Peucedanum verticillare – Apiaceae

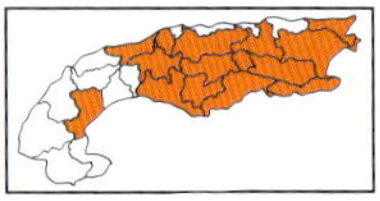

120–250 cm hoch; Stängel hohl, oben quirlig verzweigt; Blätter glänzend, sehr groß, 2–3-fach gefiedert; Blättchen 3–6 cm lang und 2–5 cm breit; Dolden quirlig angeordnet; Doldenstrahlen ungleich lang, vielstrahlig; Hüll- und Hüllchenblätter 0–2; Krone blass grüngelb. Blütezeit VI–VIII.

VERWECHSLUNG: Das Schweiz-Laserkraut, *Laserpitium krapfii* subsp. *gaudinii*, ist 50–120 cm hoch und hat mehr als 3 Hüllchenblätter.

LEBENSRAUM: Buschige Hänge, Waldränder, Straßenböschungen, Schluchten. Bis etwa 1800 m NN.

VERBREITUNG: Südeuropäisch-montane Art.

2 | Groß-Bibernelle
Pimpinella major – Apiaceae

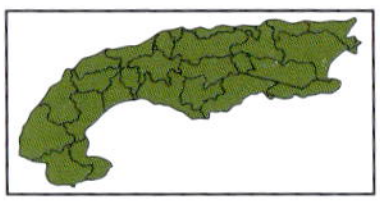

30–80 cm hoch, meist ganz kahl; Stängel kantig gefurcht, meist röhrig hohl, bis oben beblättert; untere Blätter einfach gefiedert, mit 1–4 Blättchenpaaren; Blättchen eiförmig, unregelmäßig gezähnt, die größeren meist gestielt; Dolden 10–15-strahlig; Krone weiß (var. *major*) oder rosa (var. *rubra*, Bild **2B**). Blütezeit VI–IX.

VERWECHSLUNG: Die Alpen-B., *P. alpina* (Bild **2C**), ist fast nur am Grund beblättert, am Stängel fast nur spreitenlose Blattscheiden; die Blättchen sind spitz gezähnt, sitzend; Dolden 5–12-strahlig.

LEBENSRAUM: Wiesen, Weiden, Hochstaudenfluren. Bis etwa 2300 m NN.

VERBREITUNG: Europäische Art, auch im Kaukasus.

ANMERKUNG: Auch das Rosengewächs Kleiner Wiesenknopf, *Sanguisorba minor*, wird manchmal Bibernelle oder Pimpinelle genannt, was aber zur Verwirrung führen kann und so sollte der deutsche Name Bibernelle dem Doldenblütler *Pimpinella* vorbehalten bleiben. Die Arten ähneln sich im Laub, nicht aber in der Blüte.

3 | Österreich-Rippendolde
Pleurospermum austriacum – Apiaceae

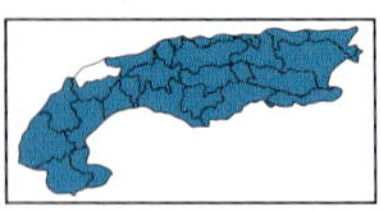

60–150 cm hoch, dunkelgrün glänzend, kahl; Stängel röhrig, gefurcht; Blätter 2–3-fach fiederschnittig, bis 50 cm lang, Blättchen nicht lang ausgezogen; Dolden 15–40-strahlig, groß, 10–15 cm im ∅; Hüll- und Hüllchenblätter zahlreich. Blütezeit VI–VIII.

VERWECHSLUNG: v. a. mit der Kerndolde, *Grafia golaka*, (siehe S. 38) und der Striemendolde, *Molopospermum peloponnesiacum*, die sich aber u. a. durch die lang ausgezogenen Blättchen unterscheidet.

LEBENSRAUM: Hochstaudenfluren, Auwälder, buschige Hänge, Bergwiesen; kalkliebend. Bis etwa 2100 m NN.

VERBREITUNG: Osteuropäische Art von den Westalpen bis Schweden und ins südliche Russland.

4 | Österreich-Sesel
Seseli austriacum – Apiaceae

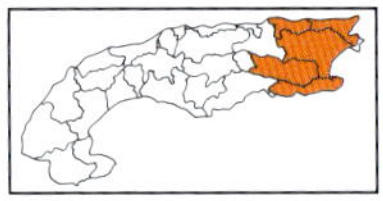

30–80 cm hoch, kahl; Stängel und Blätter blau bereift; untere Blätter 3-fach fiederschnittig mit linealischen, kaum 1 mm breiten Zipfeln; Stängelblätter nach oben rasch an Größe abnehmend; Dolden 9–20-strahlig, Hülle meist fehlend, Hüllchenblätter zahlreich, pfriemlich; Kronblätter etwa 0,75 mm lang. Blütezeit VI–IX.

VERWECHSLUNG: In niederen Lagen des Alpenraums mehrere weitere Sesel-Arten, so der Koch-S., *S. kochii*, in den Südostalpen mit 5–7-strahligen Dolden.

LEBENSRAUM: Felssteppen, Felsnischen; kalkstet. Bis etwa 1600 m NN.

VERBREITUNG: Ostalpisch-karpatische Art.

5 | Heilwurz
Seseli libanotis – Apiaceae
(Syn.: *Libanotis montana*)

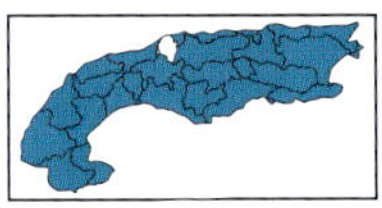

10–120 cm hoch, vielgestaltig (Bilder **5A** und **5B**); Stängel auffallend stark kantig gefurcht; Blätter doppelt gefiedert, Blattzipfeln ± dreieckig; Hüll- und Hüllchenblätter zahlreich; Dolden 20–40-strahlig; Kelchblätter 0,5–1 mm lang; Frucht behaart. Blütezeit VII–IX.

VERWECHSLUNG: u. a. mit der Alpen-Bibernelle, *Pimpinella alpina*, der aber Hüll- und Hüllchenblätter fehlen. Die Hirschwurz, *Cervaria rivini*, hat kahle Früchte und nur wenig grillte Stängel.

LEBENSRAUM: Magerwiesen, felsige Hänge, Gebüschränder; kalkliebend. Bis 2500 m NN.

VERBREITUNG: Europäische Art.

1

2A

2B

2C

3

4

5A

5B

1 | Radblüte
Trochiscanthes nodiflora – Apiaceae

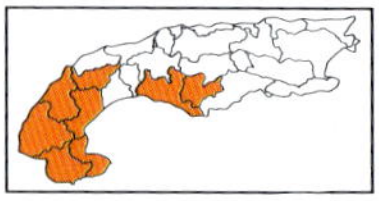

80–200 cm hoch, kahl; Grundblätter sehr groß, 2-fach 3-zählig-fiederschnittig; Dolden klein, zu einer Rispe gehäuft; Döldchen armblütig; Hüllblätter 0–1, Hüllchenblätter 3–5, pfriemlich; Kronblätter weißlich grün. Blütezeit VI–VIII.

VERWECHSLUNG: Keine.

LEBENSRAUM: Laubwälder, buschige Hänge. Bis etwa 1900 m NN.

VERBREITUNG: Alpisch-apenninische Art.

2 | Echt-Schwalbenwurz
Vincetoxicum hirundinaria – Asclepiadaceae

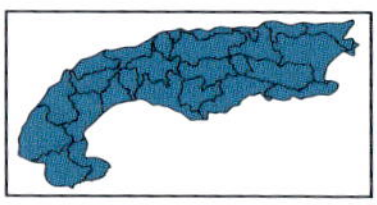

30–100 cm hoch; Blattspreiten herz-eiförmig, zugespitzt, ganzrandig; Krone weiß, gelblich weiß oder grünlich weiß, fast bis zum Grund in 5 Zipfel geteilt; Früchte 3–5 cm lang, schlank kegelförmig, zugespitzt; Samen mit seidigem Schopf. Blütezeit V–VII.

VERWECHSLUNG: Keine.

LEBENSRAUM: Lichte Wälder, Felstrockenrasen, feinerdereiche Kalkschuttfluren; kalkliebend. Bis 1900 m NN.

VERBREITUNG: Eurasiatische Art von Belgien bis ins Altai-Gebiet.

ANMERKUNG: Lange Zeit galt die Echt-Schwalbenwurz als einzige heimische Vertreterin der Seidenpflanzengewächse. Neuerdings wird die Familie aber oft nur als Unterfamilie innerhalb der Hundsgiftgewächse, *Apocynaceae*, gesehen.

3 | Schwarzrand-Schafgarbe
Achillea atrata – Asteraceae

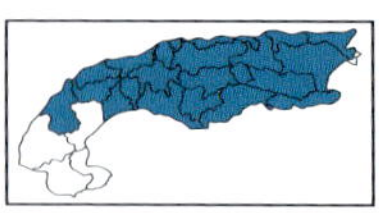

5–25 cm hoch; wenig aromatisch riechend; Blätter fiederschnittig, Blattzipfeln 0,6–1 mm breit, die basalen Abschnitte der mittleren Stängelblätter ungeteilt; Körbe 11–19 mm im ⌀; Hüllblätter schwarz berandet; 7–12 Zungenblüten, diese 5–8 mm lang. Blütezeit VI–IX.

VERWECHSLUNG: Die in den Nordost-Alpen endemische Clusius-Sch., *A. clusiana*, hat 0,3–0,5 mm breite Blattzipfel, alle Abschnitte der mittleren Stängelblätter sind 2–3-zipfelig geteilt.

LEBENSRAUM: Felsschuttrasen, Schneetälchen, Moränen; karbonatstet. 1100–3000 m NN.

VERBREITUNG: Endemit der Alpen.

4 | Bitter-Schafgarbe
Achillea clavennae – Asteraceae

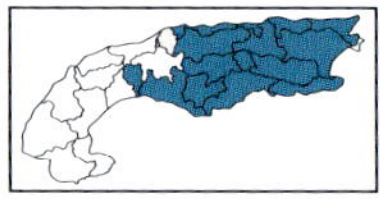

5–30 cm hoch, seidig-filzig behaart; mittlere Stängelblätter fiederlappig bis tief fiederspaltig, beiderseits mit 2–4 Abschnitten; Stängel meist 6–20-körbig; Hülle schwarzbraun berandet; 5–8 Zungenblüten, diese 4–6 mm lang. Blütezeit VI–VIII.

VERWECHSLUNG: Kaum.

LEBENSRAUM: Felsige Hänge, Steinrasen, Felsspalten; basenliebend. 1500–2500 m NN.

VERBREITUNG: Ostalpisch-illyrische Art.

NAME: Benannt zu Ehren des italienischen Botanikers Nicolaus Clavena, von dem 1609 eine Arbeit erschien, welche die Pflanze behandelt.

5 | Großblatt-Schafgarbe
Achillea macrophylla – Asteraceae

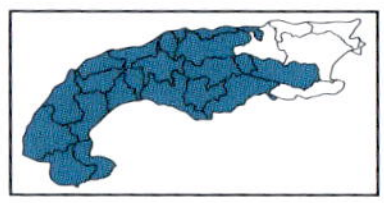

40–100 cm hoch; Blätter fiederschnittig, beiderseits mit 2–8 grob und unregelmäßig gezähnten Abschnitten; Stängel 5–40-köpfig; Hüllblätter braun berandet; 5–7 Zungenblüten, diese 4–7 mm lang. Blütezeit VII–VIII.

VERWECHSLUNG: Kaum.

LEBENSRAUM: Erlengebüsch, Hochstaudenfluren, Schluchtwälder. 1000–2100 m NN.

VERBREITUNG: Alpisch-apenninische Art.

6 | Sudeten-Schafgarbe
Achillea millefolium subsp. *sudetica* – Asteraceae

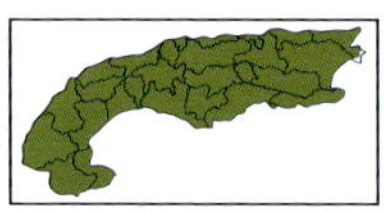

10–50 cm hoch; Grundblätter und untere Stängelblätter länglich, Blattfiedern höchstens 2 × so lang wie breit; Hauptschirm 4–12 cm im ⌀; Hüllblätter meist dunkelbraun berandet; Zungenblüten meist rosa, etwa so breit wie lang; Kronröhre kürzer als die Zunge. Blütezeit VII–X.

VERWECHSLUNG: Die Sippen um die Echt-Schafgarbe, *Achillea millefolium*, bilden eine sehr schwierige Verwandtschaftsgruppe und sind noch nicht ausreichend erforscht. Es gibt im Alpenraum etwa ein Dutzend Arten aus der *Millefolium*-Gruppe. Die rosa Zungenblüten lassen nicht automatisch auf die Sudeten-Schafgarbe schließen.

LEBENSRAUM: Bergwiesen, Rasengesellschaften. Etwa 1000–2900 m NN.

VERBREITUNG: Europäisch-montane Sippe.

1
2A
2B
3
4A
4B
5
6

1 | Moschus-Schafgarbe
Achillea moschata – Asteraceae

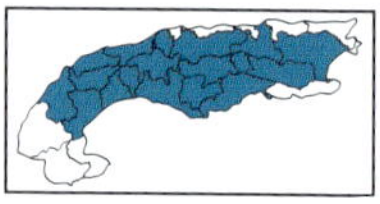

5–20 cm hoch, stark aromatisch riechend; Blätter kahl oder fast kahl, einfach fiederschnittig, Blattabschnitte meist ungeteilt; Stängel 5–15-körbig; Hüllblätter braun berandet; Zungenblüten 3,5–5 mm lang. Blütezeit VI–IX.
VERWECHSLUNG: Die nahe verwandte Westalpen-Sch., *A. erba-rotta*, hat ungeteilte, gezähnte Blätter.
LEBENSRAUM: Lückige Rasen, Steinschuttfluren; kalkmeidend. 1400–3400 m NN.
VERBREITUNG: Endemit der Alpen.

2 | Zwerg-Schafgarbe
Achillea nana – Asteraceae

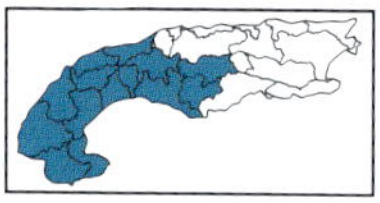

5–15 cm hoch, weißwollig-filzig, stark aromatisch riechend; Blätter fiederschnittig, jederseits mit 6–12 Zipfeln; Stängel meist 4–10-körbig; Hüllblätter dunkelbraun berandet; Zungenblüten 2–3,5 mm lang. Blütezeit VII–VIII.
VERWECHSLUNG: Kaum.
LEBENSRAUM: Gesteinsschutt, Moränen, Felsfluren; kalkmeidend. 1800–3300 m NN.
VERBREITUNG: Endemit der Alpen.

3 | Dolomiten-Schafgarbe
Achillea oxyloba – Asteraceae

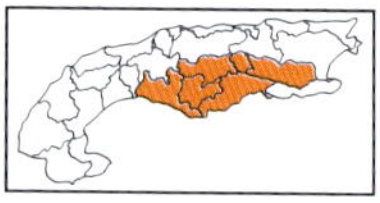

8–20 cm hoch; Stängel einkörbig; Blätter fiederschnittig mit schmal-linealen, etwa 0,5 mm breiten Zipfeln; Korb meist 20–30 mm im ∅; Hüllblätter mit breitem, dunkelbraunem Hautrand; Zungenblüten meist 13–18, 6–10 mm lang. Blütezeit VII–IX.
VERWECHSLUNG: Einkörbige Formen der Schwarz-Sch., *A. atrata*, können für Verwirrung sorgen. Doch treten diese immer zusammen mit der mehrkörbigen Nominatform auf, ihre Zungenblüten sind 4–8 mm lang.
LEBENSRAUM: Felsschutthalden, Felsrasen; karbonatstet. 1500–3200 m NN.
VERBREITUNG: Endemit der Südostalpen.

4 | Grau-Alpendost
Adenostyles alliariae – Asteraceae

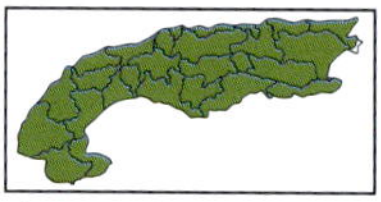

60–160 cm hoch; Blätter unterseits spinnwebig-filzig, Blattränder unregelmäßig gezähnt, obere Blätter geöhrt, ± stängelumfassend; Körbe 3–5-blütig, Spitze der Hüllblätter behaart. Blütezeit VI–VIII.
VERWECHSLUNG: Der Kalk-A., *A. alpina*, hat regelmäßig gezähnte Blätter, die unterseits nur auf den Adern behaart sind und 2–3-blütige Körbe.
LEBENSRAUM: Hochstaudenfluren, Schluchtwälder, Waldränder, Bachufer. 1100–2700 m NN, vereinzelt auch tief herabgeschwemmt, wie in Bruderholz bei Basel (365 m NN).
VERBREITUNG: Südeuropäisch-montane Art.
ANMERKUNG: Hybriden sind innerhalb der Gattung nicht selten.

5 | Kalk-Alpendost
Adenostyles alpina – Asteraceae
(Syn.: *A. glabra*)

30–80 cm hoch; alle Blätter gestielt, obere Blätter nicht geöhrt, unterseits nur auf den Adern behaart; Blattränder regelmäßig gezähnt; Körbe 2–3-blütig, Hüllblätter kahl. Blütezeit VI–VIII.
VERWECHSLUNG: Mit dem Grau-A., *A. alliariae*.
LEBENSRAUM: Schuttfluren, Bergwälder; kalkstet. Bis 2700 m NN.
VERBREITUNG: Südeuropäisch-montane Art.

6 | Weißfilz-Alpendost
Adenostyles leucophylla – Asteraceae

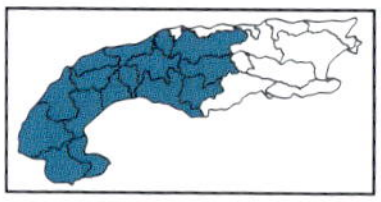

20–40 cm hoch; Stängel, Blattunterseite und Hüllblätter weißfilzig; Blattränder grob gezähnt; Körbe 12–25-blütig; Hüllblätter 7–9. Blütezeit VII–VIII.
VERWECHSLUNG: Möglich mit dem Kalk-A., *A. alpina*, der aber 2–3-blütige Körbe und kahle Hüllblätter hat.
LEBENSRAUM: Steinschuttfluren; auf meist saurem Untergrund. 1900–3000 m NN.
VERBREITUNG: Endemit der Alpen.

1

2

3

4A

4B

5

6A

6B

1 | Karpaten-Katzenpfötchen

Antennaria carpatica – Asteraceae

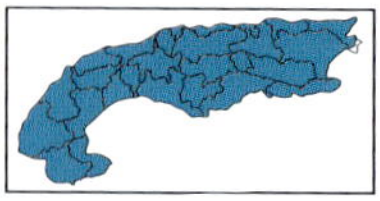

10–20 cm hoch, filzig behaart, ohne Ausläufer, wenige Grundrosetten treibend; Grundblätter verkehrt-eilanzettlich, ± spitz; innere Hüllblätter bräunlichweiß, Blüten daher schmutzigweiß wirkend; Köpfchen zu 2–6 in dichter Doldentraube. Blütezeit VI–VIII.

VERWECHSLUNG: Mit dem Echt-K., *A. dioica*.

LEBENSRAUM: Rasen, steinige Weiden; in meist windausgesetzten Gratlagen. 1400–3100 m NN.

VERBREITUNG: Südeuropäisch-montane Art.

2 | Echt-Katzenpfötchen

Antennaria dioica – Asteraceae

5–20 cm hoch, filzig behaart, mit oberirdischen Ausläufern, zahlreiche Grundrosetten bildend; Grundblätter spatelförmig, bespitzt; 2-häusig, innere Hüllblätter bei den weiblichen Köpfchen rosa, bei den männlichen weiß. Blütezeit V–VII.

VERWECHSLUNG: Das Karpaten-K., *A. carpatica*, hat keine Ausläufer, die Grundblätter sind verkehrt-eilanzettlich-spitz, die inneren Hüllblätter sind bräunlich-weiß.

LEBENSRAUM: Magerrasen; kalkmeidend. Bis 3100 m NN.

VERBREITUNG: Eurosibirisch-nordamerikanische Art.

3 | Karpaten-Hundskamille

Anthemis carpatica – Asteraceae

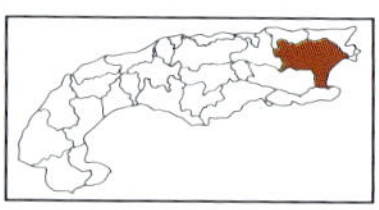

10–25 cm hoch, ausdauernd; Stängel einkörbig; oberer Stängelteil unbeblättert, höchstens mit Hochblättern; Blätter fiederschnittig, etwas derb; Körbe 3–4 cm im ∅; Hüllblätter mit schwarzbraunem Hautrand; Zungenblüten 12–16 mm lang. Blütezeit VII–VIII.

VERWECHSLUNG: Die Alpenmargerite, *Leucanthemopsis alpina*, hat 8–12 mm lange Zungenblüten. Die weiteren Hundskamille-, *Anthemis*-Arten der Alpen besiedeln ruderale Standorte niederer Lagen. Ihre Stängel sind durchwegs mehrkörbig.

LEBENSRAUM: Felsfluren, Felsschutt; kalkmeidend. 1800–2300 m NN.

VERBREITUNG: Südeuropäisch-montane Art. In den Alpen nur in den Seckauer Tauern.

4 | Hainlattich

Aposeris foetida – Asteraceae

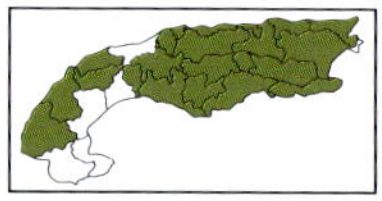

5–25 cm hoch, kahl; Blätter auffallend regelmäßig fiederschnittig; Stängel einkörbig, blattlos; Korb vor dem Aufblühen nickend; Milchsaft unangenehm riechend. Blütezeit VI–VII.

VERWECHSLUNG: Mit dem mediterranen Schweinssalat, *Hyoseris radiata*, bei dem aber die Körbe vor dem Aufblühen aufrecht sind und der auf Ruderalstellen vorkommt.

LEBENSRAUM: Wälder, v. a. in Buchenwäldern; kalkliebend. 800–2300 m NN, vereinzelt auch tiefer.

VERBREITUNG: Südeuropäisch-montane Art. Das Verbreitungsgebiet des Hainsalats reicht von Spanien und Frankreich über die Alpen und die Balkanhalbinsel bis nach Weißrussland und zu den Karpaten.

ANMERKUNG: Die Gattung ist monotypisch, sie ist die einzige Art innerhalb der Gattung *Aposeris*.

5 | Arnika

Arnica montana – Asteraceae

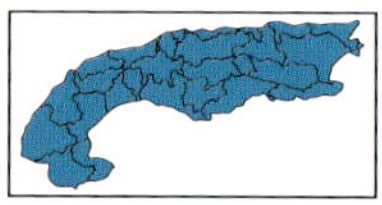

20–50 cm hoch, unverzweigt oder oben mit 2–4 Seitenästen; Grundblätter in einer Rosette, eiförmig bis breit-lanzettlich; Stängel mit 1–2 Blattpaaren; Korbstiele und Hülle mit kurzen Drüsenhaaren und längeren drüsenlosen Haaren; Körbe 4–7 cm im ∅; Korbboden ohne Spreublätter. Blütezeit VI–VIII.

VERWECHSLUNG: Das Ochsenauge, *Buphtalmum salicifolium*, hat keine Blattrosette und wechselständige Stängelblätter. Die Arten der recht ähnlichen Gattung Gamswurz, *Doronicum*, haben am Korbboden Spreublätter (Deckblätter).

LEBENSRAUM: Bodensaure Bergwiesen, Weiden, Niedermoore, Zwergstrauchheiden. Bis etwa 3000 m NN.

VERBREITUNG: Europäische Art.

ANMERKUNG: Arnika war früher im Tiefland genauso verbreitet wie im Gebirge. Durch die Nutzung der Magerwiesen und Heiden als Wirtschaftswiesen oder durch Aufforstung ist die Art dort aber bereits selten geworden. In den höheren Lagen der Alpen findet sie sich durch die weniger intensive Bewirtschaftung noch häufiger.

Arnika wird als Heilpflanze vielfach eingesetzt. Den antiken Schriftstellern war sie als Arzneipflanze allerdings nicht bekannt. Die früheste Erwähnung hierzu findet sich bei Hildegard von Bingen aus dem 12. Jahrhundert.

1

2

3

4

5

1 | Echt-Wermut
Artemisia absinthium – Asteraceae

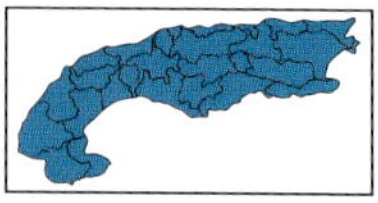

40–120 cm hoch, beim Zerreiben stark aromatisch; Blätter beiderseits anliegend weiß-filzig, 2–3-fach fiederschnittig, mit meist 2–4 mm breiten Zipfeln; Blütenkörbe in einer dichten, allseitswendigen Rispe, nickend, 3–4 mm im ∅. Blütezeit VII–IX.

VERWECHSLUNG: Der Echt-Beifuß, *Artemisia vulgaris*, hat 1–2-fach fiederschnittige, oberseits dunkelgrüne Blätter.

LEBENSRAUM: Ruderalstellen, Weiderasen, Burgruinen, Straßenränder. Bis 2300 m NN.

VERBREITUNG: Alteingebürgerter Kulturbegleiter mit westasiatischer Urheimat.

ANMERKUNG: Wermut ist Bestandteil des Absinth, eines alkoholischen Getränks mit Auszügen von Wermut, Melisse, Fenchel und Anis, das besonders im 19. Jahrhundert zur Modedroge wurde und aufgrund der vermuteten gesundheitsschädlichen Wirkung zeitweise in verschiedenen europäischen Ländern verboten war.

ALLGEMEIN: Die Gattung *Artemisia* umfasst etwa 520 Arten, von denen 54 in Europa beheimatet sind. Im Gebiet der Alpen treten 20 Arten auf, 5 davon (*A. atrata, A. genipi, A. glacialis, A. nivalis* und *A. vallesiaca*) sind in den Alpen endemisch.

2 | Dunkel-Beifuß
Artemisia atrata – Asteraceae

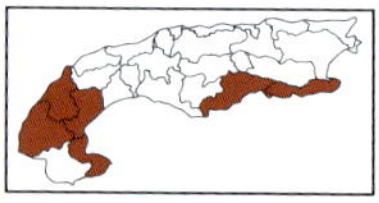

10–40 cm hoch, nicht aromatisch riechend; Blätter doppelt fiederspaltig mit linealen, etwa 1 mm breiten Zipfeln, kahl bis behaart; Korbstand 20–40-körbig, meist einseitswendig, in einer einfachen oder unten mit stark verkürzten Ästen versehenen Traube; Köpfchen meist nickend; Hüllblätter 3,5–4 mm lang, mit einem breiten, schwarzbraunen Rand. Blütezeit VII–VIII.

VERWECHSLUNG: v. a. mit dem Schafgarben-B., *A. chamaemelifolia*, dessen Blütenstand aber mit zahlreichen, kurzen Ästen versehen ist und dessen Hüllblätter 2,5–3 mm lang sind.

LEBENSRAUM: Magerwiesen, Felsschutt; kalkliebend. 1800–2400 m NN.

VERBREITUNG: Endemit der Alpen.

3 | Schafgarben-Beifuß
Artemisia chamaemelifolia – Asteraceae

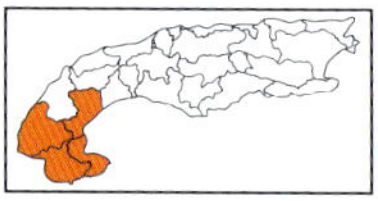

20–60 cm hoch; Blätter doppelt bis 3-fach fiederspaltig mit linealen, etwa 1 mm breiten Zipfeln; Korbstand mit zahlreichen, meist kurzen Ästen; Blütenkörbe 3–6 mm im ∅, breiter als hoch, nickend; Hüllblätter 2,5–3 mm lang, braun berandet. Blütezeit VII–VIII.

VERWECHSLUNG: v. a. allem mit dem Dunkel-B., *A. atrata* und dem Wallis-B., *A. vallesiaca*, bei dem aber die Blütenkörbe 2–3 mm breit und viel länger als breit sind.

LEBENSRAUM: Felsfluren, Steinrasen. Bis etwa 2400 m NN.

VERBREITUNG: Westalpisch-pyrenäische Art.

4 | Schwarz-Edelraute
Artemisia genipi – Asteraceae

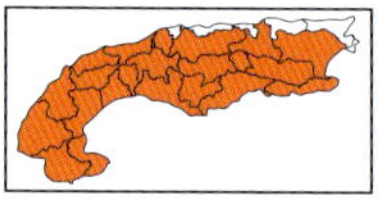

5–20 cm hoch, meist unverzweigt, graufilzig; grundständige Blätter fiederteilig oder 3–5-teilig mit geteilten Abschnitten, mittlere Stängelblätter kurz gestielt bis sitzend und fiederförmig gespalten; Korbstand ährig, allseitswendig, oft nickend; Blütenkörbe aufrecht, eiförmig, 3–4 mm im ∅; Korbboden und Krone kahl; innere Hüllblätter mit schwarzbraunem Hautrand. Blütezeit VII–IX.

VERWECHSLUNG: Mit der Echt-E., *A. mutellina*, (siehe S. 56). Die Wollkorb-E., *A. eriantha*, aus den Südwestalpen hat behaarte Kronen. In den südlichen Walliser Alpen endemisch ist die Schnee-E., *A. nivalis*, die aber gänzlich kahl ist und braunrote Stängel hat.

LEBENSRAUM: Schneefeuchter Felsschutt, Felsen, Moränen. 2100–3800 m NN.

VERBREITUNG: Endemit der Alpen.

5 | Gletscher-Edelraute
Artemisia glacialis – Asteraceae

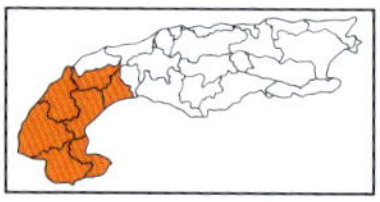

5–15 cm hoch, aromatisch, graufilzig; Blätter meist 3-fach 3-teilig, in ca. 1 mm breite Zipfel geteilt; Blütenkörbe zu 3–10 am Ende des Stängels knäuelig gehäuft; Blütenkörbe halbkugelig, 4–6 mm im ∅; Hüllblätter mit dunkelbraunem Hautrand; Krone goldgelb. Blütezeit VII–VIII.

VERWECHSLUNG: Kaum.

LEBENSRAUM: Felsen, Felsschutt. 2100–3300 m NN.

VERBREITUNG: Endemit der Westalpen.

1A

1B

2

3

4

5

1 | Echt-Edelraute
Artemisia mutellina – Asteraceae
(Syn.: *A. umbelliformis*)

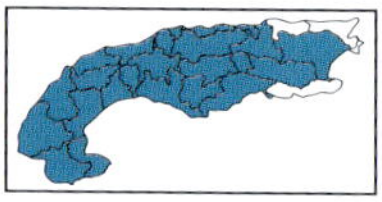

5–20 cm hoch, aromatisch, meist unverzweigt, graufilzig; Blätter in ca. 1 mm breite Zipfel geteilt; mittlere Stängelblätter deutlich gestielt, handförmig geschnitten; Korbstand allseitswendig; Blütenkörbe aufrecht, eiförmig, 3–4 mm im ∅; Korbboden und Krone behaart. Blütezeit VII–VIII.

VERWECHSLUNG: Die Glanz-E., *A. nitida*, hat Blütenkörbe, die 5–7 mm im ∅ haben und zur Blütezeit und danach nickend sind. Bei der Schwarz-E., *A. genipi*, sind die mittleren Stängelblätter kurz gestielt bis sitzend und fiederförmig gespalten. Der Nordisch-Beifuß, *A. borealis*, hat ungeteilte Stängelblätter.

LEBENSRAUM: Felsschutt, Felsspalten. 1900–3700 m NN.

VERBREITUNG: Alpisch-apenninische Art.

2 | Alpen-Aster
Aster alpinus – Asteraceae

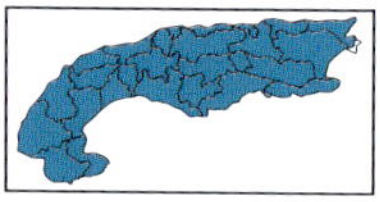

5–20 cm hoch; grundständige Blätter lanzettlich bis länglich-spatelförmig, ganzrandig, stumpf; Stängelblätter schmal-lanzettlich; Körbe 3–4 cm im ∅; Zungenblüten hellviolett. Blütezeit VI–VIII.

VERWECHSLUNG: Keine.

LEBENSRAUM: Magerrasen, Felsrasen. 1100–3100 m NN, vereinzelt auch tiefer, wie am Fläscherberg in Liechtenstein (500 m NN).

VERBREITUNG: Arktisch-alpine Art.

3 | Sternlieb
Bellidiastrum michelii – Asteraceae
(Syn.: *Aster bellidiastrum*)

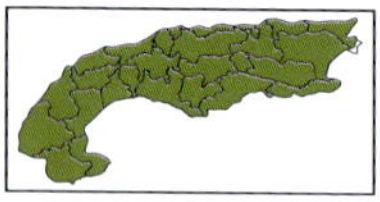

5–25 cm hoch; Stängel einkörbig, blattlos; Grundblätter länglich verkehrt-eiförmig, meist stumpf gezähnt; Körbe 2–3 cm im ∅; Hüllblätter spitz; Röhrenblüten gelb oder weiß (besonders in den Westalpen weiß); Boden des Blütenkorbes nicht hohl. Blütezeit V–VII.

VERWECHSLUNG: Das Gänseblümchen, *Bellis perennis*, hat stumpfe Hüllblätter und einen hohlen Blütenkorbboden.

LEBENSRAUM: Felsbänder, Rutschhänge, lichte Wälder, Quellfluren, Felsrasen; kalkliebend. Bis 2900 m NN.

VERBREITUNG: Südeuropäisch-montane Art.

4 | Berardie
Berardia subacaulis – Asteraceae

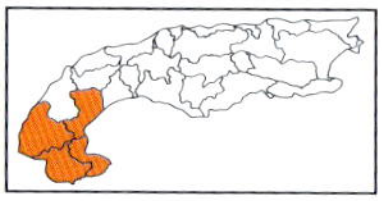

5–15 cm hoch, mit endständigem Blütenkorb; Blattspreiten eiförmig, ober- und unterseits dicht weißfilzig behaart; Blütenkorb 3,5–6 cm im ∅; Hüllblätter lanzettlich, lang zugespitzt, weißfilzig behaart; Röhrenblüten hellgelb. Blütezeit VII–VIII.

VERWECHSLUNG: Keine.

LEBENSRAUM: Schutthalden; gern auf Kalkschiefer. 1500–2900 m NN.

VERBREITUNG: Endemit der Westalpen.

NAME: Benannt zu Ehren des französischen Botanikers und Apothekers Pierre Berard (1580–1662).

5 | Ochsenauge
Buphtalmum salicifolium – Asteraceae

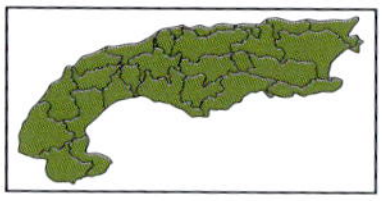

25–50 cm hoch; Stängel behaart, ein bis wenigkörbig; Blätter lanzettlich, ganzrandig bis entfernt gezähnelt; unterste Blätter zur Blütezeit vertrocknet; Körbe 3–6 cm im ∅; Spreublätter (Deckblätter des Blütenkorbes) bis über die Fruchtreife hinaus am Korbboden verbleibend. Blütezeit VI–IX.

VERWECHSLUNG: Bei der ähnlichen Gattung Alant, *Inula*, ist der Korbboden stets ohne Spreublätter. Die Arnika, *Arnica montana*, hat eine deutliche Grundblattrosette.

LEBENSRAUM: Kalkmagerrasen, Gebüsch, Felsrasen; kalkstet. Bis 2200 m NN.

VERBREITUNG: Südeuropäisch-montane Art.

6 | Stieglitz-Ringdistel
Carduus carduelis – Asteraceae

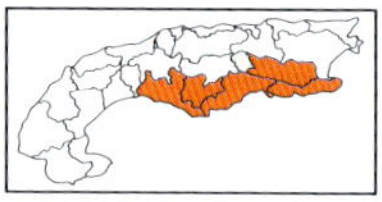

20–80 cm hoch; Blätter unterseits etwas spinnwebig; mittlere Stängelblätter beiderseits mit 6–8 Abschnitten, am Stängel bis zum nächst unteren Knoten herablaufend; Blütenkörbe aufrecht. Blütezeit VI–VIII.

VERWECHSLUNG: Mit der Berg-R., *C. defloratus*, (siehe S. 58).

LEBENSRAUM: Hochstaudenfluren, steinige Weiden, lichte Wälder; kalkliebend. 800–2000 m NN.

VERBREITUNG: Südosteuropäisch-montane Art.

1

2

3

4

5

6

1 | Berg-Ringdistel
Carduus defloratus – Asteraceae

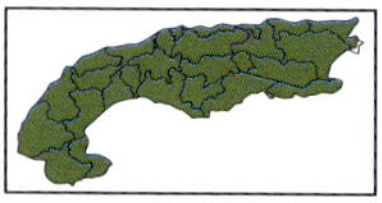

20–80 cm hoch; Stängel unten dicht beblättert und stachelig geflügelt, im obersten Teil blattlos und ungeflügelt; Blattunterseite nicht spinnwebig; Blütenkörbe einzeln, 2,5–3 cm im ⌀. Blütezeit V–VIII.
VERWECHSLUNG: Die Stieglitz-R., *C. carduelis*, ist blattunterseits spinnwebig, später verkahlend.
LEBENSRAUM: Gesteinsfluren, Magerwiesen, Lägerfluren, Hochstaudenfluren, Waldlichtungen.
Bis 3000 m NN.
VERBREITUNG: Südeuropäisch-montane Art.
ANMERKUNG: Ausgesprochen vielgestaltige Art, die in den Alpen in 5 Unterarten auftritt. Diese sind durch Übergangspopulationen miteinander verbunden. Hybriden mit anderen *Carduus*-Arten erschweren das Bestimmen.
- subsp. *defloratus* (= subsp. *viridis*) (Bild **1A**): Blätter grün, unterseits hellgrün, fiederspaltig bis ungeteilt, weichdornig; Blätter unterseits zumindest auf den Nerven behaart.
- subsp. *carlinifolius* (Bild **1B**): Blätter fiederteilig, wellig, mit nach allen Seiten gerichteten, bis 5 mm langen Dornen. In den Südwestalpen.
- subsp. *glaucus* (Bild **1C**): Blätter ungeteilt, auffallend blaugrün, kaum bewehrt; mittlere Hüllblätter 3–4 × so lang wie breit. Alpenostrand.
- subsp. *summanus* (= subsp. *crassifolius*) (Bild **1D**): Blätter ungeteilt, blaugrün, mittlere Hüllblätter 6–8 × so lang wie breit.
- subsp. *tridentinus* (Bild **1E**): Blätter fiederspaltig bis -schnittig, kräftig bedornt, am Rand kraus, blaugrün.

2 | Streit-Ringdistel
Carduus litigiosus – Asteraceae

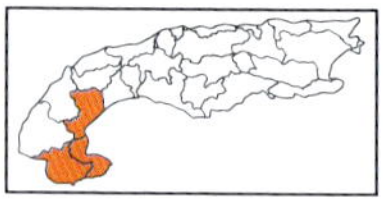

30–100 cm hoch, sehr stark bewehrt; Stängel spinnwebig-filzig; Blätter breitlanzettlich, gelappt, beiderseits spinnwebig-behaart; Körbe meist zu 2–5 gehäuft, 2–3 cm im ⌀. Blütezeit VI–VIII.
VERWECHSLUNG: Mit der Kletten-R., *C. personata*. Die in den französischen Alpen endemische Aurouze-R., *C. aurosicus*, ist 10–30 cm hoch und besiedelt subalpine bis alpine Kalkschutthalden.
LEBENSRAUM: Ruderalstellen, Weiden.
Bis etwa 2000 m NN.
VERBREITUNG: Mediterran-montane Art.
ANMERKUNG: Tritt in den Alpen in 2 Unterarten auf:
- subsp. *litigiosus*: Blattende mit einem 2–4 mm langen Dorn.
- subsp. *horridissimus*: Blattende mit einem 5–15 mm langen Dorn.

3 | Nick-Ringdistel
Carduus nutans – Asteraceae

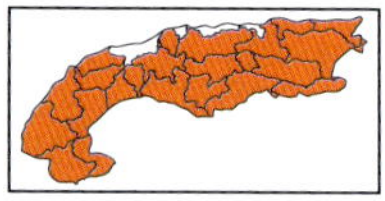

30–100 cm hoch; Stängel bis nahe zu den Blütenkörben beblättert und stachelig geflügelt; Blätter unregelmäßig fiederspaltig; Blütenkörbe nickend oder aufrecht, 3–6 cm im ⌀; mittlere Hüllblätter über einem länglich-eiförmigen Grund ± eingeschnürt.
Blütezeit VI–VIII.
VERWECHSLUNG: Von ähnlichen Arten der Gattung Kratzdistel, *Cirsium*, unterscheiden sich die Ringdistel-Arten, *Carduus*, durch die einfachen, ungefiederten Pappushaare, die bei *Cirsium* gefiedert sind.
LEBENSRAUM: Weiden, trockene, stickstoffreiche Ruderalstellen, Brachen. Bis etwa 2900 m NN.
VERBREITUNG: Europäische Art.
ANMERKUNG: Bei den für die Alpen angegebenen Unterarten subsp. *nutans*, subsp. *alpicola*, subsp. *macrolepis* und subsp. *platylepis* handelt es sich vermutlich um Hybriden mit anderen *Carduus*-Arten.

4 | Kletten-Ringdistel
Carduus personata – Asteraceae

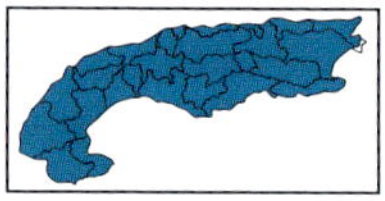

50–150 cm hoch, Pflanze weich und wenig bewehrt; Stängel stachelig-weich geflügelt; untere Blätter leierförmig-fiederteilig, obere Blätter eiförmig, ungeteilt, oberseits grün, unterseits ± spinnwebig-filzig.
Blütezeit VI–VIII.
VERWECHSLUNG: Die Kraus-R., *C. crispus*, hat fiederteilige obere Blätter. Die in den Südwestalpen vorkommende Streit-R., *C. litigiosus*, hat stark bewehrte Stängel und auch oberseits spinnwebig-behaarte Blätter. Greimlers Kratzdistel, *Cirsium greimleri*, hat einen ungeflügelten Stängel.
LEBENSRAUM: Hochstaudenfluren, Bachränder, Erlenwälder. Bis 2400 m NN.
VERBREITUNG: Südeuropäisch-montane Art.

1A
1B
1C
1D
1E
2
3
4

1 | Feder-Flockenblume
Centaurea nervosa – Asteraceae

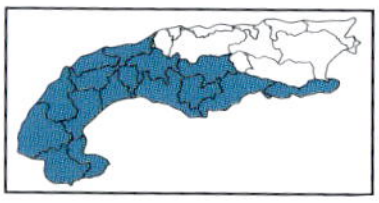

10–40 cm hoch; Stängel einkörbig; Blätter breitlanzettlich, 10–20 mm breit, gezähnt, beidseitig grün und kraus behaart; Hülle ± kugelig, 18–25 mm breit; Hüllblatt-Anhängsel den grünen Teil der Hüllblätter verdeckend; Körbe 4–6 cm im ⌀. Blütezeit VII–VIII.
VERWECHSLUNG: v. a. mit der Einkorb-F., *C. uniflora*. Die vielgestaltige, in den Südwestalpen endemische Jordan-F., *C. jordaniana*, ist niederliegend bis aufsteigend und hat im ⌀ 2–4 cm breite Körbe.
LEBENSRAUM: Magerrasen, Bergwiesen, Krummholzgebüsch. 1100–2700 m NN.
VERBREITUNG: Südeuropäisch-montane Art.
ALLGEMEIN: Die Kornblume, ehemals *Centaurea cyanus* und die Gruppe um die Berg-Flockenblume, ehemals *Centaurea montana* agg. wurde aufgrund neuerer Untersuchungen als eigene Gattung *Cyanus* von *Centaurea* abgetrennt.

2 | Schwärzlich-Flockenblume
Centaurea nigrescens – Asteraceae
(Syn.: *C. dubia*)

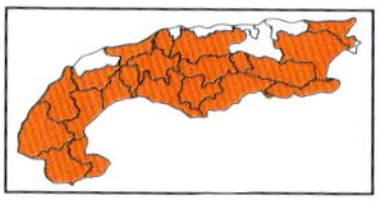

20–80 cm hoch; Blätter ungeteilt, höchstens die untersten manchmal fiederteilig; Hülle schwarz-grün gescheckt, die grünen Teile werden von den schwärzlichen nur teilweise verdeckt; Hüllblattanhängsel weniger als 2,5 mm lang (ohne Fransen gemessen). Blütezeit VI–IX.
VERWECHSLUNG: Bei der in den Südwestalpen vorkommenden Schwarz-F., *C. nigra* (Bild **2B**), fehlen die strahlenden Zungenblüten. Die in den Südostalpen endemische Julisch-F., *C. julica*, hat große, 5–9 mm lange, fast kreisrunde, hellbraune Hüllblattanhängsel.
LEBENSRAUM: Wiesen, Weiden, Hochstaudenfluren. Bis 2200 m NN.
VERBREITUNG: Südosteuropäische Art.

3 | Perücken-Flockenblume
Centaurea pseudophrygia – Asteraceae

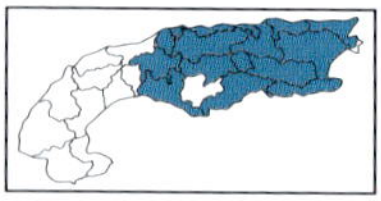

30–80 cm hoch; Stängel mehrkörbig; Blätter rau, aber nicht spinnwebig; mittlere Stängelblätter eiförmig, 2–3 × so lang wie breit; obere Blätter mit abgerundetem bis herzförmigem Grund sitzend; Hülle ± kugelig, 15–20 mm breit. Blütezeit VII–IX.
VERWECHSLUNG: Die in den Alpen auf den Ostsaum beschränkte Schmalschuppen-F., *C. stenolepis* (Bild **3B**) hat mittlere Stängelblätter, die 3–4 × so lang wie breit sind. Bei der Feder-F., *C. nervosa*, sind die Stängel einkörbig.
LEBENSRAUM: Wiesen, Waldränder; meist über kalkarmem Untergrund. Bis etwa 2300 m NN.
VERBREITUNG: Europäische Art.

4 | Skabiosen-Flockenblume
Centaurea scabiosa – Asteraceae

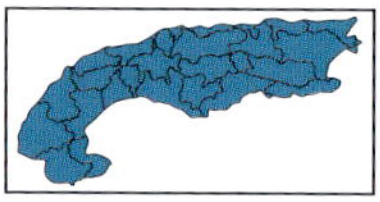

30–100 cm hoch; Stängel meist mehrkörbig; Blätter 1–2-fach fiederteilig; Hülle 15–30 mm breit; Krone purpurn, Randblüten stark vergrößert. Blütezeit VI–VIII.
VERWECHSLUNG: Die ausgesprochen vielgestaltige Wiesen-F., *C. jacea*, hat ungeteilte Blätter.
LEBENSRAUM: Magerwiesen, Halbtrockenrasen, Felsrasen; kalkliebend. Bis etwa 2500 m NN.
VERBREITUNG: Eurasiatische Art.
ANMERKUNG: Tritt in den Alpen in 5 Unterarten auf:
- subsp. *scabiosa*: gesamtes Alpengebiet.
- subsp. *alpestris*: fast gesamtes Alpengebiet.
- subsp. *badensis*: Thermenlinie in Niederösterreich.
- subsp. *fritschii*: Südostalpen.
- subsp. *tenuifolia*: Aostatal bis Trentin.

5 | Einkorb-Flockenblume
Centaurea uniflora – Asteraceae

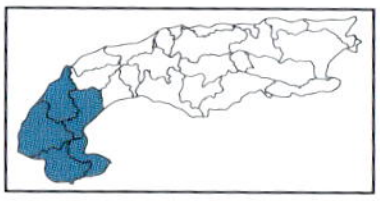

10–40 cm hoch, weißfilzig behaart; Stängel einkörbig; Blätter lanzettlich, 5–12 mm breit, 4–12 × so lang wie breit, kaum gezähnt; Hülle ± kugelig, 15–25 mm breit. Blütezeit VII–VIII.
VERWECHSLUNG: Die Feder-F., *C. nervosa*, hat deutlich gezähnte Blätter. Diese sind meist breiter als 10 mm. Bei der Graubünden-F., *C. rhaetica* (Bild **5B**), ist die Hülle 8–15 mm breit, die Blätter sind dunkelgrün.
LEBENSRAUM: Trockene Magerwiesen, lichtes Gebüsch. 1200–2600 m NN.
VERBREITUNG: Westalpisch-apenninische Art.

1
2A
2B
3A
3B
4
5A
5B

1 | Akanthus-Golddistel
Carlina acanthifolia – Asteraceae

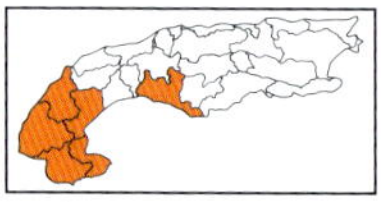

3–10 cm hoch; einkörbig; Blätter rosettig gehäuft, bis etwas über die Mitte fiederteilig, unterseits spinnwebig-filzig; Korb mit ausgebreiteten Hüllblättern 7–18 cm im ∅; innere Hüllblätter oberseits strohgelb. Blütezeit VII–IX.

VERWECHSLUNG: Keine.

LEBENSRAUM: Trockenrasen, Weiden, Böschungen. Bis etwa 2400 m NN.

VERBREITUNG: Südeuropäisch-montane Art.

2 | Silberdistel
Carlina acaulis – Asteraceae

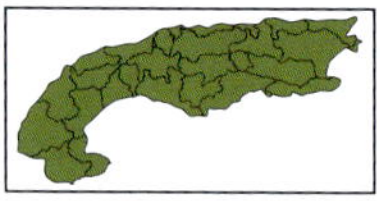

3–40 cm hoch; Stängel einkörbig; Blätter am Grunde rosettig gehäuft, fiederteilig; Korb mit ausgebreiteten Hüllblättern 5–11 cm im ∅; innere Hüllblätter oberseits silbrig-weiß. Blütezeit VI–IX.

VERWECHSLUNG: Keine.

LEBENSRAUM: Magere Weiden und Wiesen, Böschungen. Bis 2800 m NN.

VERBREITUNG: Südeuropäisch-montane Art.

ANMERKUNG: Tritt in den Alpen in 2 Unterarten auf:
- subsp. *acaulis*: Blattspreite ± gewellt, mittlere Abschnitte höchstens bis zur Mitte geteilt; 3–10 cm hoch.
- subsp. *caulescens*: Blattspreite kraus, mittlere Abschnitte bis über die Mitte geteilt; 10–40 cm hoch.

3 | Strandnelkenhabichtskraut
Chlorocrepis staticifolia – Asteraceae (Syn.: *Hieracium staticifolium*)

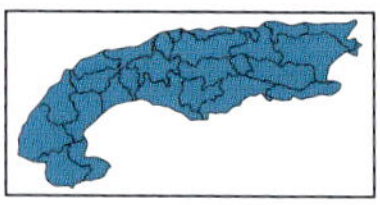

15–40 cm hoch, bläulich grün, meist mehrstängelig; Stängel 1–5-körbig; Stängel blattlos oder mit 1–2 Blättern und wenigen Schuppen; Grundblätter lineal, ganzrandig bis entfernt gezähnt; Körbe 25–35 mm im ∅; Krone hellgelb. Blütezeit VI–VIII.

VERWECHSLUNG: Mit dem Alpen-Knorpellattich, *Chondrilla chondrilloides*, der aber 15–25 mm breite Körbe hat.

LEBENSRAUM: Bachgeröll, Felsschutt, Schotterfluren, Steinbrüche. Bis etwa 2600 m NN.

VERBREITUNG: Südeuropäisch-montane Art.

4 | Alpen-Knorpellattich
Chondrilla chondrilloides – Asteraceae

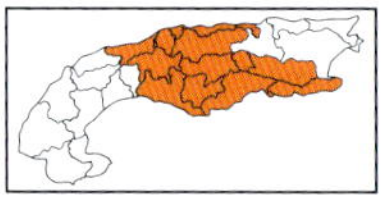

10–30 cm hoch, kahl, mehrfach gabelig verzweigt; Stängel blattlos; Grundblätter länglich-lanzettlich, ganzrandig oder mit einzelnen Zähnen; Körbe endständig, deutlich gestielt. Blütezeit VI–VIII.

VERWECHSLUNG: Mit dem Florenz-Mausohr, *Pilosella piloselloides*, mit welchem sie auch häufig zusammen vorkommt. Dieses ist aber behaart, der Stängel ist (wenig) beblättert.

LEBENSRAUM: Kiesböden, Schotterfluren, Schwemmsand der Alpenflüsse; kalkliebend. Bis etwa 2100 m NN.

VERBREITUNG: Ostalpisch-apenninische Art.

5 | Erd-Kratzdistel
Cirsium acaule – Asteraceae

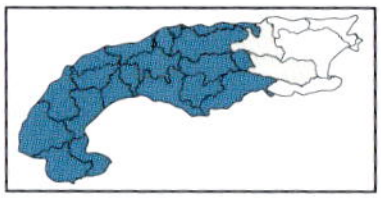

2–20 cm hoch; Blätter rosettig gehäuft, fiederteilig mit stachelig gezähnten Abschnitten; Blütenkörbe einzeln, in der grundständigen Rosette sitzend oder am Ende des kurzen Stängels. Blütezeit VII–IX.

VERWECHSLUNG: Keine.

LEBENSRAUM: Magerwiesen, Weiden; kalkliebend. Bis etwa 2500 m NN.

VERBREITUNG: Europäische Art.

ANMERKUNG: Die Kratzdistel-Arten, *Cirsium* spec., bilden vielfach Hybriden untereinander, nicht aber mit Arten der Gattung Ringdistel, *Carduus*, wie sie teilweise beschrieben wurden.

6 | Krain-Kratzdistel
Cirsium carniolicum – Asteraceae

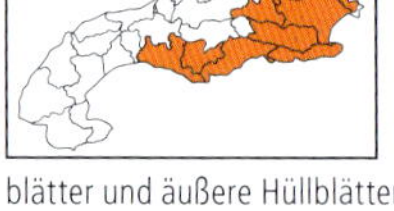

50–100 cm hoch; Grundblätter gestielt, elliptisch, fiederspaltig; oberer Stängelteil, Korbstiele, Hochblätter und äußere Hüllblätter dicht rostbraun behaart; Körbe von Hochblättern umgeben; Krone blassgelb. Blütezeit VI–VII.

VERWECHSLUNG: Mit der Kleb-K., *C. erisithales*, (siehe S. 64). Bei der Kohl-K., *C. oleraceum*, fehlt die rostbraune Behaarung.

LEBENSRAUM: Hochstaudenfluren, Weiden, Latschengebüsch; kalkliebend. Bis etwa 1900 m NN.

VERBREITUNG: Endemit der Ostalpen.

1

2

3

4

5

6

1 | Woll-Kratzdistel
Cirsium eriophorum – Asteraceae

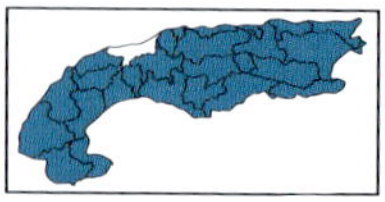

60–120 cm hoch; Stängel nicht dornig-geflügelt; Blätter fiederschnittig, mit kräftigen, gelblichen Stacheln; Blütenkörbe 5–7 cm im ∅; Hülle dicht spinnwebig-filzig. Blütezeit VII–IX.
VERWECHSLUNG: Die auf die Südwestalpen beschränkte Moris-K., *C. morisianum*, hat im ∅ 3–5 cm breite Blütenkörbe, deren Hülle nur locker-spinnwebig behaart ist. Die Lanzen-K., *C. vulgare*, hat einen stechend-dornig geflügelten Stängel und im ∅ 3–5 cm breite Blütenkörbe.
LEBENSRAUM: Weiden, trockene Hänge, Waldschläge. Bis 2000 m NN.
VERBREITUNG: Europäisch-montane Art.
ALLGEMEIN: Die verschiedenen Kratzdistel-Arten bilden oftmals Hybriden untereinander. Selbst so unterschiedliche Arten wie *Cirsium acaule* und *Cirsium spinosissimum* kreuzen sich. Die daraus entstandenen Hybriden können sich wieder mit den Elternarten oder aber auch anderen Arten kreuzen, was zu einer faszinierenden Formen- und Farbenfülle führt. Bisher keine eindeutigen Hybriden konnten von *Cirsium arvense*, *C. eriophorum* und *C. vulgare* gefunden werden.
Die Gattung der Kratzdisteln umfasst rund 250 Arten, von denen 60 Europa und 19 das Gebiet der Alpen besiedeln. In ihrer natürlichen Verbreitung auf die Alpen beschränkt sind 2 Arten: die Alpen-Kratzdistel, *Cirsium spinosissimum* und die Krain-Kratzdistel, *C. carniolicum*. Von der Gattung Ringdistel (*Carduus*) lassen sich die Kratzdistel-Arten durch den gefiederten Pappus unterscheiden, der bei *Carduus* ungefiedert einfach ist.

2 | Kleb-Kratzdistel
Cirsium erisithales – Asteraceae

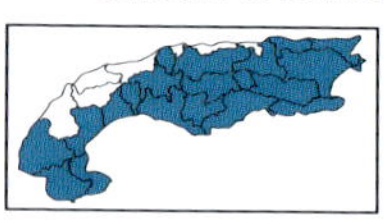

50–150 cm hoch, kaum bewehrt; Stängel klebrig, nicht geflügelt, oben wenig beblättert; Grundblätter fiederschnittig, obere Stängelblätter mit geöhrtem Grund sitzend; Körbe meist einzeln am Ende des Stängels und der Zweige, nicht von Hochblättern umhüllt.
Blütezeit VI-VIII.
VERWECHSLUNG: Bei der Krain-K., *C. carniolicum*, sind die Körbe von Hochblättern umgeben.
LEBENSRAUM: Lichte Wälder, Steinrasen, Hochstaudenfluren; kalkliebend. Bis etwa 2100 m NN.
VERBREITUNG: Südeuropäisch-montane Art.

3 | Alant-Kratzdistel
Cirsium heterophyllum – Asteraceae (Syn.: *C. helenioides*)

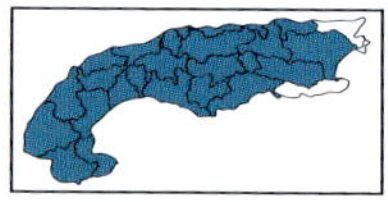

50–100 cm hoch; Stängel einfach oder wenig verzweigt, weißfilzig, unbewehrt; Blätter weich, ungeteilt oder mit einzelnen, nach vorne gerichteten Abschnitten, Blattunterseite dicht spinnwebig-filzig, weiß; Körbe einzeln, lang gestielt; Korbdurchmesser 3–4 cm. Blütezeit VI–VIII.
VERWECHSLUNG: Die in den Westalpen vorkommende Montpellier-K., *C. monspessulanum*, hat Blätter, die unterseits nicht weißfilzig sind und Körbe, die 1–2,5 cm im ∅ haben.
LEBENSRAUM: Fettwiesen, Bachufer, Hochstaudenfluren. Bis etwa 2200 m NN.
VERBREITUNG: Eurosibirische Art.

4 | Montpellier-Kratzdistel
Cirsium monspessulanum – Asteraceae

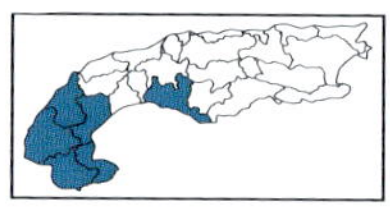

40–140 cm hoch; Stängel zumindest unten geflügelt; Blattspreiten lanzettlich bis eilanzettlich, kahl, ungeteilt; Blattrand mit wenig wehrhaften Stacheln besetzt; Blütenkörbe zu 1–5, 1–2,5 cm im ∅; Hüllblätter 0,5–2 mm breit. Blütezeit VI–VIII.
VERWECHSLUNG: Die Grau-K., *C. canum*, hat Hüllblätter, die breiter als 2 mm sind.
LEBENSRAUM: Feuchte Wiesen, Bachufer.
Bis etwa 1900 m NN.
VERBREITUNG: Westmediterrane Art.

5 | Berg-Kratzdistel
Cirsium montanum – Asteraceae

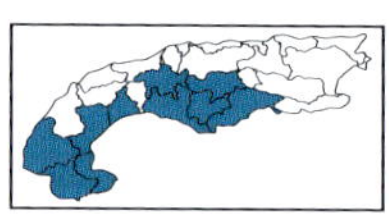

80–180 cm hoch, ± kahl; Stängel unbewehrt; untere Blätter groß, meist über 10 cm breit, buchtig-fiederteilig mit schmalen Abschnitten; Blütenkörbe zu 2–8 knäuelig gehäuft. Blütezeit VI–VIII.
VERWECHSLUNG: Die Bach-K., *C. rivulare*, hat untere Stängelblätter, die weniger als 10 cm breit sind. Bei der Knollen-K., *C. tuberosum*, sind die Körbe einzeln auf den langen Stielen, ihre Blätter sind spinnwebig-filzig.
LEBENSRAUM: Wiesen, Bachufer, Säume.
Bis etwa 2000 m NN.
VERBREITUNG: Südeuropäisch-montane Art.

1

2A

2B

3A

3B

4

5

1 | Sumpf-Kratzdistel
Cirsium palustre – Asteraceae

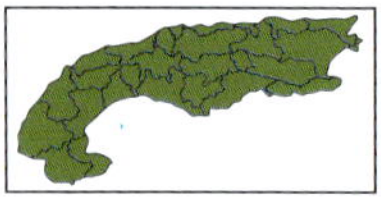

60–200 cm hoch; Stängel durch herablaufende Blätter bis oben stechend-dornig geflügelt; Blätter wellig-kraus, tief fiederspaltig; Körbe knäuelig angeordnet, 8–15 mm im ∅. Blütezeit VI–IX.
VERWECHSLUNG: Die Acker-K., *C. arvense*, steigt teilweise ebenfalls bis in subalpine Regionen. Ihr Stängel ist ungeflügelt und unbewehrt.
LEBENSRAUM: Sumpfwiesen, Gräben. Bis etwa 2000 m NN.
VERBREITUNG: Eurasiatische Art.

2 | Alpen-Kratzdistel
Cirsium spinosissimum – Asteraceae

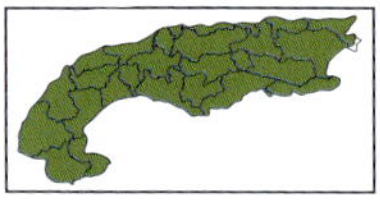

20–80 cm hoch, abstehend behaart; Blätter und Hochblätter stark bewehrt; Blätter bis etwa zur Mitte buchtig-fiederteilig mit stachelig-gezähnten Abschnitten; Blütenkörbe in dichten, endständigen Knäueln, diese von stark bewehrten Hochblättern umgeben. Krone blassgelb. Blütezeit VII–VIII.
VERWECHSLUNG: Kaum.
LEBENSRAUM: Weiden, Lägerstellen, Hochstaudenfluren, Bachränder. 1200–3000 m NN.
VERBREITUNG: Endemit der Alpen.

3 | Knollen-Kratzdistel
Cirsium tuberosum – Asteraceae

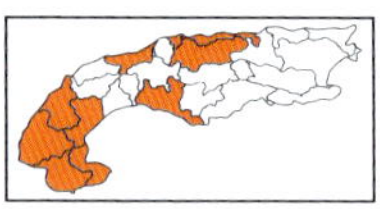

50–150 cm hoch; Stängel filzig, oben unbeblättert oder mit Hochblättern besetzt; Blätter tief fiederteilig mit 2–3-zipfeligen Abschnitten, am Stängel nicht herablaufend; Körbe einzeln am Ende des Stängels bzw. der Zweige; Korbstiele viel länger als die Hülle. Blütezeit VI–VIII.
VERWECHSLUNG: Einzige Kratzdistel-Art im Alpenraum mit spindelförmig verdickten Wurzeln. Bei der Bach-K., *C. rivulare*, sind die Körbe zu 2–4 am Ende des Stängels.
LEBENSRAUM: Feuchte Wiesen, Gräben. Bis etwa 2000 m NN.
VERBREITUNG: Europäische Art.

4 | Greimlers Kratzdistel
Cirsium greimleri – Asteraceae-
(Syn.: *C. waldsteinii*)

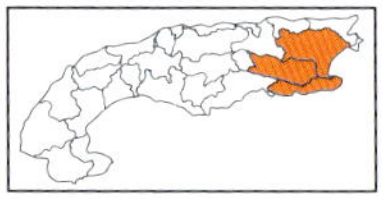

70–200 cm hoch; Stängel ungeflügelt; Blätter groß, ungeteilt, buchtig gezähnt; untere Blätter lang gestielt, Spreite 20–40 cm lang; obere Stängelblätter mit geöhrtem Grund stängelumfassend; Körbe an der Stängelspitze meist zu 2–4; Krone purpurrot; Hülle purpurbraun. Blütezeit VI–VII.
VERWECHSLUNG: Bei der Kletten-Ringdistel, *Carduus personata*, ist der Stängel geflügelt.
LEBENSRAUM: Hochstaudenfluren, Waldschläge, Bachränder; meist kalkmeidend, aber auch über Kalk. 500–2000 m NN.
VERBREITUNG: Ostalpisch-balkanische Art.
NAME: Die Art wurde erst 2018 von der karpatischen *Cirsium waldsteinii* abgetrennt und zu Ehren des zeitgenössischen österreichischen Botanikers Josef Greimler benannt.

5 | Blassgelb-Pippau
Crepis albida – Asteraceae

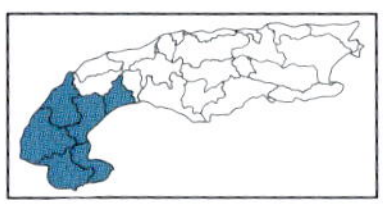

5–35 cm hoch; Grundblätter lanzettlich, 5–28 cm lang, 2–10 mm breit, unregelmäßig gesägt bis fiederschnittig; Stängelblätter wenige; Hüllblätter schmal-dreieckig, mit breitem, blassgrünem Rand und purpurner Spitze; Zungenblüten strohgelb. Blütezeit V–VII.
VERWECHSLUNG: Mit dem Voralpen-P., *C. alpestris*.
LEBENSRAUM: Felsen, gefestigte Geröllfluren; kalkliebend. Bis etwa 2000 m NN.
VERBREITUNG: Südwesteuropäische Art.

6 | Voralpen-Pippau
Crepis alpestris – Asteraceae

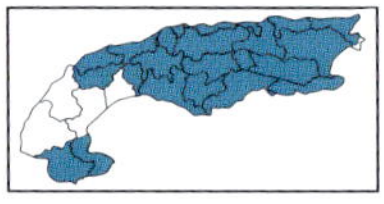

10–30 cm hoch; Stängel meist einkörbig, hell und kraus behaart, nur unten beblättert; Blätter lanzettlich, untere buchtig gezähnt bis fiederteilig; Korbhals nicht verdickt, weißlich-filzig behaart; Korb 2,5–4 cm im ∅. Blütezeit V–VII.
VERWECHSLUNG: Der in den Westalpen vorkommende Weißlich-P., *C. albida*, hat breit-hellrandige Hüllblätter und strohgelbe Zungenblüten.
LEBENSRAUM: Steinrasen, Kalkschutt, Magerwiesen, lichte Kiefernwälder; kalkstet. Bis etwa 2400 m NN.
VERBREITUNG: Südeuropäisch-montane Art.

1

2

3

4A

4B

5

6

1 | Gold-Pippau
Crepis aurea – Asteraceae

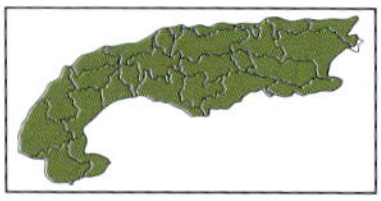

5–20 cm hoch, meist einkörbig und unverzweigt; Stängel blattlos oder mit wenigen, pfriemlichen Hochblättern; Rosettenblätter grob gezähnt bis schrotsägeförmig-fiederlappig; Hülle schwarzzottig; Zungenblüten orange. Blütezeit VI–VIII.
VERWECHSLUNG: Keine.
LEBENSRAUM: Wiesen, Weiden, Matten, Schneeböden. 1300–2900 m NN, vereinzelt auch tiefer.
VERBREITUNG: Südeuropäisch-montane Art.

2 | Frölich-Pippau
Crepis froelichiana – Asteraceae

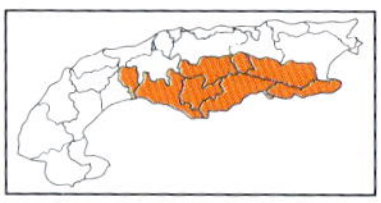

15–40 cm hoch; Stängel 3–10-körbig; Rosettenblätter 5–10 cm lang, schmaleiförmig, ganzrandig bis schwach gezähnt. Korbstand etwa so lang wie breit, von unten nach oben aufblühend. Blütezeit V–VI.
VERWECHSLUNG: Der Trauben-P., *C. praemorsa*, ist 8–20-körbig und beginnt von oben nach unten aufzublühen.
LEBENSRAUM: Kalkschuttfluren, Kiefernwälder, felsige Trockenrasen; kalkstet. Bis etwa 2000 m NN.
VERBREITUNG: Ostalpisch-illyrische Art.
ANMERKUNG: Tritt in den Alpen in 2 Unterarten auf:
- subsp. *froelichiana*: Zungen hellgelb (Bild **2A**).
- subsp. *dinarica*: Zungen hellpurpurn bis weiß (Bild **2B**).

NAME: Die Art ehrt den deutschen Arzt, Botaniker, Naturforscher und Hofmedizinalrat Josef Alois von Frölich (1766–1841), der als Ziehvater eines unehelichen Kindes von Jérôme Bonaparte, dem jüngsten Bruder von Napoleon, eingesetzt wurde, als dieser nach der Schlacht bei Waterloo zusammen mit seiner Frau aus zweiter Ehe, der württembergischen Prinzessin Katharina, im Schloss Ellwangen gefangen gehalten wurde.

3 | Felsschutt-Pippau
Crepis jacquinii – Asteraceae

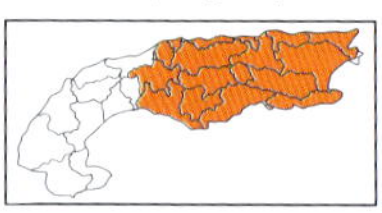

5–25 cm hoch; Stängelblätter fiederteilig, seitliche Abschnitte länglich bis lineal; Grundblätter meist ungeteilt, ganzrandig bis grob gezähnt; Körbe 2–3 cm im ∅; Hüllblätter zottenhaarig und zart sternhaarig-filzig. Blütezeit VI–VIII.
VERWECHSLUNG: Der Triglav-P., *C. terglouensis*, hat 3,5–4,5 cm breite Blütenkörbe und fiederteilige Grundblätter.
LEBENSRAUM: Schutthalden, Steinrasen; kalkstet. 1300–3000 m NN, vereinzelt auch tiefer.
VERBREITUNG: Südosteuropäisch-montane Art.
ANMERKUNG: Tritt in den Alpen in 2 Unterarten auf:
- subsp. *jacquinii*: Stängel 2–6-körbig mit 4–6 Stängelblättern.
- subsp. *kerneri*: Stängel 1–2-körbig mit 1–4 Stängelblättern (Bild **3**).

NAME: Benannt zu Ehren des österreichischen Botanikers Nikolaus Joseph von Jacquin (1727–1817), Direktor des Botanischen Gartens in Wien.

4 | Weichhaar-Pippau
Crepis mollis – Asteraceae

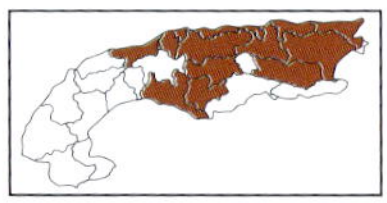

30–70 cm hoch; Stängel mehrkörbig, oben verzweigt, kahl oder kurz behaart; obere Stängelblätter mit abgerundetem bis schwach herzförmigem Grund sitzend; Grundblätter zur Blütezeit oft schon vertrocknet; Hülle schwärzlich-grün, drüsig und drüsenlos behaart. Blütezeit VI–VIII.
VERWECHSLUNG: v. a. mit dem Sumpf-P., *C. paludosa* (Bild **4B**), bei dem aber die oberen Stängelblätter den Stängel mit spitzen Zipfeln pfeilförmig umfassen.
LEBENSRAUM: Wiesen, Niedermoore, Hochstaudenfluren. Bis etwa 2200 m NN.
VERBREITUNG: Europäisch-montane Art.

5 | Berg-Pippau
Crepis pontana – Asteraceae
(Syn.: *Crepis bocconei*)

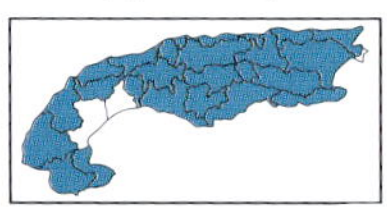

30–60 cm hoch, meist einkörbig; Grundblätter 4–12 cm lang, 1,5–3 cm breit, spitz gezähnt; Stängelblätter mit geöhrtem Grund stängelumfassend; Stängel unter dem Korb verdickt; Korb 4–6 cm im ∅. Blütezeit VI–VIII.
VERWECHSLUNG: Der Großkorb-P., *C. conyzifolia*, hat verzweigte, mehrkörbige Stängel. Ähnlich auch das Einkorb-Ferkelkraut, *Hypochaeris uniflora*, (siehe S. 80).
LEBENSRAUM: Rasen, Hochstaudenfluren, Geröllhalden; kalkliebend. 1200–2600 m NN.
VERBREITUNG: Südeuropäisch-montane Art.

1
2A
2B
3
4A
4B
5

1 | Zwerg-Pippau
Crepis pygmaea – Asteraceae

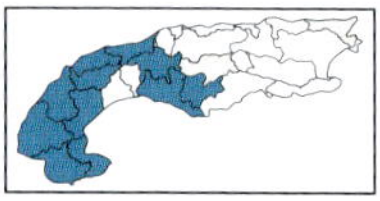

3–12 cm hoch, bogig aufsteigend; Spreite der Grundblätter eiförmig, unterseits oft purpurn überlaufen; Hülle glockenförmig, weißfilzig, 10–15 mm lang; Korbboden kurzhaarig; Zungenblüten gelb, außen oft rot gestreift; Pappus reinweiß. Blütezeit VII–VIII.
VERWECHSLUNG: Keine.
LEBENSRAUM: Felsschutt; kalkliebend. 1500–2800 m NN.
VERBREITUNG: Südwesteuropäisch-montane Art.

2 | Pyrenäen-Pippau
Crepis pyrenaica – Asteraceae

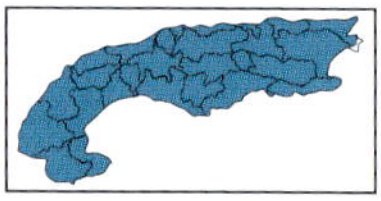

25–70 cm hoch; Stängel 1–6-körbig, dicht beblättert, Korbhals nicht verdickt; Grundblätter zur Blütezeit meist vertrocknet; Stängelblätter 6–12, mit pfeilförmigen Grund sitzend; Körbe 3–4 cm im ∅; Hülle kraus behaart. Blütezeit VI–VIII.
VERWECHSLUNG: Beim Großkorb-P., *C. conyzifolia* (Bild **2B**), sind die Grundblätter zur Blütezeit noch vorhanden, der Stängel unterhalb der Körbe ist verdickt.
LEBENSRAUM: Hochstaudenfluren, Wiesen. 800–2300 m NN.
VERBREITUNG: Südeuropäisch-montane Art.

3 | Triglav-Pippau
Crepis terglouensis – Asteraceae

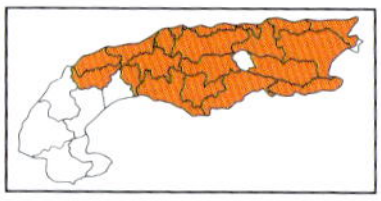

2–6 cm hoch, einkörbig; Stängel beblättert, unter dem Korb verdickt; Blätter unregelmäßig fiederteilig, mit geflügeltem Stiel; Korb 3–5 cm im ∅; Hüllblätter schwärzlich, dicht schwärzlich-zottenhaarig. Blütezeit VI–VIII.
VERWECHSLUNG: Der Rätisch-P., *C. rhaetica*, hat ungeteilte Blätter und eine gelblich-zottig behaarte Hülle. Ebenfalls große Ähnlichkeit besitzt der Berg-Schuppenleuenzahn, *Scorzoneroides montana*, (siehe S. 88).
LEBENSRAUM: Felsschutthalden; kalkliebend. 1800–2800 m NN.
VERBREITUNG: Endemit der Alpen.

4 | Berg-Blauflockenblume
Cyanus montanus – Asteraceae
(Syn.: *Centaurea montana*)

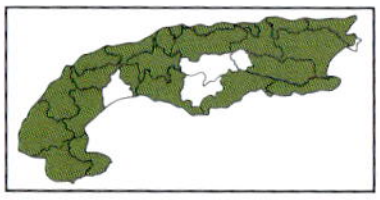

20–60 cm hoch; Blätter oberseits dunkelgrün, abstehend kurzhaarig, breitlanzettlich bis elliptisch, 3–7 × so lang wie breit, ganzrandig bis entfernt gezähnt; Hüllblattanhängsel schwarz, die Fransen ± so lang wie die Breite des schwarzen Hautsaums. Blütezeit V–VIII.
VERWECHSLUNG: Die vielgestaltige Bunt-B., *C. triumfettii*, hat lanzettliche Blätter, die beiderseits graugrün-filzig und 5–20 × so lang wie breit sind.
LEBENSRAUM: Hochstaudenfluren, Bergwiesen, lichte Wälder, Krummholz; kalkliebend. Bis etwa 2200 m NN.
VERBREITUNG: Europäisch-montane Art.

5 | Bunt-Blauflockenblume
Cyanus triumfettii – Asteraceae
(Syn.: *Centaurea triumfettii*)

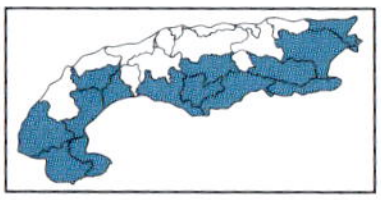

10–40 cm hoch; Blätter beiderseits graugrün spinnwebig-filzig, 5–20 × so lang wie breit; Hüllblattanhängsel dunkelbraun, die Fransen länger als die Breite des Hautsaums. Blütezeit V–VI.
VERWECHSLUNG: Mit der Berg-B., *C. montanus*.
LEBENSRAUM: Trockenhänge, Halbtrockenrasen, lichte Wälder. Bis etwa 2200 m NN.
VERBREITUNG: Südeuropäisch-westasiatische Art.
NAME: Benannt zu Ehren des italienischen Arztes und Botanikers Giovanni Battista Triumfetti (1656–1708), nach dem auch die Gattung *Triumfetta* aus der Familie der Lindengewächse benannt ist.

6 | Österreich-Gamswurz
Doronicum austriacum – Asteraceae

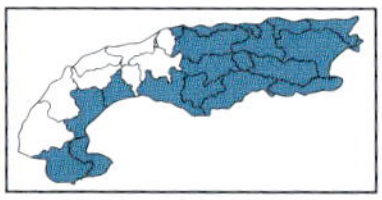

60–130 cm hoch, mehrkörbig, ohne Ausläufer; Spreite der Grundblätter mit tief herzförmigem Grund, zur Blütezeit fehlend; mittlere Stängelblätter geigenförmig, stängelumfassend; Körbe 4–7 cm im ∅. Blütezeit VI–VII.
VERWECHSLUNG: Bei der Kriech-G., *D. pardalianches*, sind zur Blütezeit die Grundblätter vorhanden.
LEBENSRAUM: Hochstaudenfluren, Kahlschläge, Bachränder, Schluchtwälder. Bis 2100 m NN.
VERBREITUNG: Südeuropäisch-montane Art.

1

2A

2B

3

4

5

6

1 | Sturzbach-Gamswurz

Doronicum cataractarum – Asteraceae

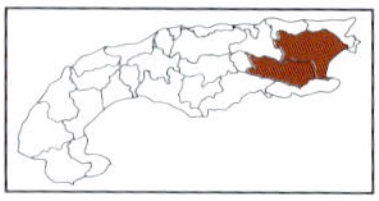

70–120 cm hoch; Stängel kahl; Grundblätter groß, Spreite 10–20 cm lang, in der Form dotterblumenähnlich, oberseits kahl, zur Blütezeit vorhanden; Blühtriebe im oberen Bereich verzweigt, in 4–10-körbigen Rispen; Blütenkörbe 4–8 cm im ∅. Blütezeit VI–VII.

VERWECHSLUNG: Mit der Kriech-G., *D. pardalianches*, die aber dicht behaarte Stängel hat. Bei der Österreich-G., *D. austriacum*, fehlen die Grundblätter zur Blütezeit.

LEBENSRAUM: Bachränder, Quellfluren, besonders über Gneis. 1480–1830 m NN, im Rassinggraben schon auf 1270 m NN.

VERBREITUNG: Endemit der Koralpe.

2 | Clusius-Gamswurz

Doronicum clusii – Asteraceae

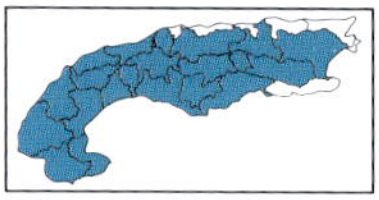

10–30 cm hoch, einkörbig; Spreiten der Grundblätter und untersten Stängelblätter elliptisch bis länglich-eiförmig, 1,5–4 × so lang wie breit und am Grunde keilig; Blattrand mit weichen, 1–1,5 mm langen Haaren und Kraushaaren, stets drüsenlos. Körbe 4,5–6,5 cm im ∅. Blütezeit VII–VIII.

VERWECHSLUNG: Mit der Gletscher-G., *D. glaciale*.

LEBENSRAUM: Felsschuttfluren, Moränen; meist über kalkarmem Untergrund. 1600–3300 m NN.

VERBREITUNG: Alpisch-karpatische Art.

ANMERKUNG: Tritt in den Alpen in 2 Unterarten auf:

- subsp. *clusii*: Blattspreite auf den Flächen beiderseits fast kahl.
- subsp. *villosum*: Blattspreite auf den Flächen beiderseits reichlich behaart.

NAME: Benannt zu Ehren von Carolus Clusius (1526–1609), nach welchem neben vielen Pflanzen auch die Clusiusgasse in Wien und die Clusius-Forschungsgesellschaft in Güssing benannt sind.

3 | Herzblatt-Gamswurz

Doroncium columnae – Asteraceae

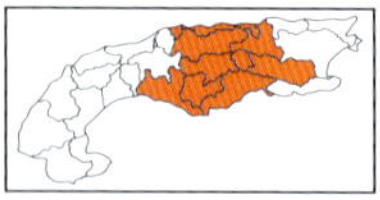

20–60 cm hoch, einkörbig, ohne Ausläufer; Stängel unten kahl, oben drüsenhaarig, wenig beblättert; grundständige Blätter buschelig stehend, herzei- bis nierenförmig, auf den Flächen kahl, Blattrand regelmäßig gezähnt; Körbe 4–6 cm im ∅. Blütezeit V–VII.

VERWECHSLUNG: Die Art unterscheidet sich von den anderen einkörbigen Gamswurzen der Alpen durch die geringe Behaarung (nur der obere Stängel, der Blattrand, der Korbboden und die Hülle sind behaart).

LEBENSRAUM: Felsschuttfluren, lichte Wälder, Latschengebüsch; kalkstet. 1000–2300 m NN.

VERBREITUNG: Südosteuropäisch-montane Art.

4 | Gletscher-Gamswurz

Doronicum glaciale – Asteraceae

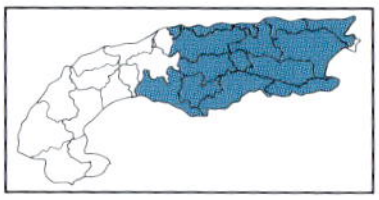

5–25 cm hoch, einkörbig; Spreiten der Grundblätter und untersten Stängelblätter elliptisch bis länglich-eiförmig, 1,5–4 × so lang wie breit und am Grunde keilig; Blätter am Rand mit steifen, 0,5–1,2 mm langen, mehrzelligen Haaren, aber ohne Kraushaare; Körbe 4–7 cm im ∅. Blütezeit VI–VIII.

VERWECHSLUNG: Bei der Clusius-G., *D. clusii*, hat der Blattrand weiche, 1–1,5 mm lange Haare und Kraushaare.

LEBENSRAUM: Felsrasen, Schneeböden, Ruhschutt, Moränen, Latschengebüsch; kalkliebend. 1400–2900 m NN.

VERBREITUNG: Endemit der Ostalpen.

ANMERKUNG: Tritt in 2 Unterarten auf:

- subsp. *glaciale*: fest sitzende Drüsenhaare sind am Blattrand, dem Korbstiel und auf der Hülle vorhanden.
- subsp. *calcareum*: Drüsenhaare fehlen am Blattrand, sind aber am Korbstiel und auf der Hülle vorhanden und 1–2 mm lang.

5 | Großkorb-Gamswurz

Doronicum grandiflorum – Asteraceae

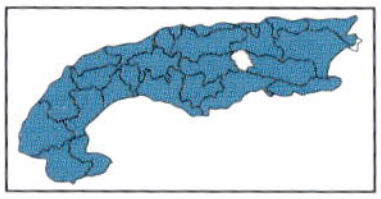

10–50 cm hoch, einkörbig; Stängel und Blätter drüsig und drüsenlos behaart; Spreite der Grundblätter und untersten Stängelblätter rundlich bis eiförmig, 3–7 cm breit, 1–1,5 × so lang wie breit, am Grund abgerundet bis seicht herzförmig; Hüllblätter dicht drüsenhaarig; Körbe 4–7 cm im ∅. Blütezeit VI–VIII.

VERWECHSLUNG: Bei der Gletscher-G., *D. glaciale*, und der Clusius-G., *D. clusii*, sind die Spreiten der Grundblätter und untersten Stängelblätter elliptisch bis länglich-eiförmig, 1,5–4 × so lang wie breit und am Grunde keilig.

LEBENSRAUM: Felsschutt; kalkliebend. 1600–3100 m NN, vereinzelt auch tiefer.

VERBREITUNG: Südeuropäisch-montane Art.

1

2

3A

3B

4

5

1 | Kriech-Gamswurz
Doronicum pardalianches – Asteraceae

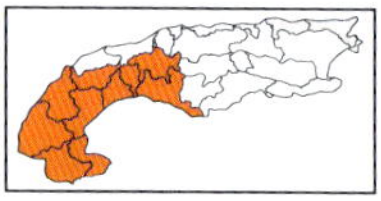

40–90 cm hoch, mit unterirdischen, am Ende knollig verdickten Ausläufern; Stängel abstehend behaart, verzweigt und mehrkörbig, meist 3-6-körbig; Spreiten der grundständigen Blätter herzförmig, beiderseits behaart; Körbe 3–5 cm im ⌀. Blütezeit V–VII.

VERWECHSLUNG: Bei der Österreich-G., *D. austriacum*, fehlen die Grundblätter zur Blütezeit und die Art bildet keine Ausläufer.

LEBENSRAUM: Laubwälder. Bis 1400 m NN.

VERBREITUNG: Westeuropäische Art.

ANMERKUNG: Der deutsche Name Gamswurz entstammt dem Glauben, dass Gämsen mittels der Pflanze schwindelfrei sind. Aus diesem Grund aßen, wie schon Tabernaemontanus berichtete, die Gamsjäger *Doronicum*, um schwindelfrei zu bleiben.

2 | Ritro-Kugeldistel
Echinops ritro – Asteraceae

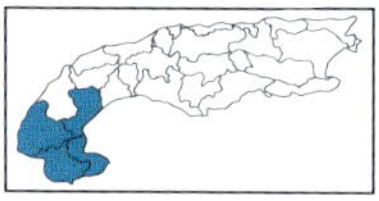

30–80 cm hoch; Stängel ± weißfilzig; Blätter 1–2-fach fiederteilig, Abschnitte mit 1–4 mm langen Dornen und umgerolltem Rand, unterseits weißfilzig; Korbstände blau, 3,5–4,5 cm im ⌀, aus einblütigen Körbchen; Hülle 12–17 mm lang. Blütezeit VII–IX.

VERWECHSLUNG: Die Bienen-K., *E. sphaerocephalus*, hat silbrigweiße Korbstände und 18–30 mm lange Hüllen.

LEBENSRAUM: Weiderasen, Felsfluren, Trockenhänge. Bis etwa 1900 m NN.

VERBREITUNG: Südeuropäisch-westasiatische Art.

3 | Hoppe-Ruhrkraut
Gnaphalium hoppeanum – Asteraceae

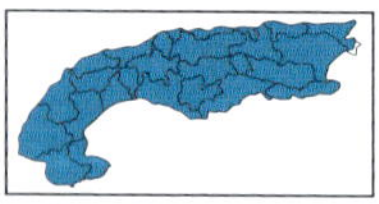

2–10 cm hoch; Blätter lineal-lanzettlich, die unteren 2–4 mm breit, angedrückt grauweiß-filzig; Korbstand aus meist 3–10 Köpfchen; Hüllblätter mit dunkelbraunem Hautrand, zur Fruchtreife ± aufrecht, äußere Hüllblätter $1/3$–$1/2$ × so lang wie die inneren. Blütezeit VII–VIII.

VERWECHSLUNG: Das Zwerg-R., *G. supinum*, hat Hüllblätter, die zur Fruchtreife sternförmig ausgebreitet sind, die äußeren Hüllblätter sind ± so lang wie die inneren.

LEBENSRAUM: Schneetälchen, feuchte Weiden, Geröll, Steinrasen; kalkliebend. 1600–2900 m NN.

VERBREITUNG: Südeuropäisch-montane Art.

ALLGEMEIN: Die Gattung der Ruhrkräuter umfasst rund 80 Arten, von denen 9 Europa und 6 das Gebiet der Alpen besiedeln. Von einigen Botanikern wird die Gattung aufgrund ihrer möglichen Polyphylie (Aufstellung einer Artengruppe aus 2 oder mehreren nicht näher miteinander verwandten Stammarten) in mehrere Gattungen unterteilt. Folgt man dieser Auffassung, müssten die meisten in den Alpen vorkommenden Arten den Gattungsnamen *Omalotheca* tragen.

4 | Norwegen-Ruhrkraut
Gnaphalium norvegicum – Asteraceae

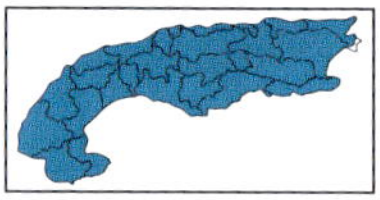

10–30 cm hoch; Blätter 3-nervig; mittlere Blätter 6–15 mm breit, so lang oder länger als die unteren Blätter; Korbstand höchstens $1/3$ × so lang wie der Trieb, aus 1-3-körbigen Knäueln zusammengesetzt. Blütezeit VII–IX.

VERWECHSLUNG: Das Wald-R., *G. sylvaticum*, hat 1-nervige Blätter. Die mittleren Blätter sind 2–6 mm breit, kürzer als die unteren Blätter.

LEBENSRAUM: Waldlichtungen, Waldränder, Forstwege, Magerrasen, lückige Weiden; kalkmeidend. 1300–2800 m NN.

VERBREITUNG: Eurosibirisch-nordamerikanische Art.

5 | Zwerg-Ruhrkraut
Gnaphalium supinum – Asteraceae

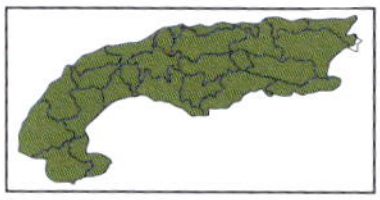

2–10 cm hoch, aufrecht oder aufsteigend, weißfilzig; Blätter schmal-lanzettlich, bis 3 cm lang und 3 mm breit; Blütenkörbe 5–7 mm lang, zu 1–6; Hüllblätter zur Fruchtreife sternförmig ausgebreitet, äußere Hüllblätter ± so lang wie die inneren. Blütezeit VII–VIII.

VERWECHSLUNG: Das Hoppe-R., *G. hoppeanum*.

LEBENSRAUM: Schneetälchen, feuchte Weiden, lückige Steinrasen; kalkmeidend. 1300–3300 m NN.

VERBREITUNG: Arktisch-alpine Art.

ANMERKUNG: Der deutsche Name Ruhrkraut bezieht sich auf die frühere Nutzung der Pflanze zur Bekämpfung der Ruhr.

1

2

3

4

5

1 | Alpen-Berufkraut
Erigeron alpinus – Asteraceae

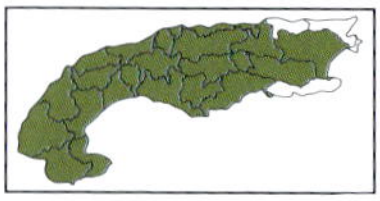

5–20 cm hoch, behaart, drüsenlos; Stängel 1–10-körbig; Blätter beiderseits abstehend behaart; Hüllblätter meist grün mit purpurner Spitze; zwischen Zungen- und Röhrenblüten 1–2 Reihen Fadenblüten; Zungenblüten purpurrosa bis hellrosa. Blütezeit VII–IX.

VERWECHSLUNG: v. a. mit dem Verkannt-B., *E. neglectus*, das aber kahle bis spärlich behaarte Blätter, purpurne Hüllblätter und weißliche bis hellrosa Zungenblüten hat und meist einkörbig ist.

LEBENSRAUM: Steinrasen, Weiden, Felsbänder. 1100–3000 m NN.

VERBREITUNG: Südeuropäisch-montane Art.

ALLGEMEIN: Die deutsche Benennung Berufkraut kommt vom Berufen, dem Verhexen, gegen welches die Pflanze früher von den Älplern eingesetzt wurde.

2 | Villars-Berufkraut
Erigeron atticus – Asteraceae

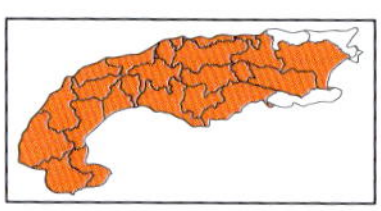

15–60 cm hoch, drüsig; Stängel steif aufrecht, meist erst im oberen Drittel verzweigt, unten 3–4 mm im ⌀; Körbe 20–30 mm im ⌀; Zungenblüten purpurn bis rosa, meist waagrecht abstehend. Blütezeit VII–IX.

VERWECHSLUNG: v. a. mit dem Felsen-B., *E. schleicheri*, und dem formenreichen Scharf-B., *E. acris*, dessen Körbe aber 7–15 mm im ⌀ haben und deren Zungenblüten meist aufrecht stehen.

LEBENSRAUM: Steinrasen, Felsspalten, Moränen. 1100–2400 m NN.

VERBREITUNG: Südeuropäisch-montane Art.

3 | Kahl-Berufkraut
Erigeron glabratus – Asteraceae
(Syn.: *E. polymorphus*)

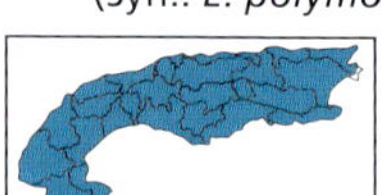

3–30 cm hoch, kahl bis zerstreut behaart; Stängel 1–6-körbig; Hüllblätter langhaarig bis fast kahl, Haare nicht geschlängelt oder miteinander verflochten; zwischen Zungen- und Röhrenblüten keine Fadenblüten; Zungenblüten purpurrosa bis weiß. Blütezeit VI–VIII.

VERWECHSLUNG: v. a. mit dem Alpen-B., *E. alpinus*, welches aber zwischen den Röhren- und Zungenblüten Fadenblüten hat und Blätter, die beiderseits abstehend behaart sind. Das Einkorb-B., *E. uniflorus*, hat einen stets einkörbigen Stängel und dicht wollig-zottige Hüllblätter.

LEBENSRAUM: Steinrasen, Felsspalten, Felsschutt; kalkstet. 1100–2700 m NN.

VERBREITUNG: Südeuropäisch-montane Art.

ANMERKUNG: Kommt in den Alpen in 2 Unterarten vor:
- subsp. *glabratus*: Zungenblüten purpurrosa bis blassrosa; Stängel meist mehrkörbig (Bild **3A**).
- subsp. *candidus*: Zungenblüten weiß, Stängel stets einkörbig. Nur auf der Koralpe (Bild **3B**).

4 | Felsen-Berufkraut
Erigeron schleicheri – Asteraceae
(Syn.: *E. gaudinii*)

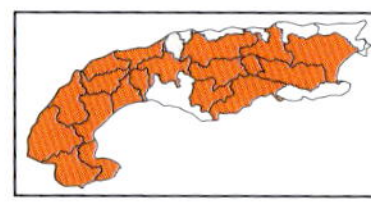

5–30 cm hoch, drüsig; Stängel meist bogig aufsteigend, schon in der unteren Hälfte verzweigt oder unverzweigt, unten 1,5–2,5 mm im ⌀; Körbe 15–25 mm im ⌀; Zungenblüten weiß oder lila. Blütezeit VII–VIII.

VERWECHSLUNG: Villars-B., *E. atticus*, ist 15–60 cm hoch, hat einen steif aufrechten Stängel, der unten 3–4 mm im ⌀ misst.

LEBENSRAUM: Felsen, Moränen, Gesteinsfluren. 1000–3100 m NN.

VERBREITUNG: Alpische Art der Alpen und des Schwarzwalds.

NAME: Benannt zu Ehren des Schweizer Botanikers, Moosforschers, Pilzkundlers und Algenfachmanns Johann Christoph Schleicher (1768–1834).

5 | Einkorb-Berufkraut
Erigeron uniflorus – Asteraceae

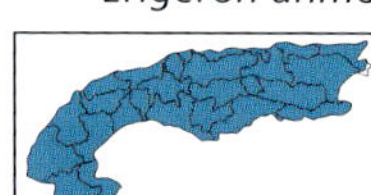

2–12 cm hoch; Stängel stets 1-körbig; Grundblätter spärlich behaart bis fast kahl; Hüllblätter dicht wollig-zottig behaart; Hüllblätter grünlich bis ± purpurn überlaufen; zwischen Zungen- und Röhrenblüten keine Fadenblüten; Zungenblüten weiß bis purpurrosa. Blütezeit VII–IX.

VERWECHSLUNG: v. a. mit dem Kahl-B., *E. glabratus*, (siehe S. 76) und dem Verkannt-B., *E. neglectus*, das aber zwischen den Zungen- und Röhrenblüten 1–2 Reihen Fadenblüten hat.

LEBENSRAUM: Windexponierte Grate, Rasen. 1500–3700 m NN.

VERBREITUNG: Arktisch-alpine Art.

1

2

3A

3B

4

5

1 | Alpen-Habichtskraut
Hieracium alpinum – Asteraceae

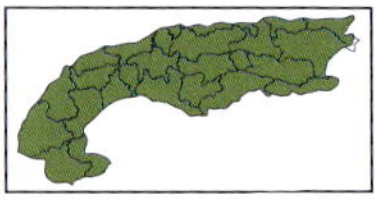

5–20 cm hoch, meist einkörbig und unverzweigt; Stängelblätter (0)1–2(4); Blätter lanzettlich, mit langen Haaren und Drüsenhaaren; Hülle 12–18 mm lang, mit einfachen und dunklen Drüsenhaaren. Blütezeit VII–VIII.
VERWECHSLUNG: Das Grauzotten-H., *H. glanduliferum* (Syn. *H. piliferum*), hat blattlose Stängel mit 0–2 schuppenförmigen Hochblättern und drüsenhaarlose Blätter.
LEBENSRAUM: Felsrasen, Zwergstrauchheiden, Felsschutt, Windkanten; kalkmeidend. 1100–3300 m NN.
VERBREITUNG: Arktisch-alpine Art.

2 | Blaugrün-Habichtskraut
Hieracium glaucum – Asteraceae

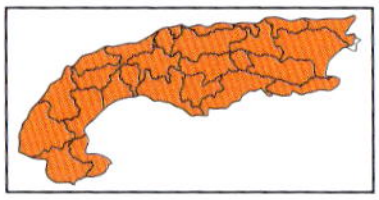

20–40 cm hoch, blaugrün; Stängel meist 3–8-körbig; Grundblätter schmal-lanzettlich, spitz, wenigzähnig bis gezähnelt; Stängelblätter 2–6, schmal-lanzettlich, gezähnelt bis ganzrandig; Hülle 9–11 mm lang; Hüllblätter grün, weiß berandet. Blütezeit VII–IX.
VERWECHSLUNG: Das Hasenohr-H., *H. bupleuroides*, hat meist ganzrandige Grundblätter, 5–10 Stängelblätter und 12–15 mm lange Hüllen. Das Lauch-H., *H. porrifolium*, hat lineale Blätter und 5–15-körbige Stängel.
LEBENSRAUM: Steinschuttfluren, Felsen, Flussschotter, steinige Hänge; kalkstet. Bis 2100 m NN.
VERBREITUNG: Südeuropäisch-montane Art von den Westalpen bis in die Dalmatinischen Gebirge.

3 | Endivien-Habichtskraut
Hieracium intybaceum – Asteraceae
(= *Schlagintweitia intybacea*)

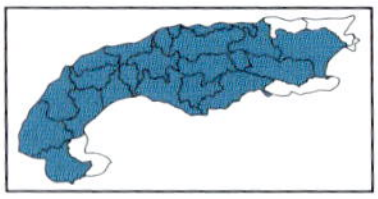

10–30 cm hoch; ganze Pflanze klebrig-drüsig behaart, duftend; Blätter lanzettlich, unregelmäßig gezähnt; Hülle 12–16 mm lang, halbkugelig bis breitbauchig; Zungenblüten blassgelb. Blütezeit VII–VIII.
VERWECHSLUNG: Keine. Die Art bildet aber selten Zwischenarten mit anderen Habichtskraut-Arten aus, die dann den Einfluss des Endivien-Habichtskrautes erkennen lassen, z. B. Huter-H., *H. huteri* (Bild **3B**).
LEBENSRAUM: Felsrasen, Felsspalten, Felsschutt, Zwergstrauchheiden; kalkmeidend. 1500–2800 m NN.
VERBREITUNG: Alpisch-pyrenäische Art der Alpen, Pyrenäen und Vogesen.

4 | Moris-Habichtskraut
Hieracium pilosum – Asteraceae
(Syn.: *H. morisianum*)

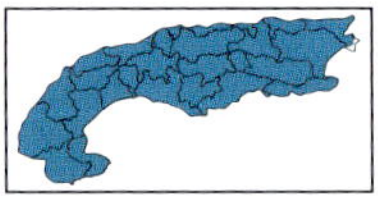

15–30 cm hoch, ganze Pflanze mit langen, weichen Haaren zottig behaart; Stängel einfach oder gabelig verzweigt, 2–4-körbig, mit 4–8 Stängelblättern; Hüllblätter alle gleich gestaltet, locker anliegend. Blütezeit VI–VIII.
VERWECHSLUNG: v. a. mit dem Zotten-H., *H. villosum*, (siehe S. 80).
LEBENSRAUM: Steinrasen, Felsen, Krummholzgebüsch, Zwergstrauchheiden; kalkliebend. 1000–2700 m NN.
VERBREITUNG: Südosteuropäisch-montane Art von den Westalpen und dem Jura bis in die Karpaten und nach Mazedonien.

5 | Hasenlattich-Habichtskraut
Hieracium prenanthoides – Asteraceae

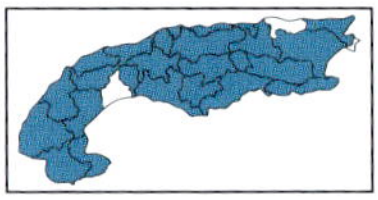

40–100 cm hoch; Stängel unten meist kahl, oben dunkel- und drüsenhaarig; Stängelblätter 15–30, gedrängt, breit-lanzettlich, mit herzförmigem Grunde den Stängel umfassend; Korbstand abstehend-ästig mit 10–25 Körben. Blütezeit VII–IX.
VERWECHSLUNG: u. a. mit dem Wenigkorb-H., *H. sparsum*, das aber 6–10 Stängelblätter und 5–8 Körbe hat.
LEBENSRAUM: Waldränder, Hochstaudenfluren, Erlengebüsch. 1200–2400 m NN.
VERBREITUNG: Europäisch-westasiatische Art von den Pyrenäen und von Island bis zum Hindukusch und in die Gebirge Tadschikistans.

6 | Filz-Habichtskraut
Hieracium tomentosum – Asteraceae
(Syn.: *H. lanatum*)

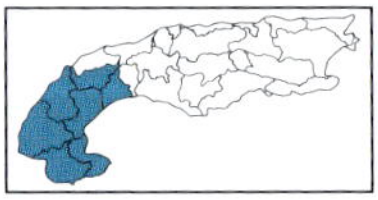

10–40 cm hoch, ganze Pflanze dicht weißwollig-filzig; Stängel oben meist gabelig verzweigt, 1–5-körbig, mit 2–5 sitzenden Stängelblättern; Grundblätter breit-lanzettlich bis eiförmig, ganzrandig oder mit einzelnen Zähnen. Blütezeit V–VII.
VERWECHSLUNG: Kaum.
LEBENSRAUM: Trockene Hänge, Felssteppen, lichte Kiefernwälder; kalkliebend. Bis 2200 m NN.
VERBREITUNG: Westalpisch-jurassisch-apenninische Art.

1
2
3A
3B
4
5
6

1 | Zotten-Habichtskraut
Hieracium villosum – Asteraceae

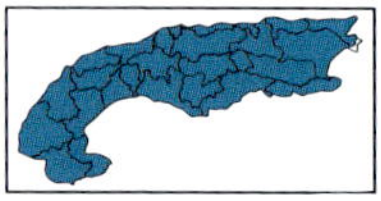

15–30 cm hoch, ganze Pflanze mit langen, weichen Haaren zottig behaart; Stängel einfach oder gabelig verzweigt, 1–4-körbig, mit 3–8 Stängelblättern; Stängelblätter nicht geigenförmig verengt; äußere Hüllblätter verbreitert und abstehend. Blütezeit VI–VIII.

VERWECHSLUNG: Das Dichthaar-H., *H. valdepilosum*, ist 30–50 cm hoch, die mittleren Stängelblätter sind schwach geigenförmig verengt. Beim Moris-H., *H. pilosum*, sind alle Hüllblätter gleichgestaltet und locker anliegend.

LEBENSRAUM: Steinrasen, Felsen, Krummholzgebüsch, Zwergstrauchheiden; kalkliebend. 1200–2800 m NN.

VERBREITUNG: Südosteuropäisch-montane Art von den Seealpen bis zu den Gebirgen der Balkanhalbinsel und bis Kalabrien.

ALLGEMEIN: Die früher unter *Hieracium* geführte Untergattung *Pilosella* wird heute aufgrund der neuen Erkenntnisse meist als eigene Gattung *Pilosella*, Mausohr, geführt.

2 | Alpen-Brandlattich
Homogyne alpina – Asteraceae

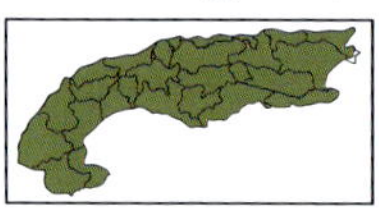

10–30 cm hoch, mit beblätterten Ausläufern, einkörbig; Blattspreite nierenförmig, ledrig, 15–40 mm im ∅, oberseits glänzend, unterseits grün; Blattrand seicht kerbzähnig; Stängel mit 2–3 Hochblättern. Blütezeit VI–VIII.

VERWECHSLUNG: Der kalkstete, auf die Ostalpen beschränkte Filz-B., *H. discolor* (Bild **2C**), hat Blattspreiten, die unterseits weißfilzig sind. Die Blätter des in den Alpen auf die Südostalpen beschränkten Illyrisch-B., *H. sylvestris* (Bild **2D**), sind nicht ledrig, ihr Rand ist mit Kerbzähnen versehen.

Im nicht blühenden Zustand ähneln die Blätter der Brandlattiche denen der Soldanellen (Bild **2B**, links *Homogyne alpina*, rechts, am Bildrand erkennbar, *Soldanella major*), deren Blattunterseiten aber fein punktiert und völlig kahl sind.

LEBENSRAUM: Rasen, Zwergstrauchheiden, lichte Wälder, Weiden; kalkmeidend. Bis etwa 2900 m NN.

VERBREITUNG: Südeuropäisch-montane Art.

ANMERKUNG: Die Gattung der Brandlattiche umfasst 3 Arten, die alle in den Alpen beheimatet sind. In den Südostalpen finden sich oft alle 3 Arten auf relativ engem Raum beisammen.

3 | Einkorb-Ferkelkraut
Hypochaeris uniflora – Asteraceae
(Syn.: *Hypochoeris uniflora*)

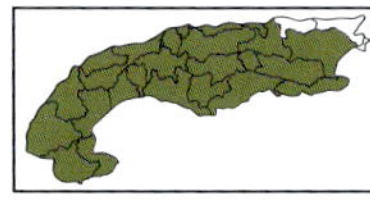

15–50 cm hoch; Stängel einkörbig, sehr kräftig, gegen den Korb zu auffallend verdickt; Grundblätter ± aufrecht, beidseitig behaart; Körbe im ∅ 4–7 cm breit; äußere Hüllblätter zottig behaart und bewimpert; Pappushaare gefiedert. Blütezeit VI–VIII.

VERWECHSLUNG: Das über Kalkböden in den Südalpen vorkommende Facchini-F., *H. facchiniana*, hat randlich kahle äußere Hüllblätter (in der Mitte um am Grund behaart, am Rand bewimpert) und im ∅ 2,5–4,5 cm breite Körbe. Der ähnliche Berg-Pippau, *Crepis pontana*, hat beiderseits fast kahle Blätter und nicht gefiederte Pappushaare.

LEBENSRAUM: Wiesen, Weiden, Zwergstrauchheiden; kalkmeidend. 1200–2800 m NN.

VERBREITUNG: Alpisch-karpatische Art.

4 | Alpen-Milchlattich
Lactuca alpina – Asteraceae
(Syn.: *Cicerbita alpina*)

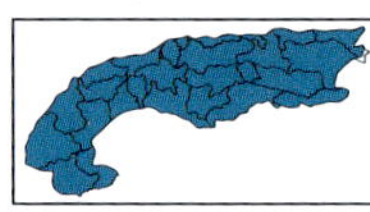

60–140 cm hoch, prächtig, oben braun drüsenhaarig; Stängel kräftig, hohl, unverzweigt, vielkörbig, oben meist violett überlaufen; Blätter tief fiederteilig mit großem, dreieckigem Endabschnitt; Zungenblüten hellblau bis lilablau. Blütezeit VI–VIII.

VERWECHSLUNG: In den Westalpen Plumier-M., *L. plumieri*, (= *Cicerbita plumieri*), der aber auch oben kahl ist.

LEBENSRAUM: Hochstaudenfluren, Bergwälder, Schläge. 900–2200 m NN.

VERBREITUNG: Europäisch-montane Art.

5 | Blau-Lattich
Lactuca perennis – Asteraceae

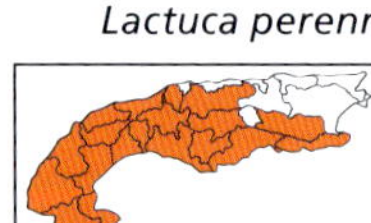

20–70 cm hoch, kahl, oben verzweigt; Blätter blaugrün, buchtig gezähnt bis fiederteilig; Abschnitte der mittleren Stängelblätter länglich bis lineal; untere Blätter rosettig gehäuft; Körbe 3–4 cm im ∅; Krone blau bis helllilablau. Blütezeit V–VI.

VERWECHSLUNG: Der mediterrane, in tiefen Lagen der Westalpen vorkommende Zart-L., *L. tenerrima*, hat 1,5–2,5 cm breite Blütenkörbe.

LEBENSRAUM: Felsfluren, Felsbänder, Trockenrasen, Mauern. Bis 2100 m NN.

VERBREITUNG: Europäische Art.

1

2A

2B

2C

2D

3

4A

4B

5

1 | Wiesen-Leuenzahn
Leontodon hispidus – Asteraceae

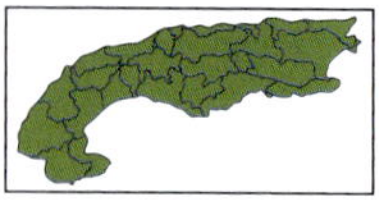

10–50 cm hohe, äußerst vielgestaltige Art; Stängel einkörbig, unverzweigt, behaart oder kahl, ohne oder mit höchstens 2 Blattschuppen besetzt; Blütenkörbe vor der Blüte nickend; Hülle am Grund plötzlich verschmälert. Blütezeit VI–X.

VERWECHSLUNG: v. a. mit dem Schweiz-Schuppenleuenzahn, *Scorzoneroides helvetica*, (siehe S. 88).

LEBENSRAUM: Wiesen, Weiden, lichte Wälder, Schutthalden. Bis etwa 3000 m NN.

VERBREITUNG: Europäische Art.

2 | Edelweiß
Leontopodium alpinum – Asteraceae

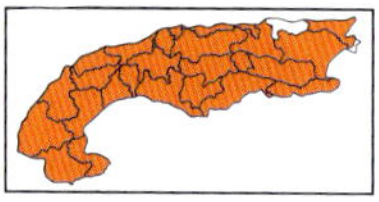

3–20 cm hoch, wollig-weißfilzig; Blätter ganzrandig; Gesamtblütenstand von sternförmig ausgebreiteten Hochblättern umgeben; Krone gelblich. Blütezeit VI–IX.

VERWECHSLUNG: Keine.

LEBENSRAUM: Steinige Rasen, Felsbänder; kalkliebend. 1500–3100 m NN, vereinzelt auch viel tiefer, wie am Isonzo-Ufer in Slowenien (300 m NN).

VERBREITUNG: Südeuropäisch-montane Art.

3 | Berg-Margerite
Leucanthemum adustum – Asteraceae

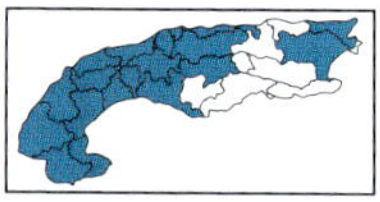

20–60 cm hoch; Grundblätter gekerbt bis fast ganzrandig; untere Stängelblätter zur Blütezeit meist noch vorhanden; mittlere Stängelblätter nahe der Mitte am breitesten, nicht geöhrt, regelmäßig gesägt-gezähnt; Stängel im oberen Drittel blattlos; Hüllblätter schwarzbraun berandet. Blütezeit VI–VIII.

VERWECHSLUNG: Die Verschiedenblatt-M., *L. heterophyllum*, hat gesägte Grundblätter und einen fast bis oben beblätterten Stängel.

LEBENSRAUM: Magerrasen, Felsbänder, Kiefernwälder. Bis etwa 2400 m NN.

VERBREITUNG: Südeuropäisch-montane Art.

ANMERKUNG: Tritt in den Alpen in 2 Unterarten auf:
- subsp. *adustum*: 20–40 cm hoch; Stängel zumindest unten behaart.
- subsp. *margaritae*: 40–60 cm hoch; Stängel kahl. Nur am Alpenostrand.

4 | Schwarzrand-Margerite
Leucanthemum atratum – Asteraceae

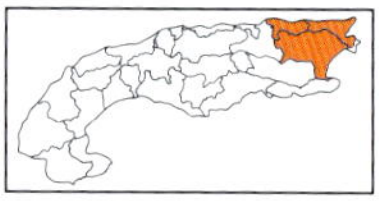

15–40 cm hoch, einkörbig; Blätter fleischig; Grundblätter und untere Stängelblätter keilig in den Blattstiel verschmälert, die folgenden sitzend; Stängelblätter lanzettlich, 3–7 mm breit; Zähne der mittleren Stängelblätter fast dreieckig, ± 2 × so lang wie breit, aufrecht abstehend; Hüllblätter schwarz berandet; Korb 3–5 cm im ∅. Blütezeit VI–IX.

VERWECHSLUNG: Bei der Haller-M., *L. halleri*, sind die Zähne der mittleren Stängelblätter länglich bis lineal und mehr als 3 × so lang wie breit. Die in den Südostalpen endemische Steineralpen-M., *L. lithopolitanicum*, hat lineale, ± 2 mm breite mittlere Stängelblätter. Bei der in den Südwestalpen endemischen Krähenfuß-M., *L. coronopifolium*, sind die Blätter bis über die Blattmitte fiederteilig.

LEBENSRAUM: Gesteinsfluren, Ruhschutt, Schuttschneeböden; kalkstet. Bis etwa 2300 m NN.

VERBREITUNG: Endemit der Nordost-Alpen.

5 | Verschiedenblatt-Margerite
Leucanthemum heterophyllum – Asteraceae

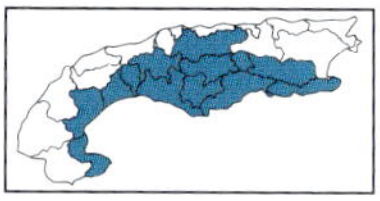

30–60 cm hoch; Blätter oft etwas blaugrün; Grundblätter gesägt; untere Stängelblätter zur Blütezeit vertrocknet; mittlere Stängelblätter 3–10 mm breit, nahe der Mitte am breitesten, nicht geöhrt, regelmäßig gesägt-gezähnt; Stängel fast bis oben beblättert; Hüllblätter hellbraun berandet. Blütezeit VI–IX.

VERWECHSLUNG: Mit der Berg-M., *L. adustum*. Die auf die französischen Alpen beschränkte Keilblatt-M., *L. cuneifolium*, hat keilförmige Blätter mit der größten Breite oberhalb der Mitte. Die in den französischen See- und Provencealpen endemische Burnat-M., *L. burnatii*, ist 10–25 cm hoch und hat lineale, 1–2 mm breite Blätter.

LEBENSRAUM: Steinige Magerrasen; kalkstet. Bis etwa 2200 m NN.

VERBREITUNG: Südalpisch-apenninische Art.

ANMERKUNG: Alle Margeriten-Arten sind beim Bestimmen schwierig!

1
2
3
4A
4B
5A
5B

1 | Alpenmargerite
Leucanthemopsis alpina – Asteraceae

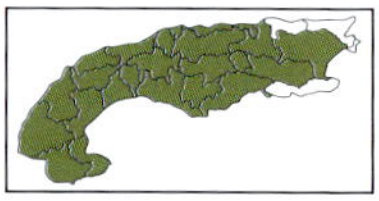

5–15 cm hoch, einkörbig; Stängel meist nur im unteren Drittel beblättert; Blattspreite beiderseits mit 2–4 ganzrandigen Abschnitten; Korb 2–4 cm im ∅; Hülle schwarzbraun berandet, ziegeldachig angeordnet; Zungenblüten 8–12 mm lang. Blütezeit VI–VIII.
VERWECHSLUNG: Mit der Karpaten-Hundskamille, *Anthemis carpatica*, (siehe S. 52).
LEBENSRAUM: Rasen, Schutthalden, Schneeböden; v. a. über Silikatböden. 1600–3800 m NN, vereinzelt auch tiefer.
VERBREITUNG: Südeuropäisch-montane Art.
ANMERKUNG: Vielgestaltige Art, besonders in Hinsicht auf die Behaarung.

2 | Gletscher-Mausohr
Pilosella angustifolia – Asteraceae
(Syn.: *Hieracium angustifolium, Hieracium glaciale*)

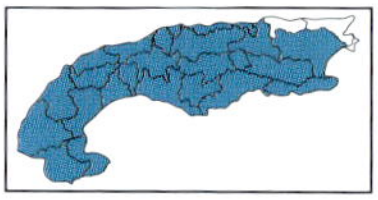

10–15 cm hoch; Ausläufer fehlen oder sehr kurz; Stängel 2–7-körbig; Blätter schmal-lanzettlich, grün, lang behaart; Hüllblätter unberandet, lang behaart; Körbe 1–2 cm im ∅. Blütezeit VII–VIII.
VERWECHSLUNG: v. a. mit dem Öhrchen-M., *P. lactucella*. Das Florenz-M, *P. piloselloides*, ist mindestens 25 cm hoch und hat 10–40-körbige Korbstände.
LEBENSRAUM: Felsrasen, Schutthänge, Zwergstrauchheiden; kalkmeidend. 1800–2900 m NN.
VERBREITUNG: Endemit der Alpen.
ALLGEMEIN: Aufgrund neuer verwandtschaftlicher Erkenntnisse wird *Pilosella*, Mausohr, heute meist als eigene Gattung von *Hieracium*, Habichtskraut, abgetrennt.

3 | Orange-Mausohr
Pilosella aurantiaca – Asteraceae
(Syn.: *Hieracium aurantiacum*)

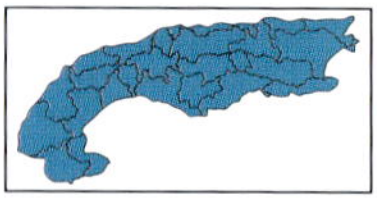

20–40 cm hoch, ohne oder mit ober- oder unterirdischen Ausläufern; Stängel lang behaart; Blätter grün, beiderseits behaart; Stängelblätter 1–4; Korbstand 4–10-körbig; Zungenblüten orange. Blütezeit VI–VIII.
VERWECHSLUNG: Mehrere ähnliche Hybridsippen mit Beteiligung des Orange-Mausohres. Diese zeichnen sich meist durch gelborange Zungenblüten aus.
LEBENSRAUM: Magerwiesen, Zwergstrauchheiden; kalkmeidend. Bis etwa 2300 m NN.
VERBREITUNG: Europäisch-montane Art von den Alpen und der Auvergne bis in die Karpaten, nach Skandinavien und Nordwestrussland.

4 | Hoppe-Mausohr
Pilosella hoppeana – Asteraceae
(Syn.: *Hieracium hoppeanum*)

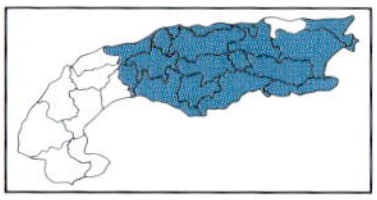

10–30 cm hoch, einkörbig; Ausläufer 1–3 cm lang; Stängel blattlos; Grundblätter lanzettlich, drüsig und drüsenlos behaart; Hüllblätter 2–4 mm breit, schwarz behaart, in der Mitte am breitesten, hell berandet. Blütezeit V–VIII.
VERWECHSLUNG: Das Klein-M., *P. officinarum* (= *Hieracium pilosella*), hat 0,5–2 mm breite Hüllblätter und lange Ausläufer. Beim Lepeletier-M., *P. peletieriana*, sind die Hüllblätter im unteren Drittel am breitesten.
LEBENSRAUM: Weiden, Rasen, Zwergstrauchheiden. Bis 2800 m NN.
VERBREITUNG: Südosteuropäisch-montane-südwestasiatische Art.
NAME: Benannt zu Ehren des deutschen Arztes und Botanikers David Heinrich HOPPE (1760–1846). Neben der Mausohr-Art wurde eine Gattung aus der Familie der Enziangewächse nach ihm *Hoppea* benannt.

5 | Öhrchen-Mausohr
Pilosella lactucella – Asteraceae
(Syn.: *Hieracium lactucella*)

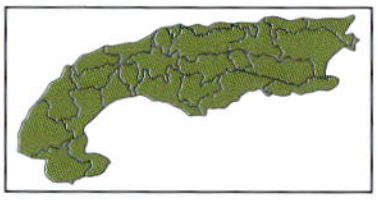

5–25 cm hoch; Ausläufer 5–8 cm lang, beblättert; Stängel 1–5(7)-körbig, oben nicht drüsig, meist mit einem Blättchen (Öhrchen) unterhalb der Mitte; Grundständige Blätter blaugrün, breit-lanzettlich, ganzrandig; Zungenblüten hellgelb. Blütezeit V–VIII.
VERWECHSLUNG: v. a. mit dem Gletscher-M., *P. angustifolia*, dem aber die Ausläufer fehlen oder aber diese sehr kurz sind. Blätter schmal-lanzettlich, lang behaart.
LEBENSRAUM: Magerweiden, Niedermoore, Zwergstrauchheiden. Bis 2600 m NN.
VERBREITUNG: Europäische Art von Spanien bis in den arktischen Norden.

1

2A

2B

3

4

5

1 | Alpen-Pestwurz
Petasites paradoxus – Asteraceae

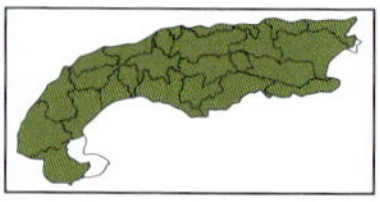

15–60 cm hoch; Grundblätter am Ende der Blütezeit erscheinend, Spreite dreieckig bis dreieckig-eiförmig, unterseits bleibend weißfilzig, 10–25 cm breit; Stängelblätter schmutzigrosa bis purpurbraun; Krone purpurbraun-schmutzigweiß. Blütezeit IV–V.
VERWECHSLUNG: Die Bach-P., *P. hybridus*, hat verkahlende, 40–60 cm breite Blätter. Die Weiß-P., *P. albus*, hat blassgrüne Stängelblätter und weiße Kronen.
LEBENSRAUM: Sickerfeuchte Felsschuttfluren; kalkstet. Bis 2600 m NN.
VERBREITUNG: Südeuropäisch-montane Art.

2 | Hasenlattich
Prenanthes purpurea – Asteraceae

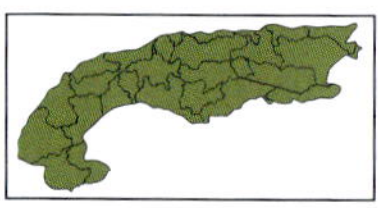

40–150 cm hoch, reich verzweigt, vielkörbig; Blätter kahl, spitz, etwas schlaff, unterseits bläulichgrün, Blattrand unregelmäßig grob gezähnt bis fast ganzrandig; obere Blätter mit geöhrtem Grund sitzend; Blütenkörbe wenigblütig mit 2–5 Blüten je Korb; Zungenblüten purpurn. Blütezeit VII–IX.
VERWECHSLUNG: Keine.
LEBENSRAUM: Wälder, Waldschläge, Hochstaudenfluren. Bis 2100 m NN.
VERBREITUNG: Europäische Art.

3 | Bergscharte
Rhaponticum scariosum – Asteraceae
(Syn.: *Stemmacantha rhapontica*)

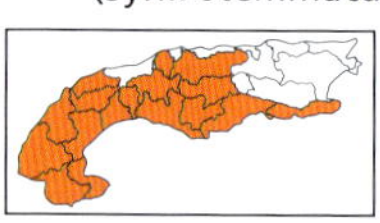

30–120 cm hoch; Stängel kräftig, einkörbig, gegen den Korb zu deutlich verdickt und hohl; untere Blätter groß, 25–60 cm lang, oberseits kahl, unterseits weißfilzig, ungeteilt bis tief fiederlappig; Blütenkörbe 5–10 cm im ∅. Blütezeit VI–VIII.
VERWECHSLUNG: Keine.
LEBENSRAUM: Hochstaudenfluren, steinige Hänge. 1300–2500 m NN.
VERBREITUNG: Endemit der Alpen.
ANMERKUNG: Tritt in den Alpen in zumindest 2 Unterarten auf.

4 | Echt-Alpenscharte
Saussurea alpina – Asteraceae

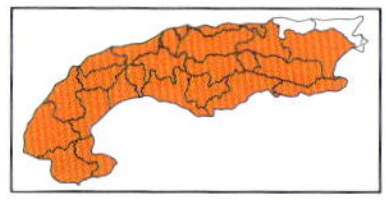

3–30 cm hoch; Stängel 3–10-körbig; zumindest die unteren Blätter gestielt, unterseits locker spinnwebig bis fast kahl; Blattstiele schmal geflügelt; Spreite lanzettlich; Blattrand ganzrandig bis gezähnt. Blütezeit VII–IX.
VERWECHSLUNG: Mit der Filz-A., *S. discolor*.
LEBENSRAUM: Rasen, Felsschutt, Felsspalten. 1800–3100 m NN.
VERBREITUNG: Arktisch-alpine Art.
ANMERKUNG: Tritt in den Alpen in 3 Unterarten auf:
- subsp. *alpina*: 10–30 cm hoch, Spreitengrund der unteren Blätter keilig, allmählich in den Blattstiel verschmälert.
- subsp. *depressa*: 3–10 cm hoch.
- subsp. *macrophylla*: 10–30 cm hoch, Spreitengrund der unteren Blätter abgerundet bis seicht herzförmig, abrupt in den Blattstiel verschmälert.

NAME: Benannt zu Ehren des Schweizer Naturforschers Horace-Benedict de Saussure (1740–1799), der bereits mit 22 Jahren als Professor der Philosophie an der Universität Genf lehrte.

5 | Filz-Alpenscharte
Saussurea discolor – Asteraceae

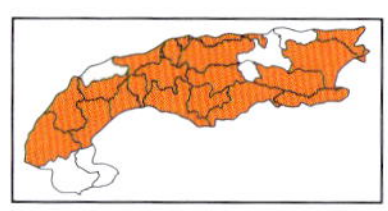

10–30 cm hoch; Stängel 3–10-körbig; zumindest die unteren Blätter gestielt, unterseits dicht weißfilzig; Blattstiele ungeflügelt; Spreite der unteren Blätter am Grund meist herzförmig. Blütezeit VII–IX.
VERWECHSLUNG: Echt-A., *S. alpina*, hat keine weißfilzigen Blattunterseiten u. schmal geflügelte Blattstiele.
LEBENSRAUM: Felsschutt, Steinrasen, Felsspalten; kalkliebend. 1500–2800 m NN.
VERBREITUNG: Eurasiatische Art.

6 | Zwerg-Alpenscharte
Saussurea pygmaea – Asteraceae

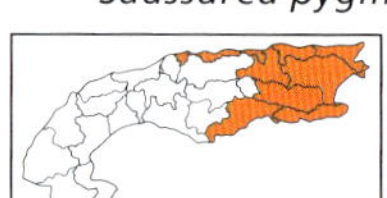

3–20 cm hoch; Stängel einkörbig, weißzottig; Blätter lineal-lanzettlich, 3–5 mm breit, sitzend, ganzrandig bis undeutlich gezähnelt, Rand umgerollt; Korb 2–3 cm im ∅. Blütezeit VI–VII.
VERWECHSLUNG: Keine.
LEBENSRAUM: Steinrasen, Felsschutt, Matten; kalkstet. 1600–2600 m NN.
VERBREITUNG: Ostalpisch-karpatische Art.

1A

1B

2

3

4

5A

5B

6

1 | Grannen-Schwarzwurz
Scorzonera aristata – Asteraceae

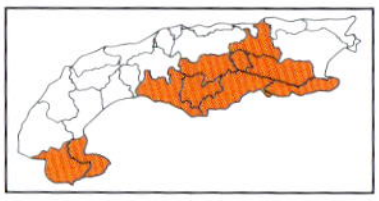

10–50 cm hoch; Grundblätter lineal, 1–5 mm breit; Stängel meist einkörbig, blattlos oder mit einem Blatt und 0–4 Hochblättern; Hülle 20–25 mm lang, Hüllblätter 18–23, äußere Hüllblätter fein zugespitzt; Zungenblüten gelb, die äußeren auf dem Rücken mitunter rot gestreift. Blütezeit VI–VII.

VERWECHSLUNG: Die Stängel der Österreich-Sch., *S. austriaca*, sind mit 2–6 Blättern beblättert, die Grundblätter sind meist stark wellig. Die Blätter der Niedrig-Sch., *S. humilis*, sind 10–30 mm breit.

LEBENSRAUM: Wiesen; kalkliebend. 1200–2400 m NN.

VERBREITUNG: Südeuropäisch-montane Art.

2 | Rosen-Schwarzwurz
Scorzonera rosea – Asteraceae

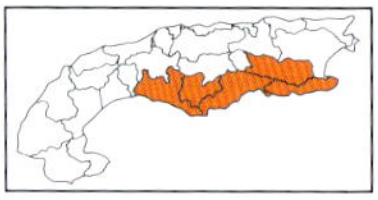

15–50 cm hoch; Stängel einkörbig; Blätter schmal-lanzettlich, 3–7 mm breit, flach; Körbe 3–5 cm im ∅; Hüllblätter 16–20; Krone rosa. Blütezeit VI–VII.

VERWECHSLUNG: Die Purpur-Sch., *S. purpurea*, hat rinnenförmige, 2–3 mm breite Blätter, 12–16 Hüllblätter und eine purpurlilia Krone.

LEBENSRAUM: Wiesen, Matten, Weiden, steinige Hänge; kalkliebend. 1200–2100 m NN.

VERBREITUNG: Südosteuropäisch-montane Art.

3 | Safran-Schuppenleuenzahn
Scorzoneroides crocea – Asteraceae (Syn.: *Leontodon croceus*)

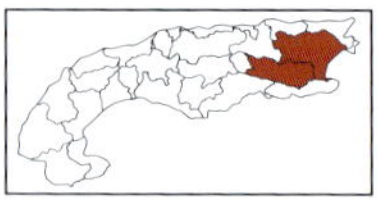

10–35 cm hoch, Grundblätter schmal-lanzettlich, am Rand mit meist rückwärts gerichteten Zähnen bis fast ganzrandig, unterseits nur auf den Nerven behaart; Körbe vor dem Aufblühen aufrecht; Zungenblüten leuchtend gelborange. Blütezeit VI–VIII.

VERWECHSLUNG: Unterscheidet sich von allen anderen in den Alpen vorkommenden *Scorzoneroides*- und *Leontodon*-Arten durch die gelborange Krone.

LEBENSRAUM: Wiesen, feuchte Senken, Zwergstrauchheiden. 1600–2100 m NN.

VERBREITUNG: Ostalpisch-karpatische Art.

ALLGEMEIN: Die Arten der Gattung *Scorzoneroides* wurden früher innerhalb *Leontodon* geführt. Phänetische, karyologische und phytochemische Untersuchungen machten eine Trennung von der Gattung *Leontodon* notwendig.

4 | Schweiz-Schuppenleuenzahn
Scorzoneroides helvetica – Asteraceae (Syn.: *Leontodon helveticus*)

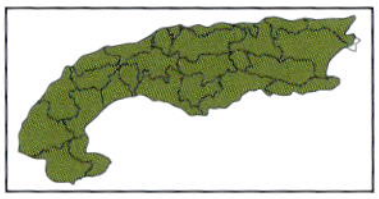

5–25 cm hoch, kahl oder nur mit einfachen Haaren; Grundblätter breit-lanzettlich, buchtig gezähnt bis fast ganzrandig; Stängel einkörbig, mit mehreren Blattschuppen; Körbe vor dem Aufblühen aufrecht; Hülle am Grund allmählich verschmälert. Blütezeit VII–IX.

VERWECHSLUNG: Der äußerst vielgestaltige Wiesen-Leuenzahn, *Leontodon hispidus*, hat Körbe, die vor der Blüte nicken, eine Hülle, die am Grund plötzlich verschmälert ist und Stängel, die ohne oder mit höchstens 2 Blattschuppen besetzt sind.

LEBENSRAUM: Weiden, Wiesen, Silikatschutt; kalkmeidend. 1600–3300 m NN, vereinzelt bis in die colline Stufe herabsteigend.

VERBREITUNG: Südeuropäisch-montane Art.

5 | Berg-Schuppenleuenzahn
Scorzoneroides montana – Asteraceae (Syn.: *Leontodon montanus*)

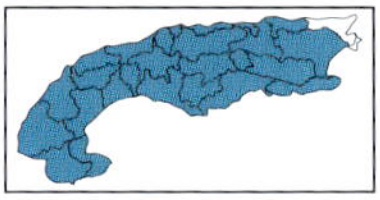

3–10 cm hoch; Stängel einkörbig, nur wenig länger als die grundständigen Blätter, mit 0–2 Blattschuppen; unterhalb des Korbes deutlich verdickt und dunkel behaart; Hülle abstehend dunkel behaart; Pappus reinweiß, gefiedert. Blütezeit VII–VIII.

VERWECHSLUNG: Der in den Nordostalpen endemische Nordostalpen-Sch., *S. montaniformis*, hat einen gelblichweißen Pappus und ist unterhalb des Korbes kaum verdickt.
Der ebenfalls ähnliche Triglav-Pippau, *Crepis terglouensis*, hat einen beblätterten Stängel und einen ungefiederten Pappus.

LEBENSRAUM: Felsschutt; kalkstet. 1700–2900 m NN.

VERBREITUNG: Südeuropäisch-montane Art.

ANMERKUNG: innerhalb der Art werden 4 Unterarten unterschieden, von denen 2 die Alpen besiedeln:
- subsp. *montana*: Haare der Hülle grau – westalpische Sippe, östlich bis Osttirol.
- subsp. *melanotricha*: Haare der Hülle schwarz – ostalpische Sippe.

1

2

3

4

5

1 | Eberrauten-Greiskraut
Senecio abrotanifolius – Asteraceae

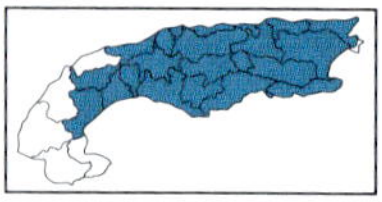

10–40 cm hoch, unten holzig; Stängel aufsteigend, 2–6-körbig; Blätter 1–3-fach fiederschnittig mit 1–2 mm breiten Abschnitten, glänzend dunkelgrün; Körbe kräftiggelb bis rotorange (var. *tiroliensis*). Blütezeit VI–VIII.

VERWECHSLUNG: Keine.

LEBENSRAUM: Felsrasen, Latschengebüsch, Matten, Felsen, Zwergstrauchheiden. 1300–2800 m NN, vereinzelt bis in die Täler herabgeschwemmt.

VERBREITUNG: Alpisch-illyrische Art.

2 | Dost-Greiskraut
Senecio cacaliaster – Asteraceae

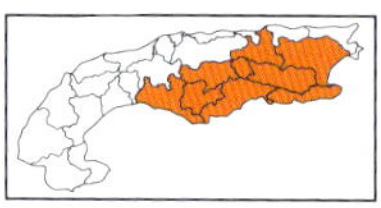

60–150 cm hoch; Blätter zumindest unterseits etwas kraushaarig, scharf gezähnt; Spreite der mittleren Stängelblätter 4–6 × so lang wie breit; Korbstiele drüsenhaarig; Blütenkörbe ohne Zungenblüten. Blütezeit VII–VIII.

VERWECHSLUNG: Unterscheidet sich von den anderen Arten aus der *Senecio nemorensis*-Gruppe der Alpen (*S. ovatus*, *S. hercynicus*, *S. nemorensis*) durch das Fehlen von Zungenblüten.

LEBENSRAUM: Hochstaudenfluren, Waldschläge, Grünerlengebüsch, Viehläger. 1000–2000 m NN.

VERBREITUNG: Südeuropäisch-montane Art.

ANMERKUNG: Nicht selten tritt auch die Hybride des Dost-Greiskrautes mit dem Fuchs-Greiskraut auf. Dieser, *Senecio × lamottei* genannte Bastard ist im Gelände aufgrund seiner wenigen, schwefelgelben Zungenblüten leicht von den Elternarten unterscheidbar.

3 | Krain-Greiskraut
Senecio carniolicus – Asteraceae

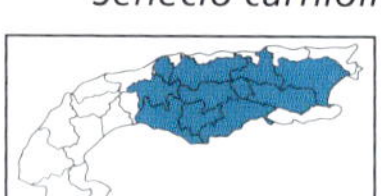

7–17 cm hoch; junge Blätter filzig behaart, später graufilzig bis fast verkahlend; Rosettenblätter 5–11 cm lang, Blattspreite eilänglich, seicht fiederlappig, 2–5 cm lang, mit keilförmiger Basis; Blütenkörbe 6–14, mit 3–6 gelben Zungenblüten (Bild **3A**). Blütezeit VII–IX.

VERWECHSLUNG: Das Insubrien-G., *S. insubricus*, ist 4–9 cm hoch und hat 2,6–6,5 cm lange Rosettenblätter mit 1,5–2,5 cm langer Blattspreite. Die Blätter sind beidseitig dicht weißfilzig. Blütenkörbe 2–5. In den Alpen vom Tessin bis Osttirol, disjunkt auch in den Karnischen Alpen und in den Karawanken.
Das Norisch-G., *S. noricus*, (Bild **3B**) ist 4–8 cm hoch und hat 2,5–6 cm lange Rosettenblätter mit 1,5–2,5 cm langer Blattspreite, diese tief fiederlappig. Die Blätter sind graugrün, Zungenblüten 4–7 mm lang. Steinige, offene Gesellschaften. Endemit der Ostalpen von Ost-Tirol bis zu den steirischen Seckauer Tauern.
Das Disjunkt-G., *S. disjunctus*, ist 5–16 cm hoch und hat 3,5–8,5 cm lange Rosettenblätter mit 2–4 cm langen Blattspreiten. Rosettenblätter tief eingeschnitten. Die Blätter sind graugrün. Verbreitung disjunkt, einerseits von den Bergamasker Alpen bis Graubünden, zum Ortler und zur Adamello-Gruppe, andererseits in den Tauern Salzburgs, Kärntens und der Steiermark.
Beim westalpischen Grau-G., *S. incanus* (Bild **3C**), sind die Blätter dicht weißfilzig und bis fast zum Mittelnerv fiederschnittig.
Dem in den italienischen Ligurischen Alpen endemischen Persoon-G., *S. persoonii*, fehlen die Zungenblüten.

LEBENSRAUM: Felsrasen, Krummseggenrasen; kalkmeidend. 1700–3200 m NN.

VERBREITUNG: Alpisch-karpatische Art. In den Alpen von den Rätischen und Bergeller Alpen bis zur steirischen Gleinalpe.

ANMERKUNG: Lange Zeit wurde die Art *Senecio incanus* in die 3 Unterarten *incanus*, *carniolicus* und *insubricus* unterteilt, bis nähere Untersuchungen zeigten, dass noch 2 weitere Sippen (*noricus*, *disjunctus*) eigenständig sind und dass all diesen Sippen der Artrang zugesprochen werden muss.

4 | Alpen-Greiskraut
Senecio cordatus – Asteraceae
(Syn.: *S. alpinus*)

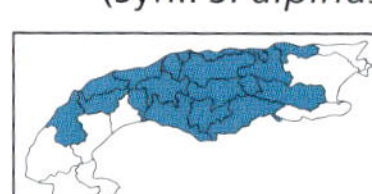

30–100 cm hoch; Stängel gleichmäßig wechselständig beblättert; alle Blätter ungeteilt; Blattspreiten der Grund- und unteren Stängelblätter herzförmig; Spreite der unteren Stängelblätter ± 1,5 × so lang wie breit; Körbe schirmrispig angeordnet; Zungen- und Röhrenblüten leuchtendgelb. Blütezeit VII–VIII.

VERWECHSLUNG: Beim Berg-G., *S. subalpinus*, sind zumindest die oberen Blätter ± fiederteilig.

LEBENSRAUM: Viehläger, Hochstaudenfluren, Bachufer; kalkliebend. Bis etwa 2400 m NN.

VERBREITUNG: Alpisch-apenninische Art.

ANMERKUNG: Immer wieder kann in den Alpen auch die Hybride des Alpen-Greiskrautes mit dem Jakob-Greiskraut gefunden werden. In Vorarlberg gehört der *Senecio × eversii* genannte Bastard zu den Charaktersippen der Höhenstufe von 800–900 m NN.

1A

1B

2

3A

3B

3C

4

1 | Gamswurz-Greiskraut
Senecio doronicum – Asteraceae

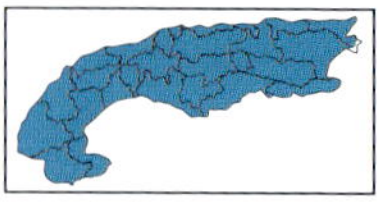

20–50 cm hoch, flockig-filzig; Blätter lanzettlich bis länglich-eiförmig, buchtig gezähnt, wechselständig; Blütenkörbe meist 1–4, endständig; Körbe 2–6 cm im ∅; Zungenblüten 10–25, dunkelgelb bis orangegelb. Blütezeit VII–VIII.

VERWECHSLUNG: Die entfernt ähnlichen niederen Gamswurz-Arten, *Doronicum* spec., der Alpen unterscheiden sich u. a. durch die größere Zahl an Zungenblüten (meist 20–40).

LEBENSRAUM: Felsschutt, steinige Rasen. 1300–3100 m NN.

VERBREITUNG: Südeuropäisch-montane Art.

ANMERKUNG: Tritt in den Alpen in 2 Unterarten auf:
- subsp. *doronicum*: Körbe 3–6 cm im ∅, Außenhülle so lang wie die Innenhülle.
- subsp. *gerardii*: Körbe 2–3 cm im ∅, Außenhülle deutlich kürzer als die Innenhülle.

ALLGEMEIN: Sowohl der botanische Gattungsname *Senecio* als auch die deutsche Benennung beinhalten den Greis. Vermutlich deshalb, weil die fruchtenden Pflanzen durch die weißlichen Haarkronen der Früchte an Greisenhaare erinnern. Im Deutschen wird *Senecio* oft auch Kreuzkraut genannt, eine Ableitung von Greiskraut.

2 | Quell-Greiskraut
Senecio fontanicola – Asteraceae

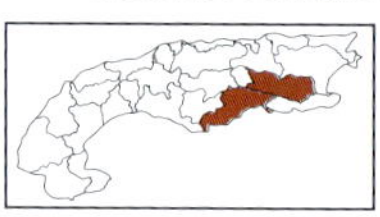

40–80 cm hoch; Spreite der unteren Blätter verkehrt-eilanzettlich bis länglich-lanzettlich, 15–30 cm lang und 2–6 cm breit; Körbe 15–20 mm im ∅; Zungenblüten meist 6–7. Blütezeit VI.

VERWECHSLUNG: Das Gold-G., *S. doria*, hat meist 5 Zungenblüten. Es blüht später, nämlich VII–IX.

LEBENSRAUM: Quellbäche, Niedermoore. 450–850 m NN.

VERBREITUNG: Endemit der Südostalpen.

ANMERKUNG: Die Art wurde erst 1994 als Folge der monographischen Bearbeitung der Gold-Greiskraut-Gruppe von *Senecio doria* abgetrennt.

3 | Haller-Greiskraut
Senecio halleri – Asteraceae

5–15 cm hoch, dicht weißfilzig, einkörbig; untere Blätter stumpf gezähnt bis fiederteilig, obere ± ganzrandig; Blütenkörbe mit 7–20 Zungenblüten, 2–3 cm im ∅. Blütezeit VII–VIII.

VERWECHSLUNG: Kaum.

LEBENSRAUM: Felsrasen, Felsschutt; kalkmeidend. 2000–3600 m NN.

VERBREITUNG: Endemit der Westalpen.

NAME: Benannt zu Ehren des Schweizers Albrecht von Haller (1708–1777). Aufgrund seines breiten Spektrums an Fähigkeiten galt Haller als Universalgelehrter.

4 | Fuchs-Greiskraut
Senecio ovatus – Asteraceae

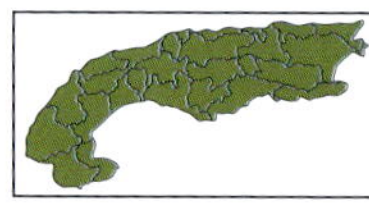

60–150 cm hoch; Stängel meist kahl, meist purpurbraun überlaufen, gleichmäßig beblättert; Blätter lanzettlich, fein gezähnt, beiderseits kahl; Spreite der mittleren Stängelblätter 4–7 × so lang wie breit; obere Stängelblätter mit keilig verschmälertem Grund sitzend oder in einen kurzen Blattstiel verschmälert; Korbstiele, Außenhüllblätter und Hüllblätter drüsenlos. Blütezeit VII–IX.

VERWECHSLUNG: Beim Hain-G., *S. nemorensis* (= *S. germanicus*) ist der Stängel zumindest oben behaart, die Blätter sind unterseits kraushaarig, die Spreite der mittleren Stängelblätter meist 3–4 × so lang wie breit.

Beim Harz-G., *S. hercynicus*, sind Korbstiele, Außenhüllblätter und Hüllblätter drüsenhaarig, die mittleren Stängelblätter sind 2,5–3 × so lang wie breit.

LEBENSRAUM: Wälder, Waldschläge, Waldlichtungen. Bis etwa 2000 m NN.

VERBREITUNG: Europäische Art.

5 | Fels-Greiskraut
Senecio rupestris – Asteraceae

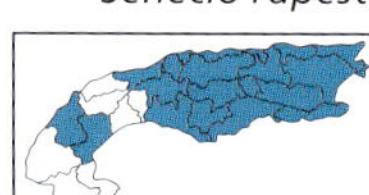

20–60 cm hoch, meist zerstreut spinnwebig; Blätter unregelmäßig fiederteilig; Mittelfeld der mittleren Stängelblätter gezähnt; Körbe in unregelmäßigen Rispen, 18–25 mm im ∅; Hüllblätter ± 21; Zungenblüten 12–15. Blütezeit VI–IX.

VERWECHSLUNG: Das Frühlings-G., *S. vernalis*, besiedelt tiefere Lagen und ist in der Jugend wollig-zottig.

LEBENSRAUM: Felsschutt, Lägerfluren, Ruderalstellen. Bis 2400 m NN.

VERBREITUNG: Südosteuropäisch-montane Art.

1
2
3
4
5

1 | Berg-Greiskraut
Senecio subalpinus – Asteraceae

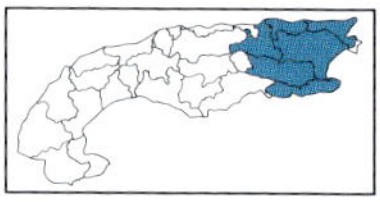

30–70 cm hoch; zumindest die oberen Blätter ± fiederteilig, d. h. gegen den Grund zu blattstielartig verschmälert und dort mit seitlichen Abschnitten; Spreite der unteren Stängelblätter etwa so lang wie breit; Körbe schirmrispig angeordnet; Zungen- und Röhrenblüten leuchtendgelb. Blütezeit VII–VIII.
VERWECHSLUNG: Mit dem Alpen-G., *S. cordatus*, (siehe S. 90), v. a. aber auch mit der Hybride von Alpen-G., *S. cordatus*, × Jakobs-G., *S. jacobaea*.
LEBENSRAUM: Hochstaudenfluren, Wiesen, lichte Wälder, Viehläger. Etwa 900–2200 m NN.
VERBREITUNG: Südosteuropäisch-montane Art.

2 | Großkorb-Färberscharte
Serratula macrocephala – Asteraceae (Syn.: *S. tinctoria* subsp. *monticola*)

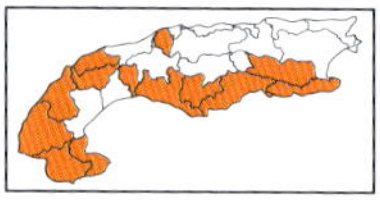

10–40 cm hoch; untere Blätter fiederschnittig; Körbe am Ende der Zweige zu 2–5 kopfig genähert; Hülle 8–10 mm breit; äußere Hüllblätter 2–2,5 mm breit. Blütezeit VI–IX.
VERWECHSLUNG: Die Echt-F., *S. tinctoria*, ist 30–100 cm hoch, ihre Hülle 4–6 mm breit und die unteren Blätter ungeteilt.
LEBENSRAUM: Weiderasen, sonnige Berghänge, Latschengebüsch. 1200–2500 m NN.
VERBREITUNG: Südeuropäisch-montane Art.

3 | Echt-Goldrute
Solidago virgaurea – Asteraceae

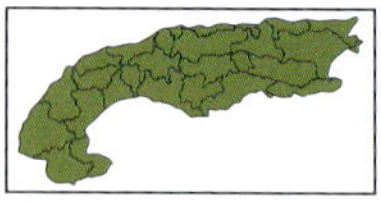

5–100 cm hoch; Blätter wechselständig, lanzettlich, grob gezähnt bis fast ganzrandig; untere Blätter elliptisch, in einen geflügelten Blattstiel verschmälert; 6–12 Zungenblüten, diese 5–7 mm lang, deutlich länger als die Röhrenblüten. Blütezeit VII–X.
VERWECHSLUNG: u. U. mit dem mediterranen Kleb-Alant, *Inula viscosa*, der aber drüsig-klebrig ist und 10–12 mm lange Zungenblüten hat.
LEBENSRAUM: Lichte Wälder, Weiden, Magerrasen, Zwergstrauchheiden. Bis 2800 m NN.
VERBREITUNG: Eurosibirisch-nordamerikanische Art.
ANMERKUNG: Tritt in den Alpen in 2, durch Übergänge verbundene Unterarten auf:
– subsp. *virgaurea*: 40–100 cm hoch; Körbe 40–200, 10–15 mm im ∅. Hügel- bis Bergstufe.
– subsp. *minuta*: 5–30 cm hoch; Körbe 10–40, 15–20 mm im ∅. Obere Bergstufe bis alpine Höhenstufe.

4 | Berg-Straußmargerite
Tanacetum corymbosum subsp. *subcorymbosum* – Asteraceae (Syn.: *T. corymbosum* subsp. *clusii*)

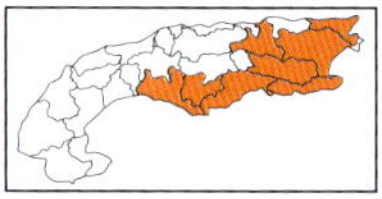

30–100 cm hoch; Blätter gefiedert, die Blattabschnitte scharf gesägt; Blütenkörbe in doldiger Traube oder Rispe; Hüllblätter dunkelbraun berandet; Zungenblüten 15–20 mm lang; Körbe 30–50 mm im ∅. Blütezeit VI–VII.
VERWECHSLUNG: Die Nominatform subsp. *corymbosum* hat hellbraun berandete Hüllblätter und 7–15 mm lange Zungenblüten. Sie ist auf tiefere Lagen beschränkt.
LEBENSRAUM: Kräuterreiche Wiesen, lichte Wälder, Säume; kalkliebend. Etwa 1000–2100 m NN.
VERBREITUNG: Südosteuropäisch-montane Sippe.

5 | Pracht-Telekie
Telekia speciosissima – Asteraceae

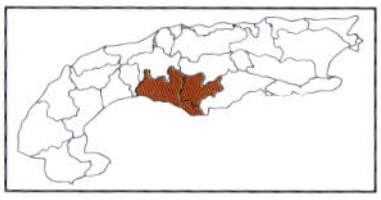

20–60 cm hoch; Blätter breit-oval, 10–15 cm lang, 4–7 cm breit, stängelumfassend oder mit herzförmigem Grund sitzend; Blütenkörbe 4–6 cm im ∅; Hülle mehrreihig, dachziegelig angeordnet. Blütezeit VI–VII.
VERWECHSLUNG: Durch die breit-eiförmigen Blätter unterscheidet sich die Art von den im Blütenstand ähnlichen Ochsenauge- und Alant-Arten, die lanzettliche Blätter haben.
LEBENSRAUM: Steinige Hänge, Felsspalten; karbonatstet. Bis 2000 m NN.
VERBREITUNG: Endemit der Südalpen.
NAME: Benannt zu Ehren des ungarischen Grafen Samuel Teleki de Szek (1739–1822), Kanzler des damaligen Großfürstentums Siebenbürgen und ein bedeutender Förderer von Wissenschaft und Kunst.
ANMERKUNG: Die Pracht-Telekie, gelegentlich auch Kleine Telekie genannt, ist ein Endemit Insubriens. Dieses Gebiet gilt als an Alpenpflanzen besonders artenreiche Region und beheimatet etliche andere Endemiten wie etwa den Zweilappen-Hahnenfuß, *Ranunculus bilobus*, oder das Elisabeth-Leimkraut, *Silene elisabethae*.

1

2

3

4

5

1 | Sektion **Alpen-Löwenzahn**
Taraxacum sect. *Alpina* – Asteraceae

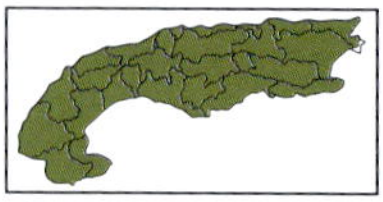

5–15 cm hoch; Blätter schmal verkehrt-eiförmig, tief schrotsägeförmig, mit vergrößertem Endlappen; Blattstiele nicht geflügelt; Körbe 1,5–2 cm im ∅; äußere Hüllblätter eiförmig, weniger als ½ × so lang wie die Hülle; Zungenblüten unterseits gestreift; Frucht bräunlichweiß. Blütezeit VI–IX.
VERWECHSLUNG: u. a. mit der Sektion der Gebirgs-Löwenzähne, *Taraxacum* sect. *Alpestria*, die aber einen geflügelten Blattstiel haben.
LEBENSRAUM: Fettweiden, Schneetälchen. 1200–3300 m NN.
VERBREITUNG: Südeuropäisch-montane Sektion.
ANMERKUNG: Die Gattung Löwenzahn, *Taraxacum*, besteht vorwiegend aus Sippen, die ihre Samen auf ungeschlechtliche Weise erzeugen (agamospermisch). Die große Zahl an Kleinarten ist noch unzureichend erforscht und nur für Spezialisten bestimmbar.

2 | Sektion **Kapuzen-Löwenzahn**
Taraxacum sect. *Cucullata* – Asteraceae

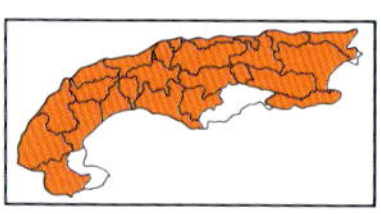

5–25 cm hoch; Blätter gezähnt bis wenig tief geteilt, Blattstiel meist geflügelt; Zungenblüten strohgelb bis ockerfarben, an der Spitze röhrenförmig eingerollt und dadurch kapuzenförmig; Korb 3–4,5 cm im ∅; Hüllblätter ungehörnt, äußere Hüllblätter breit eilanzettlich, dunkelgrün, oft purpurn überlaufen. Blütezeit VI–VIII.
VERWECHSLUNG: u. a. mit der Sektion der Horn-Löwenzähne, *Taraxacum* sect. *Ceratophora*, bei denen aber die Hüllblätter unter der Spitze deutlich gehörnt sind.
LEBENSRAUM: Fettweiden, Schneetälchen. Etwa 1500–2800 m NN.
VERBREITUNG: Alpisch-korsische Sektion.

3 | **Handel-Löwenzahn**
Taraxacum handelii – Asteraceae

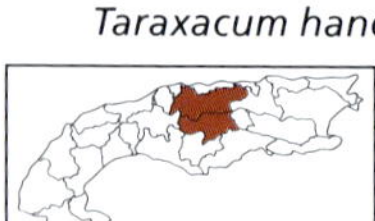

3–15 cm hoch; Stängel kahl, dicklich; Blätter wenige, dunkelgrün, glänzend, schrotsägeförmig mit spitzen, dreieckigen, abstehenden oder zurückgebogenen Abschnitten; Hüllblätter dunkelgrün; Zungenblüten gelb, außen oft rot gestreift. Blütezeit VII–VIII.
VERWECHSLUNG: u. a. mit Reichenbach-L., *T. reichenbachii*, der aber ungeteilte, ganzrandige bis entfernt gezähnte Blätter hat. Pacher-L., *T. pacheri*, zeichnet sich durch orange Zungenblüten aus.
LEBENSRAUM: Ruhschutt, Felsrasen, windausgesetzte Grate. 2400–2900 m NN.
VERBREITUNG: Endemit der Ostalpen.
NAME: Benannt zu Ehren des österreichischen Botanikers Heinrich von Handel-Mazzetti (1882–1940), der eine Monographie über die Gattung verfasste.

4 | **Kopf-Aschenkraut**
Tephroseris integrifolia subsp. *capitata* – Asteraceae (Syn.: *Senecio capitatus*)

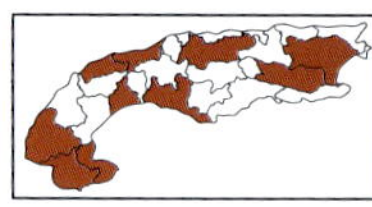

10–35 cm hoch, dicht weißwollig-filzig; untere Blätter rosettig gehäuft; Korbstand dicht, fast kopfig; Körbe orange, in Knospe oft purpurn; Hüllblätter meist purpurbraun. Blütezeit VI–VII.
VERWECHSLUNG: Vereinzelt treten beim Bach-A., *T. crispa*, Pflanzen mit orangen Körben (fo. *croceus*) auf. Diese unterscheiden sich durch die fehlende weißwollig-filzige Behaarung.
LEBENSRAUM: Felsrasen, Weiden. 1800–2500 m NN.
VERBREITUNG: Südeuropäisch-montane Sippe.
ANMERKUNG: Eine der schönsten und imposantesten Alpenblumen, in Kärnten „Rotes Edelweiß" genannt und mit einem Lied besungen.

5 | **Bach-Aschenkraut**
Tephroseris crispa – Asteraceae (Syn.: *Senecio rivularis*)

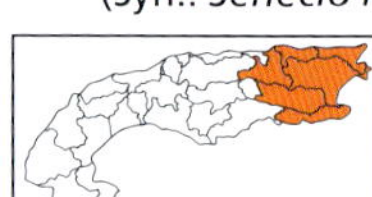

30–100 cm hoch; Stängel und Blätter drüsenlos; Spreite der Grundblätter wellig, ihr Stiel geflügelt, Spreitengrund ± herzförmig; Blattrand gesägt bis gezähnt; Stängel 5–15-körbig; Zungenblüten dottergelb; Frucht kahl. Blütezeit IV–VII.
VERWECHSLUNG: Das Südalpen-A., *T. pseudocrispus*, hat ± flache Grundblattspreiten und dicht behaarte Früchte. Beim Voralpen-A., *T. longifolia*, ist der Spreitengrund der Grundblätter nicht herzförmig, die Pflanze ist drüsenhaarig.
LEBENSRAUM: Staudenfluren, feuchte Wiesen, Auwälder. 400–2000 m NN.
VERBREITUNG: Europäisch-montane Art.

1

2

3

4

5

1 | Voralpen-Aschenkraut
Tephroseris longifolia – Asteraceae (Syn.: *Senecio ovirensis*)

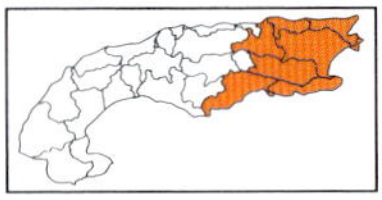

20–60 cm hoch, drüsenhaarig, meist auch spinnwebig-wollig; Spreite der Grundblätter eiförmig bis länglich-elliptisch, abrupt in den breit-geflügelten Blattstiel verschmälert; Stängel 3–10-körbig; Zungenblüten dottergelb; Hüllblätter meist 21; Frucht kahl. Blütezeit V–VII.

VERWECHSLUNG: Mit dem Bach-A., *T. crispa*, (siehe S. 96). Das Schweiz-A., *T. tenuifolia*, hat meist 13 Hüllblätter. Das Steppen-A., *T. integrifolia* subsp. *integrifolia* hat behaarte Früchte.

LEBENSRAUM: Wiesen, Hochstaudenfluren, lichte Wälder. Bis etwa 2200 m NN.

VERBREITUNG: Ostalpisch-illyrische Art.

ALLGEMEIN: Die Gattung *Tephroseris* wurde lange Zeit innerhalb der Gattung Greiskraut, *Senecio*, geführt. Trotz der äußerlichen Ähnlichkeit v. a. der Korbhüllen besteht tatsächlich keine nähere Verwandtschaft von Aschenkräutern und Greiskräutern.

2 | Südalpen-Aschenkraut
Tephroseris pseudocrispa – Asteraceae (Syn.: *Senecio pseudocrispus*)

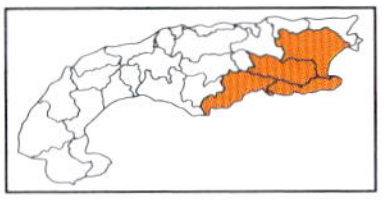

30–70 cm hoch; Spreite der Grundblätter ± flach, ihr Stiel nicht oder nur sehr schmal geflügelt, Spreitengrund ± herzförmig; Blattrand gesägt bis gezähnt; Stängel 3–10-körbig; Zungenblüten dottergelb; Frucht dicht behaart. Blütezeit V–VII.

VERWECHSLUNG: v. a. mit dem Bach-A., *T. crispa*, (siehe S. 96). Beim in den Südwestalpen endemischen Balbis-A., *T. balbisiana*, sind die Früchte kahl.

LEBENSRAUM: Hochstaudenfluren, Bachufer, Feuchtwiesen, Latschengebüsch. 700–2100 m NN.

VERBREITUNG: Endemit der Ostalpen.

3 | Schweiz-Aschenkraut
Tephroseris tenuifolia – Asteraceae (Syn.: *Senecio gaudinii*)

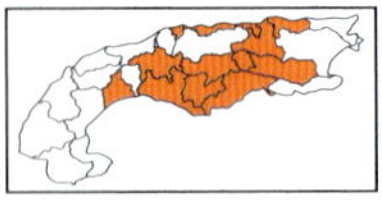

30–80 cm hoch, dicht filzig behaart bis fast kahl; Spreiten der grundständigen Blätter allmählich in den geflügelten Stiel verschmälert; Stängel 5–15-körbig; Zungenblüten hell- bis dottergelb; Hüllblätter meist 13; Frucht dicht behaart. Blütezeit V–VII.

VERWECHSLUNG: Das Alant-A., *T. helenitis*, hat meist 21 Hüllblätter, seine Grundblattspreite ist abrupt in den Blattstiel verschmälert.

LEBENSRAUM: Fettwiesen, Lägerfluren, Karfluren. 900–2500 m NN.

VERBREITUNG: Südeuropäisch-montane Art.

NAME: Das Synonym ist zu Ehren des Schweizer Botanikers und Geistlichen Jean GAUDIN (1766–1833) benannt, dessen Name u.a. auch die Gattung *Gaudinia* aus der Familie der Süßgräser trägt.

4 | Kronlattich
Willemetia stipitata – Asteraceae (Syn.: *Calycocorsus stipitatus*)

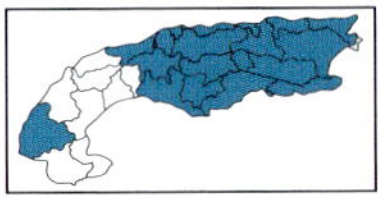

15–45 cm hoch; Stängel 1–5-körbig, mit 0–2 Blättern, oben abstehend schwarz behaart; Grundblätter kahl oder leicht behaart, unterseits bläulichgrün, seichtbuchtig gezähnt bis ganzrandig; Hülle schwärzlichgrün, mit schwarzen Drüsenhaaren. Blütezeit VI–VIII.

VERWECHSLUNG: Mit verschiedenen Pippau-Arten, *Crepis* spec., so etwa dem Sumpf-Pippau, *Crepis paludosa*, bei dem aber die oberen Blätter stängelumfassend sitzen.

LEBENSRAUM: Moore, Nasswiesen. Bis etwa 2500 m NN.

VERBREITUNG: Südeuropäisch-montane Art.

NAME: Benannt zu Ehren des französischen Botanikers und Pharmazeuten Remi WILLEMET (1735–1807), Direktor des botanischen Gartens in Nancy.

5 | Groß-Springkraut
Impatiens noli-tangere – Balsaminaceae

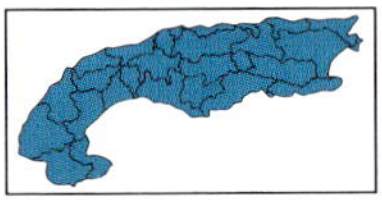

30–80 cm hoch, kahl; Blattspreiten eilanzettlich, stumpf gezähnt, 3–12 cm lang, wechselständig; Blüten kräftiggelb, einzeln oder zu wenigen, hängend; das kronblattartige Kelchblatt mitsamt dem Sporn 2,5–3 cm lang. Blütezeit VII–VIII.

VERWECHSLUNG: Keine. Das invasive, aus Asien stammende Drüsen-S., *I. glandulifera* (Bild **5B**), hat purpurrote, rosa oder weiße Blüten und breitet sich zusehends auch in den Alpen aus.

LEBENSRAUM: Schattig-feuchte Wälder, Schlucht- und Auwälder, Bachränder. Bis etwa 1800 m NN.

VERBREITUNG: Eurosibirische Art.

1A

1B

2

3

4

5A

5B

1 | Südalpen-Elfenblume

Epimedium alpinum – Berberidaceae

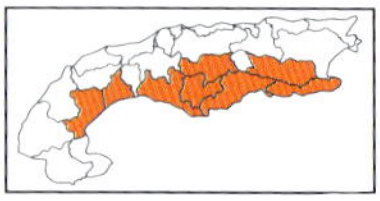

20–40 cm hoch; Blätter 2–3-fach 3-zählig, Blättchen breit-lanzettlich, am Grund herzförmig, oft rotrandig, stachelborstig gezähnt; Blütenblätter 4-zählig, Kronblätter braunrot, mit gelben, sackartig gespornten Nektarblättern. Blütezeit IV.

VERWECHSLUNG: Keine.

LEBENSRAUM: Edellaubwälder, besonders Traubeneichen-Wälder, und Gebüsche; kalkstet. Etwa 700–1200 m NN.

VERBREITUNG: Ostalpisch-illyrische Art vom Piemont und Teilen des Apennins bis Albanien und Bulgarien.

2 | Grün-Erle

Alnus alnobetula – Betulaceae
(Syn.: *Alnus viridis*)

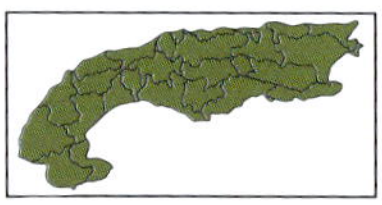

Bis 3 m hoher Strauch; Rinde glatt, graubraun; Blattspreiten eiförmig, spitz, beiderseits grün, mit 5–7 Seitennerven-Paaren; Blüte gleichzeitig mit dem Laubausbruch. Blütezeit IV–VI.

VERWECHSLUNG: u. U. mit der Schwarz-E., *A. glutinosa*, welche aber gestutzte bis ausgerandete Blätter hat, und der Grau-E., *A. incana*, deren Blätter 8–15 Seitennerven haben.

LEBENSRAUM: Gebüschbildend auf nährstoffreichen, gut durchfeuchteten Böden, Lawinenrunsen, Unterwuchs bodensaurer Wälder. Hauptsächlich in Höhen von 1500–2000 m NN, nicht selten aber auch bis in Tallagen bzw. bis 2900 m NN steigend.

VERBREITUNG: Südeuropäisch-montane Art von den Pyrenäen bis in die deutschen Mittelgebirge und bis ins bulgarische Rila-Gebirge.

3 | Zwerg-Birke

Betula nana – Betulaceae

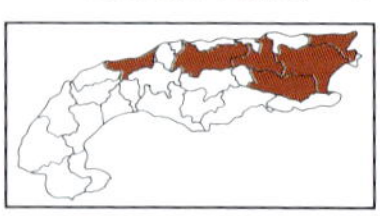

20–100 cm hoher Zwergstrauch; junge Triebe flaumig behaart, ohne Harzdrüsen; Blattspreite 4–12 mm lang und 5–15 mm breit, beiderseits mit 2–4 Seitennerven, Blattrand mit stumpfen Zähnen; männliche und weibliche Blütenstände abstehend oder aufrecht. Blütezeit IV–V.

VERWECHSLUNG: Mit der Strauch-B., *B. humilis*, welche aber bis 2,5 m hoch wird, harzige Jungtriebe hat und deren Blattrand spitz gezähnt ist.

LEBENSRAUM: Hochmoore. Etwa 700–2050 m NN.

VERBREITUNG: Eurosibirisch-nordamerikanische Art von Island bis ins Jenisseigebiet, südlich bis in die Gebirge Mitteleuropas. In der arktischen Tundra ist die Zwerg-Birke weit verbreitet. In Mitteleuropa hingegen wächst sie nur vereinzelt im Norddeutschen Tiefland, im Harz, Böhmerwald, Erzgebirge und in den Ostalpen, sowie dem Alpenvorland. Hier ist sie stark gefährdet.

4 | Barrelier-Ochsenzunge

Anchusa barrelieri – Boraginaceae
(Syn.: *Cynoglottis barrelieri*)

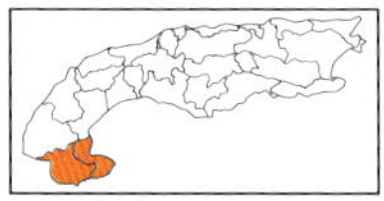

30–60 cm hoch; Blätter eilanzettlich, 3–10 cm lang, 1–2,5 cm breit; Krone violettblau; Kelch 2–3 mm lang, zur Fruchtzeit bis 6 mm lang. Blütezeit V–VII.

VERWECHSLUNG: Bei der Echt-O., *A. officinalis*, ist die Krone dunkelviolett, der Kelch ist 5–7 mm lang, zur Fruchtzeit bis 10 mm.

LEBENSRAUM: Böschungen, Magerwiesen, Steinrasen; kalkliebend. Bis 1500 m NN.

VERBREITUNG: Mediterran-montane Art von den Südwestalpen bis zur Ukraine.

NAME: Benannt zu Ehren des französischen Botanikers und Geistlichen Jacques Barrelier (1606–1673).

5 | Alpen-Wachsblume

Cerinthe alpina – Boraginaceae
(Syn.: *Cerinthe glabra*)

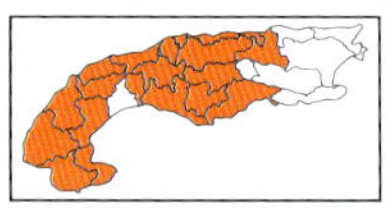

30–60 cm hoch, kahl, mit bläulichem Wachsüberzug; Stängelblätter eiförmig, stängelumfassend; Krone röhrenförmig, 10–15 mm lang, gelb mit purpurner Zeichnung; Kronzipfel viel kürzer als die Kronröhre; Blütezeit V–VII.

VERWECHSLUNG: Bei der Klein-W., *C. minor*, sind die Kronzipfel fast so lang wie die Kronröhre, die Krone ist einfarbig zitronengelb. Die Arten der Gattung Lotwurz, *Onosma*, sind reichlich behaart.

LEBENSRAUM: Steinige Wiesen, Hochstaudenfluren, Lägerfluren, Grünerlengebüsch; kalkliebend. 1200–2600 m NN.

VERBREITUNG: Europäisch-westasiatische Art.

1

2A

2B

3

4

5

1 | Echt-Hundszunge
Cynoglossum officinale – Boraginaceae

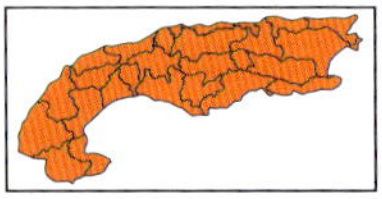

30–70 cm hoch, dicht weichhaarig, nach Maus riechend; Stängel reich verzweigt; Blätter lanzettlich, beiderseits graufilzig, bis 25 cm lang; Stängelblätter 1,5–3 cm breit; Krone purpurrot bis violett; Teilfrüchte oberseits mit einem Randsaum. Blütezeit V–VII.

VERWECHSLUNG: Die Deutsch-H., *C. germanicum*, hat oberseits glänzende, kahle bis fast kahle Blätter. Die in den Südwestalpen vorkommende Dioskorides-H., *C. dioscoridis*, hat 0,6–1,5 cm breite Stängelblätter.

LEBENSRAUM: Lägerfluren, trockene Ruderalstellen, Waldschläge. Bis 2500 m NN.

VERBREITUNG: Eurasiatische Art.

2 | Zwerg-Himmelsherold
Eritrichium nanum – Boraginaceae

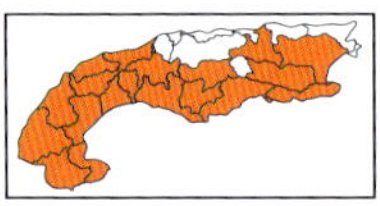

1–4 cm hoch; Blätter größtenteils rosettig gehäuft, zottig behaart; Blütenstand 3–6-blütig, Blütenkrone leuchtend hellblau, mit gelbem Saum; mit einem Vorblatt unter jeder Blüte; Teilfrüchte mit einem geflügelten, kammförmig gezähnten Rand. Blütezeit VI–VIII.

VERWECHSLUNG: Mit niederen Formen des Alpen-Vergissmeinnichtes, *Myosotis alpestris*, dieses hat aber keine Vorblätter und ganzrandige, glatte Teilfrüchte.

LEBENSRAUM: Felsspalten, Gesteinsgrus, offene Rasengesellschaften. 2200–3300 m NN, gelegentlich tiefer, wie in der Moräne des Fornogletschers (2070 m NN), oder höher, wie am Weisstor (3620 m NN).

VERBREITUNG: Alpisch-karpatische Art.

3 | Strauch-Moltkie
Moltkia suffruticosa – Boraginaceae

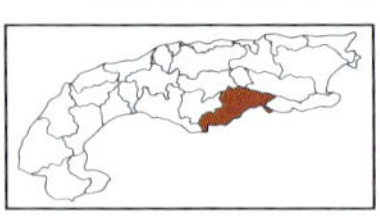

8–25 cm hoch; Blätter linear, 5–15 cm lang, 1–3 mm breit; Krone blau, 8–14 mm lang; Kelch 5–6 mm lang. Blütezeit V–VI.

VERWECHSLUNG: Keine.

LEBENSRAUM: Felsen; kalkstet. Bis 1300 m NN.

VERBREITUNG: Ostalpisch-apenninische Art.

NAME: Benannt zu Ehren des dänischen Grafen und Botanikers Joachim Godske Moltke (1746–1818), dem Begründer des naturhistorischen Museums in Kopenhagen.

4 | Schweiz-Lotwurz
Onosma helvetica – Boraginaceae

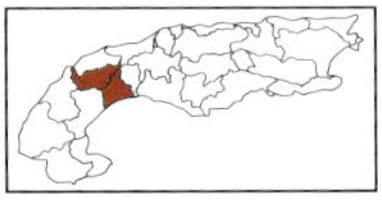

15–50 cm hoch, dicht borstenhaarig; Blätter lineallanzettlich; Höcker (Haaransatz) der 1–4 mm langen Borstenhaare kahl, ohne sternförmig abstehenden Börstchen; zwischen den Borsten mit vereinzelten Haaren, aber nicht flaumhaarig; Krone blassgelb, 20–25 mm lang, röhrig-glockig. Blütezeit V–VII.

VERWECHSLUNG: v. a. mit der Zweifelhaft-L., *O. pseudoarenaria*, welche aber an den Höckern (Haaransatz) der 1–4 mm langen Borstenhaare sternförmig abstehende, 0,1–0,3 mm lange Börstchen hat. Die in den Alpen auf die Südwestalpen Frankreichs und Italiens beschränkte Ligurien-L., *O. fastigiata*, ist zwischen den Borstenhaaren flaumhaarig.

LEBENSRAUM: Trockenhänge, lichte Wälder, lückige Trockenrasen. Bis 1400 m NN.

VERBREITUNG: Endemit der Westalpen.

ANMERKUNG: Von manchen Botanikern wird *O. pseudoarenaria*, genauso wie *O. austriaca*, als Teil von *O. helvetica* gesehen.

5 | Knollen-Beinwell
Symphytum tuberosum – Boraginaceae

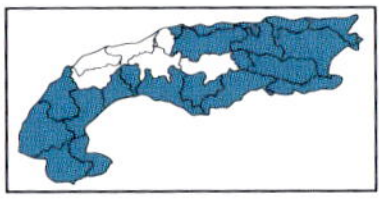

10–30 cm hoch; Blattspreiten eilänglich, mit am Stängel herablaufendem Stiel; Krone hellgelb, 14–19 mm lang, röhrenförmig; Schlundschuppen nicht aus der Krone ragend. Blütezeit IV–VI.

VERWECHSLUNG: Beim Klein-B., *S. bulbosum*, ist die Krone nur 8–11 mm lang, die Schlundschuppen überragen die Krone deutlich.

LEBENSRAUM: Edellaubwälder, Hochstaudenfluren. Bis 1900 m NN.

VERBREITUNG: Europäische Art.

ANMERKUNG: In den höheren Lagen der Südostalpen treten vermehrt Populationen mit hübschen, apricot-orangen Kronröhren auf (Bild **5B**). Wertvolle Insektennahrungspflanze. Auf Beinwell spezialisiert hat sich u. a. die Beinwell-Sandbiene, *Andrena symphytii*, und die Beinwell-Gitterwanze, *Dictyla humuli*. Der reichlich gebotene Nektar liegt in den Blüten so tief verborgen, dass er nur von langrüsseligen Hummeln, Schnauzenschwebfliegen und bestimmten Schmetterlingen auf normalem Wege erreicht werden kann.

1A
1B
2
3
4
5A
5B

1 | Alpen-Vergissmeinnicht
Myosotis alpestris – Boraginaceae

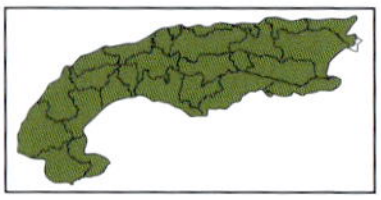

5–30 cm hoch; Blätter elliptisch bis länglich-lanzettlich; Rosettenblätter allmählich in den Stiel verschmälert; Teilfrüchte sind 2–2,5 mm lang und in der Mitte am breitesten. Blütezeit VI–VIII.
VERWECHSLUNG: v. a. mit dem Wald-V., *M. sylvatica*.
LEBENSRAUM: Magerrasen, Magerweiden, gefestigte Schutthalden. 1400–3100 m NN, gelegentlich auch tiefer, wie bei Pontegana im südlichen Tessin (280 m NN).
VERBREITUNG: Südeuropäisch-montane Art.
ALLGEMEIN: Der liebliche deutsche Name Vergissmeinnicht ist sehr alt und lässt sich bis mindestens ins 14. Jahrhundert zurückverfolgen. Schon der Südtiroler Dichter Hans Vintler, gestorben 1419, erwähnt das Vergissmeinnicht mehrmals in seinen Poesien.

2 | Bodensee-Vergissmeinnicht
Myosotis rehsteineri – Boraginaceae

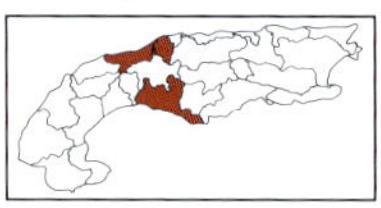

1–10 cm hoch, niedere Pölster mit zur Blütezeit meist deutlicher Rosette bildend; Stängel stielrund, mit nach vorne gerichteten, anliegenden Haaren; Krone 4–9 mm im ∅. Blütezeit IV–VI.
VERWECHSLUNG: Die anderen Arten aus der *M. palustris*-Gruppe *(M. scorpioides, M. nemorosa, M. laxa)* bilden keine niederen Pölster mit deutlicher Blattrosette.
LEBENSRAUM: Sommerlich überflutete Uferrasen und Kiesflächen, die im Frühjahr und Herbst trockenfallen. Bis etwa 600 m NN.
VERBREITUNG: Endemit des Bodenseegebiets?
ANMERKUNG: Die Art wurde mehrfach aus dem Alpenraum gemeldet, so etwa aus der italienischen Provinz Sondrio, dem Tessin und vom oberösterreichischen Traunsee, doch bleiben all diese Fundmeldungen fraglich.
NAME: Benannt zu Ehren des Schweizer Botanikers und Geistlichen Johann Konrad Rehsteiner (1797–1858), der sich um die Erforschung der Flora des Appenzells und St. Gallens große Verdienste erwarb.

3 | Sumpf-Vergissmeinnicht
Myosotis scorpioides – Boraginaceae
(Syn.: *M. palustris* p.p.)

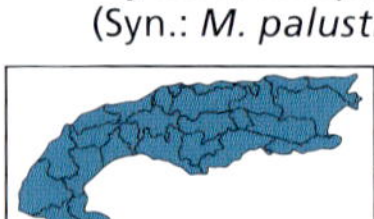

10–70 cm hoch; Stängel schwach kantig bis fast stielrund, mit aufwärts-anliegenden oder waagrecht-abstehenden Haaren oder fast kahl; Krone 6–11 mm im ∅; Fruchtstiel ± 2 × so lang wie der Kelch. Blütezeit V–X.
VERWECHSLUNG: v. a. mit dem Hain-V., *M. nemorosa*, bei dem der Stängel aber meist deutlich scharfkantig und im unteren Teil meist mit abwärts gerichteten Haaren besetzt bis fast kahl ist. Die Krone ist 3,5–7 mm im ∅, der Fruchtstiel ist höchstens 1,5 × so lang wie der Kelch. Beim Schlaff-V., *M. laxa* (Syn. *M. cespitosa*), ist der Stängel stielrund, die Krone ist 3–6 mm im ∅, der Fruchtstiel ist mehr als 2 × so lang wie der Kelch.
LEBENSRAUM: Nasswiesen, Ufer, Gräben, Bruchwälder. Bis 2100 m NN.
VERBREITUNG: Eurosibirische Art.

4 | Wald-Vergissmeinnicht
Myosotis sylvatica – Boraginaceae

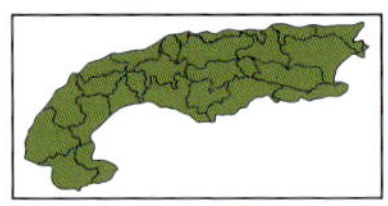

15–40 cm hoch, ± dicht behaart; Rosettenblätter kurz gestielt, plötzlich in den Stiel verschmälert; Kronröhre so lang oder etwas kürzer als der Kelch, daher die Kelchzipfel nicht überragend; Teilfrüchte 1,6–2 mm lang, unterhalb der Mitte am breitesten. Blütezeit V–VII.
VERWECHSLUNG: v. a. mit dem Kälte-V., *M. decumbens*, bei dem aber die Kronröhre länger als der Kelch ist und die Kelchzipfel daher überragt. Beim Alpen-V., *M. alpestris*, sind die Grundblätter allmählich in den Stiel verschmälert, die Teilfrüchte sind 2–2,5 mm lang und in der Mitte am breitesten.
LEBENSRAUM: Frische Wiesen, Waldschläge, Hochstaudenfluren. Bis etwa 2800 m NN.
VERBREITUNG: Europäische Art.

5 | Frühlings-Nabelnüsschen
Omphalodes verna – Boraginaceae

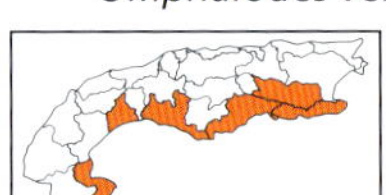

5–20 cm hoch; Blätter breit-eiförmig mit gestutztem bis schwach herzförmigen Grund; Blütenstand 10–20-blütig; Krone 10–12 mm im ∅; Schlundschuppen weiß. Blütezeit IV–V.
VERWECHSLUNG: Das oftmals kultivierte und gelegentlich verwilderte Kaukasusvergissmeinnicht, *Brunnera macrophylla*, hat 50–100-blütige Blütenstände und Kronen, die 4–8 mm im ∅ haben. Die alpinen Vergissmeinnicht-Arten, *Myosotis* spec., haben gelbe Schlundschuppen.
LEBENSRAUM: Auwälder, frische Edellaubwälder. Bis etwa 1400 m NN.
VERBREITUNG: Südosteuropäische Art.

1

2

3

4

5A

5B

1 | Süd-Lungenkraut
Pulmonaria australis – Boraginaceae

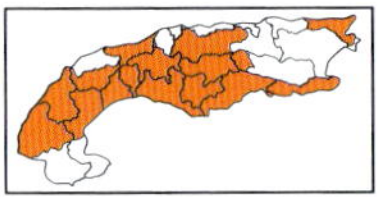

10–30 cm hoch; Blätter weich, lanzettlich, nicht oder kaum gefleckt; Spreiten der Grundblätter keilig in den Blattstiel verschmälert; Blattoberseite mit deutlich verschieden langen Borsten versehen; Blütenkrone kräftigblau bis sattviolett; Blütezeit III–VI.

VERWECHSLUNG: v. a. mit dem Kerner-L., *P. kerneri*, das in den Nordost-Alpen endemisch ist und bei dem die Borsten der Blattoberseite ± gleich lang sind.

LEBENSRAUM: Lichte Wälder, Trockenwiesen, Zwergstrauchheiden, Lärchenweiden. 1200–2500 m NN, gelegentlich auch tiefer, wie im Gütenbachtal im Wienerwald (320 m NN) oder höher, wie im Berninagebiet Graubündens (2620 m NN).

VERBREITUNG: Alpisch-illyrische Art der Alpen und der Gebirge des nordwestlichen Balkans.

ANMERKUNG: Die Lungenkraut-Arten sind sich untereinander oft sehr ähnlich und bedürfen zu einer eindeutigen Bestimmung der sich oft erst nach dem Abblühen entwickelnden Grundblätter einer guten Lupe mit mindestens 10-facher Vergrößerung, um das entscheidende Haarkleid untersuchen zu können.

ALLGEMEIN: Die Gattung der Lungenkräuter besteht aus 18 Arten, die alle in Europa beheimatet sind. 14 Arten besiedeln den Alpenraum, 3 davon sind auf die Alpen beschränkt: *Pulmonaria carnica*, *P. kerneri* und *P. vallarsae*.

2 | Karawanken-Lungenkraut
Pulmonaria carnica – Boraginaceae

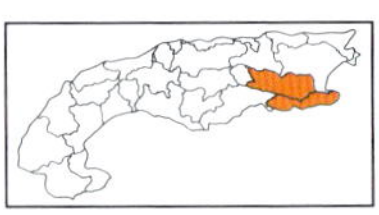

10–25 cm hoch; Spreite der Grundblätter breit-elliptisch bis ei-lanzettlich, keilig in den Blattstiel verschmälert; Blätter ungefleckt oder schwach gefleckt; Krone violettblau. Blütezeit IV–VI.

VERWECHSLUNG: v. a. mit dem Steiermark-L., *P. stiriaca*. Beim Echt-L., *P. officinalis*, sind die Grundblattspreiten herzförmig oder eiförmig und abrupt in den Blattstiel verschmälert. Beim im Gebiet um den Gardasee endemischen Vallarsa-L., *P. vallarsae*, sind die Blattspreiten auffallend weich, neben den Borsten und Drüsenhaaren auch dicht mit weichen Haaren besetzt, der Rand der Sommerblätter ist gewellt.

LEBENSRAUM: Staudenfluren, Gebüsche, frische Wälder, Wiesen; kalkliebend. 800–1900 m NN.

VERBREITUNG: Endemit der Südostalpen: Zentral- und Ostkarawanken und Steiner Alpen, etwas isoliert ein weiter westlich gelegener Fundort im Bereich des Loiblpasses.

3 | Weichhaar-Lungenkraut
Pulmonaria mollis – Boraginaceae

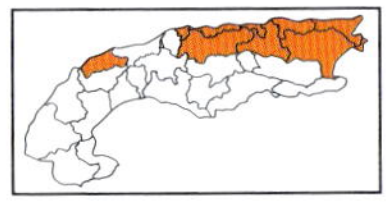

15–40 cm hoch; Blätter ungefleckt, grauschimmrig; Spreite der Grundblätter 30–50 cm lang, eiförmig-lanzettlich, rasch in den Stiel verschmälert; Blütenstand klebrig. Blütezeit IV–VI.

VERWECHSLUNG: v. a. mit dem Berg-L., *P. montana*, bei dem die Blätter aber keinen Grauschimmer haben und die oberseits stark drüsig sind. Der Blütenstand hingegen ist nicht klebrig.

LEBENSRAUM: Lichte Wälder, Hochstaudenfluren, Gebüsche, Waldschläge, Wiesen. Bis 1800 m NN (subsp. *alpigena*).

VERBREITUNG: Europäische Art.

ANMERKUNG: Tritt in den Alpen in 2 Unterarten auf:
- subsp. *mollis*: Grundblätter auffallend wellig-kraus; Blätter und Kelch weichhaarig, mit wenigen Borsten.
- subsp. *alpigena*: Grundblätter kaum wellig-kraus; Blätter und Kelch durch die vielen Borsten steifer behaart.

4 | Steiermark-Lungenkraut
Pulmonaria stiriaca – Boraginaceae

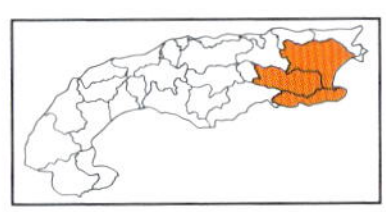

10–30 cm hoch; Spreite der Grundblätter eilanzettlich, meistens in eine lange Spitze auslaufend, keilig in den Blattstiel verschmälert; Blätter meist kräftig weiß gefleckt; Stängel und Blattstiele mit auffallend dichtem Haarkleid aus Borsten und langgestielten Drüsen; Krone intensiv azurblau. Blütezeit III–VI.

VERWECHSLUNG: v. a. mit dem Karawanken-L., *P. carnica*, das aber ungefleckte oder schwach gefleckte Blätter hat und violettblaue Kronen. Seine Stängel und Blattstiele haben kein auffallend dichtes Haarkleid. Beim meist ebenfalls stark gefleckten Gefleckt-L., *P. picta*, aus den Südwestalpen sind die Grundblätter abrupt in den Blattstiel verschmälert.

LEBENSRAUM: Frische Wälder, Gebüsche, Staudenfluren. Bis 1800 m NN.

VERBREITUNG: Ostalpisch-illyrische Art.

1

2

3

4

1 | Alpen-Steinkraut
Alyssum alpestre – Brassicaceae

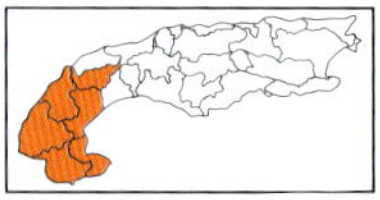

5–15 cm hoch; Blätter spatelförmig bis verkehrt-lanzettlich, 5–10 mm lang, dicht behaart; Kronblätter gelb, 2,5–3,5 mm lang; Frucht fast kreisrund, 4–5 mm lang, 3–4 mm breit, behaart. Blütezeit VI–VIII.
VERWECHSLUNG: Das Silbergrau-S., *A. argenteum*, ist 20–40 cm hoch, hat elliptische, 3–4 mm lange Früchte und besiedelt Serpentinstandorte in den Westalpen.
LEBENSRAUM: Steinige Hänge, Felsschutt; basenliebend. 2400–3100 m NN.
VERBREITUNG: Endemit der Westalpen.

2 | Ligurien-Steinkraut
Alyssum ligusticum – Brassicaceae

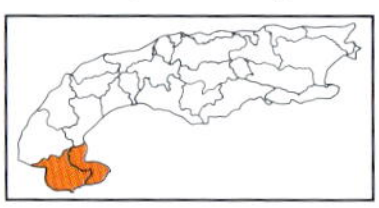

5–25 cm hoch, am Grund verholzt; Blätter dicht graufilzig behaart, ungeteilt, lineal-spatelig, gegen den Grund verschmälert, 25–30 mm lang, 3–4 mm breit, die oberen kleiner; Kronblätter weiß, 3–4 mm lang, vorne abgerundet, alle 4 gleichgestaltet; Frucht rundlich, kahl, 6–7 mm lang, 4–5 mm breit, Fruchtgriffel 2–4 mm lang. Blütezeit IV–VI.
VERWECHSLUNG: Mit Arten der Gattung Schleifenblume, *Iberis*, welche aber ungleich gestaltete Kronblätter haben (2 lange und 2 kurze Kronblätter).
LEBENSRAUM: Felsspalten, unter Felsen; kalkstet. 600–1800 m NN.
VERBREITUNG: Endemit der Westalpen.

3 | Obir-Steinkraut
Alyssum ovirense – Brassicaceae
(= *A. wulfenianum* subsp. *ovirense*)

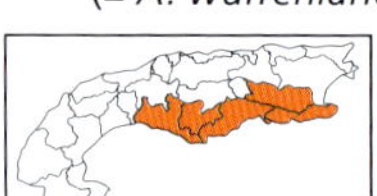

5–12 cm hoch; Spreiten der unteren Blätter rundlich-elliptisch, abrupt in den Blattstiel verschmälert, 4–7 mm lang, 2,5–5 mm breit; Blattunterseite der mittleren Stängelblätter mit 6–11 Sternhaaren je mm² besetzt; Kronblätter gelb, 6–7 mm lang; Frucht elliptisch, 7–9 mm lang, 3,5–4,5 mm breit, locker behaart. Blütezeit VI–VII.
VERWECHSLUNG: v. a. mit dem Wulfen-S., *A. wulfenianum*, und dem Hochschwab-S., *A. neglectum* (Bild **3B**), welches aber weißliche Blätter hat und deren Blattunterseite der mittleren Stängelblätter 15–20 Sternhaare je mm² aufweisen. Das Keilblatt-S., *A. cuneifolium*, hat dicht behaarte Früchte und ist in den Alpen auf die Westalpen beschränkt.
LEBENSRAUM: Felsschutt, Felsen; kalkliebend. 1700–2400 m NN.
VERBREITUNG: Ostalpisch-illyrische Art, südöstlich bis Montenegro.

4 | Wulfen-Steinkraut
Alyssum wulfenianum – Brassicaceae

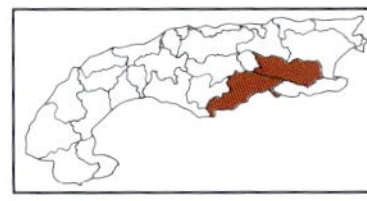

5–20 cm hoch; Spreiten der unteren Blätter elliptisch-lanzettlich, allmählich in den Blattstiel verschmälert, 6–14 mm lang, 1,5–4 mm breit, grauweiß behaart; Kronblätter gelb, 5–6 mm lang; Frucht elliptisch, 6–8 mm lang, zerstreut behaart, zuletzt fast kahl. Blütezeit V–VII.
VERWECHSLUNG: Mit dem Berg-St., *A. montanum*, welches aber eine annähernd kreisrunde, 3–5 mm lange, dicht behaarte Frucht hat. Beim Obir-St., *A. ovirense*, sind die unteren Blattspreiten rundlich-elliptisch und abrupt in den Blattstiel verschmälert.
LEBENSRAUM: Felsschutt, sandige Flussufer; kalkstet. 500–1500 m NN.
VERBREITUNG: Endemit der Südostalpen.
NAME: Benannt zu Ehren des österreichischen Botanikers, Mineralogen und Geistlichen Franz Xaver von Wulfen (1728–1805), der sich besonders um die Erforschung der Flora Kärntens verdient gemacht hat.

5 | Allioni-Gänsekresse
Arabis allionii – Brassicaceae

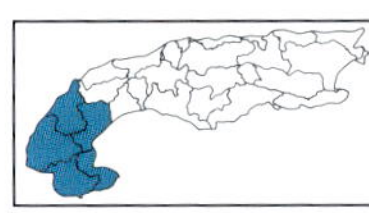

20–50 cm hoch; Stängel kahl; Grundblätter kahl oder an den Nerven und am Blattrand wenig behaart; Stängelblätter gezähnt, kahl, mit pfeilförmigem Grund am Stängel sitzend, am Rand bewimpert; Kronblätter weiß, 6–7 mm lang; Frucht 25–35 mm lang, 1,2–1,8 mm breit. Blütezeit V–VII.
VERWECHSLUNG: Die Schirm-G., *A. ciliata*, ist nur 5–20 cm hoch, ihre Stängelblätter sitzen mit breitem Grund am Stängel, sind aber nicht geöhrt. Die Wiesen-G., *A. hirsuta*, hat im unteren Bereich einen behaarten Stängel und behaarte Blattflächen.
LEBENSRAUM: Gefestigter Felsschutt, steinige Rasen; kalkmeidend. 1600–2500 m NN.
VERBREITUNG: Endemit der Westalpen.
NAME: Benannt zu Ehren des italienischen Botanikers und Naturforschers Carlo Ludovico Allioni (1728–1804), dem Leiter des Botanischen Gartens von Turin.

1

2

3A

3B

4

5

1 | Alpen-Gänsekresse
Arabis alpina – Brassicaceae

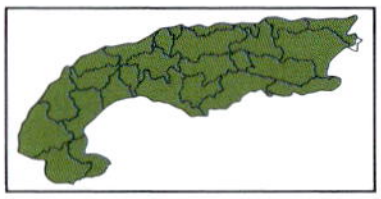

8–30 cm hoch, meist abstehend verzweigt, behaart, mit reichlich sterilen Rosetten; grundständige Blätter eiförmig, grob gezähnt, kurz gestielt; Stängelblätter 3–10, mit kurzen Zipfeln den Stängel umfassend; Kronblätter weiß, 7–10 mm lang. Blütezeit IV–X.
VERWECHSLUNG: u. a. mit der Felsen-G., *A. nova*, welche aber nur 4–6 mm lange Kronblätter hat.
LEBENSRAUM: Felsschuttfluren, Felsspalten; kalkliebend. 400–3200 m NN.
VERBREITUNG: In 2 Unterarten von Island und der Sierra Nevada bis ins Pamir-Gebiet.

2 | Bläulich-Gänsekresse
Arabis caerulea – Brassicaceae

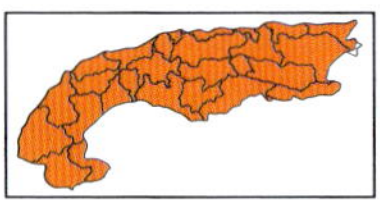

2–12 cm hoch; Grundblattspreiten eiförmig, kurz gestielt, nahe der Spitze mit 2–7 Zähnen, auf der Blattfläche ziemlich kahl; Stängelblätter 1–3, sitzend; Kronblätter weiß, lila gezeichnet, 4–5 mm lang; Früchte 1–3 cm lang, 2,5–3 mm breit, unreif blau überlaufen. Blütezeit VII–VIII.
VERWECHSLUNG: Mit der Zwerg-G., *A. pumila*, welche aber reinweiße Kronblätter hat.
LEBENSRAUM: Schneetälchen, feuchte Felsschuttfluren; kalkstet. 1900–3500 m NN, vereinzelt auch tiefer, wie im Erschbaumertal Osttirols (1600 m NN).
VERBREITUNG: Endemit der Alpen.

3 | Zwerg-Gänsekresse
Arabis pumila – Brassicaceae
(Syn.: *A. stellulata, A. bellidifolia*)

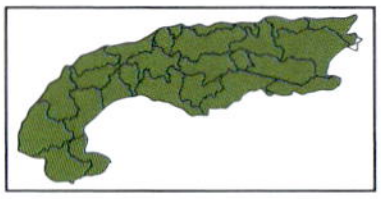

5–15 cm hoch; Stängel im unteren Teil behaart; Spreiten der grundständigen Blätter eiförmig, kurz gestielt; Stängelblätter 1–6, länglich-eiförmig, sitzend; Blüten in einer 5–15-blütigen Traube; Kronblätter weiß; Früchte 2–4 cm lang und 1,7–2,2 mm breit. Blütezeit VI–VIII.
VERWECHSLUNG: v. a. mit der Quendelblatt-G., *A. serpillifolia*, welche aber nur etwa 1 mm breite Früchte hat.
LEBENSRAUM: Kalkschuttfluren, Kalkfelsspalten; kalkstet. 900–3000 m NN, vereinzelt auch tiefer, wie in der Kundler Klamm (550 m NN).
VERBREITUNG: Alpisch-apenninische Art.
ANMERKUNG: Die Art unterteilt sich in die 2 Unterarten subsp. *pumila* mit einem untersten Internodium, welches kahl oder mit 1–2-strahligen Haaren besetzt ist und vorwiegend in Kalkschuttfluren vorkommt, und der subsp. *stellulata*, bei dem das unterste Internodium überwiegend mit 3–5-strahligen Haaren besetzt ist und die hauptsächlich im Kalkfels wächst.

4 | Bach-Gänsekresse
Arabis soyeri – Brassicaceae

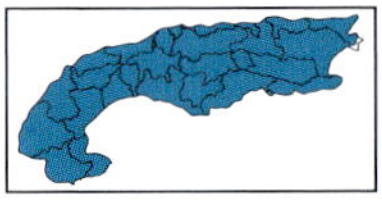

10–30 cm hoch, kahl, höchstens ganz vereinzelt mit Haaren; Grundblattspreiten eiförmig, glänzend, ganzrandig oder entfernt gezähnt, kurz gestielt; Stängelblätter 4–12, sitzend oder wenig stängelumfassend; Kronblätter weiß, 6–7 mm lang; Früchte 2–4 cm lang, ca. 2 mm breit. Blütezeit V–VIII.
VERWECHSLUNG: v. a. mit der Rau-G., *A. scabra*, welche aber gelblichweiße Kronblätter und 1–4 Stängelblätter hat. Die Piemont-Schaumkresse, *Arabidopsis pedemontana*, Syn. *Arabis pedemontana*, hat lang gestielte Grundblätter mit rundlicher Blattspreite.
LEBENSRAUM: Quellfluren, überrieselte Felsen; kalkliebend. 1100–2700 m NN, oft aber auch tief herabgeschwemmt.
VERBREITUNG: Südeuropäisch-montane Art von den Pyrenäen bis in die Südkarpaten.
ANMERKUNG: In den Alpen kommt nur die subsp. *subcoriacea* vor. Die Nominatform ist in den Pyrenäen beheimatet.
NAME: Benannt zu Ehren des französischen Botanikers und Bibliothekars Hubert Felix Soyer-Willemet (1791–1867), der sich u. a. bei der Erforschung um die Gattung *Valerianella* Verdienste erwarb.

5 | Wochein-Gänsekresse
Arabis vochinensis – Brassicaceae

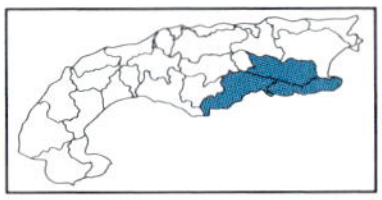

5–14 cm hoch; Grundblattspreite 8–25 mm lang, verkehrt-eiförmig, stumpf, in den kurzen Stiel allmählich verschmälert; kahl oder fast kahl, am Blattrand mit angedrückten Gabelhaaren; Stängelblätter 2–6; Kronblätter weiß, 5–7 mm lang. Blütezeit V–VII.
VERWECHSLUNG: u. a. mit der Quendelblatt-G., *A. serpillifolia*, welche aber auch auf den Blattflächen der Grundblätter behaart ist und die die westlichen Alpen besiedelt.
LEBENSRAUM: Frische Felsschutthalden, steinige Hänge, offene Rasen; kalkliebend. 500–2200 m NN.
VERBREITUNG: Ostalpisch-illyrische Art.

1

2

3

4

5

1 | Hellgelb-Barbarakraut

Barbarea bracteosa – Brassicaceae

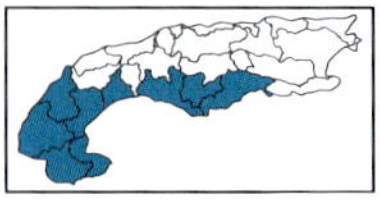

20–50 cm hoch; Stängel kantig; Blätter oberseits glänzend, untere mit 4–8 Blattlappen, obere Blätter gefiedert; Tragblätter stets vorhanden; Kronblätter hellgelb, 4–5 mm lang; Kelchblätter ähnlich gefärbt, oft mit purpurbrauner Spitze; Blüten oft geschlossen bleibend. Blütezeit IV–VI.

VERWECHSLUNG: Unterscheidet sich von den anderen in den Alpen vorkommenden *Barbarea*-Arten durch das Vorhandensein von Tragblättern.

LEBENSRAUM: Lägerfluren, Weiden, nährstoffreiche Ruderalstellen. Etwa 800–2000 m NN.

VERBREITUNG: Südeuropäisch-montane Art.

2 | Glatt-Brillenschötchen

Biscutella laevigata – Brassicaceae

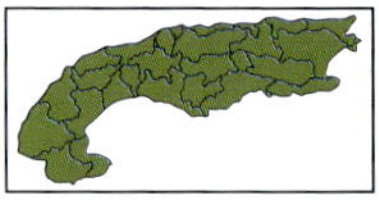

15–40 cm hoch, meist verzweigt; Blätter lanzettlich, ganzrandig oder mit Zähnen; Grundblätter 25–90 mm lang; Kronblätter gelb, 4–8 mm lang; Früchte flach, brillenförmig, 5–8 mm lang, 9–13 mm breit; Fruchtgriffel 3–5 mm lang. Blütezeit V–IX.

VERWECHSLUNG: v. a. mit dem Wegwarten-B., *B. cichoriifolia*, welches aber 12–16 mm lange Kronblätter und einen 8–9 mm langen Fruchtgriffel hat. Das Kurzstängel-B., *B. brevicaulis*, aus den Westalpen ist nur 8–20 cm hoch mit 15–25 mm langen Grundblättern.

LEBENSRAUM: Magerrasen, Schutthalden, Kiefernwälder; kalkliebend. Bis 2800 m NN.

VERBREITUNG: Südeuropäisch-montane Art von den Pyrenäen bis zur Tatra.

ANMERKUNG: Sehr formenreich. In den Alpen in den 4 Unterarten subsp. *laevigata* (weit verbreitet), subsp. *austriaca* (Endemit der Nordostalpen), subsp. *lucida* (Südostalpen) und subsp. *ossolana* (Provinz Novara).

3 | Alpen-Breitschote

Braya alpina – Brassicaceae

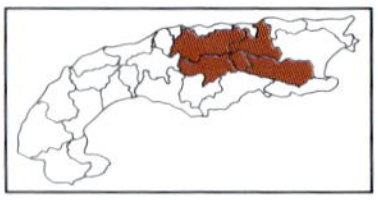

5–12 cm hoch; Stängel aufrecht oder aufsteigend, behaart; Grundblätter lanzettlich bis schmal-spatelförmig, in den Stiel verschmälert; Blattrand ganzrandig oder undeutlich gezähnt; Stängelblätter lineal, sitzend; Blüten in doldenartigen Trauben; Kronblätter weiß bis blasslila, 3–4 mm lang; Frucht 5–7 × so lang wie breit. Blütezeit VII–VIII.

VERWECHSLUNG: u. U. mit Arten der Gattung Felsenblümchen, *Draba*, so etwa dem Tauern-F., *D. pacheri*, bei dem die Frucht aber nur 2–3 × so lang wie breit ist.

LEBENSRAUM: Feinschutthalden, sandige Moränen, Polsterseggenrasen und Nacktriedgesellschaften; besonders über Intermediärgestein. 2000–3100 m NN, vereinzelt auch tiefer, wie am Solstein bei Innsbruck (1900 m NN).

VERBREITUNG: Endemit der Ostalpen.

NAME: Benannt zu Ehren des Naturforschers und Diplomaten Franz Gabriel von Bray (1765–1832), der u. a. Präsident der „Regensburgschen Botanischen Gesellschaft" war.

4 | Alpen-Schaumkraut

Cardamine alpina – Brassicaceae

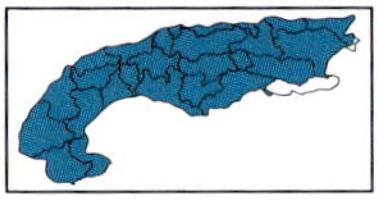

2–10 cm hoch; alle Blätter einfach, ungeteilt; Stängelblätter ganzrandig bis seicht gezähnt oder seicht fiederlappig, am Blattstielansatz ohne stängelumfassende Öhrchen; Kronblätter weiß, 3,5–5 mm lang, etwa doppelt so lang wie die Kelchblätter. Blütezeit VI–VIII.

VERWECHSLUNG: Mit ungefiederten Kümmerformen des Reseda-Sch., *C. resedifolia*, welches aber einen geöhrten Blattstielansatz hat.

LEBENSRAUM: Steinige, erdige Stellen, feuchte Felsen, Schneetälchen; kalkmeidend. 1500–3400 m NN.

VERBREITUNG: Alpisch-pyrenäische Art.

5 | Kresse-Schaumkraut

Cardamine amara – Brassicaceae

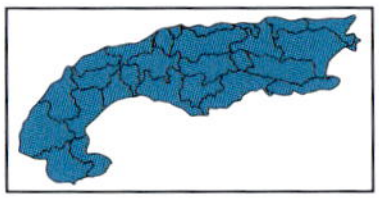

10–60 cm hoch, meist unverzweigt, Ausläufer treibend; Stängel markerfüllt; Blätter gefiedert, mit 2–9 Fiederpaaren und größerem Endabschnitt; Kronblätter weiß, 5–10 mm lang; Staubbeutel violett. Blütezeit IV–VI.

VERWECHSLUNG: Mit der Echt-Brunnenkresse, *Nasturtium officinale*, welche aber gelbe Staubbeutel und einen hohlen Stängel hat.

LEBENSRAUM: Bäche, Gräben, Quellfluren. Bis 2400 m NN, vereinzelt auch höher, wie am Großvenediger (2550 m NN).

VERBREITUNG: Europäisch-westasiatische Art von den Pyrenäen und von Irland bis ins Altai-Gebiet.

ANMERKUNG: Manche Autoren unterscheiden eine Gebirgsform (subsp. *austriaca*) mit 4–9 Blatt-Fiederpaaren von einer Tieflandform (subsp. *amara*) mit 2–4 Blatt-Fiederpaaren.

1
2A
2B
3
4
5A
5B

1 | Haselwurz-Schaumkraut
Cardamine asarifolia – Brassicaceae

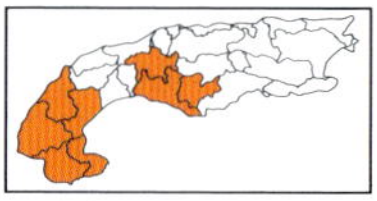

25–50 cm hoch, höchstens oben verzweigt, kahl bis wenig behaart; grundständige Blätter groß, Spreite rundlich-nierenförmig, mit seichten Einkerbungen, lang gestielt; Stängelblätter gleich geformt, nach oben zu kleiner werdend; Kronblätter weiß, 8–12 mm lang; Staubbeutel violett; Frucht lineal-lanzettlich, 20–30 mm lang. Blütezeit V–VII.

VERWECHSLUNG: Mit dem Pyrenäen-Löffelkraut, *Cochlearia pyrenaica*, welches aber rundliche, 4–6,5 mm lange Früchte hat.

LEBENSRAUM: Bachufer, Quellfluren; kalkmeidend. 600–2100 m NN.

VERBREITUNG: Alpisch-apenninische Art.

2 | Zwiebel-Zahnwurz
Cardamine bulbifera – Brassicaceae

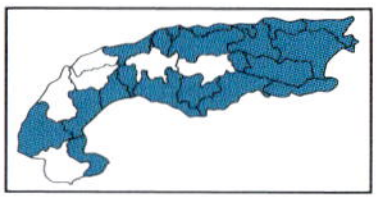

30–60 cm hoch, unverzweigt, ± kahl; untere Stängelblätter gefiedert, quirlig angeordnet, mit lanzettlichen, grob gezähnten Teilblättchen; obere Blätter ungeteilt, in den Blattwinkeln mit dunklen Brutknöllchen; Kronblätter lila bis weiß, 12–18 mm lang. Blütezeit IV–VI.

VERWECHSLUNG: Die Ausläufer-Z., *C. glanduligera*, ist 10–25 cm hoch und hat keine sichtbaren Brutknöllchen in den Blattachseln. Sie kommt im Alpenraum nur bei Ehrenhausen in der Steiermark vor.

LEBENSRAUM: Edellaubwälder, besonders Buchenwälder. Bis etwa 1600 m NN.

VERBREITUNG: Europäische Art von Schottland bis Armenien.

3 | Neunblättchen-Zahnwurz
Cardamine enneaphyllos – Brassicaceae

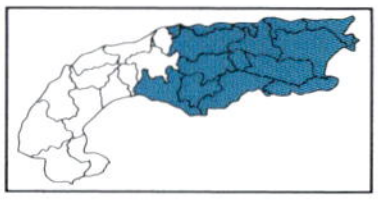

20–30 cm hoch, unverzweigt; Stängel kantig; Stängelblätter quirlständig, meist zu 3; Laubblätter 3-zählig, frischgrün bis olivgrün, austreibend oft purpurn, glänzend; Blüten nickend; Kronblätter blassgelb; Blütezeit III–V.

VERWECHSLUNG: Mit der Vielblättchen-Z., *C. kitaibelii.*

LEBENSRAUM: Frische Edellaubwälder, Hochstaudenfluren und Latschengebüsch. Bis etwa 2000 m NN, vereinzelt auch höher, wie an der Gerlossteinwand (2150 m NN).

VERBREITUNG: Europäisch-montane Art vom Apennin bis in die Hohe Tatra. In den Alpen vom Allgäu (isoliert bei Oberstdorf) und der Provinz Bergamo an ostwärts.

4 | Siebenblättchen-Zahnwurz
Cardamine heptaphylla – Brassicaceae

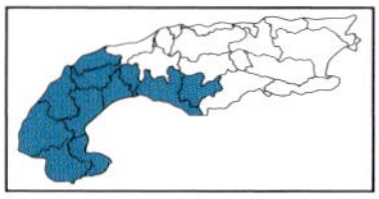

20–50 cm hoch, unverzweigt; Stängel kahl; Blätter gefiedert, mit meist 7 Blättchen, Endblättchen etwa gleich groß wie die seitlichen; Kronblätter weiß bis blasslila, 15–20 mm lang; Kelchblätter $\frac{1}{3}$–$\frac{1}{2}$ × so lang wie Kronblätter. Blütezeit IV–VI.

VERWECHSLUNG: Besonders die var. *intermedia* mit ihren gefingerten Blättern ähnelt stark der Finger-Z., *C. pentaphyllos*, welche aber einen unten behaarten Stängel hat.

LEBENSRAUM: Edellaubwälder, besonders Buchenwälder; kalkliebend. Bis etwa 1800 m NN.

VERBREITUNG: Südeuropäisch-montane Art von den Pyrenäen bis zum Apennin.

5 | Vielblättchen-Zahnwurz
Cardamine kitaibelii – Brassicaceae

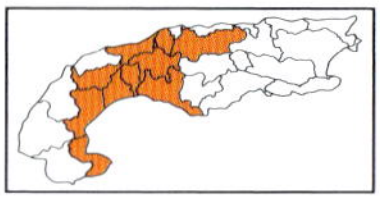

20–40 cm hoch, unverzweigt; Stängel im unteren Teil behaart; Stängelblätter in 2–3-zähligen Wirteln; Blätter gefiedert, mit meist 7–9 Blättchen, diese schmallanzettlich, lang zugespitzt, gezähnt; Traube vor dem Aufblühen nickend; Kronblätter hellgelb, 15–20 mm lang; Kelchblätter etwa halb so lang wie Kronblätter. Blütezeit IV–V.

VERWECHSLUNG: Mit der Neunblättchen-Z., *C. enneaphyllos*, bei der aber die Blätter quirlständig zu 3 mit je 3 Teilblättchen sind. Im verblühten Zustand auch mit der Siebenblättchen-Z., *C. heptaphylla*, bei der aber der gesamte Stängel kahl ist.

LEBENSRAUM: Edellaubwälder; basenliebend. 400–1660 m NN.

VERBREITUNG: Südeuropäisch-montane Art von den Alpen und dem Apennin bis ins bosnische Klekovaca-Gebirge.

NAME: Benannt zu Ehren des ungarischen Botanikers, Arztes und Chemikers Paul Kitaibel (1757–1817), der sich v. a. um die Erforschung der Flora Ungarns verdient gemacht hat.

1

2

3A

3B

4

5

1 | Finger-Zahnwurz
Cardamine pentaphyllos – Brassicaceae

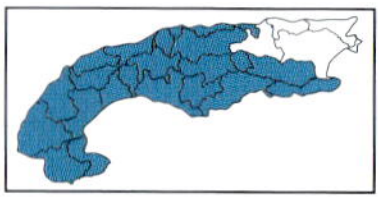

20–50 cm hoch, unverzweigt; Stängel unten dicht behaart; Blätter gefiedert, mit meist 5 Blättchen, die oberen mit meist 3; Kronblätter purpurlila, 15–20 mm lang; Kelchblätter $\frac{1}{3}$–$\frac{1}{2}$ × so lang wie die Kronblätter. Blütezeit IV–VI.

VERWECHSLUNG: Mit der Siebenblättchen-Z., *C. heptaphylla*, (siehe S. 114).

LEBENSRAUM: Edellaubwälder, Schluchtwälder; kalkliebend. Bis 1700 m NN, vereinzelt auch höher, wie am Weißstein in den Lienzer Dolomiten (1850 m NN).

VERBREITUNG: Südeuropäisch-montane Art von den Pyrenäen bis zum Macelj-Stock in den norddinarischen Gebirgen.

ALLGEMEIN: Früher wurden die Zahnwurze als eigene Gattung *Dentaria* von den Schaumkräutern, *Cardamine*, abgetrennt. Begründet wurde dies u. a. durch die unterschiedliche Entwicklung der Embryonen.

2 | Reseda-Schaumkraut
Cardamine resedifolia – Brassicaceae

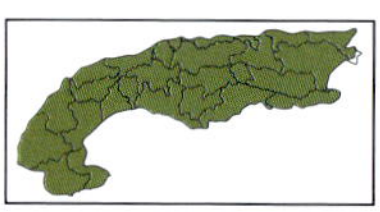

2–15 cm hoch; Stängelblätter fiederschnittig mit 2–3 Paaren Seitenfiedern; Blattstiel am Grund geöhrt; unterste Blätter ungeteilt; Kronblätter weiß, 4–6 mm lang, doppelt so lang wie die Kelchblätter. Blütezeit V–VIII.

VERWECHSLUNG: Mit dem westalpinen Plumier-Sch., *C. plumieri*, bei dem aber die untersten Blätter efeuartig mit 3–5 stumpfen Lappen sind und die unteren Stängelblätter 3-teilig mit verkehrt-eiförmigen Seitenlappen.

LEBENSRAUM: Steinige, erdige Stellen, feuchte Felsen, Schneetälchen; kalkmeidend. 1400–3300 m NN, vereinzelt auch tiefer, wie Köstland bei Brixen (700 m NN) oder höher, wie am Monte Rosa (3500 m NN).

VERBREITUNG: Südeuropäisch-montane Art von der Sierra Nevada bis in die Ostkarpaten.

3 | Bach-Schaumkraut
Cardamine rivularis – Brassicaceae

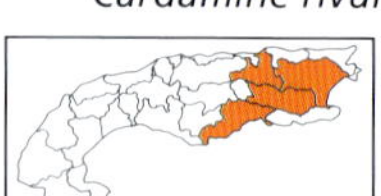

10–50 cm hoch, unverzweigt; grundständige Blätter in einer Rosette, gefiedert, mit 3–15 Fiederpaaren und nicht oder nur wenig größerem Endblättchen; Kronblätter kräftig rosa, 4–10 mm lang. Blütezeit VI–VIII.

VERWECHSLUNG: Mit dem Wiesen-Sch., *C. pratensis*, welches aber hellrosa bis weiße Blüten mit 8–12 mm langen Kronblättern hat.

LEBENSRAUM: Quellfluren, Bachufer, Feuchtwiesen; kalkmeidend. Etwa 1400–2200 m NN.

VERBREITUNG: Wahrscheinlich südosteuropäisch-montane Art von den Alpen bis zu den Sudeten und Rhodopen.

ANMERKUNG: Ob es sich bei der alpischen *C. rivularis* und der karpatischen *C. rivularis* um die gleiche Sippe handelt, muss vorerst offen bleiben.

4 | Kleeblatt-Schaumkraut
Cardamine trifolia – Brassicaceae

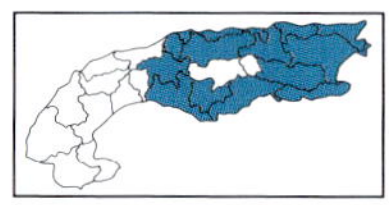

10–30 cm hoch, höchstens oben verzweigt, kahl, mit Ausläufern; Grundblätter kleeartig 3-teilig, dunkelgrün, immergrün, die Unterseite der vorjährigen Blätter purpurviolett; Kronblätter weiß, 8–11 mm lang; Staubbeutel gelb. Blütezeit IV–VI.

VERWECHSLUNG: Kaum.

LEBENSRAUM: Wälder, v. a. Fichten-Tannen-Buchenwälder; kalkliebend. Bis etwa 1600 m NN.

VERBREITUNG: Europäisch-montane Art vom Jura und dem Nord-Apennin bis zu den Sudeten und bis Bosnien.

5 | Save-Zahnwurz
Cardamine waldsteinii – Brassicaceae

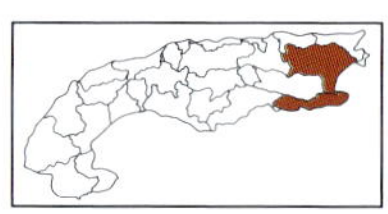

10–40 cm hoch, unverzweigt; Stängel im unteren Teil schwach behaart; Stängelblätter wechselständig, 3-zählig; Blättchen lanzettlich, gezähnt; Blütenstand aufrecht; Kronblätter weiß, 10–14 mm lang; Kelchblätter etwa 0,3–0,5 × so lang wie die Kronblätter; Staubbeutel violett. Blütezeit IV–VI.

VERWECHSLUNG: Mit dem Kressen-Schaumkraut, *Cardamine amara*, welches aber gefiederte Blätter mit 5–19 Blättchen hat.

LEBENSRAUM: Edellaubwälder, besonders Buchenwälder, Schluchtwälder, Auwälder. 300–1500 m NN.

VERBREITUNG: Ostalpisch-illyrische Art von der Steiermark bis Bosnien.

NAME: Benannt zu Ehren des österreichischen Botanikers und Militärstrategen Franz Adam Norbert von Waldstein-Wartenberg (1759–1823).

1
2
3A
3B
4
5

1 | Alpen-Löffelkraut
Cochlearia excelsa – Brassicaceae

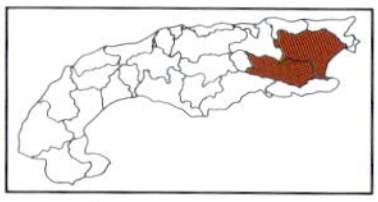

3–10 cm hoch (fruchtend oft höher), vollständig kahl; Spreite der grundständigen Blätter nierenförmig, 0,5–1,4 cm lang, 0,5–1,9 cm breit, an der Spreitenbasis herzförmig; Kronblätter weiß bis gelblichweiß, 4–7 mm lang; Frucht verkehrt-eiförmig, 3–5 mm lang; Fruchtstiel 1–2 × so lang wie die Frucht. Blütezeit VII–VIII.

VERWECHSLUNG: Mit dem Pyrenäen-L., *C. pyrenaica*.

LEBENSRAUM: Überrieselte, moosige Fels- und Gesteinsschuttfluren, Quellfluren; kalkmeidend. 2000–2360 m NN.

VERBREITUNG: Endemit der Ostalpen. Die Art ist ein Glazialrelikt, beschränkt auf die Seckauer Tauern und Gurktaler Alpen und findet sich auch hier nur ausgesprochen selten.

ANMERKUNG: Manche Autoren erkennen den Artrang der Sippe nicht an und führen das Alpen-Löffelkraut als Unterart zum Pyrenäen-Löffelkraut.

ALLGEMEIN: Die Gattung der Löffelkräuter umfasst etwa 25 Arten, von denen 12 Europa und 3(4) das Gebiet der Alpen besiedeln. Das Bayern-Löffelkraut, *Cochlearia bavarica*, dessen Status noch nicht restlos geklärt ist, dürfte eine artgewordene Hybride aus Echtem Löffelkraut und Pyrenäen-Löffelkraut sein und ist in seiner Verbreitung auf die Bayerischen Alpen beschränkt. Auch im Aussehen steht die Sippe zwischen *Cochlearia officinalis* und *C. pyrenaica*.

2 | Pyrenäen-Löffelkraut
Cochlearia pyrenaica – Brassicaceae

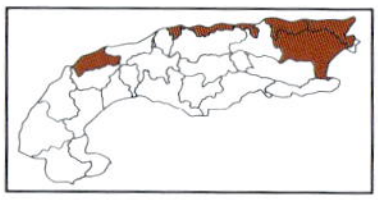

10–30 cm hoch, vollständig kahl; grundständige Blätter lang gestielt; Spreite nierenförmig, 1–3,8 cm lang, 1,2–4,5 cm breit, an der Spreitenbasis herzförmig; Kronblätter weiß, 4–7 mm lang; Frucht eiförmig, an beiden Seiten zugespitzt, 4–6,5 mm lang; Fruchtstiel 0,5–1,5 × so lang wie die Frucht. Blütezeit V–VII.

VERWECHSLUNG: Mit dem Alpen-L., *C. excelsa*, welches aber zur Blütezeit nur 3–10 cm hoch ist und kleinere, nur 0,5–1,4 cm lange Blattspreiten hat. Unterscheidungsmerkmale zum Haselwurz-Schaumkraut, *Cardamine asarifolia* (siehe S. 114).

LEBENSRAUM: In und an Quellen, nur in reinstem Wasser; über Karbonatgestein. Bis etwa 1300 m NN.

VERBREITUNG: Europäisch-montane Art von NW-Spanien und Schottland bis in die Karpaten.

3 | Berg-Lacksenf
Coincya cheiranthos subsp. *montana* – Brassicaceae (Syn.: *Rhynchosinapis cheiranthos* subsp. *montana*)

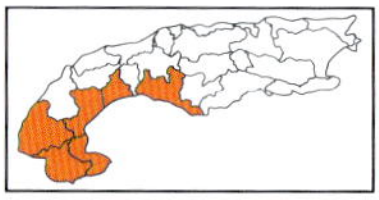

10–40 cm hoch; unten borstig behaart; Blätter fiederschnittig, gestielt, jederseits mit 3–6 schmalen, ± rechtwinkelig abstehenden Abschnitten; Kronblätter gelb, 12–20 mm lang; Früchte 4–7 cm lang, 2 mm breit, waagrecht- bis aufrecht-abstehend. Blütezeit V–VIII.

VERWECHSLUNG: v. a. mit der Stumpfkanten-Hundsrauke, *Erucastrum nasturtiifolium*, welche aber beiderseits 5–10 Blattabschnitte und 8–12 mm lange Kronblätter hat.

LEBENSRAUM: Gesteinsschutt, offene Rasen; kalkmeidend. 1600–2400 m NN.

VERBREITUNG: Südeuropäisch-montane Sippe vom französischen Zentralmassiv bis zu den Süd- und Westalpen.

ANMERKUNG: Im Alpenraum auch die Nominatform subsp. *cheiranthos* (30–60 cm hoch, Kronblätter 8–14 mm lang) in tieferen Lagen.

NAME: Die Gattung ist zu Ehren des französischen Botanikers Auguste de Coincy (1837–1903) benannt.

4 | Richer-Lacksenf
Coincya richeri – Brassicaceae (Syn.: *Rhynchosinapis richeri*)

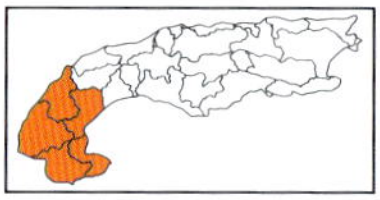

15–50 cm hoch; Grundblätter kahl, schmal-eiförmig, gestielt, ganzrandig bis unregelmäßig buchtig gezähnt, Spreite 40–70 mm lang, 10–30 mm breit; Kronblätter hellgelb, 12–20 mm lang; Früchte 30–60 mm lang, 3–6 mm breit, auf 8–15 mm langen Stielen, kahl. Blütezeit VI–VIII.

VERWECHSLUNG: u. U. mit dem Österreich-Ackerkohl, *Conringia austriaca*, welcher aber 6–8 mm lange Kronblätter hat und in den Alpen nur in tiefen Lagen Niederösterreichs vorkommt.

LEBENSRAUM: Felsspalten, Felsschutt, Rasengesellschaften; kalkmeidend. 1200–2500 m NN.

VERBREITUNG: Endemit der Südwestalpen.

NAME: Zu Ehren des französischen Botanikers Pierre Richer de Belleval (1564–1632) benannt, der sich v. a. um die Erforschung der Flora des Languedoc verdient gemacht hat.

1A

1B

2

3

4A

4B

1 | Immergrün-Felsenblümchen
Draba aizoides – Brassicaceae

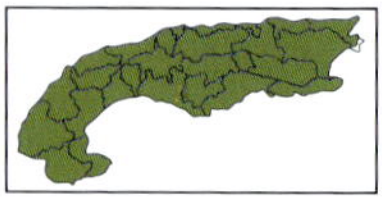

5–10 cm hoch; Stängel kahl, blattlos; grundständige Blätter schmal-lanzettlich, steif, ledrig, 3–20 mm lang, am Rande lang bewimpert; Kronblätter gelb, 4–8 mm lang; Staubbeutel etwa so lang wie die Kronblätter; Frucht lanzettlich, 4,5–13 mm lang, oben zugespitzt, meist kahl; unterste Fruchtstiele 3–15 mm lang. Blütezeit II–VI.

VERWECHSLUNG: v. a. mit dem Hoppe-F., *D. hoppeana*, welches aber 2,5–4 mm lange Kronblätter und 1,5–3,5 mm lange unterste Fruchtstiele hat. Das Rau-F., *D. aspera*, hat behaarte Stängel und ist nur 1,5–3 cm hoch. Sauter-F., *D. sauteri*, hat Staubbeutel, die deutlich kürzer (0,5–0,8 × so lang) als die Kronblätter sind.

LEBENSRAUM: Felsspalten, Felsgrus, Steinrasen; kalkliebend. Bis 3400 m NN.

VERBREITUNG: Südeuropäisch-montane Art von den Pyrenäen bis in die Nord-Karpaten.

ANMERKUNG: Unterteilt sich in den Alpen in die weit verbreitete Nominatform subsp. *aizoides* mit 4–6 mm langen Kronblättern (Bild **1A**) und in die auf die Nordost-Alpen beschränkte subsp. *beckeri* mit 6–8 mm langen Kronblättern (Bild **1B**).

ALLGEMEIN: Hybriden innerhalb der Gattung der Felsenblümchen kommen vor und erschweren das Bestimmen.

2 | Kälte-Felsenblümchen
Draba dubia – Brassicaceae

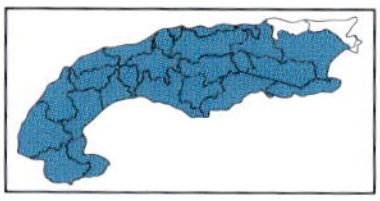

1–15 cm hoch; Stängel unverzweigt, 1–3-blättrig, spärlich behaart; grundständige Blätter in dichten Rosetten, von Sternhaaren graufilzig; Kronblätter weiß, 3–5,5 mm lang; Frucht lanzettlich, 5–13 mm lang, oben und unten spitz, meist kahl, oft in sich verdreht, Fruchtgriffel 0,1–0,4 mm lang; Fruchtstiel kahl bis zerstreut sternhaarig. Blütezeit V–VII.

VERWECHSLUNG: Das Filz-F., *D. tomentosa*, hat rundliche, stets behaarte Früchte und dicht behaarte Fruchtstiele.

LEBENSRAUM: Felsspalten, besonders auf Intermediärgestein. 1400–3800 m NN.

VERBREITUNG: Südeuropäisch-montane Art.

3 | Hoppe-Felsenblümchen
Draba hoppeana – Brassicaceae

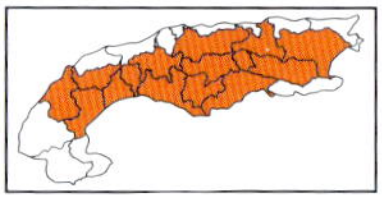

1–4 cm hoch; Stängel kahl, blattlos; grundständige Blätter schmal-lanzettlich, gekielt, steif, ledrig, 3–9 mm lang, am Rande lang bewimpert; Blütenstand 1–9-blütig, gedrungen; Kronblätter gelb, 2,5–4 mm lang; Staubbeutel etwa so lang wie die Kronblätter; Frucht 4–7 mm lang, unten und oben ± stumpf, meist kahl; unterste Fruchtstiele 1,5–3,5 mm lang. Blütezeit VII–VIII.

VERWECHSLUNG: v. a. mit dem Immergrün-F., *D. aizoides*, (siehe S. 120) und mit dem Sauter-F., *D. sauteri*, welches aber Staubbeutel hat, die deutlich kürzer (0,5–0,8 × so lang) als die Kronblätter sind.

LEBENSRAUM: Gesteinsgrus, Felsen, Schneetälchen. 2600–3100 m NN.

VERBREITUNG: Endemit der Alpen.

NAME: Benannt zu Ehren des deutschen Botanikers und Arztes David Heinrich Hoppe (1760–1846), der sich u. a. um die Erforschung der Ostalpenflora verdient gemacht hat.

4 | Engadin-Felsenblümchen
Draba ladina – Brassicaceae

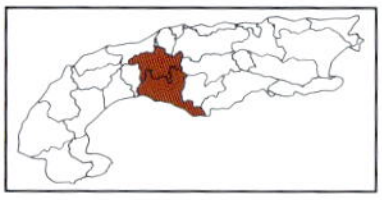

1–5 cm hoch; Stängel blattlos, ± kahl; grundständige Blätter lanzettlich, fleischig, 5–8 mm lang, 1,5–2 mm breit, behaart, am Rand bewimpert; Kronblätter blassgelb, 3,5–5 mm lang; Frucht spindelförmig, 5–9 mm lang, behaart; Fruchtgriffel 0,7–1,2 mm lang; Fruchtstiele 2–4 mm lang. Blütezeit VII–VIII.

VERWECHSLUNG: v. a. mit dem Dolomiten-F., *D. dolomitica*, welches ebenfalls blassgelbe Kronblätter hat. Die Frucht ist allerdings 4–6,5 mm lang und kahl, der Fruchtgriffel ist 0,4–0,8 mm lang.

LEBENSRAUM: Dolomitfelsen und Felsschutt; karbonatstet. 2600 (Piz dal Fuorn)–3050 m NN (Piz Foraz beim Piz dal Botsch).

VERBREITUNG: Endemit Graubündens (Kanton Unterengadin). Ein Fundort auch im angrenzenden Italien (Monte Pettini).

ANMERKUNG: Molekulargenetische Untersuchungen zeigten, dass *Draba ladina* eine artgewordene Hybride ist, entstanden aus *D. aizoides* (Vater) und *D. tomentosa* (Mutter).

1A

1B

2

3

4

1 | Tauern-Felsenblümchen
Draba pacheri – Brassicaceae

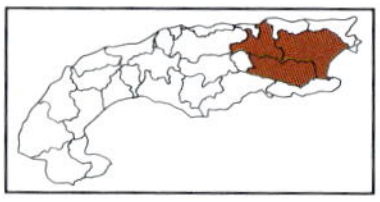

4–20 cm hoch; Stängel unverzweigt oder ästig, behaart, mit 0–7 Blättern; grundständige Blätter zungenförmig-lanzettlich, 10–30 mm lang, 3–8 mm breit, behaart, ganzrandig; Kronblätter weiß, 2,8–4,2 mm lang; Frucht kahl, 5–7,5 mm lang, 2–3,3 mm breit; Fruchtgriffel 0,2–0,6 mm lang. Blütezeit VI–VIII.

VERWECHSLUNG: Das Schweiz-F., *D. stylaris*, hat eine dicht sternhaarige Frucht. Das Grau-F., *D. incana*, hat meist gezähnte Blätter. Das Sternhaar-F., *D. stellata*, hat 4,5–8 mm lange Kronblätter und einen 0,7–1,2 mm langen Fruchtgriffel.

LEBENSRAUM: Felsspalten, Felsschuttfluren, Rasenlücken, Schneebodengesellschaften, Pionierrasen. 1850–2650 m NN.

VERBREITUNG: Ostalpisch-karpatische Art.

NAME: Benannt zu Ehren des österreichischen Botanikers und Geistlichen David Pacher (1816–1902), der sich v. a. um die Erforschung der Flora Kärntens verdient gemacht hat.

ALLGEMEIN: Von den rund 300 Arten (inklusive *Erophila*) der Gattung Draba besiedeln 42 Europa und 21 den Alpenraum. 5 davon sind in ihrer Verbreitung auf die Alpen beschränkt (endemisch): *Draba dolomitica*, *D. hoppeana*, *D. ladina*, *D. sauteri*, *D. stellata*.

2 | Sauter-Felsenblümchen
Draba sauteri – Brassicaceae

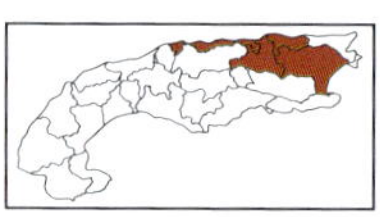

2–15 cm hoch; Stängel kahl, blattlos; grundständige Blätter lanzettlich-spatelförmig, 5–8 mm lang, 1,5–3,5 mm breit, am Rande kammartig bewimpert; Traube 2–5-blütig; Kronblätter (hell)gelb, 4–5,5 mm lang; Staubbeutel deutlich kürzer (0,5–0,8 × so lang) als die Kronblätter; Frucht eiförmig, 4–6 mm lang; Fruchtstiele 3–5 mm lang. Blütezeit V–VII.

VERWECHSLUNG: v. a. mit dem Immergrün-F., *D. aizoides*, (siehe S. 120) und dem Rau-F., *D. aspera* (Bild **2B**), bei dem aber der Stängel behaart ist.

LEBENSRAUM: Ebene bis wenig geneigte Kalkfelsen und Felsschuttfluren in exponierten Gipfellagen; kalkstet. 1850–2900 m NN.

VERBREITUNG: Endemit der Nordostalpen.

NAME: Benannt zu Ehren des österreichischen Botanikers und Arztes Anton Sauter (1800–1881), der sich besonders um die Flora Salzburgs verdient gemacht hat. Sauters Lieblingsblume war die Schneerose.

3 | Kärnten-Felsenblümchen
Draba siliquosa – Brassicaceae

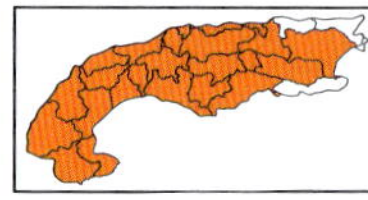

3–10 cm hoch; Stängel kahl oder unten behaart, 0–4-blättrig; grundständige Blätter lanzettlich, 0,5–1 cm lang, kahl oder behaart, am Rand bewimpert; Kronblätter weiß, 2–3 mm lang; Fruchtstand mind. ½ so lang wie der restliche Stängel; Früchte 3,5–9,5 mm lang, mit 10–14 Samen je Fach. Blütezeit VI–VII.

VERWECHSLUNG: v. a. mit dem Flattnitz-F., *D. fladnizensis*, bei dem aber der Fruchtstand weniger als ½ × so lang wie der restliche Stängel ist.

LEBENSRAUM: Basenreiche Felsspalten und Felsschuttfluren, in Gratlagen. 1500–3400 m NN.

VERBREITUNG: Südeuropäisch-montane Art.

4 | Sternhaar-Felsenblümchen
Draba stellata – Brassicaceae

2–10 cm hoch; Stängel im unteren Bereich bewimpert, oben kahl; grundständige Blätter schmal verkehrt-eiförmig, ganzrandig oder mit 1–2 Zähnen an der Spitze, graufilzig; Stängelblätter 2–3; Kronblätter weiß, 4,5–8 mm lang; Frucht 4–10 mm lang, 1,7–3,8 mm breit, kahl, selten schwach bewimpert; Fruchtgriffel 0,7–1,2 mm lang. Blütezeit VI–VII.

VERWECHSLUNG: v. a. mit dem Norwegen-F., *D. norvegica*, welches aber einen bis zu den Blütenstielen behaarten Stängel und einen nur 0,1–0,3 mm langen Fruchtgriffel hat. In den Alpen nur aus dem Rax-Gebiet bekannt.

LEBENSRAUM: Gesteinsfluren, Schneebodengesellschaften; kalkliebend. 1800–2400 m NN.

VERBREITUNG: Endemit der Nordost-Alpen.

5 | Filz-Felsenblümchen
Draba tomentosa – Brassicaceae

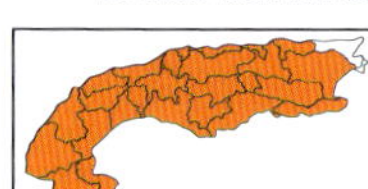

2–10 cm hoch; Stängel behaart, 1–3-blättrig; grundständige Blätter elliptisch bis eiförmig, filzig behaart; Kronblätter weiß, 3,5–6 mm lang; Frucht elliptisch, oben und unten abgerundet, 5–10 mm lang, 2–4 mm breit, behaart; Fruchtgriffel 0,2–0,7 mm lang. Blütezeit VI–VIII.

VERWECHSLUNG: v. a. mit dem Kälte-F., *D. dubia*, welches aber lanzettliche, oben und unten spitze und meist kahle Früchte hat.

LEBENSRAUM: Felsspalten und Felsschuttfluren; kalkstet. 1900–3400 m NN.

VERBREITUNG: Südeuropäisch-montane Art.

1

2A

2B

3

4

5

1 | Orange-Schöterich

Erysimum aurantiacum – Brassicaceae

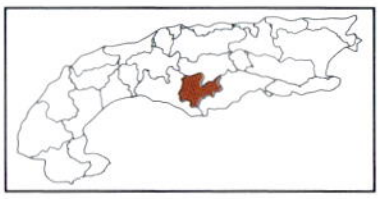

25–60 cm hoch, ausdauernd; Rosettenblätter lineal-lanzettlich, gezähnt oder ganzrandig, 5–12 cm lang, 3–7 mm breit; Stängelblätter 2–10 cm lang, 1,5–7 mm breit, gezähnt oder selten ganzrandig; Blütenstand 8–30-blütig; Kelchblätter 7–10 mm lang, 1,3–2 mm breit; Kronblätter gelborange, 12–19 mm lang, 4,5–7 mm breit; Fruchtgriffel 0,5–1 mm lang. Blütezeit V–VII.

VERWECHSLUNG: Mit dem Felsen-Sch., *E. sylvestre*, welcher aber gelbe Kronblätter hat.

LEBENSRAUM: Sonnige, steinige und warme Magerwiesen, Felsritzen; kalkstet. 500–800 m NN.

VERBREITUNG: Endemisch in einem kleinen Gebiet der Südalpen im Trentino bei Stenico, Molveno, Nembia, S. Lorenzo und La Molina.

2 | Piemont-Schöterich

Erysimum jugicola – Brassicaceae

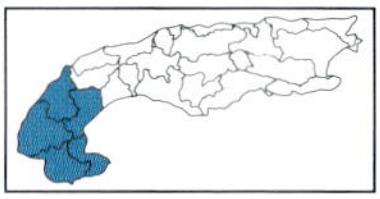

5–25 cm hoch, ausdauernd; Blätter linealisch bis schmalspatelförmig, ganzrandig bis entfernt gezähnt, 15–60 mm lang, 3–5 mm breit; Kelchblätter lanzettlich, grüngelb, 7–10 mm lang, 2–3 mm breit; Kronblätter gelb, 14–20 mm lang; Frucht 35–55 mm lang, 1–1,2 mm breit. Blütezeit VI–VII.

VERWECHSLUNG: v. a. mit dem Provence-Sch., *E. collisparsum*, welcher aber bis 60 cm hoch ist und der 13–16 mm lange Kronblätter hat. Der Berg-Sch., *E. montosicola*, hat 60–90 mm lange und 1,3–2 mm breite Früchte.

LEBENSRAUM: Felsschutt, steinige Rasen; kalkliebend, 1100–3000 m NN.

VERBREITUNG: Endemit der Westalpen.

3 | Blassgelb-Schöterich

Erysimum ochroleucum – Brassicaceae

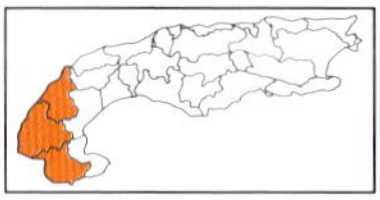

10–50 cm hoch, ausdauernd; Stängel kantig, verzweigt; Blätter lineal-lanzettlich, entfernt gezähnt bis fast ganzrandig; Kelchblätter 10–15 mm lang, gelblichgrün, im vorderen Teil weiß-hautrandig; Kronblätter hellgelb, 15–20 mm lang. Frucht 4–9 cm lang, 1,5–2 mm dick; Fruchtgriffel 2,6–3,2 mm lang. Blütezeit V–VI.

VERWECHSLUNG: v. a. mit dem Rätisch-Sch., *E. rhaeticum*, welcher aber sattgelbe Kronblätter und 1–1,5 mm dicke Früchte hat.

LEBENSRAUM: Kalkgeröllhalden; kalkstet. Bis etwa 2100 m NN.

VERBREITUNG: Westalpische Art der Südwestalpen und des Juras.

4 | Rätisch-Schöterich

Erysimum rhaeticum – Brassicaceae

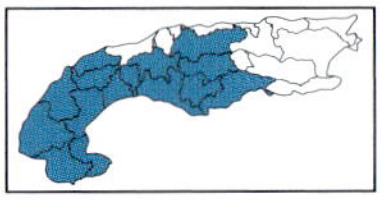

10–50 cm hoch, ausdauernd; Stängel kantig; Rosettenblätter 5–15 cm lang, lang gestielt, lineal bis lineal-lanzettlich; Blattrand entfernt gezähnt oder mit aufgesetzten Zähnen; Kelchblätter 9–11 mm lang, die 2 inneren am Grund sackartig; Kronblätter gelb, 16–20 mm lang; Frucht 4–9 cm lang, 1–1,5 mm dick; Fruchtgriffel 2,6–3,2 mm lang. Blütezeit VI–VII.

VERWECHSLUNG: v. a. mit dem Felsen-Sch., *E. sylvestre*, und dem Piemont-Sch., *E. jugicola*, welcher aber 1,5–6 cm lange Blätter und 3,5–5,5 cm lange Früchte hat.

LEBENSRAUM: Felsige Hänge, Magerrasen, Felsen. Bis 2700 m NN, vereinzelt auch höher, wie im Aostatal (2800 m NN).

VERBREITUNG: Endemit der Alpen. Die aus der Balkanhalbinsel gemeldeten Funde haben sich zu anderen Arten (z. B. *E. drenowskii*) zugehörig herausgestellt.

5 | Felsen-Schöterich

Erysimum sylvestre – Brassicaceae

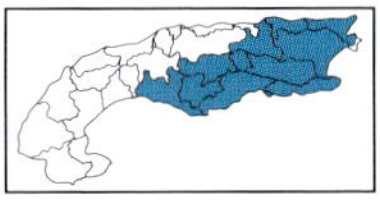

8–40 cm hoch, ausdauernd; Stängel kantig; Rosettenblätter 5–15 cm lang, lang gestielt, lineal bis lineal-lanzettlich; Blattrand ganzrandig, nur die untersten Blätter entfernt gezähnt; Kelchblätter 9–11 mm lang, vorne weiß-hautrandig; Kronblätter gelb, 16–20 mm lang; Fruchtgriffel 0,8–1,5 mm lang. Blütezeit V–VII.

VERWECHSLUNG: v. a. mit dem Rätisch-Sch., *E. rhaeticum*, der aber einen 2,6–3,2 mm langen Fruchtgriffel hat und bei dem die meisten Blätter leicht gezähnt sind.

LEBENSRAUM: Steinige Hänge, sonnige Felsen, lichte Kiefernwälder; kalkliebend. 500–2600 m NN, vereinzelt auch höher, wie an der Roten Säule bei Hinterbichl (2700 m NN).

VERBREITUNG: Ostalpisch-illyrische Art, südlich bis in die Albanischen Alpen.

1

2

3

4

5

1 | Ruten-Schöterich

Erysimum virgatum – Brassicaceae

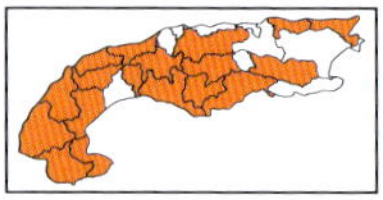

40–100 cm hoch, 2-jährig; Stängel stumpfkantig; Blätter lanzettlich, entfernt gezähnt bis ganzrandig; Kelchblätter 4–7 mm lang, vorne weiß-hautrandig; Kronblätter gelb, 9–12 mm lang, außen behaart; Frucht 30–60 mm lang, 4-kantig, die Flächen stärker behaart als die Kanten. Blütezeit V–VI, Nachblüten oft bis in den Herbst.

VERWECHSLUNG: v. a. mit dem Slowakei-Sch., *E. hungaricum*, welcher aber 60–85 mm lange Früchte hat und einen Stängel, der stielrund ist mit 2 schwachen, aufgesetzten Leisten.

LEBENSRAUM: Wegränder, Waldschläge, Alluvionen, Ruderalstellen; kalkliebend, in Ausbreitung begriffen. Bis etwa 2300 m NN.

VERBREITUNG: Eurasiatische Art von Island bis Kamtschatka.

2 | Wenigblüten-Kohlkresse

Fourraea alpina – Brassicaceae (Syn.: *Arabis pauciflora*)

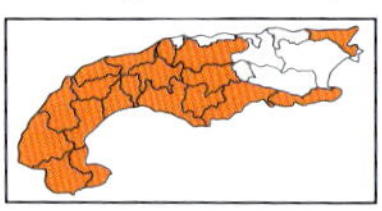

30–100 cm hoch; Blätter und Stängel kahl, bläulichgrün; Grundblätter rosettig, ungeteilt, elliptisch-länglich bis fast kreisrund, plötzlich in einen langen Stiel verschmälert; Stängelblätter herzförmig-stängelumfassend; Blüten in dichten Trauben; Kronblätter weiß; Früchte in lockerer Traube, 3–8 cm lang, 1,5–2 mm breit, aufrecht. Blütezeit V–VII.

VERWECHSLUNG: v. a. mit der Turmkresse, *Turritis glabra*, die aber fiederteilige Grundblätter und gelblich-weiße Kronblätter hat.

LEBENSRAUM: Lichte Wälder, Steinriegel, Säume, Schläge; kalkliebend. Bis etwa 2100 m NN.

VERBREITUNG: Südeuropäisch-montane Art.

ANMERKUNG: Die Art wurde lange Zeit als *Arabis pauciflora* innerhalb der Gattung der Gänsekressen geführt und erst 1984 in die monotypische Gattung *Fourraea* überstellt.

3 | Matronen-Nachtviole

Hesperis matronalis – Brassicaceae

40–80 cm hoch; meist verzweigt, mit borstenförmigen Haaren; Spreiten der grundständigen Blätter eiförmig bis lanzettlich, kurz gestielt, bis 15 cm lang; Blattrand fein gezähnt bis fast ganzrandig; mittlere und obere Stängelblätter kurz gestielt, nicht stängelumfassend; Kronblätter 20–25 mm lang, weiß (subsp. *candida*) oder blasslilia bis purpurn (subsp. *matronalis*); Frucht 3–10 cm lang, 1,5–3 mm dick. Blütezeit V–VIII.

VERWECHSLUNG: Die Duftlos-N., *H. inodora*, hat weiße Blüten, die mittleren und oberen Stängelblätter sitzen stängelumfassend, Endemit der Seealpen. Die Garten-Mondviole, *Lunaria annua*, ist zur Blütezeit ebenfalls ähnlich, hat aber herzförmige Blätter und breit-eiförmige Früchte.

LEBENSRAUM: Schluchtwälder, stickstoffreiche Staudenfluren, Auwälder, Ruderalstellen. Bis etwa 1500 m NN, gelegentlich höher, wie am Wildfeld in den Eisenerzer Alpen (1600 m NN).

VERBREITUNG: Eurasiatische Art vom Apennin bis ins innerasiatische Dsungarei-Gebiet. Die subsp. *matronalis* (Bild **3B**) nur eingebürgert, die subsp. *candica* (Bild **3A**) in den Südostalpen ursprünglich.

4 | Alpen-Gamskresse

Hornungia alpina – Brassicaceae (Syn.: *Hutchinsia alpina, Pritzelago alpina*)

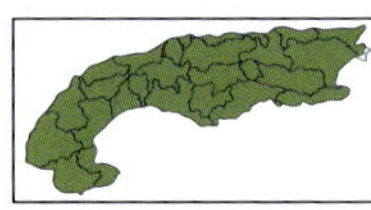

2–10 cm hoch; Stängel blattlos; Blätter am Grund gehäuft, gefiedert bis fiederteilig; Kronblätter weiß, 1,5–5 mm lang; Frucht 2,5–5,5 mm lang; Fruchtgriffel 0,05–0,5 mm lang. Blütezeit V–VIII.

VERWECHSLUNG: u. U. mit dem Reseda-Schaumkraut, *Cardamine resedifolia*, welches aber lineale, 10–20 mm lange Früchte hat.

LEBENSRAUM: Sickerfrische Felsschuttfluren, Schneetälchengesellschaften. 1300–3100 m NN, gelegentlich auch tiefer wie am Innufer bei Brixlegg (530 m NN).

VERBREITUNG: Südeuropäisch-montane Art von den nordwestspanischen Gebirgen bis zum albanischen Korab-Gebirge.

ANMERKUNG: Unterteilt sich in den Alpen in die 3 Unterarten:

- subsp. *alpina*: kalkliebend, Kronblätter 3–5 mm lang, Grundblätter mit 2–4 Paar Seitenfiedern (Bild **4A**).
- subsp. *austroalpina*: kalkliebend, Kronblätter 2,5–3 mm lang, in den Südostalpen (Bild **4B**).
- subsp. *brevicaulis*: Kronblätter 1,5–2,6 mm lang, Grundblätter mit 1–2 Paar Seitenfiedern (Bild **4C**).

NAME: Benannt zu Ehren des deutschen Apothekers Ernst-Gottfried Hornung (1795–1862). Neben der Gattung ist u. a. auch die karpatische *Arabis hornungia* nach ihm benannt.

1
2
3A
3B
4A
4B
4C

1 | Wenigblüten-Zartschötchen
Hornungia pauciflora – Brassicaceae
(Syn.: *Hymenolobus pauciflorus*)

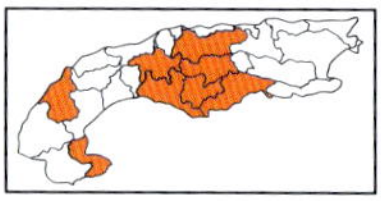

2–10 cm hoch, meist niederliegend oder aufsteigend, zart; Blätter ungeteilt, Spreite eiförmig-lanzettlich, in den Blattstiel verschmälert, ganzrandig, 1–2 cm lang; Blütenstand 2–6-blütig; Kronblätter 4, weiß, 0,6–2 mm lang; Frucht breit-oval, 2–5 mm lang, 1–1,5 × so lang wie breit. Blütezeit V–VI.
VERWECHSLUNG: In den vegetativen Teilen Arten der Gattung Sternmiere, *Stellaria*, ähnelnd, welche aber 5, fast bis zum Grund 2-teilige Kronblätter hat.
LEBENSRAUM: Feinsandige Balmen, Lägerstellen am Fuß von Felsen; kalk- und stickstoffliebend. 600–2300 m NN, vereinzelt auch tiefer, wie im Val Vestino (500 m NN).
VERBREITUNG: Südeuropäisch-montane Art von der Iberischen Halbinsel bis Sizilien.

2 | Rainfarnrauke
Hugueninia tanacetifolia – Brassicaceae

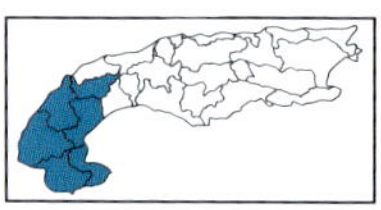

30–100 cm hoch; untere Blätter sehr groß, gefiedert, mit 8–12 Paaren von schmal-lanzettlichen, gleichmäßig grob gezähnten bis fiederteiligen Abschnitten und etwa gleich großem Endabschnitt; obere Blätter kleiner, sitzend; Blütenstand doldig; Kronblätter gelb, ca. 4 mm lang. Blütezeit VI–VII.
VERWECHSLUNG: v. a. mit der Blass-Rauke, *Sisymbrium pallescens*, bei der aber die Blattabschnitte ungleichmäßig schrotsägeförmig gezähnt und die Kronblätter 5–6 mm lang sind.
LEBENSRAUM: Hochstaudenfluren, Schuttplätze, feuchte Hänge, Lägerfluren; stickstoffliebend. 1700–2500 m NN.
VERBREITUNG: Westalpische Art. In einer nahe verwandten Sippe in den Gebirgen der Iberischen Halbinsel.
NAME: Der Gattungsname ehrt den französischen Botaniker Auguste Huguenin (1780–1860).

3 | Mont-Aurouze-Schleifenblume
Iberis aurosica – Brassicaceae

4–15 cm hoch, ausdauernd; Blätter lanzettlich, mit eingesenkter Mittelrippe, 6–20 mm lang, 1,5–2,5 mm breit; Blütenstand dicht gedrängt, 15–25 mm im ∅; Kronblätter hellrosa, 2 äußere Kronblätter größer, 6–9 mm lang, 2–3 mm breit; innere Kronblätter 4–6 mm lang, 1,5–2,5 mm breit; Kelchblätter zur Fruchtreife großteils nicht mehr vorhanden; Frucht 4–5 mm lang, 3–3,5 mm breit, mit 3–5 mm langen Stiel; Fruchtgriffel 2–3 mm lang. Blütezeit VI–VIII.
VERWECHSLUNG: Mit der Zwerg-Sch., *I. nana*, welche aber spatelige, 7–16 mm lange und 3–5 mm breite Blätter hat und 2-jährig ist. Die Candolle-Sch., *I. candolleana*, hat spatelige, 7–10 mm lange und 2–3 mm breite Blätter und ist in ihrer Verbreitung auf den Mont Ventoux beschränkt.
LEBENSRAUM: Felsgeröll, Steinrasen; kalkstet. 1300–2000 m NN.
VERBREITUNG: Endemit der französischen Südwestalpen.

4 | Felsen-Schleifenblume
Iberis saxatilis – Brassicaceae

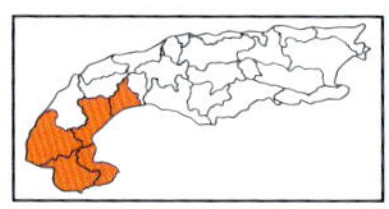

5–15 cm hoch, beim Reiben nach Rettich riechend; Stängel verholzt, niederliegend, verzweigt; Blätter lineal, ganzrandig, immergrün, ledrig, etwas fleischig, stachelspitzig; äußere Kronblätter 6–8 mm lang, etwa doppelt so lang wie die inneren; Schötchen rundlich, flach, vorne breit geflügelt. Blütezeit IV–VII.
VERWECHSLUNG: Bei der Immergrün-Sch., *I. sempervirens*, (Bild **4B**) sind die äußeren Kronblätter 10–15 mm lang. Die Blätter sind nicht stachelspitzig.
LEBENSRAUM: Felsrasen, Felsspalten; kalkliebend. Bis etwa 2200 m NN.
VERBREITUNG: Mediterran-montane Art.

5 | Alpen-Waid
Isatis alpina – Brassicaceae

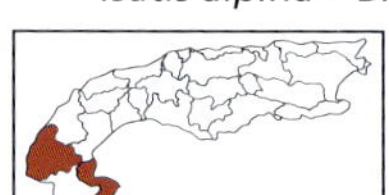

10–30 cm hoch; Blätter blaugrün, spatelförmig bis lanzettlich, kahl; Kronblätter 3–5 mm lang, gelb; Früchte breit-elliptisch bis verkehrt-eiförmig, 15–22 mm lang, 8–13 mm breit, mit einem dünnen Flügel. Blütezeit VII–VIII.
VERWECHSLUNG: Mit dem Richer-Lacksenf, *Coincya richeri*, bei dem die Frucht aber 30–60 mm lang und 3–6 mm breit ist.
LEBENSRAUM: Felsschutt; kalkstet. 1500–2500 m NN.
VERBREITUNG: Westalpisch-apenninische Art.

1

2

3

4A

4B

5

1 | Kugelschötchen
Kernera saxatilis – Brassicaceae

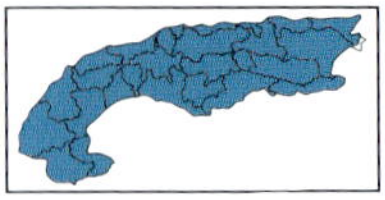

10–30 cm hoch; Stängel einfach oder verzweigt, unten anliegend behaart; grundständige Blätter in einer Rosette, ganzrandig oder gezähnt bis fiederspaltig; Stängelblätter nach oben kleiner werdend; Kronblätter weiß, 3–4 mm lang; Frucht fast kugelig, 2–3 mm im ∅. Blütezeit V–VII.

VERWECHSLUNG: u. a. mit der Sand-Schaumkresse, *Arabidopsis arenosa*, und der Haller-Schaumkresse, *A. halleri*, welche aber lineale, 1–4 cm lange Früchte haben.

LEBENSRAUM: Felsen, Felsschutt; kalkstet. Bis 2700 m NN.

VERBREITUNG: Südeuropäisch-montane Art von den Corbieren bis zum Olymp.

NAME: Benannt zu Ehren des deutschen Botanikers Johann Simon von Kerner (1755–1830), der u. a. eine „Flora Stuttgardiensis" verfasste, eine der frühen deutschen Lokalfloren.

2 | Wild-Mondviole
Lunaria rediviva – Brassicaceae

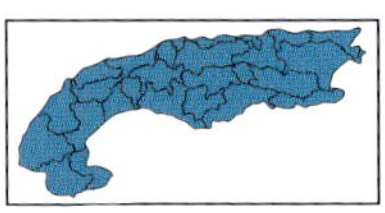

30–140 cm hoch, verzweigt; Stängel besonders am Grund mit abstehenden Haaren; alle Blätter gestielt, untere Blätter groß, Spreite herzförmig, unregelmäßig gezähnt; obere Blätter eilanzettlich; Kronblätter helllila bis fast weiß, 12–20 mm lang; Frucht länglich-elliptisch, spitz. Blütezeit V–VII.

VERWECHSLUNG: Durch die scheibenförmigen, trocken silbrig glänzenden Früchte kaum verwechselbar.

LEBENSRAUM: Schluchtwälder, feuchte Hochstaudenfluren, Grauerlenwälder; kalkliebend, luftfeuchtigkeitsliebend. Bis 1400 m NN, vereinzelt auch höher, wie beim Formarinsee in Vorarlberg (1500 m NN).

VERBREITUNG: Europäische Art von Portugal bis in die Oberlausitz und zu den Südkarpaten.

ANMERKUNG: Nicht selten findet man die oftmals kultivierte Garten-Mondviole, *Lunaria annua*, verwildert bis eingebürgert. Sie unterscheidet sich von der Wild-Mondviole durch purpurne Blüten und fast kreisrunde Früchte, die gerne in der Blumenbinderei als „Judassilberlinge" oder „Silbergulden" genutzt werden.

3 | Ostalpen-Täschelkraut
Noccaea crantzii – Brassicaceae
(Syn.: *Thlaspi alpinum, T. alpestre*)

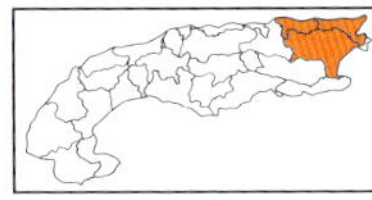

5–15 cm hoch, lockerrasig; Rhizom am Ende rosettig beblätterte, kurze Ausläufer treibend; Spreiten der Grundblätter fast kreisrund, 0,5–2,5 cm lang, glänzend, plötzlich in den Stiel verschmälert; Stängelblätter bläulichgrün, eilanzettlich, stängelumfassend; Kronblätter weiß, 5–7 mm lang; Frucht länglich, zum Grund keilig, 5–6,5 mm lang und 3–4 mm breit, vorne ±0,5 mm breit geflügelt; Fruchtgriffel 1–2,2 mm lang. Blütezeit VI–VII.

VERWECHSLUNG: v. a. mit dem Berg-T., *N. montana*, welches aber rundliche, am Grund abgerundete, vorne 1,5–2 mm breit geflügelte Früchte hat. Das Grün-T., *N. virens* (= *Thlaspi virens*) besiedelt die Westalpen und hat nur bis 0,2 mm breit geflügelte Früchte.

LEBENSRAUM: Steinige, schneereiche Rasen, Schneeböden; kalkstet. 600–2300 m NN.

VERBREITUNG: Endemit der Nordost-Alpen.

NAME: Benannt zu Ehren des österreichischen Botanikers und Arztes Heinrich Johann Edler von Crantz (1722–1797), nach dem mehrere Arten und die Gattung *Crantzia* aus der Familie der Gesneriengewächse benannt sind. Die Gattung ist zu Ehren des italienischen Botanikers Domenico Nocca (1758–1841) benannt. Nocca war Direktor des Botanischen Gartens von Mantua.

4 | Kerner-Täschelkraut
Noccaea minima – Brassicaceae
(Syn.: *Thlaspi minimum, T. kerneri, T. alpestre*)

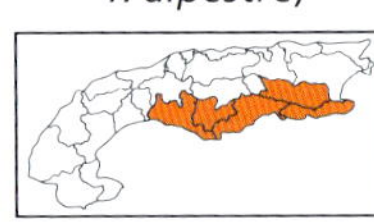

5–10 cm hoch, lockerrasig; Kriechsprosse wechselständig beblättert; Blätter bläulichgrün, fleischig, matt; Spreiten der Grundblätter fast kreisrund, plötzlich in den Stiel verschmälert; Stängelblätter eilanzettlich, sitzend; Kronblätter weiß, 3,5–5,5 mm lang; Frucht schmal geflügelt; Fruchtgriffel 1–2,2 mm lang. Blütezeit V–VII.

VERWECHSLUNG: v. a. mit dem Matterhorn-T., *N. sylvia* (= *Thlaspi sylvium*) aus den Westalpen, bei dem aber der Fruchtgriffel 2,5–3 mm lang ist. Das Voralpen-T., *N. caerulescens* (= *Thlaspi caerulescens*, Bild **4B**) hat 0,8–4,2 mm lange Kronblätter und einen 0,3–1,6 mm langen Fruchtgriffel.

LEBENSRAUM: Feinschuttfluren, steinige Magerrasen; kalkstet. 1600–2400 m NN.

VERBREITUNG: Endemit der Südostalpen.

1
2A
2B
3
4A
4B

1 | Rundblatt-Täschelkraut
Noccaea rotundifolia – Brassicaceae
(Syn.: *Thlaspi rotundifolium*)

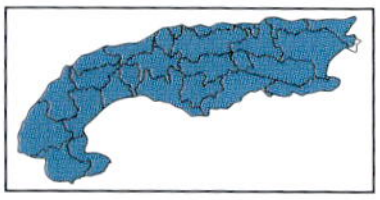

3–12 cm hoch; Kriechspross gegenständig beblättert; Blätter dicklich, bläulichgrün bis frischgrün, kahl; Spreite eiförmig bis rundlich; Kronblätter lila, 5,5–8 mm lang; Frucht fast ungeflügelt, gekielt. Blütezeit IV-VIII.

VERWECHSLUNG: Mit dem Felsen-Steintäschel, *Aethionema saxatile*, welches aber nur 2–4 mm lange Kronblätter hat.

LEBENSRAUM: Felsschuttfluren. 1400–3400 m NN, vereinzelt auch tief herabgeschwemmt, wie bei Arnoldstein die subsp. *cepaeifolia* (600 m NN) oder höher, wie am Theodulhorn die subsp. *corymbosa* (3450 m NN).

VERBREITUNG: Endemit der Alpen.

ANMERKUNG: Tritt in den Alpen in 4 Unterarten auf:
- subsp. *rotundifolia*; kalkliebend, grundständige Blätter rosettig gehäuft, Spreite rundlich, meist ganzrandig.
- subsp. *cepaeifolia*: kalkliebend, grundständige Blätter nicht rosettig gehäuft, Spreite rundlich, gezähnt; Südostalpen.
- subsp. *corymbosa*: kieselliebend, grundständige Blattspreiten länglich, Westalpen.
- subsp. *grignense*: kalkstet, Grigna-Gebiet.

2 | Lauch-Scheibenschötchen
Peltaria alliacea – Brassicaceae

40–60 cm hoch, beim Zerreiben mit Lauchgeruch; Blätter kahl, blaugrün; Stängelblätter eilanzettlich, mit herzpfeilförmigem Grund stängelumfassend sitzend; Kronblätter weiß, 3–4 mm lang, etwa doppelt so lang wie die Kelchblätter; Frucht fast kreisrund, 7–10 mm im ∅. Blütezeit V–VII.

VERWECHSLUNG: Mit der Wenigblüten-Kohlkresse, *Fourraea alpina*, welche aber 3–8 cm lange und 1–2 mm breite Früchte hat.

LEBENSRAUM: Waldränder, steinige Abhänge, Waldschläge; kalk- und nährstoffliebend. Bis 1400 m NN.

VERBREITUNG: Südosteuropäisch-montane Art von den Ostalpen bis ins Pindus-Gebirge.

3 | Steinschmückel
Petrocallis pyrenaica – Brassicaceae

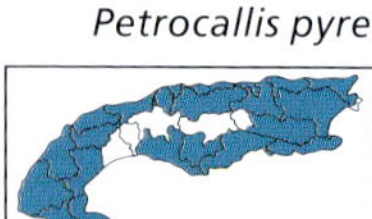

2–8 cm hoch, dichtrasig-polsterförmig; Blätter in dichter Rosette, vorne 3–5-spaltig, behaart; Kronblätter rosalila, selten weiß, 4–5 mm lang; Frucht elliptisch, 4–6 mm lang, kahl. Blütezeit V–VII.

VERWECHSLUNG: Kaum.

LEBENSRAUM: Felsschutt- und Geröllfluren, Felsspalten, exponierte Gratfluren; kalkstet. 1700–3000 m NN, vereinzelt auch höher, wie am Furggengrat bei Zermatt (3400 m NN).

VERBREITUNG: Südeuropäisch-montane Art von den Pyrenäen bis zur Tatra.

4 | Zwergkugelschötchen
Rhizobotrya alpina – Brassicaceae

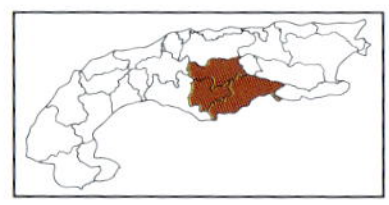

1–4 cm hoch; Blätter spatelförmig, 10–20 mm lang, in Rosetten; Kronblätter weiß, 2–2,5 mm lang, kaum länger als die Kelchblätter; Frucht eiförmig-kugelig, 2–3 mm im ∅; Fruchtstiel gleich lang oder wenig länger als die Frucht. Blütezeit VII–VIII.

VERWECHSLUNG: Mit dem Kugelschötchen, *Kernera saxatilis*, welches aber 10–30 cm hoch ist und dessen Fruchtstiel 2–5 × so lang wie die Frucht ist.

LEBENSRAUM: Feinschutt-Steilhänge, besonders in Schnee- und Steinlawinenbahnen, felsige Stellen; kalkstet. 1900–2800 m NN.

VERBREITUNG: Endemit der Dolomiten.

5 | Island-Sumpfkresse
Rorippa islandica – Brassicaceae

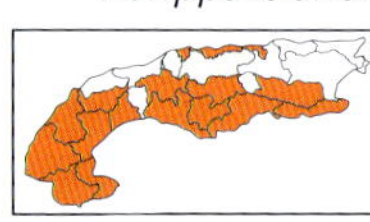

3–20 cm hoch, niederliegend bis aufsteigend, am Grund verzweigt; Stängel kahl; Blätter leierförmig-fiederschnittig mit größerem Endabschnitt; Kelchblätter 1–1,5 mm lang; Kronblätter hellgelb, 1,6–2,5 mm lang; Frucht 5–12 mm lang, 2–3 mm dick, der Fruchtstiel $1/3$–$2/3$ so lang wie die Frucht. Blütezeit VI–IX.

VERWECHSLUNG: v. a. mit der Echt-S., *R. palustris*, welche aber aufrecht wächst, am Grund nicht verzweigt ist, 1,6–2,5 mm lange Kelchblätter und einen Fruchtstiel hat, der etwa so lang wie die Frucht ist.

LEBENSRAUM: Seeufer, Niedermoore, Alluvionen, sumpfige Stellen. Etwa 1500–2700 m NN.

VERBREITUNG: Arktisch-alpine Art, südlich bis in die Pyrenäen und bis ins Grammos-Gebirge.

ANMERKUNG: Der Name *Rorippa islandica* schloss früher *R. palustris* mit ein. Nach Abtrennung der häufigen *R. palustris* blieb der Name bei der seltenen *R. islandica*, was manchmal für nomenklatorische Verwirrung sorgt.

1
2A
2B
3
4
5

1 | Westalpen-Glockenblume
Campanula alpestris – Campanulaceae

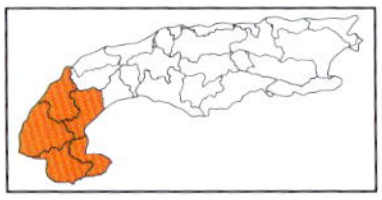

3–12 cm hoch; grundständige Blätter lineal-lanzettlich, ganzrandig bis schwach gezähnt; Blüten einzeln, aufrecht oder nickend; Kelchzipfel höchstens ½ so lang wie die Krone; Krone violettblau, 30–40 mm lang. Blütezeit VI–VIII.

VERWECHSLUNG: v. a. mit Kümmerformen der Marien-G., *C. medium*, die an sich mehrblütig und 30–80 cm hoch ist und niedere Lagen bis höchstens 1300 m NN besiedelt.

LEBENSRAUM: Felsschutt, steinige Rasen; kalkliebend. 1400–2800 m NN.

VERBREITUNG: Endemit der Westalpen.

2 | Ostalpen-Glockenblume
Campanula alpina – Campanulaceae

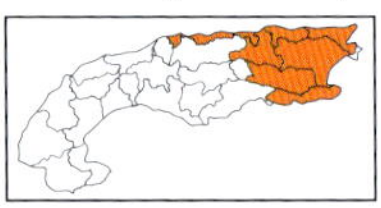

5–20 cm hoch; Blätter schmallanzettlich, ganzrandig bis entfernt kleingesägt, zottig behaart bis fast kahl; Kelchzipfel länger als die halbe Krone, in den Buchten mit 0,5–1 mm langen Anhängseln; Krone violettblau bis fast weißlich, 10–20 mm lang. Blütezeit VI–VIII.

VERWECHSLUNG: Mit der Bart-G., *C. barbata*.

LEBENSRAUM: Weiden, saure Magerrasen, Zwergstrauchheiden. 1300–2600 m NN.

VERBREITUNG: Südosteuropäisch-montane Art.

3 | Bart-Glockenblume
Campanula barbata – Campanulaceae

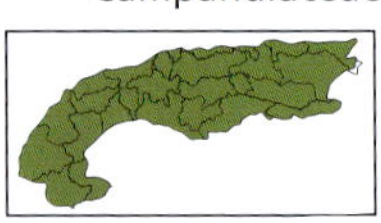

10–40 cm hoch, rauhaarig; grundständige Blätter lanzettlich bis schmal-elliptisch, seicht gekerbt bis fast ganzrandig; Kelchzipfel etwa ⅓ so lang wie die Krone, in den Buchten mit 1,5–3 mm langen, zurückgeschlagenen Anhängseln; Krone meist hellblau, 15–30 mm lang, innen kraushaarig. Blütezeit VI–VIII.

VERWECHSLUNG: Mit der Ostalpen-G., *C. alpina*, deren Kelchzipfeln aber länger als die halbe Krone ist, die Anhängsel in den Kelchbuchten sind 0,5–1 mm lang.

LEBENSRAUM: Weiden, Wiesen, lichte Wälder, Zwergstrauchheiden; kalkmeidend. 1100–2900 m NN.

VERBREITUNG: Europäisch-montane Art.

ANMERKUNG: Tritt in den Alpen in 2 Varietäten auf, die durch Übergänge verbunden sind:
- var. *barbata*: Blüten nickend.
- var. *strictopedunculata*: Blüten aufrecht.

4 | Niederösterreich-Glockenblume
Campanula beckiana – Campanulaceae

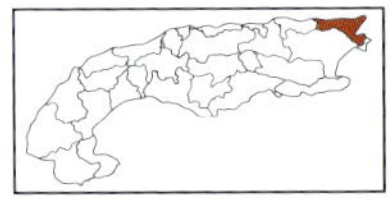

20–60 cm hoch; mittlere bzw. größere Stängelblätter 7–14 mm breit, 3–10 × so lang wie breit; Blütenstand in vielblütiger Rispe; Krone 15–18 mm lang. Blütezeit VI–IX.

VERWECHSLUNG: v. a. mit der Witasek-G., *C. witasekiana*, bei der aber die mittleren bzw. größeren Stängelblätter 2–6 mm breit und 15–40 × so lang wie breit sind.

LEBENSRAUM: Säume, Wälder, Weiden, Wiesen, Hochstaudenfluren. 300–1200 m NN.

VERBREITUNG: Endemit der Nordostalpen.

NAME: Benannt zu Ehren des österreichischen Botanikers Günther Beck, Ritter von Mannagetta und Lerchenau (1856–1931), der u. a. eine Flora von Niederösterreich verfasste.

5 | Karnisch-Glockenblume
Campanula carnica – Campanulaceae

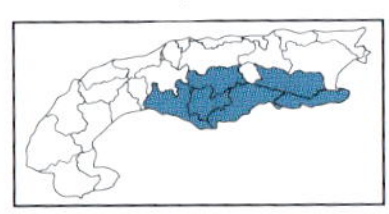

12–40 cm lang; Rosettenblätter zur Blütezeit meist vorhanden, Spreite rundlich-herzförmig, kahl; Stängelblätter lanzettlich bis lineal; Blütenstand 1–wenigblütig; Blütenknospen nickend; Kelchzipfel pfriemlich, abstehend bis zurückgeschlagen, 0,5–1 × so lang wie die Krone; Krone 15–25 mm lang; Frucht aufrecht. Blütezeit VI–VIII.

VERWECHSLUNG: v. a. mit der Rax-G., *C. praesignis*, die aber aufrechte Blütenknospen und vielblütige Blütenstände hat.

LEBENSRAUM: Felsspalten, Felsschuttfluren; kalkliebend. Bis 2200 m NN.

VERBREITUNG: Ostalpische Art.

ANMERKUNG: Tritt in den Alpen in 2 Unterarten auf:
- subsp. *carnica*: Stängel kahl. Im gesamten Verbreitungsgebiet der Art.
- subsp. *puberula*: Stängel unten feinflaumig behaart. Auf die italienischen Südalpen beschränkt mit Verbreitungsschwerpunkt in den Bergamasker Alpen.

1
2A
2B
3A
3B
4
5

1 | Mont-Cenis-Glockenblume

Campanula cenisia – Campanulaceae

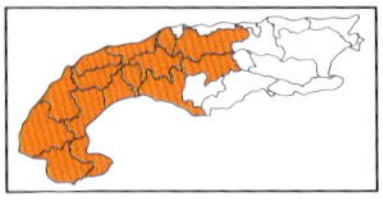

2–5 cm hoch, kriechend, mit sterilen Blattrosetten; Rosettenblätter rundlich bis verkehrt-eiförmig, 5–8 mm breit, ganzrandig; Blüten einzeln endständig; Kelchzipfel 4–6 mm lang, ± so lang wie die Kronröhre; Krone lila-blau, ausgebreitet glockig, bis ± zur Mitte geteilt. Blütezeit VII–VIII.

VERWECHSLUNG: u. U. mit der Rainer-G., *C. raineri*, (siehe Seite 138), die aber gekerbte Blätter hat und eine Krone, die nur bis zu 1/3 geteilt ist.

LEBENSRAUM: Fels- und Schuttfluren, Moränen; kalkliebend. 2200–3600 m NN.

VERBREITUNG: Endemit der Alpen.

2 | Rasen-Glockenblume

Campanula cespitosa – Campanulaceae

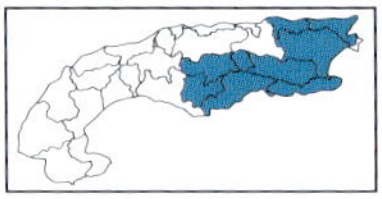

5–25 cm hoch, mit sterilen Blattrosetten; Stängelhaare 0,03–0,15 mm lang; Spreite der Rosettenblätter rundlich-eiförmig bis rhombisch, grob gesägt; Stängelblätter im unteren Teil des Stängels dicht gedrängt, lanzettlich; Blütenknospen und Frucht nickend; Krone 10–18 mm lang, unter den Kronzipfeln etwas verengt. Blütezeit VII–IX.

VERWECHSLUNG: Mit Zwerg-G., *C. cochleariifolia*.

LEBENSRAUM: Felsen, Felsschuttfluren, lichte Kiefernwälder; karbonatstet. Bis etwa 2200 m NN.

VERBREITUNG: Ostalpisch-dinarische Art.

3 | Zwerg-Glockenblume

Campanula cochleariifolia – Campanulaceae

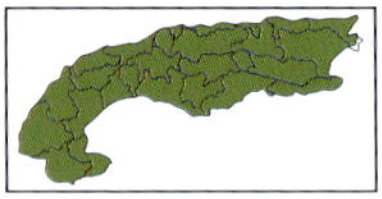

4–15 cm hoch, lockerrasig; Blühtriebe aus liegendem Grund aufsteigend; Stängelhaare 0,25–0,8 mm lang; Spreite der grundständigen Blätter breit-eiförmig, in den Stiel verschmälert, gezähnt, zur Blütezeit vorhanden; Stängelblätter elliptisch bis lineal, oben immer schmäler werdend; Blütenstand meist 1–6-blütig; Blütenknospen und Frucht nickend; Krone 10–18 mm lang. Blütezeit VI–IX.

VERWECHSLUNG: Die Rasen-G., *C. cespitosa*, hat Kronen, die unter den Kronzipfeln etwas verengt sind.

LEBENSRAUM: Felsen, Schuttfluren, Bachalluvionen, Mauern; kalkliebend. Bis 3100 m NN.

VERBREITUNG: Südeuropäisch-montane Art.

4 | Insubrien-Glockenblume

Campanula elationoides – Campanulaceae

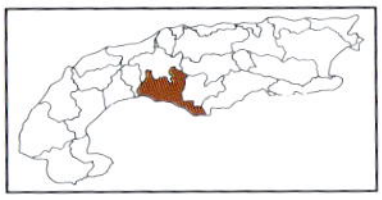

10–30 cm hoch, weißfilzig behaart; Stängel bis 60 cm lang; Grundblätter in einer Rosette, Spreite eiförmig mit herzförmiger Basis, gesägt, Blattzähne mit knorpeliger Spitze; Blüten in einer dichten Rispe; Krone tief 5-spaltig, hell-violettblau. Blütezeit VII–IX.

VERWECHSLUNG: Die Piemont-G., *C. elatines*, hat kahle Blattoberseiten, dunkel-blauviolette Kronen und kommt über Silikatgestein in den italienischen Südwestalpen vor.

LEBENSRAUM: Felsen; karbonatstet. Bis 1900 m NN.

VERBREITUNG: Endemit der Ostalpen.

5 | Ausgeschnitten-Glockenblume

Campanula excisa – Campanulaceae

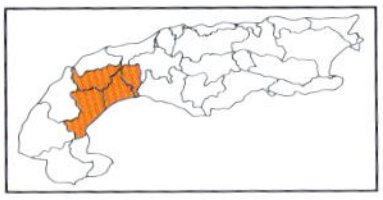

5–15 cm hoch; Stängelblätter schmal-lanzettlich bis lineal; Blüten meist einzeln, oft nickend; Krone eng-glockenförmig, 12–22 mm lang, fast bis zur Hälfte geteilt; Kronenzipfel am Grunde zusammengezogen, mit rund ausgeschnittenen Buchten. Blütezeit VII–VIII.

VERWECHSLUNG: Kaum.

LEBENSRAUM: Felsschutt, Felsrasen, Felsspalten; silikatstet. 1200–3000 m NN.

VERBREITUNG: Endemit der Westalpen.

6 | Großwurzel-Glockenblume

Campanula macrorhiza – Campanulaceae

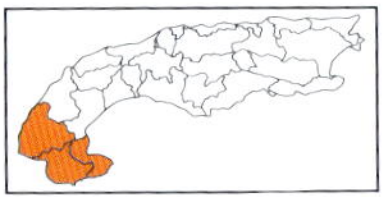

15–40 cm lang, kahl; am Stängelgrund dicht mit Blatt- und Stängelresten bedeckt; Grundblätter ei-herzförmig, gezähnt, zur Blütezeit vorhanden; Stängelblätter lineal-lanzettlich, ungezähnt; Knospen aufrecht; Kelchzipfeln lineal, abspreizend; Krone 15–25 mm lang. Blütezeit V–IX.

VERWECHSLUNG: v. a. mit der Fritsch-G., *C. fritschii*, bei der aber die Grundblätter zur Blütezeit vertrocknet und die Stängelblätter gezähnt sind.

LEBENSRAUM: Felsspalten; kalkliebend. Bis etwa 1800 m NN.

VERBREITUNG: Westalpisch-(korsische?) Art.

1

2A

2B

3

4

5

6

1 | Dolomiten-Glockenblume
Campanula morettiana – Campanulaceae

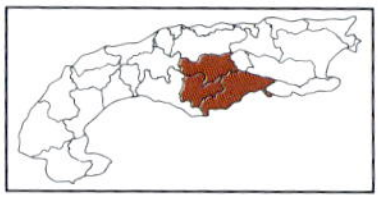

3–6 cm hoch, kriechend; mit sterilen Blattrosetten; Spreite der Grundblätter rundlich-eiförmig bis herzförmig, steifhaarig, gezähnt; Kelchblätter 4–6 mm lang, ± abstehend, kürzer als die ½ Kronröhre; Krone violettblau, 20–30 mm lang. Blütezeit VII–VIII.
VERWECHSLUNG: u. U. mit der Rainer-G., *C. raineri*.
LEBENSRAUM: Felsspalten, Felsschutthalden; karbonatstet. 1500–2500 m NN.
VERBREITUNG: Endemit der Dolomiten.
NAME: Benannt zu Ehren des italienischen Botanikers Guiseppe MORETTI (1782–1853), Professor der Botanik an der Universität Pavia.

2 | Felsen-Glockenblume
Campanula petraea – Campanulaceae

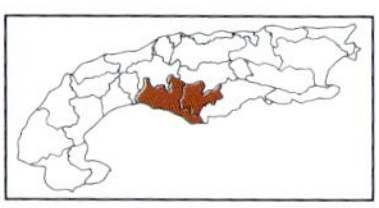

15–40 cm lang, Stängel bogig aufsteigend; Blätter hellgrün, gekerbt; Blüten, in dichten, kugeligen Blütenständen am Stängelende; Kelch so lang wie die Krone, gezähnt, zottig behaart; Krone blassgelb. Blütezeit VII–IX.
VERWECHSLUNG: Die sehr nahe verwandte, oft nicht von der Felsen-G. unterschiedene Weißlich-G., *C. albicans*, hat cremeweiße Blüten und ist in den französischen Seealpen endemisch.
LEBENSRAUM: Senkrechte Kalkfelsen in der Buchenwaldstufe, Mauerritzen; kalkstet. Bis 1300 m NN.
VERBREITUNG: Endemit der Ostalpen.

3 | Österreich-Glockenblume
Campanula pulla – Campanulaceae

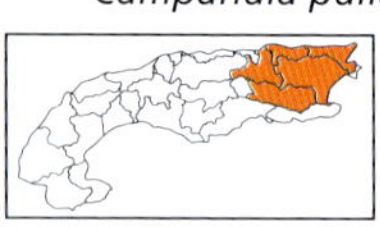

4–15 cm hoch; Rosettenblätter rundlich, zur Blütezeit vertrocknet; Stängelblätter eiförmig bis elliptisch, gekerbt; Blütenknospe und Blüte nickend; Kelchblätter 7–12 mm lang, nur wenig von der Krone abstehend; Krone 15–25 mm lang, dunkel blauviolett. Blütezeit VI–VIII.
VERWECHSLUNG: Kaum.
LEBENSRAUM: Feuchte Fels- und Felsschuttfluren, Schneeböden; kalkstet. 1200–2200 m NN, vereinzelt auch tiefer, wie bei Gstatterboden im Ennstal (570 m NN).
VERBREITUNG: Endemit der Ostalpen.

4 | Rainer-Glockenblume
Campanula raineri – Campanulaceae

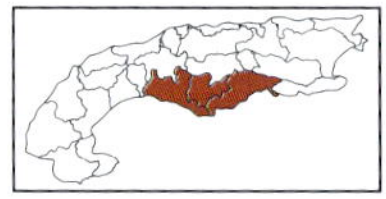

3–10 cm hoch; lockerrasig, Stängel bogig aufsteigend; Blätter elliptisch, stumpf gekerbt, kahl bis leicht behaart; Blüten einzeln endständig; Kelchzipfel breit lanzettlich, deutlich 3-nervig, etwa ½ so lang wie die Krone; Krone weitbauchig-trichterig, 30–40 mm breit, bis zu ⅓ der Kronenlänge 5-spaltig geteilt. Blütezeit VII–VIII.
VERWECHSLUNG: u. U. mit der Mont-Cenis-G., *C. cenisia* (siehe S. 136) und der Dolomiten-G., *C. morettiana*, die aber 18–25 mm breite Blütenkronen und stark behaarte Blätter hat.
LEBENSRAUM: Felsen, Felsschutt; karbonatstet. 1300–2400 m NN.
VERBREITUNG: Endemit der Südostalpen.
NAME: Benannt zu Ehren von Erzherzog RAINER von Österreich (1783–1853), Vizekönig der Lombardei und Venetiens, der als passionierter Blumenliebhaber in seiner Sommerresidenz in Monza einen botanischen Garten unterhielt.

5 | Rauten-Glockenblume
Campanula rhomboidalis – Campanulaceae

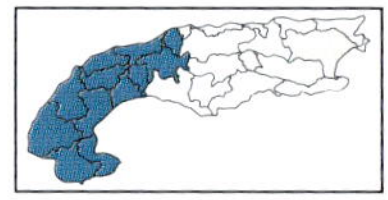

20–60 cm hoch; Stängel kantig; Rosettenblätter rundlich, zur Blütezeit vertrocknet; Stängelblätter zahlreich, sitzend, eiförmig, der Rand grob gesägt; Blütenstand meist 4–15-blütig; Blütenknospen ± aufrecht; Kelchblätter pfriemlich; Krone 12–20 mm lang, weit glockenförmig. Blütezeit VI–VIII.
VERWECHSLUNG: u. U. mit der Niederösterreich-G., *C. beckiana* (siehe S. 134), welche aber schmal-elliptische bis schmallanzettliche mittlere Stängelblätter hat, die 3–7 × so lang wie breit sind. Bei *C. rhomboidalis* sind die mittleren Stängelblätter eiförmig und 1–2,5 × so lang wie breit.
LEBENSRAUM: Wiesen, Weiden, Waldränder. Bis 2800 m NN.
VERBREITUNG: Südwesteuropäisch-montane Art, in den Ostalpen mancherorts eingebürgert.

1

2

3

4

5

1 | Scheuchzer-Glockenblume

Campanula scheuchzeri – Campanulaceae

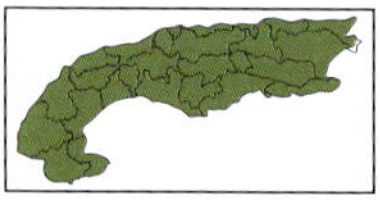

8–25 cm hoch; Pflanze kahl, selten behaart (Bild **1B**); Rosettenblätter rundlich-herzförmig, gekerbt, zur Blütezeit meist vertrocknet; Stängelblätter lineal-lanzettlich; Blüten in 1–5-blütiger, meist einseitswendiger Traube; Blütenknospen nickend; Krone tief violettblau, 16–25 mm lang. Blütezeit VI–VIII.

VERWECHSLUNG: v. a. mit der Rundblatt-G., *C. rotundifolia*, die aber aufrechte Blütenknospen und meist vielblütige Blütenstände hat. Die in den Südwestalpen endemische Schmalblüten-G., *C. stenocodon*, hat lang gestielte, schmal-trichterförmige Kronen.

LEBENSRAUM: Weiden, Magerwiesen, Felsfluren; 1400–3100 m NN.

VERBREITUNG: Südeuropäisch-montane Art.

NAME: Benannt zu Ehren von Johann Jakob Scheuchzer (1672–1733), Schweizer Naturforscher und Stadtoberarzt von Zürich.

ALLGEMEIN: Auf Glockenblumen haben sich verschiedene Insekten spezialisiert, so die Glanzbiene *Dufourea dentiventris* und die Sägehornbiene *Melitta haemorrhoidalis*. Der Nektar ist für alle lang- und kurzrüsseligen Bienen erreichbar.

2 | Ähren-Glockenblume

Campanula spicata – Campanulaceae

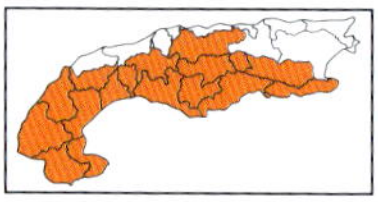

15–80 cm hoch; Blätter lanzettlich, am Rand oft wellig, steifhaarig; grundständige Blätter rosettig vereinigt; Stängelblätter eilanzettlich, halbstängel-umfassend; Blütenstand prächtig ährenförmig; Blütenkronen violettblau. Blütezeit VI–VII.

VERWECHSLUNG: Mit der formenreichen Knäuel-G., *C. glomerata*, die aber an der Stängelspitze kopfig gehäufte Blüten hat und deren Grundblätter nicht rosettig stehen.

LEBENSRAUM: Magerrasen, Felsschuttfluren, Steinrasen. Bis 2200 m NN.

VERBREITUNG: Südeuropäisch-montane Art.

3 | Strauß-Glockenblume

Campanula thyrsoides subsp. *thyrsoides* – Campanulaceae

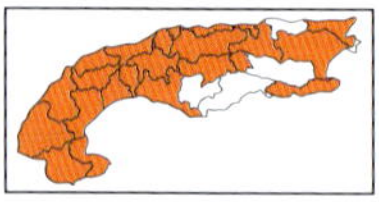

10–50 cm hoch, steifhaarig; Grundblätter länglich-keilig, in einer Rosette; Stängelblätter lineal-länglich, mit breitem Grund sitzend; Blütenstand eiförmig bis walzlich, 8–20 cm lang, von unten nach oben aufblühend; Krone blassgelb. Blütezeit VI–VIII.

VERWECHSLUNG: Mit der Krain-G., *C. thyrsoides* subsp. *carniolica*, die aber einen 20–60 cm langen Blütenstand mit cremeweißen Kronen hat und von der Mitte aus nach oben und unten aufblüht.

LEBENSRAUM: Magerrasen, Bergmatten, Felsschutt; kalkstet. 1000–2800 m NN.

VERBREITUNG: Südeuropäisch-montane Sippe.

4 | Krain-Glockenblume

Campanula thyrsoides subsp. *carniolica* – Campanulaceae

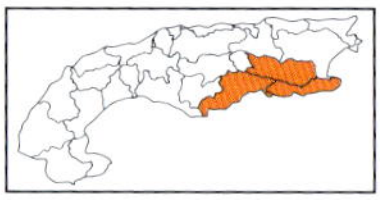

40–120 cm hoch, steifhaarig; Grundblätter länglich-keilig, in einer Rosette; Stängelblätter lineal-länglich, mit breitem Grund sitzend; Blütenstand länglich, 20–60 cm lang, von der Mitte aus nach oben und unten aufblühend; Krone cremeweiß. Blütezeit VI–VIII.

VERWECHSLUNG: Mit der Strauß-G., *C. thyrsoides* subsp. *thyrsoides*.

LEBENSRAUM: Felsschuttfluren, lichte Kiefernwälder, Magerrasen; kalkstet. Bis etwa 1800 m NN.

VERBREITUNG: Ostalpisch-illyrische Sippe.

5 | Nessel-Glockenblume

Campanula trachelium – Campanulaceae

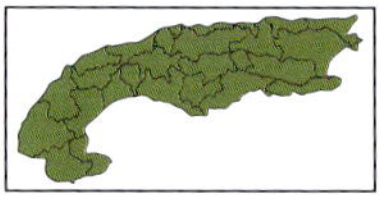

30–100 cm hoch, steifhaarig; Stängel scharfkantig; untere Blätter gestielt, Spreite herzförmig; oberste Blätter sitzend, lanzettlich; Blütenstand meist verzweigt; Krone 3–4 cm lang, violettblau, nicht selten auch blasslila oder weiß, weniger als bis zur Mitte gespalten. Blütezeit VI–IX.

VERWECHSLUNG: Die Breitblatt-G., *C. latifolia*, hat einen runden, gerillten, fast kahlen Stängel und 4–6 cm lange Kronen. Die Wald-G., *C. persicifolia*, ist fast kahl, hat lineal-lanzettliche Blätter und breit-glockenförmige Kronen.

LEBENSRAUM: Wälder, Gebüsche. Bis etwa 1800 m NN.

VERBREITUNG: Eurasiatische Art.

1A
1B
2A
2B
3
4A
4B
5

1 | Witasek-Glockenblume
Campanula witasekiana – Campanulaceae

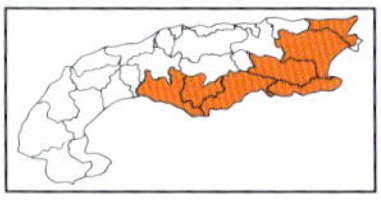

20–50 cm hoch; Rhizom mit 5–10 mm dicken Wurzelrübchen; Rosettenblätter rundlich-herzförmig, gekerbt-gesägt, langgestielt, zur Blütezeit meist vertrocknet; Stängelblätter lineal-lanzettlich, 2–6 mm breit, 15–40 × so lang wie breit; Blüten in vielblütiger Rispe; Blütenknospen und Frucht nickend; Krone blau, 12–15 mm lang. Blütezeit VII–IX.
VERWECHSLUNG: Die Niederösterreich-G., *C. beckiana*, hat 7–14 mm breite Stängelblätter, die 3–10 × so lang wie breit sind. Scheuchzer-G., *C. scheuchzeri*, hat wenigblütige Blütenstände und 16–25 mm lange Kronen.
LEBENSRAUM: Wiesen, Weiden, Latschengebüsch, Säume, lichte Kiefernwälder. 600–2100 m NN.
VERBREITUNG: Südosteuropäisch-montane Art.
NAME: Benannt zu Ehren der österreichischen Botanikerin Johanna WITASEK (1865–1910), Verfasserin einer Revision der Glockenblumen-Sektion *Heterophyllae*.

2 | Zois-Glockenblume
Campanula zoysii – Campanulaceae (Syn.: *Favratia zoysii*)

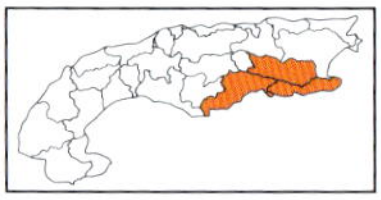

3–10 cm hoch; lockerrasig, mit sterilen Blattrosetten; Grundblattspreite rundlich bis eiförmig; Blütenstand 1–4-blütig; Kronzipfel zusammenneigend, einen auffallenden 5-zackigen Stern bildend, innen dicht weißhaarig. Blütezeit VI–VIII.
VERWECHSLUNG: Keine.
LEBENSRAUM: Kalkfelsen, Schuttfluren; kalkstet. 900–2200 m NN, an der Save vereinzelt bis 550 m NN herabsteigend.
VERBREITUNG: Endemit der Südostalpen.
NAME: Benannt zu Ehren des untersteirischen Botanikers Karl Freiherr VON ZOIS (1756–1800), der die Art in der Wochein entdeckte.

3 | Schopfteufelskralle
Physoplexis comosa – Campanulaceae

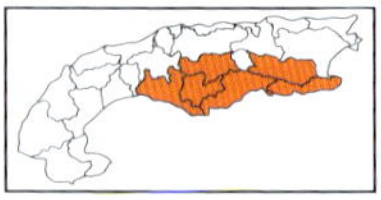

5–15 cm groß; Grundblätter lang gestielt, grob gezähnt; Hüllblätter schmal-elliptisch bis lanzettlich, meist tief gesägt; Blütenstand doldig, meist 8–20-blütig; Krone purpurlila, zur Spitze hin schwarzpurpurn; Narben 2. Blütezeit VI–VII.
VERWECHSLUNG: Keine.
LEBENSRAUM: Kalk- und Dolomitfelsspalten. 900–2000 m NN, vereinzelt auch tiefer, so am Ufer des Gardasees (60 m NN).
VERBREITUNG: Endemit der Südostalpen.

4 | Betonien-Teufelskralle
Phyteuma betonicifolium – Campanulaceae

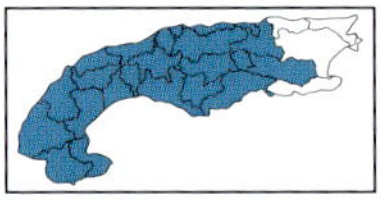

20–70 cm hoch; Grundblätter eilanzettlich, am Grund herzförmig, gestutzt oder in den Stiel verschmälert, 3–5 × so lang wie breit, zur Blütezeit vorhanden; Blütenstand eiförmig bis zylindrisch, 4–9 cm lang. Meist 3 Narben. Blütezeit VI–VIII.
VERWECHSLUNG: v. a. mit der Pfirsichblatt-T., *Ph. persicifolium*, die aber meist 2 Narben hat und auf die Ostalpen beschränkt ist.
LEBENSRAUM: Magerwiesen, Weiden, lichte Wälder; kalkmeidend. 600–2700 m NN.
VERBREITUNG: Endemit der Alpen.
ALLGEMEIN: Die Gattung *Phyteuma* umfasst etwa 24 Arten, die alle in Mittel- und Südeuropa beheimatet sind, wobei die Alpen am artenreichsten sind.

5 | Charmeil-Teufelskralle
Phyteuma charmelii – Campanulaceae

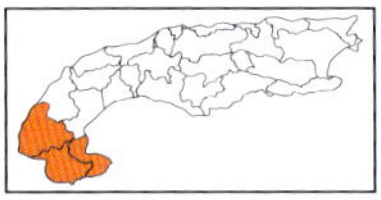

5–25 cm hoch; Blätter kräftig grün; Grundblätter lang gestielt, Spreite schmal-herzförmig bis lineal; Stängelblätter lineal-lanzettlich, entfernt gezähnt; Krone vor dem Aufblühen gebogen; 2 Narben. Blütezeit VI–VIII.
VERWECHSLUNG: Mit der Scheuchzer-T., *Ph. scheuchzeri*, (siehe S. 146) und der in den Provence- und Seealpen endemischen Villars-T., *Ph. villarsii*, die aber graugrüne, stark gezähnte Blätter hat.
LEBENSRAUM: Felsen; kalkliebend. Bis etwa 2200 m NN.
VERBREITUNG: Südwesteuropäisch-montane Art.
NAME: Benannt zu Ehren des französischen Botanikers und Arztes Joseph Pierre CHARMEIL (1781–1833), der sich große Verdienste um die Flora der Dauphine erwarb.

1
2
3
4A
4B
5

1 | Zwerg-Teufelskralle
Phyteuma confusum – Campanulaceae (Syn.: *Ph. nanum*)

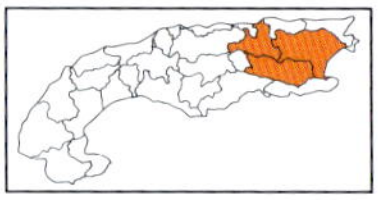

3–15 cm hoch; Grundblätter 3–10 cm lang, mit schmal-lanzettlich-zungenförmiger Spreite; äußere Hüllblätter meist länger als breit, spitz bis zugespitzt; Blütenstand 5–10-blütig. Blütezeit VII–VIII.
VERWECHSLUNG: v. a. mit der Wenigblüten-T., *Ph. globulariifolium*.
LEBENSRAUM: Felsrasen, Gamsheidefluren, Felsschutt; kalkmeidend. 1700–2700 m NN.
VERBREITUNG: Südosteuropäisch-montane Art.
ALLGEMEIN: Der botanische Gattungsname stammt aus dem Altgriechischen und bedeutet so viel wie „das Gepflanzte". LINNÉ verwendete den Namen weiblich, obwohl er sächlich ist. Am Berliner Kongress 1987 wurde dann im Nomenklaturcode offiziell beschlossen, dass *Phyteuma* als Neutrum zu führen ist.

2 | Wenigblüten-Teufelskralle
Phyteuma globulariifolium – Campanulaceae

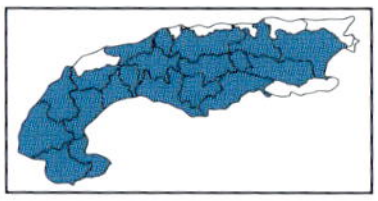

2–10 cm hoch; Grundblätter 1–3 cm lang, Spreite spatelförmig bis verkehrt-eilanzettlich, in oder über der Mitte am breitesten; Blütenstand 4–12-blütig; äußere Hüllblätter etwa so lang wie der Blütenstand. Blütezeit VII–VIII.
VERWECHSLUNG: v. a. mit der Zwerg-T., *Ph. confusum*, die aber 3–10 cm lange Grundblätter, mit schmallanzettlich-zungenförmiger Spreite, hat.
LEBENSRAUM: Felsrasen, Felsfluren; silikatliebend. 1800–3200 m NN, vereinzelt auch höher wie am Matterhorn (3600 m NN).
VERBREITUNG: Alpisch-pyrenäische Art.
ANMERKUNG: Tritt in den Alpen in 2 Unterarten auf:
- subsp. *globulariifolium*: Äußere Hüllblätter rundlich, in den Ostalpen (Bild **2**).
- subsp. *pedemontana*: Äußere Hüllblätter eiförmig-lanzettlich, in den Westalpen, östlich bis Südtirol.

3 | Grasblatt-Teufelskralle
Phyteuma hemisphaericum – Campanulaceae

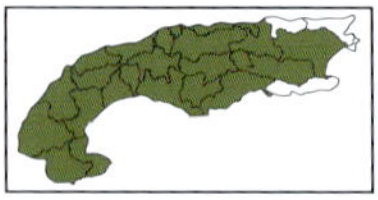

3–20 cm hoch; Grundblätter lineal, grasartig, 1–2 mm breit, meist ganzrandig; äußere Hüllblätter eiförmig bis breit-eilanzettlich, zugespitzt, 0,5–1,3 × so lang wie der Blütenstand, meist ganzrandig. Blütezeit VII–VIII.
VERWECHSLUNG: Die Rätisch-T., *Ph. hedraianthifolium*, hat lineal-lanzettliche äußere Hüllblätter, die 1,5–2 × so lang wie der Blütenstand sind. Die Niedrig-T., *Ph. humile*, hat 2–4 mm breite Grundblätter, die äußeren Hüllblätter sind 1–1,5 × so lang wie der Blütenstand und lang zugespitzt.
LEBENSRAUM: Felsrasen, Weiden, Zwergstrauchheiden; kalkmeidend. 1700–3100 m NN, vereinzelt auch tiefer, wie im Zillertal bei Hippach (800 m NN) oder höher, wie am Weißtor im Wallis (3600 m NN).
VERBREITUNG: Südeuropäisch-montane Art.

4 | Micheli-Teufelskralle
Phyteuma michelii – Campanulaceae

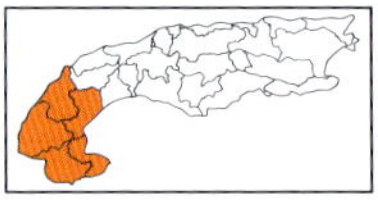

20–40 cm hoch; Grundblätter lineal-lanzettlich, am Grund gewimpert, zur Blütezeit meist vertrocknet; Stängelblätter ähnlich, lineal; Blütenstand kurz-zylindrisch; 2 Narben. Blütezeit VI–VIII.
VERWECHSLUNG: v. a. mit der Schwarzwurz-T., *Ph. scorzonerifolium*, die aber kahle, unbewimperte Grundblätter und lang-zylindrische Blütenstände hat.
LEBENSRAUM: Magerwiesen, lichte Wälder, Felsrasen; kalkmeidend. 1200–2600 m NN.
VERBREITUNG: Endemit der Westalpen.
NAME: Benannt zu Ehren des italienischen Botanikers und Pilzkundlers Pier Antonio MICHELI (1679–1737). Er gilt als einer der Väter der Mykologie.

5 | Kugel-Teufelskralle
Phyteuma orbiculare – Campanulaceae

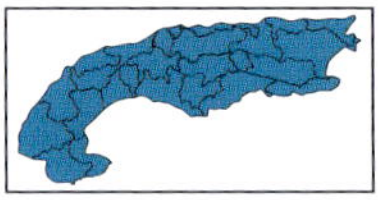

10–50 cm hoch; Grundblätter gestielt, Spreite eiförmig bis lanzettlich, am Grund herzförmig oder gerundet; äußere Hüllblätter ei-lanzettlich, am Grund meist deutlich verbreitert, die längeren 2–4 × so lang wie breit; Krone vor dem Aufblühen meist stark nach innen gebogen. Blütezeit V–VII.
VERWECHSLUNG: Scheuchzer-T., *Ph. scheuchzeri*, hat lineale äußere Hüllblätter, die am Grund kaum verbreitert und 5–25 × so lang wie breit sind.
LEBENSRAUM: Magerrasen, Weiden, Niedermoorwiesen, Kiefernwälder; kalkliebend. Bis 2600 m NN.
VERBREITUNG: Europäische Art.

1A

1B

2

3

4

5

1 | Haller-Teufelskralle
Phyteuma ovatum – Campanulaceae

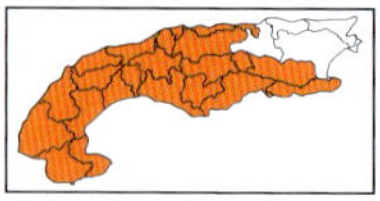

30–100 cm hoch; Grundblattspreiten herzförmig, lang gestielt; Blattrand grob doppelt-kerbsägig; untere Stängelblätter ähnlich den Grundblättern; Krone meist schwarzviolett, sehr selten auch weiß oder stahlblau, vor dem Aufblühen stark gekrümmt. Blütezeit V–VIII.

VERWECHSLUNG: Mit der Ähren-T., *Ph. spicatum*.

LEBENSRAUM: Hochstaudenfluren, Wiesen, Wälder. Bis 2400 m NN.

VERBREITUNG: Südeuropäisch-montane Art.

2 | Scheuchzer-Teufelskralle
Phyteuma scheuchzeri – Campanulaceae

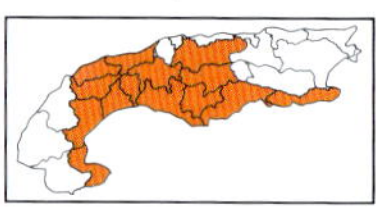

10–40 cm hoch; Grundblätter lang gestielt, Spreite herz-eiförmig bis lanzettlich, zur Blütezeit meist vorhanden; äußere Hüllblätter lineal, am Grund kaum verbreitert, 5–25 × so lang wie breit, ganzrandig, kahl; Krone vor dem Aufblühen nur wenig gebogen; 3 Narben. Blütezeit VI–VIII.

VERWECHSLUNG: v. a. mit der Kugel-T., *Ph. orbiculare*, (siehe S. 144) und der Charmeil-T., *Ph. charmelii*, (siehe S. 142), die aber 2 Narben hat und Grundblätter, die zur Blütezeit vertrocknet sind.

LEBENSRAUM: Felsen, Steinrasen. Bis etwa 2100 m NN.

VERBREITUNG: Alpisch-illyrische Art.

ANMERKUNG: Tritt in den Alpen in 2 Unterarten auf:
- subsp. *scheuchzeri*: Blattspreitengrund keilig.
- subsp. *columnae*: Blattspreitengrund herzförmig.

NAME: Benannt zu Ehren des Schweizer Naturforschers Johann Jakob Scheuchzer (1672–1733), der als erster Höhenmessungen mit barometrischen Instrumenten durchführte.

3 | Schwarzwurz-Teufelskralle
Phyteuma scorzonerifolium – Campanulaceae

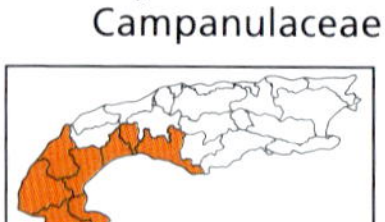

30–80 cm hoch; Grundblätter schmal-lanzettlich, 8–20 × so lang wie breit, kahl, zur Blütezeit meist vertrocknet; Stängelblätter ähnlich; Blütenähre schlank und lang. Blütezeit VI–VII.

VERWECHSLUNG: v. a. mit der Micheli-T., *Ph. michelii*, (siehe S. 144) und der Betonien-T., *Ph. betonicifolium*, (siehe S. 142), die aber am Grund herzförmige Grundblätter hat, die zur Blütezeit noch vorhanden sind.

LEBENSRAUM: Wiesen, lichte Wälder, Gebüsch; kalkmeidend. Bis etwa 2200 m NN.

VERBREITUNG: Westalpisch-apenninische Art.

4 | Sieber-Teufelskralle
Phyteuma sieberi – Campanulaceae

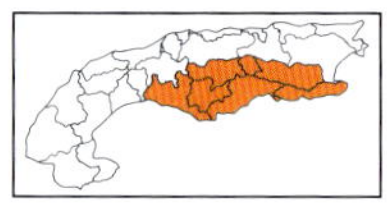

4–25 cm hoch; Grundblätter gestielt, Spreite herzeiförmig bis lanzettlich, 5–10 mm breit, in oder unter der Mitte am breitesten; Stängelblätter eilanzettlich bis eiförmig, die oberen meist breiter als die mittleren; äußere Hüllblätter rundlich, zugespitzt, scharf gezähnt, dicht bewimpert; Blütenstand meist 5–15-blütig; Krone dunkelblau. Blütezeit VI–VIII.

VERWECHSLUNG: v. a. mit der in den Seealpen endemischen Herz-T., *Ph. cordatum*, die aber rhombisch-herzförmige Stängelblätter und hellblaue Kronen hat.

LEBENSRAUM: Felsen, Felsschutt, Felsrasen; karbonatstet. 1200–2600 m NN.

VERBREITUNG: Endemit der Südostalpen.

NAME: Benannt zu Ehren des österreichischen Botanikers Franz Wilhelm Sieber (1785–1844), der sich große Verdienste um die Erforschung der Flora der Alpen und des Orients erwarb.

5 | Ähren-Teufelskralle
Phyteuma spicatum – Campanulaceae

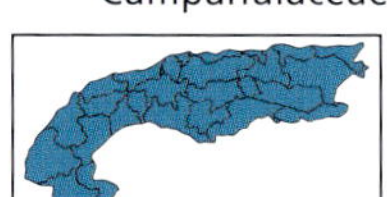

30–70 cm hoch; Grundblätter lang gestielt, oft dunkel gefleckt, Spreite herzförmig, Blattrand grob doppelt-kerbsägig; untere Stängelblätter ähnlich den Grundblättern; Krone gelblich- bis grünlichweiß oder hellblau. Blütezeit V–VI.

VERWECHSLUNG: v. a. mit der Haller-T., *Ph. ovatum*, die aber meist schwarzviolette Kronen hat.

LEBENSRAUM: Edellaubwälder, Hochstaudenfluren, Bergwiesen. Bis etwa 2300 m NN.

VERBREITUNG: Europäische Art.

ANMERKUNG: Tritt in den Alpen in 2 Unterarten auf:
- subsp. *spicatum*: Krone grünlich- bis gelblich weiß (Bild **5A**).
- subsp. *coeruleum*: Krone hellblau, selten kräftig blau (Bild **5B**).

1
2
3
4
5A
5B

1 | Alpen-Heckenkirsche
Lonicera alpigena – Caprifoliaceae

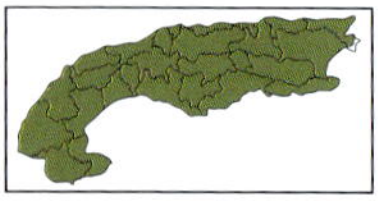

50–200 cm hoher Strauch; Blätter ± 1 cm lang gestielt, Spreite elliptisch, unterseits glänzend, kahl; Krone gelblich bis rot; Fruchtknoten und Frucht der Blütenpaare völlig miteinander verwachsen; Frucht kirschrot. Blütezeit V–VII.

VERWECHSLUNG: Die Blau-H., *L. caerulea*, hat gelbliche Blüten, bläulichgrüne Blätter und blaue Früchte. Die Echt-H., *L. xylosteum*, hat paarweise vereinigte, aber nicht verwachsene Früchte und beiderseits weichhaarig behaarte Blätter.

LEBENSRAUM: Schluchtwälder, Edellaubwälder. Bis 2200 m NN.

VERBREITUNG: Südeuropäisch-montane Art.

NAME: Benannt zu Ehren des deutschen Botanikers und Arztes Adam Lonitzer (1528–1586), Verfasser eines von 1557 bis gegen Ende des 18. Jahrhunderts immer wieder aufgelegten Kräuterbuches.

2 | Zweiblüten-Sandkraut
Arenaria biflora – Caryophyllaceae

1–3 cm hoch, 10–30 cm lang; Blattspreiten elliptisch bis rundlich, 2–5 mm lang, 1–2 × so lang wie breit, kahl, mit kurzem, bewimpertem Stiel; Blüten einzeln oder zu 2, Kronblätter so lang wie der Kelch oder etwas länger; Kelchblätter 4–4,5 mm lang, kahl. Blütezeit VII–VIII.

VERWECHSLUNG: u. a. mit dem Wimper-S., *A. ciliata*, welches aber Blätter hat, die 2–4 × so lang wie breit sind.

LEBENSRAUM: Feuchte Felsschuttfluren, Schneetälchen; kalkmeidend. 1600–3000 m NN, vereinzelt auch höher, wie am Piz Linhard im Unterengadin (3100 m NN).

VERBREITUNG: Südeuropäisch-montane Art von den Pyrenäen bis zu den Karpaten und den Gebirgen der Balkanhalbinsel.

3 | Wimper-Sandkraut
Arenaria ciliata – Caryophyllaceae

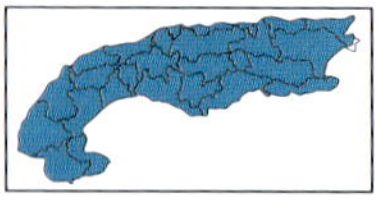

1–5 cm hoch; Stängel niederliegend bis aufsteigend; Blätter eiförmig-lanzettlich, 3–7 mm lang, zumindest die untere Hälfte bewimpert; Blüten zu 1–2 je Zweig, im Durchmesser 12–15 mm; Kronblätter 1,25–2 × so lang wie die Kelchblätter. Blütezeit VII–VIII.

VERWECHSLUNG: v. a. mit dem Vielstängel-S., *A. multicaulis*, welches aber 3–7 Blüten je Zweig hat und Blüten, die im Durchmesser 7–10 mm messen.

LEBENSRAUM: Polsterseggenrasen, Nacktriedrasen, gefestigtes Kalkgeröll; kalkliebend. 1800–3100 m NN.

VERBREITUNG: Südeuropäisch-montane Art (mit Ausschluss der arktischen *A. pseudofrigida*) von den Westalpen bis in die Karpaten.

4 | Großblüten-Sandkraut
Arenaria grandiflora – Caryophyllaceae

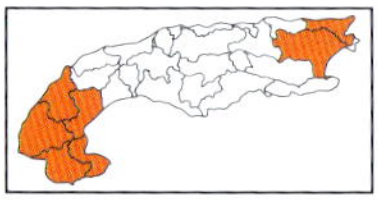

3–15 cm hoch; Stängel und Kelch kurzdrüsig behaart; Blätter lineal-lanzettlich, 5–13 mm lang, 6–20 × so lang wie breit, mit grannenartiger Spitze; Blüten einzeln auf langen Stielen; Kronblätter 1,5–2,5 × so lang wie die Kelchblätter, Kelchblätter 4–6 mm lang, stachelspitzig, drüsig behaart. Blütezeit V–VII.

VERWECHSLUNG: v. a. mit der Karpaten-Miere, *Minuartia langii*, welche aber drüsenlose Kelchblätter hat.

LEBENSRAUM: Felsen, Schuttfluren; kalkstet. Etwa 1200–1900 m NN.

VERBREITUNG: Südeuropäisch-montane Art mit 3 Unterarten. Die Gesamtverbreitung reicht in Europa von der Iberischen Halbinsel bis Sizilien und zu den mährischen Pollauer Bergen.

5 | Huter-Sandkraut
Arenaria huteri – Caryophyllaceae

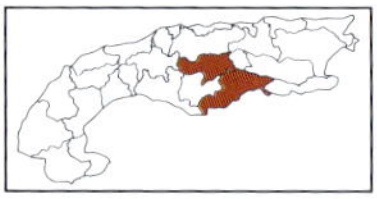

3–20 cm hoch, oft herabhängende, lockere, drüsig behaarte Polster bildend; Stängel dünn, zahlreich, reich verzweigt; Blätter 5–13 mm lang, 2–3 × so lang wie breit; Kelchblätter 4,5–6,5 mm lang, außen drüsenhaarig; Kronblätter 1,75–2 × so lang wie die Kelchblätter, nicht ausgerandet. Blütezeit VI–VIII.

VERWECHSLUNG: u. a. mit der Diels-Nabelmiere, *Moehringia dielsiana*, welche aber kahl ist und Kronblätter hat, die 1,25–1,5 × so lang wie die Kelchblätter sind.

LEBENSRAUM: Dolomitfelsen. 700–1900 m NN.

VERBREITUNG: Endemisch in den Südtiroler Dolomiten und den anschließenden italienischen Karnischen und Venetianer Alpen.

NAME: Benannt zu Ehren des Tirolers Rupert Huter (1834–1919) aus Kals, Pfarrer in Ried bei Sterzing, einem verdienstvollen Erforscher der Flora der Ostalpen.

1A

1B

2

3

4

5

1 | Alpen-Sandkraut

Arenaria marschlinsii – Caryophyllaceae

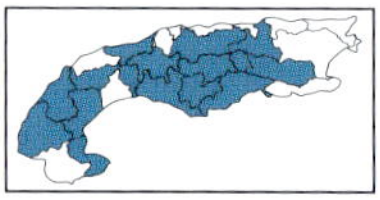

2–7 cm hoch, borstig behaart; Blätter eiförmig, zugespitzt, 2–5 mm lang, 1–2 × so lang wie breit, mit 0,2–0,5 mm langen Haaren; Blüten gedrängt, Kelchblätter 4–5 mm lang, behaart, lang zugespitzt; Kronblätter um etwa 1/3 kürzer als der Kelch. Blütezeit VII–VIII.

VERWECHSLUNG: Mit dem Quendel-S., *A. serpyllifolia*, bei dem die Haare aber nur 0,1–0,2 mm lang sind, welches zerrieben gurkenartig riecht und nur bis in die obermontane Stufe steigt.

LEBENSRAUM: Silikatische Felsschutthalden, Moränen, Lägerstellen. 1900–3200 m NN.

VERBREITUNG: Alpisch-pyrenäische Art.

NAME: Benannt zu Ehren des Schweizers Adalbert Ulysses von Salis-Marschlins (1795–1886), der sich um die Flora Graubündens, Südfrankreichs und Korsikas verdient gemacht hat.

2 | Vielstängel-Sandkraut

Arenaria multicaulis – Caryophyllaceae (Syn.: *A. ciliata* subsp. *moehringioides*)

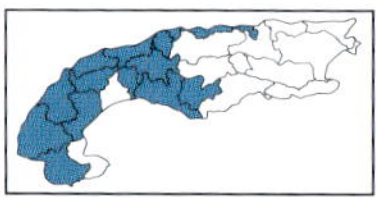

5–10 cm hoch; Stängel niederliegend bis aufsteigend; Blätter elliptisch, 3–7 mm lang, zumindest die untere Hälfte bewimpert; Blüten zu 3–7 je Zweig, im Durchmesser 7–10 mm; Kronblätter 1,25–1,5 × so lang wie die Kelchblätter. Blütezeit VII–VIII.

VERWECHSLUNG: v. a. mit dem Wimper-S., *A. ciliata*, (siehe S. 148).

LEBENSRAUM: Lückige Rasen, Moränen; kalkliebend. 1800–3100 m NN, vereinzelt auch herabgeschwemmt, wie in den Nordrätischen Alpen am Felsberg (600 m NN).

VERBREITUNG: Südwesteuropäisch-montane Art von den Kantabrischen Gebirgen bis in die Alpen.

3 | Nelken-Felsenleimkraut

Atocion armeria – Caryophyllaceae (Syn.: *Silene armeria*)

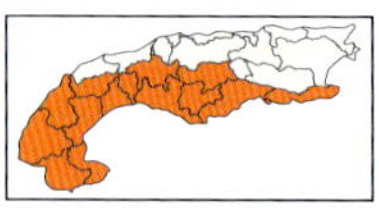

15–60 cm hoch; Stängel und Blätter blaugrün, kahl, unter den Knoten klebrig; Blätter breit lanzettlich; Blütenstände doldig am Ende der Zweige; Kelch 14–20 mm lang, kahl, schmal keulenförmig; Kronblätter purpurrosa, 20–28 mm lang. Blütezeit VI–IX.

VERWECHSLUNG: Mit dem Rot-Seifenkraut, *Saponaria ocymoides*, welches aber einen drüsig behaarten Kelch hat.

LEBENSRAUM: Felsige Hänge, Trockenrasen, lichte Gebüsche, Kastanienwälder, Geröllfluren, Felssteppen; kalkmeidend. Bis 1200 m NN.

VERBREITUNG: Südeuropäische Art von Frankreich bis Russland und Anatolien.

4 | Echt-Felsenleimkraut

Atocion rupestre – Caryophyllaceae (Syn.: *Silene rupestris*)

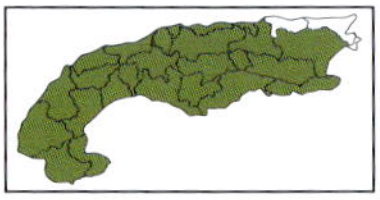

5–20 cm hoch, vom Grunde an verzweigt, kahl und blaugrün; Blätter lanzettlich; Kelch 3–5 mm lang; Kronblätter weiß, selten hellrosa, 6–9 mm lang, tief ausgerandet. Blütezeit VII–VIII.

VERWECHSLUNG: Mit den Strahlensame-Arten, *Heliosperma* spec., welche aber grasgrüne Blätter haben und Kronblätter, die am Ende gezähnt, nicht ausgerandet sind.

LEBENSRAUM: Steinige und sandige, offene Böden, Felsspalten, felsige Hänge; kalkmeidend. Bis 2900 m NN.

VERBREITUNG: Europäisch-montane Art von der Sierra Nevada bis in die Ostkarpaten und in Nordeuropa.

5 | Aufrechtes Acker-Hornkraut

Cerastium arvense subsp. *strictum* – Caryophyllaceae

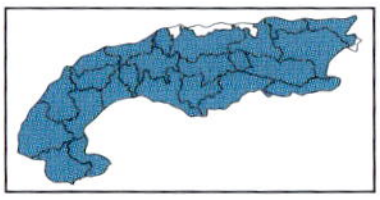

5–12 cm hoch; in lockeren Polstern, sterile Triebe viel kürzer als die blühenden; Stängel rückwärts anliegend bis abstehend behaart; Blätter schmal-lanzettlich, 6–15 mm lang und 1–4 mm breit; Hochblätter bis zur Spitze hin behaart; Kelchblätter 4–6 mm lang, Kronblätter 10–12 mm lang; Frucht gebogen, auch der Fruchtstiel unter dem Kelch ist gebogen. Blütezeit VI–VIII.

VERWECHSLUNG: v. a. mit der Unterart *C. arvense* subsp. *suffruticosum* (Bild **5B**), deren Hochblätter aber nur im unteren Drittel behaart sind und deren Blätter 0,6–1,2 mm breit sind. Das Julisch-H., *C. julicum*, hat gerade Früchte, auch der Fruchtstiel unter dem Kelch ist gerade. Das Piemont-H., *C. lineare*, hat 20–35 mm lange Blätter und besiedelt kalkarme Böden in den Westalpen.

LEBENSRAUM: Rasen, steinige Triften; kalkliebend. 1000–3000 m NN, gelegentlich auch tiefer, wie im Misox bei Lostallo (425 m NN).

VERBREITUNG: Gebirgssippe von Spanien bis in die Dinarischen Gebirge.

1

2

3

4

5A

5B

1 | Kärnten-Hornkraut
Cerastium carinthiacum – Caryophyllaceae

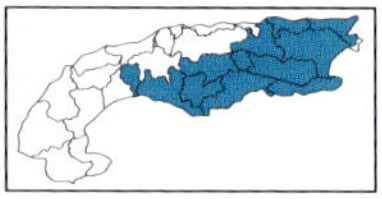

5–20 cm hoch; Pflanze fast kahl (subsp. *carinthiacum*) oder besonders oberwärts dicht drüsenhaarig (subsp. *austroalpinum*); Blätter eiförmig bis lanzettlich, 13–26 mm lang, 3–8 mm breit; oberste Hochblätter ohne Hautrand (subsp. *austroalpinum*) oder breit hautrandig (subsp. *carinthiacum*); Kelchblätter 5–6 mm lang; Kronblätter 1,5–2,25 × so lang wie die Kelchblätter. Blütezeit: VI–IX.

VERWECHSLUNG: v. a. mit dem Alpen-H., *C. alpinum*, welches aber 7–10 mm lange Kelchblätter hat und mit dem Kalkalpen-H., *C. latifolium*, bei dem der Stängel aber meist einblütig ist (bei *C. carinthiacum* mehrblütig).

LEBENSRAUM: Geröllhalden, steinige Rasen, Latschengebüsch; kalkstet. 1500–2200 m NN, gelegentlich auch tief herabgeschwemmt.

VERBREITUNG: Ostalpische Art, die früher in 2 Unterarten gegliedert wurde (*carinthiacum*, *austroalpinum*).

2 | Dreigriffel-Hornkraut
Cerastium cerastoides – Caryophyllaceae

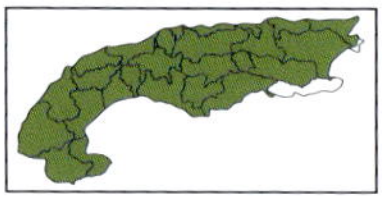

5–15 cm hoch; Stängel niederliegend, blühende Triebe aufrecht, drüsig behaart; Blätter länglich-lanzettlich, ca. 1 cm lang, kahl; Kelchblätter 4–7 mm lang; Kronblätter 1,5–2 × so lang wie die Kelchblätter. Griffel 3 (–5); Blütezeit VII–VIII.

VERWECHSLUNG: Unterscheidet sich von den anderen alpinen Hornkräutern durch die Griffelanzahl (bei den anderen Arten 5).

LEBENSRAUM: Feuchte Gesteinsfluren, Schneetälchen, Quellfluren; kalkmeidend. 1700–3000 m NN.

VERBREITUNG: Arktisch-alpine Art der arktischen und subarktischen Gebiete südlich bis Schottland und Südskandinavien und in allen europäischen Hochgebirgen. Ferner in den Gebirgen von Kleinasien bis zum Himalaja.

3 | Woll-Hornkraut
Cerastium eriophorum – Caryophyllaceae

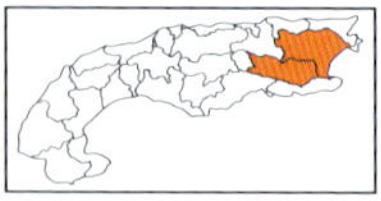

5–20 cm hoch; vegetative Triebe rosettig, an der Spitze weißwollig; Blätter eilanzettlich, 0,5–2 cm lang, 1,5–4 × so lang wie breit, auch die älteren Blätter sind behaart; Kelchblätter 7–9 mm lang; Kronblätter etwa 2 × so lang wie die Kelchblätter. Blütezeit: VII–VIII.

VERWECHSLUNG: v. a. mit dem Alpen-H., *C. alpinum*, dessen Grundblattrosetten an den Spitzen nicht weißwollig sind und bei der die älteren Blätter verkahlen.

LEBENSRAUM: Felsrasen, Magerrasen; kalkliebend. Etwa 1700–2500 m NN.

VERBREITUNG: Südosteuropäisch-montane Art von den Ostalpen bis in die Karpaten und die Gebirge des Balkans.

4 | Stiel-Hornkraut
Cerastium pedunculatum – Caryophyllaceae

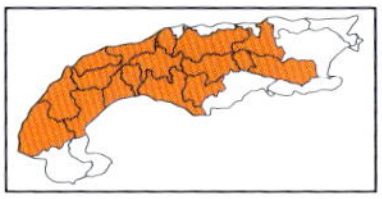

2–8 cm hoch; mit wenigen sterilen Trieben; Blätter lanzettlich, unter der Mitte am breitesten, behaart; Deckblätter ohne Hautrand; Kelchblätter 5–7 mm lang, mit schmalem Hautrand; Kronblätter 6–9 mm lang, 1–1,3 × so lang wie die Kelchblätter. Blütezeit VII–VIII.

VERWECHSLUNG: u. a. mit dem Silikat-H., *C. uniflorum*, welches aber 10–15 mm lange Kornblätter hat, die 1,5–2 × so lang wie die Kelchblätter sind.

LEBENSRAUM: Felsschutt, Moränen; kalkmeidend. 2100–3160 m NN, gelegentlich tiefer herabgeschwemmt, wie im Vennbachtal beim Brenner (1600 m NN).

VERBREITUNG: Endemit der Alpen.

5 | Isonzo-Hornkraut
Cerastium subtriflorum – Caryophyllaceae

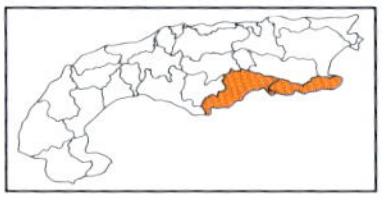

20–40 cm hoch; Stängel niederliegend bis aufsteigend, kurz abstehend behaart, drüsig; Blätter eiförmig-lanzettlich, 8–20 mm lang, 5–10 mm breit; Blütenstand verzweigt; Blütenstiele drüsig; Kelchblätter 4–5 mm lang; Kronblätter 2–3 × so lang wie die Kelchblätter. Blütezeit IV–VII.

VERWECHSLUNG: v. a. mit dem Wald-H., *C. sylvaticum*, welches aber 2–5 cm lange Blätter hat und dem Quell-H., *C. fonantum*, bei dem die Kronblätter nur 1–1,5 × so lang wie die Kelchblätter sind.

LEBENSRAUM: Kalkgeröll, feuchte Felsen, kiesige Plätze, Buchenwaldränder; kalkstet. Bis 2000 m NN.

VERBREITUNG: Endemit der Julischen Alpen.

1

2

3

4

5

1 | Silikat-Hornkraut
Cerstium uniflorum – Caryophyllaceae

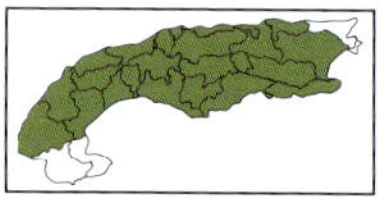

2–8 cm hoch, zottig und drüsig behaart; Haare 0,5–1,5 mm lang; Stängel 1–3-blütig; Blätter oval, oberhalb der Mitte am breitesten, 5–15 mm lang; Deckblätter ähnlich wie die Laubblätter, ohne Hautrand; Kronblätter weiß, 10–15 mm lang, 1,5–2 × so lang wie die Kelchblätter. Blütezeit VII–VIII.

VERWECHSLUNG: Mit dem Kalkalpen-H., *C. latifolium* (Bild **1B**), dessen Blätter aber 12–30 mm lang und unterhalb der Mitte am breitesten sind. Das Alpen-H., *C. alpinum*, hat Deckblätter mit schmalem Hautrand, die Haare sind 1,2–4,2 mm lang.

LEBENSRAUM: Schieferschuttfluren, Felsspalten und Moränen; kalkmeidend (in den Dolomiten allerdings auch über Karbonat). 1700–3400 m NN.

VERBREITUNG: Alpisch-karpatische Art der Alpen und der Tatra.

2 | Ostalpen-Nelke
Dianthus alpinus – Caryophyllaceae

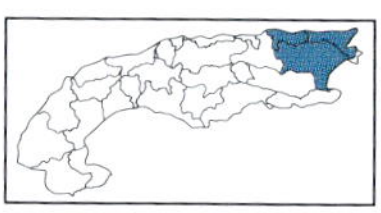

5–10 cm hoch; Blätter lineal-lanzettlich, 15–35 mm lang, die unteren 3–5 mm breit; Blüten lebhaft rosa, am Grund purpurrot und weiß gesprenkelt; Kronblätter 2 × so lang wie der Kelch, Kronblattplatte 15–18 mm lang. Blütezeit VI–VIII.

VERWECHSLUNG: v. a. mit der Gletscher-N., *D. glacialis*. Diese hat aber nur eine 9–10 mm lange Kronblattplatte, ihre Blätter sind nur 1–2 mm breit.

LEBENSRAUM: Steinige Rasen; kalkstet. 1000–2250 m NN, gelegentlich auch tiefer.

VERBREITUNG: Endemit der Nordost-Alpen, vom Toten Gebirge bis zum Sonnwendstein im Semmeringgebiet und zum Wiener Schneeberg. Abgesprengt ein Vorkommen im Seekar der Koralpe, dessen Status noch nicht geklärt ist.

3 | Bart-Nelke
Dianthus barbatus – Caryophyllaceae

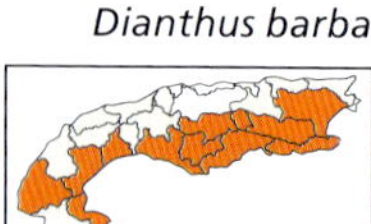

25–50 cm hoch, kahl; Blätter lanzettlich, 5–18 mm breit; Blütenstand dicht, schirmförmig, mit 12–40 Blüten; Kronblätter purpurrot, mit weißen und dunkleren Punkten und Streifen versehen; Kelch 15–18 mm lang. Blütezeit VI-VIII.

VERWECHSLUNG: Mit der formenreichen Kartäuser-N., *D. carthusianorum*, und der Büschel-N., *D. armeria*, deren Blütenstände aber 2–15-blütig sind.

LEBENSRAUM: Bergwiesen, Waldränder, Gebüsche. Bis 2500 m NN.

VERBREITUNG: Südeuropäisch-montane Art. Oft kultiviert und daraus auch verwildernd.

4 | Kartäuser-Nelke
Dianthus carthusianorum – Caryophyllaceae

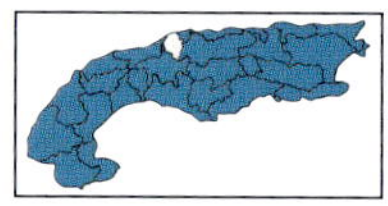

10–60 cm hoch, kahl, mit vielen sterilen Trieben; Blätter lineal, 0,8–4 mm breit; Blütenstand 2–15-blütig, von braunhäutigen Hochblättern umgeben; Kelch dunkelpurpurn, 14–18 mm lang; Kronblätter purpurrosa, Platte der Kronblätter 6–12 mm lang. Blütezeit VI–IX.

VERWECHSLUNG: v. a. mit der Blut-N., *D. sanguineus*, welche aber leuchtend dunkelrote Kronblätter hat, deren Platte nur 3–4 mm lang ist und die auf tiefere Lagen der Südostalpen beschränkt ist.

LEBENSRAUM: Magerrasen, Halbtrockenrasen, Felsen, Trockenwälder. Bis 2600 m NN.

VERBREITUNG: Europäische Art von Spanien bis Russland, ein Fundort in Nordanatolien.

ANMERKUNG: Von den 9 Unterarten besiedeln 5 die Alpen:
- subsp. *carthusianorum*: zerstreut durch die Alpen
- subsp. *atrorubens*: Süd- und Westalpen
- subsp. *capillifrons*: über Serpentin in den Ostalpen
- subsp. *latifolius*: Ostalpen
- subsp. *vaginatus*: zerstreut durch die Alpen

5 | Heide-Nelke
Dianthus deltoides – Caryophyllaceae

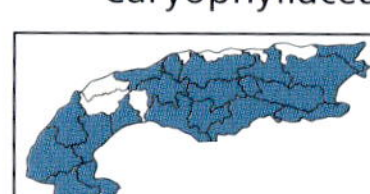

10–30 cm hoch, fein flaumhaarig, oben meist verzweigt, mit sterilen Trieben; Blätter schmal-lanzettlich, 10–25 mm lang, 1–2 mm breit; Blüten lang gestielt, einzeln oder zu 2–3 am Ende der Zweige; Kelch 12–18 mm lang; Kronblätter kräftig rosa, mit weißen Punkten und purpurnem Ring. Blütezeit VI–IX.

VERWECHSLUNG: v. a. mit der Seguier-N., *D. seguieri*, welche aber einen kopfigen Blütenstand, bestehend aus 2–8 Blüten, hat.

LEBENSRAUM: Magerwiesen, Weiden, Waldränder; kalkfliehend. Bis 2000 m NN.

VERBREITUNG: Eurosibirische Art von Spanien und Norwegen bis in die sibirische Jenissei-Region.

1A

1B

2A

2B

3

4

5

1 | Gabel-Nelke

Dianthus furcatus – Caryophyllaceae

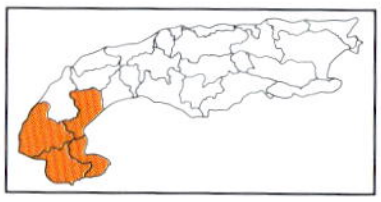

3–35 cm hoch; Blätter lineal-lanzettlich, 15–40 mm lang, 1–2 mm breit; Kelch 10–18 mm lang, Kelchschuppen breit-lanzettlich, zugespitzt; Blüten einzeln, selten zu zweit; Kronblätter rosa, die Platte wenig und unregelmäßig (subsp. *furcatus*, subsp. *dissimilis*) oder tief gezähnt bis zerschlitzt (subsp. *lereschii*). Blütezeit VI–VIII.

VERWECHSLUNG: Die subsp. *furcatus* ähnelt in der Blüte der Kurzstängel-N., *D. subacaulis*, welche aber einen 6–10 mm langen Kelch und ovale Kelchschuppen hat.

LEBENSRAUM: Steinige Rasen, trockene Felshänge. 900–2200 m NN.

VERBREITUNG: Südeuropäisch-montane Art, 5 Unterarten von den Pyrenäen bis Korsika und Westalpen.

ANMERKUNG: Vielgestaltige Art, von der 3 Unterarten die Westalpen besiedeln (subsp. *furcatus*, subsp. *lereschii*, subsp. *dissimilis*).

2 | Gletscher-Nelke

Dianthus glacialis – Caryophyllaceae

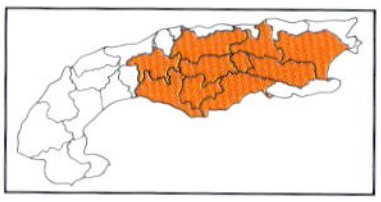

2–5 cm hoch; Blätter lineal, 20–50 mm lang, 1–2 mm breit; Blüten lebhaft rosa, über dem Schlund mit 3 purpurnen Streifen; Kronblätter ca. 1,5 × so lang wie der Kelch; Kronblattplatte 9–10 mm lang. Blütezeit VII–VIII.

VERWECHSLUNG: Mit der Ostalpen-N., *D. alpinus*, (siehe S. 154) und der Pfauen-N., *D. pavonius*, welche aber Kronblätter hat, die unterseits grünlich sind und die auf die Südwestalpen beschränkt ist.

LEBENSRAUM: Steinrasen, windexponierte Grate. 1900–2900 m NN.

VERBREITUNG: Ostalpisch-karpatische Gebirgspflanze der Ostalpen, Tatra und der rumänischen Karpaten.

3 | Montpellier-Nelke

Dianthus hyssopifolius – Caryophyllaceae (Syn.: *Dianthus monspessulanus*)

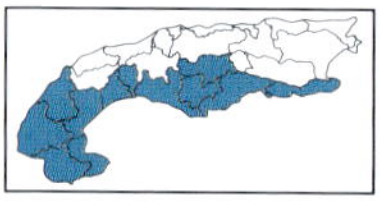

20–50 cm hoch; Blätter lineal-lanzettlich, weich, 3–10 cm lang, 1–4 mm breit, ca. so lang oder länger als die Internodien; Blüten zu 2–5; Kelch 20–25 mm lang; Kronblätter weiß mit grünlicher Basis bis rosa mit weißlicher Basis; Kronblattplatte 12–16 mm lang, bis etwa zur Mitte zerschlitzt. Blütezeit VI–VIII.

VERWECHSLUNG: v. a. mit der Dolomiten-N., *D. sternbergii*, welche aber meist 1-blütig ist und starre Blätter hat, die kürzer als die Internodien sind.

LEBENSRAUM: Felsige Hänge, Gebüsche, lichte Wälder, in warmen Lagen; kalkliebend. Bis 2100 m NN.

VERBREITUNG: Südeuropäisch-montane Art.

4 | Pfauen-Nelke

Dianthus pavonius – Caryophyllaceae (Syn.: *Dianthus neglectus*)

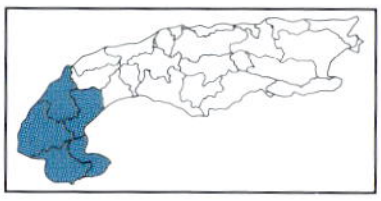

2–12 cm hoch, mit rasigem Wuchs und zahlreichen nichtblühenden Rosetten; Blätter lineal, 10–35 mm lang, 1–2,5 mm breit, kahl, auch die oberen Stängelblätter laubblattartig; Kelch 12–16 mm lang; Kronblätter lebhaft rosa, auf der Unterseite grünlich; Kronblattplatte 10–15 mm lang. Blütezeit VII–VIII.

VERWECHSLUNG: Mit der Gletscher-N., *D. glacialis*, und der Pfingst-N., *D. gratianopolitanus*, bei der die oberen Stängelblätter aber schuppenförmig sind.

LEBENSRAUM: Steinige Rasen, Geröll, Fels; vorwiegend auf Urgestein. 1200–3000 m NN.

VERBREITUNG: Endemit der Westalpen, östlich bis zum Aostatal.

5 | Feder-Nelke

Dianthus plumarius – Caryophyllaceae

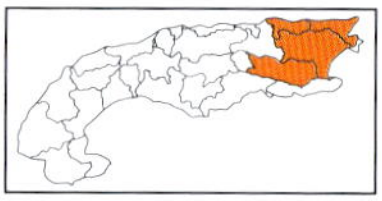

10–25 cm hoch; Stängel 4-kantig, blaugrün bereift, kahl; Blätter lineal-lanzettlich, 1–3,5 mm breit, die oberen Stängelblätter klein und starr aufrecht; Stängel 1–5-blütig; Kronblätter rosa, Kronblattplatte 12–18 mm lang, zu etwa einem Drittel zerschlitzt. Blütezeit V–VII.

VERWECHSLUNG: v. a. mit der Dolomiten-N., *D. sternbergii*, (siehe S. 158).

LEBENSRAUM: Felsrasen, Trockenrasen, Ruhschuttfluren, lichte Kiefernwälder; kalkliebend. Bis 1750 m NN.

VERBREITUNG: Ostalpisch-karpatische Art, im Gebiet in 3 Unterarten (oder eher Varietäten?) subsp. *blandus*, subsp. *hoppei*, subsp. *neilreichii*. Diese sind v. a. geographisch differenziert und weisen Übergangsformen auf.

NAME: Die subsp. *hoppei* ehrt den deutschen Arzt und Botaniker David Heinrich Hoppe (1760–1846). Hoppe erwarb sich große Verdienste um die Erforschung der Alpenflora. Die subsp. *neilreichii* ist zu Ehren des österreichischen Botanikers August Neilreich (1803–1871) benannt. Der Oberlandesgerichtsrat beschäftigte sich vorrangig mit der Flora Niederösterreichs.

1

2

3

4

5

1 | Seguier-Nelke
Dianthus seguieri – Caryophyllaceae

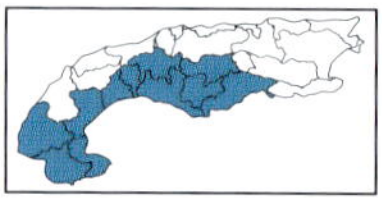

30–60 cm hoch, mit einzelnen sterilen Trieben, ± kahl; Blätter schmal-lanzettlich; Blüten zu 2–8 in einem kopfigen, von grünen Hochblättern umgebenen Blütenstand; Außenkelchblätter in eine kurze Granne ausgezogen, samt dieser 0,5–0,8 × so lang wie der Kelch; Kronblätter kräftigrosa, mit purpurnen Punkten. Blütezeit VI–VIII.

VERWECHSLUNG: v. a. mit der Busch-N., *D. sylvaticus* (= *D. seguieri* subsp. *glaber*), die aber einen 1–3-blütigen Blütenstand hat und deren Außenkelchblätter samt der kurzen Spitze nur 0,3–0,4 × so lang wie der Kelch sind.

LEBENSRAUM: Gebüsche, lichte Wälder, Felshänge. Bis 1700 m NN.

VERBREITUNG: Alpisch-apenninische Art der Süd- und Südwestalpen und des nördlichen Apennins.

NAME: Benannt zu Ehren von Jean-Francois Séguier (1703–1784), französischer Botaniker und Astronom.

2 | Dolomiten-Nelke
Dianthus sternbergii – Caryophyllaceae

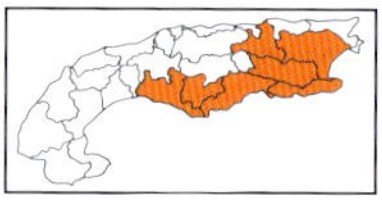

10–25 cm hoch; Blätter lineal, starr, 1–2 mm breit, meist kürzer als die Internodien; alle Stängelblätter laubblattartig; Blüten meist einzeln; Kelch 18–25 mm lang; Kronblätter rosa mit purpurn gebärteter Basis; Kronblattplatte 15–20 mm lang, bis etwa zur Mitte zerschlitzt. Blütezeit VI–VIII.

VERWECHSLUNG: v. a. mit der Montpellier-N., *D. hyssopifolius* (siehe S. 156) und der Feder-N., *D. plumarius*, bei der aber die oberen Stängelblätter schuppenförmig sind.

LEBENSRAUM: Felsschutt, grober Geröll, steinige Wiesen; nur über Kalk und Dolomit. Bis 2200 m NN.

VERBREITUNG: Ostalpische Art von den Veroneser Alpen bis in die Steiermark.

NAME: Benannt zu Ehren von Kaspar Maria von Sternberg (1761–1838), einem böhmischen Theologen und Botaniker.

3 | Kurzstiel-Nelke
Dianthus subacaulis – Caryophyllaceae

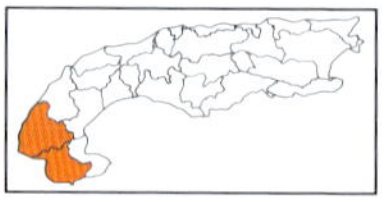

3–20 cm hoch; Blätter lineal, kahl, mit deutlichem Hauptnerv, blaugrün, 1–1,5 mm breit; Blüten meist einzeln, 6–12 mm im Durchmesser; Kelch braunrot, 6–12 mm lang, Kelchzähne breit eiförmig, hautrandig; Kronblätter rosa, Kronblattplatte 4–5 mm lang. Blütezeit V–VIII.

VERWECHSLUNG: Mit der Gabel-N., *D. furcatus*, welche aber über 20 cm hoch ist und einen 10–18 mm langen Kelch hat. Die Rau-N., *D. scaber*, hat behaarte Blätter.

LEBENSRAUM: Trockene Felshänge, Felsschutt; kalkstet. 1000–2300 m NN.

VERBREITUNG: Endemit der französischen Südwestalpen.

4 | Alpen-Pracht-Nelke
Dianthus superbus subsp. *alpestris* – Caryophyllaceae

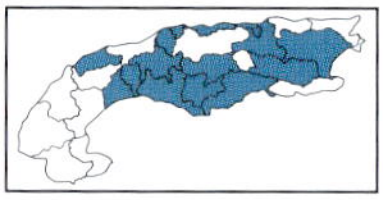

30–60 cm hoch, kahl; Stängel bläulich bereift, 1–5-blütig; Blätter schmal-lanzettlich, bis 8 cm lang, 2–6 mm breit; Kelch braunrot bis violett; Kronblätter weißlich bis kräftigrosa, zum Schlund hin olivgrün oder schwarz mit purpurnen, langen Haaren, bis etwa zur Mitte zerschlitzt; Kronblattplatte etwa 30 mm lang. Blütezeit VII–VIII.

VERWECHSLUNG: Mit der Feuchtwiesen-Pracht-N., *D. superbus* subsp. *superbus*, welche aber grasgrüne, etwa 5–10-blütige Stängel hat und tiefere Lagen besiedelt.

LEBENSRAUM: Magerrasen, besonders Bürstlingrasen, Weiden. Etwa 1300–2400 m NN.

VERBREITUNG: Südeuropäisch-montane Sippe von den Alpen und dem Jura bis in die Tatra und in die Ostkarpaten.

5 | Stein-Nelke
Dianthus sylvestris – Caryophyllaceae

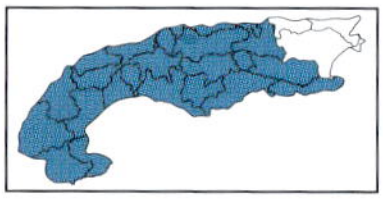

8–30 cm hoch, einfach oder oben verzweigt, kahl; am Grund mit sterilen Blattrosetten; Blätter schmal-lineal, 2–10 cm lang, 0,5–2 mm breit; Kelch 15–26 mm lang; Außenkelchblätter 2–4, abrupt in eine kurze Spitze ausgezogen, 0,25 × so lang wie der Kelch; Kronblätter rosa, Kronenschlund kahl. Blütezeit VI–VIII.

VERWECHSLUNG: v. a. mit der Pfingst-N., *D. gratianopolitanus*, die aber einen bärtigen Kronenschlund und 4–6 Außenkelchblätter hat.

LEBENSRAUM: Steinige Magerrasen, Trockenrasen, Felsen. Bis 2800 m NN.

VERBREITUNG: Südeuropäisch-montane Art mit mehreren Unterarten.

1
2A
2B
3
4A
4B
5

1 | Kriech-Gipskraut

Gypsophila repens – Caryophyllaceae

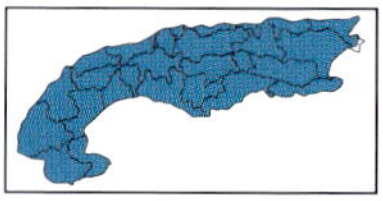

3–20 cm hoch, liegend bis kriechend, blaugrün; Blätter lineal, bis 3 cm lang; Kelchblätter durch weiße, trockenhäutige Streifen verbunden; Kronblätter rosa oder weiß, 6–10 mm lang, mind. 2 × so lang wie der Kelch; am Schlundeingang ohne schuppenartiges Nebenkrönchen. Blütezeit V–IX.

VERWECHSLUNG: Das Echt-Felsenleimkraut, *Atocion rupestre*, hat am Schlundeingang ein schuppenartiges Nebenkrönchen.

LEBENSRAUM: Felsschuttfluren, Felsen, Steinrasen; kalkliebend. 1200–2600 m NN, vereinzelt aber auch höher, wie bei Zermatt (3100 m NN) oder im Bachschotter tiefer herabsteigend.

VERBREITUNG: Südeuropäisch-montane Art von den Gebirgen Nordspaniens bis in die Nordkarpaten.

2 | Groß-Strahlensame

Heliosperma alpestre – Caryophyllaceae (Syn.: *Silene alpestris, S. quadrifida*)

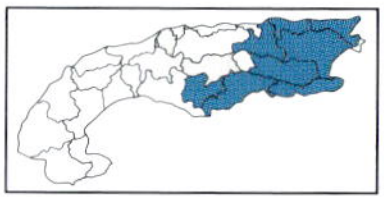

10–25 cm hoch; Stängel oben klebrig beringelt, unterste Stängelglieder mit 2 Haarleisten; Blätter lanzettlich, 3–6 mm breit, im unteren Stängelbereich gehäuft; Kelch 5–7 mm lang, drüsenhaarig; Kronblätter weiß. Blütezeit VI–VIII.

VERWECHSLUNG: Mit dem Klein-St., *H. pusillum* subsp. *pusillum*, welcher aber 1–3 mm breite Blätter hat und Stängelglieder, die auch im unteren Bereich unbehaart sind. Der Woll-St., *H. veselskyi*, unterscheidet sich durch die wollige Behaarung.

LEBENSRAUM: Bachschotter, frischer Felsschutt, Kiefernwälder; kalkliebend. 1000–2200 m NN, öfters auch im Bachgeschiebe tiefer herabsteigend.

VERBREITUNG: Ostalpisch-illyrische Art von den Dolomiten bis zum Krainer Schneeberg.

3 | Klein-Strahlensame

Heliosperma pusillum subsp. *pusillum* – Caryophyllaceae (Syn.: *Silene pusilla*)

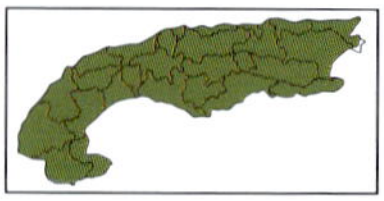

8–20 cm hoch; Stängel oben klebrig beringelt, auch die unteren Stängelglieder unbehaart; Blätter schmal-lanzettlich, 1–3 mm breit, am Grunde bewimpert; Kelch 3,5–5,5 mm lang, kahl; Kronblätter weiß. Blütezeit VI–IX.

VERWECHSLUNG: Mit dem Groß-St., *H. alpestre*, dem Echt-Felsenleimkraut, *Atocion rupestre* und dem Rosa-St., *H. pusillum* subsp. *pudibundum*, welches aber rosa Kronblätter und einen 5,5–6,5 mm langen Kelch hat.

LEBENSRAUM: Feuchte, schattige Fels- und Felsschuttfluren, Quellfluren; kalkliebend. 1000–2400 m NN, öfters auch tiefer herabsteigend, wie in der Kärntner Garnitzenschlucht (500 m NN).

VERBREITUNG: Südeuropäisch-montane Sippe von Nordspanien bis zu den Gebirgen des Balkans.

4 | Rosa-Strahlensame

Heliosperma pusillum subsp. *pudibundum* – Caryophyllaceae (Syn.: *Silene pudibunda*)

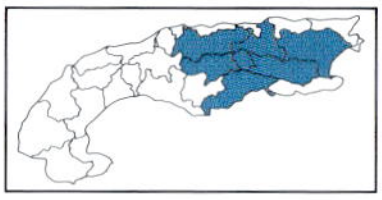

15–25 cm hoch; Stängel oben klebrig beringelt, auch die unteren Stängelglieder unbehaart; Blätter schmal-lanzettlich, 1–3 mm breit, Blattstiele kahl; Kelch 5,5–6,5 mm lang, drüsenhaarig; Kronblätter rosa. Blütezeit VII–IX.

VERWECHSLUNG: Mit dem Mauer-Gipskraut, *Gypsophila muralis*, welches aber gestreifte Kronblätter hat und Äcker und Waldschläge tieferer Lagen besiedelt.

LEBENSRAUM: Quellfluren, Bachränder; kalkmeidend. 1200–2200 m NN, vereinzelt auch tiefer, wie am Grafendorfer Bach bei Lienz (800 m NN) oder höher, wie an der Thurntalerrast bei Sillian (2300 m NN).

VERBREITUNG: Südosteuropäische Gebirgssippe von den Alpen bis zu den Gebirgen der Balkanhalbinsel.

5 | Kahl-Bruchkraut

Herniaria glabra – Caryophyllaceae

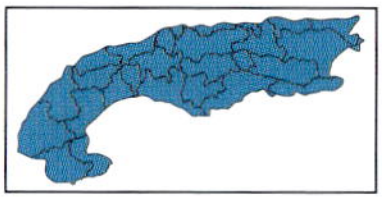

1–3 cm hoch, niederliegend, ästig am Boden ausgebreitet, kahl oder höchstens etwas bewimpert, frisch- bis gelbgrün; Stängel manchmal rötlich; Blätter oval bis lanzettlich, 3–8 mm lang, sitzend; Blüten unscheinbar, in Knäueln längs des Stängels; Kelchblätter grünlich, etwa 0,5 mm lang; Kronblätter 5, verkümmert oder fehlend. Blütezeit VI–VIII.

VERWECHSLUNG: Das Alpen-B., *H. alpina*, ist graugrün und behaart.

LEBENSRAUM: Ruderalstellen, Flussschotter, Schwemmsand, trockene, offene Stellen; kalkmeidend. Bis 2700 m NN.

VERBREITUNG: Europäisch-westasiatische Art.

1
2
3
4A
4B
5

1 | Echt-Kuckucksnelke

Lychnis flos-cuculi – Caryophyllaceae (Syn.: *Silene flos-cuculi*)

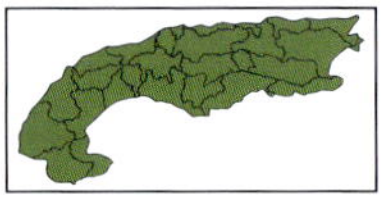

30–80 cm hoch, zerstreut kurzhaarig; am Grunde mit sterilen Rosetten; Blätter lanzettlich; Blütenstand rispig; Kelch 6–9 mm lang, kahl, mit 10 grünbraunen Nerven; Kronblätter kräftig rosa, ohne olivgrüne oder schwarze Zeichnung, 15–25 mm lang, tief 4-teilig mit schmalen Zipfeln. Blütezeit V–VII.

VERWECHSLUNG: u. U. mit der Pracht-Nelke, *Dianthus superbus*, welche aber Kronblätter hat, die olivgrün oder schwarz gezeichnet sind.

LEBENSRAUM: Feuchtwiesen. Bis 1900 m NN.

VERBREITUNG: Europäische Art, nördlich bis Island.

2 | Jupiter-Lichtnelke

Lychnis flos-jovis – Caryophyllaceae (Syn.: *Silene flos-jovis*)

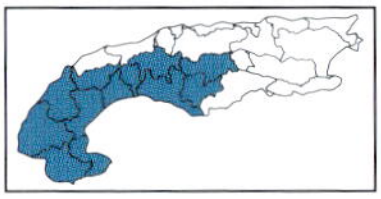

30–60 cm hoch, dicht weißfilzig; Blätter breit-lanzettlich; Blütenstand kopfig, 4–10-blütig; Blüten 0,5–1 cm lang gestielt; Kronblätter kräftig rosa, 2–3 cm lang, ausgerandet oder wenig tief 2-teilig. Blütezeit VI–VII.

VERWECHSLUNG: Mit der Kronen-Lichtnelke (*L. coronaria*). Diese hat aber lilapurpurne Kronen, welche einzeln stehen und 3–10 cm lang gestielt sind.

LEBENSRAUM: Felssteppen, Gebüsche, Bergwiesen und lichte Bergwälder; kalkmeidend. 1100–2400 m NN.

VERBREITUNG: Westalpisch-apenninische Art von den Ligurischen Alpen bis Südtirol.

3 | Österreich-Miere

Minuartia austriaca – Caryophyllaceae

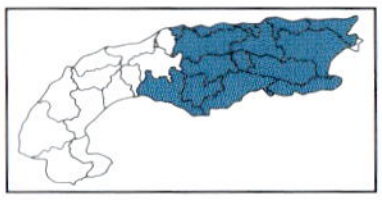

8–20 cm hoch, lockere Rasen bildend; Blätter schmal-lineal, bis 2 cm lang und 1 mm breit; Stängel meist 2-blütig; Blütenstiel 4–8 × so lang wie der Kelch; Kelchblätter 4–6 mm lang; Kronblätter fast 2 × so lang wie der Kelch. Blütezeit VI–VIII.

VERWECHSLUNG: v. a. mit der Villar-M., *M. villarii*, welche aber 3–7-blütige Stängel hat und die westlichen Alpen besiedelt. Bei der ebenfalls ähnlichen Grigna-M., *M. grignensis*, sind die Kronblätter nur etwa 1,25–1,5 × so lang wie die Kelchblätter. Sie ist auf die Bergamasker Alpen beschränkt.

LEBENSRAUM: Felsschuttfluren; kalkstet. 1400–2470 m NN, gelegentlich auch herabgeschwemmt, wie am Tiroler Mühlauer Bach (650 m NN).

VERBREITUNG: Endemit der Ostalpen.

4 | Mannsschild-Miere

Minuartia cherlerioides – Caryophyllaceae

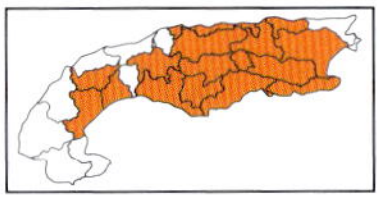

1–4 cm hoch, dicht polsterförmig, kahl; Stängel dicht dachziegelig beblättert; Blätter länglich-eiförmig, etwas rinnenförmig, 1–3 mm lang, stumpf, 3-nervig; Blüten 4-zählig; Kelchblätter 2–4 mm lang, 3-nervig; Kronblätter, wenn vorhanden, länger als die Kelchblätter. Blütezeit VII–VIII.

VERWECHSLUNG: Mit der Felsen-M., *M.rupestris*, und der Zweiblüten-M., *M. biflora*, welche aber 5-zählige Blüten haben.

LEBENSRAUM: Felsen, ruhender Feinschutt. 1900–2950 m NN.

VERBREITUNG: Endemit der Alpen.

ANMERKUNG: Unterteilt sich in 2 Unterarten: subsp. *cherlerioides* über Kalk in den Ostalpen, subsp. *rionii* über Silikat in den mittleren Zentralalpen.

NAME: Die Unterart *rionii* ist zu Ehren von Alphonse Rion (1809–1856) benannt. Rion war Rektor des Kollegiums von Sitten und für das kantonale naturhistorische Museum zuständig. Er beschäftigte sich vorrangig mit der Flora des Wallis.

5 | Gerard-Miere

Minuartia gerardii – Caryophyllaceae (Syn.: *M. verna* p.p.)

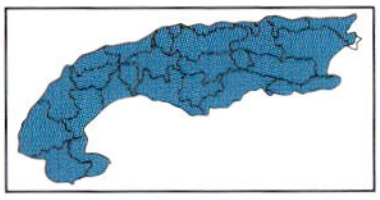

2–10 cm hoch; Stängel oben drüsenhaarig; Blätter pfriemlich, 5–10 mm lang; Blüten 5-zählig, zu 1–6 am Ende der Stängel; Kelchblätter spitz, 3–4 mm lang, 3-nervig, mit schmalem Hautrand; Kronblätter 4–5 mm lang. Blütezeit VI–IX.

VERWECHSLUNG: v. a. mit der Hügel-M., *M. glaucina*, welche aber 10–20-blütige Blütenstände hat und in tieferen Lagen vorkommt und mit der Krummblatt-M., *M. recurva*, (siehe S. 164).

LEBENSRAUM: Rasen, Gesteinsfluren; kalkliebend. 1500–3300 m NN.

VERBREITUNG: Europäisch-montane Art von Spanien und Irland bis Sizilien und Nordrussland.

NAME: Benannt zu Ehren des französischen Botanikers und Physikers Louis Gerard (1733–1819), Verfasser einer „Flora Galloprovincialis".

1

2A

2B

3

4

5

1 | Karpaten-Miere

Minuartia langii – Caryophyllaceae (Syn.: *M. laricifolia* subsp. *kitaibelii*)

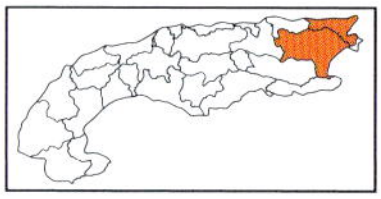

5–25 cm hoch; Blätter nadelförmig, 5–15 mm lang; Kelchblätter 6–7 mm lang, 3–5-nervig, die Seitennerven in der ganzen Länge ausgeprägt; Kronblätter 1,5–2 × so lang wie die Kelchblätter; Frucht 1,5–2 × so lang wie die Kelchblätter; Samen 1–1,3 mm breit. Blütezeit VI–VII.

VERWECHSLUNG: v. a. mit der Lärchennadel-M., *M. laricifolia* und der Leinblüten-M., *M. capillacea*, welche auf den Kelchblättern Nerven hat, die nur in der unteren Hälfte ausgeprägt sind. Die Grasblatt-M., *M. graminifolia*, hat einen gabeligen Blütenstand und lanzettliche, 1–3 cm lange Blätter und ist auf die italienischen Provinzen Belluno und Pordenone beschränkt.

LEBENSRAUM: Kalk- und Dolomitfelsen, Bachschotter; kalkstet. Etwa 500–1800 m NN.

VERBREITUNG: Ostalpisch-karpatische Art.

NAME: Benannt zu Ehren des deutschen Botanikers Karl Heinrich LANG (1800–1843).

ALLGEMEIN: Die Gattung *Minuartia* ist zu Ehren von Juan MINUART (1693-1788), Apotheker in Barcelona und Professor in Madrid, benannt.

Die Mieren-Arten sind von ähnlichen weiß blühenden Nelkengewächsen durch 3 Griffel, mit 3 stumpfen Zähnen aufspringenden Kapseln und nierenförmigen Samen ohne Anhängsel unterscheidbar.

2 | Lärchennadel-Miere

Minuartia laricifolia – Caryophyllaceae

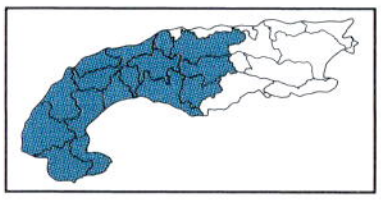

8–30 cm hoch; Blätter nadelförmig, 5–15 mm lang; Kelchblätter 5–6 mm lang, 3–5-nervig, die Seitennerven in der ganzen Länge ausgeprägt; Kronblätter 1,5–2 × so lang wie die Kelchblätter; Frucht 1–1,5 × so lang wie die Kelchblätter; die Samen sind 0,8–1 mm breit. Blütezeit VII–VIII.

VERWECHSLUNG: v. a. mit der Karpaten-M., *M. langii*, welche aber 6–7 mm lange Kelchblätter hat und in den Alpen auf die nordöstlichen Kalkalpen beschränkt ist. Ihre Frucht ist 1,5–2 × so lang wie die Kelchblätter und der Same ist 1–1,3 mm breit. Die Leinblüten-M., *M. capillacea*, hat auf den Kelchblättern Nerven, die nur in der unteren Hälfte ausgeprägt sind.

LEBENSRAUM: Trockene Felsstandorte, steinige Abhänge, lichte Kiefernwälder, trockener Bachschotter; kalkmeidend. 600–2000 m NN, vereinzelt auch höher, wie am Timmelsjoch in den Ötztaler Alpen (2500 m NN).

VERBREITUNG: Alpisch-pyrenäische Art von den zentralspanischen Gebirgen bis in die Ostalpen.

3 | Schnabel-Miere

Minuartia mutabilis – Caryophyllaceae (Syn.: *M. rostrata*)

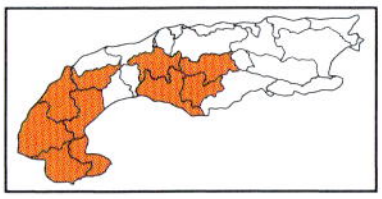

5–15cm hoch, Stängel unten mit Blattbüscheln; Blätter pfriemlich, bis 1 cm lang, 3-nervig; Blüten in lockeren, aber büschelig gehäuften Blütenständen; Kelchblätter spitz, 3,5–5,5 mm lang, weiß mit grünen Streifen, 1–3-nervig; Kronblätter 0,6–1 × so lang wie die Kelchblätter. Blütezeit VI–VIII.

VERWECHSLUNG: Mit der Büschel-M., *M. rubra* (Bild **3B**), bei der aber die Kronblätter nur 0,25–0,5 × so lang wie die Kelchblätter sind. Sie ist mit einer Wuchswhöhe von 10–30 cm höher als die Schnabel-Miere. Die Büschel-M. besiedelt ähnlich der Schnabel-M. Felsrasen, Sandböden und Trockenrasen, steigt aber nur höchstens bis in die subalpine Stufe hinauf.

LEBENSRAUM: Felsen, trockene Hänge, Felsschutt; über Kalk und Silikat. 600–2800 m NN.

VERBREITUNG: Südeuropäisch-montane Art von den Pyrenäen und Korsika bis Tirol.

4 | Krummblatt-Miere

Minuartia recurva – Caryophyllaceae

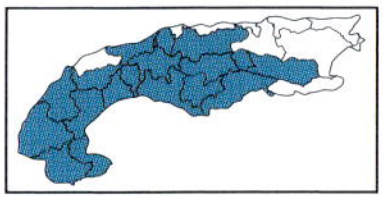

3–15 cm hoch, dichtrasig bis polsterförmig, am Grund oft verholzt; Blätter pfriemlich-borstenförmig, sichelförmig gekrümmt; Kronblätter weiß, so lang wie der Kelch oder etwas länger; Kelchblätter 5-nervig, oft purpurn überlaufen. Blütezeit VII–VIII.

VERWECHSLUNG: Mit der Gerard-M., *M. gerardii*, welche aber 3-nervige Kelchblätter und ± gerade Blätter hat. Die Felsen-M., *M. rupestris*, unterscheidet sich durch lanzettliche Blätter.

LEBENSRAUM: Krummseggenrasen, windgefegte Kuppen; kalkmeidend. 1800–3000 m NN, gelegentlich auch tief herabgeschwemmt wie an der Möll bei Sagritz (1000 m NN) oder höher, wie auf der Hochwilde bei Obergurgl (3400 m NN).

VERBREITUNG: Südeuropäisch-montane Art von den Cevennen und den Gebirgen der iberischen Halbinsel bis zu den Rhodopen und Karpaten.

1
2
3A
3B
4

1 | Felsen-Miere
Minuartia rupestris – Caryophyllaceae

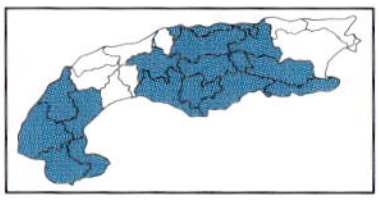

1–8 cm hoch; Stängel kriechend, mit lockeren Blattbüscheln; Blätter 2–15 mm lang, breit-lanzettlich, spitz, 3–7-nervig; Blüten endständig, einzeln (subsp. *rupestris*) oder zu 2–3 (subsp. *clementei*); Blütenstiele dicht drüsig behaart; Kelchblätter hellgrün, 3,5–5 mm lang, 5-nervig; Kronblätter wenig länger als die Kelchblätter. Blütezeit VII–VIII.
VERWECHSLUNG: u. a. mit der Zweiblüten-M., *M. biflora*, welche aber pfriemenförmige, 1-nervige Blätter und stumpfe Kelchblätter hat.
LEBENSRAUM: Windausgesetzte Grate, Fels- und Schuttfluren. 1900–3100 m NN.
VERBREITUNG: Endemit der Alpen.
ANMERKUNG: Unterteilt sich in den Alpen in 2 Unterarten, der subsp. *rupestris* von den Seealpen bis in die Südostalpen und der subsp. *clementei*, die auf die Südwestalpen beschränkt ist.

2 | Zwerg-Miere
Minuartia sedoides – Caryophyllaceae

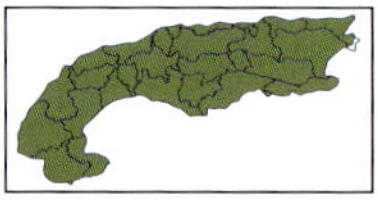

1–5 cm hoch, dichte Polster bildend; Blätter lanzettlich, 3–5 mm lang, am Grund paarweise miteinander verwachsen; Blüten 5-zählig, einzeln, sitzend oder kurz gestielt; Kelchblätter 2–3 mm lang, hellgrün; Kronblätter fehlend oder fädlich ausgebildet. Blütezeit VII–VIII.
VERWECHSLUNG: Mit kronblattlosen Formen der Mannsschild-M., *M. cherlerioides*, die sich aber durch 4-zählige Blüten unterscheidet.
LEBENSRAUM: Felsschutt, Felsritzen, Moränenschutt, Polsterseggenrasen, Krummseggenrasen, Nacktriedrasen. 1800–3300 m NN.
VERBREITUNG: Europäisch-montane Art.

3 | Steiermark-Nabelmiere
Moehringia bavarica – Caryophyllaceae

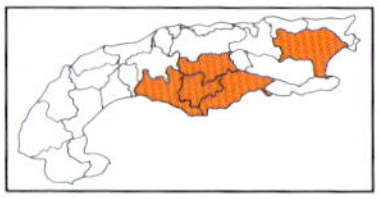

5–20 cm hoch; Blätter fleischig, blaugrün, 1–2 cm lang, 1–1,5 mm breit; Blüten 5-zählig, 7–14 mm im ∅; Kelchblätter 3–4 mm lang; Kronblätter wenig länger (subsp. *insubrica*) bis fast doppelt so lang (subsp. *bavarica*) wie die Kelchblätter. Blütezeit VI–VIII.
VERWECHSLUNG: v. a. mit der Graugrün-N., *M. glaucovirens*, welche aber zarte, kaum fleischige Blätter hat, die 0,3–0,6 mm breit sind und die 2,5–3 mm lange Kelchblätter hat.
LEBENSRAUM: Senkrechte oder überhängende Felswände; kalkstet. Bis etwa 1200 m NN.
VERBREITUNG: Ostalpisch-illyrische Art mit 2 Unterarten (subsp. *bavarica*, subsp. *insubrica*).
ANMERKUNG: Der Artname *bavarica* ist irreführend, fehlt die Art doch in Bayern. Sie wurde 1601 erstmals vom veronesischen Apotheker Pona (1565–1630) als *Saxifraga bavarica jungermannii* vom Monte Baldo erwähnt. Einem Gebiet, das lange Zeit zum Grafentum Tirol gehörte und dieses war im Laufe der Geschichte zeitweilig auch Bayern angeschlossen.

4 | Wimper-Nabelmiere
Moehringia ciliata – Caryophyllaceae

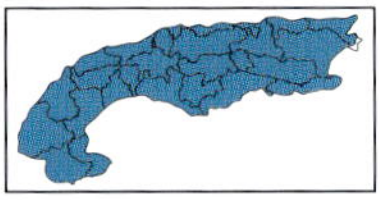

2–8 cm hoch; Blätter lineal, 3–10 mm lang, fleischig, auf den Flächen kahl, am Grunde kurz bewimpert; Blüten 5-zählig, 6–10 mm im ∅, zu 1–3 am Ende der Zweige; Kronblätter länger als die Kelchblätter; Kelchblätter 3–4 mm lang, mit schmalem Hautrand. Blütezeit VI–VIII.
VERWECHSLUNG: Mit der Concarena-N., *M. concarenae*, welche aber unbewimperte Blätter hat und Blüten mit 5–6 mm im ∅. Endemisch in den italienischen Südalpen.
LEBENSRAUM: Feuchte Gesteinsfluren, Feinschuttfluren, Schneetälchen, lückige Rasen, Felsen; kalkstet. 1600–3100 m NN, vereinzelt auch tiefer, wie am Tagliamento bei Venzone in Friaul (230 m NN).
VERBREITUNG: Südeuropäisch-montane Art.

5 | Verschiedenblatt-Nabelmiere
Moehringia diversifolia – Caryophyllaceae

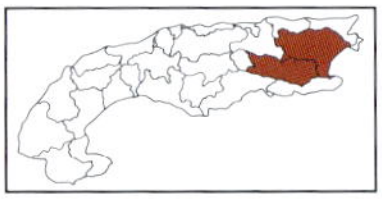

10–30 cm lang; obere Blätter lineal-lanzettlich, untere lanzettlich, 1-nervig; Blüten 4–5 mm im ∅, 5-zählig; Kronblätter so lang oder etwas länger als die Kelchblätter. Blütezeit V–VIII.
VERWECHSLUNG: Mit der Dreinerven-N., *M. trinervia*, welche aber eiförmige, 3–5-nervige Blätter hat.
LEBENSRAUM: Felsspalten, Felsschutt am Fuß von Felswänden; kalkmeidend. 400–1800 m NN.
VERBREITUNG: Endemit Ostösterreichs. Westlich bis zum Pöllinggraben im Lavanttal und bei Eppenstein, nördlich und östlich bis zum Schwarzkogel bei Bruck/Mur, südlich bis zum Krummbachgraben der Koralpe.

1

2

3A

3B

4

5

1 | Moos-Nabelmiere
Moehringia muscosa – Caryophyllaceae

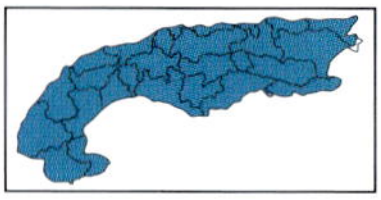

5–20 cm hoch bzw. lang, lockere Rasen bildend, vielfach verzweigt, kahl; Stängel meist 3–5-blütig; Blätter schmal-lineal, nadelförmig, 1–3 cm lang, frischgrün; Blüten 4-zählig, mit 8 Staubblättern; Kronblätter 1–1,5 × so lang wie die Kelchblätter. Blütezeit V–IX.

VERWECHSLUNG: Mit der Markgraf-N., *M. markgrafii*, bei der die Stängel fast immer 1-blütig sind und die nur in den Brescianer Voralpen vorkommt. Die Provence-N., *M. intermedia*, hat sukkulente Blätter und ist auf die französischen Südwestalpen beschränkt.

LEBENSRAUM: Schattig-feuchte Felsen, Geröllfluren, in Karfluren, unter Latschen; kalkliebend. Bis 2300 m NN.

VERBREITUNG: Südeuropäisch-montane Art von den Gebirgen Spaniens bis zu den Karpaten.

NAME: Die Gattung ist zu Ehren des Deutschen Paul Heinrich Moehring (1710–1792) benannt. Moehring war Arzt, Botaniker und Ornithologe im oldenburgischen Jever.

ALLGEMEIN: Die Nabelmieren sind von ähnlichen Nelkengewächsen durch ihre schwarzen Samen mit deutlichem weißen Anhängsel (Nabel) unterscheidbar.

2 | Mauerpfeffer-Nabelmiere
Moehringia sedoides – Caryophyllaceae

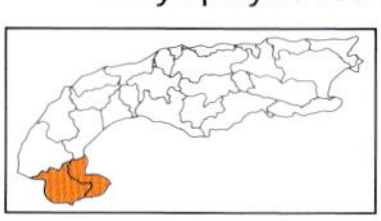

5–10 cm lang; Pflanze grün; Blätter lineal, fleischig, 5–10 mm lang; Blüten 4-zählig; Blütenstand 2–3-blütig; Kelchblätter lanzettlich, undeutlich 3-nervig, etwa 4 mm lang; Kronblätter etwa 2 × so lang wie die Kelchblätter. Blütezeit V–VI.

VERWECHSLUNG: Die in den Bergamasker Alpen endemische Presolana-N., *M. dielsiana*, hat 5-zählige Blüten.

LEBENSRAUM: Felswände; kalkstet. bis 1500 m NN.

VERBREITUNG: Endemit der Seealpen.

3 | Wochein-Nabelmiere
Moehringia villosa – Caryophyllaceae

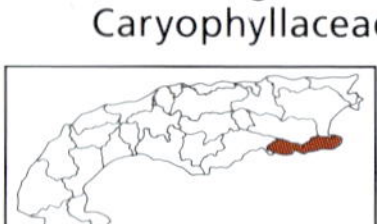

5–15 cm lang, kurz abstehend behaart bis kahl; Blätter lineal, bis 20 mm lang und 2 mm breit; Blüten 5-zählig, 7–10 mm im Durchmesser; Kelchblätter lanzettlich, spitz, die inneren mit breitem Hautrand; Kronblätter etwa 1,25 × so lang wie die Kelchblätter. Blütezeit V–VIII.

VERWECHSLUNG: Mit der Seealpen-N., *M. lebrunii*, welche aber etwas sukkulente, 2–3 mm breite Blätter hat und auf die Seealpen beschränkt ist.

LEBENSRAUM: Felswände, Felsspalten und Kalkgeröll; kalkstet. Etwa 900–1600 m NN.

VERBREITUNG: Endemit der Wochein in den Julischen Alpen.

4 | Kapela-Nagelkraut
Paronychia kapela – Caryophyllaceae

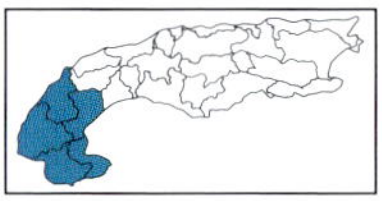

2–8 cm hoch; in dichten Rasen wachsend; Blätter gedrängt, eiförmig, zugespitzt, bis 3,5 mm lang, bewimpert, mit schmal lanzettlichen, weiß glänzenden Nebenblättern; Blüten in endständigen, 7–15 mm breiten Knäueln; Tragblätter silbrig-weiß, viel länger als die Blüten; Kronblätter fehlen. Blütezeit V–VII.

VERWECHSLUNG: v. a. mit dem Knöterich-N., *P. polygonifolia*, welches aber Blütenknäuel hat, die längs des Stängels angeordnet sind und nur bis 5 mm breit sind.

LEBENSRAUM: Felsspalten, Felsschutt; in den Alpen bis etwa 1900 m NN.

VERBREITUNG: In 4 Unterarten im weiten Mittelmeergebiet von Spanien bis Libyen. Die Alpen werden von 3 Unterarten (subsp. *kapela* in den franz. und ital. Südwestalpen, subsp. *serpyllifolia* in den franz. und ital. Südwestalpen und subsp. *galloprovincialis* in der Provence) besiedelt.

5 | Felsennelke
Petrorhagia saxifraga – Caryophyllaceae

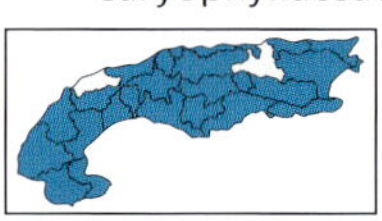

10–25 cm hoch, kahl oder sehr kurz behaart; Blätter schmal-lineal, 5–15 mm lang, 0,5–1,5 mm breit, blaugrün; Blütenstand locker, rispenartig; Kelch glockenförmig, 4–6 mm lang; Kronblätter weiß bis rosa, mit 3 dunkleren Adern. Blütezeit VI–X.

VERWECHSLUNG: Mit dem Mauer-Gipskraut, *Gypsophila muralis*, welches aber grüne, 1,5–3 mm breite Blätter hat.

LEBENSRAUM: Felsrasen, Trockenrasen; kalkliebend. Bis 1650 m NN.

VERBREITUNG: Südeuropäische Art von Portugal bis Nordanatolien und in den Iran.

1
2
3
4
5A
5B

1 | Europa-Knollenmiere
Pseudostellaria europaea – Caryophyllaceae

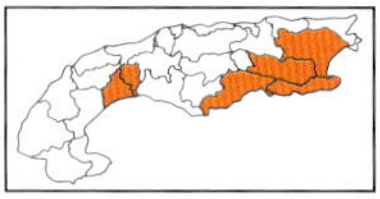

5–15 cm hoch, mit fadenförmigem Rhizom und Wurzelknöllchen; Stängel rund, oben einstreifig behaart; Blattspreiten eilanzettlich, bis 4 cm lang, kahl; Blüten zu 1–3 auf 2–3 cm langen Stielen, 5-zählig; Kronblätter 5–8 mm lang, tief ausgerandet, etwa 1,5 × so lang wie der Kelch. Blütezeit IV–V.
VERWECHSLUNG: Unterscheidet sich von allen anderen ähnlichen Nelkengewächsen des Alpengebietes durch das Vorhandensein von Wurzelknöllchen.
LEBENSRAUM: Feucht-schattige Laubwälder an Bächen und quelligen Hängen; kalkmeidend. Bis 700 m NN.
VERBREITUNG: Alpisch-illyrische Art der Südostalpen, südlich bis ins kroatische Karlstadt. Abgesprengt im Tessin und den südwestlich davon anschließenden italienischen Provinzen.

2 | Alpen-Mastkraut
Sagina saginoides – Caryophyllaceae

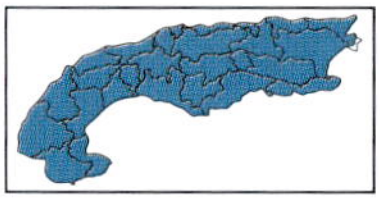

1–7 cm hoch; locker- bis dichtrasig, kahl; Stängel niederliegend oder aufsteigend; Blätter lineal, 5–15 mm lang, mit 0,1–0,3 mm langer Stachelspitze; Blüten 5-zählig (dazwischen auch 4-zählig); Kelchblätter 2–3 mm lang; Kronblätter etwas kürzer als die Kelchblätter. Blütezeit VI–VIII.
VERWECHSLUNG: Mit dem Kahl-M., *S. glabra*, welches aber Kronblätter hat, die länger als die Kelchblätter sind.
LEBENSRAUM: Feuchte, lange schneebedeckte, nährstoffreiche, lückige Magerrasen, Quellfluren, Schneetälchen; kalkmeidend. 1500–2900 m NN, gelegentlich auch tiefer, wie im Misox bei Lumino (300 m NN) oder höher, wie bei Zermatt (3200 m NN).
VERBREITUNG: Arktisch-alpine Art der arktischen Gebiete Eurasiens und Amerikas. Weiter südlich in den Gebirgen.

3 | Gelb-Seifenkraut
Saponaria lutea – Caryophyllaceae

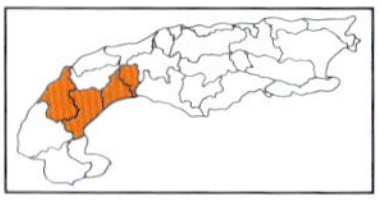

5–10 cm hoch, mit vielen sterilen Rosetten; Blätter schmal-lanzettlich, bewimpert, bis 4 cm lang; Blüten am Ende des Stängels in kopfigem Blütenstand; Kronblätter blassgelb, 10–15 mm lang, mit violettem Nagel; Kelch 7–8 mm lang, wollig behaart. Blütezeit VII–VIII.
VERWECHSLUNG: Kaum.
LEBENSRAUM: Kurzrasige, steinige Rasen, lückige Weiden. 1500–2600 m NN.
VERBREITUNG: Endemit der Westalpen.

4 | Rot-Seifenkraut
Saponaria ocymoides – Caryophyllaceae

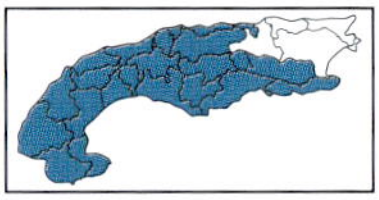

5–25 cm hoch, niederliegend, aufsteigend oder hängend, mit zahlreichen, rasenbildenden sterilen Trieben; Blattspreiten eiförmig bis lanzettlich, 2–3 cm lang, 0,5–1,3 cm breit, behaart; Blütenstand locker-gabelig, klebrig-zottig; Kelch 6–8 mm lang, braunrot, drüsig behaart; Krone purpurrosa, 12–18 mm lang. Blütezeit IV–X.
VERWECHSLUNG: u. U. mit dem Nelken-Felsenleimkraut, *Atocion armeria*, welches aber einen kahlen Kelch hat.
LEBENSRAUM: Trockene Hänge, Felsschuttfluren, lichte Kiefernwälder, Flussgeschiebe, offene Wegböschungen; basenliebend. Bis 2300 m NN.
VERBREITUNG: Südeuropäisch-montane Art von den südspanischen Gebirgen bis in die Ostalpen und Abruzzen.

5 | Zwerg-Seifenkraut
Saponaria pumila – Caryophyllaceae

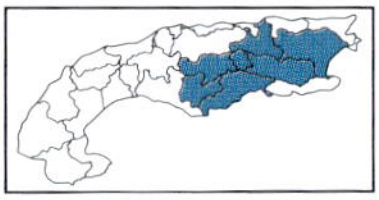

1–5 cm hoch, Flachpölster bildend; Stängel einblütig; Blätter immergrün, nadelförmig; Blütenkrone 20–25 mm im ∅, Kronblätter purpurrosa; Kelch aufgeblasen, kurzzottig, braunrot bis dunkelpurpurn, Kelchzähne stumpf. Blütezeit VI–IX.
VERWECHSLUNG: Die Elisabeth-Lichtnelke, *Silene elisabethae*, ist 5–25 cm hoch, hat breitlanzettliche Blätter und ist ein kalksteter Endemit der Insubrischen Alpen.
LEBENSRAUM: Hochgebirgs-Silikatrasen, alpine bis nivale Polsterfluren, Rasenfragmente über Silikat, offene Windkantengesellschaften, Zwergstrauchheiden und Silikatschutthalden; kalkmeidend. 1800–2700 m NN, vereinzelt aber auch tiefer, wie in den Wölzer Tauern (980 m NN) oder höher, wie auf der Schönleitenspitze (2800 m NN).
VERBREITUNG: Ostalpisch-karpatische Art der Ostalpen und der östlichen Südkarpaten. In den Alpen von der Adamello-Gruppe bis zur Stub- und Gleinalpe. In Rumänien nur auf einem Gebirgszug der Südkarpaten, nämlich in den Fogarascher Alpen (Muntii Fagarasului).

1

2

3

4A

4B

5

1 | Kalk-Stängellos-Leimkraut

Silene acaulis subsp. *longiscapa* – Caryophyllaceae (Syn.: *Silene acaulis* subsp. *acaulis*)

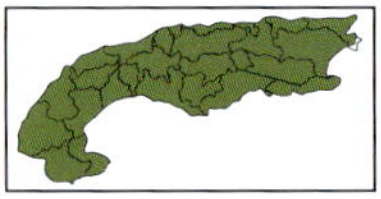

1–4 cm hoch, dichte flache Pölster bildend; Stängel einblütig, dicht dachziegelig beblättert; Blätter lineal-lanzettlich, 8–12 mm lang; Blütenstiel 10–30 mm lang; Kronblätter rosa, 5–14 mm lang; Kelch 5–8 mm lang, am Grunde verschmälert; Kapsel 3–13 mm lang. Blütezeit VI–VIII.

VERWECHSLUNG: Mit dem Kiesel-Stängellos-L., *S. acaulis* subsp. *exscapa*, bei dem die Laubblätter aber 4–8 mm lang, der Blütenstiel 1–5 mm lang und der Kelch 3,5–5 mm lang sind.

LEBENSRAUM: Steinige Magerrasen, Felsspalten und Felsfluren; kalkstet. 1400–2900 m NN, gelegentlich auch tiefer, wie herabgeschwemmt an der Enns (500 m NN) oder höher, wie in den Cottischen Alpen (3500 m NN).

VERBREITUNG: Südeuropäisch-montane Sippe von den Gebirgen Spaniens bis nach Rumänien.

ALLGEMEIN: Die *Silene*-Arten kennzeichnen sich durch den röhrenförmigen Kelch ohne Kelchschuppen am Grund, in Platte und Nagel gegliederte Kronblätter und eine mit meist 6 Zähnen aufspringende Kapsel.

2 | Kiesel-Stängellos-Leimkraut

Silene acaulis subsp. *exscapa* – Caryophyllaceae (Syn.: *Silene exscapa*)

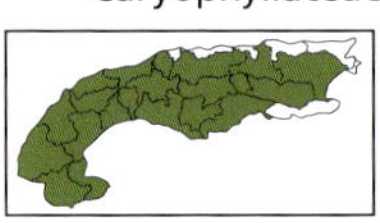

1–3 cm hoch, dichte flache Pölster bildend; Stängel einblütig, dicht dachziegelig beblättert; Blätter lineal-lanzettlich, 4–8 mm lang, Blütenstiel 1–5 mm lang, Kelch 3,5–5 mm lang. Blütezeit VI–VIII.

VERWECHSLUNG: Mit dem Kalk-Stängellos-L., *S. acaulis* subsp. *longiscapa*.

LEBENSRAUM: Silikatfelsfluren, Krummseggenrasen, Grate; kalkfliehend. 1900–3500 m NN.

VERBREITUNG: Südeuropäisch-montane Sippe von den Pyrenäen bis in die Ostkarpaten.

3 | Herzblatt-Leimkraut

Silene cordifolia – Caryophyllaceae

5–20 cm hoch, drüsig behaart, lockere Rasen bildend; Spreiten der Grundblätter eiförmig; Stängelblätter größer, zugespitzt, die oberen stängelumfassend; Blüten 10–18 mm im ∅, Krone weiß bis blassrosa; Kelch 10–15 mm lang, dicht drüsenhaarig, leicht aufgeblasen, 10-nervig. Blütezeit VI–VIII.

VERWECHSLUNG: Mit dem Nacht-L., *S. noctiflora*, welches aber im ∅ 18–30 mm große Blüten hat.

LEBENSRAUM: Felsspalten, gefestigter Felsschutt; kalkmeidend. 1000–2400 m NN.

VERBREITUNG: Endemit der Seealpen.

4 | Rot-Leimkraut

Silene dioica – Caryophyllaceae

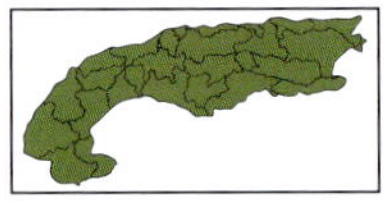

30–90 cm hoch; ziemlich dicht und lang behaart, Haare über 2 mm lang; mit grundständigen Blattrosetten und gegenständigen Stängelblättern; Blätter breit-lanzettlich bis eiförmig; Kelch 10–15 mm lang, grün oder rötlich; Kronblätter kräftig rosa, 18–25 mm lang. Blütezeit IV–IX.

VERWECHSLUNG: v. a. mit dem Nacht-L., *S. noctiflora*, welches aber blassrosa Kronblätter und einen ca. 20 mm langen Kelch hat.

LEBENSRAUM: Hochstaudenfluren, feuchte Gebüsche, kalkreiche Wiesen. Bis 2600 m NN, vereinzelt auch höher, wie am Stilfser Joch in Südtirol (2700 m NN).

VERBREITUNG: Europäische Art von Portugal bis zum Nordkap. Auch im Rifatlas Nordafrikas.

ANMERKUNG: Wo die Art zusammen mit dem Weiß-Leimkraut, *S. latifolia*, vorkommt, bilden sie nicht selten Hybriden (= *Silene* × *hampeana*).

5 | Elisabeth-Leimkraut

Silene elisabethae – Caryophyllaceae

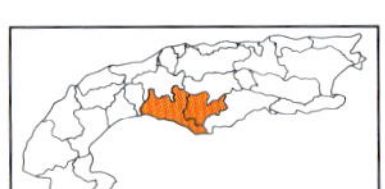

5–20 cm hoch; Stängel seitlich aus der grundständigen Blattrosette entspringend und bogig aufsteigend; Rosettenblätter breit-lanzettlich, 3–6 cm lang; Stängelblätter drüsig; Blüten 3–4 cm im ∅, kräftig rosa; Kelch 18–24 mm lang, drüsenhaarig. Blütezeit VI–VII.

VERWECHSLUNG: u. U. mit dem Zwerg-Seifenkraut, *Saponaria pumila* (siehe S. 170), und mit Kümmerformen des Rot-Leimkrauts, *S. dioica*, welches aber einen aufgeblasenen, 10–15 mm langen Kelch hat.

LEBENSRAUM: Kalk- und Dolomitfelsspalten, gefestigtes Geröll, lockere Rasen, besonders Polsterseggenrasen; kalkhold. 1400–2450 m NN.

VERBREITUNG: Endemit Insubriens zwischen Comersee und Gardasee.

NAME: Der Artname ehrt Maria Elisabeth von Savoyen-Carignan (1800–1856), Prinzessin von Savoyen und Tante von Viktor Emanuel, dem ersten König des vereinten Italiens.

1A

1B

2A

2B

3

4

5

1 | Karst-Leimkraut
Silene hayekiana – Caryophyllaceae

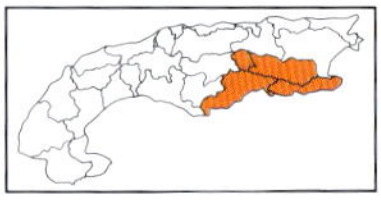

10–30 cm hoch, lockerrasig; Stängel unten kurz behaart, oben klebrig; Blätter schmal-lineal, 0,5–2 cm lang; Kronblätter innen gelblich- oder rötlichweiß, außen grünlich; Nägel der Kronblätter weit aus dem Kelch herausragend; die ganze Frucht über den Kelch emporgehoben. Blütezeit VI–VIII.

VERWECHSLUNG: v. a. mit dem Steinbrech-L., *S. saxifraga*.

LEBENSRAUM: Sonnige Felsen, steinige Abhänge; kalkliebend. Bis etwa 1900 m NN.

VERBREITUNG: Ostalpisch-illyrische Art von den Südostalpen bis zum kroatischen Berg Klek.

NAME: Benannt zu Ehren des österreichischen Arztes und Botanikers August von Hayek (1871–1928), der sich v. a. um die Flora Österreichs und der Balkanhalbinsel verdient gemacht hat.

2 | Insubrisches Leimkraut
Silene nutans subsp. *insubrica* – Caryophyllaceae

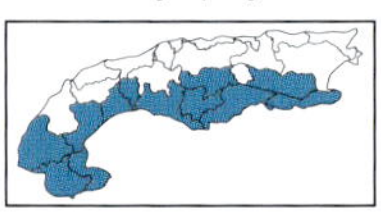

30–80 cm hoch, behaart, oben drüsig-klebrig; vegetative, rosettig beblätterte Triebe lang und dünn, die meisten Internodien 3–20 × so lang wie dick; Blätter lanzettlich bis spatelförmig; Blütenstand allseitswendig; Kronblätter außen olivgrün bis schmutzigrot, innen gelblichweiß bis blassrosa. Blütezeit V–VIII.

VERWECHSLUNG: v. a. mit der eurosibirischen Nominatform subsp. *nutans*, welche aber einseitswendige Blütenstände und vegetative Triebe hat, die kurz und dick sind (die meisten Internodien 1–3 × so lang wie dick).

LEBENSRAUM: Lichte Wälder, Gebüsche, Felsen; kalkliebend. Bis etwa 1500 m NN.

VERBREITUNG: Südosteuropäisch-montane Sippe von den Südwestalpen bis in die Karpaten und in die nordalbanischen Gebirge.

3 | Steinbrech-Leimkraut
Silene saxifraga – Caryophyllaceae

10–20 cm hoch, lockerrasig; Stängel unten kurz behaart, oben klebrig; Blätter schmal-lineal, 0,5–2 cm lang; Kronblätter innen weiß, außen rötlich oder gelbgrün; Nägel der Kronblätter nur wenig aus dem Kelch herausragend; die Frucht bleibt teilweise im Kelch eingeschlossen. Blütezeit VI–VIII.

VERWECHSLUNG: Mit dem Karst-L., *S. hayekiana*, bei dem die Nägel der Kronblätter aber weit aus dem Kelch herausragen und bei dem die ganze Frucht über den Kelch emporgehoben ist. Das westalpische Glocken-L., *S. campanula*, ist kahl.

LEBENSRAUM: Sonnige Felsen, steinige Abhänge; kalkliebend. Bis etwa 2100 m NN.

VERBREITUNG: Südeuropäisch-montane Art, von der Iberischen Halbinsel bis Nordgriechenland.

4 | Wallis-Leimkraut
Silene vallesia – Caryophyllaceae

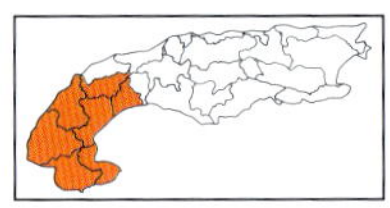

5–20 cm hoch, aufsteigend, drüsig; Stängel 1–3-blütig; Blätter lanzettlich, 15–30 mm lang, 4–12 mm breit; Kelch 18–28 mm lang, keulig-röhrig, 10-nervig; Kronblätter 25–35 mm lang, innen blassrosa, außen trübrot. Blütezeit VI–VII.

VERWECHSLUNG: Mit dem Petrarca-L., *S. petrarchae*, welches aber 2–4 mm breite Blätter hat und wahrscheinlich auf den Mt. Ventoux beschränkt ist. Das Glocken-L., *S. campanula*, ist kahl, hat 1–1,5 mm breite Blätter und einen 7–10 mm langen Kelch.

LEBENSRAUM: Fels- und Schuttfluren, steinige Rasen; kalkmeidend. 900–2500 m NN.

VERBREITUNG: Endemit der Westalpen.

5 | Blasen-Leimkraut
Silene vulgaris – Caryophyllaceae

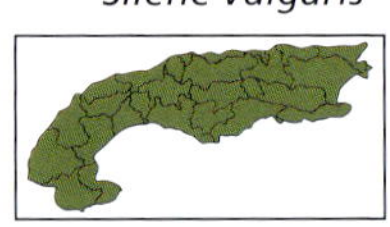

Sehr vielgestaltig, 10–90 cm hoch, meist kahl; Stängel nicht klebrig, am Grunde mit sterilen Trieben; Blätter lanzettlich bis eiförmig, spitz; Kelch 12–18 mm lang, aufgeblasen, 20-nervig, netzadrig; Kronblätter weiß, Griffel 3. Blütezeit VI–IX.

VERWECHSLUNG: u. U. mit dem Weiß-L., *S. pratensis*, welches aber 5 Griffel hat (nicht bei allen Pflanzen feststellbar, weil 2-häusig!).

LEBENSRAUM: Wiesen, Säume, Steinschuttfluren, Hochstaudenfluren, Trockenmauern. Bis 3000 m NN.

VERBREITUNG: Eurasiatische Art von den Azoren und Nordskandinavien bis zum Himalaja und ins sibirische Flachland.

ANMERKUNG: In Europa 8 Unterarten, wovon 4 die Alpen besiedeln: subsp. *vulgaris* (gesamte Alpen, Bild **5A**), subsp. *antelopum* (Ostalpen), subsp. *glareosa* (Kalkgebiete der Alpen, Bild **5B**) und subsp. *prostrata* (Westalpen).

1
2A
2B
3
4
5A
5B

1 | Bach-Sternmiere
Stellaria alsine – Caryophyllaceae

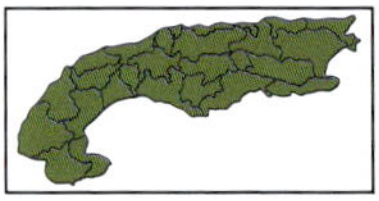

10–40 cm hoch; Stängel glatt; Blätter lanzettlich bis oval, spitz, bis 2,5 cm lang, bläulich-grün, kahl, am Grunde bewimpert; Kronblätter bis fast zum Grund 2-teilig, kürzer als die 2,5–3,5 mm langen Kelchblätter. Blütezeit V–VII.

VERWECHSLUNG: Die Langblatt-St., *St. longifolia*, hat Kronblätter, die etwas länger als die Kelchblätter sind und einen Stängel, der oberwärts an den Kanten rau ist.

LEBENSRAUM: Bachränder, Quellfluren, Waldwegmulden; kalkmeidend. Bis 2200 m NN.

VERBREITUNG: Eurosibirisch-nordamerikanische Art von Portugal, Irland und Norwegen bis Japan und in Nordamerika.

2 | Alpen-Pechnelke
Viscaria alpina – Caryophyllaceae
(Syn.: *Silene suecica*)

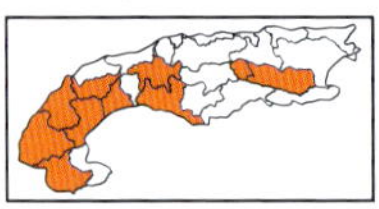

5–15 cm hoch, kahl, nicht klebrig; Blätter lanzettlich; Blüten in einer dichten, kopfigen Traube; Kronblätter 6–10 mm lang, lebhaft rosa, 2-spaltig.
Blütezeit VII–VIII.

VERWECHSLUNG: Die Echt-Pechnelke, *V. vulgaris*, ist 30–60 cm hoch, hat einen klebrigen Stängel und besiedelt tiefere Lagen.

LEBENSRAUM: Sonnige, trockene, windexponierte, kalkarme Rasen, besonders Krummseggen- und Nacktriedrasen. 1900–3100 m NN.

VERBREITUNG: Arktisch-alpine Art Nordeuropas und Nordamerikas. Weiter südlich in den Gebirgen.

3 | Alpen-Sonnenröschen
Helianthemum alpestre – Cistaceae

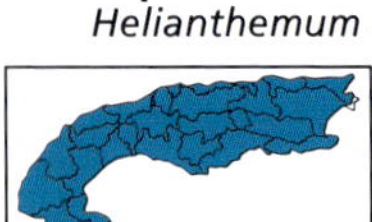

3–15 cm hoch, am Grunde verholzt; Blätter unterseits kahl bis locker borstenhaarig, ohne Nebenblätter, Blätter der Blühtriebe kleiner als die der vegetativen Triebe, Spreite verkehrt-eilanzettlich; Blütenstand 2–7-blütig; Kelchblätter 5–7 mm lang, Kronblätter 6–10 mm lang.
Blütezeit VI–IX.

VERWECHSLUNG: Mit dem Echt-S., *H. nummularium* und dem Grau-S., *H. canum*, welches aber dicht graufilzige Blattunterseiten und 3–5,5 mm lange Kelchblätter hat.

LEBENSRAUM: Fels- und Magerrasen; kalkliebend. 900–2700 m NN, vereinzelt auch tiefer, wie bei Riva am Gardasee (200 m NN) und höher, wie im Bernina-Gebiet (2850 m NN).

VERBREITUNG: Südeuropäisch-montane Art.

4 | Ligurien-Sonnenröschen
Helianthemum lunulatum – Cistaceae

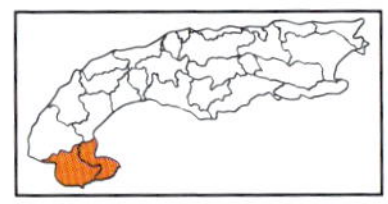

3–20 cm hoch, am Grunde verholzt; die unteren Zweige oft blattlos und vertrocknet; Blattspreiten schmal-elliptisch, 8–12 mm lang, 3–4 mm breit, gegenständig, ohne Nebenblätter, unterseits schwach behaart; Blüten meist einzeln; Kronblätter 5–10 mm lang, oft mit orangefarbenem, halbmondförmigem Fleck.
Blütezeit VI–VII.

VERWECHSLUNG: Möglich mit dem Italien-S., *H. italicum*, welches aber 5–20-blütige Blütenstände hat.

LEBENSRAUM: Felsen, sonnige, offene Rasen; kalkstet. 1700–2300 m NN.

VERBREITUNG: Endemit der See- und der Ligurischen Alpen.

5 | Echt-Sonnenröschen
Helianthemum nummularium – Cistaceae

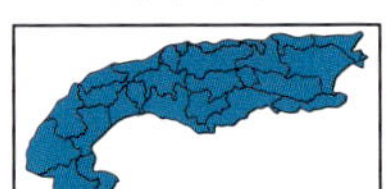

10–30 cm hoch, am Grunde verholzt; Stängel oben behaart; Blattspreiten oval bis lanzettlich, am Rand meist umgebogen; Nebenblätter vorhanden; Blätter der Blühtriebe mind. so groß wie die der vegetativen Triebe; Kronblätter gelb, in den Westalpen auch rosa Unterarten; Krone 16–30 mm im ∅. Blütezeit V–IX.

VERWECHSLUNG: Mit dem Alpen-S., *H. alpestre*, welchem aber die Nebenblätter fehlen und bei dem die Blätter der Blühtriebe kleiner als die der vegetativen Triebe sind.

LEBENSRAUM: Magerrasen, Säume, steinige Gebirgsrasen. Bis 2800 NN.

VERBREITUNG: In mehreren Unterarten vom Atlasgebirge bis Schweden und Armenien.

ANMERKUNG: In den Alpen in 7 Unterarten:
– subsp. *nummularium*: zerstreut durch die Alpen
– subsp. *berteroanum*: Südwestalpen (Bild **5B**)
– subsp. *glabrum*: hauptsächlich in den Nordostalpen
– subsp. *grandiflorum*: im Großteil der Alpen (Bild **5A**)
– subsp. *obscurum*: in tieferen Lagen
– subsp. *semiglabrum*: Südwestalpen
– subsp. *tomentosum*: Süd- und Westalpen

1

2

3

4

5A

5B

1 | Voralpen-Spindelstrauch
Euonymus latifolius – Celastraceae

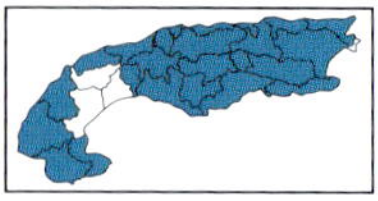

1–5 m hoher Strauch; Äste rund oder etwas zusammengedrückt; Blattspreiten elliptisch, zugespitzt, sehr fein und regelmäßig gezähnt, kahl, 7–14 cm lang, 3–6 cm breit, Blattstiel rinnig; Blütenstand 3–15-blütig; Kronblätter unscheinbar grünlichgelb, oft purpurn überlaufen, oval, 2,5–3 mm lang, 4–5-zählig; Frucht purpurrosa, Samenmantel orange. Blütezeit V–VI.

VERWECHSLUNG: Der Echt-S., *E. europaeus*, hat 4-kantige Äste.

LEBENSRAUM: Schluchtwälder, frische Edellaubwälder; kalkliebend. Bis 1600 m NN.

VERBREITUNG: Südeuropäisch-montane Art.

2 | Rundblatt-Waldfetthenne
Hylotelephium anacampseros – Crassulaceae (Syn.: *Sedum anacampseros*)

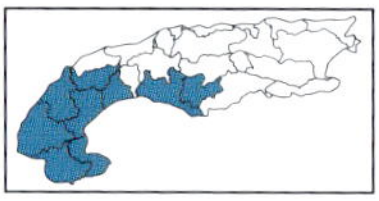

10–30 cm hoch, bogig aufsteigend, mit sterilen, an der Spitze dicht beblätterten Trieben; Blätter eiförmig, ganzrandig, fleischig, sitzend, 10–30 mm lang; Blüten 5-zählig; Kronblätter um 4,5 mm lang, trübdunkelpurpurn. Blütezeit VII–IX.

VERWECHSLUNG: Mit der Purpur-W., *H. telephium*, der aber sterile Triebe fehlen und deren Blätter 20–100 mm lang sind.

LEBENSRAUM: Gesteinsschutt, Felsen; kalkmeidend. 1300–2500 m NN.

VERBREITUNG: Südwesteuropäisch-montane Art von den Pyrenäen bis zum Apennin und zu den Südalpen.

3 | Kugel-Donarsbart
Jovibara globifera – Crassulaceae

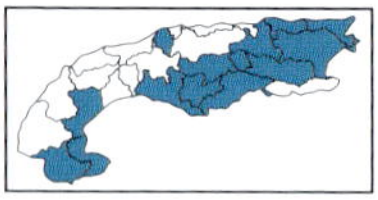

5–25 cm hoch; Blattrosetten 1–6 cm im ∅; Tochterblattrosetten lösen sich bei Berührung leicht von der Mutterpflanze; Rosettenblätter 8–20 mm lang, 5–7 mm breit; Blattrand mit Drüsenhaaren bewimpert; Kronblätter 6, gelb, glockig zusammenneigend, am Rand deutlich gefranst. Blütezeit VII–IX.

VERWECHSLUNG: Mit gelbblühenden Arten der Gattung Hauswurz/*Sempervivum*, welche aber >10 Kronblätter haben, diese sind ungefranst.

LEBENSRAUM: Felsfluren, lückige Trockenrasen. Bis etwa 2000 m NN.

VERBREITUNG: Europäische Art von den Westalpen bis zur Mittelrussischen Platte.

ANMERKUNG: Kommt in den Alpen in 4 Unterarten vor:
- subsp. *allionii*: Rosettenblätter auch auf der Fläche kurz drüsig behaart (nur bei dieser Unterart), Endemit der Westalpen.
- subsp. *arenaria*: Stängelblätter schmäler oder so breit wie die Rosettenblätter, Blattrand 0,2–0,35 mm lang bewimpert; kalkmeidend, Endemit der Ostalpen (Bild **3A**).
- subsp. *hirta*: Stängelblätter so breit oder breiter als die Rosettenblätter, kalkliebend, Ostalpen (Bild **3B**).
- subsp. *pseudohirta*: Stängelblätter schmäler als die Rosettenblätter, Blattrand 0,5–0,8 mm lang bewimpert; kalkmeidend, Endemit Tirols?

4 | Rosenwurz
Rhodiola rosea – Crassulaceae

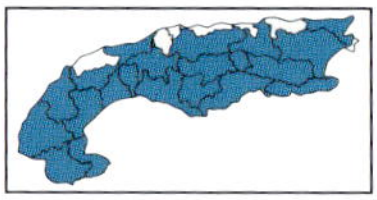

20–35 cm hoch; Stängel unverzweigt; Blätter lanzettlich, flach, dicht wechselständig, graugrün, oberwärts an Größe zunehmend; Blütenstand doldenrispig, dicht, vielblütig; Blüten 4-zählig; Kronblätter gelb. Blütezeit VI–VIII.

VERWECHSLUNG: Keine.

LEBENSRAUM: Felsfluren, steinige Quellfluren, Weiderasen, Grobblockhalden; auf Kalk- und Silikatgestein. (900) 1400–3000 m NN.

VERBREITUNG: Arktisch-alpine Art, rund um den Nordpol weit verbreitet. Weiter südlich beschränken sich die Wuchsorte auf die Hochgebirge Europas, Asiens und Nordamerikas.

5 | Weiß-Mauerpfeffer
Sedum album – Crassulaceae

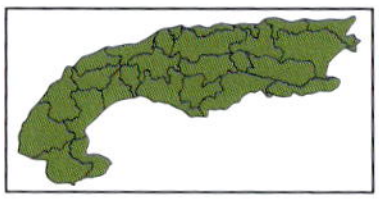

5–20 cm hoch, kahl; am Grunde reich verzweigt, mit zahlreichen, niederliegenden, sterilen Trieben; Blätter lineal-walzenförmig, 5–15 mm lang, wechselständig; Blütenstandsachsen kahl, Blüten in einer vielblütigen, doldigen Rispe; Kronblätter weiß, manchmal auch blassrosa. Blütezeit VI–IX.

VERWECHSLUNG: Mit dem Buckel-M., *S. dasyphyllum*, dessen Blütenstandsachsen aber drüsenhaarig und dessen etwa 3–6 mm langen Blätter überwiegend gegenständig angeordnet sind.

LEBENSRAUM: Felsfluren, Feinschutthalden, Mauern, trockenwarme, lückige Rasen, kiesige Ufer; bodenvag. Bis 2500 m NN.

VERBREITUNG: Mediterran-europäische Art.

1A
1B
2
3A
3B
4
5

1 | Alpen-Mauerpfeffer
Sedum alpestre – Crassulaceae

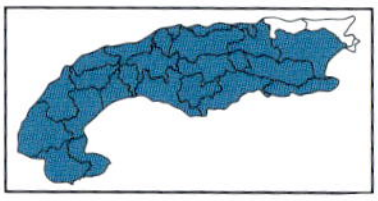

4–8 cm hoch, niederliegend und bogig aufsteigend, mit verzweigter Grundachse, oft rötlich überlaufen, kahl, mit dicht beblätterten, sterilen Trieben; Blätter walzenförmig-lineal; Kronblätter gelb, etwa 1,5 × so lang wie die Kelchblätter. Blütezeit VI–VIII.

VERWECHSLUNG: v. a. mit dem Einjahrs-M., *S. annuum*, der aber keine sterilen Triebe hat. Beim Scharf-M., *S. acre*, und Mild-M., *S. sexangulare*, sind die Kronblätter etwa 2 × so lang wie Kelchblätter.

LEBENSRAUM: Fels- und Felsschuttfluren, Schneetälchen; kalkmeidend. 1200–3100 m NN, vereinzelt auch tiefer, wie bei Arvigo im Tessin (750 m NN), oder höher, wie am Monte Rosa (3500 m NN).

VERBREITUNG: Südeuropäisch-montane Art von den Pyrenäen bis in die Karpaten und bis Sardinien.

2 | Einjahrs-Mauerpfeffer
Sedum annuum – Crassulaceae

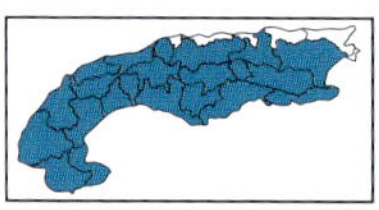

3–12 cm hoch, am Grunde verzweigt, ohne sterile Triebe, kahl; Blätter walzenförmig-lineal, stumpf, 3–5 mm lang; Blüten sitzend; Kronblätter gelb, spitz bis zugespitzt; Kelchblätter stumpf bis abgerundet, ähnlich den Stängelblättern. Blütezeit VI–VIII.

VERWECHSLUNG: v. a. mit dem Alpen-M., *S. alpestre*.

LEBENSRAUM: Fels- und Felsschuttfluren; kalkfliehend. 1200–2800 m NN, vereinzelt auch tiefer, wie bei Cannobio (250 m NN).

VERBREITUNG: Nordeuropäisch-alpine Art. Nördlich bis Island und Grönland reichend, östlich bis in den Kaukasus.

3 | Dunkel-Mauerpfeffer
Sedum atratum – Crassulaceae

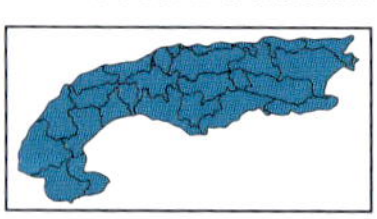

2–8 cm hoch, kahl, meist ohne sterile Triebe; Blätter stielrund, 4–7 mm lang, über der Mitte meist deutlich verdickt, braunrot (subsp. *atratum*) oder blassgrün (subsp. *carinthiacum*); Kronblätter gelblichweiß, grünlich oder rötlich, 1,25–2 × so lang wie der Kelch

VERWECHSLUNG: Mit dem Rötlich-Mauerpfeffer, *S. rubens*, welcher aber nur in tiefen Lagen der Alpen siedelt und dessen Blätter 10–25 mm lang sind.

LEBENSRAUM: Fels- und Felsschuttfluren, steinige Rasen; kalkstet. 1000–3100 m NN, vereinzelt auch tiefer, wie bei Salurn in Südtirol (230 m NN).

VERBREITUNG: Südeuropäisch-montane Art von den Pyrenäen bis zu den Gebirgen der Balkan-Halbinsel.

ANMERKUNG: Kommt in den Alpen in 2 Unterarten vor:
- subsp. *atratum*: vegetative Teile braunrot; Kronblätter die Kelchblätter nur wenig überragend (Bild **3A**).
- subsp. *carinthiacum*: vegetative Teile blassgrün; Kronblätter etwa 2 × so lang wie die Kelchblätter (Bild **3B**).

4 | Buckel-Mauerpfeffer
Sedum dasyphyllum – Crassulaceae

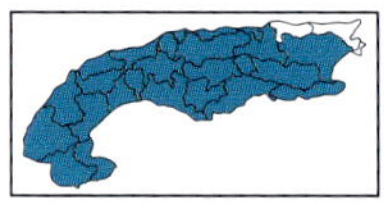

3–10 cm hoch, niederliegend-aufsteigend, reich verzweigt, blaugrün, oft rötlich überlaufen, im oberen Teil drüsig; Blätter überwiegend gegenständig, 3–6 mm lang, oberseits ± flach, unterseits stark gewölbt; Kronblätter 5–6(7), weiß, außen manchmal rot gestrichelt, 2–3 × so lang wie die Kelchblätter.
Blütezeit VI–VIII.

VERWECHSLUNG: Mit dem Weiß-M., *S. album*, (siehe S. 178) und dem Blaugrün-M., *S. hispanicum*, welcher aber 7–15 mm lange Blätter hat. Seine Kronblätter sind etwa 4 × so lang wie die Kelchblätter.

LEBENSRAUM: Felsfluren, Felsschutt, Mauern. Bis 2500 m NN.

VERBREITUNG: Südeuropäisch-nordwestafrikanische Art.

5 | Blaugrün-Mauerpfeffer
Sedum hispanicum – Crassulaceae

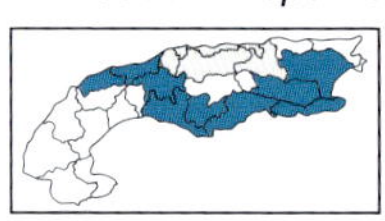

5–15 cm hoch, ohne kriechende Triebe, nicht rasenbildend; Stängel am Grund oft verzweigt mit sterilen Seitentrieben; Blätter länglich, 7–15 mm lang, ± blaugrün, fleischig, kahl; Kronblätter meist 6, weiß mit rötlichem Rückenstreifen, spitz, etwa 4 × so lang wie die Kelchblätter. Blütezeit VI–VII.

VERWECHSLUNG: v. a. mit dem Buckel-M., *S. dasyphyllum*.

LEBENSRAUM: Fels- und Felsschuttfluren, Bahnschotter, Mauern; kalkliebend. Bis 1900 m NN.

VERBREITUNG: Südosteuropäisch-westasiatische Art.

NAME: Der botanische Artbeiname und die deutsche Benennung „Spanischer Mauerpfeffer" sind irreführend, weil die Art in Spanien von Natur aus fehlt.

1

2

3A

3B

4

5

1 | Berg-Mauerpfeffer
Sedum montanum – Crassulaceae

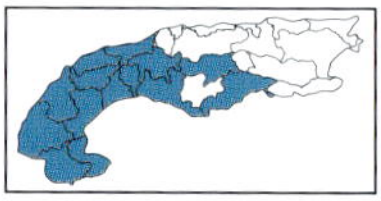

5–30 cm hoch, am Grunde verholzt, mit mehreren bogig aufsteigenden Stängeln und sterilen Trieben; Blätter fleischig, lineal-pfriemlich, mit stacheliger Spitze; Blütenstand im Knospenzustand aufrecht; Trugdolde eben, Zyme nicht nach unten gebogen; Kronblätter lebhaft gelb. Blütezeit VI–VIII.

VERWECHSLUNG: Mit dem Felsen-M., *S. rupestre*, bei dem der Blütenstand im Knospenzustand allerdings nickend ist. Der Blassgelb-M., *S. anopetalum*, und der Nizza-M., *S. sediforme*, haben blassgelbe Kronblätter.
LEBENSRAUM: Felsfluren, Lärchenwälder, Geröllhalden, Mauern; kieselliebend. Bis etwa 2200 m NN.
VERBREITUNG: Alpisch-pyrenäische Art.

2 | Drüsen-Mauerpfeffer
Sedum villosum – Crassulaceae

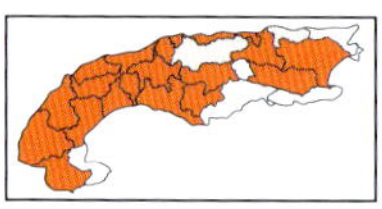

5–20 cm hoch, besonders oberwärts drüsenhaarig; Blätter länglich bis verkehrt-eilänglich, 4–9 mm lang, fleischig, gelbgrün bis rotbraun; Kronblätter rosa, 4–5 mm lang, etwa 2 × so lang wie die Kelchblätter. Blütezeit VI–VII.

VERWECHSLUNG: Kaum.
LEBENSRAUM: Quellfluren, Niedermoore, nasse Felsfluren; kalkmeidend. In den Alpen von etwa 1100–3000 m NN.
VERBREITUNG: Europäisch-montane Art.

3 | Echte Spinnweben-Hauswurz
Sempervivum arachnoideum subsp. *arachnoideum* – Crassulaceae

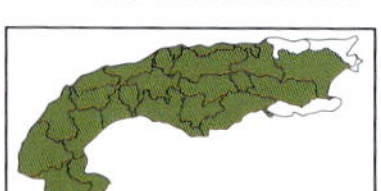

4–12 cm hoch; Blattrosetten klein, 0,5–1,5 cm im ∅, eiförmig, kugelig, ± geschlossen, locker bis ± dicht spinnwebig behaart, manchmal verkahlend; Rosettenblätter gegen die Spitze zu nur wenig verbreitert; Kronblätter 8–10 mm lang, purpurrot mit dunklem Mittelnerv; Staubfäden purpurn. Blütezeit VII–IX.

VERWECHSLUNG: Mit der Filzigen Spinnweben-H., *S. arachnoideum* subsp. *tomentosum*, welche aber im ∅ 1,5–2,5 cm breite Blattrosetten hat, die auffallend dicht spinnwebig behaart sind.
LEBENSRAUM: Meist kalkarme Gesteinsfluren. Bis 2900 m NN.
VERBREITUNG: Südeuropäisch-montane Sippe.

4 | Filzige Spinnweben-Hauswurz
Sempervivum arachnoideum subsp. *tomentosum* – Crassulaceae

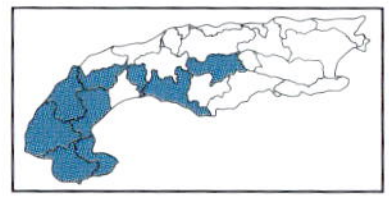

4–12 cm hoch; Blattrosetten 1,5–2,5 cm im ∅, eiförmig, kugelig, ± geschlossen, auffallend dicht behaart, nie verkahlend; Rosettenblätter gegen die Spitze deutlich verbreitert; Kronblätter 8–10, 8–10 mm lang, purpurrot mit dunklem Mittelnerv; Staubfäden purpurn. Blütezeit VII–IX.

VERWECHSLUNG: Mit der Echten Spinnweben-H., *S. arachnoideum* subsp. *arachnoideum*.
LEBENSRAUM: Meist kalkarme Gesteinsfluren an heißen, trockenen Hängen. Bis etwa 2000 m NN.
VERBREITUNG: Südwesteuropäisch-montane Sippe.

5 | Kalk-Hauswurz
Sempervivum calcareum – Crassulaceae

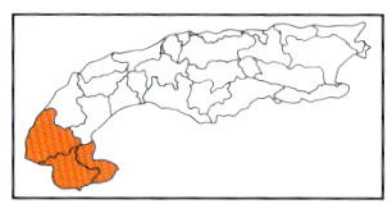

15–30 cm hoch; Blattrosetten 3–12 cm im ∅, ziemlich flach; Rosettenblätter blaugrün bis olivgrün, mit deutlicher, rotbrauner Spitze, 8–12 mm breit; Krone rosa, Kronblätter 7–8 mm lang. Blütezeit VI–IX.

VERWECHSLUNG: Mit der Dach-H., *S. tectorum*, (siehe S. 184).
LEBENSRAUM: Felsspalten, steinige Rasen; kalkstet. 400–1850 m NN.
VERBREITUNG: Endemit der Südwestalpen.

6 | Großblüten-Hauswurz
Sempervivum grandiflorum – Crassulaceae

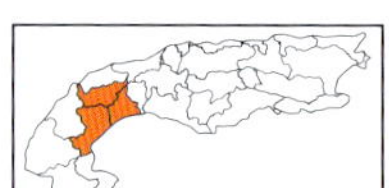

10–25 cm hoch; Pflanze stark nach Harz riechend; Rosetten sternförmig ausgebreitet, 4–15 cm im ∅; Rosettenblätter grün, zur Spitze meist purpurn, 8–15 mm breit, überall drüsig behaart, ohne stacheliger Spitze; Kronblätter 11–15, blassgelb, am Grund purpurn; Staubfäden purpurn. Blütezeit VI–VIII.

VERWECHSLUNG: Mit der Wulfen-H., *S. wulfenii*, (siehe S. 184). Die im steirischen Murtal endemische Serpentin-H., *S. pittonii*, hat gelblichweiße Staubfäden.
LEBENSRAUM: Silikatfelsen, Steinrasen; kalkmeidend. 1700–3000 m NN.
VERBREITUNG: Endemit der Westalpen.

1

2

3A

3B

4

5A

5B

6

1 | Berg-Hauswurz
Sempervivum montanum – Crassulaceae

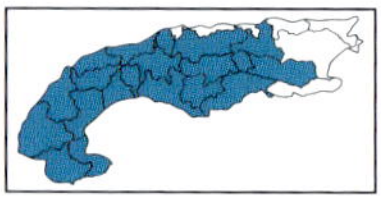

5–15 cm hoch; Blattrosetten zuerst kugelig, dann sternförmig ausgebreitet, 1–8 cm im ∅; Rosettenblätter abrupt zugespitzt; Drüsenhaare am Rand der Rosettenblätter nur wenig länger als die Haare auf den Flächen; Blütenstand 3–7-blütig; Kronblätter purpurrot. Blütezeit VII–IX.
VERWECHSLUNG: v. a. mit der Steiermark-H., *S. striacum*, deren Haare am Rand der Rosettenblätter aber deutlich länger als die Haare auf den Flächen sind.
LEBENSRAUM: Felsfluren, steinige Weiden, Zwergstrauchbestände; kalkmeidend. 300–3400 m NN.
VERBREITUNG: Diploide, südeuropäisch-montane Sippe von den Pyrenäen bis zur Hohen Tatra.
ANMERKUNG: In den Alpen in der weit verbreiteten subsp. *montanum* (Bild **1A**) mit im ∅ 1–2,5 cm messenden Rosetten und in der auf die Südwestalpen beschränkten subsp. *burnatii* (Bild **1B**) mit im ∅ 2,5–8 cm messenden Rosetten.

2 | Serpentin-Hauswurz
Sempervivum pittonii – Crassulaceae

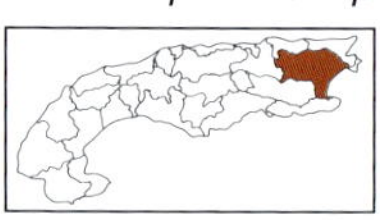

12–15 cm hoch; Pflanze dicht drüsenhaarig; Rosetten 2–4 cm im ∅; Rosettenblätter 4–6 mm breit; Kronblätter meist 12, blassgelb; Staubfäden gelblichweiß. Blütezeit VII–VIII.
VERWECHSLUNG: Mit der Wulfen-H., *S. wulfenii*, bei der aber die Staubfäden purpurn und die Flächen der Rosettenblätter kahl sind.
LEBENSRAUM: Steile Serpentin-Felsfluren; über Serpentin, Dunit und Magnesit. 650–800 m NN.
VERBREITUNG: Endemit des mittleren Murtales um Kraubath.
NAME: Benannt zu Ehren von Josef Claudius Pittoni (1797–1878), Ritter von Dannenfeld, einem eifrigen Förderer der Botanik.

3 | Steiermark-Hauswurz
Sempervivum stiriacum – Crassulaceae

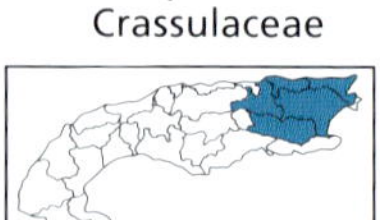

5–15 cm hoch; Rosetten kugelig, später sternförmig, 2,5–4,5 cm im ∅, Rosettenblätter eilanzettlich, abrupt zugespitzt; dicht drüsenhaarig, Haare am Rand der Rosettenblätter deutlich länger als die Haare auf den Flächen; Kronblätter purpurrot. Blütezeit VII–IX.
VERWECHSLUNG: v. a. mit der Berg-H., *S. montanum* und der Dolomiten-H., *S. dolomiticum*, bei der aber die Rosettenblätter allmählich zugespitzt sind und die auf die Dolomiten beschränkt ist.
LEBENSRAUM: Felsfluren, steinige Weiden, Zwergstrauchbestände; kalkmeidend. 1700–2600 m NN.
VERBREITUNG: Tetraploider Endemit der zentralen Ostalpen von den Hohen Tauern bis ins Semmeringgebiet.

4 | Dach-Hauswurz
Sempervivum tectorum – Crassulaceae

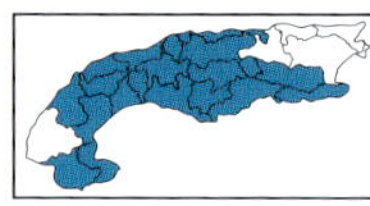

10–50 cm hoch; Blattrosetten 3–14 cm im ∅; Rosettenblätter 10–15 mm breit, starr, auf den Flächen kahl, am Rand bewimpert, meist mit roter Spitze; Blütenstand 20–100-blütig; Krone purpurn, Kronblätter meist 12 oder 13, 9–10 mm lang. Blütezeit VI–IX.
VERWECHSLUNG: Mit der Kalk-H., *S. calcareum*, welche aber rosa, 7–8 mm lange Kronblätter hat.
LEBENSRAUM: Felsen, Felsschuttfluren, steinige Magerrasen; kieselliebend. Bis 2800 m NN.
VERBREITUNG: Südeuropäisch-montane Art von den Pyrenäen bis zu den Gebirgen der Balkanhalbinsel.

5 | Wulfen-Hauswurz
Sempervivum wulfenii – Crassulaceae

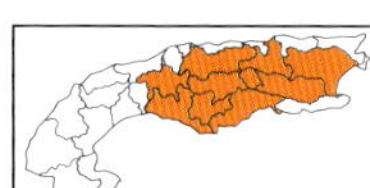

10–25 cm hoch; Rosetten sternförmig ausgebreitet, 4–8 cm im ∅; Rosettenblätter blaugrün, am Grund oft rötlich, 8–12 mm breit, an den Rändern drüsig bewimpert, auf den Flächen kahl, mit stacheliger Spitze; Kronblätter 11–15, gelblich, am Grund purpurn. Blütezeit VII–VIII.
VERWECHSLUNG: Mit der Großblüten-H., *S. grandiflorum*, welche aber grüne, überall drüsig behaarte Blätter ohne Stachelspitze hat.
LEBENSRAUM: Kalkarme Felsfluren, steinige Magerrasen. 1500–2740 m NN, vereinzelt auch tiefer, wie an der Geierwand bei Herberstein in der Oststeiermark (500 m NN).
VERBREITUNG: Endemit der Ostalpen.
NAME: Benannt zu Ehren des Kärntner Geistlichen und Botanikers Franz Xaver Freiherr von Wulfen (1728–1805), der sich u. a. um die Erforschung der Flora und der Mineralien der Ostalpen verdient gemacht hat.

1A

1B

2A

2B

3

4

5

1 | Langblatt-Witwenblume
Knautia longifolia – Dipsacaceae

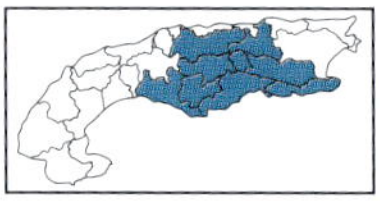

30–100 cm hoch; neben den Blütenstängeln Blattrosetten fehlend oder wenige; Stängel unten kahl oder kurzflaumig (var. *brachytricha*); Blätter ungeteilt, lanzettlich, ganzrandig, meist kahl; Köpfchenstiele feinflaumig, drüsenhaarig und abstehend langhaarig. Krone purpurrosa. Blütezeit VI–VIII.
VERWECHSLUNG: v. a. mit der in den Südostalpen endemischen Monte Baldo-W., *K. baldensis*, deren Stängel am Grund aber abstehend behaart ist und deren Blätter seicht gezähnt sind. Die in den Westalpen endemische Weißlich-W., *K. subcanescens*, hat breit-lanzettliche bis eiförmige Blätter mit gekerbt-gesägtem Blattrand.
LEBENSRAUM: Bergwiesen, Hochstaudenfluren; 1400–2200 m NN.
VERBREITUNG: Südosteuropäisch-montane Art.
NAME: Die Gattung ist zu Ehren des deutschen Arztes und Botanikers Christian KNAUT (1656–1716) benannt, der eine Einteilung der Blütenpflanzen nach der Anordnung der Blütenblätter vornahm.
ALLGEMEIN: Die Gattung der Witwenblumen, *Knautia*, unterscheidet sich von den ähnlichen Skabiosen, *Scabiosa*, durch 4-lappige Blütenkronen, einen höchstens 0,3 mm hohen, unscheinbaren Außenkelch und einen Kelch mit meist 8–10 Borsten.
Die Gattung *Knautia* ist in den Alpen mit 17, oftmals schwer unterscheidbaren Arten vertreten.

2 | Berg-Witwenblume
Knautia maxima – Dipsacaceae
(Syn.: *K. dipsacifolia*)

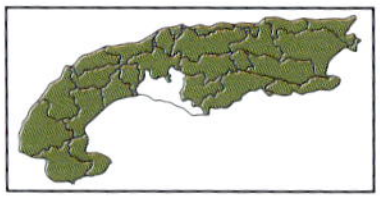

30–90 cm hoch; Stängel besonders unten borstenhaarig (subsp. *maxima*) oder glänzend-kahl (subsp. *sixtina*); Blätter ungeteilt, breit-lanzettlich, ± gezähnt; Blütenköpfe 2,5–4 cm im ∅; Krone blauviolett. Blütezeit VI–IX.
VERWECHSLUNG: Die vielgestaltige Ungarn-W., *K. drymeia*, ist einheitlich fein behaart und hat purpurlila Kronen.
LEBENSRAUM: Wälder, Waldränder, Hochstaudenfluren. Bis 2300 m NN.
VERBREITUNG: Südeuropäisch-montane Art.

3 | Weich-Witwenblume
Knautia mollis – Dipsacaceae

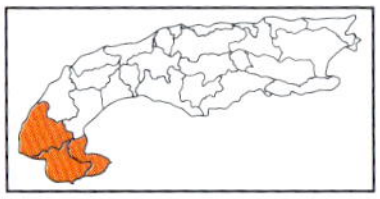

20–60 cm hoch, dicht behaart; Blätter alle fiederschnittig mit 3–7 Fiederlappenpaaren, graufilzig behaart; Blütenkopf 3–5 cm im ∅; Krone rosa. Blütezeit VI–VIII.
VERWECHSLUNG: Die in den Westalpen beheimatete Purpur-W., *K. purpurea*, hat purpurrosa Kronen und grüne, locker behaarte Blätter.
LEBENSRAUM: Steinrasen, Felsschutt, Gebüsch. Bis etwa 2000 m NN.
VERBREITUNG: Endemit der Südwestalpen.

4 | Ressmann-Witwenblume
Knautia ressmannii – Dipsacaceae

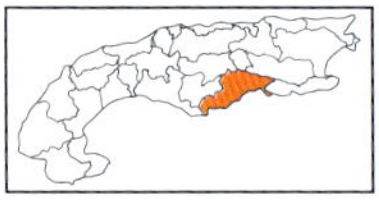

30–100 cm hoch; neben den Blütenstängeln Blattrosetten meist vorhanden; Stängel unten kahl, oben spärlich behaart; Blätter ungeteilt, lanzettlich, seicht gezähnt; Köpfchenstiele behaart, aber drüsenlos. Krone purpurrosa. Blütezeit VI–VIII.
VERWECHSLUNG: v. a. mit der westalpinen Savoyen-W., *K. maxima* subsp. *sixtina*, die aber drüsig behaarte Köpfchenstiele hat.
LEBENSRAUM: Wiesen, Waldränder, Kiefernwald; kalkstet. Bis etwa 1500 m NN.
VERBREITUNG: Endemit der Südostalpen.
NAME: Benannt zu Ehren des österreichischen Rechtsanwaltes und Liebhaberbotanikers Franz RESSMANN, der v. a. in Kärnten und Friaul kartierte.

5 | Südalpen-Witwenblume
Knautia transalpina – Dipsacaceae

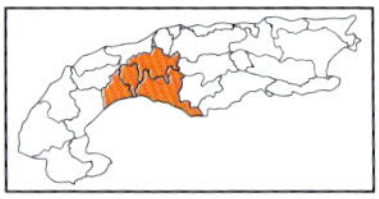

20–70 cm hoch; Stängel unten locker langhaarig, oben kürzer behaart und drüsig; Grundblätter ungeteilt, verkehrt oval-lanzettlich; Stängelblätter ungeteilt breit-lanzettlich oder mit 1–5 Paaren Fiederlappen; Krone purpurrosa. Blütezeit VII–VIII.
VERWECHSLUNG: Die im Kärntner Görschitztal endemische Kärnten-W., *K. carinthiaca*, ist 15–30 cm hoch, hat fiederschnittige Stängelblätter und bleichlila Kronen.
LEBENSRAUM: Wiesen, Steinrasen, Gebüsche; kalkstet. 700–2000 m NN.
VERBREITUNG: Endemit der Südalpen.

1A

1B

2

3A

3B

4

5

1 | Samt-Witwenblume
Knautia velutina – Dipsacaceae

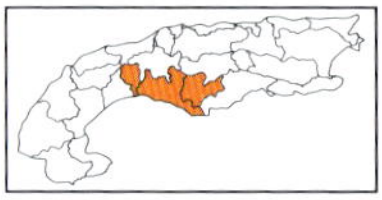

20–70 cm hoch; Stängel unten zottig behaart; Grundblätter breit lanzettlich, in der unteren Hälfte fiederlappig, beiderseits dicht weichhaarig, graugrün; Stängelblätter fiederspaltig mit langer Endfieder; Köpfchenstiele behaart und stieldrüsig; Krone rosa bis purpurrosa. Blütezeit VII–VIII.

VERWECHSLUNG: v. a. mit der Pfirsich-W., *K. persicina*, deren Stängelblätter aber ungeteilt sind und deren Köpfchenstiele drüsenlos behaart sind.

LEBENSRAUM: Magerrasen, Felsrasen; kalkstet. 1200–2000 m NN.

VERBREITUNG: Endemit der Südalpen.

2 | Südalpen-Grasskabiose
Lomelosia graminifolia – Dipsacaceae (Syn.: *Scabiosa graminifolia*)

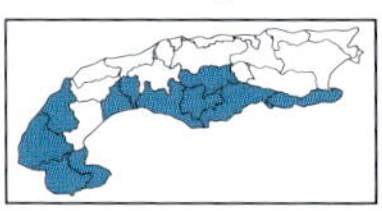

10–50 cm hoch; Stängel austeigend, unverzweigt, einköpfig; Blätter lineallanzettlich, ganzrandig, beiderseits fein seidenhaarig-silbrig; Köpfchen 3–4,5 cm im ⌀; Krone rosalila. Blütezeit VI–VIII.

VERWECHSLUNG: Durch die lineal-lanzettlichen Blätter von allen anderen Kardengewächsen der Alpen unterschieden.

LEBENSRAUM: Felsschutt, steinige Hänge; kalkliebend. Bis etwa 1500 m NN.

VERBREITUNG: Südeuropäisch-montane Art.

3 | Glanz-Skabiose
Scabiosa lucida – Dipsacaceae

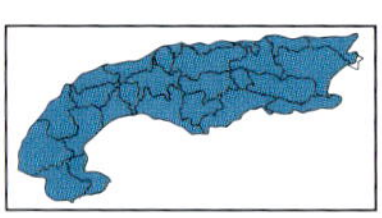

10–50 cm hoch; Blätter meist kahl, oberseits etwas glänzend; Grundblätter und unterste Stängelblätter meist ungeteilt, mittlere Stängelblätter 1 ×-fiederschnittig, der Endzipfel mindestens 2 × so breit wie die seitlichen Zipfeln; Blütenköpfe 2,5–4 cm im ⌀; Kelchborsten 5–8 mm lang, 4–5 × so lang wie der Saum des Außenkelchs. Blütezeit VI–IX.

VERWECHSLUNG: v. a. mit der Tauben-S., *S. columbaria*, die aber zerstreut behaart ist und 3–5 mm lange Kelchborsten hat. Die in den Südwestalpen vorkommende Seiden-S., *S. holoserica*, hat seidig-filzig behaarte Blätter.

LEBENSRAUM: Magerwiesen, felsige Hänge, Kiefernwälder, Felsschutt; kalkliebend. Bis etwa 2800 m NN.

VERBREITUNG: Südeuropäisch-montane Art.

4 | Südlich-Skabiose
Scabiosa triandra – Dipsacaceae

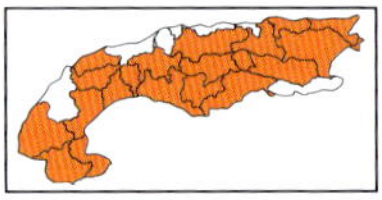

20–80 cm hoch; Stängel unten rückwärts abstehend behaart; Grundblätter und unterste Stängelblätter 1 ×-fiederschnittig; mittlere Stängelblätter 2–3 ×-fiederschnittig; Blütenköpfe 1,5–3 cm im ⌀; Kelchborsten fehlend oder 1–3 mm lang, 0–2 × so lang wie der Saum des Außenkelchs. Blütezeit VI–IX.

VERWECHSLUNG: Die Tauben-S., *S. columbaria*, hat 3–5 mm lange Kelchborsten und meist ungeteilte Grund- und unterste Stängelblätter. Die in den Südalpen endemische Val-Vestino-S., *S. vestina*, hat ungeteilte Grundblätter und Kelchborsten, die 4–5 × so lang wie der Saum des Außenkelchs sind.

LEBENSRAUM: Magerwiesen, Trockenrasen. Bis etwa 1800 m NN.

VERBREITUNG: Südeuropäische Art.

ANMERKUNG: Die Skabiosen, *Scabiosa*, unterscheiden sich von den oft ähnlichen Witwenblumen, *Knautia*, durch die 5-spaltige Krone, die bei *Knautia* 4-spaltig ist.

5 | Rundblatt-Sonnentau
Drosera rotundifolia – Droseraceae

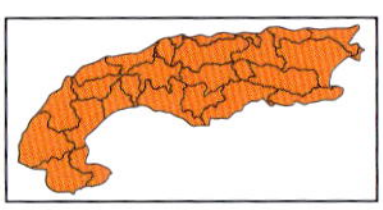

5–15 cm hoch; Blätter grundständig, horizontal ausgebreitet, mit rundlicher Spreite, diese etwa so lang wie breit; Spreite mit lang gestielten, klebrigen Drüsen, die dem Fang und der Verdauung kleiner Insekten zum Zwecke der Stickstoffgewinnung dienen (Carnivorie); Stängel blattlos, aus der Mitte der Blattrosette entspringend; Kronblätter weiß, in einseitswendigen, wenigblütigen Wickeln. Blütezeit VII–VIII.

VERWECHSLUNG: Mit den anderen Sonnentau-Arten, v. a. mit dem Mittel-S., *D. intermedia*, bei dem die Blattspreite aber 2–3 × so lang wie breit ist und bei dem der Stängel seitlich der Blattrosette entspringt. Beim Langblatt-S., *D. anglica*, ist die Blattspreite 4–8 × so lang wie breit.

LEBENSRAUM: Hochmoore, Zwischenmoore und Torfmoosbülten in Flachmooren. Bis 1800 m NN, vereinzelt auch höher, wie im Gotthardgebiet (1920 m NN).

VERBREITUNG: Eurosibirisch-nordamerikanische Art.

ANMERKUNG: Neben der oben beschriebenen artgewordenen Hybride aus *Drosera anglica* × *D. rotundifolia*, die den Namen *Drosera intermedia* trägt, kommt in den Alpen auch die Primärhybride *Drosera* × *obovata* vor. Diese unterscheidet sich von *D. intermedia* u. a. durch den Blütenschaft, der zur Blütezeit 2–3 × so lang wie die Blätter ist. Bei *D. intermedia* ist der Blütenschaft zur Blütezeit nicht oder nur wenig länger als die Blätter.

1
2A
2B
3
4
5A
5B

1 | Besenheide
Calluna vulgaris – Ericaceae

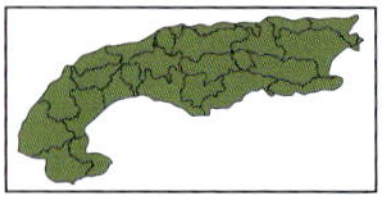

10–50 cm hoher, immergrüner Zwergstrauch; Blätter schuppenförmig, 1–3 mm lang, etwa 0,5 mm breit, 4-zeilig angeordnet, sich dachziegelartig überdeckend; Kronblätter etwa 2 mm lang, Kelchblätter etwa 4 mm lang, beide purpurrosa. Blütezeit VII–IX.
VERWECHSLUNG: Kaum.
LEBENSRAUM: Nährstoffarme, saure Wälder, Zwergstrauchheiden, Magerweiden, Hochmoore; lichtliebend, kalkmeidend. Bis 2500 m NN, vereinzelt auch höher, wie am Lenzerhorn in den Rätischen Alpen (2680 m NN).
VERBREITUNG: Europäische Art von den Azoren und Island bis Westsibirien.

2 | Schnee-Heide
Erica carnea – Ericaceae

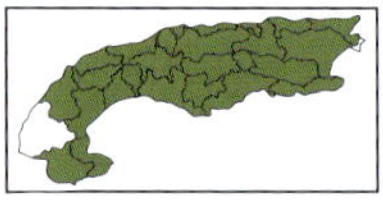

15–30 cm hoher Zwergstrauch; Blätter einzeln, nadelartig, kahl, Blattrand umgerollt; Blüten mit 2–3 mm langen Stielen; Krone und Kelch purpurrosa, Krone um 5 mm lang. Blütezeit II–V.
VERWECHSLUNG: u. U. mit der Grau-H., *E. cinerea*, bei welcher die Blätter aber büschelig angeordnet sind oder mit der Besenheide, *Calluna vulgaris*, welche aber 4-zeilig angeordnete, sich ziegelartig überdeckende, schuppenartige Blätter besitzt und die von VII–IX blüht.
LEBENSRAUM: Kiefernwälder und Felsfluren über Karbonatgestein, seltener über Silikat, Quarzit und Serpentin. Bis ca. 2300 m NN, vereinzelt auch höher, wie am Rothorn in Graubünden (2650 m NN).
VERBREITUNG: Südeuropäisch-montane Art der Alpen, des Apennins und der illyrischen Gebirge.

3 | Gamsheide
Kalmia procumbens – Ericaceae
(Syn.: *Loiseleuria procumbens*)

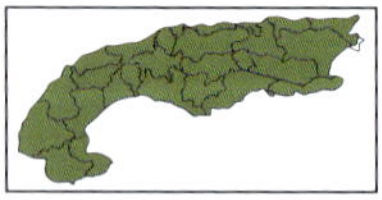

2–15 cm hoher, reich verzweigter Teppichzwergstrauch; Blätter elliptisch bis lanzettlich, 4–6 mm lang, ledrig; Doldentraube endständig, 2–5-blütig, mit aufrechten Blüten; Kelch dunkelrot, Krone rosa. Blütezeit V–VII.
VERWECHSLUNG: Keine.
LEBENSRAUM: Bodensaure, windexponierte Zwergstrauchheiden; kalkmeidend. 1500–2500 m NN, vereinzelt auch höher, wie am Gornergrat im Wallis (2950 m NN), oder tiefer, wie bei Sihl hinter Studen im Kanton Schwyz (900 m NN).
VERBREITUNG: Eurosibirisch-nordamerikanische Art von Island und den Pyrenäen bis Sachalin und Kamtschatka; nördliches Nordamerika.
NAME: Benannt zu Ehren des schwedisch-finnischen Botanikers Pehr Kalm (1716–1779), einem Schüler Linnés. Kalm bereiste in den Jahren 1748 bis 1751 Nordamerika und brachte die ersten amerikanischen *Kalmia*-Pflanzen nach Europa.
Der alte, noch geläufigere Gattungsname ehrt den französischen Arzt und Botaniker Jean-Louis-Auguste Loiseleur-Deslongchamps (1774–1849), der u. a. eine „Flora Gallica" verfasste.

4 | Moosauge
Moneses uniflora – Ericaceae

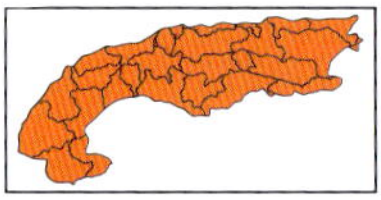

5–12 cm hoch; Blätter in grundständiger Rosette; Blattspreite rundlich, 1–2 cm im ∅, Blattrand fein gezähnt; Blüte einzeln, duftend, nickend; Krone weiß, flach ausgebreitet; Griffel gerade, so lang wie der Fruchtknoten oder länger. Blütezeit V–VII.
VERWECHSLUNG: Keine.
LEBENSRAUM: Moderhumusreiche, schattig-frische Wälder, besonders Nadelwälder. Bis 2000 m NN, vereinzelt auch höher, wie bei der Thurntaler Rast bei Innervillgraten (2100 m NN).
VERBREITUNG: Eurosibirisch-nordamerikanische Art.

5 | Groß-Wintergrün
Pyrola rotundifolia – Ericaceae

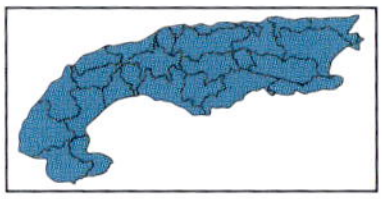

15–30 cm hoch; Stängel stumpfkantig; Blätter in grundständiger Rosette; Blattspreite kreisrund, 3–5 cm im ∅; Blütenstand allseitswendig, 8–30-blütig; Kelchzipfel 3–4 mm lang, 2–3,5 × so lang wie breit; Kronblätter weiß, oft rosa überlaufen; Griffel 6–8 mm lang, gebogen. Blütezeit VI–VII.
VERWECHSLUNG: v. a. mit dem Mittel-W., *P. media*, welches aber zur Blütezeit einen geraden Griffel hat. Beim Klein-W., *P. minor* (Bild **5B**), ist der Griffel nur 1–2 mm lang.
LEBENSRAUM: Wälder, besonders Nadelwälder. Bis 2200 m NN, vereinzelt auch höher, wie am Piz Alf im Engadin (2300 m NN).
VERBREITUNG: Eurosibirisch-nordamerikanische Art.

1
2
3
4A
4B
5A
5B

1 | Rost-Alpenrose

Rhododendron ferrugineum – Ericaceae

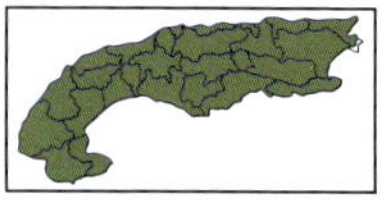

20–100 cm hoher Strauch; Blätter immergrün, oval bis lanzettlich, 1,5–4 cm lang, ganzrandig, unbewimpert, mit nach unten gebogenem Rand, unterseits rostbraun; Blüten in 6–12-blütigen, doldenartigen Trauben am Ende der Zweige; Krone purpurrot. Blütezeit VI–VII, in den insubrischen Südalpentälern oft 2-mal im Jahr blühend.

VERWECHSLUNG: Mit der Wimper-A., *R. hirsutum*, welche aber beiderseits grüne, deutlich bewimperte Blätter hat.

LEBENSRAUM: Frische, meist bodensaure Zwergstrauchheiden, lichte Nadelwälder, Krummholzgebüsche; kalkmeidend. 1500–2600 m NN, vereinzelt auch höher, wie am Colle del Argentera in den Seealpen (3200 m NN) oder tiefer, wie bei Nazzaro am Lago Maggiore (210 m NN).

VERBREITUNG: Südeuropäisch-montane Art von den Pyrenäen bis Illyrien.

2 | Wimper-Alpenrose

Rhododendron hirsutum – Ericaceae

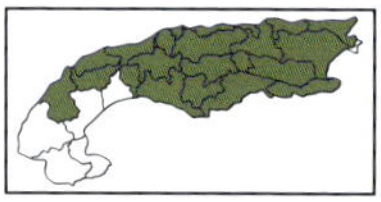

20–100 cm hoher Strauch; Blätter immergrün, oval bis lanzettlich, 1,5–4 cm lang, ganzrandig bis fein gekerbt, nicht umgebogen, 1–3 mm lang bewimpert, beiderseits grün bleibend, beiderseits drüsig punktiert; Blüten in 6–12-blütigen, doldenartigen Trauben am Ende der Zweige; Krone purpurrosa. Blütezeit V–VII.

VERWECHSLUNG: Mit der Rost-A., *R. ferrugineum*.

LEBENSRAUM: Felsen, Latschengebüsche, Zwergstrauchheiden; kalkliebend, schneeschutzbedürftig. 1200–2500 m NN, nicht selten tief hinabsteigend, wie am Dobovec (250 m NN).

VERBREITUNG: Alpische Art.

ANMERKUNG: Wo Rost-Alpenrose (*Rh. ferrugineum*) und Wimper-Alpenrose (*Rh. hirsutum*) zusammen vorkommen, ist auch die Hybridsippe *Rhododendron × intermedium* oftmals zu finden.

3 | Zwergalpenrose

Rhodothamnus chamaecistus – Ericaceae

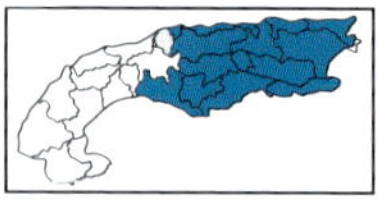

5–25 cm hoher Zwergstrauch mit niederliegenden bis aufsteigenden Zweigen; Blätter lanzettlich bis verkehrt-eiförmig, ledrig, gegenständig; Blüten endständig, zu 1–4, ausgebreitet, keine Kronröhre bildend; Blütenstiele 10–15 mm lang, drüsenhaarig; Krone kräftig rosa. Blütezeit V–VII.

VERWECHSLUNG: u. U. mit der Wimper-Alpenrose, *Rhododendron hirsutum*, welche aber eine deutliche Kronröhre bildet und wechselständige Blätter hat.

LEBENSRAUM: Felsschuttfluren, Felsfluren, Zwergstrauchheiden und Latschengebüsch; kalkstet. 1000–2100 m NN, vereinzelt auch höher, wie am Nuvolau im Ampezzo (2350 m NN). Nicht selten in Schluchten auch bis in tiefe Lagen reichend.

VERBREITUNG: Endemit der Ostalpen.

4 | Mandel-Wolfsmilch

Euphorbia amygdaloides – Euphorbiaceae

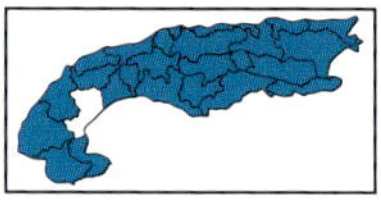

30–60 cm hoch, mit zahlreichen sterilen Trieben; Blattspreite verkehrt-eilanzettlich, in den kurzen Blattstiel verschmälert, Blätter in der Mitte des Blühtriebes rosettig gehäuft; endständige Scheindolde 5–9-strahlig; Tragblätter verwachsen; Nektardrüsen mondsichelförmig, gelb oder purpurn. Blütezeit IV–VI.

VERWECHSLUNG: Bei der Süß-W., *E. dulcis*, sind die Tragblätter nicht verwachsen, die endständige Scheindolde ist 3–5-strahlig. Canut-W., *E. hyberna* subsp. *canuti*, hat zur Blütezeit keine sterilen Triebe, die Stängelblätter sitzen ungestielt.

LEBENSRAUM: Edellaubwälder, kalkliebend. Bis 1700 m NN.

VERBREITUNG: Europäisch-westasiatische Art.

5 | Veränderlich-Wolfsmilch

Euphorbia variabilis – Euphorbiaceae

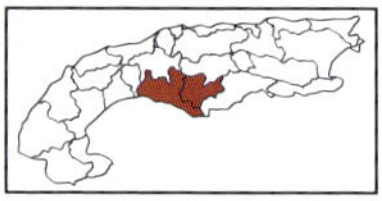

15–35 cm hoch, kahl; Stängel aufsteigend oder aufrecht; Blätter von unten nach oben größer werdend, lanzettlich, bläulichgrün; Trugdolde endständig, meist von blattachselständigen, blühenden Nebenästen begleitet. Blütezeit IV–VII.

VERWECHSLUNG: Die in den Südwestalpen endemische Vallino-W., *E. valliniana*, ist 6–15 cm hoch und hat eiförmige Blätter.

LEBENSRAUM: Bergwiesen, buschige Hänge, Waldränder; kalkstet. Bis 1700 m NN.

VERBREITUNG: Endemit der Südalpen.

1A

1B

2

3A

3B

4

5

1 | Österreich-Wolfsmilch
Euphorbia austriaca – Euphorbiaceae

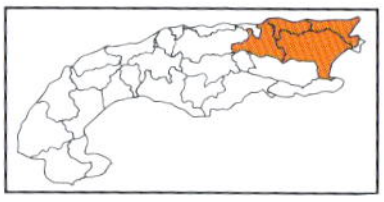

40–80 cm hoch; Stängel oben zerstreut behaart; mittlere und obere Stängelblätter schmal-elliptisch bis verkehrt-eilänglich, 7–10 cm lang, 2–3,5 cm breit, oberseits kahl, unterseits weichhaarig; die seitlichen Teilblütenstände überragen zuletzt die endständigen Scheindolden nicht; Hüllblätter der Blütenstandsstrahlen eiförmig, gelbgrün. Blütezeit V–VII.
VERWECHSLUNG: v. a. mit der Flaum-W., *E. villosa*, die aber oben einen kahlen Stängel hat, die seitlichen Teilblütenstände überragen zuletzt die endständigen Scheindolden deutlich, Blätter 1–2 cm breit.
LEBENSRAUM: Frische, kalkreiche, lichte Wälder, Hochstaudenfluren, Fettweiden, Bachufer und Krummholz; kalkliebend. 800–2100 m NN, vereinzelt auch tiefer, wie bei Molln am Sengsengebirge (490 m NN).
VERBREITUNG: Endemit der Nordostalpen, westlich bis zum Schafberg.

2 | Krain-Wolfsmilch
Euphorbia carniolica – Euphorbiaceae

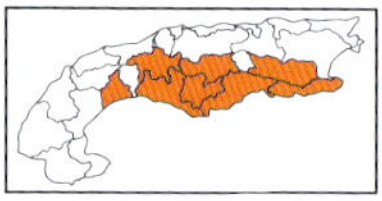

25–50 cm hoch; Stängel unverzweigt, bogig aufsteigend; Blätter eilanzettlich, 3–6 cm lang, 0,7–1,5 cm breit, ganzrandig, unterseits ± behaart, oberseits meist kahl; Hüllchenblätter elliptisch bis eiförmig, fast ganzrandig; endständiger Blütenstand (Cyathium) 5–15 mm lang gestielt. Blütezeit V–VI.
VERWECHSLUNG: u. a. mit der Kanten-W., *E. angulata*, die aber einen kantigen Stängel und einen nur 1–3 mm lang gestielten endständigen Blütenstand hat.
LEBENSRAUM: Lichte Edellaubwälder, frische Säume, Kiefernwälder, Bergwiesen; kalkliebend. Bis 1900 m NN.
VERBREITUNG: Südeuropäisch-montane Art von den Südalpen bis in die Ostkarpaten.

3 | Zypressen-Wolfsmilch
Euphorbia cyparissias – Euphorbiaceae

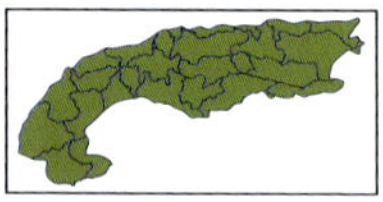

15–35 cm hoch, mit zahlreichen Stängeln; unter dem Blütenstand mit nichtblühenden Seitentrieben; Blätter lineal, 1,5–3 cm lang, 1–3 mm breit, am Grunde verschmälert; Blütenstand 10–20-strahlig; Tragblätter grüngelb oder rot; Frucht mit halbkugeligen Warzen. Blütezeit IV–VI.
VERWECHSLUNG: Die Steppen-W., *E. seguieriana*, hat glatte Früchte und 3–7 mm breite Blätter.
LEBENSRAUM: Magerrasen, Weiderasen, Felsfluren, lichte Trockenwälder. Bis 2700 m NN.
VERBREITUNG: Europäische Art, östlich bis zum Baikalsee.
ANMERKUNG: Vom Erbsenrost befallene Pflanzen haben orange Pusteln und zeigen ein gänzlich anderes Aussehen.

4 | Felsen-Wolfsmilch
Euphorbia saxatilis – Euphorbiaceae

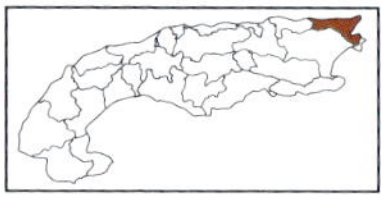

5–12 cm hoch; Stängel aus liegendem Grund aufsteigend; Blütentriebe in der Mitte auffallend dicht, fast rosettig beblättert; Blätter bläulichgrün, lanzettlich; endständige Scheindolden 3–5-strahlig. Blütezeit V–VI.
VERWECHSLUNG: v. a. mit Kerners Dreiblüten-W., *E. triflora* subsp. *kerneri*.
LEBENSRAUM: Lichte Schwarzkiefernwälder, steinige Magerrasen, Dolomitfels- und -schuttfluren. 360–1100 m NN.
VERBREITUNG: Endemit der Nordostalpen.

5 | Kerners Dreiblüten-Wolfsmilch
Euphorbia triflora subsp. *kerneri* – Euphorbiaceae

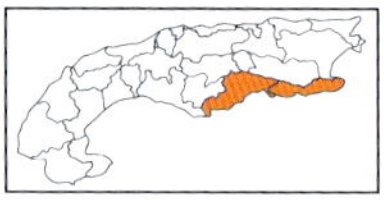

6–20 cm hoch; Blätter der blütentragenden Stängel 7–20 mm lang, 5–7 mm breit, Blätter der nichtblühenden Sprosse 30–40 mm lang, 6–8 mm breit; Hüllblätter rundlich; Hüllchenblätter rautenförmig, breiter als lang. Blütezeit IV–VI.
VERWECHSLUNG: v. a. mit der Felsen-W., *E. saxatilis*, bei der aber die Blütentriebe in der Mitte auffallend dicht beblättert sind und die in den Nordostalpen endemisch ist.
LEBENSRAUM: Kalkschutt, Felsen, steinige Rasen; kalkstet. Bis 1400 m NN.
VERBREITUNG: Endemit der Südostalpen.
NAME: Die Unterart ist zu Ehren des österreichischen Botanikers Anton Joseph Kerner von Marilaun (1831–1898), benannt. Kerner ließ in Tirol in verschiedenen Höhenstufen Versuchsgärten anlegen, um den Einfluss des Klimas auf Pflanzen zu studieren. Auf der Nockspitze bei 1700 Metern, auf der Seegrubenspitze bei rund 2000 Metern und am Patscherkofel auf 2300 Metern NN errichtete er Versuchsanlagen.

1

2

3A

3B

4

5

1 | Berg-Wundklee
Anthyllis montana – Fabaceae

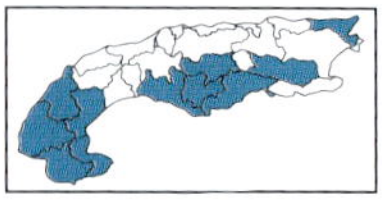

2–12 cm hoch; Blätter unpaarig gefiedert mit 11–31 Blättchen; Blättchen lanzettlich, das Endblättchen nicht größer als die Seitenblättchen. Krone purpurrot (subsp. *montana*, Bild **1A**) oder hellrosa mit purpurner Aderung bis fast weiß (subsp. *jacquinii*, Bild **1B**). Blütezeit V–VII.

VERWECHSLUNG: Kaum.

LEBENSRAUM: Steinige Rasen, Kalkfelsen, Kiefernwälder, Geröll; kalkstet. Bis etwa 2300 m NN.

VERBREITUNG: Südeuropäisch-montane Art.

ANMERKUNG: Tritt in den Westalpen nur in der Nominatform subsp. *montana*, in den Ostalpen nur in der subsp. *jacquinii* auf.

2 | Alpen-Wundklee
Anthyllis vulneraria subsp. *alpicola* – Fabaceae

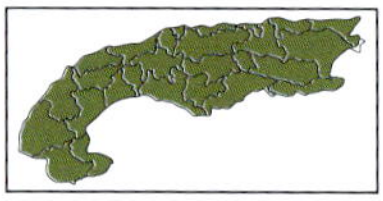

5–20 cm hoch; Blätter unpaarig gefiedert mit größerem Endblättchen, dieses etwa 2 × so lang und 2–3 × so breit wie die seitlichen Blättchen; die Grundblätter dieser Unterart bestehen teilweise nur aus dem großen Endblättchen (Bild **2B**); Krone goldgelb bis hellgelb, in dichten, kopfigen Blütenständen; Kelch weißhaarig, aufgeblasen, 13–15 mm lang. Blütezeit V–VIII.

VERWECHSLUNG: Mit den anderen Unterarten. Diese haben aber nur 8–13 mm lange Kelche und Endblättchen, die gleich groß oder nur unbedeutend größer als die Seitenblättchen sind.

LEBENSRAUM: Schuttfluren, steinige Magerrasen; kalkliebend. 1000–2900 m NN.

VERBREITUNG: Südeuropäisch-montane Unterart.

ANMERKUNG: *Anthyllis vulneraria* zählt zu den variabelsten Pflanzenarten Europas. 8 Unterarten besiedeln den Alpenraum:

- subsp. *alpicola*: gesamte Alpen.
- subsp. *carpatica*: zerstreut durch die gesamten Alpen, fehlt aber größeren Gebieten in den Süd- und Südwestalpen.
- subsp. *forondae*: Südwestalpen.
- subsp. *polyphylla*: zerstreut durch die Alpen, fehlt aber größeren Gebieten der Nordalpen.
- subsp. *pseudovulneraria*: zerstreut durch die gesamten Alpen.
- subsp. *rubriflora*: Südwestalpen und äußerster Rand der Südalpen.
- subsp. *valesiaca*: Endemit der Westalpen.
- subsp. *vulnerarioides*: Südwestalpen.

3 | Fuchsschwanz-Tragant
Astragalus alopecurus – Fabaceae
(Syn.: *A. centralpinus*)

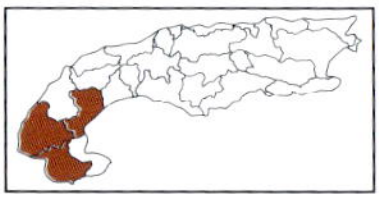

40–120 cm hoch mit meist mehreren, bis 1 cm dicken, verzweigten, dicht behaarten Stängeln; Blätter bis 30 cm lang, mit meist 41–53 Blättchen; Blättchen eiförmig, oberseits kahl, unterseits behaart; Blütenstände eiförmig; Krone blassgelb; Kelch dicht wollig behaart. Blütezeit VI–VIII.

VERWECHSLUNG: Keine.

LEBENSRAUM: Trockenrasen, lichte Bergwälder. Bis etwa 1900 m NN.

VERBREITUNG: Europäisch-westasiatische Art.

4 | Alpen-Tragant
Astragalus alpinus – Fabaceae

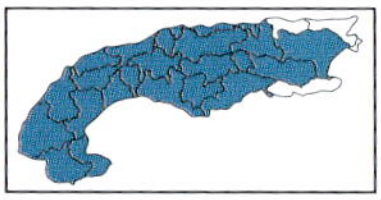

5–25 cm hoch, aufsteigend; Blätter unpaarig gefiedert mit 15–25 Blättchen; Blättchen eiförmig bis breit-lanzettlich, 5–20 mm lang; Blüten in 5–15-blütigen Trauben; Blüte 10–12 mm lang; Krone weiß, Fahne und Schiffchen vorne violett. Blütezeit VI–VIII.

VERWECHSLUNG: Mit dem Norwegen-T., *A. norvegicus*, der aber einfarbig violettblaue Blütenkronen und 13–15-zählige Blätter hat. Der Süd-T., *A. australis* hat weißliche Blütenkronen mit violetter Schiffchenspitze und 9–15-zählige Blätter.

LEBENSRAUM: Magerwiesen, Weiderasen, lichte Lärchenwälder; kalkliebend. 1300–3100 m NN, vereinzelt auch tiefer, wie am Rhein bei Rothenbrunnen (520 m NN).

VERBREITUNG: Arktisch-alpine Art.

5 | Süd-Tragant
Astragalus australis – Fabaceae

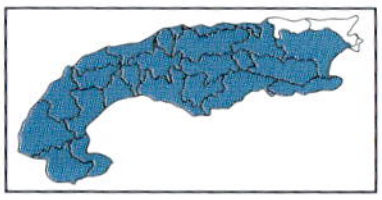

3–20 cm hoch, niederliegend bis aufsteigend; Blätter mit 9–15 Blättchen; Blättchen lanzettlich bis elliptisch, 6–16 mm lang, 2–5 mm breit; Blütenstand 8–16-blütig; Blütenkrone gelblichweiß bis rosaweiß mit violetter Schiffchenspitze. Blütezeit V–VIII.

VERWECHSLUNG: Mit dem Alpen-T., *A. alpinus*.

LEBENSRAUM: Steinrasen, Ruhschutt; kalkliebend. 1600–3100 m NN, vereinzelt tief herabgeschwemmt, wie an der Kander bei Thun (560 m NN).

VERBREITUNG: Eurosibirische Art von den Pyrenäen bis zum Altai.

1A
1B
2A
2B
3
4
5

1 | Liege-Tragant
Astragalus depressus – Fabaceae

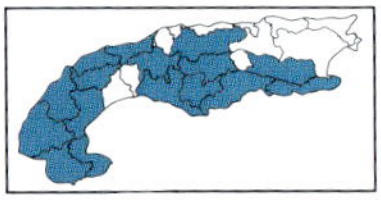

2–6 cm hoch, niederliegend; Blätter am Stängelgrund rosettig gehäuft, unterseits anliegend behaart, oberseits kahl, unpaarig gefiedert mit 17–25 Blättchen; Blättchen breit-eiförmig, oft ausgerandet, 5–12 mm lang; Blütenstand 6–14-blütig; Blütenkrone weißlich bis blassviolett. Blütezeit V–VII.

VERWECHSLUNG: Mit dem Alpen-T., *A. alpinus*, bei dem die Blätter aber am Stängelgrund nicht rosettig gehäuft sind.

LEBENSRAUM: Felsensteppen, Trockenrasen, trockene Läger; kalkliebend. Bis 2700 m NN.

VERBREITUNG: Südeuropäisch-westasiatische Art.

2 | Boden-Tragant
Astragalus exscapus – Fabaceae

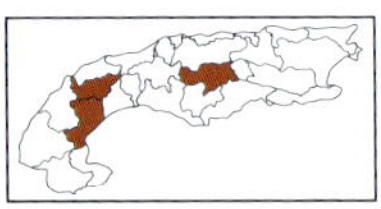

3–10 cm hoch, ± stängellos, Blätter und Blüten grundständig; Blätter unpaarig gefiedert mit 25–39 Blättchen; Blättchen abstehend behaart, 10–20 mm lang; Blütenstand 3–9-blütig; Blütenkrone gelb. Blütezeit V–VIII.

VERWECHSLUNG: Keine.

LEBENSRAUM: Trockenrasen, Kiefernwälder; kalkliebend. Bis 2200 m NN.

VERBREITUNG: Von den Westalpen bis in die Ukraine.

3 | Kälte-Tragant
Astragalus frigidus – Fabaceae

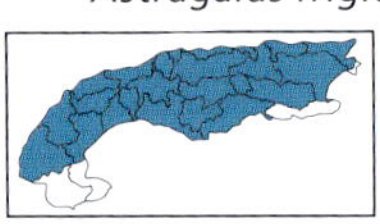

10–35 cm hoch; Stängel kahl; Blätter 7–17-zählig gefiedert; Blättchen eiförmig, 15–35 mm lang, 7–15 mm breit, unterseits netzartig; Blütenkrone 14–17 mm lang, gelbweiß. Blütezeit VII–VIII.

VERWECHSLUNG: Mit dem Hänge-T., *A. penduliflorus*, welcher aber 15–31-zählige Blätter mit 3–6 mm breiten Blättchen hat.

LEBENSRAUM: Magerrasen, steile Hänge und Grate; kalkliebend. 1700–2800 m NN, vereinzelt auch tiefer, wie herabgeschwemmt an der Linth (780 m NN).

VERBREITUNG: Arktisch-alpine Art.

4 | Purpur-Tragant
Astragalus hypoglottis – Fabaceae

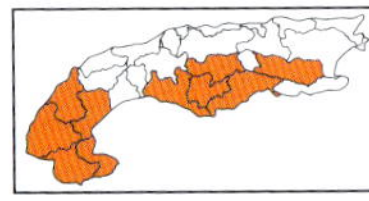

5–25 cm hoch; Stängel und Blätter dicht mit weißen Haaren besetzt; Blätter mit 15–25 Blättchen; Blättchen 8–20 mm lang und 3–5 mm breit; Nebenblätter bis zu etwa ⅓ ihrer Länge miteinander verwachsen; Blüten 1,2–1,4 cm lang, in 5–20-blütigen Köpfen; Kelch hell bis schwärzlich behaart; Kelchzähne kürzer als die Kelchröhre; Krone purpurn; Frucht 10–15 mm lang. Blütezeit V–VII.

VERWECHSLUNG: v. a. mit dem Dänisch-T., *A. danicus*, der aber eine 7–8 mm lange Frucht hat und Nebenblätter, die bis etwa zur ½ ihrer Länge miteinander verwachsen sind.

LEBENSRAUM: Magerwiesen, Felsgeröll; kalkliebend. Bis etwa 1900 m NN.

VERBREITUNG: Südeuropäisch-montane Art.

5 | Lienz-Tragant
Astragalus leontinus – Fabaceae

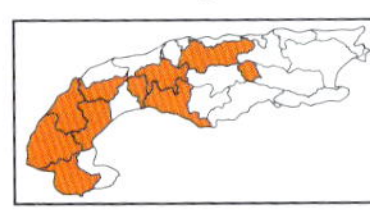

5–20 cm hoch; Blätter mit 13–21 Blättchen; Blättchen schmal-elliptisch, 5–15 mm lang, 2–6 mm breit; Blütenstände dicht, 10–20-blütig; Blütenkrone blauviolett bis lila, 12–15 mm lang; Fahne eiförmig, die Flügel um höchstens 3 mm überragend. Blütezeit VI–VIII.

VERWECHSLUNG: Mit dem Langfahnen-T., *A. onobrychis*, (siehe S. 200). Der Österreich-T., *A. austriacus*, hat 5–8 mm lange Blüten und 1–2 mm breite Blättchen.

LEBENSRAUM: Trockenrasen, Geröllschutt, lichte Kiefern- und Lärchenwälder; kalkliebend. 1000–2600 m NN.

VERBREITUNG: Alpisch-illyrische Art.

6 | Montpellier-Tragant
Astragalus monspessulanus – Fabaceae

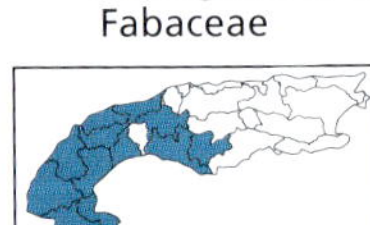

5–20 cm hoch, ± stängellos, Blätter und Blütenstandstiele daher ± grundständig; Blätter mit 21–41 Blättchen; Blättchen eiförmig bis breit-lanzettlich, 5–12 mm lang und 3–5 mm breit; Blütenstand 8–15-blütig; Blütenkrone purpurrot bis rosaweiß, 2–3 cm lang; Fahne die Flügel überragend. Blütezeit IV–VII.

VERWECHSLUNG: Mit dem Langfahnen-T., *A. onobrychis*, (siehe S. 200).

LEBENSRAUM: Trockenrasen, Kiefernwälder, Flussgeschiebe; kalkliebend. Bis 2600 m NN.

VERBREITUNG: Mediterrane Art.

1
2
3
4
5
6

1 | Norwegen-Tragant
Astragalus norvegicus – Fabaceae

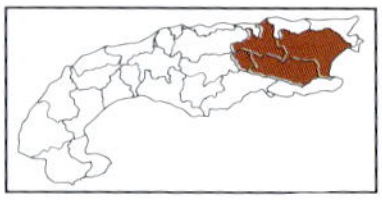

10–30 cm hoch; Blätter gefiedert, 13–15-zählig; Blättchen eiförmig-elliptisch, 1–2,5 cm lang; Blüten 10–12 mm lang, abstehend bis nickend; Krone hell-violettblau. Blütezeit VII–VIII.
VERWECHSLUNG: Mit dem Alpen-T., *A. alpinus*, (siehe S. 196).
LEBENSRAUM: Frische Wiesen und Felsfluren. 1700–2500 m NN.
VERBREITUNG: Arktische-alpine Art von den skandinavischen Gebirgen bis Süd-Sibirien, außerdem in den Alpen und den zentralen Karpaten.

2 | Langfahnen-Tragant
Astragalus onobrychis – Fabaceae

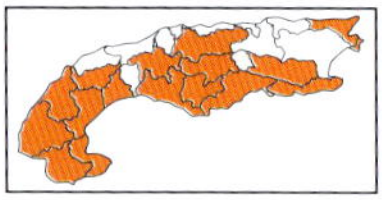

10–30 cm hoch, niederliegend bis aufsteigend; Blätter unpaarig gefiedert mit 17–27 Blättchen, anliegend behaart; Blättchen lanzettlich, 6–15 mm lang und 2–3 mm breit; Blütenkrone leuchtend purpurn bis lilapurpurn, 18–24 mm lang; Fahne fast lineal, um 6–10 mm länger als die Flügel. Blütezeit V–VII.
VERWECHSLUNG: Beim Montpellier-T., *A. monspessulanus*, sind alle Blätter ± grundständig, seine Blättchen sind 3–5 mm breit. Der Dänisch-T., *A. danicus*, hat lilaviolette Blütenkronen mit gelblichweißem Grund, seine Fahne ist höchstens 1¼ × so lang wie die Flügel. Der Lienz-Tragant, *A. leontinus*, hat lila Blütenkronen und eine eiförmige Fahne.
LEBENSRAUM: Trockenwiesen, Kiefernwälder, Kalkschutt; kalkstet. Bis 1900 m NN.
VERBREITUNG: Osteuropäisch-westasiatische Art von Südfrankreich bis ins Altai.

3 | Hänge-Tragant
Astragalus penduliflorus – Fabaceae

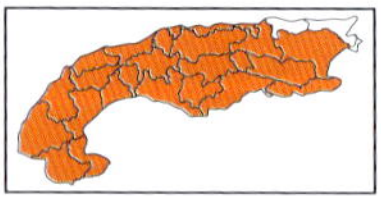

30–70 cm hoch, aufrecht oder aufsteigend, ästig, behaart; Blätter unpaarig gefiedert, mit 15–31 Blättchen; Blättchen lanzettlich, 3–6 mm breit; Blütenkrone lebhaft gelb, 9–13 mm lang; Frucht stark aufgeblasen. Blütezeit VII–VIII.
VERWECHSLUNG: Mit dem Kälte-T., *A. frigidus* (siehe S. 198).
LEBENSRAUM: Sonnige, steinige Magerrasen, Felsschutt. 1300–2850 m NN, vereinzelt auch tiefer, wie im Traufbachtal im Allgäu bei Spielmannsau (1140 m NN).
VERBREITUNG: Südeuropäisch-montane Art von den Pyrenäen bis zu den Karpaten.

4 | Dorn-Tragant
Astragalus sempervirens – Fabaceae

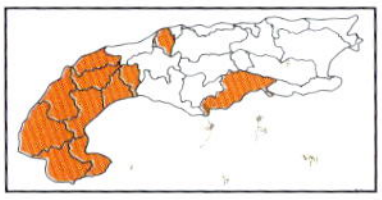

5–20 cm hoch, niederliegend bis aufsteigend, holzig, dicht mit den dornigen Mittelrippen der vorjährigen Blätter besetzt; Blätter beidseitig lang behaart, paarig-gefiedert, mit 12–22 Blättchen und einem stechenden Dorn anstelle des Endblättchens; Blütenstand 3–8-blütig; Blütenkrone weiß bis blassrosa. Blütezeit V–VIII.
VERWECHSLUNG: Von allen anderen *A.*-Arten durch die bedornten Blätter gut unterscheidbar.
LEBENSRAUM: Steinige, südexponierte Hänge, Kalkfelsen; kalkstet. Bis 2740 m NN.
VERBREITUNG: Westalpisch-pyrenäisch-apenninische Art.
ANMERKUNG: Tritt in den Alpen in der abstehend behaarten und größerblütigen (15–18 mm) Nominatform und in der kleinerblütigen (12–15 mm) und mehr anliegend behaarten subsp. *alpinus* auf.

5 | Blasen-Tragant
Astragalus vesicarius – Fabaceae

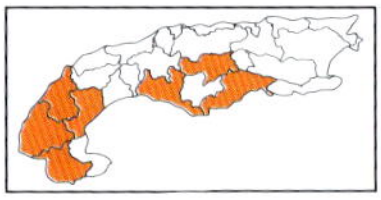

5–25 cm hoch; Stängel und Blätter dicht anliegend silbergrau behaart; Blätter mit 7–19 Blättchen; Blättchen eiförmig-lanzettlich, 5–15 mm lang, 2–5 mm breit; Blütenstand 3–13-blütig; Blüten 2–2,5 cm lang, Krone purpurviolett oder gelb; Kelch mit kurzen schwarzen und langen weißen Haaren besetzt, sich nach der Blüte blasenförmig erweiternd. Blütezeit V–VII.
VERWECHSLUNG: Unterscheidet sich von den anderen in den Alpen vorkommenden Tragant-Arten durch die nach der Blüte aufgeblasenen Kelche.
LEBENSRAUM: Trockenrasen, Felsfluren, lichte Kiefernwälder. Bis etwa 1700 m NN.
VERBREITUNG: Südeuropäisch-montane Art.
ANMERKUNG: Unterteilt sich in den Alpen in die purpurviolette Nominatform subsp. *vesicarius* und die gelbblühende subsp. *pastellianus*.

1

2A

2B

3

4

5

1 | Rauhaar-Zwerggeißklee

Chamaecytisus hirsutus – Fabaceae

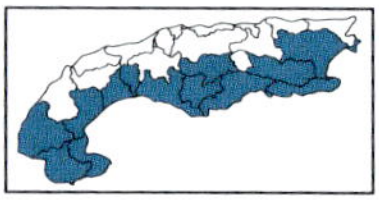

5–100 cm hoher Strauch; Äste in der Jugend und bis ins 2. Jahr zottig behaart; Blätter 3-teilig, mit 1–3 cm langen Blättchen; Blüten zu 1–4 an seitenständigen Kurztrieben, welche zusammen einen traubigen, beblätterten Blütenstand bilden, ohne endständigem Blütenköpfchen. Blütezeit IV–VI.

VERWECHSLUNG: v. a. mit dem Kopf-Z., *Ch. supinus*, bei dem die 2-jährigen Äste allerdings ziemlich verkahlt und deren Blüten sowohl zu 1–3 an den seitenständigen Kurztrieben, als auch zu 2–6 am Ende der Langtriebe sind.

LEBENSRAUM: Steinige Matten, Eichen-Kiefernwälder, Schuttfluren, Magerwiesen, Felsen usw. Bis 2200 m NN.

VERBREITUNG: Südeuropäisch-westasiatische Art.

ANMERKUNG: Im Alpenraum in 3 Unterarten:

- subsp. *hirsutus* (Bild **1A**): bis 100 cm hoch, Kelch und Frucht lang abstehend behaart; von den Seealpen bis ins Burgenland.
- subsp. *ciliatus*: bis 100 cm hoch, Frucht kahl oder bewimpert; kalkmeidend, in den Südostalpen.
- subsp. *pumilus* (Bild **1B**): bis 25 cm hoch, Kelch und Frucht lang abstehend behaart; kalkliebend, Endemit der Südwestalpen.

2 | Purpur-Zwerggeißklee

Chamaecytisus purpureus – Fabaceae

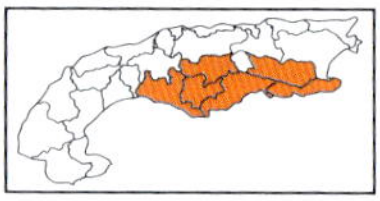

15–80 cm hoher Strauch mit niederliegenden bis aufsteigenden Ästen; Blätter 3-teilig, Blättchen verkehrt-eiförmig, zerstreut behaart bis kahl; Blüten zu 1–3 an Kurztrieben in den Blattwinkeln vorjähriger Zweige; Blütenkrone purpurrosa. Blütezeit IV–VI.

VERWECHSLUNG: Keine.

LEBENSRAUM: Kiefernwälder, Felshänge, Magerweiden; kalkliebend. Bis 1500 m NN.

VERBREITUNG: Ostalpisch-illyrische Art.

3 | Südgeißklee

Cytisophyllum sessilifolium – Fabaceae

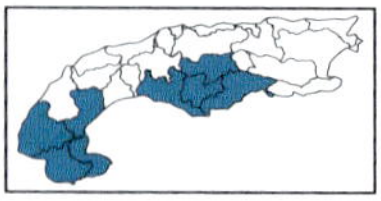

0,3–2 m hoher Strauch, kahl; Blätter 3-teilig, die unteren kurz gestielt, die oberen sitzend; Blättchen rund bis rhombisch, zugespitzt, bläulich bereift; Blüten zu 2–10 in endständigen Trauben.

VERWECHSLUNG: u. a. mit dem Bergamasker-Alpen-Geißklee, *Cytisus emeriflorus*, bei dem aber alle Blätter gestielt sind und die Blüten zu 1–4 in den Blattwinkeln stehen. Der Trauben-Geißklee, *Cytisus nigricans*, hat einen behaarten Kelch, gestielte Blätter und Blütentrauben mit 20–80 Blüten.

LEBENSRAUM: Felsige Hänge, Gebüschränder, lichte Wälder; kalkliebend. Bis 1700 m NN.

VERBREITUNG: Mediterrane Art von Spanien bis Südtirol.

4 | Deutsch-Ginster

Genista germanica – Fabaceae

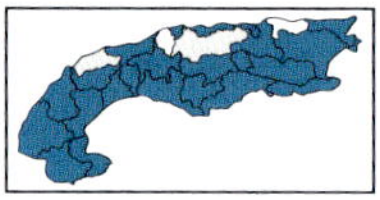

10–60 cm hoher, behaarter Strauch mit dornigen, blattlosen älteren und dornenlosen, beblätterten jungen Zweigen; Blätter einfach, ganzrandig, 1–1,5 cm lang; Blüten 8–10 mm lang. Blütezeit V–VI.

VERWECHSLUNG: v. a. mit dem Färber-G., *G. tinctoria*, welcher aber unbewehrt ist und 1,5–3,5 cm lange Blätter hat.

LEBENSRAUM: Bodensaure, trockene Wälder, Magerwiese, Waldränder; kalkmeidend, Säurezeiger. Bis 2300 m NN.

VERBREITUNG: Europäische Art, östlich bis zur Wolga.

5 | Heide-Ginster

Genista pilosa – Fabaceae

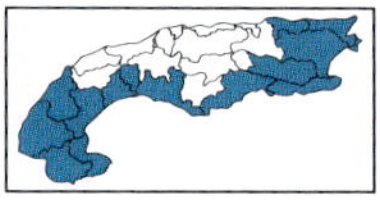

5–30 cm hoher Zwergstrauch, unbewehrt, ganze Pflanze angedrückt seidenhaarig; Blätter 6–13 mm lang, schmal-elliptisch bis schmal-verkehrt-eiförmig, in der Jugend seidenhaarig, oberseits verkahlend; Blüten zu 1–3 an Kurztrieben; Blütenstiel 2–3 mm lang; Flügel der Blüte bogig aufgekrümmt. Blütezeit IV–VI.

VERWECHSLUNG: v. a. mit dem Seiden-G., *G. sericea*, (siehe S. 204) und dem auf die französischen Alpen beschränkten Villars-G., *G. pulchella* subsp. *villarsiana*, der aber 2–9 mm lange Blätter hat und einzeln angeordnete Blüten.

LEBENSRAUM: Trockenrasen, Felssteppen, Wälder, besonders Kiefernwälder, Magerwiesen. Bis etwa 1800 m NN.

VERBREITUNG: Europäische Art von Portugal und Großbritannien bis Posen und zur Balkanhalbinsel.

1A

1B

2A

2B

3

4

5

1 | Kugel-Ginster

Genista radiata – Fabaceae

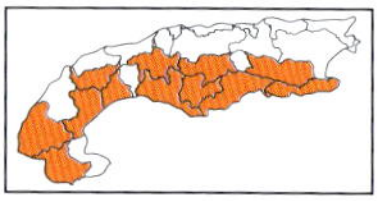

20–80 cm hoher, ästiger, ± sparrig-kugeliger Strauch mit dornenlosen Stängeln und gegenständigen bis quirligen grünen Zweigen; Blätter gegenständig, 3-zählig; Blättchen lineal, 1–2 cm lang und etwa 1 mm breit; Blüten in kurzen Trauben. Blütezeit V–VII.

VERWECHSLUNG: Von den anderen in den Alpen vorkommenden *Genista*-Arten durch die linealen Blättchen unterschieden.

LEBENSRAUM: Trockenwarme Schutthänge, lichte Kiefern- und Hopfenbuchenwälder; kalkliebend. Bis 2200 m NN.

VERBREITUNG: Südeuropäisch-montane Art von den Westalpen bis zu den Karpaten.

ALLGEMEIN: Auf die Samen von Ginster und Nächstverwandte spezialisiert hat sich der Ginster-Samenkäfer, *Bruchidius villosus*. Als Raupen-Futterpflanzen sind die Ginster-Arten u. a. für den Gesprenkelten Ginsterspanner, *Isturgia roraria*, und den Ginsterheiden-Silberstreifenspanner, *Chesias rufata*, von Bedeutung.

2 | Flügel-Ginster

Genista sagittalis – Fabaceae

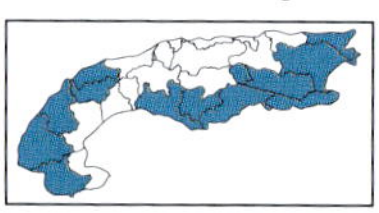

10–30 cm hoher Halbstrauch mit kriechenden, dornenlosen Stängeln und zahlreichen aufrechten, beblätterten Zweigen; Stängel und Zweige breit geflügelt; Blätter ungeteilt, breit-lanzettlich, 0,5–2 cm lang; Blüten in kurzen, dichten, endständigen Trauben. Blütezeit V–VII.

VERWECHSLUNG: Durch die breit geflügelten Stängel keine.

LEBENSRAUM: Trockene, bodensaure Magerwiesen, lichte Kiefern- und Eichenwälder, Waldränder; kalkmeidend. Bis 1960 m NN.

VERBREITUNG: Südeuropäische Art von Spanien bis Siebenbürgen.

ANMERKUNG: Tritt in den Alpen in der weit verbreiteten Nominatform und in der auf das Departement Drôme beschränkten subsp. *delphinensis* auf.

3 | Seiden-Ginster

Genista sericea – Fabaceae

8–20 cm hoher Zwergstrauch mit unbedornten Ästen und angedrückt kurz silberglänzend behaarten Zweigen; Blätter 10–25 mm lang und 2–4 mm breit, oberseits kahl, unterseits und am Rand seidenhaarig; Blüten in endständigen, kopfig verkürzten, 2–5-blütigen Trauben. Blütezeit V–VI.

VERWECHSLUNG: v. a. mit dem Heide-G., *G. pilosa*, bei dem aber die Blätter 6–13 mm lang sind.

LEBENSRAUM: Gebüsch, Felsfluren, Magerweiden; kalkstet. Bis 1100 m NN.

VERBREITUNG: Ostalpisch-illyrische Art.

4 | Briançon-Süßklee

Hedysarum brigantiacum – Fabaceae

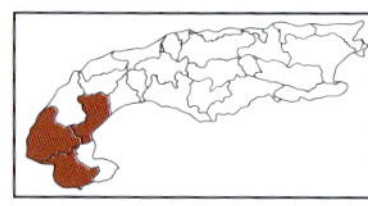

20–40 cm hoch, aufrecht oder aufsteigend; Blätter unpaarig gefiedert mit 13–17 Blättchen; Blättchen elliptisch bis eiförmig; Nebenblätter bis etwa zur Hälfte verwachsen; Kronblätter purpurrot. Blütezeit VI–VIII.

VERWECHSLUNG: Mit dem Alpen-S., *H. hedysaroides*. Der ebenfalls westalpine Boutigny-S., *H. boutignyanum*, hat weißliche Kronblätter und drüsige Blattstiele.

LEBENSRAUM: Steinige Wiesen, Felshänge. 1600–2800 m NN.

VERBREITUNG: Endemit der Cottischen Alpen.

5 | Alpen-Süßklee

Hedysarum hedysaroides – Fabaceae

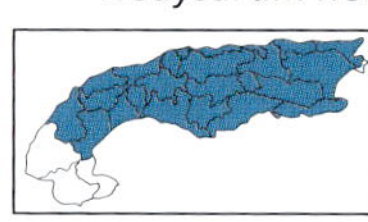

10–40 cm hoch, aufrecht oder aufsteigend; Blätter unpaarig gefiedert mit 9–21 Blättchen; Blättchen elliptisch bis eiförmig, ungestielt; Nebenblätter auf fast der ganzen Länge miteinander verbunden. Kronblätter purpurn; Blüten zu 12–35 in ± einseitswendigen Trauben. Blütezeit VI–VIII.

VERWECHSLUNG: Der Briançon-S., *H. brigantiacum*, hat Nebenblätter, die nur bis zur Hälfte verwachsen sind.

LEBENSRAUM: Magerrasen, Wiesen; kalkliebend. 1400–2900 m NN, vereinzelt auch tiefer, wie bei Hätzingen in Glarus (600 m NN).

VERBREITUNG: Arktisch-alpine Art im Norden Eurasiens und Nordamerikas.

ANMERKUNG: Tritt in den Alpen in 2 Unterarten auf:

- subsp. *hedysaroides* (Bild **5A**): 5–20 cm hoch, mit 9–13, bis 0,5 mm lang bespitzten Blättchen.
- subsp. *exaltatum* (Bild **5B**): 30–40 cm hoch, mit 13–21, 0,5–1 mm lang bespitzen Blättchen.

1A
1B
2
3
4
5A
5B

1 | Hufeisenklee
Hippocrepis comosa – Fabaceae

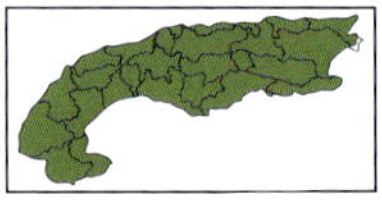

2–5 cm hoch, ausgebreitet-niederliegend; Blätter unpaarig gefiedert mit 9–13 Blättchen; Blättchen 5–12 mm lang und 2–5 mm breit, ohne knorpeligem Rand; Blüten zu 5–12 in Dolden, 7–12 mm lang, duftend; Frucht aus hufeisenförmigen Gliedern zusammengesetzt. Blütezeit V–VI.
VERWECHSLUNG: v. a. mit der Scheiden-Kronwicke, *Coronilla vaginalis*, die aber knorpelige Blättchenränder hat und Fruchtglieder, die ± gerade sind.
LEBENSRAUM: Halbtrockenrasen, Magerwiesen, Felsschutt, Kiefernwälder; kalkliebend. Bis 2800 m NN.
VERBREITUNG: Europäische Art.

2 | Strauchkronwicke
Hippocrepis emerus – Fabaceae

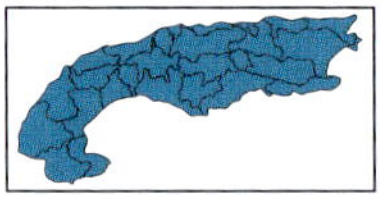

50–200 cm hoher Strauch; Blätter unpaarig gefiedert, mit 5–9 Blättchen; Blättchen eiförmig, 1–2 cm lang; Blüten zu 1–3, 15–20 mm lang. Blütezeit IV–VI.
VERWECHSLUNG: Mit dem Bergamasker-Alpen-Geißklee, *Cytisus emeriflorus*, der aber 3-zählige Blätter hat.
LEBENSRAUM: Trocken-warme, lichte Laubwälder, Kiefernwälder; kalkliebend. Bis 1800 m NN.
VERBREITUNG: Südeuropäisch-südwestasiatische Art.

3 | Südalpen-Goldregen
Laburnum alpinum – Fabaceae

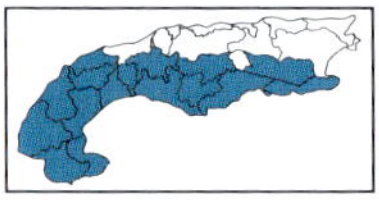

2–5 m hoher Strauch oder Baum; Äste im 1. Jahr und Blattstiel kahl; Blätter 3-zählig, lang gestielt; Blättchen 8–13 cm lang, 3–6 cm breit, Blattunterseite in der Jungend abstehend behaart, dann verkahlend; Blütentrauben 20–40-blütig, 15–30 cm lang, dichtblütig; Blüten 1,4–1,8 cm lang. Blütezeit V–VII.
VERWECHSLUNG: Mit dem Echt-G., *L. anagyroides*, bei dem aber die Äste im 1. Jahr, die Blattstiele und die Blattunterseite anliegend kurz grauhaarig sind.
LEBENSRAUM: Felsige Hänge in luftfeuchter Lage, Kiefernwälder, flachgründige Buchenwälder. Bis 1900 m NN.
VERBREITUNG: Südeuropäisch-montane Art vom südlichen Jura bis in die Gebirge der nördlichen Balkanhalbinsel.

4 | Alpen-Hornklee
Lotus alpinus – Fabaceae

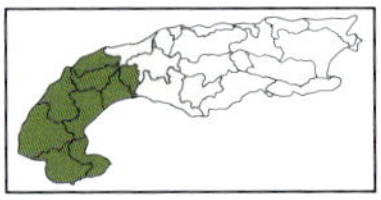

2–10 cm hoch, niederliegend bis aufsteigend, meist kahl; Blätter 5-zählig, wobei die beiden unteren Blättchen wie Nebenblätter gestellt sind; Blättchen 3–8 mm lang, 2–6 mm breit; Blütenstand 1–3-blütig; Kelchzipfel ± so lang wie die Kelchröhre; Kronblätter gelb, knospig oft rot, nach dem Verblühen oft orange; Schiffchenspitze oft purpurn. Blütezeit VII–VIII.
VERWECHSLUNG: Mit dem sehr ähnlichen Ostalpen-Wiesen-Hornklee, *L. corniculatus* var. *alpicola*, bei dem aber die Kelchzipfel deutlich kürzer als die Kelchröhre ist und der die Ostalpen besiedelt. Die genauen Arealgrenzen sind nicht bekannt.
LEBENSRAUM: Weiden, Rasen, Alluvionen. 1900–3300 m NN.
VERBREITUNG: Westalpische Art. Wie weit die Verbreitung in den Alpen nach Osten reicht ist nicht bekannt, weil die Art dort oft mit dem Ostalpen-Wiesen-Hornklee, *Lotus corniculatus* subsp. *alpicola* verwechselt wird.
ANMERKUNG: Die Raupen des Sechsfleck-Widderchens, *Zygaena filipendulae*, fressen gerne am Hornklee. Ihnen schadet die Blausäure, die beim Verletzen des Pflanzengewebes freigesetzt wird, nicht. Sie nutzen die Inhaltsstoffe, indem sie diese im Körper einlagern und dadurch für Fressfeinde ungenießbar werden.

5 | Stauden-Lupine
Lupinus polyphyllus – Fabaceae

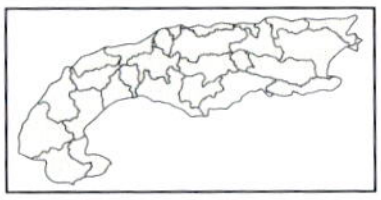

60–150 cm; Blätter handförmig zusammengesetzt mit 9–17 Blättchen; Blättchen lanzettlich, 4–15 cm lang, 1–3 cm breit; Blütenstand 50–80-blütig; Blütenkrone blau bis purpurn, nicht selten auch rosa oder weiß. Blütezeit VI–IX.
VERWECHSLUNG: Keine.
LEBENSRAUM: Forststraßenränder, Waldschläge, Böschungen. Bis etwa 1800 m NN.
VERBREITUNG: Nordamerikanische Art.
ANMERKUNG: Die Stauden-Lupine wird häufig als Böschungsbefestiger, Wildfutterpflanze, zur Gründüngung und als Zierpflanze kultiviert und ist vielerorts verwildert bzw. eingebürgert.

1

2

3A

3B

4

5A

5B

1 | Verschiedenblatt-Platterbse
Lathyrus heterophyllus – Fabaceae

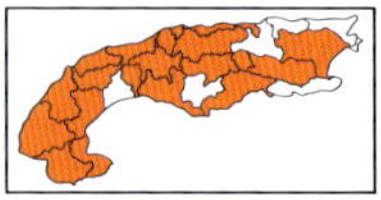

150–250 cm lang, niederliegend oder kletternd; Stängel 2–3,5 mm breit geflügelt; obere Blätter mit 4–6 Blättchen, untere und mittlere mit 2 Blättchen; Blattstiel bis zum ersten Fiederpaar breit geflügelt; Blättchen 5–10 cm lang, 1–3,5 cm breit; Blütenstand 3–12-blütig; Blüten 1,5–2 cm lang; Kelchzähne sehr ungleich, der unterste 2 × so lang wie die beiden oberen; Krone hell-purpurrosa. Blütezeit VI–VIII.

VERWECHSLUNG: Mit der Wild-P., *L. sylvestris*, bei der aber auch die oberen Blätter einpaarig gefiedert sind (2 Blättchen). Die Breitblatt-P., *L. latifolius*, hat 2–3 cm lange, kräftig purpurrosa gefärbte Blütenkronen. Auch bei ihr haben alle Blätter nur ein Fiederpaar (2 Blättchen). Sie besiedelt niedere Lagen der Alpen, wird aber auch öfters kultiviert und tritt nicht selten verwildert auf.

LEBENSRAUM: Lichte Gebüsche, Schutthalden, Felsen; kalkliebend. Bis 2000 m NN.

VERBREITUNG: (Mittel-)Europäische Art mit Verbreitungsschwerpunkt in den Alpen.

ALLGEMEIN: Wicken *(Vicia)* und Platterbsen *(Lathyrus)* sind nicht immer leicht zu unterscheiden. Bei den Wicken ist die Kelchröhre vorne abgeschrägt, ihre Unterseite länger. Die Blättchen sind meist fiedernervig, die Staubfadenröhre endet vorne schräg, die unteren Staubfäden sind länger verwachsen, der Griffel ist vorne ringsum oder nur unterseits behaart.

2 | Gelb-Platterbse
Lathyrus laevigatus – Fabaceae
(Syn.: *L. ochraceus, L. luteus*)

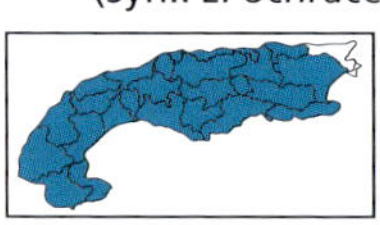

20–60 cm hoch; Stängel ungeflügelt; Blätter mit 6–12 Blättchen und grannenartiger Spitze, ohne Ranke; Krone hellgelb, beim Verblühen hübsch-orangebraun; in 3–14-blütiger Traube. Blütezeit VI–VII.

VERWECHSLUNG: Mit der Walderbsen-Wicke, *Vicia oroboides*, (siehe S. 220).

LEBENSRAUM: Hochstaudenfluren, Wiesen und lichte Wälder; kalkstet. Bis 2000 m NN.

VERBREITUNG: Europäische Art von den Pyrenäen bis ins Baltikum.

ANMERKUNG: Kommt in den Alpen in 2 Unterarten vor:
- subsp. *laevigatus*: Blätter meist ganz kahl, die unteren Kelchzähne kürzer als die halbe Kelchröhre. In den Südostalpen von der Provinz Brescia ostwärts (Bild **2A**).
- subsp. *occidentalis*: Blattunterseite und Blattstiele behaart, die unteren Kelchzähne halb so lang bis so lang wie die Kelchröhre. In den größten Teilen der Alpen (Bild **2B**).

3 | Berg-Platterbse
Lathyrus linifolius – Fabaceae

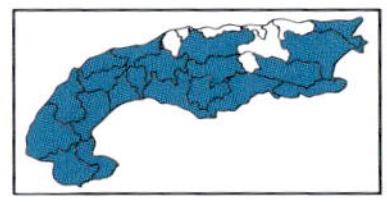

15–30 cm hoch, niederliegend, aufsteigend oder aufrecht; Stängel 0,5–1,5 mm breit geflügelt; Blätter paarig gefiedert mit 4–8 Blättchen und grannenartiger Spitze, ohne Ranke; Blättchen lanzettlich bis elliptisch, 3–8 mm breit, stachelspitzig; Blütenstand 3–6-blütig; Blütenkrone hellpurpurn, beim Abblühen blaugrün. Blütezeit IV–VI.

VERWECHSLUNG: Mit der Frühlings-P., *L. vernus*. Die Schwert-P., *L. filiformis*, hat purpurviolette Blütenkronen und lineale, 2–4 mm breit Blättchen.

LEBENSRAUM: Bodensaure Magerwiesen, lichte Wälder, Waldränder; kalkmeidend. Bis etwa 2000 m NN.

VERBREITUNG: Europäische Art von Portugal und Norwegen bis Nordrussland.

4 | Frühlings-Platterbse
Lathyrus vernus – Fabaceae

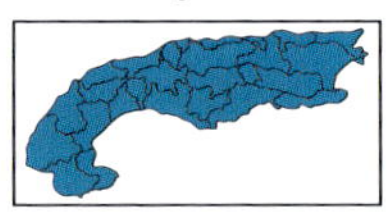

20–30 cm hoch; Stängel kantig, nicht geflügelt; Blätter paarig gefiedert mit 4–8 Blättchen; Blättchen 4–14 cm lang, 2–30 mm breit; Blütenstand 3–8-blütig; Krone 15–20 mm lang, purpurn, beim Abblühen blauviolett bis türkisblau. Blütezeit IV–VI.

VERWECHSLUNG: Mit der Bunt-P., *L. venetus*, diese hat aber 10–15 mm lange Kronen und 8–20-blütige Blütenstände. Die Berg-P., *L. linifolius*, hat geflügelte Stängel.

LEBENSRAUM: Edellaubwälder; kalkliebend. Bis 1900 m NN.

VERBREITUNG: Eurosibirische Art von Portugal und Norwegen bis Westsibirien.

ANMERKUNG: Tritt in den Alpen in 2 Unterarten auf:
- subsp. *vernus*: Blättchen eiförmig, 20–30 mm breit.
- subsp. *gracilis*: Blättchen lineal, 2–5 mm breit.

1A

1B

2A

2B

3

4

1 | Pirona-Schneckenklee
Medicago pironae – Fabaceae

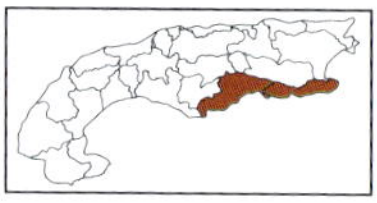

10–30 cm hoch, kahl; Blätter 3-teilig; Blättchen verkehrt-eiförmig bis rhombisch, 5–15 mm lang, 5–12 mm breit, am Rand fein gezähnelt; Blütenstände 2–8-blütig; Krone leuchtend gelb, 5–7 mm lang; Früchte fast kugelig, in 3–4 Windungen links gewunden, drüsig behaart, mit 1–2 mm langen, einreihigen Stacheln. Blütezeit V–VI.

VERWECHSLUNG: v. a. mit dem Karst-Sch., *M. carstiensis*, dessen Früchte aber kahl sind und 5 Windungen haben.

LEBENSRAUM: Kalkfelsen, Geröll, Schotterstraßenränder; kalkstet. Bis 1800 m NN.

VERBREITUNG: Endemit der Südostalpen.

NAME: Benannt zu Ehren des italienischen Botanikers Giulio Andrea Pirona (1822–1895), der sich um die Erforschung der Flora Friauls verdient gemacht hat.

2 | Berg-Esparsette
Onobrychis montana – Fabaceae

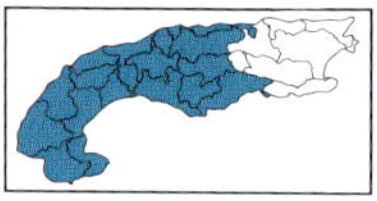

10–30 cm hoch, niederliegend bis aufsteigend; Blätter unpaarig gefiedert mit 11–15 Blättchen, diese länglich-elliptisch, 5–20 mm lang, 3–6 mm breit; Blütenstand kurz und dicht; Kronblätter lebhaft purpurn; Fahne um 1–2 mm kürzer als das Schiffchen. Blütezeit VI–VIII.

VERWECHSLUNG: v. a. mit der Wiesen-E., *O. viciifolia*, die aber 30–60 cm hoch ist und deren Fahne ± gleich lang wie das Schiffchen ist.

LEBENSRAUM: Sonnige Magerrasen, Kalkhänge, Felsschutt; kalkstet. Bis 2700 m NN.

VERBREITUNG: Südeuropäisch-montane Art.

3 | Mont-Cenis-Hauhechel
Ononis cristata – Fabaceae

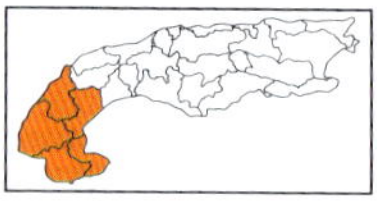

5–20 cm hoch, niederliegend, dornenlos, leicht drüsig behaart, unten verholzt; Blätter 3-zählig, Blättchen lanzettlich bis schmal-eiförmig, zumindest vorne gezähnt; Blüten einzeln auf langen Stielen, die den Blattachseln entspringen; Fahne purpurrosa, Flügel und Schiffchen weißlich; Kelch drüsig-klebrig. Blütezeit VI–IX.

VERWECHSLUNG: Keine.

LEBENSRAUM: Felshänge, trockener Felsschutt, lichte Wälder; kalkstet. Bis 2000 m NN.

VERBREITUNG: Südwesteuropäisch-montane Art.

4 | Strauch-Hauhechel
Ononis fruticosa – Fabaceae

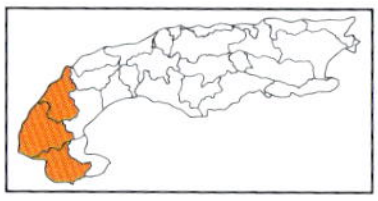

30–100 cm hoch, unten verholzt; Stängel drüsig; Blätter 3-zählig; Blättchen lanzettlich bis schmal-eiförmig, kahl, sitzend, Blattrand scharf gezähnt; Blüten zu 2–4 in endständigen, 5–20-blütigen Blütenständen; Fahne und Schiffchen purpurrosa, 1–2 cm lang, Flügel meist heller. Blütezeit VI–IX.

VERWECHSLUNG: Mit dem Rundblatt-H., *O. rotundifolia*, der aber runde bis breit-eiförmige Blättchen hat.

LEBENSRAUM: Gebüsch, gefestigter Kalkschutt, lichte Eichen- und Kiefernwälder; kalkstet. Bis etwa 1600 m NN.

VERBREITUNG: Westmediterrane Art.

5 | Gelb-Hauhechel
Ononis natrix – Fabaceae

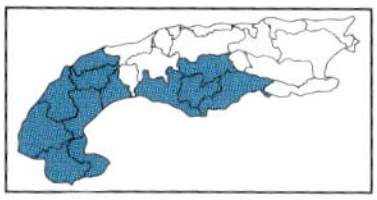

20–40 cm hoch, dornenlos, klebrig-drüsig, unten holzig; Blätter 3-zählig; Blättchen eiförmig bis breit-lanzettlich, 1–2 cm lang, gezähnelt, das mittlere gestielt; Blütenstand traubig; Blüten lang gestielt; Kelch kürzer als die Krone; Kronblätter gelb, purpurbraun geadert, 1,5–2 cm lang. Blütezeit V–VII.

VERWECHSLUNG: Mit der Zwerg-H., *O. pusilla*, bei der aber der Kelch so lang bis länger als die Krone ist und deren Blüten fast ungestielt sind.

LEBENSRAUM: Trockene Magerwiesen, steinige Hänge, Kiefern- und Flaumeichenwälder; kalkliebend. Bis 2100 m NN.

VERBREITUNG: Mediterrane Art, östlich bis zur Krim.

6 | Rundblatt-Hauhechel
Ononis rotundifolia – Fabaceae

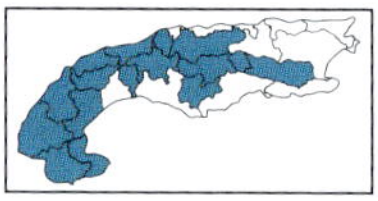

15–50 cm hoch, unten verholzt, dornenlos, dicht drüsenhaarig; Blätter 3-zählig; Blättchenspreite rund bis breit-eiförmig, 1–3 cm lang, buchtig gezähnelt; Blüten nickend, zu 1–3 auf langen Stielen; Fahne und Schiffchen rosa, Flügel meist heller. Blütezeit V–IX.

VERWECHSLUNG: Die Kriech-H., *O. repens*, hat fast sitzende, ungestielte Blüten.

LEBENSRAUM: Kiefernwälder, Geröllhalden, Bachschutt; kalkliebend. Bis 1970 m NN.

VERBREITUNG: Südeuropäisch-montane Art von den Pyrenäen bis in die Abruzzen und Ostalpen.

1

2

3

4

5

6

1 | Alpen-Spitzkiel
Oxytropis campestris – Fabaceae

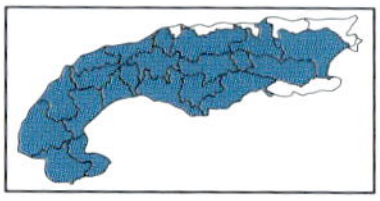

3–15 cm hoch, locker behaart bis fast kahl; Blätter in ± grundständiger Rosette, unpaarig gefiedert mit 21–31 Blättchen; Blättchen 5–15 mm lang und 2–4 mm breit; Blütenstand 8–18-blütig; Kelchzähne nur etwa ¼ × so lang wie die Kelchröhre; Krone gelblichweiß (var. *campestris*, Bild **1A**) oder lila (var. *tiroliensis*, Bild **1B**). Blütezeit VI–VIII.

VERWECHSLUNG: Die lilablütige var. *tiroliensis* u. a. mit dem Schweiz-S., *O. helvetica*, der aber 3–7 mm lange Blättchen und Kelchzähne hat, die mindestens halb so lang wie die Kelchröhre sind.

LEBENSRAUM: Magerrasen, Schuttfluren, Grate; kalkliebend. 1700–3000 m NN, vereinzelt tief herabgeschwemmt, wie am Linthkanal bei Weesen (430 m NN).

VERBREITUNG: Arktisch-alpine Art.

2 | Drüsen-Spitzkiel
Oxytropis fetida – Fabaceae

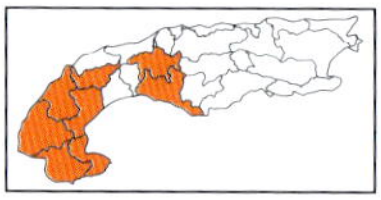

5–15 cm hoch, ± stängellos, durch winzige Drüsen klebrig; Blätter unpaarig gefiedert mit 29–51 Blättchen; Blättchen etwas fleischig, 3–8 mm lang, Rand meist nach unten eingerollt; Blütenstand 3–7-blütig; Krone weiß bis schmutzigweiß, manchmal violett überlaufen, etwa 2 cm lang. Blütezeit VII–VIII.

VERWECHSLUNG: u. a. mit dem Alpen-S., *O. campestris*, der aber drüsenlos ist und 8–18-blütige Blütenstände hat.

LEBENSRAUM: Kalkgeröll, steinige Hänge; kalkliebend. 1800–3000 m NN.

VERBREITUNG: Endemit der Alpen.

3 | Seidenhaar-Spitzkiel
Oxytropis halleri – Fabaceae

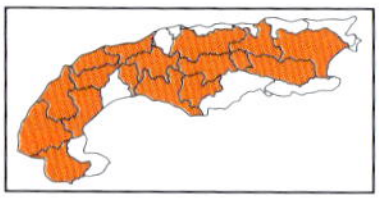

5–20 cm hoch; Stängel, Blätter und Kelch dicht seidenhaarig; Blätter und Blütenstandstiel ± grundständig; Blätter unpaarig gefiedert, mit 15–27 Blättchen; Blütenstandsstiel 1–1,7 mm im ∅, Blütenstand 6–16-blütig; Krone intensiv purpurn, 1,5–2 cm lang. Blütezeit VI–VIII.

VERWECHSLUNG: Mit dem Vinschgau-S., *O. xerophylla*, (= *O. halleri* subsp. *velutina*), dessen Blüten aber helllila sind, der Blütenstandstiel hat 2–3 mm im ∅, die Blätter bestehen aus 25–37 Blättchen.

LEBENSRAUM: Trockene Magerrasen, Gesteinsfluren. Hauptsächlich von 1500–2800 m NN.

VERBREITUNG: Südeuropäisch-montane Art der Pyrenäen, Alpen und Karpaten.

NAME: Zu Ehren des Schweizer Universalgelehrten Albrecht von Haller (1708–1777) benannt. Haller war Mediziner, Botaniker und Dichter. Er publizierte rund 50.000 Seiten hochwertiger wissenschaftlicher Texte.

4 | Schweiz-Spitzkiel
Oxytropis helvetica – Fabaceae

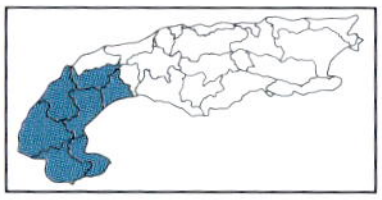

3–10 cm hoch, flach ausgebreitet; Blätter unpaarig gefiedert mit 15–29 Blättchen; Blättchen 3–7 mm lang, beidseitig dicht grauseidig behaart; Blütenstandsstiel dünn, 0,5–0,7 mm im ∅, anliegend hell behaart; Kelchzähne mindestens halb so lang wie die Kelchröhre; Blütenkrone hellviolett. Blütezeit VII–VIII.

VERWECHSLUNG: v. a. mit dem Amethyst-S., *O. amethystea*, dessen Blätter aber 27–41 Blättchen haben und dessen Blütenstandsstiel etwa 1 mm im ∅ misst. Der Österreich-S., *O. montana* (siehe S. 214), hat lebhaft violette bis purpurne Blüten und 5–14 mm lange Blättchen.

LEBENSRAUM: Kalkrasen, Felsschutt; kalkstet. 1400–3100 m NN.

VERBREITUNG: Endemit der Westalpen.

5 | Lappland-Spitzkiel
Oxytropis lapponica – Fabaceae

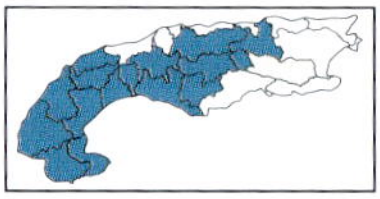

5–25 cm hoch, aufsteigend; Blätter unpaarig gefiedert mit 17–25 Blättchen, beiderseits seidig behaart; Blattstiel grün; Blättchen 5–11 mm lang, 1,5–3 mm breit; Blütenstand 6–12-blütig; Blütenkrone purpurviolett; Tragblätter bis über die Mitte der Kelchröhre reichend; Frucht hängend. Blütezeit VI–VII.

VERWECHSLUNG: v. a. mit dem Österreich-S., *O. montana* (siehe S. 214), welcher aber meist rote Blattstiele und Tragblätter hat, die kaum bis zur Mitte der Kelchröhre reichen.

LEBENSRAUM: Schuttfluren, Magerrasen, Alluvionen; kalkliebend. 1500–2700 m NN, vereinzelt auch tiefer, wie im Misox (ab 1200 m NN) oder höher, wie am Piz Tasna in Graubünden (2990 m NN).

VERBREITUNG: Eurasiatische Art.

1A

1B

2

3

4

5

1 | Österreich-Spitzkiel
Oxytropis montana – Fabaceae
(Syn.: *O. jacquinii*)

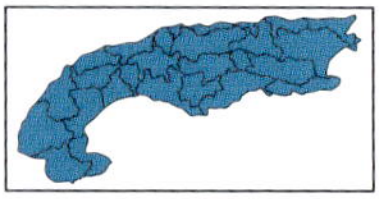

5–20 cm hoch; Blätter unpaarig gefiedert mit 17–35 Blättchen und meist rötlichem Stiel; Blättchen 5–14 mm lang; Blütenstandsstiel anliegend dunkel behaart; Blütenstand 5–20-blütig; Kelchzähne höchstens ⅓ so lang wie die Kelchröhre; Tragblätter kaum bis zur Mitte der Kelchröhre reichend; Blütenkrone lebhaft violett bis purpurn; Frucht aufrecht oder abstehend. Blütezeit VI–VIII.

VERWECHSLUNG: v. a. mit dem Pyrenäen-S., *O. neglecta*, der aber meist grüne Blattstiele hat und bei dem die Kelchzähne etwa halb so lang wie die Kelchröhre sind. Der × Kärnten-S., *O. × carinthiaca* (Bild **1B**), ist eine Hybride aus *O. montana × O. neglecta*, der nicht selten auch ohne die Elternarten auftritt und im Aussehen zwischen diesen liegt.

LEBENSRAUM: Felsschutt, trockene, steinige Rasen, Felsen; kalk- und dolomitstet. 1700–2900 m NN, an Bächen vereinzelt auch tief herabsteigend, wie in der Frastanzer Au in Vorarlberg (470 m NN).

VERBREITUNG: Alpische Art der Alpen und des Juras.

ALLGEMEIN: Die Spitzkiele *(Oxytropis)* unterscheiden sich von der ähnlichen Gattung Tragant *(Astragalus)* durch Schiffchen mit deutlichem, knapp unterhalb der Spitze aufgesetztem Spitzchen, während die *Astragalus*-Arten kein solches aufgesetztes Spitzchen haben.

2 | Pyrenäen-Spitzkiel
Oxytropis neglecta – Fabaceae
(Syn.: *O. pyrenaica*)

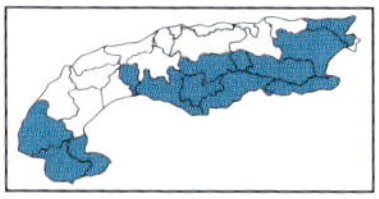

5–20 cm hoch, Stängel fehlend oder nahezu fehlend; Blätter unpaarig gefiedert mit 15–41 Blättchen und meist grünem Stiel; Blütenstandsstiel abstehend hell und dunkel behaart; Blütenstand meist 7–12-blütig; Kelchzähne etwa halb so lang wie die Kelchröhre. Blütezeit VI–VIII.

VERWECHSLUNG: v. a. mit dem Österreich-S., *O. montana*. Der × Kärnten-S., *O. × carinthiaca*, ist eine Hybride aus *O. montana × O. neglecta* und liegt im Aussehen zwischen diesen.

LEBENSRAUM: Magerrasen, Felsschutt; kalkliebend. 1600–2800 m NN.

VERBREITUNG: Südeuropäisch-montane Art.

3 | Steppen-Spitzkiel
Oxytropis pilosa – Fabaceae

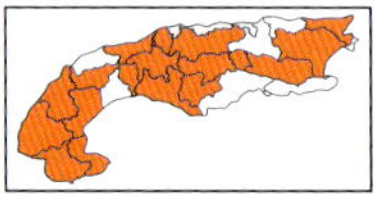

10–40 cm hoch, mit beblättertem Stängel, zottig behaart; Blätter unpaarig gefiedert mit 19–27 Blättchen; Blättchen eilanzettlich, 1–2 cm lang; Blütenstand 5–25-blütig; Blütenkrone hellgelb. Blütezeit V–VIII.

VERWECHSLUNG: Möglich mit dem Alpen-S., *O. campestris*, der aber locker behaart bis fast kahl ist und dem ein beblätterter Stängel ± fehlt.

LEBENSRAUM: Trockenrasen, Felsfluren, Steppenhänge; kalkliebend. Bis etwa 1900 m NN.

VERBREITUNG: Osteuropäisch-westasiatische Art.

4 | Dreiblüten-Spitzkiel
Oxytropis triflora – Fabaceae

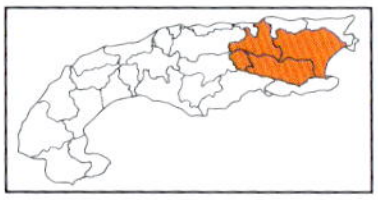

3–7 cm hoch; Blätter unpaarig gefiedert mit 19–31 Blättchen; Blättchen 3–7 mm lang; Blütenstandsstiel anliegend behaart; Blütenstand 3–5-blütig; Kelchzähne halb so lang bis fast so lang wie die Kelchröhre; Blütenkrone lebhaft violett bis purpurn. Blütezeit VI–VIII.

VERWECHSLUNG: Mit dem Österreich-S., *O. montana*, der aber 5–20-blütige Blütenstände hat.

LEBENSRAUM: Magerrasen, Polsterfluren, Schutthalden; besonders über Kalkschiefer. 2000–2700 m NN, vereinzelt auch tiefer, wie am Nassfeld bei Böckstein (1600 m NN).

VERBREITUNG: Endemit der Ostalpen.

5 | Buntkronwicke
Securigera varia – Fabaceae
(Syn.: *Coronilla varia*)

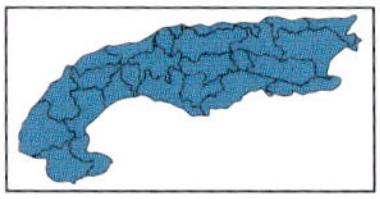

30–120 cm lang, liegend oder aufsteigend; Stängel kahl bis schwach behaart; Blätter unpaarig gefiedert mit 11–25 Blättchen; Blättchen elliptisch, mit Spitzchen; Blütendolde meist 10–15-blütig, Blüten duftend; Krone 2-farbig, Fahne rosa, Flügel weiß, Schiffchen weiß, an der Spitze schwarzpurpurn. Blütezeit V–IX.

VERWECHSLUNG: Kaum.

LEBENSRAUM: Wegränder, Magerrasen, Schotterflächen; kalkliebend. Bis etwa 1800 m NN.

VERBREITUNG: Europäisch-westasiatische Art.

1A

1B

2

3

4

5

1 | Hügel-Klee
Trifolium alpestre – Fabaceae

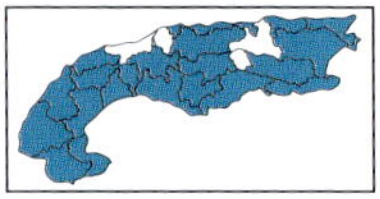

15–40 cm hoch; Stängel dicht anliegend behaart; Blättchen länglich-eiförmig, 2,5–8 × so lang wie breit, unterseits anliegend behaart; Blütenstände zu 1–2 am Ende des Stängels, von den obersten Blättern umgeben; Kelchröhre außen behaart, 20-nervig; Kronblätter dunkelpurpurn. Blütezeit V–VII.

VERWECHSLUNG: v. a. mit dem Zickzack-K., *T. medium*, dessen Kelchröhre aber 10-nervig und außen kahl ist.

LEBENSRAUM: Lichte Wälder, Gebüschsäume, trockene Wiesen. Bis 2300 m NN.

VERBREITUNG: Europäische Art von Spanien bis zum Ural.

ALLGEMEIN: Von der Gattung *Trifolium* sind 238 Arten bekannt, 99 davon besiedeln Europa und 36 das Alpengebiet. Nur eine Klee-Art, nämlich der Felsen-Klee, *Trifolium saxatile*, ist dabei auf die Alpen beschränkt, also ein Endemit der Alpen. Hybriden untereinander sind trotz der oftmaligen Ähnlichkeit der Arten aus dem Alpenraum bisher keine bekannt.

2 | Westalpen-Klee
Trifolium alpinum – Fabaceae

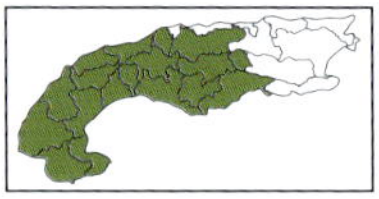

5–20 cm hoch; alle Blätter grundständig; Blättchen lineal-lanzettlich, 10–50 mm lang, 3–6 mm breit, kahl, fast ganzrandig; Blütenstand 3–12-blütig; Blütenkrone purpurn, selten gelblichweiß, 18–21 mm lang, intensiv (unangenehm süßlich) riechend. Blütezeit V–VIII.

VERWECHSLUNG: Kaum.

LEBENSRAUM: Kalkarme, bodensaure Magerrasen; kalkmeidend. Am häufigsten von 1700–2500 m NN, aber auch tiefer wie am Eingang des Maientales im Kanton Uri (980 m NN) oder höher, wie am Col du Géant im Mont-Blanc-Massiv (3100 m NN)

VERBREITUNG: Südeuropäisch-montane Art von den Gebirgen Spaniens bis in den Apennin.

3 | Braun-Klee
Trifolium badium – Fabaceae

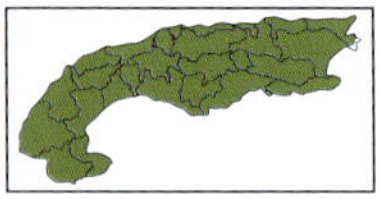

8–25 cm hoch, aufrecht oder aufsteigend; Blättchenspreite eiförmig, fein gezähnt, alle gleich kurz gestielt; Blütenstand kugelig bis eiförmig, 1–1,5 × so lang wie breit; Kelchzähne kahl bis schwach bewimpert; Blütenkrone goldgelb, nach dem Verblühen dunkelbraun, 6–9 mm lang. Blütezeit VI–VIII.

VERWECHSLUNG: v. a. mit dem Moor-K., *T. spadiceum*, dessen Blütenstand aber etwa 2 × so lang wie breit ist und dessen Kelchzähne ca. 1 mm lang bewimpert sind. Beim Gold-K., *T. aureum*, sind die Blütenkronen beim Verblühen hellbraun.

LEBENSRAUM: Fettwiesen, feuchte Wiesen, Moränen, Bachränder, Weiden, Quellfluren. 1200–3100 m NN, vereinzelt auch tiefer, wie bei Bozen (300 m NN).

VERBREITUNG: Südeuropäisch-montane Art von Nordspanien bis zu den Gebirgen der Balkanhalbinsel.

4 | Felsen-Berg-Klee
Trifolium montanum subsp. *rupestre* – Fabaceae

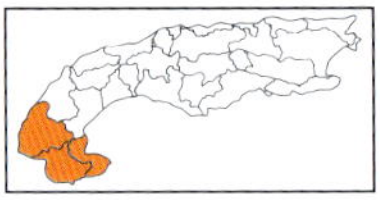

5–15 cm hoch, aufrecht, behaart; Blättchen eirund bis lanzettlich, Blattrand stachelspitzig fein gezähnt; Blütenstände auf langen Stielen in den Achseln der obersten Blätter, meist breiter als hoch; Blütenkrone rosa, 10–12 mm lang. Blütezeit V–VII.

VERWECHSLUNG: Mit der Nominatform, dem Echt-Berg-K., *T. montanum* subsp. *montanum*, der aber weiße Blütenkronen hat und 15–50 cm hoch ist (Bild **4B**).

LEBENSRAUM: Magerwiesen, Felsrasen; kalkfliehend. Etwa 1200–1900 m NN.

VERBREITUNG: Mediterran-montane Sippe der Südwestalpen und des Apennins.

5 | Norisch-Klee
Trifolium noricum – Fabaceae

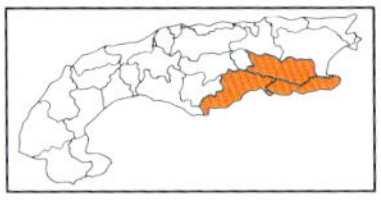

5–15 cm hoch; Stängel dicht behaart; Blättchen breit-lanzettlich, 1–1,5 cm lang, 6–8 mm breit, unterseits zottig behaart; Köpfchen 2,5–4 cm breit, einzeln, anfangs nickend, über die obersten Blätter deutlich emporgehoben; Blütenkrone cremeweiß. Blütezeit VII–VIII.

VERWECHSLUNG: v. a. mit der weißlich blühenden Unterart (Varietät?) des Wiesen-K., *T. pratense* subsp. *nivale*, der aber von Anfang an aufrechte Köpfchen hat, diese meist zu 2.

LEBENSRAUM: Weiderasen, Geröll; kalkstet. 1900–2600 m NN.

VERBREITUNG: Südosteuropäisch-montane Art vom Apennin und den Südostalpen bis in die illyrischen Gebirge.

1

2

3

4A

4B

5

1 | Fuchsschwanz-Klee
Trifolium rubens – Fabaceae

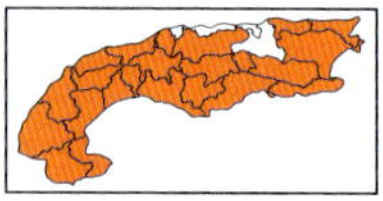

25–60 cm hoch; Blättchen schmal-eiförmig, 4–7 cm lang, 0,8–1,4 cm breit, 4–7 × so lang wie breit; Blütenstand 3–7 cm lang, 1–3 cm breit; Kronblätter purpurrot. Blütezeit VI–VII.

VERWECHSLUNG: Mit dem mediterranen Schmalblatt-K., *T. angustifolium*, der aber weiß-rosa Kronblätter hat und dessen Blättchen 8–15 × so lang wie breit sind.

LEBENSRAUM: Trockene, lichte Laub- und Kiefernwälder, Säume, warme Hänge. Bis 2050 m NN.

VERBREITUNG: Europäische Art von Spanien bis zur Ukraine.

2 | Felsen-Klee
Trifolium saxatile – Fabaceae

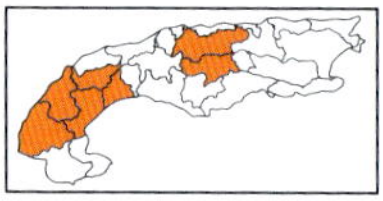

3–15 cm lang, niederliegend bis aufsteigend; Blättchen 4–6 mm lang, 2–3 × so lang wie breit, beiderseits behaart; Blütenstände ±kugelig, ungestielt, von vergrößerten Nebenblättern umhüllt; Kelchzähne dicht behaart; Krone weiß bis blassrosa, unscheinbar, kürzer als der Kelch. Blütezeit VII–VIII.

VERWECHSLUNG: Der Hasen-K., *T. arvense*, hat deutlich gestielte Blütenstände, die nicht von Nebenblättern umhüllt sind.

LEBENSRAUM: Trockenes Geröll, Moränenschutt, sandige Alluvionen, Silikatfelsgrus. 900–3100 m NN.

VERBREITUNG: Endemit der Alpen.

3 | Alm-Klee
Trifolium thalii – Fabaceae

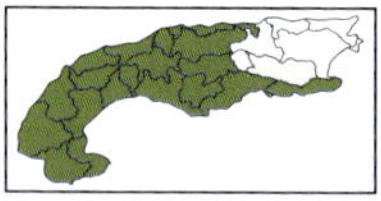

4–8 cm hoch, dichtrasig; Stängel fast fehlend, 0–3 cm lang, und daher auch nicht wurzelnd; Blättchen verkehrt-eiförmig bis elliptisch; Blütenstiele 1–1,6 mm lang, kürzer als die Kelchröhre; Blütenkrone zuerst weiß, dann lebhaft rosa und beim Verblühen hellbraun; Kelch 10-nervig, die kleineren Kelchzähne kürzer als die Kelchröhre. Blütezeit VII–VIII.

VERWECHSLUNG: v. a. mit dem Moränen-K., *T. pallescens* (Bild **3B**), der aber lockerrasig ist mit 5–15 cm langen, niederliegenden bis aufsteigenden Stängeln. Der Kriech-K., *T. repens*, ist kriechend und wurzelt an den Knoten.

LEBENSRAUM: Fettweiden, Lägerfluren, Schneeböden; kalkstet. 1400–3000 m NN.

VERBREITUNG: Südeuropäisch-montane Art.

NAME: Benannt zu Ehren des deutschen Botanikers und Arztes Johannes THAL (1542–1583), der als „Vater der Floristik" gilt.

4 | Monte-Cusna-Wicke
Vicia cusnae – Fabaceae

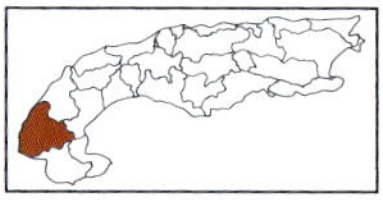

20–50 cm hoch; Blätter paarig gefiedert mit 14–42 Blättchen und Endranke; Blättchen lineal, 10–35 mm lang; Kelch, Frucht und Blütenstandsstiel behaart; Blütenstand 5–15-blütig; Kelchzähne so lang bis kürzer als die Kelchröhre; Blütenkrone lila bis rosalila. Blütezeit VI–VII.

VERWECHSLUNG: Mit der Gebirgs-W., *V. oreophila* (*V. cracca* subsp. *oreophila*), die aber einen 10–35-blütigen Blütenstand hat.

LEBENSRAUM: Felsschutt, Felsspalten, steinige Rasen; kalkstet. Etwa 1400–2000 m NN.

VERBREITUNG: Westalpisch-apenninische Art.

ALLGEMEIN: Aus der Gattung der Wicken *(Vicia)* sind etwa 140 Arten bekannt, 54 davon besiedeln Europa, 27 den Alpenraum. Besonders formenreich ist die Gruppe um die Vogel-Wicke, *Vicia cracca*, die in den Alpen in 4 Unterarten (subsp. *cracca*, subsp. *incana*, subsp. *oreophila*, subsp. *tenuifolia*) auftritt. Diese Sippen werden von manchen Autoren auch im Artrang geführt.

5 | Esparsetten-Wicke
Vicia onobrychioides – Fabaceae

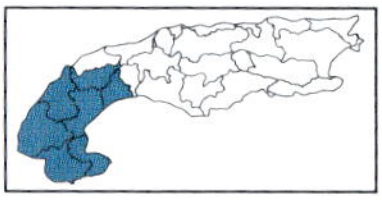

30–100 cm lang, aufsteigend oder schwach kletternd; Blätter paarig gefiedert mit 10–18 Blättchen und meist verzweigter Endranke; Blättchen lanzettlich, 1–4 mm breit, stachelspitzig; Blütenstand 6–12-blütig, in einseitswendigen Trauben; Blütenkrone 18–25 mm lang; Fahne violettblau, Schiffchen und Flügel meist heller. Blütezeit V–VII.

VERWECHSLUNG: Möglich mit der Wald-W., *V. sylvatica* (siehe S. 220).

LEBENSRAUM: Trockenwiesen, lichte Wälder. Bis 1700 m NN.

VERBREITUNG: Mediterrane Art von Marokko und Portugal bis Griechenland.

1

2

3A

3B

4

5

1 | Walderbsen-Wicke
Vicia oroboides – Fabaceae

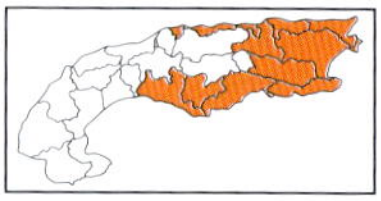

20–40 cm hoch; Blätter paarig gefiedert mit 2–6 Blättchen, ohne Endranke; Blättchen hellgrün, eirund, zugespitzt, 4–8 cm lang, 3–4,5 cm breit; Blüten in einer 2–8-blütigen, fast sitzenden Traube; Krone hellgelb, beim Verblühen orangebraun; Kelch hellgrün, oft rot gezeichnet. Blütezeit V–VI.

VERWECHSLUNG: Mit der Gelb-Platterbse, *Lathyrus laevigatus*, diese hat aber Blätter mit 6–12 Blättchen und einen lang gestielten Blütenstand.

LEBENSRAUM: Edellaubwälder, Hochstaudenfluren; kalkstet. Bis 1700 m NN.

VERBREITUNG: Ostalpisch-illyrische Art.

2 | Pyrenäen-Wicke
Vicia pyrenaica – Fabaceae

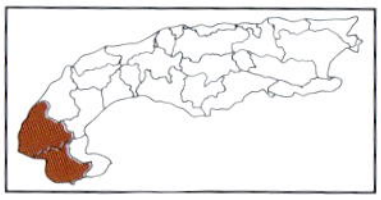

5–20 cm hoch, niederliegend bis aufsteigend, kahl bis kurz behaart; Blätter paarig gefiedert mit 4–14 Blättchen und einer Endranke; Blättchen eiförmig, zugespitzt, 4–16 mm lang, 2–8 mm breit; Blütenstand 1–3-blütig; Blütenkrone purpurrosa, 15–25 mm lang. Blütezeit VI–VIII.

VERWECHSLUNG: Mit der purpurnen Unterart der Pannonisch-W., *V. pannonica* subsp. *striata*, bei der die Blätter aber 14–18 Blättchen haben.

LEBENSRAUM: Kalkschutt, lichte Wälder, Magerrasen; kalkstet. 900–2400 m NN.

VERBREITUNG: Südwesteuropäisch-montane Art.

3 | Wald-Wicke
Vicia sylvatica – Fabaceae

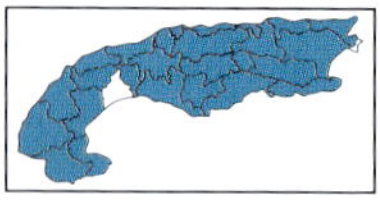

50–200 cm lang, niederliegend oder kletternd; Stängel schlaff, 4-kantig; Blätter paarig gefiedert mit 12–18 Blättchen und einer Endranke; Blättchen eiförmig bis elliptisch, 3–10 mm breit; Blütenstand 10–20-blütig, einseitswendig; Blütenkrone weiß, mit violetten Adern und oft violetter Schiffchenspitze. Blütezeit VI–VIII.

VERWECHSLUNG: u. U. mit dem Alpen-Tragant, *Astragalus alpinus*, der aber unpaarig gefiederte Blätter hat und Blütenkronen ohne ausgeprägte violette Aderung. Die Esparsetten-W., *V. onobrychioides*, hat blauviolette Blütenkronen und lanzettliche, 1–4 mm breite Blättchen.

LEBENSRAUM: Frische Wälder, Waldränder, Waldschläge und Hochstaudenfluren.
Bis 2000 m NN, vereinzelt auch höher, wie am Falknis in Graubünden (2150 m NN).

VERBREITUNG: Eurosibirische Art von der Provence und Norwegen bis Sibirien.

4 | Hohl-Lerchensporn
Corydalis cava – Fumaridaceae

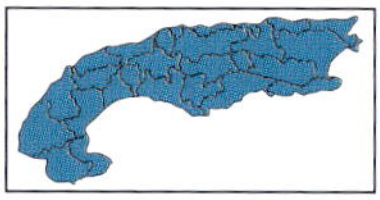

10–25 cm hoch; unterirdische Knolle innen hohl; Stängel unverzweigt, am Grund ohne Niederblatt; Blätter doppelt 3-zählig, mit eingeschnittenen Abschnitten; Blütentraube 6–20-blütig; Krone purpurn oder weiß; Deckblätter ganzrandig. Blütezeit III–V.

VERWECHSLUNG: Der Mittel-L., *C. intermedia*, hat am Stängelgrund ein schuppenförmiges Niederblatt. Seine Knolle ist hohl, die Blütentraube 1–6-blütig. Der Finger-L., *C. solida*, hat handförmig gespaltene Deckblätter.

LEBENSRAUM: Edellaubwälder, Auwälder, Almen. Bis etwa 1700 m NN.

VERBREITUNG: Europäische Art.

5 | Gelb-Scheinerdrauch
Pseudofumaria lutea – Fumaridaceae

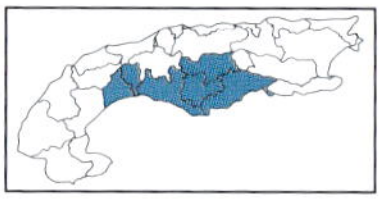

10–30 cm hoch, mit mehreren beblätterten Stängeln; Blätter 2–3-fach gefiedert, bläulichgrün; Blüten in endständiger, 5–15-blütiger Traube; Blütenkrone kräftig gelb. Blütezeit V–IX.

VERWECHSLUNG: Mit dem Blass-Sch., *P. alba*, welcher aber weißliche Blütenkronen mit gelber Spitze hat.

LEBENSRAUM: Schattige Kalk- und Dolomitgeröllhalden, Mauern in luftfeuchter Lage; kalkliebend, aber auch auf Urgestein. Bis 1700 m NN.

VERBREITUNG: Alpische Art der Südalpen von der Provinz Novara bis Belluno. Sonst in großen Teilen Mittel- und Westeuropas eingebürgert.

ANMERKUNG: Die Gattung Scheinerdrauch *(Pseudofumaria)* besteht aus nur 2 Arten (*P. lutea* und *P. alba*). Die beiden Arten wurden früher innerhalb der Gattung der Lerchensporne *(Corydalis)* geführt.

1
2
3
4
5A
5B

1 | Zwerg-Haarschlund
Comastoma nanum – Gentianaceae (Syn.: *Gentianella nana*)

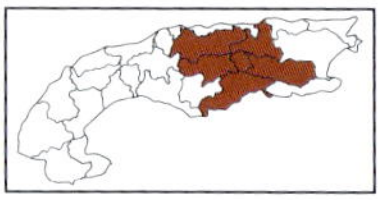

2–5 cm hoch, am Grunde oft verzweigt; Blätter verkehrt-eiförmig, 1,5–3 × so lang wie breit; Blütenhülle meist 5-zählig; Krone violettblau; Kronröhre 3–7 mm lang, 1–2 × so lang wie breit. Blütezeit VII–IX.
VERWECHSLUNG: Mit dem Zart-H., *C. tenellum*.
LEBENSRAUM: Feuchte, feinerdereiche, meist kalkarme Schuttfluren, Moränen, Moospolster. 2200–2900 m NN.
VERBREITUNG: Ostalpisch-zentralasiatische Art.

2 | Zart-Haarschlund
Comastoma tenellum – Gentianaceae (Syn.: *Gentianella tenella)*

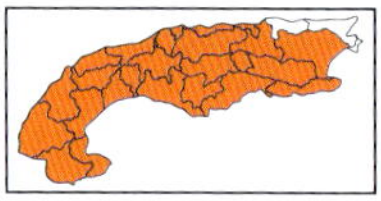

2–12 cm hoch, am Grunde oft verzweigt; Blätter lanzettlich bis spatelförmig, 2–6 × so lang wie breit; Blütenhülle meist 4-zählig; Krone helllila bis himmelblau; Kronröhre 3–10 mm lang, 2–4 × so lang wie breit. Blütezeit VII–VIII.
VERWECHSLUNG: Der Zwerg-H., *C. nanum*, hat eine meist 5-zählige Blütenhülle, eine Kronröhre, die 1–2 × so lang wie breit ist und Blätter, die 1,5–3 × so lang wie breit sind.
LEBENSRAUM: Lückige Rasen, Grate, Felsschuttfluren, Läger. 1700–3200 m NN.
VERBREITUNG: Arktisch-alpine Art.
ANMERKUNG: Von der nahe verwandten Gattung *Gentianella*, Kranzenzian, unterscheiden sich die *Comastoma*-Arten durch einen Kelch, der nur am Grund miteinander verwachsen ist. Eine deutliche Kelchröhre fehlt daher diesen Arten. Bei *Gentianella* hingegen ist der Kelch mindestens zu einem ¼ seiner Länge miteinander verwachsen.

3 | Stängellos-Enzian
Gentiana acaulis – Gentianaceae

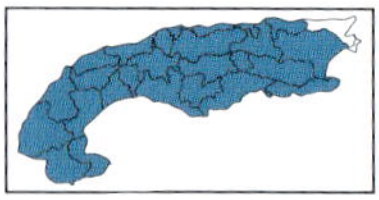

5–15 cm hoch; grundständige Blätter in einer Rosette, 2–10 cm lang; Krone 4–6 cm lang, innen mit olivgrünen Flecken; Kelchzipfel am Grund etwas eingeschnürt und kürzer als die halbe Kelchröhre. Blütezeit VI–VIII.
VERWECHSLUNG: v. a. mit dem Clusius-E., *G. clusii*, (siehe S. 224) und dem Westalpen-E., *G. alpina*, welcher aber nur 1–2 cm lange Rosettenblätter und 2–3,5 cm lange Kronen hat.
LEBENSRAUM: Bodensaure Wiesen und Weiden. 1100–3000 m NN, vereinzelt auch in die Täler herabsteigend, wie bei Feldkirch (550 m NN).
VERBREITUNG: Südeuropäisch-montane Art von den Gebirgen Nord-Spaniens bis in die Karpaten.

4 | Schmalblatt-Enzian
Gentiana angustifolia – Gentianaceae

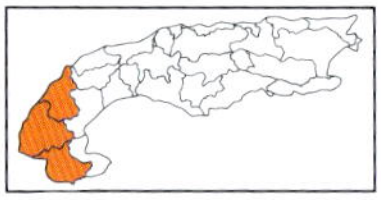

7–15 cm hoch; grundständige Blätter lanzettlich, 2–10 cm lang, 3–6 × so lang wie breit, größte Breite oberhalb der Mitte; Kelchzähne kürzer als die halbe Kelchröhre, am Grunde eingeschnürt, von der Krone abstehend; Krone 4–6 cm lang, innen mit olivgrünen Flecken. Blütezeit V–VII.
VERWECHSLUNG: v. a. mit dem Ligurien-E., *G. ligustica*, (siehe S. 226) und dem Clusius-E., *G. clusii*, bei dem die Kelchzähne mindestens halb so lang wie die Kelchröhre sind und bei dem die Kelchzähne am Grunde nicht eingeschnürt sind.
LEBENSRAUM: Magerwiesen, Felsrasen; kalkstet. Bis 2900 m NN.
VERBREITUNG: Westalpisch-pyrenäische Art.

5 | Schwalbenwurz-Enzian
Gentiana asclepiadea – Gentianaceae

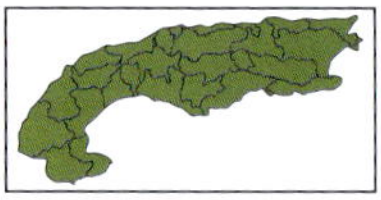

20–80 cm hoch; Stängel aufrecht bis bogig überhängend, mehrblütig; Blätter gegenständig, eilanzettlich, lang zugespitzt, 1–3 cm breit; Blüten zu 1–3 in den oberen Blattachseln; Krone leuchtend dunkelblau, 3,5–5 cm lang. Blütezeit VIII–X.
VERWECHSLUNG: Kaum.
Der Lungen-E., *G. pneumonanthe*, hat schmal-lanzettliche, höchstens 1 cm breite Blätter. Er besiedelt Feucht- und Niedermoorwiesen.
LEBENSRAUM: Wälder, Waldschläge, Weiden, Hochstaudenfluren. Bis 2200 m NN.
VERBREITUNG: Europäisch-montane Art von Frankreich bis zur Nordwest-Ukraine.

1

2

3

4

5

1 | Bayern-Enzian
Gentiana bavarica – Gentianaceae

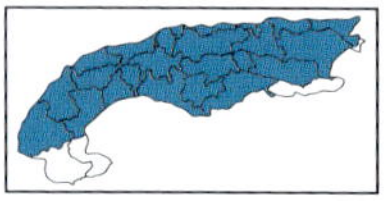

3–15 cm hoch; mit sterilen Trieben; Blätter verkehrteiförmig, im vorderen Drittel am breitesten, meist abgerundet, 5–13 mm lang, ziegeldachig angeordnet, in der var. *subacaulis* (Bild **1B**) auch rosettig; Blätter an den Blühstängeln in 2–4 Paaren, obere Blätter gleich lang oder kürzer als die unteren; Kronröhre 15–22 mm lang. Blütezeit VII–IX.

VERWECHSLUNG: v. a. mit dem Rostan-E., *G. rostanii*, bei dem aber die Blätter lineal und die oberen Stängelblätter kürzer als die unteren sind und dessen Verbreitung auf die Südwestalpen beschränkt ist.
LEBENSRAUM: Feuchte Wiesen und Weiden, Felsschutt, Polsterfluren. 1800–3600 m NN, vereinzelt auch tiefer, wie bei Wildhaus in der Schweiz (1350 m NN).
VERBREITUNG: Endemit der Alpen.

2 | Kurzblatt-Enzian
Gentiana brachyphylla – Gentianaceae

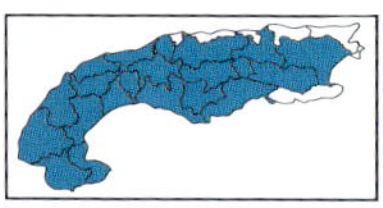

3–6 cm hoch; grundständige Blätter in einer Rosette; Rosettenblätter 4–10 mm lang, eilanzettlich bis rhombisch; Kronzipfel unterseits etwas grünlich; Kronröhre sehr eng, im ∅ ± 3 mm; Kelch 0–0,3 mm breit geflügelt. Blütezeit VI–VIII.

VERWECHSLUNG: v. a. mit dem Frühlings-E., *G. verna*, (siehe S. 232) und dem Rundblatt-E., *G. orbicularis*, der aber einen 0,5–1 mm breit geflügelten Kelch hat und Kronzipfel, die unterseits nicht grünlich sind.
LEBENSRAUM: Magerrasen, Felsschuttfluren, Schneetälchen; kalkmeidend. 1800–3100 m NN, vereinzelt auch höher, wie am Matterhorn (4200 m NN).
VERBREITUNG: Alpisch-pyrenäische Art.

3 | Clusius-Enzian
Gentiana clusii – Gentianaceae

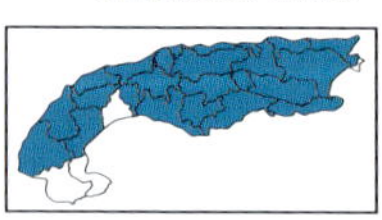

4–10 cm hoch; grundständige Blätter in einer Rosette, breit-lanzettlich, spitz, 2–5 cm lang, 2–5 x so lang wie breit; Stängelblätter kleiner, in 0–3 Paaren; Blüten einzeln auf kurzem Stängel; Krone 4–6 cm lang, innen ohne olivgrüne Flecken; Kelchzähne mindestens halb so lang wie die Kelchröhre, am Grunde nicht eingeschnürt, ohne Verbindungshaut in den Buchten. Blütezeit V–VII.

VERWECHSLUNG: Alle anderen Arten aus der *Gentiana acaulis*-Gruppe (*G. acaulis*, *G. alpina*, *G. angustifolia*, *G. ligustica*) haben Kelchzipfel, die sich zum Grund hin verschmälern, in den Kelchbuchten haben sie eine weißliche Verbindungshaut. Ihre Kroneninnenseite weist olivgrüne Flecken auf.
LEBENSRAUM: Kalkreiche Magerrasen, v. a. Blaugras-Horstseggenrasen, Fels- und Geröllfluren, Niedermoore, lichte Kiefernwälder; kalkliebend. 500–2500 m NN, gelegentlich auch tiefer, wie im südlichen Tessin (220 m NN) und höher, wie am Serles bei Innsbruck (2630 m NN).
VERBREITUNG: Südeuropäisch-montane Art von den Pyrenäen bis zu den Ostkarpaten.
NAME: Benannt zu Ehren von Carolus Clusius (1526–1609), der während seines 14-jährigen Aufenthaltes in Wien die Flora der Nordostalpen erforschte. Clusius war einer der größten Botaniker des 16. Jahrhunderts. Sein Scharfblick im Erkennen und Unterscheiden verwandter Pflanzenarten war richtungsweisend. Mit seinen beiden Büchern über die Pflanzen Spaniens und über die Pflanzenwelt Ostösterreichs legte er Grundsteine für die Schaffung der ersten „Flora" im heutigen Sinne.

4 | Kreuz-Enzian
Gentiana cruciata – Gentianaceae

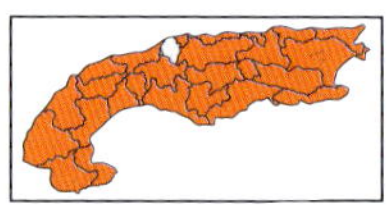

10–40 cm hoch; Stängel dicht beblättert; Blätter lederig-fleischig, kreuzweise gegenständig; Krone 4-zählig, blau, 20–25 mm lang. Blütezeit VII–IX.

VERWECHSLUNG: Keine.
LEBENSRAUM: Trockene Wiesen und Weiden, Säume; kalkliebend. Bis 2200 m NN.
VERBREITUNG: Europäisch-westasiatische Art.

5 | Tauern-Enzian
Gentiana frigida – Gentianaceae

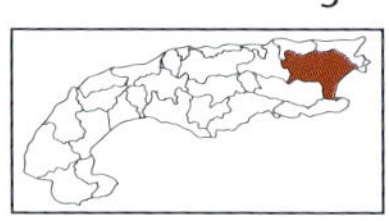

5–10 cm hoch; Blätter lanzettlich, 1-nervig; Krone keulig-glockig, 20–35 mm lang, blassgelb bis cremeweiß, mit grünlichvioletten Längsstreifen, Punkten und Stricheln, sich selten öffnend. Blütezeit VII–VIII.

VERWECHSLUNG: Keine.
LEBENSRAUM: Steinige Rasen, Felsfluren. 1900–2500 m NN.
VERBREITUNG: Südosteuropäisch-montane Art von den Niederen Tauern und der Hohen Tatra bis Südwest-Bulgarien.
ANMERKUNG: In den Alpen nur in den steirischen Niederen Tauern: Wölzer Tauern, Schladminger Tauern und Seckauer Tauern.

1A

1B

2

3

4

5A

5B

1 | Karawanken-Enzian

Gentiana froelichii – Gentianaceae

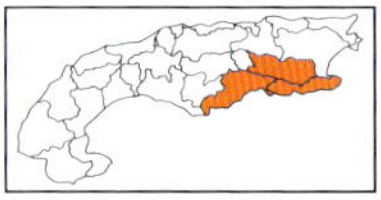

5–10 cm hoch; Blätter lanzettlich, am Rand oft nach oben eingerollt; Krone leuchtend himmelblau, 30–40 mm lang; Narbenlappen ungefranst. Blütezeit VII–IX.
VERWECHSLUNG: Mit der Gruppe um den Stängellos-E., *G. acaulis* agg., welche aber im Frühsommer blühen, eine typisch enzianblaue Krone haben und deren Narbenlappen gefranst sind.
LEBENSRAUM: Fels- und Schuttfluren, steiniger Rasen; kalkstet. 1600–2400 m NN.
VERBREITUNG: Endemit der Südostalpen.
ANMERKUNG: Tritt in 2 Unterarten auf:
- subsp. *froelichii* (Bild **1A**): Kelchblätter gerade oder gebogen.
- ubsp. *zenariae* (Bild **1B**): Kelchblätter sichelförmig gekrümmt.

NAME: Benannt zu Ehren des deutschen Arztes, Botanikers, Naturforschers und Hofmedizinalrates Josef Alois von Frölich (1766–1841). 1796 legte er seine medizinische Doktorarbeit mit dem für diese Fakultät ungewöhnlichen Thema über die Gattung der Enziane vor.

2 | Ligurien-Enzian

Gentiana ligustica – Gentianaceae

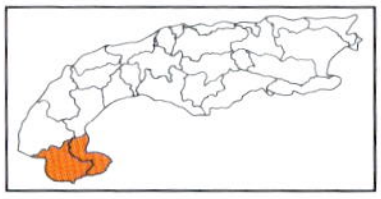

5–12 cm hoch; Rosettenblätter eiförmig, ± 3 × so lang wie breit; Kroneninnenseite mit olivgrünen Flecken; Kelchzähne so lang oder wenig länger als breit, am Grund eingeschnürt, kürzer wie die halbe Kelchröhre, zurückgebogen. Blütezeit V–VII.
VERWECHSLUNG: v. a. mit dem Stängellos-E., *G. acaulis*, bei dem die Kelchzähne aber ± 1,5 × so lang wie breit sind und der kalkfliehend ist. Beim Schmalblatt-E., *G. angustifolia*, sind die Rosettenblätter 3–6 × so lang wie breit.
LEBENSRAUM: Felsige Rasen, Felsspalten, lichte Wälder, Wiesen; kalkliebend. 700–2900 m NN.
VERBREITUNG: Endemit der Südwestalpen.

3 | Echter Gelb-Enzian

Gentiana lutea subsp. *lutea* – Gentianaceae

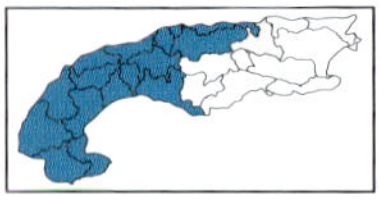

50–120 cm hoch; Blätter bläulichgrün, breit-lanzettlich, mit 5–7 bogigen, verzweigten Hauptrippen, am Stängel gegenständig; Tragblätter der mittleren Teilblütenstände ihren Teilblütenstand nicht oder nur wenig überragend; Antheren frei; Narben nach dem Aufblühen spiralig zurückgerollt. Blütezeit VI–VIII.
VERWECHSLUNG: Mit den Unterarten *symphyandra* und *vardjanii*. Ohne Blüten kann der Gelb-Enzian mit dem Weiß-Germer, *Veratrum album*, verwechselt werden, doch hat dieser wechselständige Stängelblätter.
LEBENSRAUM: Almwiesen, Weiden, Hochstaudenfluren. Bis etwa 2500 m NN.
VERBREITUNG: Südwesteuropäisch-montane Sippe.

4 | Verwachsenstaubblättriger Gelb-Enzian

Gentiana lutea subsp. *symphyandra* – Gentianaceae

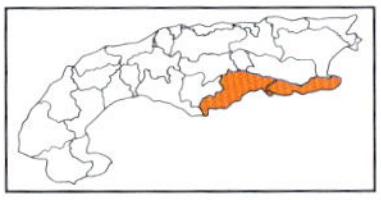

50–120 cm hoch; Blätter bläulichgrün, breit-lanzettlich, mit 5–7 bogigen, verzweigten Hauptrippen, am Stängel gegenständig; Antheren zu einer Röhre verwachsen, die Narben sind nach dem Aufblühen aufrecht abstehend. Blütezeit VI–VIII.
VERWECHSLUNG: Mit der Nominatform subsp. *lutea*, doch sind bei dieser die Antheren frei, die Narben sind nach dem Aufblühen spiralig zurückgerollt.
LEBENSRAUM: Almwiesen, Weiden, Hochstaudenfluren. Bis etwa 2200 m NN.
VERBREITUNG: Südosteuropäisch-montane Sippe.

5 | Vardjans Gelb-Enzian

Gentiana lutea subsp. *vardjanii* – Gentianaceae

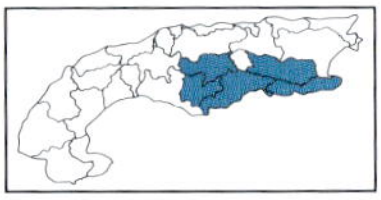

50–120 cm hoch; Blätter bläulichgrün, breit-lanzettlich, mit 5–7 bogigen, verzweigten Hauptrippen, am Stängel gegenständig; Tragblätter der mittleren Teilblütenstände ihren Teilblütenstand weit überragend; Antheren frei. Blütezeit VI–VIII.
VERWECHSLUNG: Beim Echten Gelb-E., *G. lutea* subsp. *lutea*, überragen die Tragblätter der Teilblütenstände ihren Teilblütenstand nicht oder nur wenig.
LEBENSRAUM: Almwiesen, Weiden, Hochstaudenfluren. Etwa 1200–2200 m NN.
VERBREITUNG: Endemit der Alpen.
NAME: Benannt zu Ehren des slowenischen Botanikers Miran Vardjan (1919–2005).

1A

1B

2

3

4

5

1 | Schnee-Enzian
Gentiana nivalis – Gentianaceae

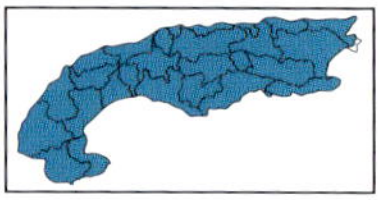

1–15 cm hoch, einjährig, ohne sterile Triebe; Blätter eiförmig bis lanzettlich, am Grunde in einer Rosette; Blüten einzeln am Ende der Triebe; Kronzipfel 3–6 mm lang; Kelchröhre zur Blüte 2–4 mm breit, nicht aufgeblasen, an den Kanten 0,2–0,5 mm breit geflügelt. Blütezeit VI–VIII.
VERWECHSLUNG: Der Schlauch-E., *G. utriculosa*, hat einen aufgeblasenen Kelch, der an den Kanten 2–3 mm breit geflügelt ist.
LEBENSRAUM: Steinrasen, Magerwiesen, Weiden. 1300–3000 m NN.
VERBREITUNG: Arktisch-alpine Art.

2 | Rundblatt-Enzian
Gentiana orbicularis – Gentianaceae
(Syn.: *G. favrati*)

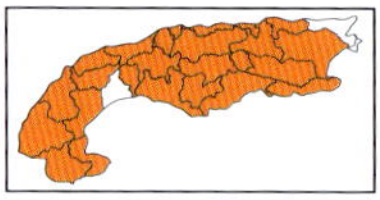

3–6 cm hoch; grundständige Blätter in einer Rosette; Rosettenblätter 4–10 mm lang, rundlich bis verkehrt-eiförmig; Kelch 0,5–1 mm breit geflügelt. Blütezeit VII–VIII.
VERWECHSLUNG: v. a. mit dem Frühlings-E., *G. verna*, (siehe S. 232) und dem Kurzblatt-E., *G. brachyphylla*, (siehe S. 224).
LEBENSRAUM: Magerrasen, Gesteinsfluren; kalkliebend. 2000–3500 m NN.
VERBREITUNG: Südeuropäisch-montane Art von den West-Alpen bis zu den Karpaten.

3 | Ostalpen-Enzian
Gentiana pannonica – Gentianaceae

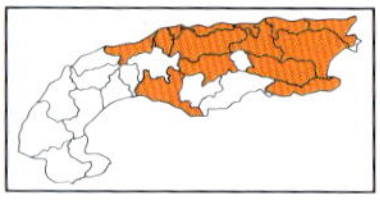

20–60 cm hoch; Blätter eilanzettlich, glänzend grün; Krone purpurn-rotviolett, dunkel gepunktet, 25–50 mm lang; Kelch bis etwa zur Mitte unregelmäßig 5–8-teilig, mit nach außen gebogenen, lanzettlichen Zipfeln. Blütezeit VII–IX.
VERWECHSLUNG: Der Purpur-E., *G. purpurea*, hat einen 2-zipfeligen Kelch, der auf einer Seite fast bis zum Grund geteilt ist.
LEBENSRAUM: Weiderasen, Hochstaudenfluren, Karrenfelder. 1000–2300 m NN, vereinzelt auch tiefer, wie in den niederösterreichischen Ötschergräben (600 m NN).
VERBREITUNG: Ostalpisch.
ANMERKUNG: Sehr selten, so etwa am steirischen Stuhleck, tritt die Art auch in einer blassgelben Form auf.

4 | Liegend-Enzian
Gentiana prostrata – Gentianaceae

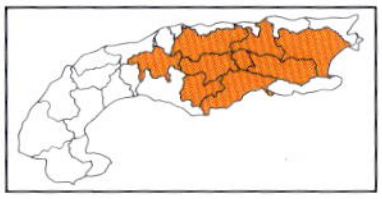

2–7 cm hoch, niederliegend bis aufsteigend; Blätter verkehrt-eiförmig, 6–9 mm lang; Blüten einzeln; Krone himmelblau, 10–20 mm lang, durch die fast gleichlangen Anhängsel 10-zipfelig erscheinend. Blütezeit VII–VIII.
VERWECHSLUNG: Keine.
LEBENSRAUM: Steinige Rasen; über Intermediärgestein. 1600–2800 m NN.
VERBREITUNG: Arktisch-alpine Art.

5 | Niedrig-Enzian
Gentiana pumila – Gentianaceae

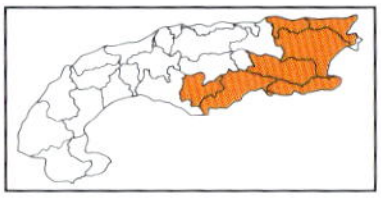

3–12 cm hoch; grundständige Blätter in einer Rosette; Rosettenblätter lineal-lanzettlich, 1–3 mm breit, spitz; Kelch schmal geflügelt, 10–15 mm lang. Blütezeit VI–VIII.
VERWECHSLUNG: v. a. mit dem Dauphine-E., *G. verna* subsp. *delphinensis*, der aber einen 15–20 mm langen Kelch hat und die Südwestalpen besiedelt.
LEBENSRAUM: Frische Magerrasen, Schneetälchen; kalkstet. 1500–2500 m NN.
VERBREITUNG: Endemit der Ostalpen.

6 | Tüpfel-Enzian
Gentiana punctata – Gentianaceae

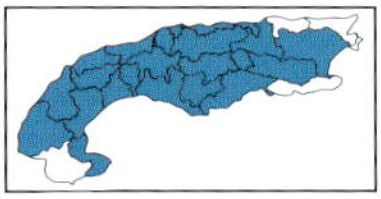

20–60 cm hoch; Blätter elliptisch bis eiförmig, 5–7-nervig, glänzend grün; Krone blassgelb, meist schwarzviolett gepunktet, 25–35 mm lang; Kelch bis etwa zur Mitte 5–8-teilig eingeschnitten. Blütezeit VI–VIII.
VERWECHSLUNG: Beim Villars-E., *G. villarsii*, sind die Kelchblätter verwachsen mit 2 schmalen, nach außen gerichteten Kelchblattzipfeln.
LEBENSRAUM: Weiden, Hochstaudenfluren, Zwergstrauchheiden; kalkmeidend. 1100–3050 m NN.
VERBREITUNG: Südosteuropäisch-montane Art von den Westalpen bis zu den Gebirgen der Balkanhalbinsel.

1

3A

3B

2

4

5

6

1 | Purpur-Enzian
Gentiana purpurea – Gentianaceae

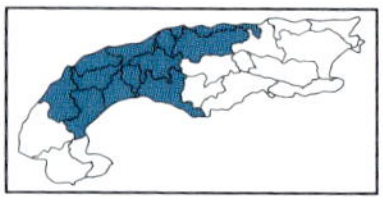

20–60 cm hoch; Blätter eilanzettlich, glänzendgrün; Krone purpurrot, innen gelblich, 25–40 mm lang; Kelch 2-zipfelig, auf einer Seite fast bis zum Grund geteilt. Blütezeit VII–IX.
VERWECHSLUNG: Mit dem Ostalpen-E., *G. pannonica*, (siehe S. 228).
LEBENSRAUM: Weiden, Hochstaudenfluren, Zwergstrauchheiden, Grünerlengebüsch. 1200–2750 m NN.
VERBREITUNG: Alpisch-skandinavisch. Alpen, Süd-Norwegen.
ANMERKUNG: Mancherorts, wie in den Bergamasker Alpen, treten auch gelb- und orangefarbene Pflanzen auf (Bilder **1B** und **1C**).
ALLGEMEIN: Die hochwüchsigen, gelb oder purpurn blühenden Enziane der Alpen (*Gentiana lutea*, *G. pannonica*, *G. punctata*, *G. purpurea* und *G. villarsii*) bilden untereinander gelegentlich Hybriden und erhöhen dadurch nochmals die Pracht und Mannigfaltigkeit dieser Enzian-Gruppe.

2 | Rostan-Enzian
Gentiana rostanii – Gentianaceae

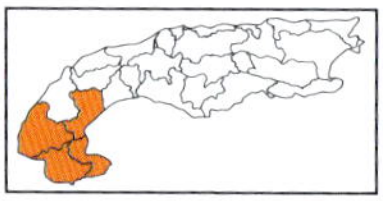

3–15 cm hoch, kahl; nichtblühende Triebe dicht beblättert; Blätter lineal, 5–20 mm lang; Stängelblätter in 2–4 Paaren; Blüten einzeln, endständig; Kelch schmalröhrig, kaum geflügelt, meist dunkel überlaufen; Kelchzähne kürzer als die Kelchröhre, die Buchten dazwischen abgerundet. Blütezeit VII–VIII.
VERWECHSLUNG: v. a. mit dem Bayern-E., *G. bavarica*, (siehe S. 224).
LEBENSRAUM: Feuchte Wiesen. Etwa 1600–2800 m NN.
VERBREITUNG: Endemit der Westalpen.
NAME: Zu Ehren des französischen Botanikers und Arztes Édouard ROSTAN (1826–1895) benannt, einem hervorragenden Kenner der Pflanzenwelt der Cottischen Alpen.

3 | Schleicher-Enzian
Gentiana schleicheri – Gentianaceae

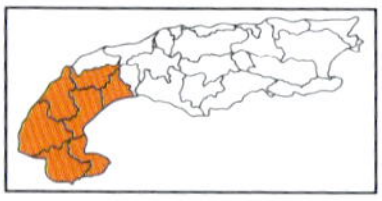

3–6 cm hoch; mit sterilen Trieben; Blätter eiförmig bis lanzettlich, in oder unter der Mitte am breitesten, zugespitzt, 3–9 mm lang, dicht ziegeldachig angeordnet, die unteren Blätter etwas größer als die oberen; Kelch 10–15 mm lang, sehr schmal geflügelt; Blütezeit VII–VIII.
VERWECHSLUNG: v. a. mit dem Triglav-E., *G. terglouensis* und dem Bayern-E., *G. bavarica*, bei dem die Blätter aber im vordersten Drittel am breitesten sind und die vorne meist abgerundet sind.
LEBENSRAUM: Steinige Rasen, alpine Matten. 2000–3100 m NN.
VERBREITUNG: Westalpisch-pyrenäische Art.
NAME: Benannt zu Ehren des Deutsch-Schweizer Apothekers, Botanikers und Firmeninhabers Johann Christoph SCHLEICHER (1768–1834), Verfasser u. a. eines „Catalogus Plantarum Helvetia".

4 | Triglav-Enzian
Gentiana terglouensis – Gentianaceae

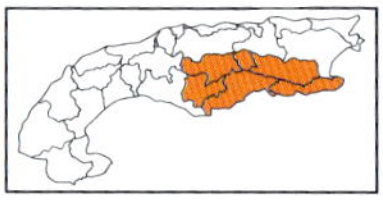

3–10 cm hoch; mit sterilen Trieben; Blätter eiförmig bis lanzettlich, in oder unter der Mitte am breitesten, zugespitzt, 3–5 mm lang, dicht ziegeldachig angeordnet, alle Blätter etwa gleich groß; Kelch 8–13 mm lang, kaum geflügelt. Blütezeit VI–VIII.
VERWECHSLUNG: v. a. mit dem Schleicher-E., *G. schleicheri*, bei dem aber die unteren Blätter etwas größer als die oberen sind und der auf die Westalpen beschränkt ist.
LEBENSRAUM: Steinige Magerrasen, Felsschuttfluren; kalkliebend. 1900–2700 m NN.
VERBREITUNG: Endemit der Ostalpen.

5 | Schlauch-Enzian
Gentiana utriculosa – Gentianaceae

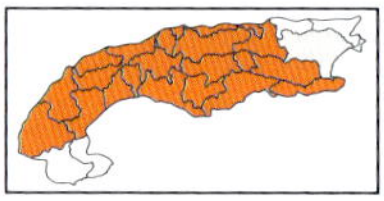

1–20 cm hoch, einjährig, ohne sterile Triebe; Blätter eiförmig bis lanzettlich, am Grunde in einer Rosette; Blüten einzeln am Ende der Triebe; Kronzipfel 5–8 mm lang; Kelchröhre zur Blüte 4–8 mm breit, aufgeblasen, an den Kanten 2–3 mm breit geflügelt. Blütezeit V–VIII.
VERWECHSLUNG: Mit dem Schnee-E., *G. nivalis*, (siehe S. 228).
LEBENSRAUM: Feuchte Wiesen, Flachmoore, Weiderasen, lichte Wälder; kalkliebend. Bis 2400 m NN.
VERBREITUNG: Südeuropäisch-montane Art von den Westalpen bis zu den Karpaten.

1A
1B
1C
2
3
4
5

1 | Frühlings-Enzian

Gentiana verna – Gentianaceae

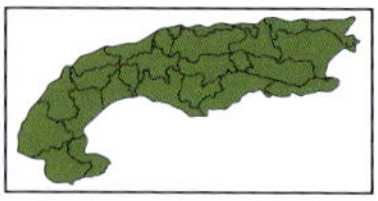

3–10 cm hoch; grundständige Blätter in einer Rosette; Rosettenblätter 10–30 mm lang, lanzettlich; Kelch an den Kanten 1–2 mm breit geflügelt, Kelchröhre 4–7 mm breit. Blütezeit III–VI.

VERWECHSLUNG: v. a. mit dem Kurzblatt-E., *G. brachyphylla*, dessen Kelch aber nur 0–0,3 mm breit geflügelt ist und dessen Rosettenblätter nur 4–10 mm lang sind. Der Rundblatt-E., *G. orbicularis*, hat einen 0,5–1 mm breit geflügelten Kelch und rundliche, verkehrt-eiförmige, 4–10 mm lange Rosettenblätter.

LEBENSRAUM: Magerwiesen, Weiden, Niedermoore, Zwergstrauchheiden. Bis 3550 m NN.

VERBREITUNG: Südeuropäisch-montane Art.

ANMERKUNG: Tritt in den Alpen in 2 Unterarten auf:

- subsp. *verna*: Rosettenblätter breit-lanzettlich, 4–9 mm breit. Gesamte Alpen.
- subsp. *delphinensis*: Rosettenblätter schmal-lanzettlich, 2–4 mm breit. Südwestalpen.

2 | Villars-Enzian

Gentiana villarsii – Gentianaceae
(Syn.: *Gentiana burseri* subsp. *villarsii*)

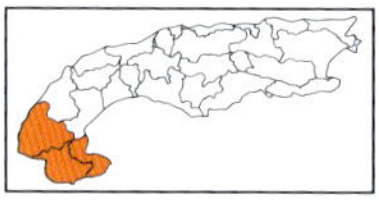

30–80 cm hoch; Blätter elliptisch bis eiförmig, 7–9-nervig, glänzend-grün; Krone hellgelb, innen meist schwarzviolett gepunktet; Kelchblätter verwachsen, mit 2 schmalen, nach außen gerichteten Kelchblattzipfeln. Blütezeit VII–VIII.

VERWECHSLUNG: Mit dem Tüpfel-E., *G. punctata* (siehe S. 228).

LEBENSRAUM: Wiesen, Weiden, Hochstaudenfluren, Zwergstrauchheiden. 1300–2600 m NN.

VERBREITUNG: Endemit der Südwestalpen.

NAME: Benannt zu Ehren von Dominique VILLARS (1745–1814), Autor eines für die Westalpen-Flora grundlegenden Werkes.

3 | Kelch-Kranzenzian

Gentianella anisodonta – Gentianaceae

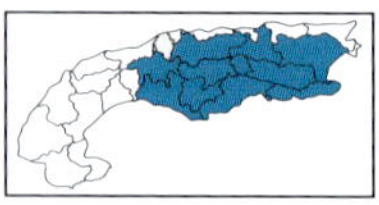

2–25 cm hoch; Krone 19–30 mm lang, blauviolett; Kelchzipfel unterschiedlich ausgebildet, 1–2,5 × so lang wie die Kelchröhre; Kelchzipfelrand deutlich umgerollt; Fruchtknoten 1–4 mm lang gestielt. Blütezeit VI–IX.

VERWECHSLUNG: Mit den anderen *Gentianella*-Arten, v. a. mit dem Engadin-K., *G. engadinensis*, bei dem der Kelchzipfelrand nur schwach umgerollt ist, die Krone 17–25 mm lang und rotviolett ist und der nur 2–10 cm hoch wird.

LEBENSRAUM: Magerrasen, Zwergstrauchheiden, Weiden. 900–2600 m NN.

VERBREITUNG: Südosteuropäisch-montane Art.

4 | Rau-Kranzenzian

Gentianella aspera – Gentianaceae

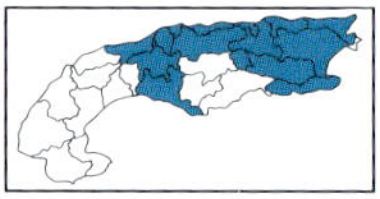

5–35 cm hoch; Stängelblätter am Rand papillös rau; Krone 30–39 mm lang, blauviolett; Kelchzipfel meist breit 3-eckig, 1,2–2,3 × so lang wie die Kelchröhre; Kelchbuchten spitz; Kelchzipfelrand meist schwach umgerollt, mit Papillen, die mindestens 2 × so lang wie breit sind (Lupe); Fruchtknoten 1–5 mm lang gestielt. Blütezeit V–IX.

VERWECHSLUNG: v. a. mit dem Deutsch-K., *G. germanica*, der aber glatte Stängelblattränder hat und bei dem die Papillen am Kelchzipfelrand ± so lang wie breit sind (Lupe).

LEBENSRAUM: Steinrasen, Halbtrockenrasen; kalkliebend. 1200–2500 m NN.

VERBREITUNG: Europäisch-montane Art.

5 | Österreich-Kranzenzian

Gentianella austriaca – Gentianaceae

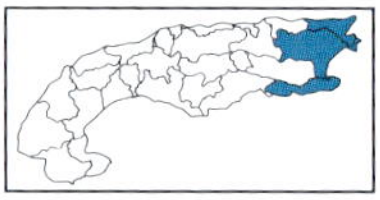

5–30 cm hoch; Stängelblätter am Rand glatt; Krone lila bis rotviolett, 25–45 mm lang; Kelchzipfel schmal, lineal, 1,5–2,5 × so lang wie die Kelchröhre, ± gleich gestaltet; Kelchbuchten rund, U-förmig; Kelchzipfelrand nicht oder nur schwach umgerollt, glatt; Fruchtknoten 2–7 mm lang gestielt. Blütezeit VI–X.

VERWECHSLUNG: v. a. mit dem Deutsch-K., *G. germanica*, der aber spitze Kelchbuchten und breite, dreieckige Kelchzipfel hat. Der Haar-K., *G. pilosa*, ist eine kalkstete Art der Südostalpen mit spitzen Kelchbuchten und papillösen Kelchzipfelränder.

LEBENSRAUM: Magerrasen, Weiden, Felsrasen. Bis 2400 m NN.

VERBREITUNG: Südosteuropäische Art.

ANMERKUNG: In der Steiermark und in Kärnten finden sich nicht selten Pflanzen, die in ihren Merkmalen zwischen dem Deutsch-K, *G. germanica*, und dem Österreich-K., *G. austriaca* vermitteln und die den Namen Steiermark-K., *G. styriaca*, erhielten.

1

2

3

4

5A

5B

1 | Feld-Kranzenzian
Gentianella campestris – Gentianaceae

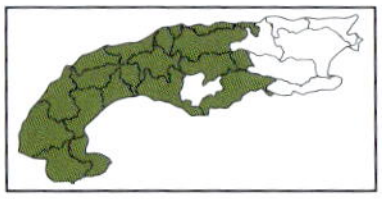

5–20 cm hoch, ästig; Kelch und Krone 4-teilig; Kelch mit 2 großen eiförmigen und 2 kleinen linealen Kelchzipfeln, Rand niemals umgerollt, Kelchbuchten spitz. Blütezeit VI–X.
VERWECHSLUNG: Alle anderen Kranzenziane der Alpen haben 5-zählige Kelche und Kronen.
LEBENSRAUM: Magerrasen, Weiden. 1000–2800 m NN.
VERBREITUNG: Europäische Art.

2 | Deutsch-Kranzenzian
Gentianella germanica – Gentianaceae (inkl. *G. rhaetica*)

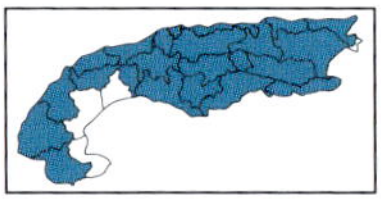

5–30 cm hoch; Stängelblätter am Rand glatt; Krone lila bis rotviolett, 23–35 mm lang; Kelchzipfel meist breit 3-eckig, 1–2 × so lang wie die Kelchröhre, ± gleich gestaltet; Kelchbuchten spitz; Kelchzipfelrand meist nur schwach umgerollt, mit Papillen, die ± so lang wie breit sind (Lupe). Blütezeit V–X.
VERWECHSLUNG: Schwierig in der Abgrenzung zu den anderen *Gentianella*-Sippen, v. a. zum Rau-K., *G. aspera*, (siehe S. 232). Der Österreich-K., *G. austriaca*, hat runde Kelchbuchten. Der Kelch-K., *G. anisodonta*, hat auffallend ungleich gestaltete Kelchzipfeln. Der Ästig-K., *G. ramosa*, hat Kelchzipfel, die 2–3 × so lang wie die Kelchröhre sind. Er wird nur 3–16 cm hoch, hat glatte Kelchzipfelränder, blüht von VIII–IX und ist kalkmeidend.
LEBENSRAUM: Magerrasen, Niedermoore, Weiden, Felsrasen. Bis 2700 m NN.
VERBREITUNG: Europäische Art.

3 | Insubrien-Kranzenzian
Gentianella insubrica – Gentianaceae

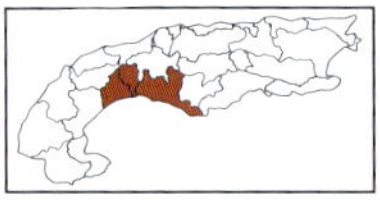

10–25 cm hoch; Krone lila bis rotviolett, 18–28 mm lang; Kelchzipfel ungleich, 1–3 Kelchzipfeln bedeutend breiter als die anderen; Kelchbuchten spitz; Kelchzipfelrand papillös; Fruchtknoten 2–6 mm lang gestielt. Blütezeit VI–X.
VERWECHSLUNG: v. a. mit dem Deutsch-K., *G. germanica*, bei dem aber die Kelchzipfel alle ± gleich breit sind. Der Bitter-K., *G. amarella*, hat 14–18 mm lange Kronen, der Fruchtknoten ist sitzend.
LEBENSRAUM: Magerwiesen, Waldwiesen, Steinrasen; kalkliebend. Von etwa 1000–2200 m NN.
VERBREITUNG: Endemit der Südalpen.

4 | Fransenenzian
Gentianopsis ciliata – Gentianaceae (Syn.: *Gentianella ciliata*)

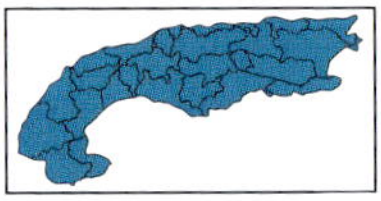

5–25 cm hoch; Blüten einzeln, endständig; Blätter schmal-lanzettlich, 1-nervig; grundständige Blattrosette fehlend; Blütenhülle 4-zählig; Krone 30–50 mm lang, tiefblau (enzianblau); Kronzipfel am Rand auffallend gefranst. Blütezeit VIII–XI.
VERWECHSLUNG: Die Arten der Gattung Kranzenzian, *Gentianella*, haben am Rand ungefranste Kronzipfel, die lila bis violett sind.
LEBENSRAUM: Halbtrockenrasen, Steinrasen, Weiden; kalkstet. Bis 2500 m NN.
VERBREITUNG: Europäisch-montane Art.

5 | Tauernblümchen
Lomatogonium carinthiacum – Gentianaceae

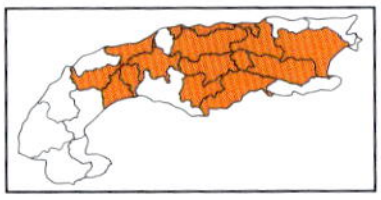

2–12 cm hoch; Blätter eiförmig bis eilanzettlich; Blüten einzeln an langen, unbeblätterten Stielen; Krone blass-graublau bis weißlich; Kelch ist kürzer als die Krone. Blütezeit VIII–IX.
VERWECHSLUNG: Keine.
LEBENSRAUM: Kurzrasige Weiderasen, erdige Rasenlücken. 1400–2600 m NN.
VERBREITUNG: Eurasiatische Art.

6 | Sumpf-Tarant
Swertia perennis – Gentianaceae

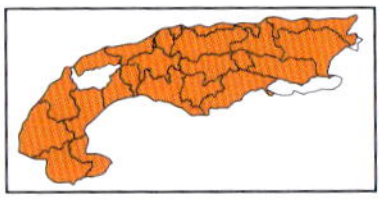

15–50 cm hoch; Stängel unverzweigt; untere Blätter wechselständig, eiförmig bis elliptisch, obere Blätter gegenständig, schmal eiförmig bis lanzettlich; Kronblätter weißlich mit violetter Zeichnung bis komplett schwärzlich-violett, spitz. Blütezeit VI–VIII.
VERWECHSLUNG: Keine.
LEBENSRAUM: Niedermoore, Sumpfwiesen, Quellfluren. 600–2300 m NN.
VERBREITUNG: Südeuropäisch-montane Art.
NAME: Zu Ehren des holländischen Gärtners Emanuel Swert (1552–1612) benannt.

1

2

3

4

5

6A

6B

1 | Rodie-Reiherschnabel
Erodium rodiei – Geraniaceae

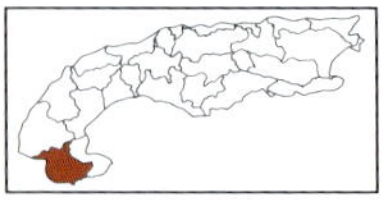

5–30 cm hoch; Blätter alle grundständig, tief fiederteilig, mit linealen Zipfeln; Blütenstand 2–8-blütig, auf 8–20 mm langen Stielen; Blüten 20–30 mm im ∅; Kronblätter rosa, purpurn geadert; reifer Fruchtschnabel 3–5 cm lang. Blütezeit V–VI.
VERWECHSLUNG: Keine.
LEBENSRAUM: Südexponiertes Felsgeröll; karbonatstet. 900–1150 m NN.
VERBREITUNG: Endemit der südfranzösischen Voralpen um Grasse.
NAME: Benannt zu Ehren des französischen Botanikers Joseph Rodie (1881–1973), der die Pflanze im Jahr 1932 entdeckte.

2 | Silber-Storchschnabel
Geranium argenteum – Geraniaceae

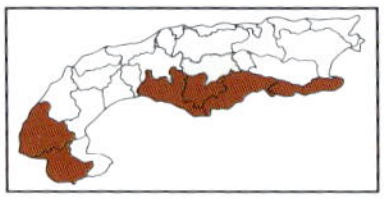

3–15 cm hoch; Blätter bis zum Grund in 5–7 tief geteilte Lappen zerteilt, beiderseits silbrig-seidenhaarig, dadurch silbrig-graugrün erscheinend; Blüten 25–30 mm breit, hellrosa, mit dunkleren Adern. Blütezeit VI–VII.
VERWECHSLUNG: u. U. mit dem Blut-S., *G. sanguineum*, der aber purpurrosa Blüten und nicht grau-seidenhaarige Blätter hat.
LEBENSRAUM: Kalk- und Dolomitfelsfluren. 1690–2200 m NN.
VERBREITUNG: Alpisch-apenninische Art der Südalpen, des Toskanischen und des Umbrischen Apennins.
ALLGEMEIN: Der botanische Gattungsname *Geranium* ist dem altgriechischen *„geranos"* (= Kranich) abgeleitet und soll auf die Ähnlichkeit der Frucht mit dem Schnabel des Vogels hinweisen. Storchschnabel als deutsche Bezeichnung würde eigentlich auf *Pelargonium*, abgeleitet von *„pelargos"* (= Storch), passen. Aber schon im 12. Jahrhundert bei Hildegard von Bingen hießen die *Geranium*-Arten „Storckenschnabel".
Carl von Linné führte *Pelargonium* unter der Gattung *Geranium* und erst der französische Botaniker Charles Louis L'Heritier trennte 1789 *Pelargonium* von *Geranium* ab. Der Name Storchschnabel blieb trotz alledem bei *Geranium*. Von den weltweit bekannten 429 Storchschnabel-Arten besiedeln 38 Europa und 21 den Alpenraum. Auf die Alpen beschränkt ist dabei nur der Bach-Storchschnabel, *Geranium rivulare*.

3 | Felsen-Storchschnabel
Geranium macrorrhizum – Geraniaceae

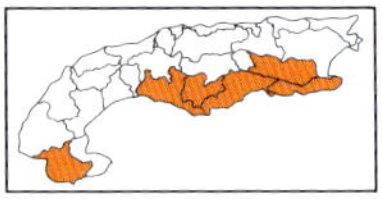

10–40 cm hoch, aromatisch riechend; Rhizom auffallend kräftig, fast oberirdisch; Blattspreiten handförmig gespalten, Abschnitte tief kerbsägig bis fiederspaltig; Teilblütenstand 3–9-blütig; Kronblätter purpurrosa, 15–20 mm lang; Staubfäden rot, bis 22 mm lang. Blütezeit V–VII.
VERWECHSLUNG: Kaum.
LEBENSRAUM: Grobschutthalden, felsige Hochstaudenfluren; kalkliebend. Bis etwa 1900 m NN.
VERBREITUNG: Südosteuropäische Art, nördlich bis zum Plöcken-Pass.

4 | Knoten-Storchschnabel
Geranium nodosum – Geraniaceae

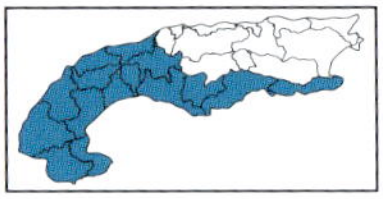

20–40 cm hoch; Stängel bei den Verzweigungen leicht verdickt; Blattspreiten 3–5-teilig, mit eiförmigen, zugespitzten, unregelmäßig gezähnten Abschnitten, kahl; Kronblätter 12–18 mm lang, rosa bis blasslila, purpurn geadert, vorne ausgerandet. Blütezeit V–VIII.
VERWECHSLUNG: Der Böhmen-St., *G. bohemicum*, hat 6–10 mm lange Kronblätter und beiderseits weich behaarte Blätter.
LEBENSRAUM: Laubwälder. Bis 1600 m NN.
VERBREITUNG: Südeuropäisch-montane Art von den nordspanischen bis zu den griechischen Gebirgen.

5 | Lila Braun-Storchschnabel
Geranium phaeum subsp. *lividum* – Geraniaceae

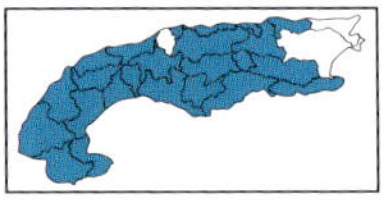

30–60 cm hoch; Stängel abstehend behaart; Blattspreiten ungefleckt, 5–12 cm im ∅, bis über die Mitte 7-teilig, Abschnitte rhombisch; Kronblätter radförmig ausgebreitet bis zurückgeschlagen, nicht ausgerandet, lila, 10–13 mm lang; Staubfäden purpurn. Blütezeit VI–VII.
VERWECHSLUNG: Die Nominatform, der Braun-St., *G. phaeum* subsp. *phaeum*, hat dunkelpurpurne Kronblätter und meist gefleckte Blätter. Beim Pyrenäen-St., *G. pyrenaicum*, sind die Kronblätter hellviolett, 6–10 mm lang und stark ausgerandet.
LEBENSRAUM: Bergwiesen, Hochstaudenfluren. Bis etwa 2400 m NN.
VERBREITUNG: Alpische Unterart.

1

2

3

4

5

1 | Bach-Storchschnabel
Geranium rivulare – Geraniaceae

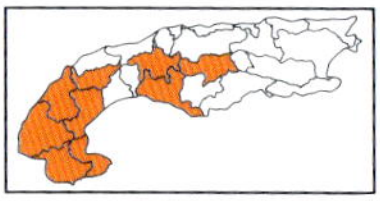

20–60 cm hoch; Blattspreiten bis fast zum Grund geteilt, Zipfel 2–5 × so lang wie breit; Blütenstiele ohne Drüsenhaare, nach der Blüte aufrecht; Kronblätter weiß mit violetten Adern, 10–15 mm lang. Blütezeit VI–VIII.
VERWECHSLUNG: Mit weißblühenden Formen des Wiesen-St., *G. pratense*, bei dem aber die Blütenstiele drüsig behaart und nach der Blüte abwärts gerichtet sind.
LEBENSRAUM: Lichte Lärchen- und Zirbenwälder, Zwergstrauchheiden; kalkmeidend. 1400–2300 m NN.
VERBREITUNG: Alpische Art mit Verbreitungsschwerpunkt in den Westalpen.

2 | Ruprecht-Storchschnabel
Geranium robertianum – Geraniaceae

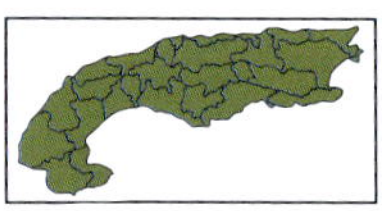

20–40 cm hoch, unangenehm riechend, aufsteigend oder aufrecht; Blattspreiten bis zum Grund handförmig zusammengesetzt, Blättchen 1–2-fach fiederteilig, Abschnitte tief kerbsägig; Kronblätter rosa, 10–13 mm lang, die Platte davon 5–8 mm lang. Blütezeit V–X.
VERWECHSLUNG: Der Glanz-St., *G. lucidum*, hat glänzende Blätter mit 3-lappigen Abschnitten.
LEBENSRAUM: Wälder, Schluchten, Schutthalden, Waldschläge. Bis etwa 1900 m NN.
VERBREITUNG: Eurasiatisch-nordamerikanische Art.

3 | Wald-Storchschnabel
Geranium sylvaticum – Geraniaceae

30–60 cm hoch; Stängel unten kurz anliegend behaart; Blattspreiten bis über die Mitte 5–7-teilig; Blütenstiele drüsenhaarig, nach dem Blühen aufrecht; Kronblätter purpurviolett, am Grund weiß; Krone schalenförmig ausgebreitet. Blütezeit VI–VIII.
VERWECHSLUNG: Der Wiesen-St., *G. pratense*, hat lilablaue, flach ausgebreitete Kronen, Blütenstiele, die nach dem Blühen abwärts gerichtet sind und Blattspreiten, die tief, zumindest auf $^{5}/_{6}$ der Blattlänge geteilt sind.
LEBENSRAUM: Hochstaudenfluren, Bergwiesen, Wälder, Zwergstrauchheiden. Bis 2500 m NN.
VERBREITUNG: Eurosibirische Art.

4 | Herz-Kugelblume
Globularia cordifolia – Globulariaceae

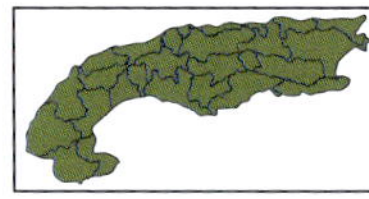

3–10 cm hoch; Triebe stark verzweigt, verholzt, einen Teppich bildend; Blätter 1–3 cm lang und 0,3–1 cm breit, Spreite spatelförmig bis schmal verkehrt-eiförmig, an der Spitze abgerundet bis ausgerandet; Krone 6–11 mm lang. Blütezeit V–VII.
VERWECHSLUNG: Die Kriech-K., *G. repens*, ist 1–3 cm hoch, hat 0,2–0,5 mm breite, zugespitzte Blätter.
LEBENSRAUM: Felsspalten, Steinrasen; karbonatstet. Bis etwa 2800 m NN.
VERBREITUNG: Südeuropäisch-montane Art.

5 | Nacktstängel-Kugelblume
Globularia nudicaulis – Globulariaceae

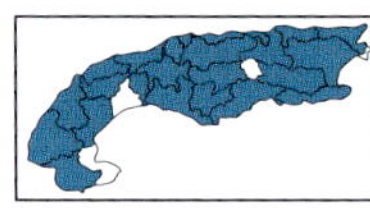

5–25 cm hoch; unverzweigt, ohne niederliegenden Stängel; Blattspreiten 5–12 cm lang, 1–2,5 cm breit, in den Blattstiel verschmälert; Krone 10–12 mm lang. Blütezeit VI–VII.
VERWECHSLUNG: Kaum.
LEBENSRAUM: Schneereiche Magerrasen, Latschengebüsch, Zwergstrauchheiden, lichte Kiefernwälder; kalkstet. 500–2600 m NN.
VERBREITUNG: Südeuropäisch-montane Art.

6 | Kriech-Kugelblume
Globularia repens – Globulariaceae

1–3 cm hoch; Triebe stark verzweigt, verholzt, einen Teppich bildend; Blätter 1–2 cm lang und 0,2–0,5 cm breit, Spreite lanzettlich bis eiförmig, vorne zugespitzt, nach oben zusammengefaltet; Krone 6–10 mm lang. Blütezeit V–VII.
VERWECHSLUNG: Mit der Herz-K., *G. cordifolia*.
LEBENSRAUM: Felsspalten; karbonatstet. Bis etwa 2500 m NN.
VERBREITUNG: Südwesteuropäisch-montane Art.

1

2A

2B

3

4

5

6

1 | Alpen-Johannisbeere
Ribes alpinum – Grossulariaceae

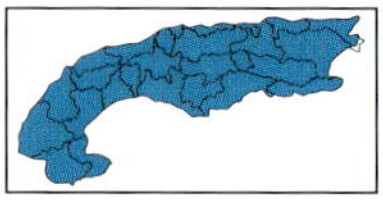

0,8–1,5 m hoher Strauch; Blätter mitsamt Stiel 2–4 cm lang, Blattstiel kürzer als die halbe Spreitenlänge, Mittellappen länger als die Seitenlappen; Deckblätter meist länger als die Blütenstiele; Trauben aufrecht, kurz-drüsenhaarig; Beeren ± kugelig, rot. Blütezeit IV–VI.

VERWECHSLUNG: v. a. mit der Felsen-J., *R. petraeum*, welche aber große, im ∅ bis 10 cm messende Blattspreiten, hängende Trauben und Deckblätter hat, die kürzer als die Blütenstiele sind.

LEBENSRAUM: Blockschluchtwälder, Edellaubwälder, Gebüsche; kalkliebend. Bis 2000 m NN.

VERBREITUNG: Europäisch-südwestasiatische Art.

2 | Flecken-Johanniskraut
Hypericum maculatum – Hypericaceae

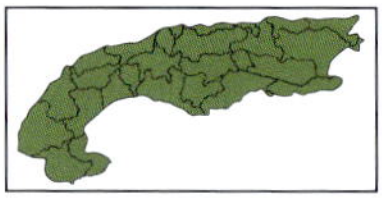

20–60 cm hoch; Stängel 4-kantig, Kanten nicht geflügelt; Blätter länglich-oval, 2–4 cm lang; Kelchblätter an der Spitze meist stumpf und ganzrandig; Kronblätter gelb, schwarz gefleckt, am Rand meist nicht schwarz gepunktet, 2–3 × so lang wie der Kelch. Blütezeit VII–VIII.

VERWECHSLUNG: Mit dem Echt-J., *H. perforatum*. Dieses hat aber einen stielrunden Stängel mit 2 gegenüberliegenden Längsleisten. Das Stumpf-J., *H. dubium*, als Unterart *H. maculatum* subsp. *obtusiusculum*, hat meist spitze, an der Spitze unregelmäßig gezähnte Kelchblätter und die Kronblätter sind auch am Rand schwarz gepunktet.

LEBENSRAUM: Frische bis wechselfeuchte, kalkarme Magerwiesen und Weiden, Bürstlingrasen, Säume, Waldschläge, Hochstaudenfluren und Flachmoore; kalkmeidend. Bis 2300 m NN, vereinzelt auch höher, wie im Schanfigg in Graubünden (2650 m NN).

VERBREITUNG: Eurosibirische Art von Irland bis Westsibirien.

3 | Berg-Johanniskraut
Hypericum montanum – Hypericaceae

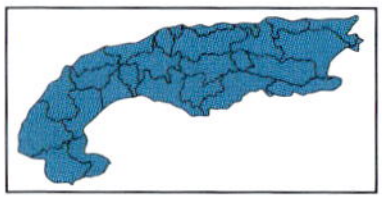

30–70 cm hoch; Stängel rund, ohne Kanten; Blätter breit-eiförmig, unterseits bläulichgrün, sitzend, am Rand beiderseits mit schwarzen Drüsenpunkten, entfernt stehend, oberste Stängelglieder auffallend länger als die übrigen; Kronblätter blassgelb, in kurzem Blütenstand. Blütezeit VI–VII.

VERWECHSLUNG: Beim Hübsch-J., *H. pulchrum*, sind die Blätter herzförmig, ihr Rand ist ohne Drüsenpunkte.

LEBENSRAUM: Wälder. Bis 2000 m NN.

VERBREITUNG: Eurosibirische Art.

4 | Münzblatt-Johanniskraut
Hypericum nummularium – Hypericaceae

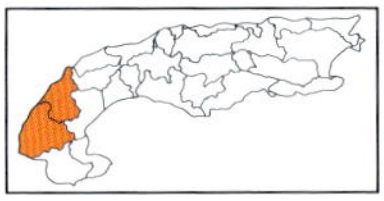

5–30 cm hoch, niederliegend bis aufsteigend; Blätter rundlich, am Rand mit hellen Drüsen; Kelchblätter 4–5 mm lang, eiförmig, am Rand mit gestielten, schwarzen Drüsen; Blüten 18–25 mm im ∅. Blütezeit VII–IX.

VERWECHSLUNG: Mit dem Liege-J., *H. humifusum*, welches aber lanzettliche Blätter hat und Blüten, die 8–15 mm im ∅ messen.

LEBENSRAUM: Feuchte Kalkfelsen; kalkstet. Etwa 700–2100 m NN.

VERBREITUNG: Westalpisch-pyrenäische Art.

5 | Richer-Johanniskraut
Hypericum richeri – Hypericaceae

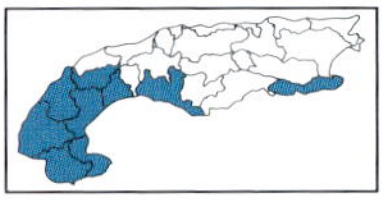

20–60 cm hoch, mit mehreren, bogig aufsteigenden, oben oft 2-kantigen Stängeln; Blätter eiförmig, sitzend, 2–4 cm lang, unterseits am Rand mit schwarzen Drüsen; Kelch- und Kronblätter mit zahlreichen sitzenden, schwarzen Drüsen; Kelchblätter 6–8 mm lang, am Rand mit feinen Fransen; Kronblätter 2–4 × so lang wie die Kelchblätter; Blüten im ∅ 25–30 mm. Blütezeit VI–VIII.

VERWECHSLUNG: Mit dem Berg-J., *H. montanum*, bei dem die Blüten aber nur 15–20 mm im Durchmesser messen.

LEBENSRAUM: Steinige Weiden, lichtes Gebüsch, felsige Hänge, Hochstaudenfluren; kalkliebend. 1100–2400 m NN.

VERBREITUNG: Südeuropäisch-montane Art, die in den Alpen in der subsp. *richeri* (westliche Alpen) und der subsp. *grisebachii* (Bild **5**, Südostalpen) auftritt.

NAME: Zu Ehren des französischen Botanikers und Mediziners Pierre Richer de Belleval (1564–1632) benannt, der sich v. a. der Erforschung der Flora des Languedoc verdient gemacht hat.

1A

1B

2A

2B

3A

3B

4

5

1 | Pyramiden-Günsel
Ajuga pyramidalis – Lamiaceae

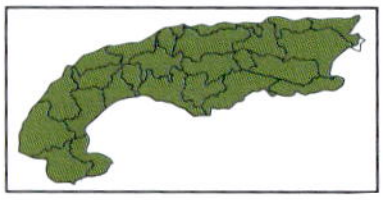

5–25 cm hoch, pyramidenförmig, ohne Ausläufer, stark behaart; Rosettenblätter stets größer als die Stängelblätter; Tragblätter meist purpurn gefärbt oder zumindest purpurn überlaufen, etwa doppelt so lang wie die Blüten; Krone blau mit weißer Mitte. Blütezeit V–VIII.
VERWECHSLUNG: Der Kriech-G., *A. reptans*, hat oberirdische Ausläufer, sein Stängel ist kahl oder spärlich behaart.
LEBENSRAUM: Bodensaure Magerwiesen, Weiden, lichte Bergwälder; kalkmeidend. 800–2700 m NN.
VERBREITUNG: Europäisch-montane Art.

2 | Gelb-Betonie
Betonica alopecuros – Lamiaceae (Syn.: *Stachys alopecuros*)

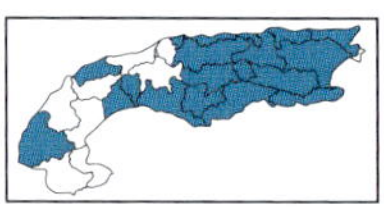

20–50 cm hoch; grundständige Blätter lang gestielt, Spreite herzförmig, grob gezähnt; Blüten in dichten, reichblütigen Teilblütenständen; Krone hellgelb. Blütezeit VI–VIII.
VERWECHSLUNG: Kaum.
LEBENSRAUM: Magerrasen, Felsrasen, Ruhschutthalden, Lawinenrasen; kalkstet. Bis etwa 2300 m NN.
VERBREITUNG: Südeuropäisch-montane Art von den spanischen bis zu den griechischen Gebirgen.
ANMERKUNG: Tritt in den Alpen in 2 Unterarten auf:
- subsp. *alopecuros*: Oberlippe mit 2 spitzen Zähnen, in den Alpen von der Schweiz und Italiens ostwärts.
- subsp. *godronii*: Oberlippe mit 2 gerundeten Zähnen, in den Alpen nur in Frankreich.

ALLGEMEIN: Carl von Linné stellte 1753 die Gattung *Betonica* auf, die aber schon bald so manche Botaniker in die Gattung *Stachys*, Ziest, eingliederten. Immer wieder wurde die Eigenständigkeit der Gattung stammesgeschichtlich abgesichert, doch selbst die als Maßstab geltende „Flora Europaea" führt die Betonien als Sektion innerhalb der Gattung Ziest, obwohl molekularbiologische und chemotaxonomische Merkmale zeigen, dass *Betonica* nicht einmal in den Tribus der *Stachydeae* gehört, sondern näher mit der Gattung Hohlzahn, *Galeopsis*, verwandt ist.
Der botanische Gattungsname geht auf den in Südwesteuropa lebenden keltischen Stamm der Vettōnēn zurück, nach welchen auch der Ehrenpreis, *Veronica*, seinen Namen hat.

3 | Alpen-Betonie
Betonica hirsuta – Lamiaceae (Syn.: *Stachys pradica*)

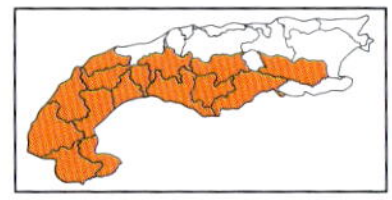

10–30 cm hoch; Stängel und Blätter dicht und wollig behaart, Haare am oberen Stängelteil 1,5–3 mm lang; Krone purpurrosa, 15–22 mm lang; Kelch 12–15 mm lang. Blütezeit VII–VIII.
VERWECHSLUNG: Die Echt-B., *B. officinalis*, ist 30–70 cm hoch, ihre Haare im oberen Stängelteil sind 0,4–1,5 mm lang, die Krone ist 10–15 mm lang.
LEBENSRAUM: Magerwiesen, Zwergstrauchheiden. 1200–2400 m NN, in den Seealpen auch bis ins Tiefland.
VERBREITUNG: Südwesteuropäisch-montane Art.

4 | Alpen-Steinquendel
Clinopodium alpinum – Lamiaceae (Syn.: *Acinos alpinus*)

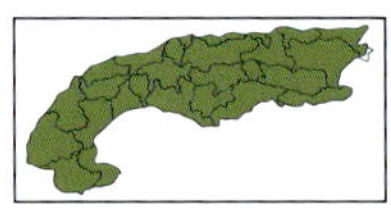

3–20 cm hoch; Blattspreiten eiförmig, ganzrandig oder jederseits mit 1–5 Kerbzähnen, am Rand nicht umgerollt, unterseits ohne hervortretender Nerven; Krone violett, 15–20 mm lang; Kelch zur Fruchtzeit offen. Blütezeit V–IX.
VERWECHSLUNG: Der Echt-St., *C. acinos* (Syn.: *Acinos arvensis*), hat lila Blüten mit 7–10 mm langer Krone. Sein Kelch ist zur Fruchtzeit durch die zusammenneigenden Kelchzähne geschlossen.
LEBENSRAUM: Steinige Magerrasen, Kiefernwälder, Felsschutt, Felsen; kalkstet. Bis 2900 m NN.
VERBREITUNG: Südeuropäisch-montane Art.

5 | Großblüten-Bergminze
Clinopodium grandiflorum – Lamiaceae (Syn.: *Calamintha grandiflora*)

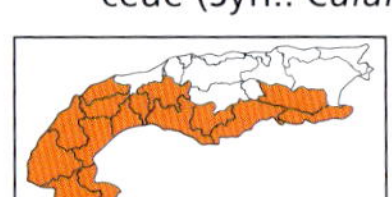

20–50 cm hoch, nach Zitrone riechend; Blattspreiten eiförmig, 3–7 cm lang, grob gesägt; Krone 20–40 mm lang, lebhaft rosa; Kelch 11-nervig, 10–13 mm lang, hellgrün. Blütezeit VII–IX.
VERWECHSLUNG: Die Arten der Gruppe um die Echt-B., *Clinopodium nepeta* agg. (Syn. *Calamintha nepeta* agg.), haben 12–22 mm lange Kronen und einen 13-nervigen, 3–10 mm langen, oft purpurn überlaufenen Kelch.
LEBENSRAUM: Frische Edellaubwälder.
Bis etwa 1900 m NN.
VERBREITUNG: Mediterran-montane Art.

1

2A

2B

3

4

5

1 | Nordisch-Drachenkopf
Dracocephalum ruyschiana – Lamiaceae

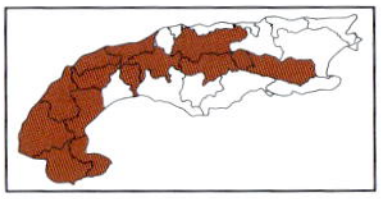

10–30 cm hoch; Blätter lineal, ganzrandig, 2–6 mm breit; Teilblütenstände 2–8-blütig; Krone 2,5–3 cm lang, Oberlippe helmförmig gewölbt. Blütezeit VI–VIII.
VERWECHSLUNG: Der Österreich-D., *D. austriacum*, hat zum Teil fiederschnittige Blätter und 3,5–4,5 cm lange Kronen.
Die Groß-Braunelle, *Prunella grandiflora*, hat eilanzettliche, 10–40 mm breite Blätter.
LEBENSRAUM: Rasen, Wildheuplanken, trockenwarme Kiefern- und Lärchenwälder. 1400–2200 m NN.
VERBREITUNG: Eurosibirische Art.
NAME: Benannt zu Ehren des holländischen Botanikers und Anatoms Frederik Ruysch (1638–1731).

2 | Bunt-Hohlzahn
Galeopsis speciosa – Lamiaceae

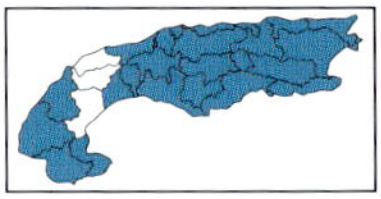

30–70 cm hoch; Stängel unter den Knoten verdickt und borstig; Drüsenhaarköpfe des Kelchs und Stängels hell; Blattspreite eiförmig, grob gezähnt; Krone 20–35 mm lang, gelb, mit violettem Unterlippenmittellappen. Blütezeit VI–X.
VERWECHSLUNG: Der Dorn-H., *G. tetrahit*, hat purpurrote oder weiße Kronen, seine Drüsenhaarköpfe am Kelch und Stängel sind dunkel.
LEBENSRAUM: Waldschläge, Wegränder, nährstoffreiche Gebüsche. Bis 2000 m NN.
VERBREITUNG: Osteuropäische Art.

3 | Dorn-Hohlzahn
Galeopsis tetrahit – Lamiaceae

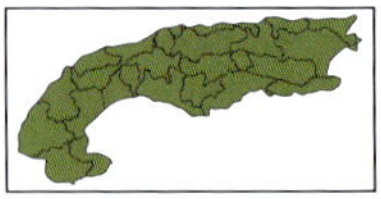

20–70 cm hoch; Stängel unter den Knoten verdickt und borstig behaart; Blätter gestielt, Spreite eiförmig bis breit-lanzettlich, behaart; Blattrand gezähnt; Blüten in Scheinquirle kopfig gehäuft; Kelch stachelig begrannt, drüsig behaart, Drüsenhaare mit dunklen Köpfen; Krone 15–20 mm lang, purpurn bis weiß, gelb gezeichnet; Krone etwa 1,5 × so lang wie der Kelch. Blütezeit VI–X.
VERWECHSLUNG: Der Zweizipfel-H., *G. bifida*, hat 10–15 mm lange Kronen und Drüsenhaare am Kelch mit hellem Kopf. Der Flaum-H., *G. pubescens*, hat Kronen, die 2–3 × so lang wie der Kelch sind.
LEBENSRAUM: Waldschläge, Wegränder, nährstoffreiche Ruderalfluren. Bis etwa 2300 m NN.
VERBREITUNG: Europäische Art.

4 | Drachenmaul
Horminum pyrenaicum – Lamiaceae

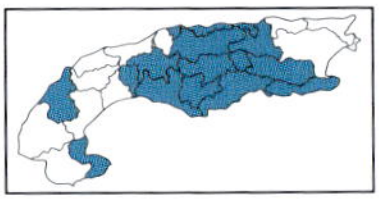

15–30 cm hoch; Spreiten der grundständigen Blätter eiförmig, runzelig, stumpf gezähnt, lang gestielt, kahl; Blütenstand ± einseitswendig; Krone violett, etwa 15–20 mm lang; Oberlippe ausgerandet. Blütezeit VI–VIII.
VERWECHSLUNG: u. U. mit dem Wiesen-Salbei, *Salvia pratensis*, der aber eine helmartig gewölbte Oberlippe und 20–25 mm lange Kronen hat.
LEBENSRAUM: Kalkreiche Magerrasen, Felsweiden. Bis etwa 2500 m NN.
VERBREITUNG: Südwesteuropäisch-montane Art.

5 | Gargano-Taubnessel
Lamium garganicum – Lamiaceae

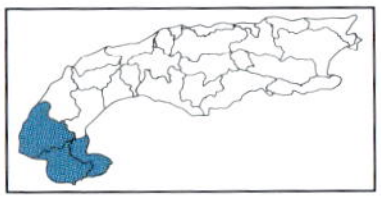

15–50 cm hoch; Blattspreiten herz-eiförmig, 15–70 mm lang, 10–40 mm breit, wenig behaart, Blattrand grob-kerbzähnig; Krone rosa, 25–40 mm lang; Kronröhre gerade, Oberlippe ungeteilt, 10–15 mm lang. Blütezeit V–VIII.
VERWECHSLUNG: Mit der Groß-T., *L. maculatum*, die aber eine am Grund gebogene Kronröhre hat.
LEBENSRAUM: Felsspalten, Felsschutt. Bis 1900 m NN.
VERBREITUNG: Mediterran-montane Art.

6 | Riesen-Taubnessel
Lamium orvala – Lamiaceae

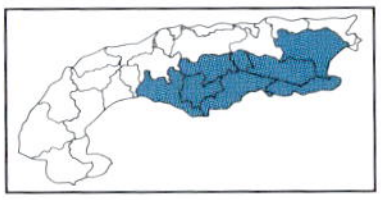

30–90 cm hoch; Stängel kantig; Blätter gegenständig, Spreite 4–7 cm breit, mit gesägtem Blattrand; Krone purpurrot, 30–40 mm lang. Blütezeit IV–VI.
VERWECHSLUNG: Mit der Groß-T., *L. maculatum*, diese hat aber 2–4 cm breit Blattspreiten und 20–25 mm lange Kronen.
LEBENSRAUM: Lichte Edellaubwälder, Hochstaudenfluren, Säume, Bachränder, Gebüsche. Bis 1600 m NN.
VERBREITUNG: Ostalpisch-illyrische Art vom Veltlin bis zum Plattensee und bis Siebenbürgen.

1
2
3
4
5
6

1 | Berg-Goldnessel
Lamiastrum montanum – Lamiaceae (Syn.: *Galeobdolon montanum, Lamium galeobdolon*)

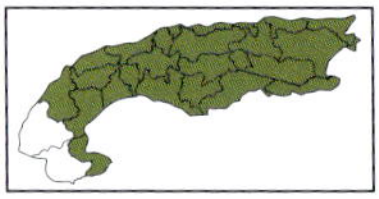

20–50 cm hoch, nach der Blütezeit mit oberirdischen Ausläufern; Stängel am Grund meist ringsum dicht und abstehend behaart; 9–15 Blüten je Scheinquirl; Krone goldgelb, 17–25 mm lang. Blütezeit IV–VI.
VERWECHSLUNG: Mit der Hellgelb-G., *L. flavidum*, die aber stets ohne Ausläufer ist und hellgelbe, 14–17 mm lange Kronen hat. Nicht selten findet sich auch die Silber-G., *L. argentatum*, in den Alpen verwildert bis eingebürgert. Sie ist am Stängelgrund fast nur an den Kanten behaart und hat 5–10-blütige Scheinquirle.
LEBENSRAUM: Frische Edellaubwälder, Auwälder, Hecken. Bis etwa 2200 m NN.
VERBREITUNG: Europäische Art.

2 | Echt-Lavendel
Lavandula angustifolia – Lamiaceae

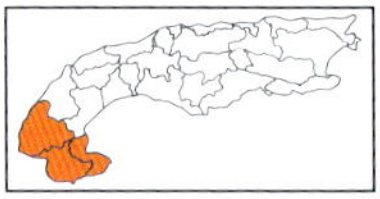

20–80 cm hoch, Halbstrauch, aromatisch; Blätter schmal-lanzettlich, 2–5 mm breit, mit umgerolltem Rand, jung grau-dünnfilzig, später ± verkahlend; Blüten am Ende der Zweige in ährig angeordneten Scheinquirlen; Hochblätter im Blütenstand 3–8 mm lang; Krone violettblau. Blütezeit VII–VIII.
VERWECHSLUNG: Der Breitblatt-L., *L. latifolia*, hat 5–10 mm breite Blätter und 2–3 mm lange Hochblätter.
LEBENSRAUM: Felsrasen, trockene Hänge. Bis 1700 m NN.
VERBREITUNG: Mediterrane Art.

3 | Immenblatt
Melittis melissophyllum – Lamiaceae

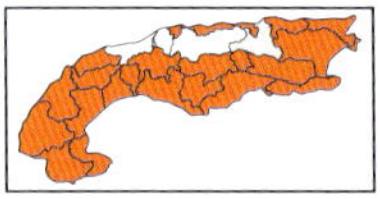

20–50 cm hoch; Stängel abstehend behaart; Blätter 3–9 cm lang, Spreite eiförmig, regelmäßig grob gezähnt; Krone 30–45 mm lang, 2-farbig purpurrosa-weiß, nicht selten auch ganz weiß oder ganz purpurrosa. Blütezeit V–VI.
VERWECHSLUNG: Keine.
LEBENSRAUM: Edellaubwälder; kalkliebend. Bis 1500 m NN.
VERBREITUNG: Europäische Art.
ANMERKUNG: Auffallend ist die unterschiedliche Blütenfärbung der Art. Im größten Teil der Alpen tritt das Immenblatt durchwegs zweifarbig rosa-weiß auf, während es in den Südostalpen von Krain bis zu den Insubrischen Alpen meist einfarbig weiß blüht. In Drome und der Provence hingegen kommen vorwiegend einfarbig rosa Pflanzen vor.
Der Gattungsname entstammt dem Altgriechischen und bedeutet Biene. Dies ergibt aber wenig Sinn, wird das Immenblatt doch meist von Hummeln bestäubt. Viel mehr dürfte der honigartige Duft der zerriebenen Blätter gemeint sein (*mellis* = Honig).

4 | Ross-Minze
Mentha longifolia – Lamiaceae

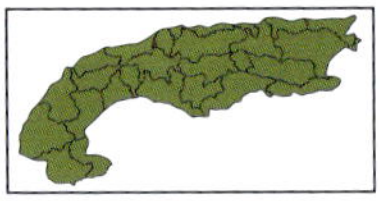

30–100 cm hoch, stark aromatisch; Stängel oben weißfilzig; Blätter länglich-lanzettlich, vorne spitz, unterseits weißfilzig, auch oberseits graugrün; Blüten in dichten, ährigen Blütenständen; Krone blasslila, 3–4 mm lang. Blütezeit VII–IX.
VERWECHSLUNG: Die Ähren-M., *M. spicata*, (engl. spear mint) ist wahrscheinlich aus *M. longifolia* × *M. suaveolens* entstanden. Sie ist eine der Stammarten der Pfeffer-M., *M. piperita*, und findet sich in den Alpen gelegentlich verwildert. Sie unterscheidet sich von der Ross-Minze durch kahle, oder nur auf den Nerven zerstreut behaarte Blätter und Stängel.
LEBENSRAUM: Ufer, Gräben, feuchte bis nasse Weiderasen. Bis etwa 2300 m NN.
VERBREITUNG: Eurasiatische Art.

5 | Echt-Dost
Origanum vulgare – Lamiaceae

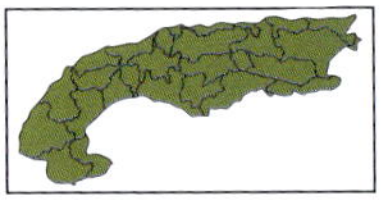

20–60 cm hoch, aromatisch; Blattspreiten eiförmig, ganzrandig oder wenig gezähnt; Blüten am Ende der Zweige kopfig gehäuft; Krone hellrosa, 4–7 mm lang; Kelch grün bis purpurrot, außen kahl oder kaum behaart. Blütezeit VII–IX.
VERWECHSLUNG: u. U. mit dem Wirbeldost, *Clinopodium vulgare*, der aber 10–15 mm lange Kronen und einen abstehend behaarten Kelch hat.
LEBENSRAUM: Waldränder, Trockenwiesen, Säume, Waldschläge. Bis etwa 2200 m NN.
VERBREITUNG: Eurasiatische Art.

1

2

3

4A

4B

5

1 | Groß-Braunelle

Prunella grandiflora – Lamiaceae

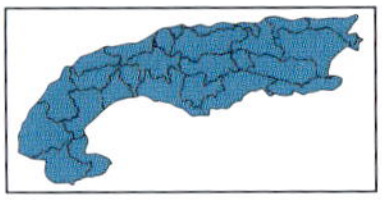

8–30 cm hoch; Blattspreiten ei-lanzettlich; oberstes Stängelblattpaar vom Gesamtblütenstand entfernt; Blütenkrone 20–25 mm lang, violett. Blütezeit VI–VIII.
VERWECHSLUNG: Die Klein-B., *P. vulgaris*, hat 10–15 mm lange Blüten, das oberste Stängelblattpaar den Gesamtblütenstand umgebend. Die mediterrane Ysop-B., *P. hyssopifolia*, die in tieferen Lagen der französischen Alpen zu finden ist, hat 15–18 mm lange Blüten und lanzettliche Blätter.
LEBENSRAUM: Halbtrockenrasen, Kiefernwälder, Schutthalden, Trockenwiesen, Kalkniedermoore; kalkstet. Bis 2500 m NN.
VERBREITUNG: Europäisch-westasiatische Art.

2 | Kleb-Salbei

Salvia glutinosa – Lamiaceae

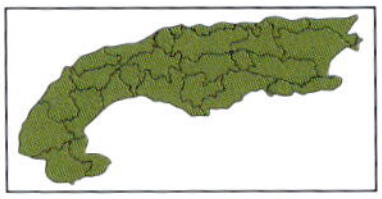

40–90 cm hoch, besonders im Blütenstand drüsig-klebrig; Blattspreite herz-spießförmig, zugespitzt, mit spießförmigen Grund; Scheinquirle 2–6-blütig; Krone 30–40 mm lang, hellgelb, Unterlippe rotbraun gezeichnet. Blütezeit VII–IX.
VERWECHSLUNG: Keine.
LEBENSRAUM: Edellaubwälder. Bis etwa 1800 m NN.
VERBREITUNG: Eurasiatische Art von Nordspanien bis zum Himalaya.
ALLGEMEIN: Die wilden Salbei-Arten der Alpen sind für die Tierwelt von Bedeutung. So hat sich etwa die Salbei-Langwanze, *Platyplax salviae*, auf diese Gattung spezialisiert. Sie sind Raupen-Futterpflanzen für Wasserdost-Goldeule, *Diachrysia chryson*, und Messingeule, *Diachrysia chrysitis*, und Pollenspender u. a. für die Harzbiene, *Anthidium manicatum*. Den Nektar nutzen langrüsselige Schmetterlinge wie Schwalbenschwanz, Aurorafalter, Veilchen-Perlmuttfalter, Heufalter, Taubenschwänzchen, Skabiosenschwärmer, Hummelschwärmer und Weinschwärmer. Besonders häufig sind auch Hummeln an den Blüten zu beobachten.

3 | Saccardo-Salbei

Salvia saccardiana – Lamiaceae (Syn.: *Salvia pratensis* subsp. *saccardiana*)

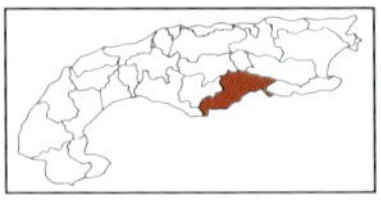

50–120 cm hoch, meist stark verzweigt; Blattspreite dreieckig bis eiförmig, Blattrand buchtig gelappt und unregelmäßig gezähnt; Krone violettblau, 28–35 mm lang. Blütezeit V–VII.
VERWECHSLUNG: Der Wiesen-S., *S. pratensis*, zu der die Art von manchen Autoren gerechnet wird, ist 25–60 cm hoch und hat 15–25 mm lange Kronen.
LEBENSRAUM: Magerwiesen, trockene Hänge, Schuttfluren; kalkliebend. Bis etwa 1300 m NN.
VERBREITUNG: Endemit der Südostalpen.
NAME: Zu Ehren des italienischen Botanikers Pier Andrea Saccardo (1845–1920) benannt, dessen Hauptforschungsgebiet die Mykologie war.

4 | Quirl-Salbei

Salvia verticillata – Lamiaceae

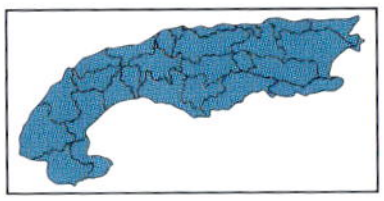

30–60 cm hoch; Blätter unregelmäßig stumpf gezähnt, untere Blätter oft gefiedert mit 2–4 seitlichen Blättchen und großem Endblättchen; Stängelblätter breitherzförmig; Blütenstand aus 12–30-blütigen Scheinquirlen; Krone 9–15 mm lang, hellviolett bis purpurlila. Blütezeit VI–IX.
VERWECHSLUNG: u. U. mit dem Steppen-S., *S. nemorosa* (Syn.: *S. sylvestris*), der aber stets ungeteilte Blätter und 3–10-blütige Scheinquirle hat.
LEBENSRAUM: Steinige Magerrasen, Schuttfluren, trockene Ruderalstellen; kalkhold. Bis etwa 1900 m NN.
VERBREITUNG: Mediterrane Art, anderenorts vielfach eingebürgert.

5 | Alpen-Helmkraut

Scutellaria alpina – Lamiaceae

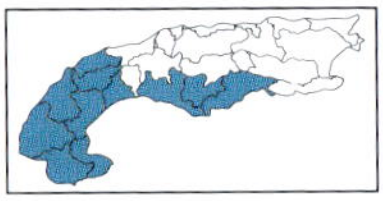

10–30 cm hoch, niederliegend-aufsteigend; Blattspreite eiförmig, stumpf gezähnt, am Grunde gerundet bis herzförmig; Krone 25–30 mm lang, blauviolett, Unterlippe und Kronröhre teilweise weiß. Blütezeit VI–VIII.
VERWECHSLUNG: Mit der Großblüten-Braunelle, *Prunella grandiflora*, diese hat aber eine einheitlich blauviolette Krone und ganzrandige, höchstens seicht gekerbte Blattspreiten.
LEBENSRAUM: Felsrasen, steinige Hänge; kalkstet. Bis etwa 2900 m NN.
VERBREITUNG: Südeuropäisch-montane Art von den Pyrenäen bis zu den Gebirgen der Balkanhalbinsel.

1

2

3

4

5

1 | Alpen-Ziest

Stachys alpina – Lamiaceae

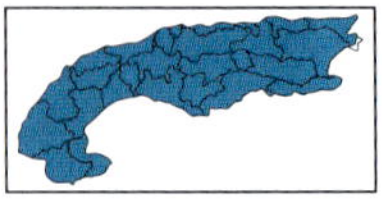

40–80 cm hoch; Stängel abstehend behaart, oben drüsenhaarig; Blätter anliegend kurzhaarig, Spreitenrand grob gesägt; Scheinquirle (Teilblütenstände) 8–18-blütig; Krone purpurrosa mit meist weißer Mitte, 15–18 mm lang. Blütezeit VI–IX.

VERWECHSLUNG: Der Wald-Z., *S. sylvatica*, hat meist 6-blütige Scheinquirle mit dunkelpurpurnen, 12–15 mm langen Kronen.

LEBENSRAUM: Hochstaudenfluren, lichte Wälder, Lägerfluren. Bis 2100 m NN.

VERBREITUNG: Europäische Art von Spanien und Wales bis in die Türkei.

2 | Großlippen-Ziest

Stachys recta subsp. labiosa – Lamiaceae (Syn.: *S. labiosa; S. recta* subsp. *grandiflora*)

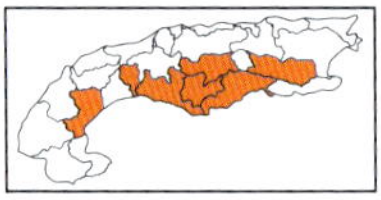

20–50 cm hoch; Spreite der mittleren und oberen Blätter 2,5–3 × so lang wie breit, jederseits mit mehr als 5 Zähnen; unterste Scheinquirle 4–10-blütig; Kronenoberlippe ± ½ × so lang wie die Kronenunterlippe. Blütezeit VI–X.

VERWECHSLUNG: Mit den beiden anderen Unterarten der Alpen:

- Aufrecht-Z., *S. recta* subsp. *recta*, hat 10–14-blütige unterste Scheinquirle, die Kronenoberlippe ist ± ⅔ × so lang wie die Kronenunterlippe.
- Dalmatinisch-Z., *S. recta* subsp. *subcrenata*, hat mittlere und obere Blätter mit Spreiten, die mind. 4 × so lang wie breit sind, jederseits mit höchstens 5 Zähnen.

LEBENSRAUM: Felsgeröll, wärmeliebend; kalkstet. Bis 2100 m NN.

VERBREITUNG: Alpisch-apenninische Sippe.

3 | Edel-Gamander

Teucrium chamaedrys – Lamiaceae

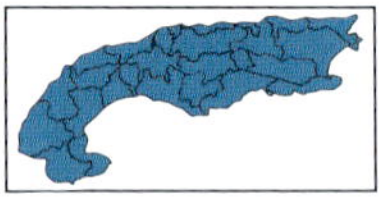

10–25 cm hoch, unten verholzt; Blattspreiten eiförmig, derb, 1–2,5 cm lang, mit grob gezähntem Blattrand; Krone rosa, 10–15 mm lang, ohne Oberlippe; Blütezeit VI–VIII.

VERWECHSLUNG: Der Knoblauch-G., *T. scordium*, wächst an feuchten Standorten, hat 0,6–1 cm lange Blüten und die Blätter riechen nach Knoblauch.

LEBENSRAUM: Trockenrasen, Felsfluren, lichte, trockene Wälder; kalkliebend. Bis 1900 m NN.

VERBREITUNG: Mediterrane Art, nördlich bis Nord-Frankreich und Polen.

4 | Berg-Gamander

Teucrium montanum – Lamiaceae

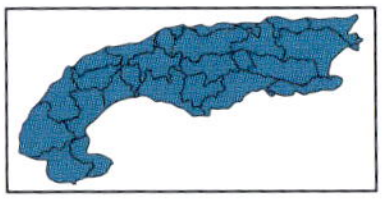

5–20 cm hoch, ausgebreitet-niederliegend, am Grunde verholzt; Blätter schmal-lanzettlich, 4–8 × so lang wie breit, ganzrandig, am Rand umgerollt, unterseits weißfilzig; Krone cremeweiß. Blütezeit VI–VIII.

VERWECHSLUNG: Kaum.

LEBENSRAUM: Felsfluren, trockenwarme Hänge, Felsen, lichte Kiefernwälder; kalkstet. Bis 2500 m NN.

VERBREITUNG: Südeuropäische Art, nördlich bis ins niederrheinische Kalkgebiet.

5 | Pyrenäen-Gamander

Teucrium pyrenaicum – Lamiaceae

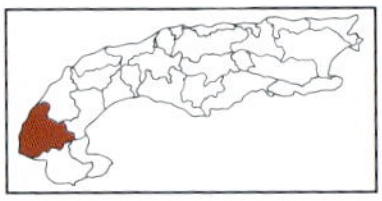

5–25 cm hoch; Blattspreiten eiförmig bis rundlich, bis 2,5 cm lang; Blütenstand kopfig; Krone weiß, purpurn gezeichnet; Kelch 10–12 mm lang. Blütezeit VI–VII.

VERWECHSLUNG: Kaum.

LEBENSRAUM: Steinrasen, Felsen, Magerwiesen; kalkliebend. 1400–2000 m NN.

VERBREITUNG: Pyrenäisch-westalpische Art.

6 | Salbei-Gamander

Teucrium scorodonia – Lamiaceae

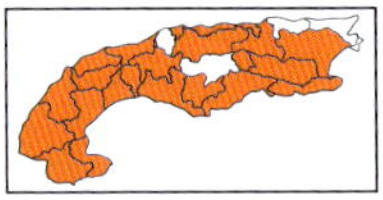

25–70 cm hoch, mit Ausläufern; Blattspreiten ei- bis herzförmig, 3–7 cm lang, 1,5–4,5 cm breit, ± 1,5–2 × so lang wie breit, stark netznervig, runzelig; Blütenstand einseitswendig; Krone blassgelb, ohne Oberlippe. Blütezeit VII–VIII.

VERWECHSLUNG: u. U. mit dem Aufrecht-Ziest, *Stachys recta*, der aber eine Oberlippe hat und Blätter, die 2–4 × so lang wie breit sind.

LEBENSRAUM: Lichte Wälder, Säume, Heiden; kalkmeidend. Bis 1600 m NN.

VERBREITUNG: Westeuropäische Art.

1

2

3

4

5

6

1 | Gebirgs-Quendel

Thymus praecox subsp. *polytrichus* – Lamiaceae

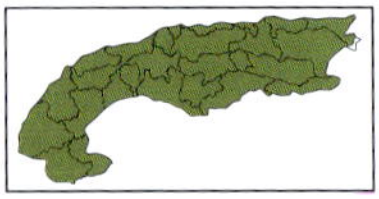

2–10 cm hoch, teppichartig kriechend; Stängel der Blühtriebe 4-kantig bis fast rund, ohne 2 eingesenkte Stängelseiten, nur an 2 Seiten oder an 2 Seiten deutlich stärker als an den beiden übrigen Seiten behaart. Blütezeit V–IX.

VERWECHSLUNG: v. a. mit dem Früh-Qu., *T. praecox* subsp. *praecox*, bei dem die Stängel der Blühtriebe aber ringsum behaart sind, manchmal an 2 Seiten etwas schwächer. Der weit verbreitete Arznei-Qu., *T. pulegioides*, unterscheidet sich durch Blühtriebstängel, die unter dem Blütenstand scharf 4-kantig sind mit 2 schmäleren, deutlich eingesenkten Stängelseiten.

LEBENSRAUM: Felsrasen, Felsschutt, Magerwiesen. Bis 3400 m NN.

VERBREITUNG: Südeuropäisch-montane Sippe.

ANMERKUNG: In den Alpen kommen mehrere, schwer unterscheidbare Quendel-Sippen vor, die durchwegs veränderlich sind und untereinander Hybriden bilden. Das Bestimmen der Sippen macht hier oft Probleme.

2 | Arznei-Quendel

Thymus pulegioides – Lamiaceae

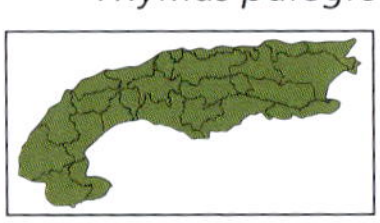

5–20 cm hoch, stark aromatisch riechend, ohne kriechende, sterile Triebe; Stängel der Blühtriebe unter dem Blütenstand scharf 4-kantig, mit 2 schmäleren, deutlich eingesenkten Stängelseiten (Bild **2B**), Stängel nur auf den Kanten behaart oder, wenn auch auf den schmalen Seitenflächen, dann Kantenhaare viel länger behaart; Blätter breit-lanzettlich bis eiförmig; Blütenstand zylindrisch, endständig an den zuletzt aufsteigenden Jahrestrieben. Blütezeit VI–X.

VERWECHSLUNG: Die anderen in den Alpen vorkommenden *Thymus*-Arten haben keine eingesenkte Stängelseite. Der mediterrane, in den Süd- und Westalpen vorkommende Echt-Qu., *T. vulgaris*, wächst strauchartig und hat schmale, am Rand stark umgerollte Blattspreiten.

LEBENSRAUM: Halbtrockenrasen, Zwergstrauchheiden. Bis etwa 2800 m NN.

VERBREITUNG: Europäische Art.

3 | Alpen-Fettkraut

Pinguicula alpina – Lentibulariaceae

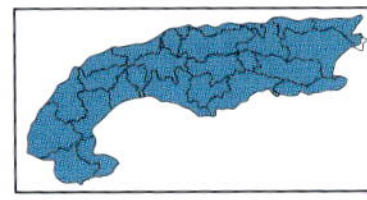

5–15 cm hoch; wie alle Fettkraut-Arten kleine Insekten fangende und verdauende Art zur zusätzlichen Stickstoffgewinnung; Blätter in grundständiger Rosette, eiförmig, gelbgrün, Ränder aufwärts gebogen, oberseits klebrig-drüsig; Krone weiß, mit gelbem Schlundfleck; Sporn 2–4 mm lang; Frucht ± 3 × so lang wie breit. Blütezeit V–VII.

VERWECHSLUNG: Keine.

LEBENSRAUM: Nasse Felsen, feuchte Steinrasen, Niedermoore; kalkliebend. Bis etwa 2700 m NN.

VERBREITUNG: Arktisch-alpine Art.

4 | Dünnsporn-Fettkraut

Pinguicula leptoceras – Lentibulariaceae

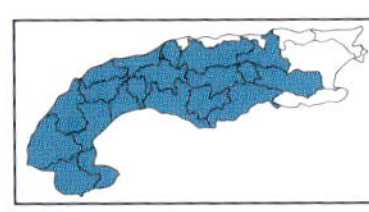

5–15 cm hoch; Blätter in grundständiger Rosette, eiförmig, gelbgrün, Ränder aufwärts gebogen, oberseits klebrig-drüsig; untere Kelchblätter bis zum Grund getrennt; Krone blauviolett, mit weißem Schlundfleck, 20–30 mm lang; Zipfel der Kronenunterlippe ± so lang wie breit; Sporn 4–6 mm lang; Frucht fast kugelig, 1,5–2 × so lang wie breit. Blütezeit V–VII.

VERWECHSLUNG: Das Echt-F., *P. vulgaris*, hat 16–22 mm lange Kronen, die Zipfeln der Kronenunterlippen sind länger als breit, die Frucht ist 2–2,5 × so lang wie breit. Das westalpische Großblüten-F., *P. grandiflora*, hat 20–35 mm lange Kronen mit einem 10–14 mm langen Sporn.

LEBENSRAUM: Quellmoore, nasse Wiesen, Tuffhänge. 1200–3000 m NN, vereinzelt auch tiefer, wie im Misox (350 m NN).

VERBREITUNG: Alpisch-apenninische Art.

ANMERKUNG: Neben den 4 oben beschriebenen Fettkraut-Arten treten in den Alpen noch 4 weitere, kleinräumig verbreitete Arten auf:
- *P. arvetii*: Endemit der französischen Westalpen.
- *P. hirtiflora*: mediterran-montane Art, in den Alpen nur in den französischen Seealpen.
- *P. poldinii*: Endemit der italienischen Provinz Pordenone.
- *P. reichenbachiana*: apenninisch-westalpische Art, in den Südwestalpen.

1A

1B

2A

2B

3

4

1 | Alpen-Lein
Linum alpinum – Linaceae

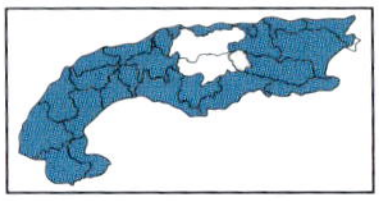

10–30 cm hoch, aufrecht oder aufsteigend; Stängel dicht beblättert; Blätter lineal-lanzettlich, bis 2,5 cm lang und 1–2 mm breit; Stängel meist 1–8-blütig; Blütenknospen nickend; Kronblätter blau, 12–18 mm lang; Narben eiförmig; Fruchtstiele aufrecht-abstehend. Blütezeit VI–VII.

VERWECHSLUNG: Der Narbonne-L., *L. narbonense*, hat aufrechte Blütenknospen, 25–35 mm lange Kronblätter und schmal-keulenförmige Narben. Der Österreich-L., *L. austriacum*, ist 30–60 cm hoch und hat abwärts gekrümmte Fruchtstiele.

LEBENSRAUM: Felsfluren, Schutthalden, steinige Magerrasen; kalkstet. 1400–2200 m NN, vereinzelt auch tiefer, wie bei Hohenberg in Niederösterreich (480 m NN).

VERBREITUNG: Südeuropäisch-montane Art.

ALLGEMEIN: Neben den hier beschriebenen Lein-Arten besiedeln auch gelbblühende Arten die tieferen Lagen des Alpenraums:

- Glocken-L., *L. campanulatum*: mediterrane Art, nördlich bis in die Südwestalpen.
- Gelb-L., *L. flavum*: südosteuropäische Art, westlich bis in die Ostalpen.
- Meer-L., *L. maritimum*: mediterrane Art, auch in tiefen Lagen der französischen Alpen.
- Aufrecht-L., *L. strictum*: mediterrane Art, auch in tiefen Lagen der Südwestalpen.
- Dreigriffel-L., *L. trigynum*: mediterrane Art, nördlich bis in die Südalpen.

2 | Halbstrauch-Lein
Linum suffruticosum – Linaceae

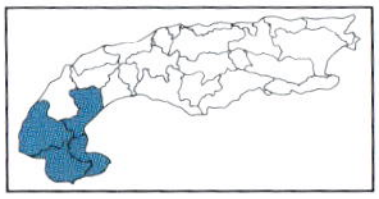

5–30 cm hoch, stark verzweigt, mit verholztem Grund und kurzen, nichtblühenden und längeren, blühenden Trieben; Blätter lineal, mit rauem, winzig borstigem Rand; Kelchblätter 3-nervig; Kronblätter 15–25 mm lang, weiß mit rosa oder blassviolettem Grund. Blütezeit V–VII.

VERWECHSLUNG: Der Schmalblatt-L., *L. tenuifolium*, hat einnervige Kelchblätter und 10–15 mm lange Kronblätter.

LEBENSRAUM: Felsfluren, steinige Trockenrasen; kalkliebend. Bis etwa 1900 m NN.

VERBREITUNG: Westmediterrane Art.

3 | Kleb-Lein
Linum viscosum – Linaceae

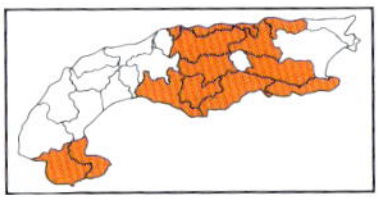

20–60 cm hoch; Stängel stielrund, abstehend zottigweichhaarig; Blätter breitlanzettlich, spitz, 3–5-nervig, am Rand drüsig bewimpert; Blüten in traubig angeordneten Wickeln; Kelchblätter drüsig bewimpert; Kronblätter 17–22 mm lang, kräftigrosa, dunkler geadert. Blütezeit V–VII.

VERWECHSLUNG: Der Zottel-L., *L. hirsutum*, hat lilablaue Blüten und meist drüsenlose Kelchblätter. Der Halbstrauch-L., *L. suffruticosum*, hat weiße Kronblätter mit lila Grund und ist in den Alpen auf die Südwestalpen beschränkt.

LEBENSRAUM: Kalkreiche Wiesen, Säume, lichte Kiefernwälder und Waldlichtungen; wärmeliebend. Bis 1900 m NN.

VERBREITUNG: Südeuropäisch-montane Art von der Iberischen Halbinsel bis ins westungarische Komitat Zala.

4 | Moosglöckchen
Linnaea borealis – Linnaeaceae

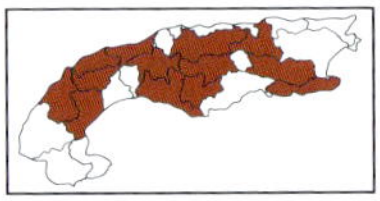

5–15 cm hoch; Blätter 1–3 mm lang gestielt; Blattspreite rundlich-eiförmig, in der vorderen Hälfte gekerbt; Blütenstand meist gabelig 2-blütig; Blüte nickend, süß duftend, weiß bis zartrosa. Blütezeit VI–VIII.

VERWECHSLUNG: Keine.

LEBENSRAUM: Moosige Nadelwälder, Blockwälder; kalkmeidend. 700–2200 m NN.

VERBREITUNG: Eurosibirisch-nordamerikanische Art.

5 | Fieberklee
Menyanthes trifoliata – Menyanthaceae

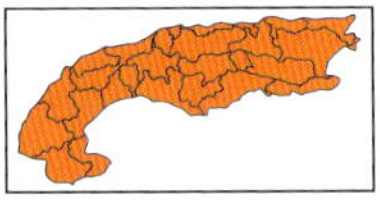

10–30 cm hoch (über Wasser); Rhizom kriechend, verzweigt; Blätter 3-zählig; Blütenstand traubig mit 10–20 Blüten; Krone weiß, innen wunderhübsch bärtig. Blütezeit IV–VI.

VERWECHSLUNG: Keine.

LEBENSRAUM: Kalkarme Quell- und Niedermoore, Verlandungssümpfe, Hochmoorschlenken, Gewässerränder. Bis 2400 m NN.

VERBREITUNG: Eurasiatisch-nordamerikanische Art.

1

2

3

4

5A

5B

1 | Alpen-Zyklame

Cyclamen purpurascens – Myrsinaceae

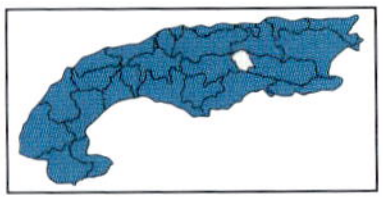

5–15 cm hoch; Blattspreiten nieren- bis herzförmig, oberseits dunkelgrün mit hellgrüner Musterung, unterseits purpurn, lang gestielt; Blütenkrone purpurn, Blüten duftend. Blütezeit VI–X.

VERWECHSLUNG: Ohne Blüten mit der Haselwurz, *Asarum europaeum*, verwechselbar. Diese hat aber oberseits ungezeichnete und unterseits grüne Blätter.

LEBENSRAUM: Edellaubwälder. Bis 1800 m NN, vereinzelt auch höher, wie am Cima del Palú in Judikarien (1950 m NN).

VERBREITUNG: Südeuropäisch-montane Art vom Jura und der Provence bis in die Karpaten.

2 | Wald-Gilbweiderich

Lysimachia nemorum – Myrsinaceae

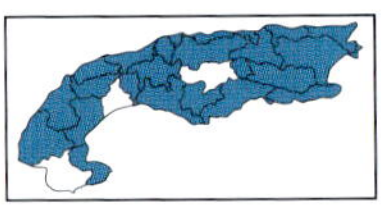

3–15 cm hoch; Stängel kriechend bis aufsteigend; Blätter breit-lanzettlich bis eiförmig, ± spitz, 1–3 cm lang, 1–2,5 × so lang wie breit; Blüten einzeln in den oberen Blattwinkeln; Krone gelb, Kelchblätter 4–5 mm lang und 1–2 mm breit; Kronzipfel 5–9 mm lang. Blütezeit V–VIII.

VERWECHSLUNG: Mit dem Pfennigkraut, *L. nummularia*, welches aber rundliche, vorne abgerundete bis stumpfe Blätter und 7–10 mm lange und 4–5 mm breite Kelchblätter hat.

LEBENSRAUM: Feuchte Wälder, Gebüsche, Waldschläge, Bachufer. Bis 1700 m NN.

VERBREITUNG: Europäische Art von den Azoren und Südschweden bis in den Kaukasus.

3 | Europa-Siebenstern

Trientalis europaea – Myrsinaceae

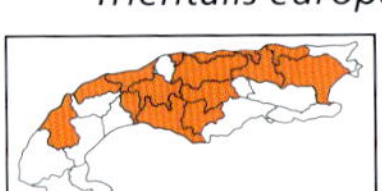

5–20 cm hoch; Pflanze kahl; Blätter breit-lanzettlich, die meisten am Ende des Stängels quirlartig gehäuft, 1,5–5 cm lang, ganzrandig; Blüten einzeln auf langen, dünnen Stielen; Krone ausgebreitet, weiß, fast bis zum Grunde geteilt in meist 7 spitze Zipfeln. Blütezeit V–VII.

VERWECHSLUNG: Keine.

LEBENSRAUM: Hochmoorränder, moorige Wälder, humusreiche, bodensaure Fichtenwälder; kalkmeidend. Bis 2000 m NN.

VERBREITUNG: Eurosibirisch-nordamerikanische Art, in den Alpen nur selten und sehr zerstreut.

4 | Gebirgs-Hexenkraut

Circaea alpina – Onagraceae

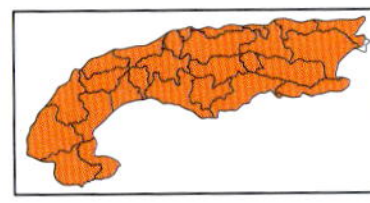

5–20 cm hoch; Stängel kahl; Blattspreiten breit-eiförmig, 1,5–6 cm lang, Spreitengrund herzförmig, Blattrand scharf gebuchtet-gezähnt; Kronblätter weiß, 0,6–1,5 mm lang; Blütenstiele mit hinfälligen, borstenförmigen Deckblättern. Blütezeit VI–VIII.

VERWECHSLUNG: Mit dem Wald-H., *C. lutetiana*, das aber 20–50 cm hoch ist und 2–4 mm lange Kronblätter hat. Hybriden aus beiden, *C.* × *intermedia*, sind nicht selten.

LEBENSRAUM: Schattige, feuchte Bergwälder. Bis 2150 m NN.

VERBREITUNG: Eurosibirisch-nordamerikanische Art.

5 | Quirl-Weidenröschen

Epilobium alpestre – Onagraceae

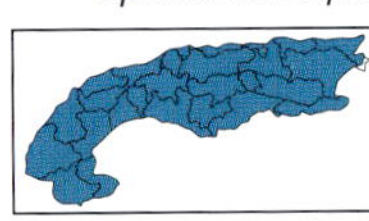

30–80 cm hoch; Stängel mit 2 gegenüberliegenden, behaarten Längsleisten; zumindest die unteren Blätter in 3(4)-zähligen Quirlen; Blätter oberseits glänzend, sitzend, den Stängel teilweise umfassend; Kronblätter 8–12 mm lang, rosa, dunkler geadert; Narben keulenförmig vereinigt. Blütezeit VI–VIII.

VERWECHSLUNG: v. a. mit dem Berg-W., *E. montanum*, welches aber gegenständige Blätter und sternförmig ausgebreitete Narben hat. Das Hügel-W., *E. collinum*, hat gegenständige Blätter und 4–6 mm lange Kronblätter.

LEBENSRAUM: Hochstaudenfluren, Lägerfluren, Grünerlengebüsch. Bis 2400 m NN.

VERBREITUNG: Südeuropäisch-montane Art, östlich bis zum Kaukasus.

ALLGEMEIN: Hybriden zwischen Weidenröschen-Arten sind vielfach beschrieben worden und teilweise nicht selten. Sie sind u. a. an den verkümmerten Samen erkennbar. Ausgenommen davon ist die Untergattung *Chamaenerion (E. angustifolium, E. dodonaei, E. fleischeri)*, von denen bisher keine natürlichen Bastarde bekannt sind.

1

2

3

4

5

1 | Mieren-Weidenröschen
Epilobium alsinifolium – Onagraceae

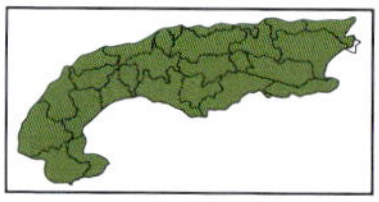

10–30 cm hoch, mit unterirdischen Ausläufern; Blattspreite eilanzettlich, sitzend oder bis höchstens 4 mm lang gestielt, entfernt und sehr kurz gezähnelt, glänzend; Blütenstandsachse nicht drüsenhaarig; Blütenstand 2–6-blütig; Kronblätter 8–12 mm lang; Narben keulenförmig vereinigt; reife Früchte kahl. Blütezeit VII–VIII.
VERWECHSLUNG: v. a. mit dem Nickend-W., *E. nutans*, das aber vorwiegend ganzrandige Blätter und dicht behaarte reife Früchte hat. Das Alpen-W., *E. anagallidifolium*, ist nur 4–12 cm hoch, hat 4–6 mm lange Kronblätter und fast kahle reife Früchte.
LEBENSRAUM: Quellfluren, Hochstaudenfluren, Bäche. 1000–2700 m NN.
VERBREITUNG: Arktisch-alpine Art von Island bis Nord-Russland, weiter südlich in den Gebirgen von der Pyrenäenhalbinsel bis zur nördlichen Balkanhalbinsel.
ALLGEMEIN: Weidenröschen sind Raupen-Futterpflanzen u. a. für Fledermausschwärmer, *Hyles vespertilio*, und Nachtkerzenschwärmer, *Proserpinus proserpinus*. Ihre Blüten werden mit Vorliebe von den Blattschneiderbienen *Megachile willughbiella* und *M. lapponica* angeflogen.

2 | Alpen-Weidenröschen
Epilobium anagallidifolium – Onagraceae

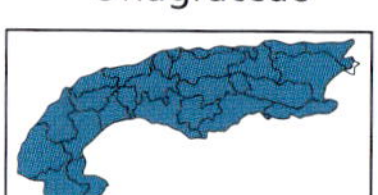

4–12 cm hoch mit oberirdischen Ausläufern und unverzweigten Stängeln, Pflanze meist ± rasenbildend zu mehreren; kahl, nur der obere Stängelteil mit 2 oder 4 Längshaarreihen; Blattspreiten elliptisch bis länglich-lanzettlich, gegenständig, 1–2 cm lang, sehr kurz gestielt (1–2 mm); Blattrand ganzrandig oder undeutlich gezähnelt; Blütenstand 1–6-blütig, ± nickend; Kronblätter rosa, 4–6 mm lang, tief ausgrandet; Narben keulenförmig vereinigt; Fruchtknoten und Frucht sehr locker drüsenhaarig bis fast kahl. Blütezeit VI–VIII.
VERWECHSLUNG: v. a. mit dem Nickend-W., *E. nutans*, bei dem aber die Stängel meist einzeln sind (nicht rasenbildend) und bei dem die Frucht und der Fruchtknoten dicht anliegend drüsenlos behaart sind.
LEBENSRAUM: Quellfluren, feuchter Felsschutt; kalkmeidend. 1300–3100 m NN.
VERBREITUNG: Arktisch-alpine Art von Island bis Sibirien und ins Altai-Gebiet, weiter südlich in den Gebirgen von den Pyrenäen bis zum Kaukasus; Nordamerika.

3 | Schlag-Weidenröschen
Epilobium angustifolium – Onagraceae

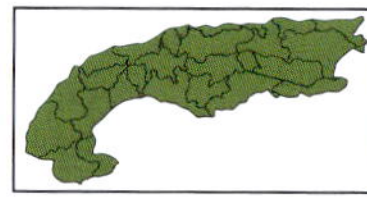

60–130 cm hoch, kahl; Blätter wechselständig, sitzend oder kurz gestielt, schmal-lanzettlich, 8–15 cm lang, 1–2,5 cm breit; Blütentraube 20–50 cm lang. Blütezeit VI–VIII.
VERWECHSLUNG: Keine.
LEBENSRAUM: Waldschläge, Flussgeschiebe, Waldränder, Heiden. Bis 2500 m NN.
VERBREITUNG: Eurosibirisch-nordamerikanische Art.

4 | Rosmarin-Weidenröschen
Epilobium dodonaei – Onagraceae

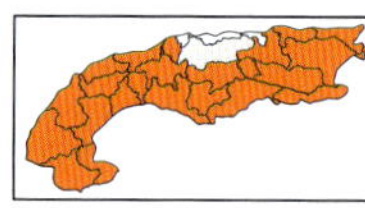

30–90 cm hoch, aufrecht; Blätter lineal, 1–4 mm breit, ganzrandig bis entfernt gezähnelt, Blattrand nach unten gebogen; Kelch außen dicht anliegend behaart. Blütezeit VI–X.
VERWECHSLUNG: Mit dem Bergbach-W., *E. fleischeri*.
LEBENSRAUM: Flussschotter, Steinbrüche, schottrige Seeufer, Kiesgruben; kalkliebend. Bis 1800 m NN.
VERBREITUNG: Südeuropäisch-westasiatische Art.
NAME: Benannt nach dem flämischen Botaniker und Arzt Rembert Dodoens (1517–1585), latinisiert Dodonaeus. Dodoens war Hofphysicus bei Kaiser Maximilian II.

5 | Bergbach-Weidenröschen
Epilobium fleischeri – Onagraceae

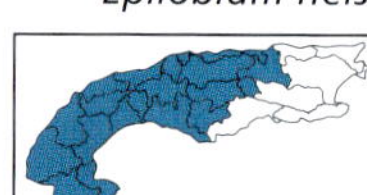

10–40 cm hoch; Stängel niederliegend bis aufsteigend; Blätter lineal-lanzettlich, 2–6 mm breit, kahl, gezähnelt, Blattrand nicht nach unten gebogen; Blüten purpurn, 4-zählig; Samen mit weißem Haarschopf. Blütezeit VI–VIII.
VERWECHSLUNG: Das Rosmarin-W., *E. dodonaei*, hat aufrechte Stängel und Blätter mit nach unten gebogenem Rand.
LEBENSRAUM: Wechseltrockene Bach- und Flussschotter, Kiesbänke und Moränenschutt; kalkmeidend. 500–2600 m NN.
VERBREITUNG: Endemit der Alpen.
NAME: Zu Ehren des deutschen Arztes Franz von Fleischer (1801–1878) benannt, der 1825 eine botanische Reise durch Tirol machte und dabei die neue Art im Suldental im Ortler-Stock entdeckte.

1

2

3A

3B

4

5

1 | Krain-Augentrost
Euphrasia cuspidata – Orobanchaceae

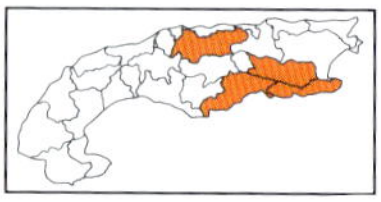

5–20 cm hoch; Blätter schmal, 15–25 mm lang, einschließlich der Zähne 2–6 mm breit; Deckblätter, ohne Zähne gemessen, 5–8 × so lang wie breit, jederseits mit 1–2 Zähnen; Krone 8–10 mm lang. Blütezeit VII–IX.
VERWECHSLUNG: Mit dem Salzburg-A., *E. salisburgensis*. Der Dreizahn-A., *E. tricuspidata*, hat Deckblätter, die ohne Zähne gemessen 6–15 × so lang wie breit sind und jederseits nur einen Zahn unmittelbar unterhalb der Spreitenspitze haben.
LEBENSRAUM: Kalkschuttfluren, Steinrasen; kalkliebend. Bis etwa 1800 m NN.
VERBREITUNG: Ostalpisch-illyrische Art.
ANMERKUNG: Die Arten der Gattung der Augentroste sind oft schwierig zu bestimmen.

2 | Zwerg-Augentrost
Euphrasia minima – Orobanchaceae

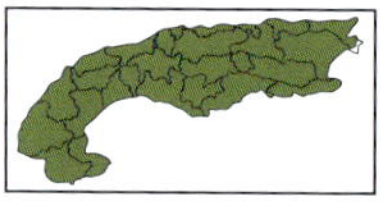

2–15 cm hoch; Blätter jederseits mit 1–4 nicht begrannten Zähnen; Krone 5–7 mm lang, weiß oder gelb, sich während des Blühens nicht oder nur undeutlich vergrößernd; Griffel schon zu Beginn der Blütezeit stark gekrümmt. Blütezeit VII–IX.
VERWECHSLUNG: Christ-A., *E. christii*, hat gelbe Kronen, die 9–11 mm lang sind und begrannte Deckblattzähne. Endemisch in der südlichen Schweiz und dem angrenzenden Italien.
LEBENSRAUM: Krummseggenrasen, Weiden; kalkmeidend. Etwa 1200–3200 m NN.
VERBREITUNG: Südeuropäisch-montane Art.

3 | Wiesen-Augentrost
Euphrasia officinalis – Orobanchaceae (inkl. *E. rostkoviana*)

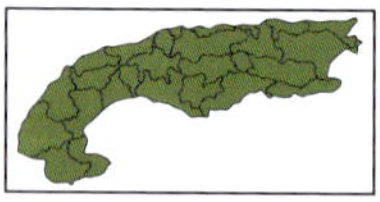

5–25 cm hoch; Blätter eiförmig, so lang wie breit oder etwas länger; Deckblätter mit jederseits 2–6 spitzen, kaum begrannten Zähnen; Krone 8–14 mm lang, weiß, mit gelber und violetter Zeichnung, sich während des Blühens deutlich vergrößernd. Kronenunterlippe höchstens 1½ × so lang wie die Kronenoberlippe. Blütezeit V–X.
VERWECHSLUNG: Der Alpen-E., *V. alpina*, hat eine lila Kronenunterlippe, die mindestens 1½ × so lang wie die Kronenoberlippe ist. Deckblätter 0,5–1,5 mm lang begrannt. Der Tessin-A., *E. cisalpina*, hat Deckblätter, deren Zähne 1,5–3 mm lang begrannt sind.
LEBENSRAUM: Weiden, Magerwiesen.
Bis etwa 2800 m NN.
VERBREITUNG: Europäische Art.
ANMERKUNG: Unterteilt sich im Alpenraum in 2 Unterarten:
- subsp. *rostkoviana*: Blätter und Deckblätter drüsenhaarig.
- subsp. *picta*: Blätter und Deckblätter ohne Drüsenhaare, selten mit sitzenden Drüsen.

4 | Salzburg-Augentrost
Euphrasia salisburgensis – Orobanchaceae

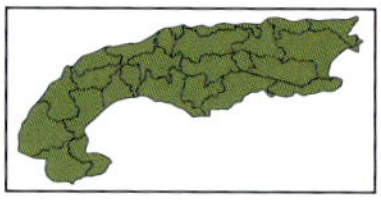

4–20 cm hoch; Stängelinternodien 2–3 × so lang wie die Blätter; Blätter jederseits mit 2–5 Zähnen, diese an den Basalblättern stumpflich, nach oben immer spitzer werdend und begrannt; Blätter oft purpurn überlaufen; mittlere Blätter 2–4 × so lang wie breit; Deckblätter mit meist 3 Zähnen je Seite; Krone 5–7,5 mm lang. Blütezeit VI–IX.
VERWECHSLUNG: Der Südtirol-A., *E. portae*, hat 7,5–9 mm lange Kronen und Stängelinternodien, die 1–2 × so lang wie die Blätter sind. Der Krain-A., *E. cuspidata*, hat 1–2 Zähne je Deckblattseite. Seine Krone ist 8–10 mm lang.
LEBENSRAUM: Kalkschuttfluren, Magerrasen; kalkliebend. Bis 3300 m NN.
VERBREITUNG: Südeuropäisch-montane Art.

5 | Heide-Augentrost
Euphrasia stricta – Orobanchaceae (inkl. *E. pectinata*)

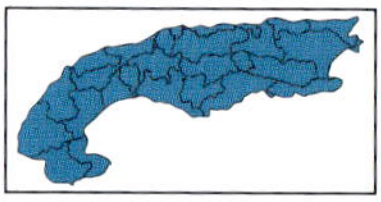

5–30 cm hoch, Stängel und Blätter kahl oder kurz behaart, meist purpurn überlaufen; mittlere und obere Blätter jederseits mit 3–7 spitzen Zähnen, die Zähne der oberen Deckblätter deutlich begrannt; Krone 7–10 mm lang, meist lila gezeichnet, sich während des Blühens nicht oder nur undeutlich vergrößernd; Griffel sich während der Blütezeit krümmend. Blütezeit VII–X.
VERWECHSLUNG: v. a. mit dem Härchen-A., *E. hirtella*, der aber 4–7 mm lange Kronen hat und bei dem der Griffel schon zu Beginn der Blütezeit stark gekrümmt ist.
LEBENSRAUM: Halbtrockenrasen, Magerweiden, mit Vorliebe für offenen, gestörten Bewuchs.
Bis etwa 2100 m NN.
VERBREITUNG: Eurosibirische Art.

1

2A

2B

3

4

5

1 | Alpenhelm
Bartsia alpina – Orobanchaceae

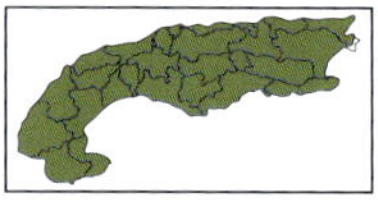

5–20 cm hoch; Blätter gegenständig, eiförmig, die oberen schwarzviolett überlaufen; Krone 15–22 mm lang, wie der Kelch schwarzviolett; Unterlippe 3-teilig, kürzer als die Oberlippe; Kelch drüsenhaarig. Blütezeit VI–VIII.

VERWECHSLUNG: Keine.

LEBENSRAUM: Weiden, Steinrasen, Quellfluren, Niedermoore. 1000–3100 m NN, herabgeschwemmt mehrfach auch bis ins Tiefland, so an Isar, Lech und Ammer.

VERBREITUNG: Arktisch-alpine Art.

NAME: Benannt zu Ehren des deutschen Botanikers und Arztes Johann Bartsch (1709–1738), einem engen Freund Linnés, der bereits in jungen Jahren bei einer Surinam-Expedition verstarb.

2 | Wiesen-Wachtelweizen
Melampyrum pratense – Orobanchaceae

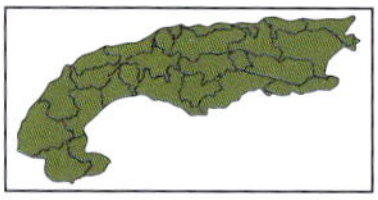

10–50 cm hoch; Blätter lanzettlich, 20–100 mm lang und 2–20 mm breit, ganzrandig; Deckblätter grün, manchmal dunkelpurpurn überlaufen; Krone 12–20 mm lang, weißgelb bis sattgelb, oft purpurn überlaufen, ohne Saftmale; Kronröhre fast gerade; Kelch höchstens halb so lang wie die Kronröhre. Blütezeit VI–IX.

VERWECHSLUNG: Mit dem Wald-W., *M. sylvaticum*.

LEBENSRAUM: Bodensaure Wälder, Wiesen, Waldschläge, Moore; kalkfeindlich. Bis etwa 2200 m NN.

VERBREITUNG: Eurosibirische Art.

3 | Alpenostrand-Wachtelweizen
Melampyrum subalpinum – Orobanchaceae

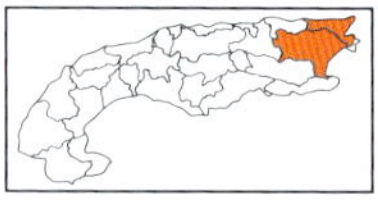

(inkl. *M. bohemicum*, inkl. *M. angustissimum*) 15–50 cm hoch; Blätter lanzettlich, 3–15 mm breit; zumindest die oberen Deckblätter violett gefärbt; Kelch auf den Hauptnerven und an den Rändern mit 0,5–2,5 mm langen Haaren, dazwischen mit viel kürzeren Haaren. Blütezeit VI–IX.

VERWECHSLUNG: Der Hain-W., *M. nemorosum*, hat 15–35 mm breite Blätter und einen Kelch, der auch zwischen den Nerven abstehend behaart ist. Beim Velebit-W., *M. velebiticum*, sind die längsten Haare an den Hauptnerven und Rändern des Kelchs höchstens 0,5 mm lang.

LEBENSRAUM: Trockene, lichte Wälder. Bis 1200 m NN.

VERBREITUNG: Mitteleuropäische Art des Alpenostrandes und Tschechiens.

ANMERKUNG: Tritt am Alpenostrand in einer schmalblättrigen var. *subalpinum* und einer breitblättrigen var. *thermale* auf.

4 | Wald-Wachtelweizen
Melampyrum sylvaticum – Orobanchaceae

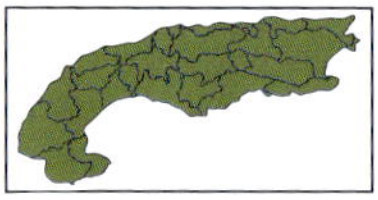

5–20 cm hoch; Blätter lanzettlich, 30–50 mm lang und 2–10 mm breit, ganzrandig; Deckblätter grün (in sonnigen Lagen auch dunkelpurpurn überlaufen, Bild **4B**); Krone 6–10 mm lang, meist dunkelgelb mit orangegelber Unterlippe und rostroten Saftmalen; Kronröhre gekrümmt; Kelch fast so lang wie die Kronröhre; Kelchzähne abgespreizt. Blütezeit VI–IX.

VERWECHSLUNG: Der Wiesen-W., *M. pratense*, hat eine 12–20 mm lange weiße bis gelbe Krone, die oft purpurn überlaufen ist. Die Kronröhre ist fast gerade, der Kelch ist höchstens halb so lang wie die Kronröhre.

LEBENSRAUM: Bodensaure Nadelwälder, Moore, Weiden. Bis etwa 2400 m NN.

VERBREITUNG: Europäische Art von Island und den Pyrenäen bis zum Ural.

5 | Alpenrachen
Tozzia alpina – Orobanchaceae

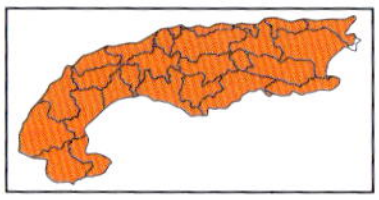

15–40 cm hoch; Stängel 4-kantig, 2-zeilig behaart; Blätter eiförmig, obere jederseits mit 1–3 groben Zähnen; Krone gelb, rot punktiert, 5–9 mm lang. Blütezeit VI–VII.

VERWECHSLUNG: Kaum.

LEBENSRAUM: Hochstaudenfluren, Grünerlengebüsch. Schmarotzt besonders auf Pestwurz, Alpendost und Ampfer. 800–2400 m NN.

VERBREITUNG: Südeuropäisch-montane Art.

NAME: Benannt zu Ehren des italienischen Mönchs Bruno Tozzi, der 1703 ein Tafelwerk über toskanische Pflanzen veröffentlichte.

1

2

3

4A

4B

5

1 | Quendel-Sommerwurz
Orobanche alba – Orobanchaceae

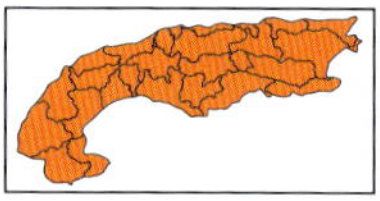

10–30 cm hoch; Kelchhälften meist einfach; Krone blass gelbbraun (entgegen dem bot. Artnamen nie weiß), violett geadert, gegen den Saum zu rötlich, dunkel drüsenhaarig; Narbe purpurn bis rotbraun; Staubfäden 1–2 mm über dem Grund der Kronröhre eingefügt. Blütezeit V–VII. Schmarotzt v. a. auf Quendel, *Thymus*, aber auch anderen Lippenblütlern wie Dost, *Origanum*, und Wirbeldost, *Clinopodium*.

VERWECHSLUNG: v. a. mit der Gamander-S., *O. teucrii*, deren Krone aber mit hellen Drüsenhaaren besetzt ist und bei der die Staubfäden 3–5 mm über dem Grund der Kronröhre eingefügt sind.

LEBENSRAUM: Trockenrasen. Bis 2200 m NN.

VERBREITUNG: Eurasiatische Art.

ALLGEMEIN: Sommerwurzsamen sind winzig. Sie enthalten einen noch kleineren Embryo und etwas Nährgewebe. Das reicht gerade für ein Wachstum von einigen wenigen Millimetern, dann muss ein Wirt erreicht sein, denn alle Sommerwurz-Arten sind Schmarotzer. So erklärt sich auch die hohe Samenproduktion. Eine Kapselfrucht kann einige Tausend Samen enthalten. Der Same kann mehrere Jahre oder Jahrzehnte im Boden ausdauern, ohne an Keimfähigkeit zu verlieren. Die Keimung wird von Keimungsinduktoren ausgelöst, die von Wurzeln der Wirtspflanze ausgeschieden werden.

2 | Labkraut-Sommerwurz
Orobanche caryophyllacea – Orobanchaceae

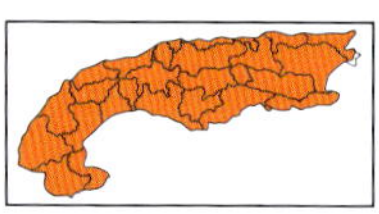

20–50 cm hoch, mit Nelkengeruch; Kelchhälften 2-spaltig; Krone blassgelb bis altrosa oder hellrötlichbräunlich, hell drüsenhaarig; Narbe purpurn bis rotbraun; Staubfäden 1–2 mm über dem Grund der Kronröhre eingefügt. Blütezeit V–VII. Schmarotzt auf Labkraut, *Galium*, und Meister, *Asperula*.

VERWECHSLUNG: u. a. mit der Ginster-S., *O. rapum-genistae*, die eine gelbe Narbe hat und auf Besenginster, *Cytisus*, und anderen Schmetterlingsblütlern schmarotzt.

LEBENSRAUM: Trockenwiesen. Bis etwa 2000 m NN.

VERBREITUNG: Eurasiatische Art.

3 | Pestwurz-Sommerwurz
Orobanche flava – Orobanchaceae

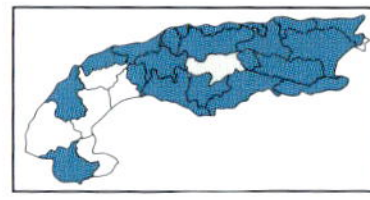

15–40 cm hoch; Kelch ungeteilt oder aus sehr ungleich 2-zähnigen Hälften bestehend; Krone blassgelb bis hell-orangebraun, 15–22 mm lang, ± gleichmäßig gekrümmt; Ober- und Unterlippe hell drüsenhaarig; Narbe gelb; Griffel kahl oder spärlich drüsenhaarig; Staubfäden 4–6 mm über dem Grund der Kronröhre eingefügt, oben drüsenhaarig. Blütezeit VI–VII. Schmarotzt v. a. auf Pestwurz, *Petasites*, besonders auf Alpen-P., *P. paradoxus*, aber auch anderen Korbblütlern wie Alpendost, *Adenostyles*, und Huflattich, *Tussilago*.

VERWECHSLUNG: Die Bergkümmel-S., *O. laserpitii-sileris*, schmarotzt nur auf Berg-Laserkraut, *Laserpitium siler*, hat 22–30 mm lange Kronen und einen reichlich drüsenhaarigen Griffel. Die Eisenhut-S., *O. lycoctoni*, schmarotzt nur auf Wolfs-Eisenhut agg., *Aconitum lycoctonum* agg., hat gelbweiße Kronen mit kahler Ober- und Unterlippe. Die Berberitzen-S., *O. lucorum*, schmarotzt meist auf Berberitze, *Berberis*, selten auf Brombeere, *Rubus*, ihre Staubfäden sind 0–2 mm über dem Grund der Kronröhre eingefügt.

LEBENSRAUM: Felsschuttfluren; kalkliebend. Bis etwa 2000 m NN.

VERBREITUNG: Südeuropäisch-montane Art.

4 | Blutrot-Sommerwurz
Orobanche gracilis – Orobanchaceae

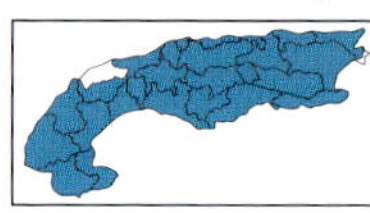

10–50 cm hoch; Blüten gewürznelkenartig riechend; Kelchhälften frei oder unten etwas verwachsen; Krone innen glänzend dunkelrot, außen gelb, gegen den Saum zu rotbraun, 15–22 mm lang; Narbe gelb mit purpurnem Rand; Griffel drüsenhaarig; Staubfäden 0–2 mm über dem Grund der Kronröhre eingefügt, oben drüsenhaarig. Blütezeit V–VIII. Schmarotzt auf verschiedenen Schmetterlingsblütlern, *Fabaceae*.

VERWECHSLUNG: Mit der mediterranen Bunt-S., *O. variegata*, bei der aber die Staubfäden 0–2 mm über dem Grund der Kronröhre eingefügt sind und deren Blüten übel riechen.

LEBENSRAUM: Halbtrockenrasen. Bis etwa 1900 m NN.

VERBREITUNG: Südeuropäische Art.

ANMERKUNG: Gelegentlich treten bei dieser Art, wie auch bei einigen anderen Sommerwurz-Arten, auffallende, einheitlich gelb gefärbte Pflanzen auf.

1

2

3A

3B

4

1 | Gelb-Sommerwurz
Orobanche lutea – Orobanchaceae

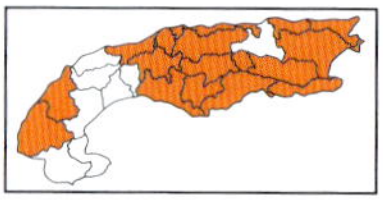

20–50 cm hoch; Stängel meist dunkler als die Krone; Kelch aus 2 meist 2-teiligen, ± freien Hälften; Krone hellgelb bis blass-rotbraun, hell drüsenhaarig, 25–30 mm lang, duftend; Kronröhre auf dem Rücken gerade, gegen den Saum zu abrupt abwärts gebogen; Narbe gelb; Staubfäden 3–6 mm über dem Grund der Kronröhre eingefügt, oben drüsenhaarig. Blütezeit V–VI. Schmarotzt auf Schmetterlingsblütlern, *Fabaceae*, v. a. auf Schneckenklee, *Medicago*.

VERWECHSLUNG: u. a. mit der Gamander-S., *O. teucrii*, die aber eine braunrote Narbe hat und auf Lippenblütlern, *Lamiaceae*, schmarotzt.

LEBENSRAUM: Trockenrasen; kalkliebend. Bis etwa 1600 m NN.

VERBREITUNG: Eurasiatische Art.

ALLGEMEIN: Die Sommerwurz-Arten sind Vollschmarotzer, ihnen fehlen arttrennende Organe wie Laubblätter oder echte Wurzeln, was eine Bestimmung oft schwierig macht. Die Blütenfarbe wie auch die Färbung der gesamten Pflanze kann variieren, genauso wie die Behaarung. Eine große Hilfe beim Bestimmen ist das Erkennen der Wirtspflanze, denn Sommerwurz-Arten sind alle mehr oder minder auf gewisse Wirtspflanzen spezialisiert. Von den rund 200 bekannten Sommerwurz-Arten besiedeln 27 (inkl. der Untergattung *Phelipanche*) den Alpenraum. Der Verbreitungsschwerpunkt der Gattung liegt in den warmen und gemäßigten Gebieten der Nordhalbkugel.

2 | Eisenhut-Sommerwurz
Orobanche lycoctoni – Orobanchaceae

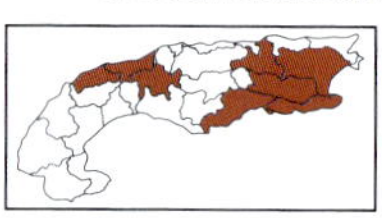

20–50 cm hoch; Krone blassgelb bis weißlich, im distalen Bereich abrupt gekrümmt; Ober- und Unterlippe kahl; Narbe gelb; Blütezeit VI–VIII. Schmarotzt nur auf Wolfs-Eisenhut agg., *Aconitum lycoctonum* agg.

VERWECHSLUNG: v. a. mit der Pestwurz-S., *O. flava*, (siehe S. 264).

LEBENSRAUM: Gefestigte Felsschuttfluren, Hochstaudenfluren, Felsrasen; kalkliebend. Bis etwa 2000 m NN.

VERBREITUNG: Südeuropäisch-montane Art. Bisher von Nordspanien und den Alpen bekannt, aber wahrscheinlich weiter verbreitet.

ANMERKUNG: Die Art wurde früher oft mit der Pestwurz-S., *O. flava*, verwechselt oder als Varietät unter dieser geführt. Die Verbreitungskarte ist daher sicher noch unvollständig. Von Neufunden wird immer wieder berichtet, so 2016 neu für das Land Salzburg.

3 | Distel-Sommerwurz
Orobanche reticulata – Orobanchaceae

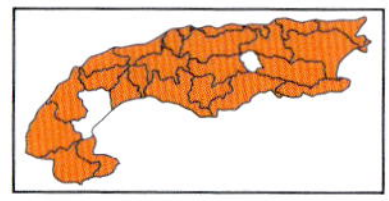

25–70 cm hoch; Kelchhälften stets einfach; Krone blassgelb, vorn purpurn, mit purpurnen Adern und dunklen Drüsenhaaren; Narbe purpurn bis rotbraun; Staubfäden unten bis zur Mitte mit drüsenlosen Haaren. Blütezeit VI–VII. Schmarotzt auf Kratzdistel, *Cirsium*, und Ringdistel, *Carduus*.

VERWECHSLUNG: v. a. mit der Skabiosen-S., *O. pancicii*, bei der aber die Staubfäden oben drüsenhaarig sind und die auf Kardengewächsen, v. a. der Ungarn-Witwenblume, *Knautia drymeia*, schmarotzt.

LEBENSRAUM: Magerwiesen, Schutthänge, Auwälder, wärmeliebende Ruderalgesellschaften. Bis etwa 2400 m NN.

VERBREITUNG: Eurosibirische Art.

ANMERKUNG: Kommt in den Alpen in 2 Unterarten vor:
- subsp. *reticulata*: Krone kräftig purpurn überlaufen, dicht mit dunklen Drüsenhaaren besetzt, Staubfäden oben drüsenhaarig, montan bis subalpin.
- subsp. *pallidiflora*: Krone wenig purpurn überlaufen, spärlich mit dunklen Dürsenhaaren besetzt, Staubfäden oben fast kahl, collin.

4 | Salbei-Sommerwurz
Orobanche salviae – Orobanchaceae

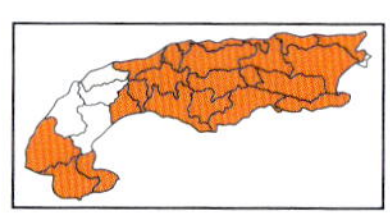

10–50 cm hoch; Kelch aus 2 freien, ungeteilten oder ungleich-2-zähnigen Hälften bestehend; Krone gelb, später bräunlich werdend, 12–23 mm lang; Narbe anfangs gelb, später braun; Staubfäden 0–2 mm über dem Grund der Kronröhre eingefügt; Griffel drüsenhaarig. Blütezeit VI–IX. Schmarotzt auf Kleb-Salbei, *Salvia glutinosa*.

VERWECHSLUNG: v. a. mit der Berberitzen-S., *O. lucorum*, die aber einen kahlen Griffel hat und die auf Berberitze, *Berberis*, und Brombeere, *Rubus*, schmarotzt.

LEBENSRAUM: Wälder. Bis etwa 1800 m NN.

VERBREITUNG: Südeuropäisch-montane Art von den West-Alpen und dem Nord-Apennin bis zu den illyrischen Gebirgen mit Hauptverbreitung in den Alpen.

ANMERKUNG: Die Salbei-Sommerwurz schmarotzt fast ausschließlich auf *Salvia glutinosa*, ganz selten auch auf Wiesen-Salbei, *Salvia pratensis*. Durch diese enge Wirts-Bindung ist die Art relativ leicht erkennbar. Dabei kann die Wirtspflanze ziemlich weit entfernt von der Salbei-Sommerwurz stehen.

1A

1B

2

3

4

1 | Aufsteige-Läusekraut
Pedicularis ascendens – Orobanchaceae

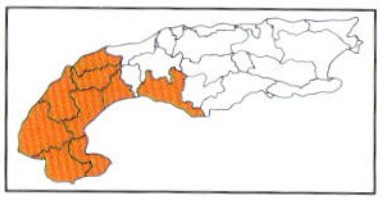

15–30 cm hoch, bogig aufsteigend; Blätter und Blattstiele kahl; Blätter einfach gefiedert mit eiförmig-lanzettlichen, tief gezähnten Abschnitten; Deckblätter gewimpert, sonst kahl; Blütenstand langgestreckt; Kelch außen kahl, Kelchzipfel fast so lang wie die Kelchröhre, ganzrandig bis schwach wellig gezähnt; Blütenkrone strohgelb, Oberlippe geschnäbelt. Blütezeit VI–VIII.
VERWECHSLUNG: Das Knollen-L., *P. tuberosa*, hat einen kopfigen, gedrungenen Blütenstand und einen behaarten Blattstiel.
LEBENSRAUM: Bergwiesen, Weiden; kalkliebend. Etwa 1600–2600 m NN.
VERBREITUNG: Westalpisch-apenninische Art.
ALLGEMEIN: Die Läusekraut-Arten sind Halbschmarotzer. Sie sind bei der Wahl ihres Wirtes anspruchslos und parasitieren auf den unterschiedlichsten Pflanzen.

2 | Farn-Läusekraut
Pedicularis aspleniifolia – Orobanchaceae

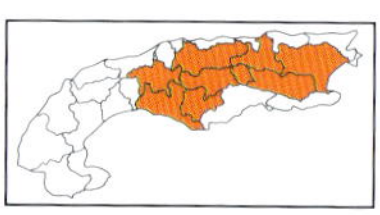

3–8 cm hoch, ein Blühtrieb je Blattrosette; Blätter 2–4 cm lang; Blütenstand 2–5-blütig; Kelch wollig-zottig, Haare 1–2 mm lang; Krone 13–17 mm lang, Kronröhre so lang wie der Kelch; Kronenoberlippe 4–6 mm lang geschnäbelt, Kronenunterlippe auffallend nach rechts gekippt. Blütezeit VII–VIII.
VERWECHSLUNG: v. a. mit dem Portenschlag-L., *P. portenschlagii*, (siehe S. 272) und dem Kerner-L., *P. kerneri* (siehe S. 270).
LEBENSRAUM: Magerrasen, Felsschuttfluren. 1900–2800 m NN.
VERBREITUNG: Endemit der Ostalpen.

3 | Schopf-Läusekraut
Pedicularis comosa – Orobanchaceae

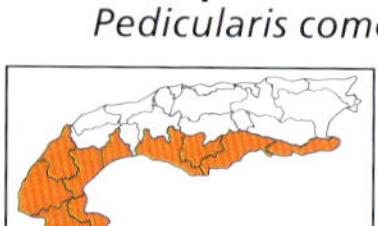

20–50 cm hoch; Blätter 2-fach gefiedert; Blütenstand dicht; Kelch 5-zählig gezähnt, behaart; Krone blassgelb, 20–25 mm lang, mit kurzem, 2-spitzigem Schnabel. Blütezeit VI–VII.
VERWECHSLUNG: v. a. mit dem Karst-L., *P. hacquetii*, das aber einen ledrigen, vorn bis zur Mitte gespaltenen Kelch hat.
LEBENSRAUM: Bergwiesen. 1400–2400 m NN.
VERBREITUNG: Südeuropäisch-montane Art.

4 | Lang-Läusekraut
Pedicularis elongata – Orobanchaceae

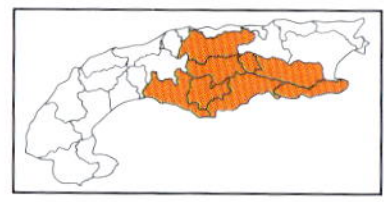

15–30 cm hoch; Stängel am Grund 2–3-zeilig behaart (Bild **4B**); Blätter einfach gefiedert, kahl, Abschnitte gekerbt bis fast ganzrandig; Blütenstand auch zu Beginn der Blütezeit deutlich länger als breit; Deckblätter kahl oder bewimpert; Kelch außen kahl, Kelchzähne blattähnlich, deutlich gezähnt, innen flaumhaarig; Krone 12–16 mm lang. Blütezeit VI–VIII.
VERWECHSLUNG: v. a. mit dem Julisch-L., *P. julica*, bei dem aber die Deckblätter unterseits zottig behaart sind, ebenso der Kelch außen, die Blattfiederchen sind gekerbt.
Das westalpische, östlich bis in die Provinz Brescia reichende Aufsteige-L., *P. ascendens*, hat ganzrandige bis schwach wellig gezähnte Kelchzähne. Ähnlich auch das Knollen-L., *P. tuberosa*, (siehe S. 274).
LEBENSRAUM: Magerrasen, lichtes Latschengebüsch; kalkliebend. Etwa 1300–2600 m NN.
VERBREITUNG: Endemit der Ostalpen.

5 | Blätter-Läusekraut
Pedicularis foliosa – Orobanchaceae

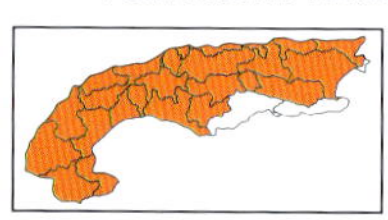

15–50 cm hoch; Blätter 2–3-fach fiederschnittig, 8–30 cm lang und 3–10 cm breit; Deckblätter am Grunde kahl bis kurzhaarig, die Blüten stark überragend, die unteren gestaltlich wie die Stängelblätter; Kelch häutig, nicht gespalten, deutlich 5-zähnig; Kronenoberlippe dicht zottig behaart. Blütezeit VI–VII.
VERWECHSLUNG: Das Karst-L., *P. hacquetii*, hat einen ledrigen, vorn bis zur Mitte gespaltenen Kelch, seine Deckblätter sind am Grund zottenhaarig, die Kronenoberlippe ist kahl bis zerstreut behaart. Das Hörmann-L., *P. hoermanniana*, ist 40–90 cm hoch, hat einen ledrigen Kelch und kurz flaumhaarige Kronenoberlippen.
LEBENSRAUM: Rostseggenrasen, Hochstaudenfluren, Grünerlengebüsch; kalkliebend. 700–2500 m NN.
VERBREITUNG: Südeuropäisch-montane Art.

1
2
3
4A
4B
5

1 | Büschel-Läusekraut

Pedicularis gyroflexa – Orobanchaceae

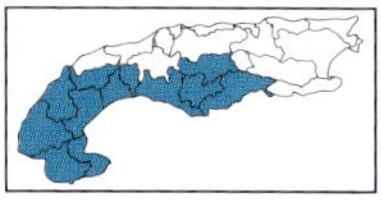

15–25 cm hoch, gleichmäßig kurz und dicht behaart; Blätter 7–20 cm lang; Blütenstand anfangs fast kopfig, später ährig; Deckblätter den Kelch überragend; Kelch 10–15 mm lang, auf der Fläche meist dicht flaumhaarig; Kelchzipfel ± so lang wie die Kelchröhre, nicht zurückgekrümmt; Krone 20–28 mm lang. Kronenoberlippe 2–3 mm lang geschnäbelt. Blütezeit VI–VII.

VERWECHSLUNG: v. a. mit dem Kopf-L., *P. rostratocapitata*, (siehe S. 274).

LEBENSRAUM: Steinige Hänge, Weiderasen, Felsfluren; kalkliebend. 1300–2800 m NN.

VERBREITUNG: Endemit der Alpen. Das angegebene Vorkommen in den Pyrenäen ist nicht gesichert.

ALLGEMEIN: Etliche Läusekraut-Arten bilden gerne Hybriden mit anderen Läusekraut-Arten. So kann man bei gemeinsamem Auftreten der Elternarten fast regelmäßig *Pedicularis × bohatschii* (= *Pedicularis elongata × P. rostratocapitata*) oder *Pedicularis × erubescens* (*Pedicularis rostratocapitata × P. tuberosa*) finden. Sehr selten, aber besonders hübsch ist *Pedicularis × pennina*, die Hybride aus *Pedicularis recutita × P. rostratospicata*.

2 | Karst-Läusekraut

Pedicularis hacquetii – Orobanchaceae

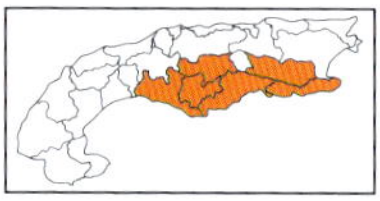

40–90 cm hoch, Blätter 2–3-fach fiederschnittig, 8–30 cm lang und 3–10 cm breit; Deckblätter am Grund zottenhaarig, die Blüten stark überragend, die unteren gestaltlich wie die Stängelblätter; Kelch ledrig, vorne bis zur Mitte gespalten; Kronenoberlippe kahl bis zerstreut behaart. Blütezeit VI–VII.

VERWECHSLUNG: Mit dem Blätter-L., *P. foliosa* (siehe S. 268) und Hörmann-L., *P. hoermanniana*.

LEBENSRAUM: Hochstaudenfluren, Wiesen, Ruhschuttfluren; kalkstet. Etwa 1100–1900 m NN.

VERBREITUNG: Ostalpisch-karpatische Art.

NAME: Zu Ehren des Naturwissenschaftlers Balthasar Hacquet (1739–1815) benannt, der sich u. a. um die Erforschung der Flora und Mineralogie Kärntens und Krains große Verdienste erwarb.

3 | Hörmann-Läusekraut

Pedicularis hoermanniana – Orobanchaceae

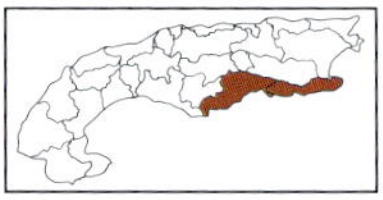

40–90 cm hoch, Blätter 2–3-fach fiederschnittig, 10–30 cm lang und 3–10 cm breit; Deckblätter die Blüten stark überragend: Kelch ledrig, nicht gespalten, deutlich 5-zählig; Krone 18–25 mm lang, blassgelb; Blütenstandsachse weißwollig behaart; Kronenoberlippe kurz flaumhaarig. Blütezeit VI–VII.

VERWECHSLUNG: v. a. mit dem Blätter-L., *P. foliosa*, (siehe S. 268). Das Karst-L., *P. hacquetii*, hat einen vorn bis zur Mitte gespaltenen Kelch.

LEBENSRAUM: Bergwiesen, lichtes Gebüsch; kalkstet. Etwa 800–1900 m NN.

VERBREITUNG: Südosteuropäisch-montane Art von den Südostalpen bis in die Gebirge Südwest-Bulgariens.

NAME: Benannt zu Ehren des bosnischen Wissenschaftlers Kosta Hörmann (1850–1921), dem Gründer des Landesmuseums in Sarajevo.

4 | Kerner-Läusekraut

Pedicularis kerneri – Orobanchaceae

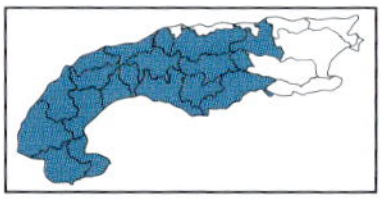

3–10 cm hoch, niederliegend oder aufsteigend, 2–4 Blütenstände je Blattrosette; Blätter ± kahl, meist dunkelpurpurn überlaufen; Blütenstand 1–4-blütig; Kelch auf der ganzen Fläche gleichmäßig kurz-flaumig, selten kahl; Krone 17–20 mm lang; Kronröhre etwa 1¼ × so lang wie der Kelch. Blütezeit VII–VIII.

VERWECHSLUNG: Das Portenschlag-L., *P. portenschlagii*, hat einen kurz bewimperten und auf den Nerven flaumhaarigen, sonst kahlen Kelch, die Krone ist 21–30 mm lang, die Kronröhre ist 1½ –2 × so lang wie der Kelch. Das Farn-L., *P. aspleniifolia*, hat einen wollig-zottigen Kelch, die Kronröhre ist so lang wie der Kelch, der Blütenstand ist 2–6-blütig.

LEBENSRAUM: Bodensaure Magerrasen, Felsschuttfluren; kalkmeidend. 1800–3200 m NN.

VERBREITUNG: Alpisch-pyrenäische Art.

NAME: Benannt zu Ehren des niederösterreichischen Botanikers Anton Joseph Kerner von Marilaun (1831–1898), der sich um die Erforschung schwieriger Gattungen wie *Rosa* und *Salix* und deren Hybriden große Verdienste erwarb.

1

2

3

4

1 | Bunt-Läusekraut
Pedicularis oederi – Orobanchaceae

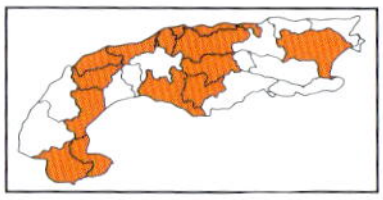

5–15 cm hoch; Stängel 4-zeilig behaart bis kahl; Blätter einfach-fiederschnittig, Fiedern gekerbt bis gesägt; Deckblätter die Blüten nicht überragend; Krone gelb, Oberlippe vorne braunrot; Fruchtkapsel etwa doppelt so lang wie der Kelch. Blütezeit VI–VIII.

VERWECHSLUNG: Die anderen gelbkronigen Läusekraut-Arten der Alpen haben keine braunrote Oberlippenspitze.

LEBENSRAUM: Steinrasen. 1600–2600 m NN.

VERBREITUNG: Arktisch-alpine Art der arktischen Gebiete Eurasiens und Amerikas und der Hochgebirge der kühl-gemäßigten Zonen.

NAME: Benannt zu Ehren des deutschen Naturforschers Georg Christian von Oeder (1728–1791). Oeder war Landvogt im schleswig-holsteinischen Oldenburg und Mitarbeiter der „Flora Danica".

2 | Sumpf-Läusekraut
Pedicularis palustris – Orobanchaceae

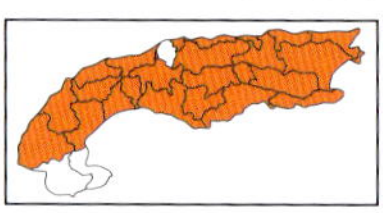

15–50 cm hoch, ± kahl, ästig; seitliche Blühtriebe aufrecht-abstehend; Blütenstand 10–20-blütig; Kelch tief 2-lippig; Krone 18–25 mm lang; Kronenunterlippe so lang wie die Oberlippe; Oberlippe jederseits mit einem spitzen Zahn. Blütezeit V–VII.

VERWECHSLUNG: Das Wald-L., *P. sylvatica*, ist 5–15 cm hoch, sein Kelch ist ungleich 5-zählig, der Blütenstand 3–10-blütig.

LEBENSRAUM: Flach- und Zwischenmoore, Sumpfwiesen. Bis 2300 m NN.

VERBREITUNG: Eurosibirisch-nordamerikanische Art.

3 | Portenschlag-Läusekraut
Pedicularis portenschlagii – Orobanchaceae

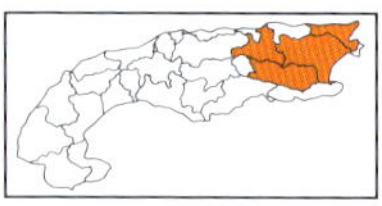

2–8 cm hoch, ein Blütenstand je Blattrosette; Stängel 1–2-reihig behaart, sonst kahl; Blütenstand 1–3-blütig; Kelch kurz bewimpert, auf den Nerven flaumhaarig, sonst kahl; Krone 21–30 mm lang, die Kronröhre ist länger als der Kelch. Blütezeit VI–VII.

VERWECHSLUNG: Das Farn-L., *P. aspleniifolia*, hat einen wollig-zottigen Kelch, die Kronröhre ist so lang wie der Kelch, der Blütenstand ist 2–6-blütig. Ähnlich auch das Kerner-L., *P. kerneri*, (siehe S. 270).

LEBENSRAUM: Mäßig bodensaure Magerrasen und Gesteinsfluren. 1500–2800 m NN.

VERBREITUNG: Endemit der Ostalpen.

NAME: Benannt zu Ehren des Wiener Botanikers Franz von Portenschlag-Ledermayer (1772–1822), der die Pflanze entdeckte. Sein Herbar umfasste fast alle damals bekannten höheren Pflanzen Österreichs.

4 | Stutz-Läusekraut
Pedicularis recutita – Orobanchaceae

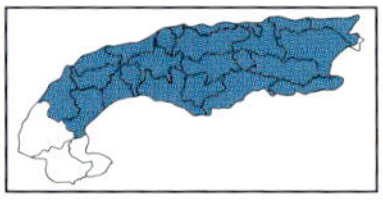

20–50 cm hoch, kahl; Blätter fiederschnittig, mit gezähnten Abschnitten, die oberen oft dunkelpurpurn überlaufen; Blüten in dichtem, endständigem Blütenstand; Krone gelblich-braunrot bis dunkelblutrot, 15–20 mm lang; Oberlippe ohne Schnabel und Zähne. Blütezeit VI–VII.

VERWECHSLUNG: Kaum.

LEBENSRAUM: Hochstaudenfluren, Quellfluren, Grünerlengebüsch, feuchte Wiesen. 1100–2600 m NN.

VERBREITUNG: Endemit der Alpen.

5 | Rosa-Läusekraut
Pedicularis rosea – Orobanchaceae

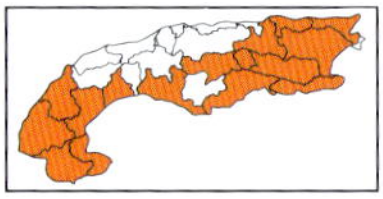

5–15 cm hoch; Blätter länglich-lanzettlich, einfach gefiedert, 5–8 cm lang, 0,6–1 cm breit, oft schwarzpurpurn überlaufen; Kelch weißwollig; Krone dunkelrosa, 12–18 mm lang. Blütezeit VI–VIII.

VERWECHSLUNG: Dem Stängellos-L., *P. acaulis*, fehlt der Stängel, es hat grundständige Blüten. Das Quirl-L., *P. verticillata*, hat Stängelblätter, diese sind quirlig angeordnet.

LEBENSRAUM: Steinrasen, Polsterseggenrasen, Felsfluren. 1700–2900 m NN.

VERBREITUNG: Alpisch-pyrenäische Art.

ANMERKUNG: Tritt in den Alpen in 2 Unterarten auf:
- subsp. *rosea* (Bild **5A**): Tragblätter sind höchstens so lang wie die Blüten, die 2 längeren Staubfäden sind dicht behaart. In den Ostalpen.
- subsp. *allionii* (Bild **5B**): Tragblätter sind länger als die Blüten, die Staubfäden sind kahl oder fast kahl. In den Westalpen.

1

2

3

4

5A

5B

1 | Kopf-Läusekraut
Pedicularis rostratocapitata – Orobanchaceae

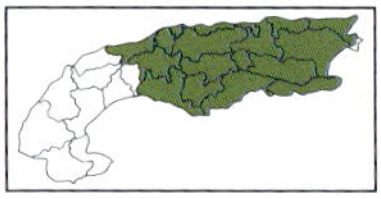

5–20 cm hoch; Stängel mit 2 Haarzeilen; Blattspreite kahl; Blütenstand kopfig, 3–15-blütig, ± so lang wie breit; Kelch 8–9 mm lang, meist bewimpert und auf den Längsnerven behaart, sonst kahl; Kelchzipfel an der Spitze zurückgekrümmt, ± halb so lang wie die Kelchröhre; Krone 16–25 mm lang; Kronenoberlippe 3,5–5 mm lang geschnäbelt; Kronenunterlippe kurz bewimpert. Blütezeit VI–VIII.

VERWECHSLUNG: v. a. mit dem Büschel-L., *P. gyroflexa*, bei dem aber die Kelchflächen dicht flaumhaarig sind, die Kelchzipfel sind nicht zurückgekrümmt und ± so lang wie die Kelchröhre. Das in den Alpen auf die Südwestalpen beschränkte Mont Cenis-L., *P. cenisia* (Bild **1B**), hat eine kahle Kronenunterlippe und behaarte Blattspreiten.

LEBENSRAUM: Steinrasen; kalkliebend. 1300–2800 m NN.

VERBREITUNG: Südosteuropäisch-montane Art von den Ostalpen bis zu den Karpaten und zu den Gebirgen der nördlichen Balkanhalbinsel.

2 | Ähren-Läusekraut
Pedicularis rostratospicata – Orobanchaceae

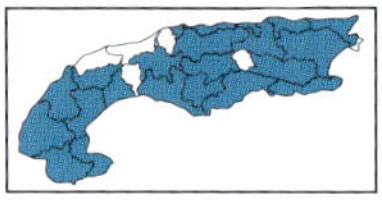

15–40 cm hoch; Stängel 2-zeilig behaart, beblättert; Blätter einfach gefiedert; Blütenstand ährenförmig, viel länger als breit, 8–15-blütig; Kelchzähne zumindest der oberen Blüten ganzrandig; Krone 11–16 mm lang; Kronenoberlippe mit deutlichem, 4–5 mm langem Schnabel. Blütezeit VI–VIII.

VERWECHSLUNG: Das in den Südwestalpen beheimatete Mont Cenis-L., *P. cenisia* (Bild **1B**), hat 18–25 mm lange Kronen.

LEBENSRAUM: Magerrasen, Weiden, Steinrasen; kalkliebend. Etwa 1500–2700 m NN.

VERBREITUNG: Südeuropäisch-montane Art von den Südwestalpen und dem Apennin bis zu den Karpaten.

ANMERKUNG: Tritt in den Alpen in 2 Unterarten auf:
- subsp. *rostratospicata* (Bild **2A**): Kelchzähne auch der unteren Blüten ganzrandig, Kelch und Deckblätter spinnwebig behaart.
- subsp. *helvetica* (Bild **2B**): Kelchzähne der unteren Blüten gesägt, Kelch und Deckblätter zottig behaart.

3 | Karlsszepter-Läusekraut
Pedicularis sceptrum-carolinum – Orobanchaceae

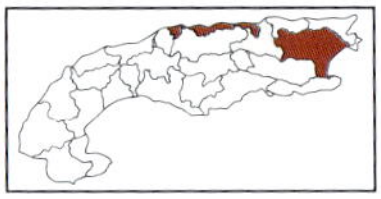

20–80 cm hoch; Blätter 12–20 cm lang und bis 4 cm breit; Blütenstand 6–18-blütig; Krone gelb, 28–35 mm lang; Kronenunterlippe rot gerandet; Kronenoberlippe ungeschnäbelt; Kronenschlund durch die fast anliegende Unterlippe geschlossen. Blütezeit VI–VII.

VERWECHSLUNG: Kaum.

LEBENSRAUM: Niedermoore. 500–800 m NN.

VERBREITUNG: Eurosibirische Art von Bayern und Mecklenburg bis Japan.

4 | Knollen-Läusekraut
Pedicularis tuberosa – Orobanchaceae

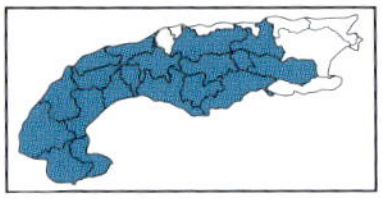

10–20 cm hoch; Stängel bogig aufsteigend, am Grund allseits wollig behaart; Blätter kahl oder unterseits zerstreut behaart, Blattstiel behaart; Blütenstand zu Beginn der Blütezeit ± so lang wie breit; Kelch außen behaart, Kelchzähne innen kahl; Kronenoberlippe in einen deutlichen Schnabel verlängert. Blütezeit VI–VII.

VERWECHSLUNG: Das Lang-L., *P. elongata*, hat einen auch am Grund 2–3-zählig behaarten Stängel, innen flaumhaarige Kelchzähne und einen Blütenstand, der auch zu Beginn der Blütezeit deutlich länger als breit ist. Beim Aufsteigend-L., *P. ascendens*, sind die Blätter und auch der Blattstiel kahl, der Kelch ist außen kahl.

LEBENSRAUM: Saure Magerrasen, Weiden. Etwa 1500–2900 m NN.

VERBREITUNG: Südeuropäisch-montane Art.

5 | Quirl-Läusekraut
Pedicularis verticillata – Orobanchaceae

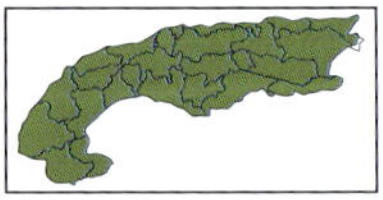

5–20 cm hoch; Blätter einfach-fiederspaltig, grund- und stängelständig, am Stängel zu meist 4 quirlständig; Krone 12–16 mm lang; Oberlippe gestutzt, nicht geschnäbelt. Blütezeit VI–VIII.

VERWECHSLUNG: Mit dem Rosa-L., *P. rosea*, (siehe S. 272). Das Kopf-L., *P. rostratocapitata*, hat eine geschnäbelte Oberlippe und keine quirlständigen Stängelblätter.

LEBENSRAUM: Magerrasen, Weiden, Quellmoore. 1100–2800 m NN.

VERBREITUNG: Arktisch-alpine Art.

1A
1B
2A
2B
3
4
5

1 | Zotten-Klappertopf
Rhinanthus alectorolophus – Orobanchaceae

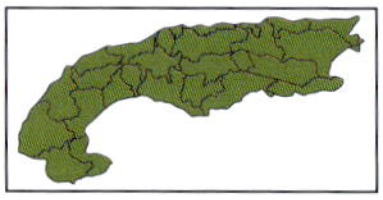

10–60 cm hoch; Deckblätter mit fast gleich großen Zähnen, unbegrannt; Kelch dicht drüsenlos behaart; Zähne der Kronenoberlippe meist bläulich, 0,8–2,5 mm lang, deutlich länger als breit; Kronröhre aufwärts gekrümmt. Blütezeit V–VIII.

VERWECHSLUNG: u. a. mit dem Altertümlich-K., *Rh. antiquus*, der aber lang begrannte Deckblattzähne hat.

LEBENSRAUM: Wiesen, kalkliebend. Bis etwa 2600 m NN.

VERBREITUNG: Europäische Art.

ANMERKUNG: Unterteilt sich in den Alpen in 3 Unterarten:
- subsp. *alectorolophus*: Kronenunterlippe der Kronenoberlippe angedrückt, den Schlund verdeckend, Kelch mit kurzen und geschlängelten Haaren besetzt.
- subsp. *facchinii*: Kronenunterlippe waagrecht abgespreizt, den Schlund freilassend, Kronröhre scharf aufwärts gebogen, daher die Oberlippenzähne fast aufgerichtet.
- subsp. *freynii*: Kronenunterlippe der Kronenoberlippe angedrückt, den Schlund verdeckend, Kronröhre schwach aufwärts gebogen, Kelch mit kurzen, einzelligen Haaren, Zähne der Kronenoberlippe gerade vorwärts gestreckt.

2 | Alpen-Klappertopf
Rhinanthus alpinus – Orobanchaceae (Syn.: *Rh. pulcher*)

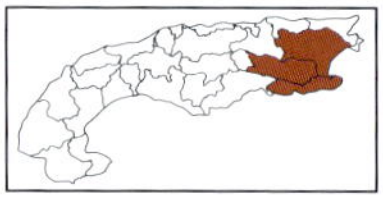

5–50 cm hoch; Stängel kahl oder mit 2 schwachen Haarleisten; untere Zähne der Kelchblätter nicht oder höchstens 1 mm lang begrannt; Kelch meist schwärzlich gepunktet und gestrichelt; Krone gelb, oft violett gezeichnet; Kronenunterlippe abgespreizt, der Eingang in die Kronröhre offen. Blütezeit VI–IX.

VERWECHSLUNG: v. a. mit dem Grannen-K., *Rh. glacialis*.

LEBENSRAUM: Wiesen, Weiden, Karfluren, Silikatrasen. Bis 2300 m NN, meistens von 1200–2000 m vorkommend.

VERBREITUNG: Südosteuropäisch-montane Art.

ANMERKUNG: Tritt in den Alpen in 2 Unterarten auf, die mit Übergangspopulationen (z. B. am Zirbitzkogel in den Seetaler Alpen) verbunden sind.
- subsp. *alpinus*: Kelch kahl.
- subsp. *carinthiacus*: Kelch drüsenhaarig.

3 | Grannen-Klappertopf
Rhinanthus glacialis – Orobanchaceae (Syn.: *Rh. aristatus*)

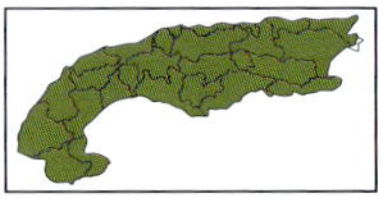

10–50 cm hoch, kahl oder sehr spärlich behaart; untere Zähne der Deckblätter 1–5 mm lang begrannt; Krone 15–18 mm lang, oft violett gezeichnet; Kronröhre aufwärts gekrümmt; Zähne der Kronenoberlippe 0,8–2,5 mm lang, deutlich länger als breit, bläulich. Blütezeit VI–IX.

VERWECHSLUNG: v. a. mit dem Alpen-K., *Rh. alpinus*, der aber Deckblätter hat, deren untere Zähne nicht oder höchstens 1 mm lang begrannt sind. Der Pampanini-K., *Rh. pampaninii*, hat klebrig-flaumige Stängel.

LEBENSRAUM: Magerrasen, Felsschuttfluren, lichte Kiefernwälder. Etwa 900–2600 m NN.

VERBREITUNG: Europäische Art.

4 | Klein-Klappertopf
Rhinanthus minor – Orobanchaceae

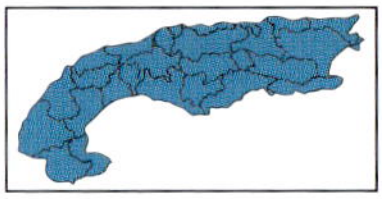

8–30 cm hoch; Stängel, Blätter und Kelch kahl oder schwach behaart; Zähne der Deckblätter unbegrannt; Krone 13–15 mm lang; Zähne der Kronenoberlippe höchstens 0,7 mm lang, breiter als lang. Blütezeit V–VIII.

VERWECHSLUNG: Der in den zentralen Südalpen endemische Altertümlich-K., *Rh. antiquus*, hat Kronenoberlippenzähne, die ± so breit wie lang sind und Deckblätter, deren untere Zähne lang begrannt sind.

LEBENSRAUM: Magerwiesen, Weiderasen, Flachmoore. Bis etwa 2200 m NN.

VERBREITUNG: Eurosibirische Art.

5 | Apenninen-Klappertopf
Rhinanthus ovifugus – Orobanchaceae

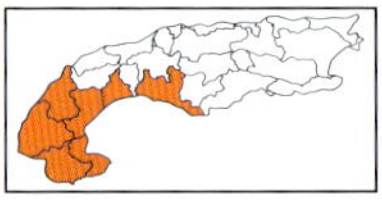

10–40 cm hoch; Stängel 2-zeilig behaart; untere Zähne der Deckblätter in eine > 3 mm lange Granne auslaufend; Kelch kahl; Krone 19–22 mm lang; Kronenunterlippe der Kronenoberlippe ± anliegend, daher der Eingang in die Kronröhre ± verschlossen. Blütezeit VI–VIII.

VERWECHSLUNG: v. a. mit dem Alpen-K., *Rh. alpinus*, der aber Deckblätter hat, deren untere Zähne nicht oder höchstens 1 mm lang begrannt sind.

LEBENSRAUM: Bergwiesen. Bis 2500 m NN.

VERBREITUNG: Südeuropäisch-montane Art.

1
2
3
4
5

1 | Wald-Sauerklee
Oxalis acetosella – Oxalidaceae

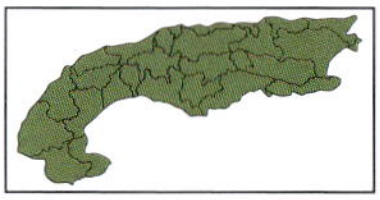

5–12 cm hoch; Blätter und Blüten grundständig; Blätter aus 3 verkehrt-eiförmigen Teilblättern zusammengesetzt; Kronblätter weiß, purpurn geadert, 10–16 mm lang. Blütezeit IV–VI.
VERWECHSLUNG: Keine.
LEBENSRAUM: Mäßig bodensaure Wälder, Krummholz. Bis 2200 m NN.
VERBREITUNG: Eurosibirisch-nordamerikanische Art.

2 | Echt-Pfingstrose
Paeonia officinalis – Paeoniaceae

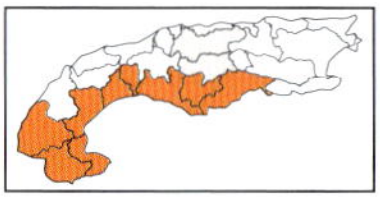

40–80 cm hoch; Blätter groß, Blättchen meist in 2–3 Abschnitte geteilt, untere Blätter mit 17–30 Abschnitten; Kelchblätter ungleich, grün bis purpurn; Kronblätter purpurrot, 5–10; Staubblätter zahlreich, am Grunde in einen Nektarring verwachsen; Stempel 2–3. Blütezeit V–VI.
VERWECHSLUNG: Mit der im Gebiet mancherorts eingebürgerten Korallen-P., *P. mascula*, bei der die unteren Blätter aber nur in 9–16 Abschnitte zerteilt sind und die 3–5 Stempel hat.
LEBENSRAUM: Kalktriften, Steineichen- und Flaumeichengebüsch, Berghänge. Bis 1700 m NN.
VERBREITUNG: Südeuropäisch-montane Art von Portugal bis Albanien und Rumänien. In den Alpen nur in den Süd- und Südwestalpen ursprünglich.
ANMERKUNG: Die Echt-Pfingstrose lässt sich in 4 Unterarten (subsp. *officinalis*, subsp. *banatica*, subsp. *microcarpa* und subsp. *villosa*) gliedern, 2 davon besiedeln die Alpen (subsp. *officinalis* mit kahlen Blütenstielen in den Süd- und Westalpen und die subsp. *villosa* mit behaarten Blütenstielen in den französischen Südwestalpen).

3 | Nordöstlicher Alpen-Mohn
Papaver alpinum subsp. *alpinum* – Papaveraceae

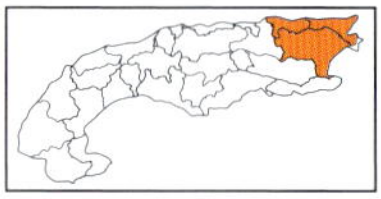

5–20 cm hoch; Blütenschaft einblütig, blattlos, weiß behaart; alle Blätter grundständig, graugrün, 2–3-fach fiederschnittig, mit 1–2 mm schmalen Zipfeln; Kronblätter weiß, Narbenstrahlen meist 4, dazwischen aber immer wieder Blüten mit 5 Narbenstrahlen; Blütezeit VI–VIII.
VERWECHSLUNG: v. a. mit der Unterart *sendtneri*, welche aber 1-fach gefiederte Blätter mit 2–4 mm breiten Blattzipfeln und meist 5 Narbenstrahlen hat.
LEBENSRAUM: Kalkschuttfluren; kalkstet. 600–2450 m NN, teilweise aber auch tiefer, wie bei Steyr in Oberösterreich (300 m NN, ehemals).
VERBREITUNG: Endemit der Nordostalpen. Westlich bis ins Tote Gebirge und bis zum Grimming, östlich bis Rax und Schneeberg, südlich bis zum Reiting in den Eisenerzer Alpen.
ANMERKUNG: Der Nordost-Alpen-Mohn wurde bereits im Jahr 1616 vom sächsischen Arzt Joachim Burser (1583–1639) am Wiener Schneeberg entdeckt.
ALLGEMEIN: Neueren molekularen Untersuchungen zufolge soll die bisherige Unterteilung von *Papaver alpinum* nicht zu halten sein. Bis hier bessere Kenntnisse vorliegen, halten wir an der seit langer Zeit bewährten Unterteilung fest: Vom Alpen-Mohn, *Papaver alpinum*, kennt man 7 Unterarten im Alpenraum. Diese lassen sich über die Blütenfarbe, die Gliederung der Blattzipfel, die Anzahl der Narbenstrahlen und über ihre Verbreitung unterscheiden. Bei der Blütenfarbe und der Anzahl der Narbenstrahlen kommt es immer wieder zu Abweichungen und auch die Gliederung der Blattzipfel scheint nicht konstant. Das liegt daran, dass der Alpenmohn oft gröber gefiederte Erstlingsblätter und später feiner gefiederte Folgeblätter ausbildet.

4 | Ernest-Mayers Alpen-Mohn
Papaver alpinum subsp. *ernesti-mayeri* – Papaveraceae

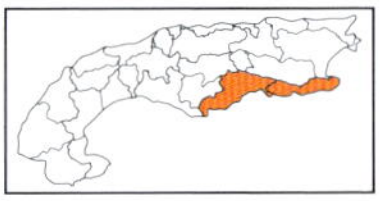

5–20 cm hoch; Blütenschaft einblütig, blattlos, weiß behaart; alle Blätter grundständig, graugrün, 2-fach fiederschnittig, mit 1–4 mm breiten, stumpfen Zipfeln; Kronblätter weiß, Narbenstrahlen meist 5, 2 Drittel der Fruchtknotenhöhe herablaufend. Blütezeit VII–VIII.
VERWECHSLUNG: v. a. mit der Unterart *occidentale*, welche aber meist nur 4 Narbenstrahlen hat, welche bis zur Hälfte der Fruchtknotenhöhe herablaufen.
LEBENSRAUM: Kalkschuttfluren; kalkstet. 1700–2400 m NN, gelegentlich auch tiefer, wie am Raibler See (900 m NN).
VERBREITUNG: Ostalpisch-apenninische Sippe. In den Alpen auf die Julischen Alpen beschränkt.
NAME: Benannt zu Ehren des slowenischen Botanikers Ernest Mayer (1920–2009), der u. a. ein exzellenter Kenner der Gattungen *Rhinanthus* und *Pedicularis* war. Mayer beschrieb, zum Teil in Zusammenarbeit, 25 neue Pflanzentaxa. 11 sind nach ihm benannt, neben der Mohn-Unterart u. a. *Astragalus mayeri* von den Gebirgen der Balkanhalbinsel und *Pedicularis ernesti-mayeri* aus Nord-Albanien.

1

2

3

4

1 | Kerners Alpen-Mohn
Papaver alpinum subsp. *kerneri* – Papaveraceae

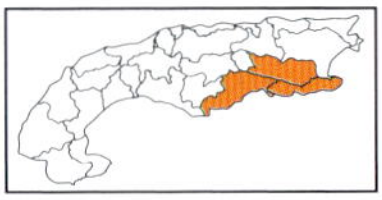

5–20 cm hoch; Blütenschaft einblütig, blattlos, weiß behaart; alle Blätter grundständig, graugrün, 2–3-fach fiederschnittig, mit 1–2 mm schmalen Zipfeln; Kronblätter gelb; Fruchtknoten 1,5–3 × so lang wie breit, Narbenstrahlen meist 5. Blütezeit VII–VIII.
VERWECHSLUNG: Mit der Unterart *rhaeticum* (siehe S. 280) und der relativ neu abgetrennten Unterart *victoris*, welche aber 3–4 × so lange wie breite Fruchtknoten hat und auf die südlichen Julischen Alpen beschränkt ist.
LEBENSRAUM: Kalkschuttfluren; kalkliebend. Etwa 1200–2300 m NN.
VERBREITUNG: Ostalpisch-illyrische Sippe von den Südostalpen bis Montenegro. In den Alpen in den Karawanken, Julischen Alpen und Steiner Alpen.
NAME: Benannt zu Ehren des österreichischen Botanikers Anton Joseph Kerner von Marilaun (1831–1898). „Es ist nicht leicht, die Sprache, die die Pflanzen sprechen, zu erlernen und zu verstehen. In der Studierstube bringt man es bestenfalls zum Buchstabieren. Zum Lesen und zum Verstehen kommt man nur in der freien Natur", schrieb dieser in das Stammbuch von Ignaz Dörfler, einem seiner Schüler. Kerner beschrieb 60 neue Pflanzen, etwa 120 Sippen tragen seinen Namen. Für seine herausragende wissenschaftliche Arbeit wurden Kerner mehrere Auszeichnungen zuteil. In Wien erhielt er das österreichische Ehrenzeichen für Kunst und Wissenschaft verliehen, der höchsten Auszeichnung, die Österreich für wissenschaftliche Leistungen zu vergeben hatte.

2 | Westlicher Alpen-Mohn
Papaver alpinum subsp. *occidentale* – Papaveraceae

5–20 cm hoch; Blütenschaft einblütig, blattlos, weiß behaart; alle Blätter grundständig, graugrün, 1–2-fach fiederschnittig, auf den Flächen kahl, höchstens an den Rändern und Stielen behaart, mit 1–3 mm breiten Zipfeln; Kronblätter weiß, Narbenstrahlen meist 4. Blütezeit VII–VIII.
VERWECHSLUNG: Mit der Unterart *sendtneri*.
LEBENSRAUM: Kalkschuttfluren; kalkstet. Etwa 2000–2500 m NN.
VERBREITUNG: Endemit der Westalpen.

3 | Rätischer Alpen-Mohn
Papaver alpinum subsp. *rhaeticum* – Papaveraceae

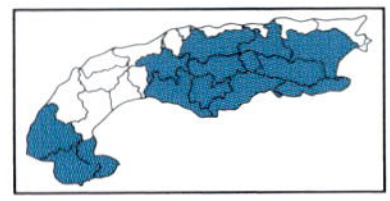

5–20 cm hoch; Blütenschaft einblütig, blattlos, weiß behaart; alle Blätter grundständig, graugrün, 1-fach fiederschnittig, mit 2–4 mm breiten, stumpfen Zipfeln; Kronblätter gelb, Narbenstrahlen 5–7. Blütezeit VII–VIII.
VERWECHSLUNG: Mit der Unterart *kerneri*, welche aber 2–3-fach gefiederte Blätter mit 1–2 mm schmalen Blattzipfeln und meist 5 Narbenstrahlen hat.
LEBENSRAUM: Steinschuttfluren, Moränen, Flusskies; kalkliebend. 1800–2700 m NN, teilweise aber auch tiefer, wie bei Zernez (1500 m NN) oder höher, wie am Piz Ftur im Unterengadin (3070 m NN).
VERBREITUNG: Alpisch-illyrische Sippe von den Seealpen bis Montenegro.

4 | Sendtners Alpen-Mohn
Papaver alpinum subsp. *sendtneri* – Papaveraceae

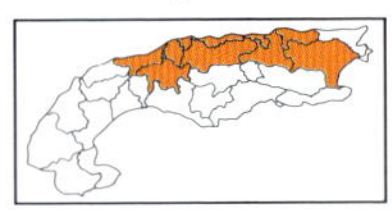

5–20 cm hoch; Blütenschaft einblütig, blattlos, weiß behaart; alle Blätter grundständig, graugrün, 1-fach fiederschnittig, behaart, mit 2–4 mm breiten, zugespitzten Zipfeln; Kronblätter weiß, Narbenstrahlen meist 5. Blütezeit VII–VIII.
VERWECHSLUNG: Mit der Unterart *occidentale*, welche aber auf den Flächen kahle Blätter und meist 4 Narbenstrahlen hat und mit der Unterart *alpinum* (siehe S. 278).
LEBENSRAUM: Kalkschuttfluren; kalkstet. 2000–2700 m NN, auf Alluvionen vereinzelt auch bis 950 m NN herabsteigend.
VERBREITUNG: Endemit der Ostalpen von Unterwalden bis zum Dachstein und zum westlichen Toten Gebirge.
NAME: Benannt zu Ehren des deutschen Botanikers Otto Sendtner (1813–1859). Dieser gilt als Mitbegründer der zoenologischen Richtung der Pflanzengeografie. Neben dem Alpenmohn ist Sendtner zu Ehren u. a. das Sichelmoos *Drepanocladus sendtneri* und das Sendtner-Habichtskraut, *Hieracium caesium* subsp. *sendtneri*, benannt.
ANMERKUNG: Molekulare Untersuchungen an *P. alpinum* s. lat. 2002 zeigten, dass subsp. *sendtneri* nicht monophyletisch ist und möglicherweise in 2 Sippen getrennt werden muss.

1

2

3

4A

4B

1 | Herzblatt
Parnassia palustris – Parnassiaceae

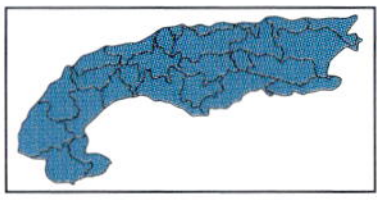

5–30 cm hoch; Grundblätter lang gestielt, Spreiten herzförmig; Stängel kantig, mit einem sitzenden, herzförmigen Blatt, einblütig; Blüten 1–3 cm im ∅; Kronblätter weiß, mit eingesenkten Adern; die 5 Staubblätter wechseln mit den 5 gelbgrünen, drüsig gefransten Nektarblättern ab. Blütezeit VII–IX.
VERWECHSLUNG: Keine.
LEBENSRAUM: Sumpfwiesen, kalkreiche Magerrasen, Quellfluren, Kalkniedermoore. Bis 3000 m NN.
VERBREITUNG: Eurasiatisch-nordamerikanische Art der gemäßigten bis subarktischen Zone. Südlich bis ins Atlas-Gebirge reichend.

2 | Sumpf-Wasserstern
Callitriche palustris s.str. – Plantaginaceae

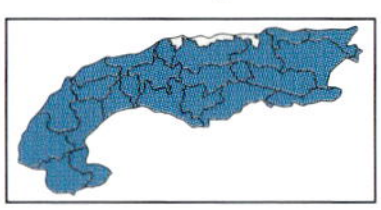

1 cm (Landform)–30 cm (Wasserform) hoch; kleine Wasserpflanze mit fadenförmigem Stängel und endständiger Rosette; Blätter spatelförmig; Blüten winzig, Narbe 1–2 mm lang; abgeflachte Seite der Frucht deutlich länger als breit. Blütezeit IV–X.
VERWECHSLUNG: Mit allen anderen *Callitriche*-Arten im Alpenraum. Ebenfalls noch relativ weit verbreitet ist der Stumpffrucht-W., *C. cophocarpa*, bei dem die abgeflachte Seite der Frucht breiter als lang oder zumindest so lang wie breit ist.
LEBENSRAUM: Seichte, stehende, nährstoffarme Gewässer, Pfützen. Bis etwa 2900 m NN.
VERBREITUNG: Eurosibirisch-nordamerikanische Art.
ANMERKUNG: Alle Wasserstern-Arten in den Alpen gehören zur *Callitriche palustris*-Gruppe. Für die Bestimmung der Sippen sind reife Früchte notwendig. Alle Arten treten als Wasser- und Landform auf. Landformen sehen deutlich anders aus als die typischen Wasserformen.

3 | Groß-Fingerhut
Digitalis grandiflora – Plantaginaceae

50–100 cm hoch; Stängel behaart; Blätter eilanzettlich, bis 25 cm lang, unterseits behaart; Blütenkrone hellgelb, innen oft hellbraun gefleckt, 30–40 mm lang mit einem Mündungsdurchmesser von 15–20 mm; Oberlippe ganzrandig, stumpf. Blütezeit VI–VIII.
VERWECHSLUNG: Mit dem Klein-F., *D. lutea*, dessen Krone aber nur 20–25 mm lang ist mit einem Mündungsdurchmesser von 5–8 mm und kahlem Stängel.
LEBENSRAUM: Sonnige Böschungen, Waldränder, Waldschläge, Steinhalden, Gebüsche, Staudenfluren. Bis 2200 m NN.
VERBREITUNG: Eurosibirische Art von Frankreich bis zum westlichen Altai.
ALLGEMEIN: Fingerhut-Arten sind wertvolle Hummelblumen. Die Maße der Blumenröhre passen genau zur Größe der Hummeln. Kleineren Insekten wird der Eingang zum Blüteninneren durch die auf der Glockenunterseite befindlichen Sperrhaare verwehrt. Den Hummeln jedoch bieten sie Halt. Das Fleckenmuster im Blüteninneren wird von den Hummeln als optische Staubbeutel-Attrappe wahrgenommen und dient zur Anlockung der Blütengäste.

4 | Klein-Fingerhut
D. lutea – Plantaginaceae

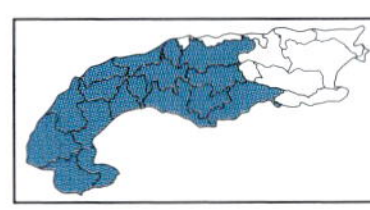

50–100 cm hoch; Stängel kahl; Blätter lanzettlich, bis 15 cm lang und 2–3 cm breit; Krone 20–25 mm lang mit einem Mündungsdurchmesser von 5–8 mm; Oberlippe spitz 2-zähnig. Blütezeit VI–VIII.
VERWECHSLUNG: Mit dem Groß-F., *D. grandiflora*.
LEBENSRAUM: Steinige Hänge, Hochstaudenfluren, lichte Wälder. Bis etwa 2000 m NN.
VERBREITUNG: Südeuropäisch-montane Art von Nordost-Spanien bis Südwest-Deutschland und Kalabrien.

5 | Purpur-Fingerhut
Digitalis purpurea – Plantaginaceae

50–150 cm hoch; Blätter eiförmig, stumpf gezähnt, buckelig-runzelig, Unterseite graufilzig; Blüten in einer langen, einseitswendigen Traube; Krone purpurrot oder weiß, 3,5–6 cm lang, innen gefleckt. Blütezeit VI–VIII.
VERWECHSLUNG: Keine.
LEBENSRAUM: Bodensaure Waldschläge, lichte Wälder. Bis etwa 1600 m NN.
VERBREITUNG: Westeuropäische Art. In den Alpen nicht ursprünglich, aber vielfach angesalbt und eingebürgert.

1A
1B
2
3A
3B
4
5

1 | Alpenbalsam
Erinus alpinus – Plantaginaceae

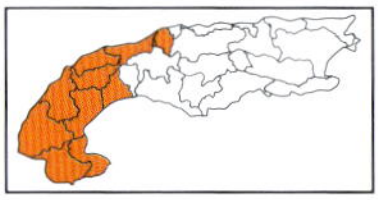

3–20 cm hoch; Blätter spatelförmig, vorne kerbsägig, in grundständiger Rosette und wechselständig am Stängel; Krone purpurrosa, 8–12 mm im ∅, mit ausgerandeten Kronzipfeln. Blütezeit VI–VII.
VERWECHSLUNG: Kaum.
LEBENSRAUM: Steinrasen, Felsschutt, Felsspalten; kalkliebend. Bis 2400 m NN.
VERBREITUNG: Südeuropäisch-montane Art der Gebirge des westlichen Mittelmeergebiets, auf den Britischen Inseln teilweise eingebürgert. Für Österreich konnte die Art lange Zeit nicht mehr nachgewiesen werden. 2013 konnte G. Amann die Art im Vorarlberger Saminatal bestätigen.

2 | Alpen-Leinkraut
Linaria alpina – Plantaginaceae

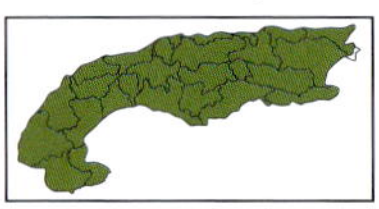

Pflanze 2–20 cm hoch, im Schutt kriechend, kahl; Blätter zu 3–4 quirlständig, lineal-lanzettlich, bläulich bereift, fleischig; Blüten in kurzen, endständigen Trauben; Krone blauviolett, mit orangem Gaumen, seltener ohne oder mit weißem Gaumenfleck; Sporn 8–15 mm lang. Blütezeit VI–VIII.
VERWECHSLUNG: Kaum.
LEBENSRAUM: Steinschuttfluren. Bis 4100 m NN.
VERBREITUNG: Südeuropäisch-montane Art von den Gebirgen der Iberischen Halbinsel bis zur Balkanhalbinsel und zur Hohen Tatra.
ANMERKUNG: Untergliedert sich in den Alpen in 2 Unterarten:
- subsp. *alpina* (Bild **2A**): 3–10 cm hoch, niederliegend; Kelchzipfel verkehrt-eilanzettlich, Zipfel der Kronenoberlippe 1–2 × so lang wie breit. In der alpinen bis subnivalen Stufe.
- subsp. *petraea* (Bild **2B**): 10–20 cm hoch, bogig aufsteigend; Kelchzipfel halblanzettlich, Zipfel der Kronenoberlippe 2–3 × so lang wie breit. In der montanen Stufe.

ALLGEMEIN: Rund 150 Arten umfasst die Gattung der Leinkräuter *(Linaria)*. 70 davon besiedeln Europa, 11 den Alpenraum. Nur eines davon, nämlich das Tonzig-Leinkraut, *Linaria tonzigii*, ist in seiner Verbreitung auf die Alpen beschränkt.

3 | Streifen-Leinkraut
Linaria repens – Plantaginaceae

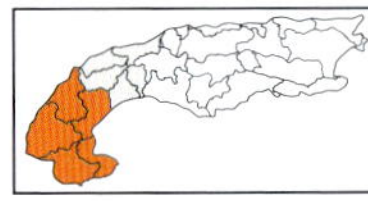

20–80 cm hoch, verzweigt, kahl; Blätter lineal-lanzettlich, 1,5–4 cm lang; Krone weißlich bis hellgelb oder lila mit violetten Streifen; Sporn 3–5 mm lang, gesamte Krone 8–15 mm lang. Blütezeit VI–VIII.
VERWECHSLUNG: Kaum.
LEBENSRAUM: Ruderalstellen, Weg- und Ackerränder, Waldlichtungen, Mauern. Bis etwa 2000 m NN.
VERBREITUNG: Westeuropäische Art. In den Südwestalpen ursprünglich, östlich davon nur adventiv.

4 | Liegend-Leinkraut
Linaria supina – Plantaginaceae

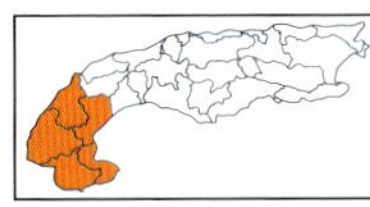

5–15 cm hoch, niederliegend; Blätter lineal, 0,5–2,5 mm breit, fleischig, 6–15 × so lang wie breit; Krone 15–25 mm lang, gelb; Sporn 10–15 mm lang, gelb, oft purpurn oder violett gestreift. Blütezeit VI–VIII.
VERWECHSLUNG: Mit dem Tonzig-L., *L. tonzigii.*
LEBENSRAUM: Steinrasen, lückige Trockenwiesen, gefestigter Felsschutt. Bis etwa 2200 m NN.
VERBREITUNG: Südwesteuropäische Art, südlich bis Marokko, nördlich adventiv bis Südengland und Schweden.

5 | Tonzig-Leinkraut
Linaria tonzigii – Plantaginaceae

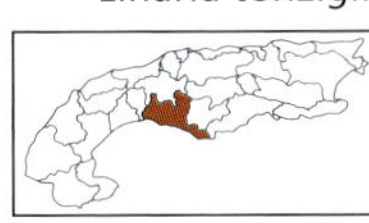

5–15 cm hoch; Blätter breitlanzettlich, etwas fleischig, graugrün, 8–25 mm lang, 5–8 mm breit; Krone gelb, 21–27 mm lang; Kelchblätter breit lanzettlich, dicht wollig behaart. Blütezeit VI–VIII.
VERWECHSLUNG: Das Liegend-L., *L. supina*, hat lineale, 0,5–2,5 mm breite Blätter und ist in den Alpen auf die Südwestalpen beschränkt.
LEBENSRAUM: Beweglicher Kalkschutt; kalkstet. 1600–2500 m NN.
VERBREITUNG: Endemit der Bergamasker Alpen.
NAME: Benannt zu Ehren des italienischen Botanikers Sergio Tonzig (1905–1998), der sich v. a. physiologischen und pflanzengeografischen Fragen stellte.

1

2A

2B

3

4

5

1 | Blau-Mänderle
Paederota bonarota – Plantaginaceae

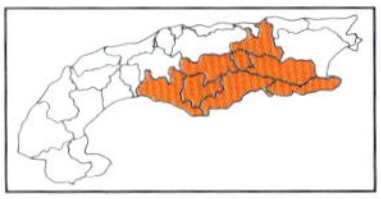

5–15 cm hoch; Blätter gegenständig, rundlich-eiförmig, mit bis zu 9 groben Sägezähnen auf jeder Seite, 1,5–3 cm lang, 1–2,5 cm breit; Blüten in dichten, vielblütigen Trauben; Krone tief violettblau. Blütezeit VI–VII.
VERWECHSLUNG: Keine.
LEBENSRAUM: Felsspalten; karbonatliebend. Bis 2500 m NN.
VERBREITUNG: Endemit der Ostalpen.
ANMERKUNG: Im Überschneidungsgebiet der beiden Mänderle-Arten kann man die Hybride *Paederota × churchilii* finden, die sich durch rosa Kronen auszeichnet (Bild **1B**).

2 | Gelb-Mänderle
Paederota lutea – Plantaginaceae

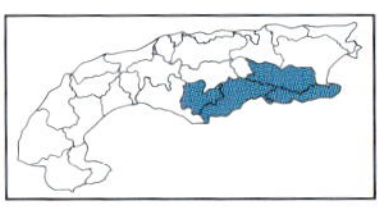

10–30 cm hoch; Blätter ei-lanzettlich, 3–7 cm lang, 1,5–3 cm breit, Blattrand tief gesägt; Krone gelb, 10–13 mm lang; Kelch 6–8 mm lang. Blütezeit V–VI(VII).
VERWECHSLUNG: Keine.
LEBENSRAUM: Felsspalten und Felsschutt; kalkhold. Bis 2500 m NN.
VERBREITUNG: Ostalpisch-illyrische Art, südöstlich bis in die Herzegowina.
ANMERKUNG: Der nette deutsche Name Mänderle ist eine Verkleinerungsform von Gamander.

3 | Silber-Wegerich
Plantago argentea – Plantaginaceae

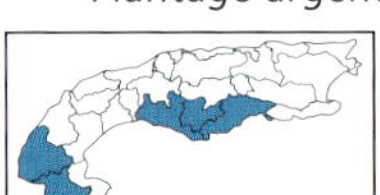

10–40 cm hoch; Blätter grundständig, schmal-lanzettlich, 10–30 cm lang, 0,4–1,5 cm breit, in der Jugend behaart, später verkahlend, 3-5-nervig; Ährenstiel 10–40 cm lang, stielrund, aber längs gerieft, die Blätter meist weit überragend; Ähre kugelig bis kurzeiförmig. Blütezeit VI–VIII.
VERWECHSLUNG: Der Mittel-W., *P. media*, hat breitlanzettliche bis schmal-eiförmige, 2–6 cm breite, 5–7-nervige Blätter. Der Spitz-W., *P. lanceolata*, hat einen kantigen, längsfurchigen Ährenstiel.
LEBENSRAUM: Trockene Hänge, steinige Weiden, Karstflächen; kalkliebend. Bis etwa 1900 m NN.
VERBREITUNG: Südeuropäisch-montane Art.

ALLGEMEIN: Zusätzlich zu den beschriebenen Wegerich-Arten finden sich im Alpenraum 7 weitere Arten in zumeist tieferen Lagen:
- Hochstiel-W., *P. altissima*: südosteuropäische Art.
- Sand-W., *P. arenaria*: eurasiatische Art.
- Kiel-W., *P. holosteum*: mediterrane Art.
- Hasenfuß-W., *P. lagopus*: mediterrane Art.
- Breit-W., *P. major*: eurosibirsch-kosmopolitische Art.
- Strand-W., *P. maritima*: europäische Art.
- Strauch-W., *P. sempervirens*: südwesteuropäische Art.

4 | Berg-Wegerich
Plantago atrata – Plantaginaceae

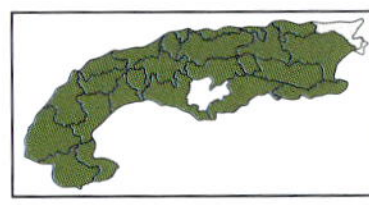

3–15 cm hoch; Blätter schmal-lanzettlich, 2,5–12 mm breit, 3–5(7)-nervig, bodenanliegend bis schräg-aufrecht; Blütenähre kugelig bis eiförmig, 0,5–2,5 cm lang; Ährenstiel 3–15 cm lang, so lang oder länger als die Blätter. Blütezeit V–VIII.
VERWECHSLUNG: Der in den Süd- und Südwestalpen beheimatete Bräunlich-W., *P. fuscescens*, hat seidig-zottig behaarte, 5–7-nervige Blätter und 15–40 cm hohe Ährenstiele.
LEBENSRAUM: Frische Wiesen und Weiden, Schneeböden. 1200–2800 m NN, vereinzelt auch tiefer, wie bei Immenstadt (900 m NN).
VERBREITUNG: Südeuropäisch-montane Art.

5 | Schlangen-Wegerich
Plantago strictissima – Plantaginaceae (Syn.: *P. serpentina; P. maritima* subsp. *serpentina*)

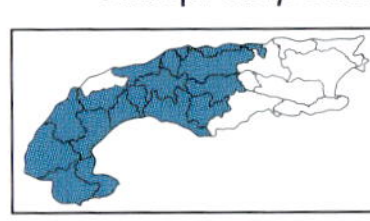

10–35 cm hoch; Blätter lineal, 20–50 × so lang wie breit, kahl, 3-nervig, die seitlichen Blattnerven dabei in der Mitte zwischen Mittelnerv und Blattrand oder näher beim Mittelnerv; Blütenähre 3–12 cm lang. Blütezeit VI–VIII.
VERWECHSLUNG: Der Alpen-W., *P. alpina*, hat 1,5–3 cm lange Blütenähren. Seine Blätter sind 6–20 × so lang wie breit, die seitlichen Blattnerven liegen näher zum Blattrand als zum Mittelnerv.
LEBENSRAUM: Magerrasen, Felsfluren, Weiden, Wegränder. Bis etwa 2600 m NN.
VERBREITUNG: Südwesteuropäisch-montane Art.

1A

1B

2

3

4

5

1 | Allioni-Ehrenpreis
Veronica allionii – Plantaginaceae

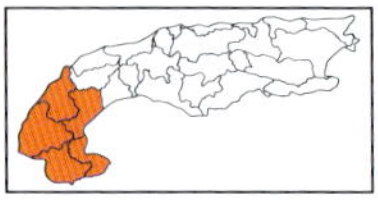

5–12 cm hoch; Stängel niederliegend, kahl; Blattspreiten 5–20 mm lang, kahl, undeutlich gezähnt; Blütenstand aufsteigend, dichtblütig mit 30–60 Blüten; Kelchblätter 4; Krone violettblau. Blütezeit VII–VIII.
VERWECHSLUNG: Mit dem Arznei-E., *V. officinalis*.
LEBENSRAUM: Steinrasen, Almweiden, lichte Bergwälder; kalkmeidend. 1800–2700 m NN.
VERBREITUNG: Endemit der Südwestalpen.
NAME: Benannt zu Ehren des italienischen Arztes und Naturwissenschaftlers Carlo Allioni (1728–1804), der sich um die Erforschung der Flora des Piemont große Verdienste erwarb.

2 | Alpen-Ehrenpreis
Veronica alpina – Plantaginaceae

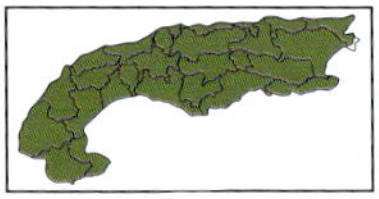

5–15 cm hoch, abstehend behaart bis fast kahl; Stängel nicht kriechend; untere Blätter nicht rosettig gehäuft; Stängel reich beblättert; Blattspreiten eiförmig; Blütenstand in endständiger, doldiger Traube, 5–20-blütig; Traube und Frucht drüsenlos behaart; Frucht länger als breit. Blütezeit VI–VIII.
VERWECHSLUNG: Mit dem Gänseblümchen-E., *V. bellidioides*, und dem Quendel-E., *V. serpyllifolia*, der aber oberirdisch kriechende Stängel hat und Früchte, die breiter als lang sind.
LEBENSRAUM: Schneetälchen, Wildläger, feuchte Rasen, Felsen, Quellfluren. 1500–3400 m NN.
VERBREITUNG: Arktisch-alpine Art.

3 | Nacktstiel-Ehrenpreis
Veronica aphylla – Plantaginaceae

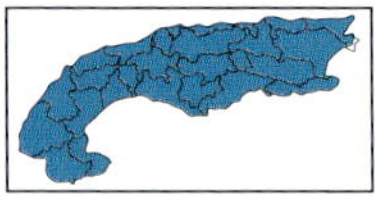

2–8 cm hoch; Blühtriebe aufsteigend, am Grund mit rosettig gehäuften Blättern; Blattspreiten eiförmig, 8–15 mm lang; Blütentrauben 2–5-blütige, scheinbar endständig; Krone lilablau, 6–8 mm im ∅.
Blütezeit VI–VIII.
VERWECHSLUNG: Kaum.
LEBENSRAUM: Felsrasen, Schneeböden, Kalkfelsfluren; kalkliebend. 1300–3000 m NN, vereinzelt auch tiefer, wie bei Haldenstein in Graubünden (650 m NN).
VERBREITUNG: Südeuropäisch-montane Art.

4 | Bach-Ehrenpreis
Veronica beccabunga – Plantaginaceae

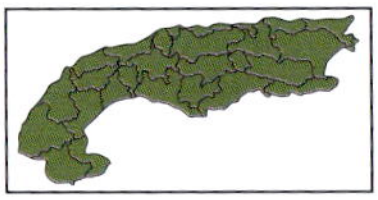

5–20 cm hoch, kahl; Blühtriebe kriechend; Blätter kurz gestielt; Blattspreiten eiförmig bis länglich-elliptisch, fleischig, glänzend; Blüten in gegenständigen, gestielten Trauben; Krone 5–7 mm im ∅. Blütezeit V–VIII.
VERWECHSLUNG: Der Ufer-E., V. *anagallis-aquatica*, ist nicht kriechend und 15–60 cm hoch. Seine mittleren Stängelblätter sitzen ungestielt am Stängel.
LEBENSRAUM: Quellfluren, Gräben, Bäche, Ufer. Bis etwa 2400 m NN.
VERBREITUNG: Eurasiatische Art.

5 | Gänseblümchen-Ehrenpreis
Veronica bellidioides – Plantaginaceae

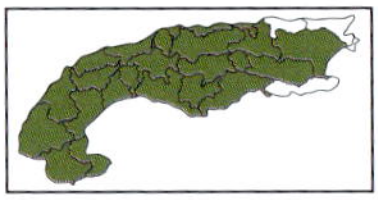

5–20 cm hoch; Stängel nicht kriechend; untere Blätter rosettig gehäuft, 20–30 mm lang; Stängel mit 2(3) voneinander auffallend entfernten Blattpaaren; Blütenstand in endständiger, doldiger Traube, 3–15-blütig; Traube und Frucht drüsenhaarig; Frucht länger als breit. Blütezeit VI–VIII.
VERWECHSLUNG: Beim Alpen-E., *V. alpina*, sind die unteren Blätter nicht rosettig gehäuft, Traube und Frucht sind drüsenlos behaart. Der Quendel-E., *V. serpyllifolia*, hat oberirdisch kriechende Stängel und Früchte, die breiter als lang sind.
LEBENSRAUM: Bodensaure Magerrasen, Zwergstrauchheiden; kalkmeidend. 1500–3300 m NN.
VERBREITUNG: Südeuropäisch-montane Art.

6 | Arznei-Ehrenpreis
Veronica officinalis – Plantaginaceae

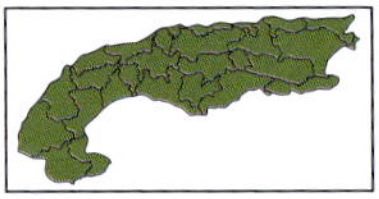

3–10 cm hoch; Stängel niederliegend und wurzelnd, behaart; Blattspreiten eiförmig bis elliptisch, dicht behaart; Blüten fast sitzend; Kelchblätter 4, drüsenhaarig; Blühtrauben aufsteigend, 15–30-blütig; Krone hellblau bis blasslila, dunkler geadert. Blütezeit V–VIII.
VERWECHSLUNG: Der Allioni-E., *V. allionii*, hat kahle Blätter und Stängel und 30–60-blütige Blütenstände.
LEBENSRAUM: Bodensaure Wälder, Kahlschläge, Weiden; kalkfeindlich. Bis etwa 2300 m NN.
VERBREITUNG: Eurosibirisch-nordamerikanische Art.

1

2

3

4

5

6

1 | Gamander-Ehrenpreis
Veronica chamaedrys – Plantaginaceae

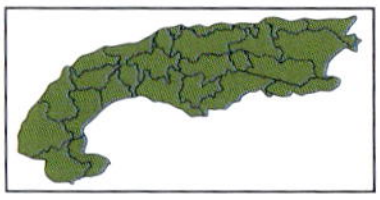

10–30 cm hoch, abstehend behaart, aufsteigend; Stängel mit 2 Längszeilen stärkerer Behaarung, dazwischen viel lockerer behaart; Blattspreiten eiförmig, 2–5 cm lang, 1,5–2,5 cm breit; Blüten in lockerer Traube, 10–20-blütig; Krone hell- bis kräftigblau, 9–13 mm im ∅; Kelchblätter locker behaart. Blütezeit IV–VII.

VERWECHSLUNG: Der sehr ähnliche Wien-E., *V. vindobonensis*, hat dicht behaarte Kelchblätter, Blattspreiten, die 1,1–2,2 cm lang und 0,7–1,5 cm breit sind und hellblaue bis weißliche oder blassrosa Kronen. Der Stängel ist zwischen den Haarzeilen kahl. Der Berg-E., *V. montana*, hat 2–8-blütige Trauben und einen ringsum gleichmäßig behaarten Stängel.

LEBENSRAUM: Hochstaudenfluren, Wiesen, lichte Wälder, Läger, Säume. Bis etwa 2300 m NN.

VERBREITUNG: Eurasiatische Art.

ANMERKUNG: Die Art tritt im Alpenraum in 2 Unterarten auf:

- subsp. *chamaedrys*: Stängelblätter oberhalb des Blütenstandes höchstens 2 mm lang gestielt, ihre Spreite höchstens 2 × so lang wie breit.
- subsp. *micans*: Stängelblätter oberhalb des Blütenstandes 2–4 mm lang gestielt, ihre Spreite 2–2,5 × so lang wie breit; Blätter oft glänzend.

ALLGEMEIN: Von den rund 390 Veronica-Arten (inkl. *Pseudolysimachion*) kommen etwa 80 in Europa und 44 im Gebiet der Alpen vor. Eine Art, *Veronica allionii*, ist auf die Alpen beschränkt.

2 | Felsen-Ehrenpreis
Veronica fruticans – Plantaginaceae

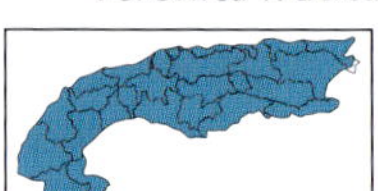

5–15 cm hoch; Stängel am Grund niederliegend, verzweigt, holzig; Blühtriebe mit 3–6 diesjährigen Blattpaaren; Blattspreiten ei- bis spatelförmig, ± kahl, ± so lang wie die Stängelinternodien; Blütentraube 3–7-blütig; Krone tiefblau mit purpurnem Schlundring und weißem Schlund; Kelch und Blütenstiel behaart, aber drüsenlos. Blütezeit VI–VII.

VERWECHSLUNG: Der Halbstrauch-E., *V. fruticulosa*, hat rosa Kronen mit purpurner Aderung und drüsenhaarige Kelche und Blütenstiele.

LEBENSRAUM: Felsfluren, Steinrasen. 1200–3100 m NN.

VERBREITUNG: Arktisch-alpine Art.

3 | Halbstrauch-Ehrenpreis
Veronica fruticulosa – Plantaginaceae

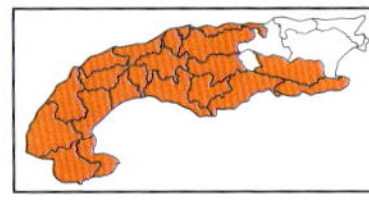

10–20 cm hoch; Stängel am Grund niederliegend, verzweigt, holzig; Blätter lineal-lanzettlich, mind. 2 × so lang wie die Stängelinternodien; Blütentraube 7–20-blütig; Krone rosa, purpurn geadert; Kelch und Blütenstiel drüsenhaarig. Blütezeit VI–VII.

VERWECHSLUNG: Mit dem Felsen-E., *V. fruticans*.

LEBENSRAUM: Felsspalten, sonnige Schuttfluren; kalkliebend. 1400–2800 m NN.

VERBREITUNG: Südeuropäisch-montane Art.

4 | Ähren-Ehrenpreis
Veronica spicata – Plantaginaceae (Syn.: *Pseudolysimachion spicatum*)

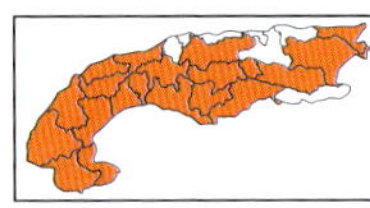

10–40 cm hoch; Stängel oben mit waagrecht- bis etwas abwärts stehenden Haaren behaart; Blattspreiten länglich-lanzettlich, fein gezähnt bis ganzrandig; Blüten in dichter, endständiger Traube, geruchlos; Kelchblätter bewimpert und auf den Flächen behaart. Blütezeit VI–IX.

VERWECHSLUNG: Beim Orchideen-E., *V. orchidea*, ist der Stängel oben mit aufwärts gekrümmten Haaren besetzt, die Blüten riechen nach verbranntem Haar. Barrelier-E., *V. barrelieri* (Bild **4B**), hat bewimperte Kelchblätter, die auf den Flächen kahl sind.

LEBENSRAUM: Trockenrasen, Felssteppen. Bis etwa 2200 m NN.

VERBREITUNG: Eurasiatische Art.

5 | Nessel-Ehrenpreis
Veronica urticifolia – Plantaginaceae

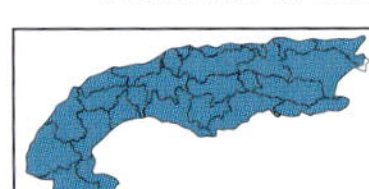

20–60 cm hoch, kurz behaart bis fast kahl; Blattspreiten ei-lanzettlich, 5–10 cm lang, spitz gezähnt; Krone hellrosa, dunkler geadert; Fruchtstiel mind. 2 × so lang wie sein Deckblatt, an der Spitze deutlich aufwärts gekrümmt; Frucht 2 × so lang wie der Kelch, tief ausgerandet. Blütezeit V–VII.

VERWECHSLUNG: Der Groß-E., *V. teucrium*, hat eine blaue Krone und eine Frucht, die 1,5 × so lang wie der Kelch und schwach ausgerandet ist.

LEBENSRAUM: Schluchtwälder, Hochstaudenfluren, steinige Wälder. Bis etwa 2000 m NN.

VERBREITUNG: Südeuropäisch-montane Art.

1

2

3

4B

4A

5

1 | Kärnten-Wulfenie
Wulfenia carinthiaca – Plantaginaceae

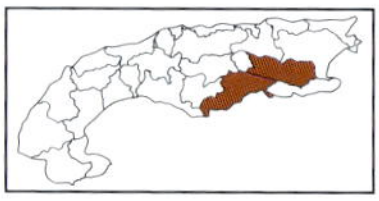

25–40 cm hoch; Stängel mit wenigen, fast schuppenartigen Blättern in der oberen Hälfte, grundständige Blätter 15–20 cm lang, elliptisch bis verkehrt-eiförmig, gekerbt, frischgrün; Krone 12–15 mm lang, dunkelblau, 2-lippig. Blütezeit VI–VII.
VERWECHSLUNG: Keine.
LEBENSRAUM: Hochstaudenfluren und frische Weiderasen. 1000–1900 m NN.
VERBREITUNG: Ostalpisch-illyrische Art.
ANMERKUNG: Die Nominat-Unterart ist ein lokaler Endemit (Stenoendemit) des Gartnerkofels. Eine 2. Unterart, subsp. *blecicii*, besiedelt ein rund 400 km² großes Areal in den Albanischen Alpen (Prokletije-Gebirge). Vermutlich bewohnte der Vorfahr der heutigen europäischen und vorderasiatischen Arten ein weitaus größeres Areal. Mit dem Einzug eines trockeneren Klimas im jüngeren Tertiär erklärt sich die Verkleinerung und Zerstückelung des Verbreitungsareals. Der Gartnerkofel weist eine hohe Jahresniederschlagsmenge von durchschnittlich 3000 mm auf.
NAME: Benannt zu Ehren des Kärntner Botanikers Franz Xaver von Wulfen (1728–1805), der die Pflanze am 12. Juli 1779 am Gartnerkofel erstmals fand.
Dass die neue Gattung nicht ganz so unumstritten war wie heute, zeigt ein erhalten gebliebener Brief von Wulfen an Alois Frölich aus dem Jahr 1802. Da schreibt Wulfen „Erinnern Sie sich an den unschicklichen Betragen des Doctor Hosts gegen mich, der ich ihn mit keinem Worte beleidigt habe." Dem vorausgegangen ist die Entdeckung durch Wulfen und die anschließende Beschreibung durch Jacquin als *Wulfenia carinthiaca*. 1802 schreibt Frölich an Wulfen, dass Nicolaus Thomas Host, kaiserlicher Leibarzt und Lehrer am Wiener Collegium Theresianum, überall laut verkünde, dass es keine *Wulfenia carinthiaca* gebe und dass es sich lediglich um eine *Poderota* (= *Paederota*) *carniolica* handle. Andere Botaniker folgten Host nicht und so besteht die Gattung *Wulfenia* bis zum heutigen Tage.

2 | Alpen-Grasnelke
Armeria alpina – Plumbaginaceae

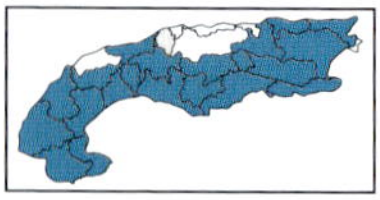

5–20 cm hoch; Blätter in grundständiger Rosette, kahl, lineal, 2–5 mm breit, 1–3-nervig; Stängel unter dem Blütenstand von einem ca. 1 cm langen trockenhäutigen Hüllblatt umgeben; Blütenstand kopfig am Ende des blattlosen Stängels; Blütenkrone lebhaft rosa. Blütezeit VI–VIII.
VERWECHSLUNG: Mit der Wegerich-G., *A. arenaria*. Diese hat aber 3–7 mm breite Blätter, diese 3–7-nervig, Blütenkrone hellrosa.
LEBENSRAUM: Alpine Magerrasen und Gesteinsfluren; pH-indifferent. 1500–2700 m NN, vereinzelt auch tiefer, wie auf der steirischen Schneealpe (1100 m NN) oder höher, wie am Roise des Banques (3150 m NN).
VERBREITUNG: Mittel- und südeuropäische Gebirgspflanze von Aragonien bis in die Ostkarpaten.

3 | Wegerich-Grasnelke
Armeria arenaria – Plumbaginaceae

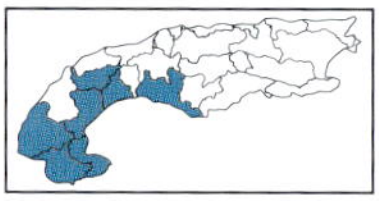

20–50 cm hoch; Blätter in grundständiger Rosette, kahl, lineal-lanzettlich, 3–7 mm breit, 3–7-nervig; Stängel unter dem Blütenstand von einem 2,5–4 cm langen trockenhäutigen Hüllblatt umgeben; Blütenstand kopfig am Ende des blattlosen Stängels; Blütenkrone hellrosa. Blütezeit VI–VII.
VERWECHSLUNG: Mit der Alpen-G., *A. alpina* und der Sand-G., *A. elongata*, welche aber nur 1,5–2,5 mm breite, bewimperte Blätter hat.
LEBENSRAUM: Trockenrasen, bis ca. 2000 m NN.
VERBREITUNG: Südwesteuropäische Art.
ANMERKUNG: Variable Art, die im Alpenraum in 3 Unterarten auftritt (subsp. *arenaria*, subsp. *bupleuroides*, subsp. *praecox*).

4 | Himmelsleiter
Polemonium caeruleum – Polemoniaceae

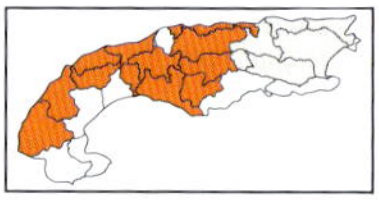

30–80 cm hoch; Blätter wechselständig, unpaarig gefiedert; Krone weit trichterförmig bis ausgebreitet, hellblau bis violettblau, nicht selten auch weiß. Blütezeit VI–VIII.
VERWECHSLUNG: Keine.
LEBENSRAUM: Hochstaudenfluren, feuchte Wiesen, Ufergebüsch, Flusskies. Bis 2400 m NN.
VERBREITUNG: Eurosibirische Art.
ANMERKUNG: Ob die Vorkommen in den Ostalpen ursprünglich sind oder nicht doch nur eingebürgerter Natur, muss offen bleiben.

1A

1B

3

2

4

1 | Voralpen-Kreuzblume
Polygala alpestris – Polygalaceae

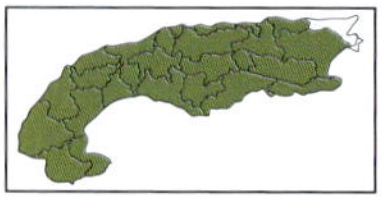

5–15 cm hoch; untere Blätter nicht rosettig gehäuft, viel kürzer als die auffallend längeren oberen Stängelblätter, diese 10–15 mm lang; Deckblätter eiförmig, 0,7–2,6 mm lang; Krone blau, so lang wie die Kelchflügel oder kürzer. Blütezeit VI–VII.

VERWECHSLUNG: Die Wiesen-K., *P. vulgaris*, hat Kronen, die länger als die Kelchflügel sind und 10–40 mm lange Stängelblätter. Die Nizza-K., *P. nicaeensis*, kommt in den Alpen in 3 Unterarten vor. Sie blüht in verschiedenen Farben (purpurn, violett, rosa, blau oder weiß) und hat lineal-lanzettliche Deckblätter.

LEBENSRAUM: Magerwiesen, Weiden, lichtes Krummholz, Zwergstrauchheiden; kalkliebend.
1300–2700 m NN.

VERBREITUNG: Südeuropäisch-montane Art.

2 | Bitter-Kreuzblume
Polygala amara – Polygalaceae

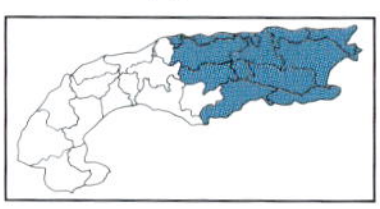

5–20 cm hoch; Grundblätter eine grundständige Rosette bildend, länger als die Stängelblätter; Rosettenblätter elliptisch bis verkehrt-eiförmig, obere Stängelblätter lanzettlich; Stängelblätter ± in der Mitte am breitesten; Blütenhülle meist kräftig blau; Kelchflügel länger als die Frucht, 4,8–8,5 mm lang, 2–5,5 mm breit.
Blütezeit V–VII.

VERWECHSLUNG: v. a. mit der Sumpf-K., *P. amarella*, bei der die Kelchflügel aber 3,5–5,1 mm lang und 1,2–2,2 mm breit und höchstens so lang wie die Frucht sind. Die Stängelblätter sind oberhalb der Mitte am breitesten.

LEBENSRAUM: Trockene Magerrasen, Felsfluren, Kiefernwälder; kalkstet. Bis etwa 2400 m NN.

VERBREITUNG: Osteuropäische Art.

3 | Kalk-Kreuzblume
Polygala calcarea – Polygalaceae

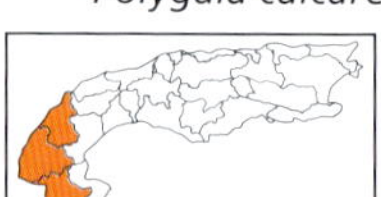

5–15 cm hoch, am Grund kurz niederliegend; untere Blätter rosettig gehäuft bis dicht wechselständig, breitspatelförmig; obere Blätter etwa gleich lang, aber schmäler; Blütenhülle leuchtend-hellblau, nicht selten aber auch rosa oder weiß; Flügel 5–7 mm lang, deutlich netzaderig; Blütenstand 6–20-blütig. Blütezeit V–VI.

VERWECHSLUNG: Die Westalpen-K., *P. alpina*, ist nur 2–6 cm hoch, hat blassblaue Blütenhülle, 5–10-blütige Trauben und besiedelt die höheren Lagen der Alpen.

LEBENSRAUM: Trockenwiesen, Felsrasen; kalkstet.
Bis etwa 2200 m NN.

VERBREITUNG: Westeuropäische Art.

4 | Buchs-Kreuzblume
Polygala chamaebuxus – Polygalaceae

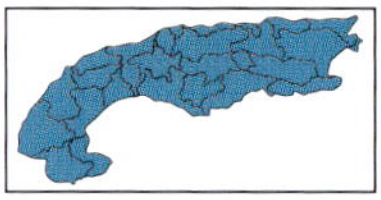

Zwergstrauch, 3–15 cm hoch; Blätter elliptisch, immergrün, ledrig, 1–1,5 cm lang; Blütenhülle gelb und weiß, bei der var. *grandiflora* purpurn und gelb (Bild **4B**), zu 1–3 in den Blattwinkeln; das untere Blütenblatt, das Schiffchen, ist vorne 4-lappig. Blütezeit II–VI.

VERWECHSLUNG: Keine.

LEBENSRAUM: Lichte Kiefernwälder, trockene Magerwiesen, Wegböschungen, Niedermoore; karbonatliebend.
Bis 2500 m NN.

VERBREITUNG: Südeuropäisch-montane Art von den östlichen Pyrenäen (fraglich) bis zu den Karpaten.

5 | Nizza-Kreuzblume
Polygala nicaeensis – Polygalaceae

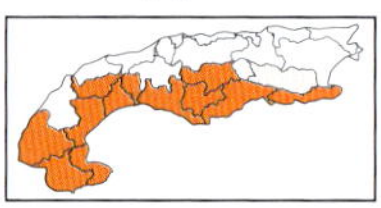

10–40 cm hoch; Blätter wechselständig, die unteren nicht rosettig gehäuft; obere Blätter schmal-lanzettlich, bis 4 cm lang; Deckblätter lineal-lanzettlich, länger als die Blütenstiele; Blütenhülle rosa, purpurn, violett, blau, weiß oder auch mehrfärbig; Flügel 7–10 mm lang, mit stark verzweigten Seitennerven. Blütezeit IV–VII.

VERWECHSLUNG: u. a. mit der Schopf-K., *P. comosa*, die meist purpurn blüht und deren Flügel nur 4,5–7 mm lang sind.

LEBENSRAUM: Trockenrasen, steinige Fluren.
Bis etwa 2000 m NN.

VERBREITUNG: Südeuropäisch-montane/mediterrane Art.

ANMERKUNG: Tritt in den Alpen in 3 Unterarten auf:
- subsp. *carniolica*: südosteuropäische Sippe, in den Südalpen.
- subsp. *gariodiana*: westalpische Sippe der französischen Alpen.
- subsp. *mediterranea*: mediterrane Sippe, in den Südalpen.

1

2

3

4A

4B

5

1 | Säuerling
Oxyria digyna – Polygonaceae

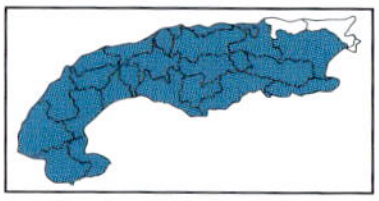

5–25 cm hoch; grundständige Blätter lang gestielt, Blattspreiten nierenförmig, 1–3 cm breit, kahl; Stängel meist blattlos; Blütenstand einfach oder mit aufrechten Ästen; Perigonblätter 4. Blütezeit VII–VIII.
VERWECHSLUNG: Mit dem Schnee-Ampfer, *Rumex nivalis*, welcher aber ei- bis spießförmige Blattspreiten und 6 Perigonblätter hat.
LEBENSRAUM: Feuchtes, kiesiges Geröll, Moränen, steinige Weiderasen; kalkmeidend. 1700–2800 m NN, gelegentlich auch tiefer, wie im Eisack-Geschiebe (600 m NN) oder höher, wie am Tiroler Mittagskogel (2950 m NN).
VERBREITUNG: Arktisch-alpine Art Eurasiens und Nordamerikas, südlich bis in die Gebirge Korsikas und ins Libanon-Gebirge.

2 | Alpen-Knöterich
Persicaria alpina – Polygonaceae
(Syn.: *Polygonum alpinum*)

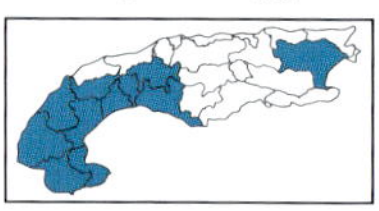

30–80 cm hoch, verzweigt; Blattspreiten lanzettlich, 3–15 cm lang, 1–3,5 cm breit; zerstreut behaart, die unteren kurz gestielt, die oberen sitzend; Blüten in lockeren Rispen, einen großen Gesamtblütenstand bildend. Blütezeit VI–VIII.
VERWECHSLUNG: Mit dem stellenweise verwilderten Himalaya-K., *P. polystachya*, welcher aber 80–180 cm hoch ist und 10–35 cm lange und 5–10 cm breite Blattspreiten hat.
LEBENSRAUM: Bergwiesen, Grünerlen- und Alpenrosengebüsch, Felsfluren, Rotkiefernwälder; kalkmeidend. 800–2000 m NN, vereinzelt auch tiefer, wie im steirischen Serpentingebiet am Kirchkogel bei Pernegg (680 m NN) und höher, wie auf der Graubündner Alpe Memo (2200 m NN).
VERBREITUNG: Eurasiatische Art von den zentralspanischen Gebirgen bis Russland und in die Gebirge Südwestasiens.

3 | Schlangen-Knöterich
Persicaria bistorta – Polygonaceae
(Syn.: *Polygonum bistorta*)

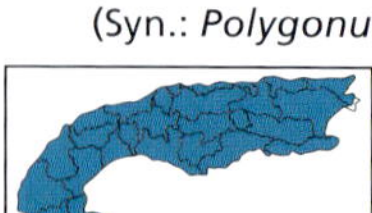

30–80 cm hoch, unverzweigt; untere Blätter gestielt, Blattspreiten länglich eiförmig, 10–22 cm lang und 1,5–5 cm breit, am Grund gestutzt, am Stiel herablaufend; obere Stängelblätter lanzettlich; Perigon rosa, in dichten, 4–7 cm langen Scheinähren. Blütezeit V–VIII.
VERWECHSLUNG: u. U. mit anderen Knöterich-Arten wie dem Ampfer-K., *P. lapathifolia*, welche aber verzweigte Stängel haben.
LEBENSRAUM: Feuchte Wiesen. Bis 2500 m NN.
VERBREITUNG: Eurosibirische Art, in einer nah verwandten Sippe auch in Alaska.
ANMERKUNG: Raupen-Futterpflanze u. a. von Randring-Perlmuttfalter, *Argynnis aphirape* und Natternwurz-Perlmuttfalter, *Argynnis amathusia*.

4 | Knöllchen-Knöterich
Persicaria vivpara – Polygonaceae
(Syn.: *Polygonum viviparum*)

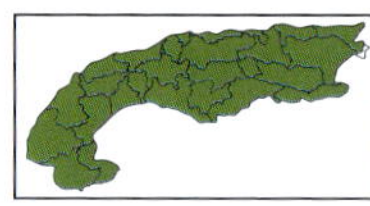

5–25 cm hoch, unverzweigt; Blätter gestielt, die Spreite lanzettlich, 1,5–7 cm lang, 0,5–2 cm breit; Scheinähren 3–5 cm lang, 0,4–0,8 cm breit, am Grund mit braunen Brutknospen, die manchmal schon auf der Mutterpflanze kleine Blätter entwickeln (Bild **4B**); Perigon weiß. Blütezeit VI–VIII.
VERWECHSLUNG: u. U. mit weißblühenden Formen des Floh-K., *P. maculosa*, welche sich aber durch den verzweigten Stängel unterscheiden.
LEBENSRAUM: Rasen, Schneetälchen, gefestigte Felsfluren. 1100–3000 m NN, nicht selten aber auch tiefer, wie am Innufer bei Telfs (625 m NN).
VERBREITUNG: Arktisch-alpine Art des arktischen Eurasien und Amerikas. Weiter südlich in den Gebirgen.

5 | Zwerg-Sauerampfer
Rumex acetosella – Polygonaceae

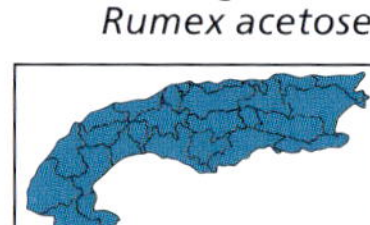

10–30 cm hoch; Blattspreiten am Grund spieß- oder pfeilförmig, mit Zipfeln und Ecken, sonst ganzrandig, 3–15 × so lang wie breit; Gesamtblütenstand locker, Seitenäste aufrecht, ohne Hochblätter; Perigon grün bis rostrot, das innere Perigon die Frucht nicht oder kaum überragend. Blütezeit V–VIII.
VERWECHSLUNG: Beim 30–100 cm hohen Wiesen-S., *R. acetosa*, sind die inneren Perigonblätter mind. 1,5 × so lang wie die Frucht.
LEBENSRAUM: Sandrasen, Ruderalstellen, Waldschläge, Äcker; kalkmeidend. Bis etwa 2700 m NN.
VERBREITUNG: Eurosibirisch-nordamerikanische Art.

1
2
3
4A
4B
5

1 | Berg-Sauerampfer
Rumex alpestris – Polygonaceae

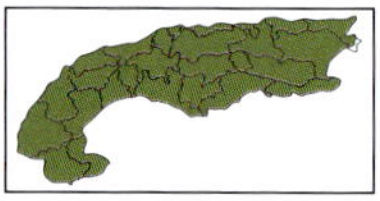

30–120 cm hoch; grundständige Blattspreiten am Grunde spießförmig, mit stumpfen, nach außen gerichteten Enden, etwa 2 × so lang wie breit; Nebenblattscheide junger Blätter ganzrandig; Blattspreite dünn; Blütenstand locker, die Äste meist unverzweigt. Blütezeit VI–VIII.

VERWECHSLUNG: Mit dem Wiesen-Sauerampfer, *R. acetosa*, bei dem aber die Nebenblattscheiden schon der jungen Blätter zerschlitzt oder gezähnt sind und bei dem die Blattspreiten 2–4 × so lang wie breit und dicklich sind.

LEBENSRAUM: Hochstaudenfluren, Lägerfluren, Fettwiesen, Weiderasen. 1400–2600 m NN, gelegentlich auch tiefer, wie im Nordtiroler Alpbach (750 m NN) oder höher, wie am Graubünder Pischakopf (2740 m NN).

VERBREITUNG: Eurosibirische Art von den nordspanischen Gebirgen bis Kamtschatka.

ANMERKUNG: Im Alpenraum treten neben dem oben beschriebenen *R. acetosa* noch weitere, sehr ähnliche Arten auf:
- Mittel-S., *R. intermedius*: in tiefen Lagen der Südwestalpen.
- Gussone-S., *R. nebroides*: Südwestalpen.
- Rispen-S., *R. thyrsiflorus*: in tiefen Lagen der Alpen.

ALLGEMEIN: Die Gattung der Ampfer neigt zur Bildung von Hybriden. Dies betrifft nur die Untergattung *Rumex*. Von den Sauerampfern (*Rumex acetosa*-Gruppe), sowie dem Schnee- und Schild-Ampfer sind bisher keine natürlichen Hybriden aus den Alpen bekannt.
Von den rund 200 Ampfer-Arten kommen 44 in Europa und 23 im Gebiet der Alpen vor. Keine davon ist auf die Alpen beschränkt. Die Arten sind untereinander zum Teil nur schwer unterscheidbar. Zu einer genauen Bestimmung sind dort sowohl Blüten, als auch Früchte und grundständige Laubblätter notwendig. Vom ähnlichen und nahe verwandten Säuerling, *Oxyria digyna* (siehe S. 296) unterscheiden sich die Ampfer durch 6 Perigonblätter - beim Säuerling sind es 4 Perigonblätter.

2 | Alpen-Ampfer
Rumex alpinus – Polygonaceae

50–100 cm hoch; grundständige Blattspreiten oval bis rundlich, 1–1,5 × so lang wie breit, mit abgerundeter Spitze, am Grunde herzförmig; Blattrand oft wellig; Gesamtblütenstand dicht zusammengedrängt mit zahlreichen verzweigten, aufrechten Ästen. Blütezeit VI–VIII.

VERWECHSLUNG: Mit dem Stumpfblatt-A., *R. obtusifolius*, bei dem aber die unteren Blattspreiten ca. 2 × so lang wie breit sind und deren Grund nicht herzförmig ist.

LEBENSRAUM: Nährstoffreiche Lägerfluren, um Almhütten, Hochstaudenfluren; Düngungsanzeiger, 1000–2500 m NN, vereinzelt auch tiefer herabgeschwemmt, wie am Rheindamm bei Brugg (400 m NN) oder höher, wie in der Bernina (2640 m NN).

VERBREITUNG: Südeuropäisch-montane Art von den Pyrenäen bis Armenien.

3 | Schnee-Ampfer
Rumex nivalis – Polygonaceae

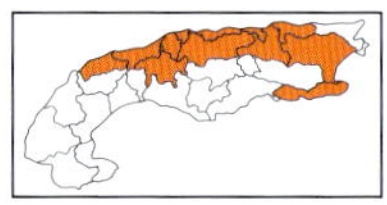

7–25 cm hoch; Stängel unverzweigt, blattlos oder mit 1–2 Blättern; Spreiten der grundständigen Blätter ei-spießförmig; Blätter dicklich, fast nervenlos, grün; Blütenstand meist unverzweigt; innere Perigonblätter mind. 1,5 × so lang wie die Frucht; äußere Perigonblätter am Grunde miteinander verwachsen, zur Fruchtzeit zurückgeschlagen. Blütezeit VII–VIII.

VERWECHSLUNG: Mit dem Zwerg-Sauerampfer, *R. acetosella*, bei dem aber die inneren Perigonblätter die Frucht nicht oder kaum überragen und mit dem Schild-A., *R. scutatus*.

LEBENSRAUM: Schneetälchen, Schuttfluren, steinige Magerrasen; kalkliebend. 1600–2700 m NN, vereinzelt auch höher, wie am Tiroler Masnerkopf (2800 m NN).

VERBREITUNG: Alpisch-illyrische Art vom Berner Oberland bis in die Gebirge Montenegros.

4 | Schild-Ampfer
Rumex scutatus – Polygonaceae

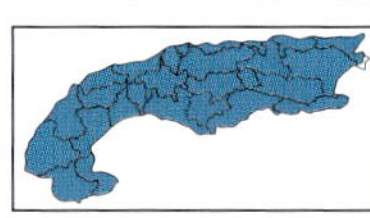

10–40 cm hoch, aufsteigend, unten oft verzweigt; Blätter blaugrün, selten grasgrün, alle gestielt; Blattspreite spießförmig, Blütenstand mit zahlreichen aufrechten Ästen; innere Perigonblätter mind. 1,5 × so lang wie die Frucht; äußere Perigonblätter am Grunde frei (nicht miteinander verwachsen). Blütezeit V–VIII.

VERWECHSLUNG: Mit dem Schnee-A., *R. nivalis*, bei dem aber die äußeren Perigonblätter am Grunde miteinander verwachsen sind und mit dem Zwerg-Sauerampfer, *R. acetosella*, bei dem aber die inneren Perigonblätter die Frucht nicht oder kaum überragen.

LEBENSRAUM: Grobschuttfluren, sonnige, steinige Abhänge, Felsen, Flussgeschiebe; basenliebend. Bis 2700 m NN.

VERBREITUNG: Europäisch-südwestasiatische Art.

1A
1B
2A
2B
3
4

1 | Westalpen-Mannsschild
Androsace adfinis – Primulaceae
(Syn.: *Androsace carnea*)

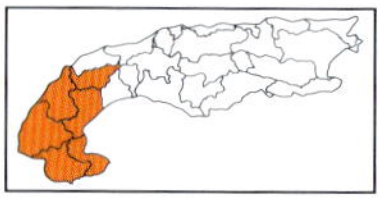

2–10 cm hoch; Blätter lineal bis schmal-lanzettlich 0,5–3 cm lang, 1–4 mm breit, ganzrandig oder wenig gezähnt, spitz; Blütenstand 2–10-blütig; Kronblätter weiß oder rosa, mit gelbem Schlund; Blüten 5–9 mm im ∅. Blütezeit VI–VIII.

VERWECHSLUNG: Mit Chaix-M., *A. chaixii*, und dem Stumpfblatt-M., *A. obtusifolia*, welches aber stumpfliche Blattenden hat.

LEBENSRAUM: Felsschutt, feuchte Rasen, Zwergstrauchheiden. 2000–3300 m NN.

VERBREITUNG: Endemit der Westalpen.

ANMERKUNG: Formenreiche Art, die in den Alpen in den 3 Unterarten subsp. *adfinis*, subsp. *brigantiaca* (Bild **1A**) und subsp. *puberula* (Bild **1B**) auftritt.
Von manchen Autoren werden die Sippen auch als Arten geführt:
- subsp. *adfinis*: Blätter gezähnt, nur am Rand bewimpert, mit der größten Breite etwa in der Mitte.
- subsp. *brigantiaca*: Blätter zum Teil gezähnt, schwach behaart, mit der größten Breite etwa in der Mitte.
- subsp. *puberula*: Blätter ganzrandig, überall behaart, mit der größten Breite unterhalb der Mitte.

ALLGEMEIN: Die Gattung der Mannsschilde umfasst rund 150 Arten, wovon 24 in Europa und 17 im Alpenraum beheimatet sind. 6 Arten sind auf die Alpen beschränkt: *Androsace adfinis*, *A. alpina*, *A. brevis*, *A. hausmannii*, *A. pubescens* und *A. wulfeniana*.

2 | Alpen-Mannsschild
Androsace alpina – Primulaceae

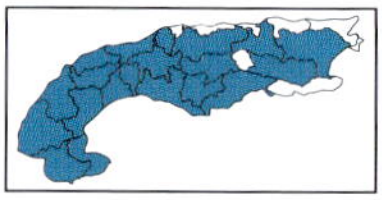

0,5–5 cm hoch, in lockeren Rasen wachsend; Blätter 3–6 mm lang, breit-lanzettlich, nicht gekielt, stumpf und ohne roter Spitze, an den Zweigenden rosettenartig gedrängt; Blüten einzeln, 5–9 mm im ∅, Krone rosa oder weiß, mit gelbem Schlund, kaum über die Blätter ragend; der Blütenstiel ist höchstens doppelt so lang wie die Blätter. Blütezeit VII–VIII.

VERWECHSLUNG: v. a. mit dem Charpentier-M., *A. brevis*, dessen Blüten aber deutlich gestielt und über das Polster gehoben sind, der Blütenstiel ist doppelt so lang oder länger wie die Blätter. Wulfen-M., *A. wulfeniana*, unterscheidet sich durch gekielte, zugespitzte Blätter mit roter Spitze.

LEBENSRAUM: Frische Gesteinsfluren und Grate, kalkmeidend. 2000–4000 m NN, vereinzelt auch tiefer wie am Berninabach in Graubünden (1800 m NN) oder höher, wie am Matterhorn (4200 m NN).

VERBREITUNG: Endemit der Alpen.

3 | Chaix-Mannsschild
Androsace chaixii – Primulaceae

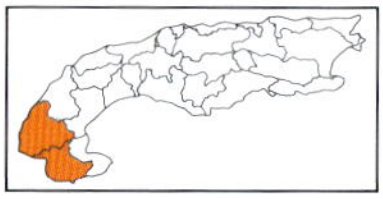

5–20 cm hoch; Blätter in grundständigen Rosetten, 20–30 mm lang, 4–10 mm breit, gezähnt; Blütenstand aus 4–10 Blüten; Blütenstiel 8–35 mm lang; Kelch fast bis zur Mitte geteilt; Kronblätter rosa, selten weiß, länger als die Kelchzipfel. Blütezeit IV–VI.

VERWECHSLUNG: Mit dem Westalpen-M., *A. adfinis*, welches aber 1–4 mm breite Blätter hat und höhere Lagen besiedelt.

LEBENSRAUM: Lichte Wälder, besonders Buchenwälder, mit lückiger Krautschicht. Bis 1900 m NN.

VERBREITUNG: Endemit der Südwestalpen.

NAME: Benannt zu Ehren des französischen Abtes und Botanikers Dominique Chaix (1730–1799).

4 | Wimper-Mannsschild
Androsace chamaejasme – Primulaceae

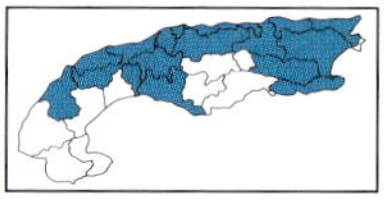

2–8 cm hoch; Stängel und Blütenstiele 0,5–2 mm lang behaart, dazwischen auch Drüsenhaare; Blätter lanzettlich, 0,5–1,5 cm lang, am Rande lang bewimpert, auf den Flächen ober- und unterseits fast kahl, ganzrandig; unterste Blätter der Rosetten waagrecht abstehend; Blüten zu 2–8 in doldigem Blütenstand, 2–7 mm lang gestielt; Kronblätter weiß mit gelbem Schlund. Blütezeit VI–VII.

VERWECHSLUNG: v. a. mit dem Stumpfblatt-M., *A. obtusifolia* (siehe S. 302) und dem Zotten-M., *A. villosa*, bei dem aber auch die Blattunterseite 1–2 mm lang behaart ist.

LEBENSRAUM: Steinige Rasen, Gesteinsfluren; kalkliebend, 1200–2800 m NN, vereinzelt auch tiefer, wie am Eisbach beim Königssee (610 m NN) oder höher, wie am Gornergrat im Wallis (3000 m NN).

VERBREITUNG: Arktisch-alpine Art von den Pyrenäen bis ins arktische Ostsibirien, Nordamerika.

1A
1B
2
3A
3B
4

1 | Dolomiten-Mannsschild
Androsace hausmannii – Primulaceae

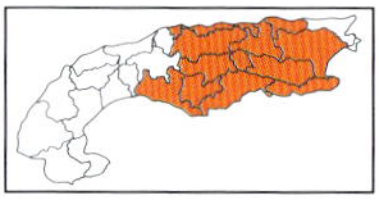

1–4 cm hoch, keine Polster bildend; Blätter lanzettlich, 5–10 mm lang, 1–2,5 mm breit, beidseitig behaart; Haare sternförmig verzweigt; Blüten einzeln, die Blätter kaum überragend, 3–6 mm im ∅; Blütenstiel 3–8 mm lang; Kronblätter weiß bis rosaweiß mit gelbem Schlund. Blütezeit VI–VII.
VERWECHSLUNG: u. a. mit dem Weichhaar-M., *A. pubescens*, welches aber 1–2-strahlige Haare hat und die westlichen Alpen besiedelt.
LEBENSRAUM: Gesteinsschutt, Dolomitgrus, Felsspalten; kalkstet. 2000–3000 m NN, vereinzelt auch tiefer, wie beim Reiterjoch in den Dolomiten (1900 m NN) oder höher, wie an der Cima Tosa in der Brenta (3170 m NN).
VERBREITUNG: Endemit der Ostalpen.
NAME: Benannt zu Ehren des österreichischen Botanikers Franz Freiherr von Hausmann (1810–1878), der sich v. a. um die Erforschung der Flora Südtirols verdient gemacht hat.

2 | Schweiz-Mannsschild
Androsace helvetica – Primulaceae

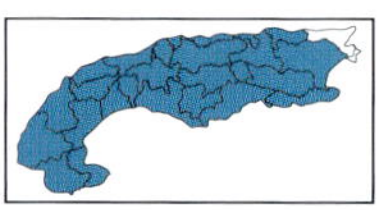

1–5 cm hoch; dichte, halbkugelige Polster bildend; Blätter 2–4 mm lang, länglich verkehrt-eiförmig, behaart; abgestorbene Blätter viele Jahre erhalten bleibend; Blüten einzeln, auf ca. 1 mm langem Blütenstiel; Kronblätter weiß, mit gelbem Schlund. Blütezeit V–VII.
VERWECHSLUNG: v. a. mit dem Vandelli-M., *A. vandellii*, das aber weißfilzige, bis 6 mm lange Blätter und 2–6 mm lange Blütenstiele hat und kalkmeidend ist.
LEBENSRAUM: Kalkfelsspalten; kalkstet. 1600–3500 m NN, angeblich bei Grindelwald bis 1000 m NN herabsteigend.
VERBREITUNG: Endemit der Alpen. Eine Angabe auch von den Pyrenäen (Pic de Salettes).

3 | Milch-Mannsschild
Androsace lactea – Primulaceae

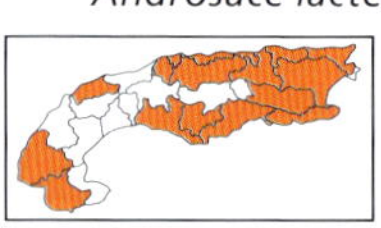

5–15 cm hoch, kahl, nur an den Blattspitzen einige Wimpern; Blätter in locker stehenden Rosetten, lineal-lanzettlich, 1–2,5 cm lang, ganzrandig; sterile Rosetten vorhanden; Blütenkrone weiß mit gelbem Schlund, ungleich gestielt; Kronblätter mit deutlich ausgerandeten Zipfeln. Blütezeit V–VII.
VERWECHSLUNG: u. U. mit dem Nordisch-M., *A. septentrionalis* (Bild **3B**), welches aber breit-lanzettliche, gezähnte Blätter hat und bei dem alle Blattrosetten Blütenschäfte tragen.
LEBENSRAUM: Gesteinsfluren, steinige Rasen; kalkstet. 1000–2300 m NN, vereinzelt auch tiefer, wie am Fuße des Rauschberges bei Ruhpolding (750 m NN).
VERBREITUNG: Südeuropäisch-montane Art vom Jura bis in die Ostkarpaten.

4 | Stumpfblatt-Mannsschild
Androsace obtusifolia – Primulaceae

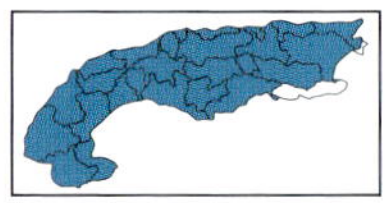

2–10 cm hoch; Stängel und Blütenstiele mit 0,01–0,2 mm langen Haaren, ohne Drüsenhaare; Blätter lanzettlich, 0,5–2,5 cm lang, 2–5 mm breit, stumpflich, oberhalb der Mitte am breitesten, ganzrandig; Blüten zu 1–8 in doldigem Blütenstand, 2–12 mm lang gestielt; Kronblätter weiß mit gelbem Schlund. Blütezeit VI–VIII.
VERWECHSLUNG: v. a. mit dem Wimper-M., *A. chamaejasme*, bei dem aber Stängel und Blütenstiele 0,5–2 mm lang behaart sind, dazwischen auch Drüsenhaare.
LEBENSRAUM: Magerrasen; kalkmeidend. 1600–3100 m NN, vereinzelt auch tiefer, wie bei Obernberg in Tirol (1270 m NN) oder höher, wie am Oberaarhorn in den Berner Alpen (3400 m NN).
VERBREITUNG: Südeuropäisch-montane Art vom Nord-Apennin bis Mazedonien und zu den Karpaten.

5 | Zotten-Mannsschild
Androsace villosa – Primulaceae

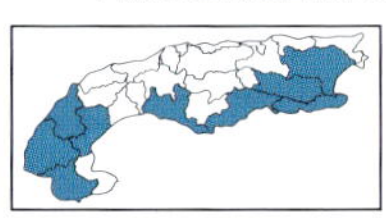

1–7 cm hoch; Stängel und Blütenstiele 0,5–2 mm lang behaart, dazwischen auch Drüsenhaare; Blätter lanzettlich, 3–8 mm lang, 1–2 mm breit; Blattrand und -unterseite 1–2 mm lang behaart; unterste Blätter der Rosetten aufrecht; Blüten zu 2–8 in doldigem Blütenstand, 0–4 mm lang gestielt; Kronblätter weiß bis blassrosa, mit gelbem, später purpurnem Schlund. Blütezeit VI–VII.
VERWECHSLUNG: v. a. mit dem Wimper-M., *A. chamaejasme*, (siehe S. 300).
LEBENSRAUM: Steinige Rasen, Gesteinsfluren; kalkliebend. 1400–2800 m NN.
VERBREITUNG: Südeuropäisch-montane Art vom Kantabrischen Gebirge bis zur Ossa.

1
2
3A
3B
4
5

1 | Goldprimel
Androsace vitaliana – Primulaceae
(Syn.: *Vitaliana primuliflora*)

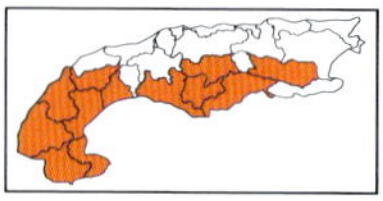

2–5 cm hoch; Blätter rosettig gehäuft, schmal-lanzettlich, 3–15 mm lang, 0,8–2 mm breit, Behaarung je nach Unterart unterschiedlich; Kronblätter gelb, mit etwa 10 mm langer Kronröhre; Blütenstiele 1–5 mm lang. Blütezeit V–VII.
VERWECHSLUNG: Keine.
LEBENSRAUM: Feuchter Steinschutt, niedrige Rasen auf wasserdurchtränktem Boden, feuchte Felsen. 1700–3100 m NN.
VERBREITUNG: Südeuropäisch-montane Art von den spanischen Gebirgen bis in die Alpen und den Apennin.
ANMERKUNG: Unterteilt sich in den Alpen in 3 Unterarten:
- subsp. *vitaliana* (blattunterseits behaart), zerstreut in den West- und Südalpen.
- subsp. *cinerea* (beidseitig sternhaarig, Bild **1**), Südwestalpen.
- subsp. *sesleri* (kahl oder Blattrand bewimpert), Südostalpen.

2 | Wulfen-Mannsschild
Androsace wulfeniana – Primulaceae

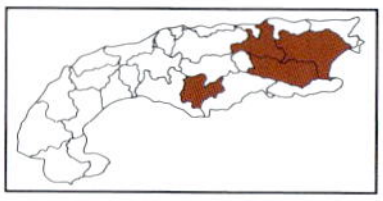

2–5 cm hoch; Blätter in dichten, halboffenen Rosetten, ± gekielt, zugespitzt, mit braunroter Spitze, behaart, 4–5 mm lang, 1–2 mm breit; Blütenstiele 4–12 mm lang, die Blätter überragend; Kelch schmal glockig, nicht bis zur Mitte geteilt; Blüten 8–12 mm im ∅; Kronblätter dunkelrosa mit gelbem Schlund. Blütezeit V–VI.
VERWECHSLUNG: v. a. mit dem Alpen-M., *A. alpina*, welches aber stumpfe Blätter ohne braunroter Spitze und Blüten hat, die im ∅ nur 5–9 mm messen. Charpentier-M., *A. brevis*, unterscheidet sich durch einen Kelch, der bis zur Mitte geteilt ist.
LEBENSRAUM: Windgefegte Kämme und Kuppen, trockene Gesteinsfluren; kalkmeidend. 1900–2600 m NN.
VERBREITUNG: Endemit der Ostalpen.
NAME: Benannt zu Ehren des österreichischen Botanikers, Mineralogen und Geistlichen Franz Xaver von Wulfen (1728–1805), der u. a. an der Expedition zur Erstbesteigung des Großglockners teilnahm.

3 | Monte-Alben-Primel
Primula albenensis – Primulaceae

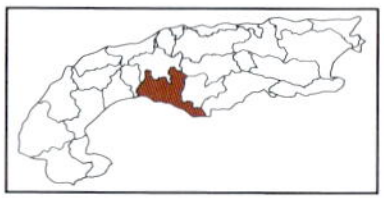

3–10 cm hoch; Stängel und Blätter dicht mit einfachen, drüsigen und mehligen Haaren besetzt; Blattspreiten breit-eirund, vorne gelappt, 1–7 cm lang, 1–3,5 cm breit; Blütenstand 2–12-blütig; Blütenstiele drüsig, mehlig weiß, 6–10 mm lang; Kelch mehlig-weiß, 4–8 mm lang, Kelchzähne 1,5–3,5 mm lang, länger als breit; Kronblätter blassviolett bis violettrosa, mit weißem Schlund; Kronröhre 10–15 mm lang. Blütezeit V–VI.
VERWECHSLUNG: Mit der Leim-P., *P. hirsuta*, doch fehlt dieser die mehlige Behaarung.
LEBENSRAUM: Kalkfelswände, Höhleneingänge; kalkstet, schattenliebend. 1150–2000 m NN.
VERBREITUNG: Bisher nur vom Monte Alben in den Bergamasker Alpen bekannt.

4 | Aurikel
Primula auricula – Primulaceae

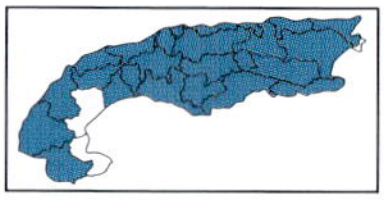

5–20 cm hoch; Blätter in grundständiger Rosette, verkehrt-eiförmig, blaugrün, fleischig, oft mehlig bestäubt; Blüten in einseitswendiger Dolde; Krone leuchtend gelb, mit trichterförmig ausgebreiteten Kronzipfeln; Frucht wenig länger als der Kelch. Blütezeit IV–VI.
VERWECHSLUNG: u. U. mit der Arznei-P., *P. veris*, und der Wald-P., *P. elatior*, welche aber runzelige, nicht fleischige Blätter haben.
LEBENSRAUM: Felsen, Gesteinsfluren, Polsterseggenrasen; kalkstet. 300–2800 m NN, vereinzelt auch tiefer wie in der Mödlinger Klause in Niederösterreich (250 m NN) oder höher, wie am Rottalgrat der Jungfrau (2900 m NN).
VERBREITUNG: Südeuropäisch-montane Art der Alpen, des Apennins, Schwarzwalds, Juras, der Westkarpaten und gänzlich isoliert im Banat und in Nordserbien.
ANMERKUNG: Die Aurikel wird oftmals in die beiden Unterarten subsp. *auricula* und subsp. *balbisii* gegliedert. Die Verbreitung der beiden Sippen ist nach wie vor unzureichend bekannt. Im Bereich sympatrischer Vorkommen finden sich intermediäre Populationen. Jüngste Untersuchungen haben zur besseren Kenntnis wenig beigetragen, als durch problematische Namensänderungen eher Verwirrung gestiftet.

1

2A

2B

3A

3B

4

1 | Clusius-Primel
Primula clusiana – Primulaceae

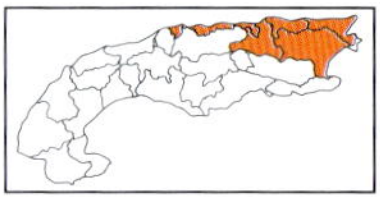

2–8 cm hoch; mit kurzen, farblosen Drüsen besetzt; Blätter länglich-eiförmig, 1,5–6 cm lang, oberseits glänzend, ganzrandig, mit schmalem, weißlichem Knorpelrand; Blütenstand 1–5-blütig; Kronblätter purpurrot; Kronröhre 9–16 mm lang. Blütezeit V–VI.
VERWECHSLUNG: v. a. mit der Wulfen-P., *P. wulfeniana*, (siehe S. 312) und der Ganzrand-P., *P. integrifolia*, welche aber ein anderes Verbreitungsgebiet besitzt und deren Blätter ohne Knorpelrand sind.
LEBENSRAUM: Feuchte Felsfluren, Rasen, Schneeböden; kalkstet. 600–2500 m NN, vereinzelt noch tiefer, wie an der Steyer bei Klaus in Oberösterreich (450 m NN).
VERBREITUNG: Endemit der Nordostalpen.
NAME: Benannt zu Ehren des Botanikers Carolus Clusius (1526–1609), der den Ötscher der Alpenflora wegen erstbestieg und der als ein Erschließer der Alpenflora gilt.

2 | Inntal-Primel
Primula daonensis – Primulaceae

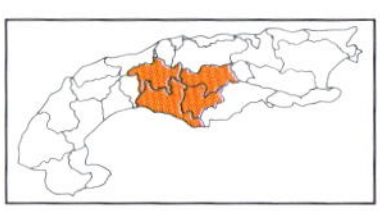

3–10 cm hoch, drüsig behaart mit 0,1–0,3 mm langen Drüsenhaaren, fast alle Drüsenköpfe sind rötlich bis schwärzlich; Blätter verkehrt-eiförmig bis schmal-keilförmig, 1,5–7 cm lang, 0,6–1,7 cm breit, kürzer wie der Blütenstängel, vorne wellig gezähnt; Blütenstand 1–7-blütig; Kronblätter purpurrosa, Schlund weiß; Kelchzähne anliegend, 0,8–1,5 mm lang, ± dreieckig, so breit oder etwas breiter als lang. Blütezeit VI–VII.
VERWECHSLUNG: v. a. mit der Zotten-P., *P. villosa*, welche aber 0,3–0,75 mm lange Drüsenhaare und 1–3,5 cm breite Blätter hat. Sehr ähnlich auch die Leim-P., *P. hirsuta* (siehe S. 308).
LEBENSRAUM: Felsen, Gesteinsfluren, Krummseggenrasen; kalkmeidend. 1600–2800 m NN.
VERBREITUNG: Endemit der Alpen.

3 | Wald-Schlüsselblume
Primula elatior – Primulaceae

10–25 cm hoch; Blätter in grundständiger Rosette, länglich-eiförmig, runzelig, beidseitig kurz behaart, fein und unregelmäßig gezähnt; Schaft etwa 10 × so lang wie die Blütenstiele; Kronblätter hellgelb, gegen den Schlund nur wenig dunkler; Kelch kantig, nicht aufgeblasen; Kelchzähne 3–7 mm lang, 2–2,5 × so lang wie breit; Frucht 10–15 mm lang, länger als der Kelch. Blütezeit III–V.
VERWECHSLUNG: v. a. mit der Südlich-Sch., *P. intricata* (Bild **3B**), welche aber 2–3 mm lange, 1–1,7 × so lange wie breite Kelchzähne hat.
LEBENSRAUM: Edellaubwälder, Hochstaudenfluren, frische Wiesen. Bis 2400 m NN, vereinzelt auch höher, wie am Aroser Weißhorn (2640 m NN).
VERBREITUNG: Europäische Art von England bis Russland.

4 | Mehl-Primel
Primula farinosa – Primulaceae

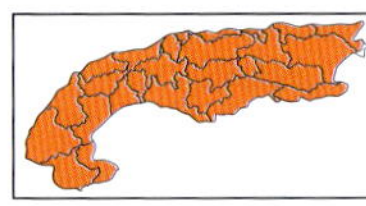

5–20 cm hoch; Blätter in grundständiger Rosette, länglich verkehrt-eiförmig, in den geflügelten Stiel verschmälert, unterseits weißmehlig bestäubt; Kronblätter purpurrosa, mit gelbem Schlundring; Kronröhre 4–6 mm lang, etwa so lang wie der Kelch; Kelchzähne etwa 2 mm lang. Blütezeit IV–VII.
VERWECHSLUNG: Mit der Haller-P., *P. halleri* (Bild **4B**) welche aber Kronröhren hat, die 2–3,5 × so lang wie der Kelch sind und 3–4 mm lange Kelchzähne hat.
LEBENSRAUM: Moore, Magerrasen, Niedermoorwiesen, wechselfeuchte Magerwiesen; kalkliebend. Bis 2600 m NN, vereinzelt auch höher, wie am Ewigschneehorn in Graubünden (2750 m NN).
VERBREITUNG: Arktisch-alpine Art von Grönland und den Gebirgen der Iberischen Halbinsel bis Kamtschatka; Nord- und Südamerika.

5 | Meergrün-Primel
Primula glaucescens – Primulaceae

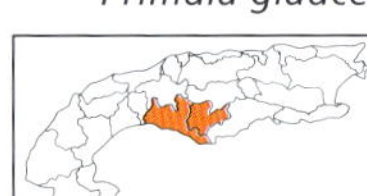

5–13 cm hoch, vollkommen kahl; Blätter grundständig, 3–5 cm lang, 0,7–2 cm breit, spitz, mit knorpeligem, weißem Rand; junge Blätter nach innen eingerollt; Blütenstand 2–5-blütig; Kronblätter purpurrot; Kronsaum trichterförmig. Blütezeit V–VI.
VERWECHSLUNG: v. a. mit der Pracht-P., *P. spectabilis*, (siehe S. 312) und der Wulfen-P., *P. wulfeniana*, doch hat diese einen drüsigen Blattrand.
LEBENSRAUM: Felsen, steinige Rasen, frische, humusreiche, schattige Stellen; kalkstet. 600–2400 m NN, vereinzelt auch tiefer, wie am Monte Alben (480 m NN).
VERBREITUNG: Endemit der Südostalpen.

1
2
3A
3B
4A
4B
5

1 | Kleb-Primel
Primula glutinosa – Primulaceae

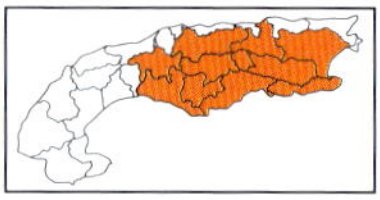

3–10 cm hoch, drüsig-klebrig; Blattspreiten spatelförmig, in den breit geflügelten, kurzen Stiel verschmälert, 1,5–6 cm lang, vorne meist fein gezähnt; Blüten stark duftend; Kronblätter blauviolett bis rotviolett; Kronröhre 5–8 mm lang, etwa so lang wie der Kelch; Blütenstiele 0,5–2 mm lang, viel kürzer als die Deckblätter. Blütezeit VI–VII.

VERWECHSLUNG: u. a. mit der Inntal-P., *P. daonensis*, die aber purpurrosa Blüten hat und deren Deckblätter kürzer als die Blütenstiele sind.

LEBENSRAUM: Feuchte Gesteinsfluren, Krummseggenrasen; kalkmeidend. 1700–3000 m NN, vereinzelt auch höher, wie am Becher im Ridnaun (3100 m NN).

VERBREITUNG: Endemit der Ostalpen.

ALLGEMEIN: Primeln neigen zur Bildung von Hybriden. Vor allem Arten der gleichen Untergattung sind davon betroffen. So kann man etwa von *Primula glutinosa* × *P. minima* große Bestände finden. Aber auch Arten unterschiedlicher Untergattungen können Hybriden bilden, selbst von differenzierten Arten wie *Primula auricula* × *P. minima* sind in den Alpen natürliche Bastarde bekannt.

2 | Grigna-Primel
Primula grignensis – Primulaceae

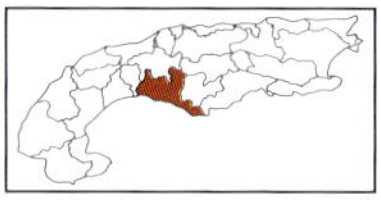

2–5 cm hoch; Blätter eirund-spatelförmig, 15–30 mm lang, 5–20 mm breit, dicht mit Drüsenhaaren besetzt; Blattrand oft nach oben eingerollt, mit meist 6 Kerbenspitzen; Blütenstand 1–2-blütig; Kronblätter purpurrosa, Schlund weiß; Kronröhre blassrosa, etwa 15 mm lang; Kelchzähne dreieckig, zur Blütezeit nicht abstehend; Frucht so lang oder länger als der Kelch. Blütezeit V–VI.

VERWECHSLUNG: v. a. mit der Leim-P., *P. hirsuta*, welche aber kalkmeidend ist und deren Kelchzähne zur Blütezeit abstehend sind. Die Frucht ist kürzer als der Kelch.

LEBENSRAUM: Dolomitfelsen, bevorzugt an luftfeuchten Stellen; karbonatstet. 1800–2200 m NN.

VERBREITUNG: Bisher nur aus der Grigna-Gruppe bekannt.

ANMERKUNG: Die erst im Jahr 1998 beschriebene Art wurde früher zur Leim-Primel, *P. hirsuta*, gezählt.

3 | Leim-Primel
Primula hirsuta – Primulaceae

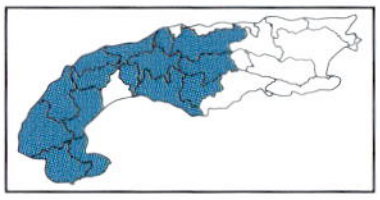

3–10 cm hoch; Blätter rundlich-eiförmig, 1–9 cm lang, länger oder so lang wie der Blütenstängel, meist grob gezähnt, drüsig behaart mit farblosen, dazwischen auch rötlichen Drüsenköpfen; Kronblätter purpurrosa, Schlund weiß; Kelchzähne abstehend, 1,5–2,5 mm lang, ± dreieckig (s. a. Anmerkung), länger als breit.
Blütezeit IV–VII.

VERWECHSLUNG: v. a. mit der Inntal-P., *P. daonensis*, und der Zotten-P., *P. villosa*, bei denen aber die Blütenstängel länger als die Blätter sind und die Kelchzähne nicht abstehend sind. Bei beiden Arten sind fast alle Drüsenköpfe rötlich bis schwärzlich gefärbt.

LEBENSRAUM: Felsspalten, Gesteinsfluren, Krummseggenrasen; kalkmeidend. 600–3300 m NN, vereinzelt noch tiefer, wie im Val Maggia bei Locarno (220 m NN) oder höher, wie am Monte Rosa (3600 m NN).

VERBREITUNG: Alpisch-pyrenäische Art.

ANMERKUNG: Untergliedert sich in die weit verbreitete Nominatform subsp. *hirsuta* und in die subsp. *valcuvianensis*, welche bisher nur aus den Bergen um das Talgebiet Valcuvia in der norditalienischen Provinz Varese bekannt ist. Sie besiedelt dort Dolomitfelsen und unterscheidet sich von der subsp. *hirsuta* u. a. durch die eiförmigen, stumpfen Kelchzipfel (bei der subsp. *hirsuta* dreieckig, zugespitzt).

4 | Breitblatt-Primel
Primula latifolia – Primulaceae

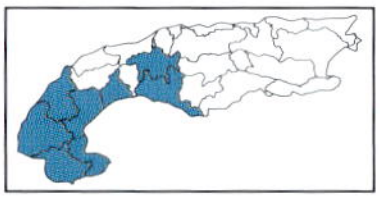

5–15 cm hoch, durch farblose Drüsen klebrig, sonst kahl; Blätter 5–10 cm lang, 1–3 cm breit, von der Mitte an meist gezähnt, mit geflügeltem Stiel; Deckblätter 1–4 mm lang; Blütenstiele 5–15 mm lang; Kronblätter rotviolett, Schlund gleichfarben oder dunkler; Kronröhre 8–10 mm lang, 2–3 × so lang wie der Kelch.
Blütezeit VI–VII.

VERWECHSLUNG: u. a. mit der Leim-P., *P. hirsuta*, welche aber purpurrosa Kronblätter und einen weißen Blütenschlund hat. Die Wellrand-P., *P. marginata*, hat mehlig bestäubte Blätter.

LEBENSRAUM: Felsen, Felsschutt; kalkmeidend. 1800–2800 m NN, vereinzelt auch höher, wie am Monte Vago (3050 m NN) oder tiefer, wie bei San Dalmazzo in den Seealpen (650 m NN).

VERBREITUNG: Alpisch-pyrenäische Art.

1A

1B

3

2

4

1 | Wellrand-Primel

Primula marginata – Primulaceae

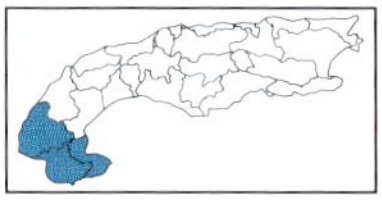

2–12 cm hoch; Blätter verkehrt-eiförmig, 2–10 cm lang, geschweift gezähnt, mehlig bestäubt; Deckblätter breit-eiförmig; Blüten auf einem 3–20 mm langen, mehlig bestäubten Stiel; Kronblätter lila bis rosaviolett, am Schlund mit einem weißlichen Ring; Kronröhre 5–15 mm lang, etwa 3 × so lang wie der mehlige Kelch. Blütezeit V–VII.

VERWECHSLUNG: Mit der Breitblatt-P., *P. latifolia* (siehe S. 308).

LEBENSRAUM: Felsspalten; kalkliebend. 500–2700 m NN.

VERBREITUNG: Endemit der Südwestalpen.

2 | Heilglöckel

Primula matthioli – Primulaceae
(Syn.: *Cortusa matthioli*)

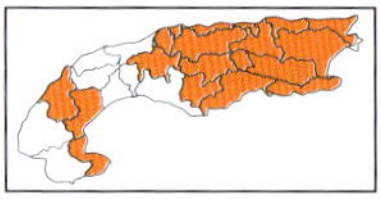

20–40 cm hoch, drüsig und nicht drüsig behaart; Blätter grundständig, lang gestielt, Spreite rundlich, eckig gelappt, mit 7–13 grob und spitz gezähnten Abschnitten; Blüten in 5–14-blütiger Dolde, lang gestielt; Kronblätter purpurrosa, 7–12 mm lang, glockenförmig zusammenneigend. Blütezeit VI–VII.

VERWECHSLUNG: Keine.

LEBENSRAUM: Grünerlengebüsche, Hochstaudenfluren, lichte, felsige, feuchte Nadelwälder; kalkliebend. 1100–2100 m NN, gelegentlich auch tiefer, wie am Mixnitzbach im Grazer Bergland (900 m NN).

VERBREITUNG: Südosteuropäisch-montane/nordosteuropäische Art.

NAME: Benannt zu Ehren des italienischen Botanikers und Arztes Pietro Andrea MATTIOLI (1501–1577), dem Leibarzt von Erzherzog FERDINAND II.

ANMERKUNG: *Cortusa* wurde lange Zeit als eigenständige Gattung innerhalb der Primelgewächse geführt, bis neuere molekularphylogenetische Untersuchungen zeigten, dass diese Arten innerhalb der Gattung *Primula* zu führen sind.

3 | Zwerg-Primel

Primula minima – Primulaceae

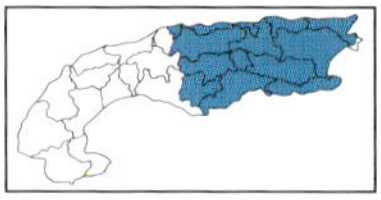

1–3 cm hoch; scheinbar kahl, jedoch auf den Blattflächen und am Kelch mit winzigen Drüsen; Blätter verkehrt-dreieckig, 0,5–1,5 cm lang, Seitenkanten ganzrandig, Vorderkante mit 3–9 groben Sägezähnen; Kronblätter purpurrosa, tief eingeschnitten; Kronröhre 5–11 mm lang, länger als der Kelch. Blütezeit VI–VII.

VERWECHSLUNG: Kaum.

LEBENSRAUM: Krummseggenrasen, Schneeböden, frische Magerrasen; kalkmeidend. 1600–2800 m NN, vereinzelt auch tiefer, wie am Breitlahner (1250 m NN) oder höher, wie am Kraxentrager beim Brenner (3000 m NN).

VERBREITUNG: Südeuropäisch-montane Art von den Ostalpen bis zu den Südkarpaten und ins Pirin-Gebirge.

4 | Piemont-Primel

Primula pedemontana – Primulaceae

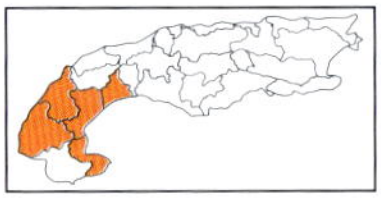

7–15 cm hoch; Blätter grundständig, 1–5 cm lang, 0,7–3 cm breit, allmählich in den geflügelten Stiel übergehend, vorne meist gezähnt, am Rand mit rötlichen Drüsenhaaren; Blütenschaft drüsig behaart; Kronblätter purpurrosa, Schlund weiß; Kronröhre außen drüsig behaart; Kelch 4–6 mm lang, Kelchzipfel viel kürzer als die Kelchröhre. Blütezeit VI–VII.

VERWECHSLUNG: v. a. mit der Zotten-P., *P. villosa*, bei der aber die Kelchzipfel etwa gleich lang wie die Kelchröhre sind.

LEBENSRAUM: Felsspalten, Felsschutt, lückige Rasen; kalkmeidend. 1300–3000 m NN.

VERBREITUNG: Südeuropäisch-montane Art von Nordspanien bis in die Westalpen.

5 | Recoaro-Primel

Primula recubariensis – Primulaceae

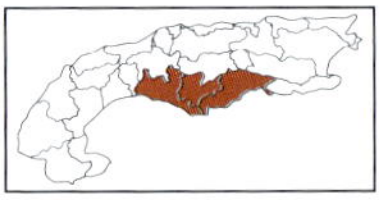

2–3 cm hoch, alle grünen Pflanzenteile mit 4–5-zelligen Drüsenhaaren; Blätter oval, 1–6 cm lang, 0,7–3,5 cm breit, vorne meist gelappt bis gezähnt; Blütenschaft stets kürzer als die Blätter, zur Blütezeit 6–15 mm lang; Kelch 2–5 mm lang; Kronblätter rosalila bis blaulila mit weißem Schlund; Kronröhre 6–10 mm lang. Blütezeit V–VI.

VERWECHSLUNG: v. a. mit der Leim-P., *P. hirsuta*, welche aber kalkmeidend ist und purpurrosa Kronblätter hat.

LEBENSRAUM: Dolomitfelsen, v. a. nordexponiert; karbonatstet. 1400–2030 m NN.

VERBREITUNG: Bisher nur aus den Monti Lessini bekannt.

1A

1B

2

3A

3B

4

5

1 | Pracht-Primel
Primula spectabilis – Primulaceae

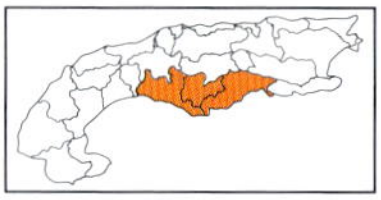

5–15 cm hoch, kahl wirkend, Blätter und Kelch jedoch mit kleinen, farblosen Drüsen besetzt; Blätter eilanzettlich, 3–9 cm lang, 1–4 cm breit, ganzrandig, junge Blätter nach innen eingerollt; Deckblätter meist trockenhäutig, rot angelaufen; Kelch röhrig, oft rötlich; Kronblätter purpurrot, Kronsaum weit trichterförmig bis ausgebreitet. Blütezeit V–VI.

VERWECHSLUNG: v. a. mit der Meergrün-P., *P. glaucescens*, welche aber vollkommen kahle Blätter hat.

LEBENSRAUM: Felsen, steinige Rasen; kalkstet. 500–2500 m NN.

VERBREITUNG: Endemit der Südostalpen.

2 | Dolomiten-Primel
Primula tyrolensis – Primulaceae

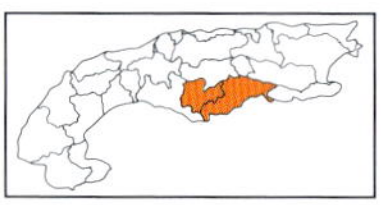

1–4 cm hoch; dicht mit bis zu 0,4 mm langen, klebrigen Drüsenhaaren besetzt; Blattspreite rundlich bis eiförmig, rasch in den kurzen Stiel verschmälert, in der vorderen Hälfte fein gezähnt, 0,8–2 cm lang; Deckblätter krautig, 4–8 mm lang; Kronblätter rosa, mit weißem, drüsenhaarigen Schlund; Kronröhre 7–10 mm lang. Blütezeit V–VII.

VERWECHSLUNG: v. a. mit der Allioni-P., *P. allionii*, welche aber allmählich in den Stiel verschmälerte Blätter und trockenhäutige Deckblätter hat und welche auf die Südwestalpen beschränkt ist. Die Ganzrand-P., *P. integrifolia*, hat ganzrandige Blätter und besiedelt in den Alpen die zentralen Teile von Bern bis Nordtirol.

LEBENSRAUM: Steile Felsen, humusreiche, feuchte Felsspalten; karbonatstet. 1000–2300 m NN.

VERBREITUNG: Endemit der südlichen Dolomiten.

3 | Arznei-Schlüsselblume
Primula veris – Primulaceae

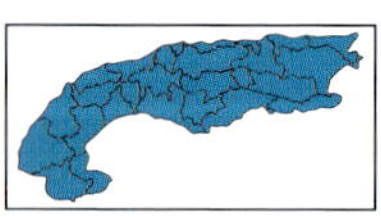

10–30 cm hoch; Blätter in grundständiger Rosette, länglich-eiförmig, behaart, runzelig; Blütenstand eine einseitige, 5–20-blütige Dolde; Kelch bauchig erweitert; Kronblätter dottergelb, gegen den Schlund orange gefleckt; Frucht 5–10 mm lang, kürzer als der Kelch. Blütezeit IV–VI.

VERWECHSLUNG: Mit der Wald-Sch., *P. elatior*, bei der aber der Kelch nicht aufgeblasen ist und die Kronblätter hellgelb sind.

LEBENSRAUM: Trockene Wiesen, lichte Wälder. Bis 2200 m NN.

VERBREITUNG: Eurasiatische Art.

4 | Zotten-Primel
Primula villosa – Primulaceae
(inkl. *P. cottia*)

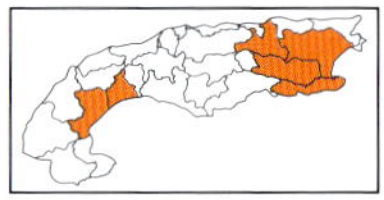

3–15 cm hoch, drüsig behaart mit 0,3–0,75 mm langen Drüsenhaaren, fast alle Drüsenköpfe rötlich bis schwärzlich; Blätter verkehrt-eiförmig, 2–15 cm lang, 1–3,5 cm breit, kürzer wie der Blütenstängel, vorne meist grob gezähnt; Blütenstand 2–8-blütig; Kronblätter purpurrosa, Schlund weiß; Kelchzähne anliegend. Blütezeit IV–VI.

VERWECHSLUNG: v. a. mit der Inntal-P., *P. daonensis* (siehe S. 306) und der Leim-P., *P. hirsuta* (siehe S. 308).

LEBENSRAUM: Felsspalten, Krummseggenrasen; kalkmeidend. 1000–2400 m NN, vereinzelt auch tiefer.

VERBREITUNG: Endemit der Alpen.

ANMERKUNG: *Primula cottia* aus den Kottischen und Penninischen Alpen wird von manchen Autoren als eigene Art von *P. villosa* abgetrennt.

5 | Wulfen-Primel
Primula wulfeniana – Primulaceae

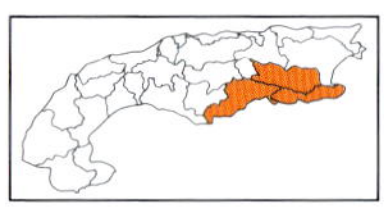

2–8 cm hoch; kahl wirkend, Blattrand und Kelch jedoch mit kleinen, farblosen, sitzenden Drüsen besetzt; Blätter eilanzettlich, steif, glänzend, 1,5–4 cm lang, ganzrandig; Deckblätter lineal, 4–9 mm lang, den Kelch nicht umschließend; Kronblätter purpurrosa; Kronröhre 7–14 mm lang, den Kelch überragend. Blütezeit V–VII.

VERWECHSLUNG: v. a. mit der Meergrün-P., *P. glaucescens*, (siehe S. 306) und der Clusius-P., *P. clusiana*, welche neben einem anderen Verbreitungsgebiet am Blattrand 0,1–0,75 mm lang gestielte Drüsen hat.

LEBENSRAUM: Felsspalten, feuchte Gesteinsfluren, niedrige Rasen, Schneeböden; kalkstet. 1200–2100 m NN, vereinzelt auch tiefer, wie in der Trögener Klamm (800 m NN).

VERBREITUNG: Südostalpisch-karpatische Art. In den Südkarpaten in einer eigenen Unterart subsp. *baumgarteniana*.

NAME: Benannt zu Ehren des Kärntner Botanikers, Mineralogen und Geistlichen Franz Xaver von Wulfen (1728–1805), der u. a. mehrere Primelgewächse (*Androsace chamaejasme*, *Primula glutinosa*, *Primula villosa*) erstbeschrieb.

1

2A

2B

3

4

5

1 | Alpen-Soldanelle
Soldanella alpina – Primulaceae

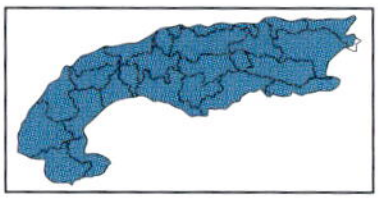

5–15 cm hoch; Blattspreite dicklich, kreisrund bis nierenförmig, 1–3 cm im ∅, ganzrandig bis sehr seicht gekerbt; Blüten meist zu 2–3; Krone violett, trichterförmig, bis über die Mitte fransig eingeschnitten, Fransen untereinander ± gleich lang. Blütezeit IV–VII.
VERWECHSLUNG: Mit der Zwerg-S., *S. pusilla*. Die Wald-S., *S. montana*, und die Groß-Soldanelle, *S. major*, unterscheiden sich durch dünne Blattspreiten, die deutlich gekerbt sind, die Fransen der Krone sind ungleich lang.
LEBENSRAUM: Feuchte, schneereiche Magerrasen und Schneebodenränder. 800–2800 m NN. In den Kalkalpen häufiger als in den Urgesteinsalpen.
VERBREITUNG: Südeuropäisch-montane Art, von den Pyrenäen bis zu den Gebirgen der Balkanhalbinsel.

2 | Österreich-Soldanelle
Soldanella austriaca – Primulaceae

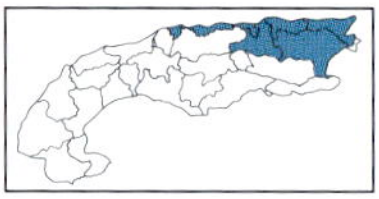

2–10 cm hoch; Blattspreite dicklich, rundlich, mit sehr seichter oder ohne Basalbucht, 4–10 mm im ∅; Blütenstiel locker mit 0,05–0,1 mm langen Drüsenhaaren besetzt, 1-blütig; Krone weißlich bis blasslila, auf ¼–⅓ ihrer Länge geschlitzt. Blütezeit V–VII.
VERWECHSLUNG: v. a. mit der Kleinst-S., *S. minima* und der Zwerg-S., *S. pusilla*.
LEBENSRAUM: Schneeböden; kalkstet. 1500–2300 m NN, mehrfach auch tiefer, wie in der Erlaufschlucht bei Purgstall (300 m NN).
VERBREITUNG: Endemit der Nordostalpen vom Toten Gebirge bis zum Schneeberg, westlich isoliert davon auch am Sonntagshorn in den Chiemgauer Alpen.

3 | Groß-Soldanelle
Soldanella major – Primulaceae
(Syn.: *S. hungarica*)

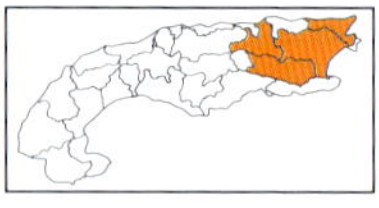

10–20 cm hoch; Blattspreite dünn, kreisrund bis nierenförmig, 2–4 cm im ∅, deutlich gekerbt mit Basalbucht; Laubblattstiel mit 0,2–0,4 mm langen Drüsen besetzt, deren Stiele 2–5 × so lang wie die Köpfchen sind; Blüten meist zu 3–8; Krone violett, trichterförmig, bis über die Mitte fransig eingeschnitten, Fransen ungleich lang. Blütezeit V–VI.
VERWECHSLUNG: Mit der Berg-S., *S. montana*, bei der der Laubblattstiel aber mit 0,4–0,8 mm langen Drüsen besetzt ist, deren Stiele 8–10 × so lang wie das Köpfchen sind.
LEBENSRAUM: Schattig-feuchte, bodensaure Wälder, Latschengebüsch; kalkmeidend. 800–1800 m NN.
VERBREITUNG: Endemit der Ostalpen.

4 | Kleinst-Soldanelle
Soldanella minima – Primulaceae

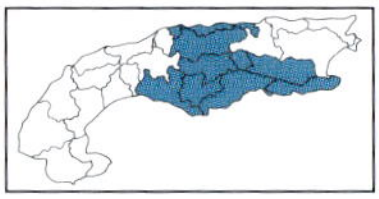

2–10 cm hoch; Blattspreite dicklich, rundlich, meist ohne Basalbucht, 4–10 mm im ∅; Blütenstiel dicht mit 0,15–0,2 mm langen Drüsenhaaren besetzt, 1-blütig; Krone weißlich bis blasslila, auf ¼–⅓ ihrer Länge geschlitzt. Blütezeit V–VII.
VERWECHSLUNG: v. a. mit der der Österreich-S., *S. austriaca*, bei der aber der Blütenstiel locker mit 0,05–0,1 mm langen Drüsenhaaren besetzt ist, und mit der Zwerg-S., *S. pusilla*.
LEBENSRAUM: Schneeböden; kalkstet. 1600–2500 m NN, mehrfach auch tiefer, wie bei Moggio im Friaul (300 m NN).
VERBREITUNG: Endemit der Ostalpen vom Veltlin bis in die Steiner- u. Ammergauer Alpen.

5 | Zwerg-Soldanelle
Soldanella pusilla – Primulaceae

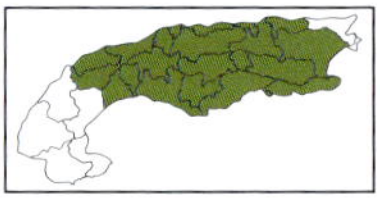

2–10 cm hoch; Blattspreite dünn, rundlich-nierenförmig, mit deutlicher Basalbucht, ca. 10 mm im ∅; Blütenstiel in der Jugend spärlich mit sitzenden Drüsen besetzt, später verkahlend; Schaft 1–2-blütig; Krone eng-glockenförmig, lila, auf etwa ¼ ihrer Länge zerschlitzt; Fruchtkapsel sich mit 5 Zähnen öffnend. Blütezeit V–VIII.
VERWECHSLUNG: v. a. mit der Kleinst-S., *S. minima*, und der Österreich-S., *S. austriaca*, bei denen aber der Blütenstiel in der Jugend dicht mit gestielten Drüsen besetzt ist und deren Blätter nur 4–10 mm im ∅ haben. Die Alpen-S., *S. alpina*, unterscheidet sich durch meist 2–8-blütige Schäfte, die Blütenkrone ist auf ca. die Hälfte zerschlitzt.
LEBENSRAUM: Schneetälchen; kalkmeidend. 1800–3100 m NN, vereinzelt auch tiefer, wie am Zemmgrund bei Ginzling in Nordtirol (900 m NN).
VERBREITUNG: Südosteuropäisch-montane Art.

1
2
3
4
5A
5B

1 | Schmalblatt-Eisenhut
Aconitum angustifolium – Ranunculaceae

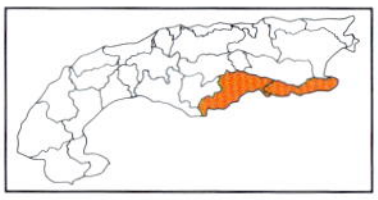

50–130 cm hoch, Blattspreiten in lineale, 1–2,5 mm schmale Abschnitte zerteilt; Blütenstand unverzweigt bis verzweigt, kahl; Perigon weißlich bis violettblau, meist hellblau, außen kahl; Staubblätter kahl. Blütezeit VI–IX.
VERWECHSLUNG: Mit den anderen Arten aus der *Aconitum napellus*-Gruppe. Diese haben aber weniger fein zerteilte Blattabschnitte mit über 2,5 mm breiten Blattzipfeln.
LEBENSRAUM: Kalkreiche Hochstaudenfluren, Weiden, lückige Rasen und Kalkgeröll. 750–1700 m NN.
VERBREITUNG: Endemit der Julischen Alpen.
ALLGEMEIN: Die Artenzahl innerhalb der Gattung *Aconitum* schwankt wegen Uneinigkeit über den Artbegriff beträchtlich. Götz (1967) erkennt 70 Arten an, Zander (2003) und Mabberley (2008) ca. 100, Ramura in Kubitzki (1993) rund 300 und Starmühler/Rottensteiner in Fischer & al. (2008) etwa 400 Arten.

2 | Gegengift-Eisenhut
Aconitum anthora – Ranunculaceae

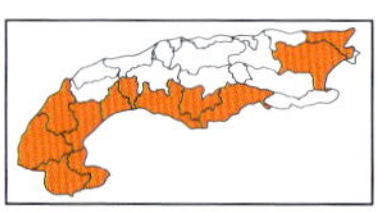

30–100 cm hoch, behaart; Blattspreiten bis zum Grund 5–7-teilig mit schmal-linealen, höchstens 2 mm breiten Blattzipfeln; Perigonblätter gelb, die oberen einen Helm bildend, der etwa so hoch wie breit ist; Stempel 5. Blütezeit VIII–IX.
VERWECHSLUNG: Die Gruppe um den Wolfs-E., *A. lycoctonum*, hat Blattzipfeln, die breiter als 2 mm sind und einen Blütenhelm, der viel höher als breit ist.
LEBENSRAUM: Steinige Hänge, Gebüschränder; kalkliebend. Bis 2000 m NN.
VERBREITUNG: Südeuropäisch-montane Art.

3 | Rispen-Eisenhut
Aconitum degenii – Ranunculaceae (Syn.: *A. paniculatum*)

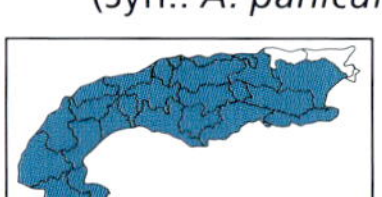

50–200 cm hoch; Stängel hin und her gebogen, oft überhängend; Blattspreiten 5–7-teilig, doppelt fiederschnittig, kräftig netznervig; Blütenkrone violettblau, Helm des Perigons so hoch oder nur wenig höher als breit. Blütezeit VII–IX.
VERWECHSLUNG: Mit dem Bunt-E., *A. variegatum* (siehe S. 318) und dem Blau-E., *A. napellus* (siehe S. 318).
LEBENSRAUM: Hochstaudenfluren, Schluchtwälder, Bachufer, feuchte Wiesen, von ca. 500–2500 m NN.
VERBREITUNG: Alpisch-karpatische Art von den Westalpen bis zu den Karpaten und Diariden.
NAME: Benannt zu Ehren von Árpád von Degen (1866–1934), ungarischer Arzt und Botaniker, der sich um die Erforschung der Flora Ungarns und der Balkanhalbinsel verdient gemacht hat.

4 | Südalpen-Eisenhut
Aconitum lycoctonum subsp. *ranunculifolium* – Ranunculaceae

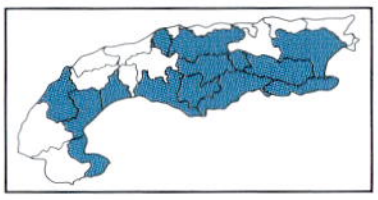

60–200 cm hoch; Blattspreiten 7–9-teilig, fast bis zum Grund eingeschnitten, auf weniger als 1 cm verbunden, Blattabschnitte schmallanzettlich; Blütenstand dicht, meist aufrecht-abstehend-ästig; Blütenkrone blassgelb. Blütezeit VI–IX.
VERWECHSLUNG: Mit der Unterart *vulparia* (siehe S. 318).
LEBENSRAUM: Hochstaudenfluren, lichte Wälder, Ruhblockhalden, Weiden. Bis etwa 2400 m NN.
VERBREITUNG: Südeuropäisch-montane Sippe von den Gebirgen Spaniens bis Rumäniens.
ANMERKUNG: Aus der *A. lycoctonum*-Gruppe sind noch weitere, schwer zu unterscheidende Arten bzw. Unterarten beschrieben worden. Das Vorkommen von Hybriden erschwert das Bestimmen oft zusätzlich.

5 | Wolfs-Eisenhut
Aconitum lycoctonum subsp. *vulparia* – Ranunculaceae

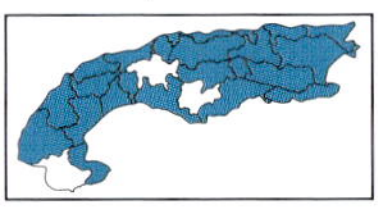

40–150 cm hoch, Blattspreiten handförmig 5–7-teilig, höchstens bis zu 80 % ihrer Länge eingeschnitten, Blattabschnitte breitlanzettlich; Blütenkrone blassgelb, Blütenstand locker, meist waagrecht-abstehend-ästig. Blütezeit V–VIII.
VERWECHSLUNG: Mit der Unterart *ranunculifolium*, diese hat aber 7–9 Blattabschnitte, die fast bis zum Grund eingeschnitten und auf weniger als 1 cm verbunden sind.
LEBENSRAUM: Wälder, Säume, Hochstaudenfluren, Bachauen. Bis 2400 m NN.
VERBREITUNG: Europäische Sippe von den Pyrenäen und den Niederlanden bis in die Karpaten.

1

2

3

4

5

1 | Blau-Eisenhut
Aconitum napellus – Ranunculaceae

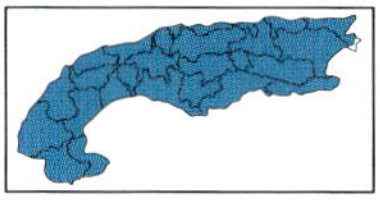

20–200 cm hoch, Stängel kräftig, steif aufrecht, Blattspreiten mit 5–7 bis zum Grund geteilten Abschnitten, diese in Zipfel aufgeteilt, oberseits kahl; Blütenstand einfach oder verzweigt; Blütenkrone violettblau, Helm des Perigons breiter als hoch. Blütezeit VI–X.
VERWECHSLUNG: Mit dem Rispen-E., *A. degenii* (siehe S. 316), dem Bunt-E., *A. variegatum*, und dem Burnat-E., *A. burnatii*, welcher aber blattoberseits behaart ist und auf die See- und Cottischen Alpen beschränkt ist.
LEBENSRAUM: Hochstaudenfluren, Lägerfluren, Bachränder, Weidengebüsch, Waldränder. Bis 3000 m NN.
VERBREITUNG: Europäisch-montan von Portugal und Schweden bis in die Karpaten.
ANMERKUNG: Sehr formenreiche Art, die in den Alpen in 4 Unterarten (Arten) unterteilt wird:
– subsp. *neomontanum*: zerstreut durch die Alpen.
– subsp. *vulgare*: zerstreut durch die Alpen.
– subsp. *hians*: Ostalpen
– subsp. *tauricum*: Ostalpen
ALLGEMEIN: Der Eisenhut ist in seinem Bestäubungsmechanismus perfekt an Hummeln angepasst, sodass *Aconitum*-Arten auf der Erde nur dort vorkommen, wo auch diese Großbienen fliegen. Auf Eisenhut angewiesen sind u. a. die Hummel *Bombus gerstaeckeri* und die Raupen der Eisenhut-Goldeule, *Polychrysia moneta*.

2 | Bunt-Eisenhut
Aconitum variegatum – Ranunculaceae

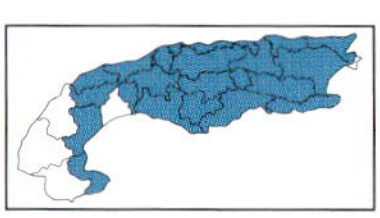

30–250 cm hoch; Stängel hin und her gebogen, oft überhängend; Blattspreiten 5–7-teilig, doppelt fiederschnittig, kräftig netznervig; Blütenkrone violettblau, Helm des Perigons deutlich höher als breit. Blütezeit VII–IX.
VERWECHSLUNG: v. a. mit dem Rispen-E., *A. degenii*, dessen Helm aber so hoch oder nur wenig höher als breit ist. Die *A. napellus*-Gruppe unterscheidet sich durch einen Helm, der breiter als hoch ist und einen Stängel, der steif aufrecht ist.
LEBENSRAUM: Hochstaudenfluren, Waldränder, Bachufer. Bis 2300 m NN.
VERBREITUNG: Europäisch-montane Art.

3 | Berghähnlein
Anemonastrum narcissiflorum – Ranunculaceae (Syn.: *Anemone narcissiflora*)

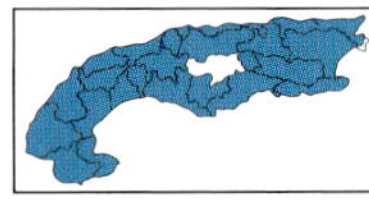

20–40 cm hoch; Spreiten der grundständigen Blätter handförmig 3–5-schnittig; Blüten zu 3–8 in einem doldigen Blütenstand; Blütenkrone weiß, außen oft rosa überlaufen, mit 5–6 kahlen Kronblättern. Blütezeit V–VII.
VERWECHSLUNG: Keine.
LEBENSRAUM: Feinerdereiche, frische Rasengesellschaften; kalkliebend. 1000–2400 m NN, vereinzelt auch tiefer, wie bei Bürs in Vorarlberg (570 m NN) oder höher, wie auf der Tilisunaalpe bei Tschagguns (2500 m NN).
VERBREITUNG: Eurasiatisch-nordamerikanische Art von den Pyrenäen bis Kamtschatka; Nordamerika.

4 | Monte-Baldo-Windröschen
Anemone baldensis – Ranunculaceae

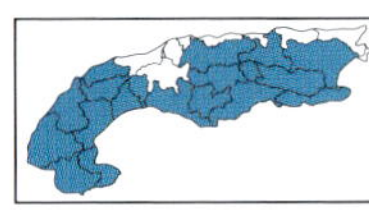

5–15 cm hoch; grundständige Blätter doppelt 3-teilig, Teilblätter gestielt, Stängel in der unteren Hälfte mit einem Quirl von ähnlich geformten Blättern; Blüten einzeln, mit 7–10 Kronblättern, 2,5–4 cm im Durchmesser. Blütezeit VI–VIII.
VERWECHSLUNG: Mit der Alpen-Kuhschelle, *Pulsatilla alpina*, welche aber 15–40 cm hoch ist, das Stängelblatt-Quirl ist in oder oberhalb der Stängelmitte, Blütenblätter 6–9.
LEBENSRAUM: Steinige Magerrasen, Kalkfeinschutt; kalkliebend. 1700–3050 m NN.
VERBREITUNG: Südeuropäisch-montane Art von den Seealpen bis zu den Gebirgen Montenegros.

5 | Dreiblättchen-Windröschen
Anemone trifolia – Ranunculaceae

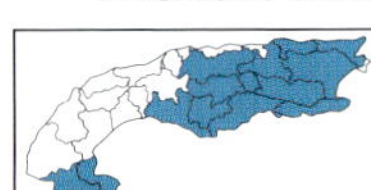

10–30 cm hoch, Stängel im oberen Drittel mit 3 langgestielten, 3-teiligen Blättern, Blättchenrand regelmäßig gezähnt; Kronblätter weiß, 10–23 mm lang, Staubblätter bläulich bis weiß. Blütezeit V–VI.
VERWECHSLUNG: Das Busch-Windröschen, *A. nemorosa*, hat fiederschnittige Blättchen und gelbe Staubblätter.
LEBENSRAUM: Laubmischwälder, steinige Stellen, Gebüsche, Wiesen. Bis 1860 m NN.
VERBREITUNG: Südeuropäische Art von Portugal bis Kroatien und Niederösterreich. Ein Fundort in Finnland.

1A

1B

2

3

4

5

1 | Echt-Christophskraut
Actaea spicata – Ranunculaceae

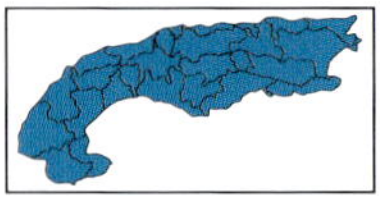

30–60cm hoch; Blätter 3-zählig zusammengesetzt mit ungefähr gleichgroßen Abschnitten; Blütenkronen klein, weiß, in dichten Trauben; Frucht eine schwarze, vielsamige Beere. Blütezeit V–VII.
VERWECHSLUNG: Keine.
LEBENSRAUM: Edellaubwälder. Bis 1900m NN.
VERBREITUNG: Eurasiatische Art.

2 | Pyrenäen-Adonisröschen
Adonis pyrenaica – Ranunculaceae

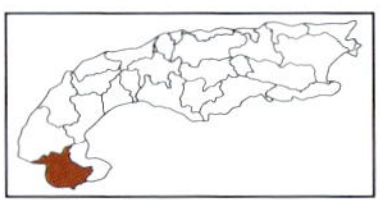

20–40cm hoch; Blätter stängelständig, 3–mehrfach fiederschnittig, Abschnitte lineal; Blütenkrone gelb, 4–8cm im Durchmesser; Kelchblätter kahl. Blütezeit VI–VII.
VERWECHSLUNG: Mit dem Frühlings-A., *A. vernalis*, welches aber weichhaarige Kelchblätter hat und nur in tieferen Lagen vorkommt.
LEBENSRAUM: Kalkschuttfluren, Steinrasen; kalkstet. Etwa 1400–2200m NN.
VERBREITUNG: Pyrenäisch-westalpische Art.

3 | Westalpen-Akelei
Aquilegia alpina – Ranunculaceae

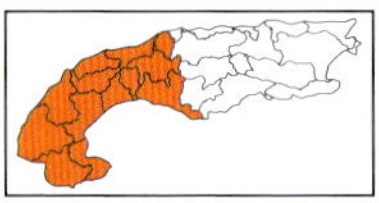

20–70cm hoch; Blätter doppelt 3-zählig; Stängel drüsenlos flaumhaarig, je Stängel 1–3 Blüten; Blütenkrone violettblau, 5–8cm im ∅; Sporn an der Spitze gerade oder nur schwach gekrümmt. Blütezeit VI–VIII.
VERWECHSLUNG: Mit der Echt-A., *A. vulgaris*, welche aber 3–12 Blüten je Stängel hat und Sporne, die kräftig hakig nach innen zeigen.
LEBENSRAUM: Steinige, kalkreiche Rasen, Gebüsche. 950–2400m NN, vereinzelt auch höher, wie im Bernina-Heutal (2500m NN).
VERBREITUNG: Westalpisch-apenninische Art.

4 | Schwarzviolett-Akelei
Aquilegia atrata – Ranunculaceae

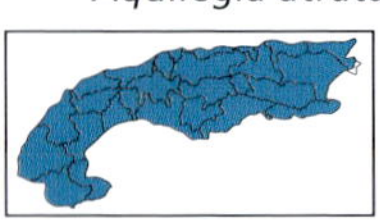

20–60cm hoch; Blätter doppelt 3-zählig; Blütenkrone dunkelviolett bis braunpurpurn, 3–4cm im ∅; Sporn an der Spitze hakig gekrümmt; Staubblätter die gespornten Blütenblätter um 5–10mm überragend. Blütezeit V–VII.
VERWECHSLUNG: v.a. mit der Dunkel-A., *A. nigricans*, bei der aber die Staubblätter die gespornten Blütenblätter nur um 2–5mm überragen.
LEBENSRAUM: Wälder, besonders Rotkiefernwälder, Säume, Niedermoorwiesen, Bergwiesen; kalkliebend. Bis etwa 2200m NN.
VERBREITUNG: Südeuropäisch-montane Art.

5 | Bertoloni-Akelei
Aquilegia bertolonii – Ranunculaceae

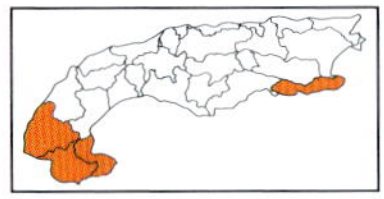

10–30cm hoch; Stängel unten kahl, oben drüsig behaart; Grundblätter lang gestielt, doppelt 3-teilig, Blütenkrone blauviolett, 4–5,5cm im ∅; Sporn an der Spitze schwach gekrümmt. Blütezeit VI–VII.
VERWECHSLUNG: Mit der Dolomiten-A., *A. einseleana*, welche aber kleinere, etwa 3cm breite Blüten hat.
LEBENSRAUM: Steinige Hänge, Gebüsch, lichte Wälder, Felsschutt; Kalkstet. Bis etwa 1800m NN.
VERBREITUNG: Südeuropäisch-montane Art.
NAME: Benannt zu Ehren des italienischen Botanikers Antonio Bertoloni (1775–1868). Bertoloni war Direktor des Botanischen Gartens der Universität von Bologna.

6 | Dolomiten-Akelei
Aquilegia einseleana – Ranunculaceae

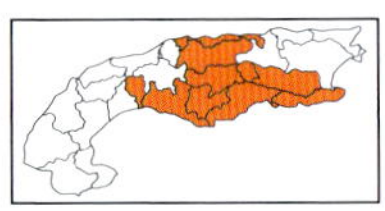

15–40cm hoch, 1–3-blütig; Stängel oben drüsig-flaumhaarig; Blätter doppelt 3-zählig, blaugrün; Blattspreiten unterseits kahl; Blütenkrone violettblau, etwa 3cm im ∅; Sporn an der Spitze gerade oder nur wenig einwärts gebogen. Blütezeit VI–VII.
VERWECHSLUNG: Mit der Val-Vestino-A., *A. vestinae* (siehe S. 322).
LEBENSRAUM: Lichte Gebüsche, Steinschutthalden; karbonatstet. 600–1900m NN, vereinzelt auch tiefer, wie bei Gemona in Friaul (250m NN).
VERBREITUNG: Ostalpische Art.
NAME: Benannt zu Ehren des deutschen Arztes und Botanikers August Max Einsele (1803–1870), welcher sich besonders um die Erforschung der bayerischen Alpenflora verdient gemacht und der die Art 1847 im Berchtesgadener Land entdeckt hat.

1A
1B
2
3
4
5
6

1 | Dunkel-Akelei
Aquilegia nigricans – Ranunculaceae

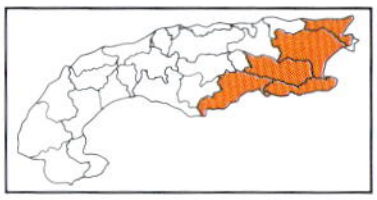

20–60 cm hoch; Blätter doppelt 3-zählig; Blütenkrone dunkelviolett bis purpurviolett, 4–5 cm im ∅; Sporn an der Spitze hakig gekrümmt; Staubblätter die gespornten Blütenblätter um 2–5 mm überragend. Blütezeit V–VII.

VERWECHSLUNG: v. a. mit der Schwarzviolett-A., *A. atrata*, bei der aber die Staubblätter die gespornten Blütenblätter um 5–10 mm überragen.

LEBENSRAUM: Waldränder, steinige Abhänge, Wiesen, an Felsen; kalkliebend. Bis etwa 2000 m NN.

VERBREITUNG: Südosteuropäisch-montane Art von den Ostalpen bis zu den Ostkarpaten und bis Nordgriechenland.

ALLGEMEIN: Der botanische Gattungsname der Akelei ist eine Latinisierung des deutschen Namens „Agleya". Dieser früheste Beleg findet sich bei Hildegard von Bingen aus dem 12. Jahrhundert. Von den 80 Akelei-Arten kommen 19 in Europa und 8 in den Alpen vor. Drei davon, *Aquilegia einseleana*, *A. vestinae* und *A. thalictrifolia*, sind in ihrer Verbreitung auf die Alpen beschränkt.

2 | Wiesenrauten-Akelei
Aquilegia thalictrifolia – Ranunculaceae

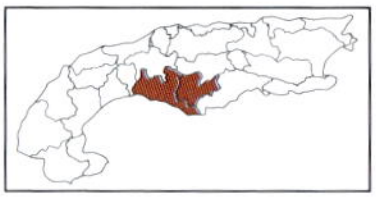

20–60cm hoch, drüsig behaart; untere Blätter doppelt 3-teilig, mit gestielten Abschnitten, diese bis fast zur Mitte eingeschnitten, Blattspreiten beiderseits drüsig behaart; Blütenkrone 3,5–4,5 cm im ∅, violettblau; Sporn an der Spitze schwach einwärts gekrümmt; Blütezeit VI.

VERWECHSLUNG: Mit der Dolomiten-A., *A. einseleana*, welche aber blattunterseits kahl ist.

LEBENSRAUM: Im Kalkmulm unter tropfenden, überhängenden Kalkfelsen; kalkstet. Bis etwa 1600 m NN.

VERBREITUNG: Endemit der Alpen.

3 | Val-Vestino-Akelei
Aquilegia vestinae – Ranunculaceae

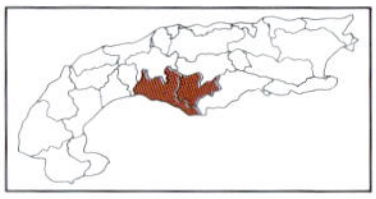

15–40 cm hoch, 1–3-blütig; Stängel drüsig behaart; Blätter blaugrün, Spreiten mit violetter Aderung; Blütenkrone violett, etwa 3 cm im ∅; Sporn an der Spitze gerade oder nur wenig einwärts gebogen. Blütezeit VI.

VERWECHSLUNG: Ob sich die Abtrennung dieser Sippe von der sehr ähnlichen Dolomiten-Akelei, *A. einseleana*, im Artrang aufrecht halten lässt, bleibt abzuwarten. Von dieser unterscheidet sich die Val-Vestino-Akelei durch die violetten Blattadern, welche *A. einseleana* fehlen.

LEBENSRAUM: Steinschutthalden, steinige Säume und lichte Gebüsche; kalkstet. Etwa 500–600 m NN.

VERBREITUNG: Bisher nur aus den italienischen Provinzen Brescia und Trento bekannt mit Verbreitungsschwerpunkt in den Judikarischen Alpen zwischen Gardasee und Idrosee.

4 | Echt-Akelei
Aquilegia vulgaris – Ranunculaceae

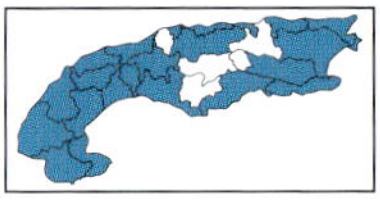

30–60 cm hoch; Blätter doppelt 3-zählig; je Stängel 3–12 Blüten; Blütenkrone violettblau, 4–5 cm im ∅; Sporn an der Spitze hakig gekrümmt; Staubblätter die gespornten Blütenblätter nicht oder nur bis 2 mm überragend. Blütezeit V–VII.

VERWECHSLUNG: v. a. mit der Dunkel-A., *A. nigricans*, bei der aber die Staubblätter die gespornten Blütenblätter um 2–5 mm überragen.

LEBENSRAUM: Lichte Wälder, Wiesen, Gebüsche; kalkliebend. Bis 2000 m NN, vereinzelt höher, wie bei Grass da Muoza im Unterengadin (2150 m NN).

VERBREITUNG: Eurasiatische Art von der Iberischen Halbinsel und den Britischen Inseln bis Asien mit unsicherer Ostgrenze (verwandte Sippen), Nordafrika. Teilweise auch nur aus der Gartenkultur verwildert.

5 | Sumpf-Dotterblume
Caltha palustris – Ranunculaceae

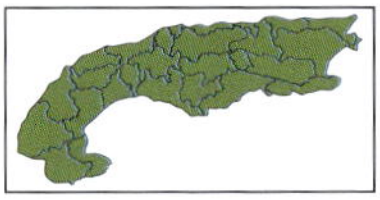

10–40 cm hoch; Blattspreiten glänzend, herz- oder nierenförmig; Blütenkrone kräftiggelb, mit 5 Kronblättern; Früchtchen 3–8, nach außen gebogen. Blütezeit III–V.

VERWECHSLUNG: Keine.

LEBENSRAUM: Sumpfwiesen, Gräben, Schwarzerlenwälder, Bachufer, Quellfluren. Bis 2530 m NN.

VERBREITUNG: Eurosibirisch-nordamerikanische Art von Island, den Britischen Inseln und Portugal bis China und Irkutsk; Nordamerika.

1

2

3

4A

4B

5

1 | Windröschen-Schmuckblume
Callianthemum anemonoides – Ranunculaceae

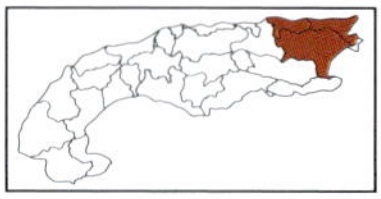

5–22 cm hoch, Stängel kahl, unverzweigt; Blätter gefiedert, die grundständigen zur Blütezeit noch nicht voll entwickelt; Kronblätter 10–18, 2 × so lang wie die Kelchblätter, weiß bis hellrosa. Blütezeit III–V.
VERWECHSLUNG: Mit der Koriander-Sch., *C. coriandrifolium*, welche aber nur 6–13 Kronblätter hat, diese sind nur 1,5 × so lang wie die Kelchblätter.
LEBENSRAUM: Kiefernwälder, feucht-schattige Felsen, Dolomit-Geröll; karbonatstet. 450–1700 m NN.
VERBREITUNG: Endemit der nordöstlichen Kalkalpen.
ANMERKUNG: Nur über Dolomit, in der steirischen Bärenschützklamm bei Mixnitz allerdings über Kalk.
ALLGEMEIN: Der botanische Gattungsname der Schmuckblumen setzt sich aus den altgriechischen Wörtern *„kalli"* (= schön) und *„anthemon"* (= Blume) zusammen, der Büchername „Schmuckblume" ist eine Übersetzung von *„Callianthemum"*.

2 | Koriander-Schmuckblume
Callianthemum coriandrifolium – Ranunculaceae

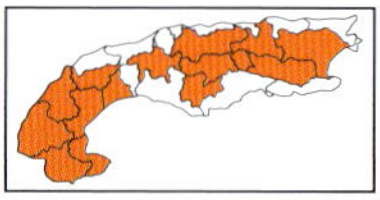

5–20 cm hoch, kahl, niederliegend bis aufsteigend; Blätter gefiedert, blaugrün, zur Blütezeit voll entwickelt; Blüte 2–3 cm im Durchmesser; 6–13 weiße Kronblätter, diese etwa 1,5 × so lang wie die Kelchblätter. Blütezeit V–VII.
VERWECHSLUNG: Mit Kerner-Sch., *C. kernerianum*.
LEBENSRAUM: Feuchte Matten und steinige Rasen, zwischen Krummholz. 1260–2800 m NN.
VERBREITUNG: Südeuropäisch-montane Art von Asturien bis zu den Karpaten und bis Bosnien.

3 | Kerner-Schmuckblume
Callianthemum kernerianum – Ranunculaceae

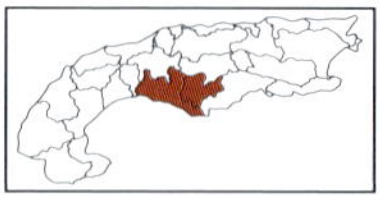

Pflanze gedrungen, 3–10 cm hoch; Stängel blaugrün bis rötlich, kahl, 1-blütig, mit 1–2 Stängelblättern; Blätter gefiedert, grundständige Blätter zur Blütezeit noch nicht voll entwickelt; Blüte etwa 3 cm im Durchmesser; Kronblätter 9–15, weiß, manchmal rötlich angelaufen. Blütezeit V–VI.
VERWECHSLUNG: Mit der Koriander-Sch., *C. coriandrifolium*, bei der die grundständigen Laubblätter zur Blütezeit allerdings voll entwickelt sind.
LEBENSRAUM: Steinige Rasen und Blaugrashalden an exponierten Kuppen; kalkstet. 1500–2200 m NN.
VERBREITUNG: Endemit der Südalpen beiderseits des Gardasees: Monte Baldo, Scannuppia-Gruppe, Monte Bondone, Monte Pizzoccolo, Monte Tremalzo.
NAME: Zu Ehren des niederösterreichischen Botanikers Anton Joseph KERNER VON MARILAUN (1831–1898) benannt. KERNER fasste die später nach ihm benannte Schmuckblume vom Monte Baldo noch als zur Koriander-Schmuckblume gehörend auf.

4 | Alpen-Waldrebe
Clematis alpina – Ranunculaceae

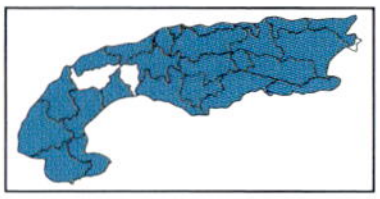

100–200 cm hoher Kletterstrauch; Blätter doppelt 3-zählig; Blütenkrone leuchtend blau, nickend, mit einem Kranz von 10–12 weißen Nektarblättern. Blütezeit V–VII.
VERWECHSLUNG: Keine.
LEBENSRAUM: Lichte Blockwälder, Alpenrosen- und Latschengebüsch, alpine Nadelwälder. 1200–2200 m NN, gelegentlich auch tiefer, wie in Auer bei Bozen (300 m NN) oder höher, wie im Südtiroler Rosengarten (2400 m NN).
VERBREITUNG: Südeuropäisch-montane Art von den Seealpen bis in die Karpaten und Rhodopen. Eine nahe verwandte Sippe (*C. sibirica*) in Nordeuropa und Sibirien.

5 | Aufrecht-Waldrebe
Clematis recta – Ranunculaceae

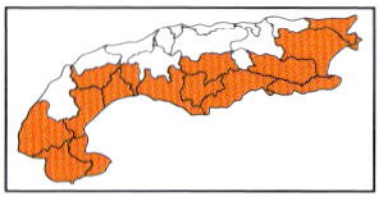

100–150 cm hoch; Stängel aufrecht, krautig, nicht kletternd; Blätter bläulichgrün, einfach gefiedert, mit bis zu 9 gestielten, ganzrandigen Blättchen; Blüten in reichblütigen, endständigen Rispen; Perigonblätter milchweiß, kahl, nur am Rand filzig. Blütezeit VI.
VERWECHSLUNG: Die Echt-W., *C. vitalba*, ist kletternd und verholzt. Die Brenn-W., *C. flammula*, ist ebenfalls kletternd und hat doppelt gefiederte Blätter.
LEBENSRAUM: Trockene Säume, Waldlichtungen, Gebüsche. Bis etwa 1700 m NN.
VERBREITUNG: Europäische Art.

1
2
4A
3
4B
5

1 | Dauphine-Rittersporn
Delphinium dubium – Ranunculaceae

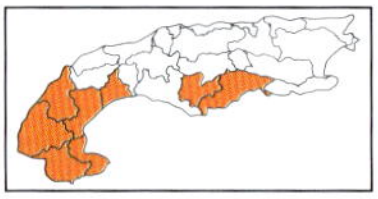

40–90 cm hoch, mit glatten, glänzenden Haaren kurz anliegend bis schwach abstehend behaart; Blattspreiten handförmig; Kronblätter dunkelblau bis blauviolett, Sporn 11–20 mm lang. Blütezeit VI–VII.
VERWECHSLUNG: Mit dem Hoch-R., *D. elatum*, welcher aber rau und matt behaart ist, dazwischen auch mit flaschenförmigen Haaren.
LEBENSRAUM: Hochstaudenfluren, Grünerlenfluren, Waldlichtungen, Bachufer. 1150–2400 m NN.
VERBREITUNG: Endemit der Alpen.
ALLGEMEIN: Von den weltweit rund 380 Rittersporn-Arten kommen 30 in Europa und 3 in den Alpen vor. Der Verbreitungsschwerpunkt der überwiegend in den nördlich-gemäßigten Zonen vorkommenden Gattung liegt in Asien. Der botanische Gattungsname ist vom altgriechischen „*delphinion*" (= Delphin) abgeleitet und beschreibt die Gestalt der an Delphine erinnernden Nektarien im Honigsporn. Neue molekulargenetische Untersuchungen ergaben, dass die bisher als eigene Gattung der Feldrittersporne, *Consolida*, abgetrennten Arten im phylogenetischen Baum von *Delphinium* eingebettet sind. Es ist noch offen, ob die Feldrittersporne deshalb in *Delphinium* eingegliedert werden müssen oder ob *Delphinium* in mehrere kleinere Gattungen aufgeteilt wird.

2 | Hoch-Rittersporn
Delphinium elatum subsp. *elatum* – Ranunculaceae

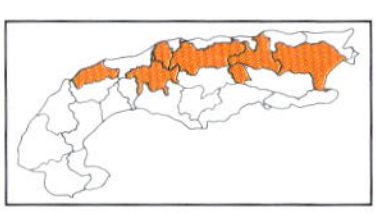

60–180 cm hoch; Blattspreiten handförmig 5–7-spaltig; Blütenkrone strahlendblau, in traubigen, oft verzweigten Blütenständen; untere Kelchblätter 1,5–2,5 × so lang wie breit; das oberste Blütenblatt mit einem langen, an der Spitze abwärts gebogenen Sporn; Nektarblätter braunschwarz. Blütezeit VII–IX.
VERWECHSLUNG: Mit dem Dauphine-Rittersporn, *D. dubium*. Der Österreich-R., *D. elatum* subsp. *austriacum*, hat blaue oder gelblichweiße Nektarblätter, der Schweiz-R., *D. elatum* subsp. *helveticum* hat Kelchblätter, die 2,5–3,5 × so lang wie breit sind.
LEBENSRAUM: Hochstaudengesellschaften, Schutthalden, Grünerlengebüsch, Bachränder, Waldränder. 1000–2200 m NN.
VERBREITUNG: Eurosibirische Sippe von den französischen Alpen bis in die Mongolei.

3 | Österreich-Rittersporn
Delphinium elatum subsp. *austriacum* – Ranunculaceae

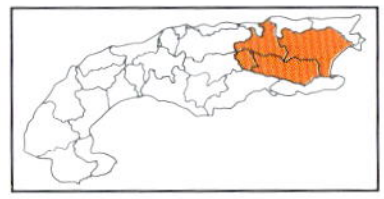

80–200 cm hoch, Blattspreiten handförmig 5–7-spaltig; Blütenkrone strahlend violettblau; Nektarblätter blau oder gelblichweiß. Blütezeit VII–IX.
VERWECHSLUNG: Unterscheidet sich von den anderen *D. elatum*-Unterarten durch die blauen bis gelblichweißen Nektarblätter (bei den anderen Unterarten braunschwarz).
LEBENSRAUM: Hochstaudenfluren, Waldränder, lichte Lärchenwälder, Grünerlengebüsch. Etwa 800–2100 m NN.
VERBREITUNG: Endemit der Ostalpen.
ANMERKUNG: Teilweise als eigene Unterart wird der Osttirol-Rittersporn (*D. elatum* subsp. *apolanum*) abgetrennt, der sich u. a. durch auf der Fläche weiße Nektarblätter unterscheidet.

4 | Schweiz-Rittersporn
Delphinium elatum subsp. *helveticum* – Ranunculaceae

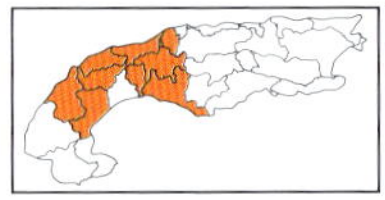

60–180 cm hoch; Blattspreiten handförmig 5–7-spaltig; untere Kelchblätter 2,5–3,5 × so lang wie breit; Blütenkrone strahlend violettblau, Nektarblätter braunschwarz. Blütezeit VII–IX.
VERWECHSLUNG: v. a. mit dem Hoch-R., *D. elatum* subsp. *elatum* und dem Österreich-R., *D. elatum* subsp. *austriacum*.
LEBENSRAUM: Hochstaudenfluren, Schutthalden, lichte Wälder, Bachränder. Etwa 1300–2100 m NN.
VERBREITUNG: Endemit der Alpen.

5 | Leberblümchen
Hepatica nobilis – Ranunculaceae

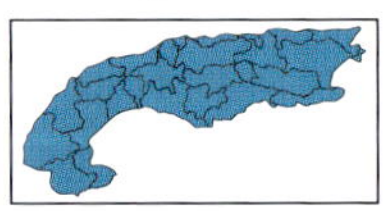

5–15 cm hoch; Blattspreiten der grundständigen Blätter herzförmig 3-lappig, unterseits oft purpurn, überwinternd; Blütenkrone leuchtendblau, selten weiß oder rosa, mit 6–10 Blütenblättern. Blütezeit III–V.
VERWECHSLUNG: Keine.
LEBENSRAUM: Edellaubwälder; kalkliebend. Bis 2200 m NN.
VERBREITUNG: Europäische Art von Spanien und Norwegen bis zur Wolga und zum Schwarzen Meer. Nahe verwandte Sippen in Ostasien und Nordamerika.

1

2

3

4

5

1 | Ruch-Nieswurz
Helleborus foetidus – Ranunculaceae

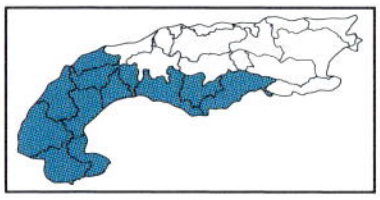

30–60 cm hoch, Stängel beblättert, vielblütig; Blattspreiten 7–9-teilig, wintergrün, kahl; Blüten hängend, Perigon grün, meist purpurn berandet. Blütezeit III–IV.
VERWECHSLUNG: Keine.
LEBENSRAUM: Krautreiche Buchen- und Eichenwälder, Säume und Gebüsche in wintermilder Klimalage. Bis 1980 m NN.
VERBREITUNG: Südwesteuropäische Art von Südspanien bis Wales, Deutschland und Apulien.
ALLGEMEIN: Nieswurz-Arten enthalten in ihrem Rhizom Niesreiz erregende Stoffe, woher auch ihr Name kommt. In der antiken Säftelehre galt das Niesen als Mittel gegen den Wahnsinn und andere psychische Krankheiten. Man glaubte, dass während des Niesens das Tor zur Anderswelt geöffnet ist und musste diese Zeit mit einem Segensspruch entschärfen. Ein Brauch, der sich mit dem Wort „Gesundheit" bis heute gehalten hat.

2 | Schneerose
Helleborus niger – Ranunculaceae

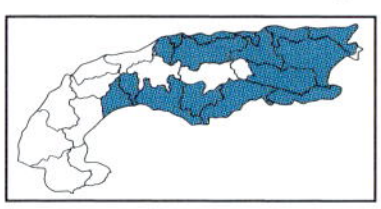

15–30 cm hoch; Stängel ohne Laubblätter, nur mit 1–2 blassen Hochblättern; Blätter dunkelgrün, überwinternd, ledrig, mit keilförmigen Blättchen; Blüten 6–10 cm im Durchmesser; Perigonblätter weiß, sich beim Verblühen grünlich oder rötlich färbend; Nektarblätter gelbgrün, stanitzelförmig. Blütezeit (XII) II–V.
VERWECHSLUNG: Pflanzen mit abblühend-grünlichen Blüten können mit der Grün-Nieswurz, *H. viridis*, verwechselt werden, doch hat diese sommergrüne, hellgrüne Blätter.
LEBENSRAUM: Frische Edellaubwälder, besonders Fichten-Tannen-Buchenwälder, auch Rotkiefernwälder, Latschengebüsch und Kalkschutt. Bis etwa 1800 m NN.
VERBREITUNG: Südosteuropäische Art der Alpen, des nördlichen Apennins und der Gebirge des nördlichen Balkans.

3 | Grün-Nieswurz
Helleborus viridis – Ranunculaceae

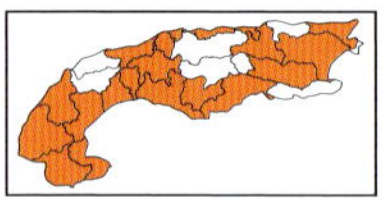

15–40 cm hoch, Stängel 2–3-blütig, an den Verzweigungen beblättert; Perigonblätter 2,5–3 cm lang, grün, sich deutlich mit den Rändern überdeckend; Blütezeit III–IV.
VERWECHSLUNG: Mit der Hecken-N., *H. dumetorum*, deren Blühtriebe aber 10–15-blütig sind und deren Kelchblätter sich höchstens am Grund überdecken.
LEBENSRAUM: Edellaubwälder, besonders Au- und Buchenwälder, Lichtungen. Bis 1600 m NN.
VERBREITUNG: Europäische Art von Nordspanien und England bis Österreich und Polen. In den Alpen sehr zerstreut, mancherorts auch nur aus Kultur (Tierarzneipflanze) eingebürgert.

4 | Nördliche Alpen-Kuhschelle
Pulsatilla alpina subsp. *alpina* – Ranunculaceae

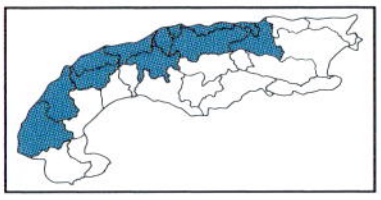

20–50 cm hoch; ein grundständiges Blatt; Blattzipfeln insgesamt 500–800, Blattrand zur Fruchtzeit kahl; Blütenkrone im Durchmesser 4–5,5 cm; Perigon weiß, Perigonblätter meist 7. Blütezeit V–VII.
VERWECHSLUNG: v. a. mit der Schneeberg-Alpen-K., *P. alpina* subsp. *schneebergensis* und der Südlichen Alpen-K., *P. alpina* subsp. *austroalpina*, welche aber zur Fruchtzeit behaarte Blattränder haben.
LEBENSRAUM: Steinige Rasen, Weiden, rasige Hänge; kalkliebend. 1200–2500 m NN, vereinzelt auch tiefer, wie im Tiroler Unterautal (980 m NN).
VERBREITUNG: Alpische Sippe des Juras und der nördlichen Kalkalpen.

5 | Österreichische Alpen-Kuhschelle
Pulsatilla alpina subsp. *alba* – Ranunculaceae

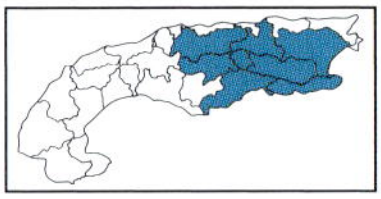

15–30 cm hoch; Grundblätter 2–3; Blattspreite besonders deutlich gegen den Stiel abgewinkelt, Blattrand zur Fruchtzeit kahl; Blütenkrone im Durchmesser 3–4,5 cm, Perigon weiß. Blütezeit V–VII.
VERWECHSLUNG: Besonders mit der Nördlichen Alpen-K., *P. alpina* subsp. *alpina*, deren Blattspreite gegen den Blattstiel aber nicht abgewinkelt und deutlich behaart ist. Außerdem hat die subsp. *alpina* im Durchmesser 4–5,5 cm große Blütenkronen und kommt nur über Kalk vor.
LEBENSRAUM: Bodensaure Magerrasen, v. a. Bürstlingrasen; kalkmeidend. 1500–2500 m NN.
VERBREITUNG: Europäisch-montane Sippe vom Kantabrischen Gebirge bis in die Karpaten.

1A
1B
2A
2B
3
4
5

1 | Gelbe Alpen-Kuhschelle
Pulsatilla alpina subsp. *apiifolia* – Ranunculaceae

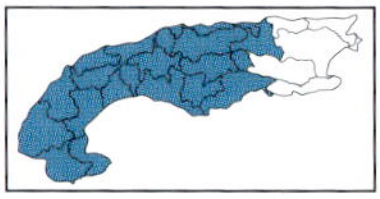

20–50 cm hoch; ein grundständiges Blatt; Blattrand zur Fruchtzeit behaart; Blütenkrone im Durchmesser 5–6,5 cm; Perigon schwefelgelb, Perigonblätter meist 6. Blütezeit V–VII.
VERWECHSLUNG: Keine.
LEBENSRAUM: Steinige Rasen, Bürstlingrasen, Krummseggenrasen; kalkmeidend. 1400–2700 m NN, vereinzelt auch höher, wie auf der Tiroler Faselfadspitze (2990 m NN) oder tiefer, wie bei Osiere im Wallis (1090 m NN).
VERBREITUNG: Südwesteuropäisch-montane Sippe von den Spanischen Gebirgen bis in die Alpen.
ALLGEMEIN: Die Alpen-Kuhschelle wurde in den Alpen lange Zeit in nur 3 Unterarten untergliedert *(alpina, austriaca, sulphurea)*, bis neuere Untersuchungen auch eine neue Gliederung notwendig machten. Gegenwärtig werden von ihr im Alpenraum 7 Subspezien unterschieden. Kuhschellen zieren auch nach der Blüte durch ihre auffallenden Sammelfrüchte (eigentlich Früchtchenstände) die Bergwiesen, die ihnen Volksnamen wie „Almtreapale", „Strubebube", „Grantiger Jager" und „Teufelsbart" einbrachten. Namen, die auch für ganz andere Pflanzen mit ähnlichen „struppigen" Fruchtständen verwendet werden.

2 | Südliche Alpen-Kuhschelle
Pulsatilla alpina subsp. *austroalpina* – Ranunculaceae

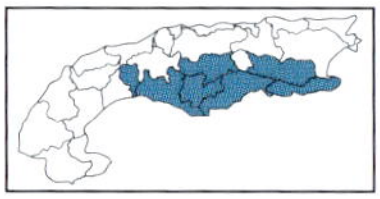

20–40 cm hoch; Grundblätter 1–2; Blattzipfeln insgesamt 700–900; Blattrand zur Fruchtzeit behaart; Blütenkronen im Durchmesser 5,5–6,5 cm; Perigon weiß, Perigonblätter meist 7. Blütezeit V–VII.
VERWECHSLUNG: v. a. mit der Nördlichen Alpen-K., *P. alpina* subsp. *alpina*, welche aber zur Fruchtzeit kahle Blattränder hat.
LEBENSRAUM: Trockene Rasen und Felsfluren; kalkhold. Etwa 1100–2100 m NN, in Insubrien auch mehrfach tiefer.
VERBREITUNG: Ostalpisch-illyrische Sippe der südlichen Kalkalpen vom Tessin bis nach Kroatien.

3 | Cottische Alpen-Kuhschelle
Pulsatilla alpina subsp. *cottianaea* – Ranunculaceae

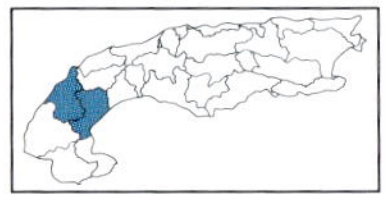

20–50 cm hoch; Grundblätter 1–2; Blattzipfeln insgesamt 500–900, Blattrand zur Fruchtzeit behaart; Blütenkronen im Durchmesser 7–9 cm; Perigon weiß, Perigonblätter meist 8. Blütezeit V–VII.
VERWECHSLUNG: v. a. mit der Vielzipfeligen Alpen-K., *P. alpina* subsp. *millefoliata*, welche aber 3–5 Grundblätter und feiner zerteilte Blätter mit insgesamt 1200–1400 Blattzipfeln hat.
LEBENSRAUM: Alpine Rasen, lichte Lärchenwälder, Wiesen; kalkmeidend. 1200–2000 m NN.
VERBREITUNG: Endemit der Cottischen Alpen.

4 | Vielzipfelige Alpen-Kuhschelle
Pulsatilla alpina subsp. *millefoliata* – Ranunculaceae

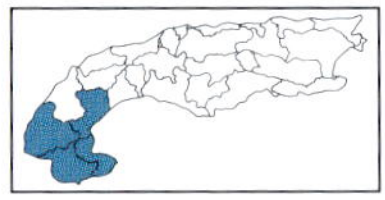

10–30 cm hoch; Grundblätter 3–5; Blattzipfeln insgesamt 1200–1400; Blattrand zur Fruchtzeit kahl; Blütenkronen im Durchmesser 5–6 cm; Perigon weiß, Perigonblätter 6–8. Blütezeit V–VII.
VERWECHSLUNG: Mit den anderen weiß blühenden Unterarten, deren Blätter aber weniger stark zerteilt sind mit einer Gesamtblattzipfelzahl von höchstens 900.
LEBENSRAUM: Alpine Rasen, lichte Lärchenwälder, Wiesen; kalkliebend. 1200–2400 m NN.
VERBREITUNG: Westalpisch-apenninische Sippe.

5 | Schneeberg-Alpen-Kuhschelle
Pulsatilla alpina subsp. *schneebergensis* – Ranunculaceae

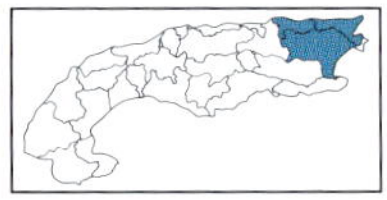

20–40 cm hoch; Grundblätter 1–2, zur Blütezeit noch nicht entwickelt; Blattzipfeln insgesamt 150–200, Blattrand zur Fruchtzeit behaart; Blütenkronen im Durchmesser 4–5,5 cm; Perigon weiß, Perigonblätter 6–7. Blütezeit V–VII.
VERWECHSLUNG: v. a. mit der westlich anschließenden Nördlichen Alpen-K., *P. alpina* subsp. *alpina*, welche aber feiner zerteilte Blätter mit einer Gesamtblattzipfelzahl von 500–800 und zur Fruchtzeit kahle Blatträndern hat.
LEBENSRAUM: Steinige Rasen, Felsfluren, Bergwiesen; kalkhold. 1100–2000 m NN, vereinzelt auch tiefer, wie in der steirischen Weizklamm (800 m NN).
VERBREITUNG: Endemit der Nordostalpen.

1

2

3

4

5

1 | Haller-Kuhschelle
Pulsatilla halleri – Ranunculaceae

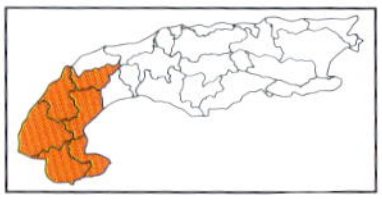

5–20 cm hoch; Zipfel der grundständigen Blätter 2–5 mm breit, mit 2–4 mm langen Haaren seidig-glänzend behaart; Perigonblätter 2–3 cm lang, hellviolett. Blütezeit V–VII.

VERWECHSLUNG: Mit der Echt-Kuhschelle, *P. vulgaris*, deren Blattzipfeln aber höchstens 2 mm breit sind.
LEBENSRAUM: Felsrasen und Magerwiesen; kalkliebend. Etwa 1300–2500 m NN.
VERBREITUNG: Endemit der Westalpen.
NAME: Benannt zu Ehren des Schweizer Universalgelehrten Albrecht VON HALLER (1708–1777), der sich besonders in der Medizin, der Botanik und in der Literatur große Verdienste erwarb.

2 | Berg-Kuhschelle
Pulsatilla montana – Ranunculaceae

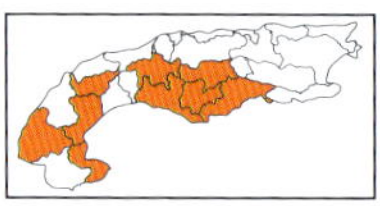

8–20 cm hoch; grundständige Blätter 4-fach gefiedert mit schmal-linealen, stark behaarten Zipfeln; Grundblätter zur Blütezeit erst austreibend; Stängel stark behaart, mit endständiger, ± nickender Blüte; Perigonblätter dunkelviolett, mind. 2 × so lang wie die Staubblätter, an der Spitze kaum auswärts gebogen. Blütezeit III–V.

VERWECHSLUNG: Mit der Schwarz-K., *P. pratensis* subsp. *nigricans*, bei der die Blütenblätter aber nur 1,25–1,5 × so lang wie die Staubblätter und diese an der Spitze deutlich auswärts gebogen sind.
LEBENSRAUM: Lückige Trockenrasen, Flaumeichenwälder; kalkhold. Bis etwa 2000 m NN.
VERBREITUNG: Südeuropäisch-montane Art vom Piemont bis zum Schwarzen Meer.

3 | Steiermark-Kuhschelle
Pulsatilla styriaca – Ranunculaceae

5–20 cm hoch; grundständige Blätter zur Blütezeit noch wenig entwickelt, einfach gefiedert, Zipfel 2–5 mm breit, mit 4–5 mm langen Haaren seidig-glänzend behaart; Perigonblätter 3–4 cm lang, hellviolett. Blütezeit II–IV.

VERWECHSLUNG: Mit der Groß-K., *P. grandis*, welche aber 2-fach gefiederte Blätter hat.
LEBENSRAUM: Felstrockenrasen, warme Waldsäume, Pioniertrockenrasen, Rotkiefernwälder; kalkstet. 380–1500 m NN.
VERBREITUNG: Südosteuropäische Art von der Steiermark bis ins bulgarische Rila-Gebirge.

4 | Frühlings-Kuhschelle
Pulsatilla vernalis – Ranunculaceae

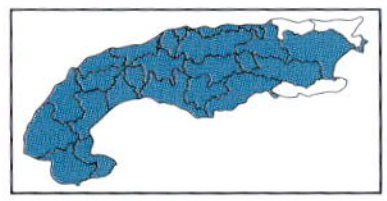

5–15 cm hoch; grundständige Blätter einfach gefiedert mit 2–3 Fiederpaaren, überwinternd; Blüten auf kurzem, zottigem Stängel zuerst aufrecht, später nickend; Perigonblätter innen weiß bis helllila, außen violett überlaufen und zottig behaart. Blütezeit III–VI.

VERWECHSLUNG: Kaum.
LEBENSRAUM: Bodensaure Silikat-Magerrasen. 1500–2600 m NN, vereinzelt auch bis 3100 m NN steigend (Schwarzhorn im Wallis) und bis ins Tiefland hinab.
VERBREITUNG: Europäisch-montane Art von den Kantabrischen Gebirgen bis ins bulgarische Rila-Gebirge und ins südliche Skandinavien.

5 | Trollblume
Trollius europaeus – Ranunculaceae

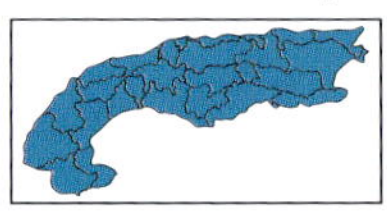

30–60 cm hoch; Stängel meist einblütig, kahl; Blattspreiten handförmig geteilt; Blütenkrone gelb, mit 10–15 kugelig zusammenneigenden Blütenblättern. Blütezeit V–VII.

VERWECHSLUNG: Keine.
LEBENSRAUM: Feuchte Wiesen, Hochstaudenfluren, kräuterreiche, frische Rasen, lichte Lärchenwälder. Bis 3000 m NN.
VERBREITUNG: Eurosibirische Art von Mittelspanien, Nordirland und dem Nordkap bis in die russische Ob-Region.
ANMERKUNG: Die Trollblume und Blumenfliegen der Gattung *Chiastocheta* sind voneinander abhängig. Die Fliegen zwängen sich durch die Kronblätter ins Blüteninnere und übertragen dabei den mitgebrachten Pollen auf die Narben. Sie laben und paaren sich im Schutze der Kuppel und nutzen diese auch zur Eiablage. Die schlüpfenden Larven machen sich über die Samen her. Es bleiben aber genügend über, um den Fortbestand beider Arten zu gewährleisten.

1A

1B

2

3

4

5

1 | Eisenhut-Hahnenfuß
Ranunculus aconitifolius – Ranunculaceae

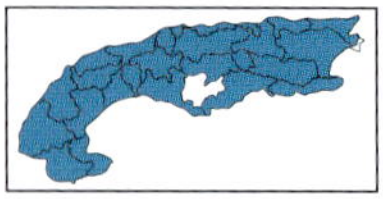

20–50 cm hoch; abstehend-ästig; grundständige Blattspreiten 3–5-teilig, Abschnitte am Grund frei; Blütenstiele 1–3 × so lang wie ihre Tragblätter, unter der Blüte kurz behaart; Kronblätter weiß; Blüten im ∅ 1–2 cm. Blütezeit V–VII.
VERWECHSLUNG: Mit dem Platanen-H., *R. platanifolius*, welcher aber Blütenstiele hat, die 4–5 × so lang wie die Tragblätter sind und der Blattspreiten hat, die am Grunde miteinander verbunden sind.
LEBENSRAUM: Staudenreiche Wälder, Hochstaudenfluren, Bachränder, Quellfluren; kieselliebend. 900–2200 m NN, vereinzelt auch tiefer, wie in der Deutschlandsberger Klause (390 m NN) oder höher wie am Mattlishorn in Graubünden (2350 m NN).
VERBREITUNG: Südeuropäisch-montane Art von der spanischen Sierra de Guadarrama bis Westfalen und ins bosnische Vranica-Gebirge.

2 | Alpen-Hahnenfuß
Ranunculus alpestris – Ranunculaceae

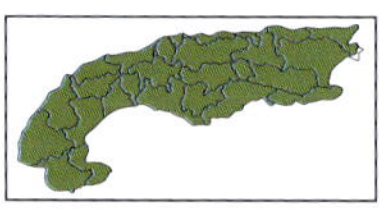

5–15 cm hoch; Pflanze kahl, einblütig; Spreiten der grundständigen Blätter rundlich bis nierenförmig, 3–5-spaltig, mit ungleich-stumpfzähnigen Abschnitten, glänzend, Mittelabschnitt der Blattspreiten am Grund breiter als 2 mm; Kronblätter weiß; Blüte 2–2,5 cm im ∅. Blütezeit V–VIII.
VERWECHSLUNG: v. a. mit Traunfellner-H., *R. traunfellneri*, bei dem der Mittelabschnitt der Grundblattspreiten aber höchstens 2 mm breit ist.
LEBENSRAUM: Gesteinsfluren, Feinschutthalden, Schneetälchen; kalkstet. 1200–2800 m NN, vereinzelt auch tiefer, wie bei Sparchenmühle nahe Kufstein (500 m NN) oder höher, wie am Piz Beverin in Graubünden (2940 m NN).
VERBREITUNG: Südeuropäisch-montane Art von Nordspanien bis in die Karpaten.

3 | Zweilappig-Hahnenfuß
Ranunculus bilobus – Ranunculaceae

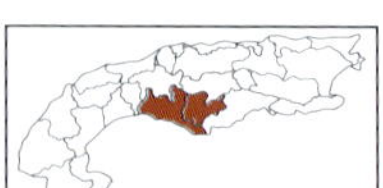

5–10 cm hoch; Stängel kahl, mit 1–2 Stängelblättern, 1–3-blütig; Spreite der Grundblätter nierenförmig bis fast kreisrund, gekerbt, mit herzförmigen Grund, 5-nervig; Blütenkrone etwa 2 cm im ∅, Kronblätter weiß, herzförmig. Blütezeit VI–VII.
VERWECHSLUNG: Mit dem Alpen-H., *R. alpestris*, bei dem die Spreiten der Grundblätter aber 3–5-spaltig sind und dem Kerb-H., *R. crenatus*.
LEBENSRAUM: Feuchter Feinschutt, Felsabsätze, offener Rasen; kalkstet. 1400–2000 m NN.
VERBREITUNG: Endemit der Alpen. In den Südalpen von den Bergamasker Alpen bis Judikarien. Monte Alben, Corna Blanca, Monte Tombea, Val Concei, Monte Tremalzo, Val di Ledro.

4 | Gebirgs-Haarblatt-Hahnenfuß
Ranunculus confevoides – Ranunculaceae (Syn.: *R. trichophyllus* subsp. *eradicatus*)

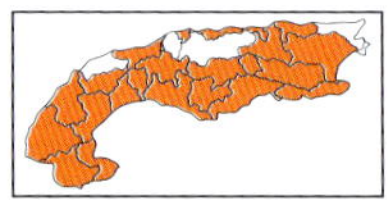

Bis 100 cm lange, zarte Wasserpflanze ohne Schwimmblätter; meist an allen Knoten der Sprosse wurzelnd; oft unter Wasser blühend; Früchtchen 5–15, rundlich, mit kleinem Spitzchen. Blütezeit V–VIII.
VERWECHSLUNG: v. a. mit dem Gewöhnlichen Haarblatt-H., *R. trichophyllus*, welcher aber nur an den unteren Knoten wurzelt, Früchtchen 15–30.
LEBENSRAUM: Nährstoffreiche Gebirgsseen. 1170–2600 m NN, vereinzelt auch höher, wie in den Riffelseen bei Zermatt (2750 m NN).
VERBREITUNG: Arktisch-alpine Art von Grönland bis Zentralasien und Alaska.

5 | Kerb-Hahnenfuß
Ranunculus crenatus – Ranunculaceae

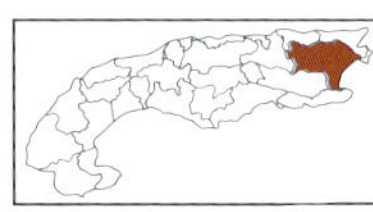

4–10 cm hoch; Stängel kahl, mit 1–2 Stängelblättern, 1–2-blütig; Grundblattspreiten fast kreisrund, rundum gekerbt, undeutlich 5-nervig; Blüten 2–2,5 cm im ∅, Kronblätter rundlich-eiförmig. Blütezeit VI–VII.
VERWECHSLUNG: Mit dem Zweilappig-H., *R. bilobus*, welcher aber herzförmige Kronblätter hat und kalkstet ist.
LEBENSRAUM: Feuchte Rasen, Seeufer, am Rande des schmelzenden Schnees; kalkmeidend. 1750–2350 m NN.
VERBREITUNG: Südosteuropäisch-montane Art der Ostalpen, Karpaten und der Gebirge der Balkanhalbinsel. In den Alpen nur in den steirischen Rottenmanner und Wölzer Tauern.

1

2

3

4A

4B

5

1 | Gletscher-Hahnenfuß

Ranunculus glacialis – Ranunculaceae

5–20 cm hoch, kahl; Stängel niederliegend bis aufsteigend, 1–5-blütig; Spreiten der grundständigen Blätter fleischig, 3-teilig, Abschnitte gestielt und mehrspaltig; Kronblätter weiß, später rosa; Blütenkrone 1,5–3 cm im ∅; Kelchblätter rotbraun behaart. Blütezeit VII–VIII.
VERWECHSLUNG: Mit dem Seguier-H., *R. seguieri*, welcher aber in der Jugend zottig behaart ist.
LEBENSRAUM: Nährstoffarme Steinschuttfluren, Säuerlingsfluren, Moränen; kalkmeidend. 1900–4000 m NN, vereinzelt auch tiefer, wie am Simplon im Wallis (1620 m NN) oder höher, wie am Finsteraarhorn (4275 m NN).
VERBREITUNG: Arktisch-alpine Art Skandinaviens, Islands, Grönlands, Spitzbergens und anderer arktischer Gebiete. Weiter südlich in den Gebirgen.

2 | Kamm-Hahnenfuß

Ranunculus hybridus – Ranunculaceae

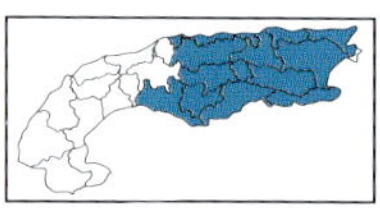

8–15 cm hoch; Blattspreite breit-nierenförmig, vorn 3–5-lappig bis eingeschnitten-gesägt; unterstes Stängelblatt meist unterhalb der Stängelmitte; grundständige Blätter zur Blütezeit vorhanden. Blütezeit V–VI.
VERWECHSLUNG: Mit dem Schildblatt-H., *R. thora* (siehe S. 338).
LEBENSRAUM: Felsschuttfluren, steinige Rasen, Wildheuplanken; kalkstet. 1500–2400 m NN, vereinzelt auch tiefer, wie im Achental bei Seemahd (930 m NN) und höher, wie in den Pala-Dolomiten (2500 m NN).
VERBREITUNG: Ostalpisch-illyrische Art der Ostalpen, des Hochkarstes und Westbosniens.

3 | Küpfer-Hahnenfuß

Ranunculus kuepferi – Ranunculaceae (Syn.: *R. pyrenaeus*)

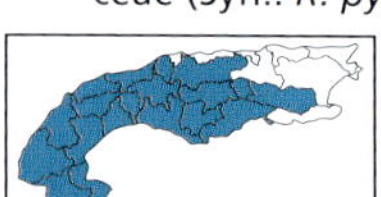

5–20 cm hoch; Grundblätter schmal-lanzettlich, kahl, ganzrandig, mit parallelen Hauptnerven; Blütenkrone 2–3 cm im ∅. Blütezeit V–VII.
VERWECHSLUNG: Keine.
LEBENSRAUM: Feuchte Magerrasen, Schneetälchen. 1660–2900 m NN, gelegentlich auch höher.
VERBREITUNG: Südeuropäisch-montane Art von der Sierra Nevada bis in die Alpen.
NAME: Benannt zu Ehren des zeitgenössischen Schweizer Botanikers Philippe Küpfer (geb. 1942), einem Spezialisten v. a. der Kreuzblütler und der Hahnenfußgewächse.

4 | Berg-Hahnenfuß

Ranunculus montanus – Ranunculaceae

7–30 cm hoch; grundständige Blätter glänzend, kahl oder spärlich behaart, seitliche Spreitenabschnitte wenig eingeschnitten; Stängelblattabschnitte 2–7 × so lang wie breit; Blütenstiel rund, ungefurcht; Blütenkrone gelb, 2–3 cm im ∅. Blütezeit V–VIII.
VERWECHSLUNG: Mit den anderen Arten aus der *montanus*-Gruppe, welche aber matte, behaarte Grundblätter haben oder, wenn kahl *(R. carinthiacus)*, Stängelblattabschnitte haben, die 6–15 × so lang wie breit sind.
LEBENSRAUM: Weiderasen, lichte Wälder, Schneetälchen, Niedermoorwiesen; kalkliebend. 1000–2700 m NN, vereinzelt auch tiefer, wie am Lechufer (400 m NN) oder höher, wie am Großen St. Bernhard im Wallis (2950 m NN).
VERBREITUNG: Alpische Art der Alpen, des Alpenvorlandes, des Schweizer und Deutschen Juras und des Schwarzwaldes.
ANMERKUNG: Die Gruppe um den Berg-H., *R. montanus* agg., besteht in den Alpen aus 5 weiteren, sehr ähnlichen Arten:
- *R. aduncus*: Westalpen
- *R. breyninus*: im Großteil der Alpen
- *R. carinthiacus*: zerstreut durch die Alpen
- *R. venetus*: Südostalpen
- *R. villarsii*: westliche Alpen bis Osttirol

5 | Herzblatt-Hahnenfuß

Ranunculus parnassifolius – Ranunculaceae

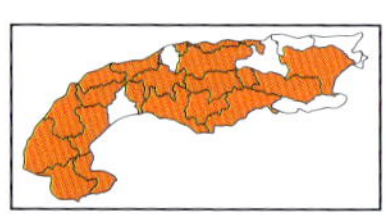

4–12 cm hoch; bogig aufsteigend, mehrblütig; Spreite der Grundblätter herzförmig, ganzrandig, mit bogigen Hauptnerven, am Grund und Rand zottig behaart; Blütenkrone 2–2,5 cm im ∅; Kelchblätter zottig behaart. Blütezeit VI–VII.
VERWECHSLUNG: Keine.
LEBENSRAUM: Feuchte, steinige Hänge, Felsschutthalden; kalkstet. 1700–2900 m NN.
VERBREITUNG: Alpisch-pyrenäische Art von den Kantabrischen Gebirgen bis in die Eisenerzer Alpen.

1A
1B
2A
2B
3
4
5

1 | Platanen-Hahnenfuß
Ranunculus platanifolius – Ranunculaceae

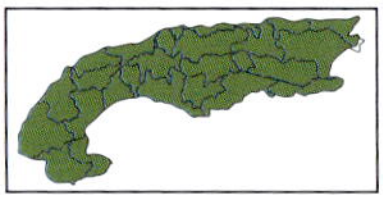

40–120 cm hoch, aufrechtästig; Spreiten der grundständigen Blätter 3–5-teilig, am Grunde miteinander verbunden; Blütenstiele 4–5 × so lang wie ihre Tragblätter, unter der Blüte kahl; Blütenkrone im ∅ 1,2–2,5 cm. Blütezeit VI–VII.

VERWECHSLUNG: Mit dem Eisenhut-H., *R. aconitifolius* (siehe S. 334).

LEBENSRAUM: Hochstaudenfluren, Bergwiesen, Schluchtwälder. 1100–2100 m NN, vereinzelt auch höher, wie am Mooser Berg in den Osttiroler Defregger Alpen (2200 m NN).

VERBREITUNG: Europäisch-montane Art von der Iberischen Halbinsel bis Norwegen und Griechenland.

2 | Zwerg-Hahnenfuß
Ranunculus pygmaeus – Ranunculaceae

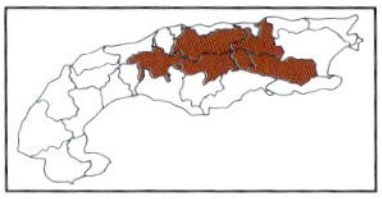

1–5 cm hoch, aufrecht oder bogig aufsteigend; Spreiten der grundständigen Blätter bis über die Mitte 3–5-teilig, kahl; Blütenkrone 0,5–1 cm im ∅, Kronblätter gelb. Früchtchen 0,8–1,4 mm im ∅. Blütezeit VII–VIII.

VERWECHSLUNG: u. U. mit Kümmerexemplaren aus der *R. montanus*-Gruppe, deren Blüten aber über 1 cm im ∅ und deren Früchtchen über 1,5 mm im ∅ haben.

LEBENSRAUM: Schneetälchen, Gletscherränder, Moränenhänge, feuchte Felsbänder; kalkmeidend. 1800–2800 m NN, vereinzelt auch höher, wie am Eisjöchl bei Lazins (2840 m NN).

VERBREITUNG: Arktisch-alpine Art von Island und Spitzbergen zirkumpolar bis Grönland. Weiter südlich in den Gebirgen, in Europa in den Alpen und der Tatra.

3 | Seguier-Hahnenfuß
Ranunculus seguieri – Ranunculaceae

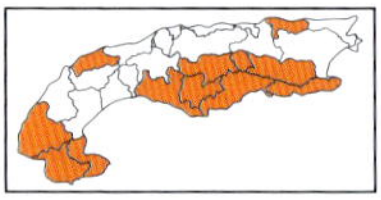

5–15 cm hoch; ganze Pflanze in der Jugend weißzottig behaart, später verkahlend; Spreiten der grundständigen Blätter bis auf den Grund handförmig-vielteilig; Blütenstiel rund, Blütenkrone 2–2,5 cm im ∅; Blütezeit V–VII.

VERWECHSLUNG: Mit dem Alpen-H., *R. alpestris*, welcher aber von der Jugend weg kahl ist.

LEBENSRAUM: Feuchte Felsschutthalden; kalkstet. 1800–2570 m NN.

VERBREITUNG: Alpisch-apenninische Art der Alpen und des zentralen Apennins. Nahe verwandte Sippen in den Kantabrischen Gebirgen und auf der Balkanhalbinsel.

NAME: Benannt zu Ehren des französischen Botanikers und Archäologens Jean-Francois Seguier (1703–1784), nach dem neben mehreren Arten auch die Gattung *Seguieria* aus der Familie der Kermesbeerengewächse benannt ist.

4 | Schildblatt-Hahnenfuß
Ranunculus thora – Ranunculaceae

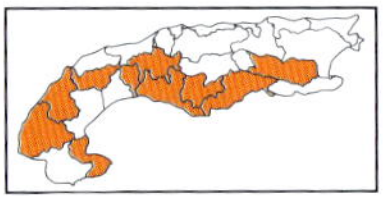

5–30 cm hoch; Stängel über der Mitte mit einem Blatt mit großer, kreisrunder bis nierenförmiger, fein gezähnter Spreite; grundständige Blätter fehlen zur Blütezeit; Blütenkrone 1–2 cm im ∅. Blütezeit V–VII.

VERWECHSLUNG: Mit dem Kamm-H., *R. hybridus*, bei dem allerdings grundständige Blätter zur Blütezeit vorhanden sind.

LEBENSRAUM: Felsschutthalden, Latschengebüsch, Felsbänder, Blaugrashalden, Horstseggenrasen; kalkstet. 1200–2300 m NN, vereinzelt auch tiefer, wie in Krain (650 m NN) oder höher, wie im Val Cluoza im Unterengadin (2400 m NN).

VERBREITUNG: Südeuropäisch-montane Art von den kantabrischen Gebirgen bis in die Karpaten und in die Albanischen Alpen.

5 | Traunfellner-Hahnenfuß
Ranunculus traunfellneri – Ranunculaceae

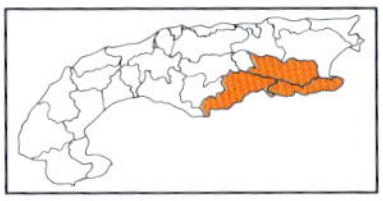

5–10 cm hoch; Spreiten der grundständigen Blätter 3-teilig, Mittelabschnitt am Grund etwa 2 mm breit, die seitlichen Abschnitte mehrmals tief eingeschnitten; Kronblätter weiß; Blütenkrone etwa 2 cm im ∅. Blütezeit V–VIII.

VERWECHSLUNG: Mit dem Alpen-H., *R. alpestris* (siehe S. 334).

LEBENSRAUM: Feinschuttfluren, Schneetälchen; kalkstet. 1500–2500 m NN.

VERBREITUNG: Ostalpische Art der Südostalpen bis zum Krainer Schneeberg im Hochkarst.

NAME: Der Artname ehrt den österreichischen Apotheker und Botaniker Alois Traunfellner (1782–1840), der die Art auf seinen zahlreichen botanischen Exkursionen entdeckte.

1
2
3
4A
4B
5

1 | Alpen-Wiesenraute
Thalictrum alpinum – Ranunculaceae

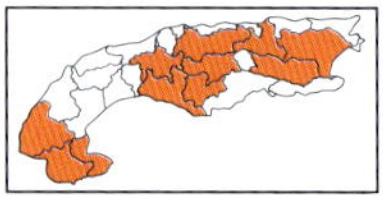

5–15 cm hoch, kahl; alle Blätter in grundständiger Rosette, Teilblättchen rundlich, 2–4 mm lang; Blüten in endständiger Traube, zuletzt nickend; Perigonblätter blass-braunrot, bis 2 mm lang. Blütezeit VI–VII.
VERWECHSLUNG: Mit der Klein-W., *Th. minus*, welche aber 5–30 mm lange Blättchen und 4–5 mm lange Perigonblätter hat.
LEBENSRAUM: Magerrasen, Nacktriedrasen, Borstgrasmatten, Niedermoore. 1800–2600 m NN, vereinzelt auch höher, wie am Martrel-Grat in Graubünden (2700 m NN).
VERBREITUNG: Arktisch-alpine Art. Sehr zerstreut durch die Alpen und andere europäische Hochgebirge (Sierra Nevada, Pyrenäen, Karpaten, Sar Planina). Im arktischen Gebiet weit verbreitet.

2 | Akelei-Wiesenraute
Thalictrum aquilegiifolium – Ranunculaceae

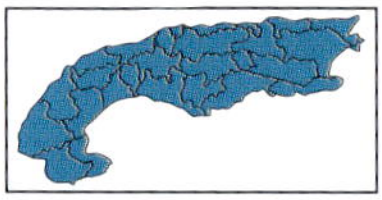

40–120 cm hoch; Stängel auf der ganzen Länge beblättert; Blätter blaugrün, 1–3-fach gefiedert, Blättchen rundlich bis oval, grob und stumpf gezähnt; Blütenstand rispig, reich verzweigt; Staubfäden lila bis weiß, ausnahmsweise auch blassgelb, unter den Staubbeuteln verdickt. Blütezeit V–VII.
VERWECHSLUNG: Seltene gelbliche Formen können mit der Gelb-W., *T. flavum*, verwechselt werden, allerdings hat diese unter den Staubbeuteln nicht verdickte Staubfäden.
LEBENSRAUM: Hochstaudenfluren, frische Edellaubwälder, Auwälder und Säume. Bis etwa 2400 m NN, vereinzelt auch höher, wie im Val da Fain (2500 m NN).
VERBREITUNG: Europäische Art von Nordspanien bis zur mittleren Wolga und bis Nordrussland.
ANMERKUNG: Die Akelei-Wiesenraute hat auf Blütenblätter verzichtet und stattdessen Staubblätter zahlreich und farbenfroh ausgebildet. Das ist einmalig in der heimischen Flora. Bekannt ist diesen Verhalten bei etlichen fremdländischen Arten wie Myrthe, Eukalyptus oder den afrikanischen Akazien. Die Pflanzen bieten Pollen statt Nektar und sichern durch den ausgeprägten Schauapparat die Bestäubung durch Insekten.

3 | Klein-Wiesenraute
Thalictrum minus – Ranunculaceae

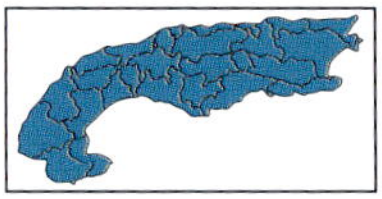

20–150 cm hoch, kahl, geruchlos; Stängel gerillt bis kantig; Blätter 2–4-fach gefiedert; Blättchen 5–30 mm lang, etwa gleich lang wie breit; Perigonblätter 4–5 mm lang, wie die Staubfäden grünlich bis gelblich oder blass-purpurbraun. Blütezeit V–VIII.
VERWECHSLUNG: Mit der Stink-W., *Th. foetidum*, bei der aber Stängel und Blätter kurz drüsenhaarig sind und die 2–4 mm lange Blättchen hat.
LEBENSRAUM: Trockenwarme Hügel und Felsen, Gebüsche, lichte Wälder, Halbtrockenrasen. Bis 2000 m NN.
VERBREITUNG: Eurasiatische Art, die in den Alpen in 4 Unterarten (subsp. *minus*, subsp. *majus*, subsp. *pratense* und subsp. *saxatile*) auftritt.

4 | Krain-Kreuzdorn
Rhamnus fallax – Rhamnaceae

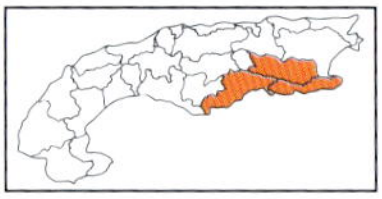

1–3 m hoher Strauch; Zweige kahl; Blätter 7–12 cm lang; Spreite elliptisch bis länglich-elliptisch, oberseits auffallend glänzend, mit 14–18 Paar Seitennerven; Blütenkrone gelbgrün, 4-zählig. Blütezeit V–VI.
VERWECHSLUNG: Der Alpen-K., *R. alpina*, hat ± behaarte Zweige und Blätter mit 9–12 Paar Seitennerven.
LEBENSRAUM: Felsschutthalden, Edellaubwälder; kalkliebend. Bis etwa 1900 m NN.
VERBREITUNG: Südosteuropäisch-montane Art, südöstlich bis Griechenland.

5 | Zwerg-Kreuzdorn
Rhamnus pumila – Rhamnaceae

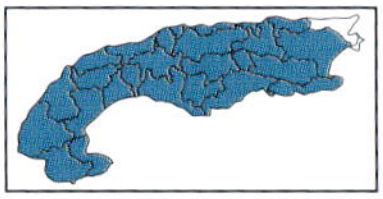

3–20 cm hoher, niederliegender, knorriger, sich an den Fels schmiegender Zwergstrauch; Blätter 2–5 cm lang, wechselständig; Spreiten verkehrt-eiförmig bis elliptisch, mit 6–9 Paar Seitennerven. Blütezeit V–VII.
VERWECHSLUNG: Wird im nichtblühenden Zustand gelegentlich für eine Spalierweide, zumeist *Salix herbacea*, gehalten, doch sind deren Blätter nur 0,5–3 cm lang, der Stamm verläuft zumeist unterirdisch.
LEBENSRAUM: Felsspalten und Felsfluren; kalkliebend. Bis 3050 m NN.
VERBREITUNG: Südeuropäisch-montane Art von den Pyrenäen bis zum mittleren Apennin.

1

2

3

4

5A

5B

1 | Alpen-Silbermantel
Alchemilla alpina – Rosaceae (sect. *Alpinae*)

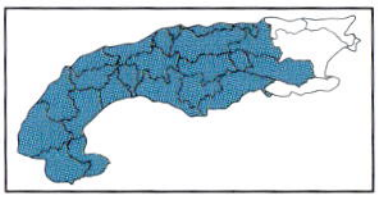

5–25 cm hoch, aufrecht, mit niederliegenden sterilen Seitentrieben; Blattspreitenabschnitte 5–7, lanzettlich, 2,5–4,5 × so lang wie breit; Zähne 0,5–1 mm lang, etwa so lang wie breit; Blühtriebe 1–3 × so lang wie der längste Blattstiel. Blütezeit VII–VIII.
VERWECHSLUNG: u. a. mit dem Stein-S., *A. saxatilis*, der aber stets 5 Blattspreitenabschnitte hat und Blühtriebe, die 3–7 × so lang wie der längste Blattstiel sind.
LEBENSRAUM: Bürstlingrasen, Silikat-Felsspalten, Felsschuttfluren, Zwergstrauchheiden; kalkmeidend. 1500–2600 m NN.
VERBREITUNG: Arktisch-alpine Art.
ALLGEMEIN: Aus den Alpen sind rund 200 Frauenmantel-Arten bekannt. Die *Alchemilla*-Arten sind sich meist sehr ähnlich, weil sie großteils aus Hybriden hervorgegangen sind, die sich aber genetisch isoliert haben und sich daher wie Arten verhalten.

2 | Ennstal-Silbermantel
Alchemilla anisiaca – Rosaceae

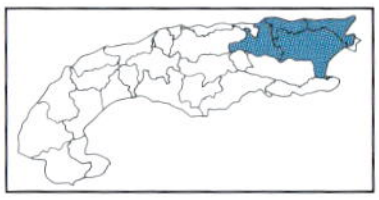

5–20 cm hoch; Blattspreiten zu 75–85 % ihrer Länge eingeschnitten, mit 7(9) Abschnitten, nierenförmig, bis 10 cm im ∅, oberseits kahl bis seidig behaart, unterseits meist dicht seidig; Basalbuchten zu ⅓–½ offen; Blattabschnitte 3–5 × so lang wie breit, im vorderen Drittel gesägt; Zähne 1–3 mm lang. Blütezeit VII–VIII.
VERWECHSLUNG: u. a. mit dem Seidenglanz-S., *A. amphisericea*, bei dem aber die Basalbuchten geschlossen sind und die Blattspreiten daher kreisrund. In den Alpen fast gänzlich auf die Schweiz beschränkt.
LEBENSRAUM: Geröllfluren, Felsbänder, steinige Weiderasen, Schneeböden; kalkstet. 1200–2200 m NN, vereinzelt auch bis in die Täler herabgeschwemmt, wie bei Steyr in Oberösterreich.
VERBREITUNG: Endemit der Nordostalpen.

3 | Verwachsenblatt-Silbermantel
Alchemilla conjuncta – Rosaceae

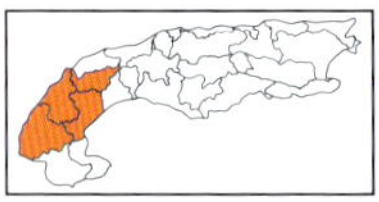

5–30 cm hoch, dichte Teppiche bildend; Grundblätter oberseits lebhaftgrün, frisch etwas glänzend, unterseits silberweiß seidig; Spreite auf 50–90 % des Radius in 7(9) Abschnitte geteilt, diese lanzettlich bis verkehrt-eiförmig, 1,5–3 × so lang wie breit, 11–19-zähnig; Zähne 0,3–2,5 mm lang, nicht sichelig geformt; Teilblütenstände etwa 1 cm im ∅. Blütezeit VI–IX.
VERWECHSLUNG: u. a. mit dem Glanz-S., *P. nitida*, bei dem aber die Grundblätter auf 80–100 % des Radius in 7–9 Abschnitte geteilt sind und der sichelig geformte Blattzähne hat.
LEBENSRAUM: Felsspalten; kalkliebend. 1200–2200 m NN.
VERBREITUNG: Westalpisch-jurasische Art.

4 | Kahl-Frauenmantel
Alchemilla glabra – Rosaceae

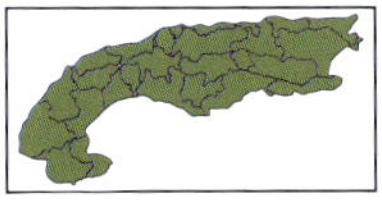

5–40 cm hoch; Spreiten der grundständigen Blätter oberseits bläulichgrün bis grasgrün, kahl, unterseits auf den Nerven anliegend behaart, mit 9 Lappen; Blattzähne spitzenwärts gebogen bis angedrückt. Blütezeit VI–VIII.
VERWECHSLUNG: u. a. mit dem Bergwiesen-F., *A. monticola*, bei dem die Blätter aber beiderseits dicht behaart sind.
LEBENSRAUM: Feuchte Fettwiesen, Quellfluren, Hochstaudenfluren, lichte Wälder. Bis 2900 m NN.
VERBREITUNG: Europäische Art.
ANMERKUNG: In den Alpen dutzende weitere, sehr ähnliche Arten, die oft nur Spezialisten unterscheiden können.

5 | Hoppe-Silbermantel
Alchemilla hoppeana – Rosaceae

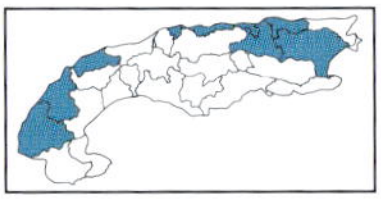

5–20 cm hoch; Blattspreiten zu 80–95 % ihrer Länge eingeschnitten, mit 7–9 Abschnitten, oberseits matt bläulichgrün bis graugrün, unterseits grauseidig; Basalbuchten geschlossen, Blattspreiten kreisrund; Blättchen nur vorne gesägt; Zähne 0,3–1,6 mm lang. Blütezeit VI–VIII.
VERWECHSLUNG: u. a. mit dem Kalkalpen-S., *A. alpigena*, bei dem aber die Blätter unterseits schneeweißseidig und die Blättchen bis etwa zur Hälfte ihrer Länge gesägt sind.
LEBENSRAUM: Steinige Rasen, Felsspalten, Felsschuttfluren; kalkliebend. 1100–2200 m NN.
VERBREITUNG: Europäisch-montane Art der Alpen, Vogesen, des Juras und Schwarzwalds.
NAME: Benannt zu Ehren des deutschen Botanikers David Heinrich Hoppe (1760–1846), der die Art am Untersberg bei Salzburg sammelte.

1

2

3

4

5

1 | Wald-Geißbart
Aruncus dioicus – Rosaceae

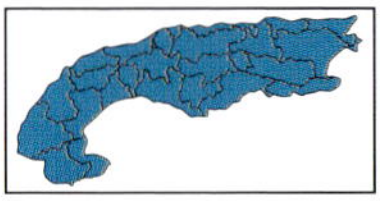

100–180 cm hoch; Blätter 2–3-fach gefiedert, ohne Nebenblätter; Blättchen 5–8 cm lang, eiförmig; Blüten sehr klein, zu Tausenden in rispig zusammengesetzten Ähren, die Blüten der männlichen Pflanzen sind reinweiß, die der weiblichen cremeweiß; Kronblätter 1–2 mm lang. Blütezeit VI–VII.

VERWECHSLUNG: u. U. mit dem Groß-Mädesüß, *Filipendula ulmaria*, welches aber Nebenblätter und 2–5 mm lange Kronblätter hat.

LEBENSRAUM: Luftfeuchte, schattige Standorte auf sickerfrischen, tiefgründigen Mullböden, vorrangig in Schluchtwäldern, an Gebirgsbächen und in Hochstaudenfluren. Bis 1700 m NN.

VERBREITUNG: Eurasiatische Art von Belgien und den Pyrenäen bis zu den Karpaten. Außerdem im Kaukasusgebiet. In nahe verwandten Sippen in Zentral- und Ostasien und in Nordamerika.

2 | Blutauge
Comarum palustre – Rosaceae
(Syn.: *Potentilla palustris*)

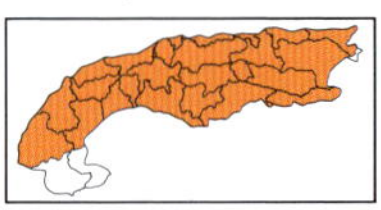

30–70 cm hoch, niederliegend-aufsteigend; untere Blätter gefiedert, obere 3-zählig; Blättchen länglich, scharf gesägt, unterseits bläulichgrün und behaart; Blüte dunkelpurpurn, Außenkelchblätter schmal-lanzettlich, etwa halb so lang wie die breit-lanzettlichen, zugespitzten inneren Kelchblätter; Kronblätter 3–8 mm lang, etwa halb so lang wie die inneren Kelchblätter. Blütezeit VI–VII.

VERWECHSLUNG: Keine.

LEBENSRAUM: Moore, Sümpfe, Ufer; kalkmeidend. Bis 2100 m NN.

VERBREITUNG: Eurosibirisch-nordamerikanische Art.

3 | Berg-Nelkenwurz
Geum montanum – Rosaceae

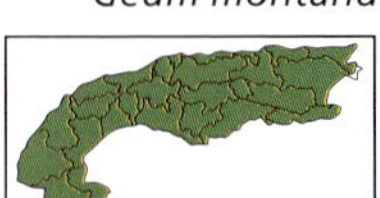

5–30 cm hoch, ohne Ausläufer, mit grundständiger Blattrosette; Grundblätter einfach gefiedert, Endblättchen viel größer als die Seitenblättchen; Blütenkrone gelb, mit 5–6 Kronblättern. Blütezeit VI–VII.

VERWECHSLUNG: Mit der Kriech-N., *G. reptans* (siehe S. 334).

LEBENSRAUM: Weiderasen, Zwergstrauchheiden, Hochstaudenfluren; Säurezeiger. 1400–3100 m NN, vereinzelt auch tiefer, wie im Centovalli (700 m NN), oder höher, wie am Monte Rosa (3400 m NN).

VERBREITUNG: Südeuropäisch-montane Art von den Pyrenäen bis zu den Gebirgen der Balkanhalbinsel.

ALLGEMEIN: Der Name Nelkenwurz kommt von der Echten Nelkenwurz, *Geum urbanum*, deren Wurzel als Gewürznelkenersatz verwendet wird (wurde).

4 | Kriech-Nelkenwurz
Geum reptans – Rosaceae

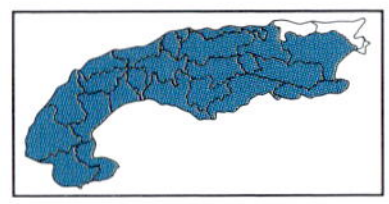

3–20 cm hoch, mit langen oberirdischen Ausläufern und grundständiger Blattrosette; Rosettenblätter einfach gefiedert, mit tief eingeschnittenen, 3–5-teiligen Teilblättern, Endblättchen nur wenig größer als die Seitenblättchen; Blütenkrone gelb, einzeln, 3–5 cm im Durchmesser, mit 6–8 Blütenblättern; die federig behaarten Griffel bilden nach der Blüte einen Schopf (Bild **4B**). Blütezeit VII–VIII.

VERWECHSLUNG: Mit der Berg-N., *G. montanum*, welche aber keine Ausläufer bildet und Blätter mit viel größerem Endblättchen hat.

LEBENSRAUM: Felsschuttfluren, Moränen, Bachalluvionen, Felsen und offene Halden; kalkmeidend. 1700–3400 m NN, vereinzelt auch tiefer, wie am Hüfigletscher (1450 m NN), oder höher, wie an der Grivola in den Grajischen Alpen (3800 m NN).

VERBREITUNG: Südeuropäisch-montane Art von den Alpen bis zu den Karpaten und den Gebirgen der Balkanhalbinsel.

5 | Bach-Nelkenwurz
Geum rivale – Rosaceae

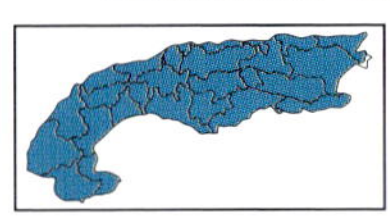

30–60 cm hoch; grundständige Blätter lang gestielt, unterbrochen unpaarig gefiedert mit 2–4 Paar Seitenfiedern und größerem Endfieder; Blüten nickend, erst zur Fruchtzeit aufgerichtet; Kelch purpurbraun; Kronblätter innen blassgelb, außen orangebraun. Blütezeit IV–VII.

VERWECHSLUNG: Keine.

LEBENSRAUM: Bachufer, Hochstaudenfluren, Feuchtwiesen, Auwälder. Bis 2400 m NN.

VERBREITUNG: Eurasiatisch-nordamerikanische Art.

ANMERKUNG: In den Alpen tritt gelegentlich die Hybride mit der Berg-Nelkenwurz, *Geum × sudeticum*, auf (Bild **5B**).

1

2

3A

3B

4A

4B

5A

5B

1 | Silberwurz
Dryas octopetala – Rosaceae

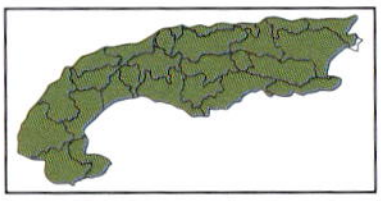

2–8 cm hoher Zwergstrauch mit bis 50 cm langen Zweigen; Blätter gestielt, ungeteilt, Spreite eiförmig bis eilanzettlich, 1–2,5 cm lang, tief gekerbt, oberseits meist kahl, unterseits dicht weißfilzig, immergrün; Blüten einzeln; Kronblätter weiß, meist 8. Blütezeit V–VII.

VERWECHSLUNG: Keine.

LEBENSRAUM: Polsterseggenrasen, Kalkfelsfluren, Felsschutt; kalkstet. Bis 2900 m NN, vereinzelt auch höher, wie am Piz Tavrü (3100 m NN).

VERBREITUNG: Arktisch-alpine Art mit geschlossenem, zirkumpolarem Areal, weiter südlich nur in den Gebirgen.

2 | Gold-Fingerkraut
Potentilla aurea – Rosaceae

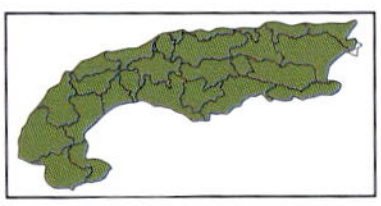

5–20 cm hoch; Grundblätter 5-zählig; Teilblätter verkehrt-lanzettlich, am Grund keilförmig, jederseits mit 2–4 nach vorn gebogenen Zähnen, Endzahn deutlich kleiner als die benachbarten Zähne, Blättchenrand silberglänzend behaart; Blüten 1,5–2,5 cm im ∅; Kronblätter am Grund oft mit dunkelgelbem Fleck. Blütezeit VI–IX.

VERWECHSLUNG: v. a. mit dem Crantz-F., *P. crantzii* (siehe S. 348).

LEBENSRAUM: Weiderasen, Wiesen, lichte, grasige Bergwälder, Steinschutt; vorwiegend kalkmeidend. 1100–3000 m NN, vereinzelt auch tiefer, wie bei Bozen (300 m NN) oder höher, wie am Piz Languard bei Pontresina (3250 m NN).

VERBREITUNG: Südeuropäisch-montane Art.

3 | Zwerg-Fingerkraut
Potentilla brauneana – Rosaceae

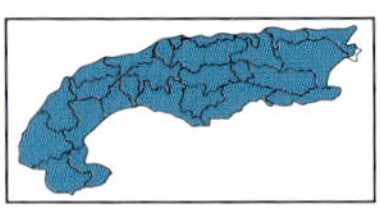

1–5 cm hoch; Grundblätter 3-zählig, oberseits kahl oder wenig behaart, unterseits locker behaart; mittleres Teilblättchen mit 7–9 Zähnen; Blattstiel 7–14 mm lang; Blüten meist einzeln, etwa 1 cm im ∅; Kronblätter etwa 4 mm lang, 1–1,5 × so lang wie die Kelchblätter. Blütezeit VI–VIII.

VERWECHSLUNG: v. a. mit dem Gletscher-F., *P. frigida*, bei dem aber die Blätter auch oberseits behaart sind; Pflanze mit gelblichen Drüsen besetzt.

LEBENSRAUM: Schneeböden, Mulden mit langer Schneebedeckung, feuchte Gesteinsfluren; kalkstet. 1800–3000 m NN, vereinzelt auch tiefer, wie bei Admont in der Steiermark (1100 m NN) oder höher, wie am Antelao in den Dolomiten (3160 m NN).

VERBREITUNG: Südeuropäisch-montane Art von den Pyrenäen bis in die dinarischen Gebirge.

NAME: Benannt zu Ehren des österreichischen Botanikers Franz Anton von Braune (1766–1853), der sich besonders der Erforschung der Salzburger Flora verdient gemacht hat.

4 | Kalkfelsen-Fingerkraut
Potentilla caulescens – Rosaceae

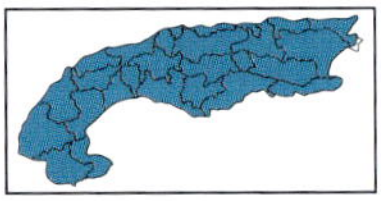

10–30 cm lang, meist hängend; grundständige Blätter 5-zählig gefingert, lang gestielt; Blättchen länglich-eiförmig, vorn mit wenigen, zusammenneigenden Zähnen; Blütenstand 5–20-blütig; Blüten 1,5–2,5 cm im ∅; Staubfäden v. a. am Grund dicht behaart. Blütezeit VII–IX.

VERWECHSLUNG: Mit dem Clusius-F., *P. clusiana*, welches aber 1–3-blütige Blütenstände und kahle Staubfäden hat.

LEBENSRAUM: Kalk- und Dolomitfelsen; kalkstet. Bis 2700 m NN.

VERBREITUNG: Südeuropäisch-montane Art vom Atlasgebirge bis zu den Dinariden.

5 | Clusius-Fingerkraut
Potentilla clusiana – Rosaceae

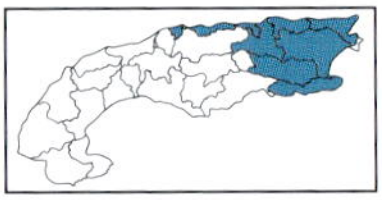

1–10 cm hoch, lockere Flachpolster bildend, dicht seidig behaart; Grundblätter 5-zählig; Blättchen lanzettlich, vorn mit 3–5 Zähnen; Blütenstände 1–3-blütig; Kelch oft rot überlaufen; Staubfäden kahl; Griffel v. a. nach der Blüte rot überlaufen. Blütezeit VI–VIII.

VERWECHSLUNG: Mit dem Kalkfelsen-F., *P. caulescens* und weißblühenden Pflanzen des Dolomiten-F., *P. nitida*, welches aber 3-zählige Blätter hat.

LEBENSRAUM: Kalkfelsen, Felsschutt, Polsterseggenrasen; kalkstet. 1200–2400 m NN, vereinzelt auch tiefer, wie am Balberstein bei Miesenbach in Niederösterreich (600 m NN).

VERBREITUNG: Ostalpisch-illyrische Art, südlich bis in die Albanischen Alpen.

NAME: Benannt zu Ehren des aus Flandern stammenden Botanikers Carolus Clusius (1526–1609), einem der größten Botaniker des 16. Jahrhunderts. Sein Scharfblick im Erkennen verwandter Pflanzenarten war richtungsweisend.

1

2

3

4

5

1 | Crantz-Fingerkraut
Potentilla crantzii – Rosaceae

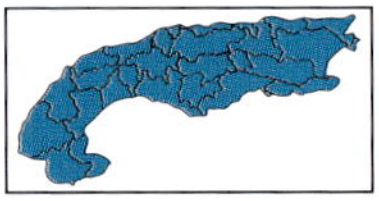

3–15 cm hoch, mäßig dicht behaart; nichtblühende Triebe am Grund 2-zeilig beblättert; Grundblätter 5-zählig, mit breit eiförmigen, 7–11-zähnigen Blättchen, der Endzahn kaum kleiner als die benachbarten Zähne; Kronblätter etwa 10 mm lang, 1–2 × so lang wie die Kelchblätter. Blütezeit V–IX.

VERWECHSLUNG: v. a. mit dem Gold-F., *P. aurea*, welches aber am Blättchenrand silberglänzend behaart ist und dessen Blättchen-Endzahn deutlich kleiner als die benachbarten Zähne ist.

LEBENSRAUM: Magerrasen, Gesteinsfluren, Felsen; kalkliebend. 1600–3600 m NN, vereinzelt auch tiefer, wie in der var. *serpentini* auf Serpentinit-Standorten im Burgenland (Redlschlag, 700 m NN).

VERBREITUNG: Arktisch-alpine Art.

NAME: Benannt zu Ehren des österreichischen Botanikers und Arztes Heinrich Johann von Crantz (1722–1797), der die Art 1763 erstmals als *Fragaria* abbildete.

ALLGEMEIN: *Potentilla* umfasst etwa 500 Arten, wovon 75 in Europa und 38 (ohne die Kleinarten der *collina*-Gruppe) im Alpenraum heimisch sind. Der Umfang der Gattung wird kontrovers gesehen. Gegenwärtig ist es üblich, dass manche Arten, die früher in Potentilla inkludiert waren, in eigenständigen Gattungen geführt werden. Davon sind im Gebiet der Alpen betroffen: *Drymocallis rupestris*, Steinfingerkraut (ehemals *P. rupestris*); *Dasiphora fruticosa*, Fingerstrauch (ehemals *P. fruticosa*); *Comarum palustre*, Blutauge (ehemals *P. palustris*); *Argentina anserina*, Gänsefingerkraut (ehemals *P. anserina*).

2 | Dauphiné-Fingerkraut
Potentilla delphinensis – Rosaceae

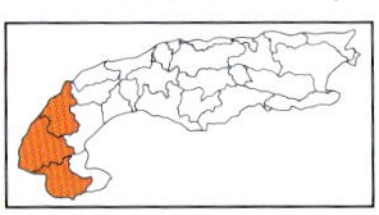

20–40 cm hoch, anliegend behaart, im oberen Teil reich verzweigt; Blätter 5-zählig; Blattstiel der grundständigen Blätter 10–20 cm lang; Blättchen schmal-eiförmig, 3–6 cm lang und 1–2,5 cm breit, mit jederseits meist 8–11 Zähnen; Kronblätter 8–12 mm lang, länger als der Kelch. Blütezeit VI–VIII.

VERWECHSLUNG: v. a. mit dem Großblüten-F., *P. grandiflora*, und dem Thüringen-F., *P. thuringiaca*, welches aber 7(9)-zählige Blätter hat und bevorzugt in tieferen Alpenlagen vorkommt.

LEBENSRAUM: Alpine Matten, Magerrasen, Hochstaudenfluren; kalkliebend. 1500–2800 m NN.

VERBREITUNG: Endemit der französischen Westalpen.

3 | Blutwurz-Fingerkraut
Potentilla erecta – Rosaceae

5–30 cm hoch, niederliegend bis aufsteigend; Blätter 3–5-zählig, mit verkehrt-eiförmigen, grob gezähnten Blättchen; Blüten 4-zählig, 7–11 mm im ∅; Stempel 4–8. Blütezeit V–IX.

VERWECHSLUNG: v. a. mit *P.* × *italica*, der Hybride aus Blutwurz-F., *P. erecta* × Kriech-F., *P. reptans*, deren Blüten aber 14–18 mm im ∅ haben und die zu etwa ¾ 4-zählig und zu ¼ 5-zählig sind. Stempel 20–50, Pflanze steril.

LEBENSRAUM: Moore, Magerwiesen, Weiden, Waldränder; Magerkeitsanzeiger. Bis 2540 m NN.

VERBREITUNG: Eurosibirische Art von Nordwest-Afrika bis ins Altai-Gebirge.

4 | Gletscher-Fingerkraut
Potentilla frigida – Rosaceae

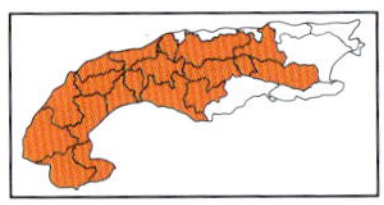

2–10 cm hoch, ganze Pflanze zottig behaart, zwischen den Haaren gelbliche Drüsen; grundständige Blätter 3-zählig; Blättchen eiförmig, 0,5–1 cm lang; Blütenstand 1–3-blütig; Blüten etwa 10 mm im ∅; Kronblätter etwa so lang wie die Kelchblätter. Blütezeit VII–VIII.

VERWECHSLUNG: v. a. mit dem Zwerg-F., *P. brauneana* (siehe S. 346).

LEBENSRAUM: Saure Magerrasen, v. a. Krummseggenrasen, Felsfluren, an windexponierten Kuppen und Graten; kalkmeidend. 2100–3500 m NN.

VERBREITUNG: Alpisch-pyrenäische Art.

5 | Großblüten-Fingerkraut
Potentilla grandiflora – Rosaceae

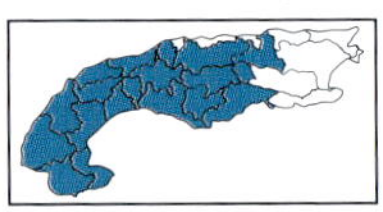

10–40 cm hoch, verzweigt und vielblütig; Blätter 3-zählig, die grundständigen lang gestielt, mit verkehrt-eiförmigen Blättchen, diese 2–3 cm lang, jederseits mit 3–8 großen, stumpfen Zähnen; Kronblätter 8–12 mm lang, 1,5–2 × so lang wie die Kelchblätter. Blütezeit VI–VIII.

VERWECHSLUNG: Mit dem Dauphiné-F., *P. delphinensis*, welches aber 5-zählige Blätter hat, die Blättchen haben jederseits meist 8–11 Zähne.

LEBENSRAUM: Magerrasen, Gesteinsfluren, Hochstaudenfluren, sonnige, felsige Hänge; kalkmeidend. 1800–3000 m NN.

VERBREITUNG: Alpisch-pyrenäische Art.

1
2
3A
3B
4
5

1 | Dolomiten-Fingerkraut
Potentilla nitida – Rosaceae

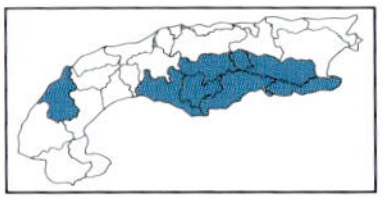

2–5 cm hoch, ganze Pflanze dicht und silbrig glänzend behaart; Blätter 3-zählig gefingert; Kronblätter purpurrosa, selten weiß; Staubfäden und Griffel purpurrot. Blütezeit VI–VIII.

VERWECHSLUNG: Mit dem Clusius-F., *P. clusiana* (siehe S. 346).

LEBENSRAUM: Kalk- und Dolomitfelsen, offene Rasenbänder, Geröllhalden; kalkstet. 1600–2500 m NN, vereinzelt bis 1200 m NN ab- und 3160 m NN aufsteigend.

VERBREITUNG: Endemit der Alpen. Die Angaben aus dem Toskanischen Apennin und von Istrien sind unbestätigt.

ALLGEMEIN: Der botanische Gattungsname der Fingerkräuter leitet sich vom lateinischen *„potentia"* (= Kraft, Wirksamkeit) ab und nimmt auf die Heilkraft einiger Arten Bezug. Einer anderen Theorie zufolge soll der Name aber vom mittellateinischen *„tormentilla"*, der Blutwurz, abzuleiten sein.

2 | Schneeweiß-Fingerkraut
Potentilla nivea – Rosaceae

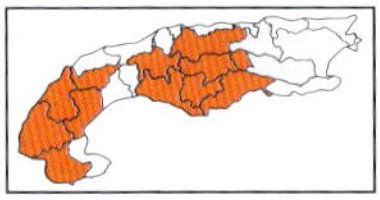

5–20 cm hoch, bogig aufsteigend, ± verzweigt; grundständige Blätter 3-zählig; Blättchen 1–1,5 cm lang, unterseits dicht weißfilzig, jederseits mit 2–7 langen Zähnen; Stängel 1–4-blütig; Kronblätter gelb, viel länger als der Kelch. Blütezeit VII–VIII.

VERWECHSLUNG: Das blattunterseits ebenfalls weißfilzige Schlitzblatt-F., *P. multifida*, hat gefiederte Blätter, deren Abschnitte lineal sind.

LEBENSRAUM: Sonnige, windexponierte Hänge und Gesteinsfluren mit kurzer Schneebedeckung; kalkliebend. 2000–3100 m NN, vereinzelt auch tiefer, wie am Nordtiroler Geisstein (1600 m NN).

VERBREITUNG: Arktisch-alpine Art.

3 | Valdieri-Fingerkraut
Potentilla valderia – Rosaceae

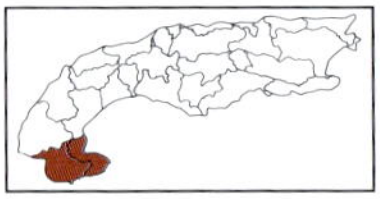

10–40 cm hoch; Grundblätter gestielt, meist 7-zählig; Blättchen gezähnt, oberseits graugrün, unterseits graufilzig behaart; Kronblätter schmutzigweiß, etwa 7 mm lang, kürzer als der Kelch; Außenkelchblätter so lang wie die Innenkelchblätter, aber schmäler. Blütezeit VI–VIII.

VERWECHSLUNG: Mit dem Schnee-F., *P. nivalis*, bei dem die Blättchen aber nur vorne wenig gezähnt sind und bei dem die Außenkelchblätter länger als die Innenkelchblätter sind. Beim Steinbrech-F., *P. saxifraga*, sind die Grundblätter 3–5-zählig.

LEBENSRAUM: Felsrasen, Felsen; kalkmeidend. 1200–2500 m NN.

VERBREITUNG: Endemit der Seealpen.

4 | Bergamo-Wiesenknopf
Sanguisorba dodecandra – Rosaceae

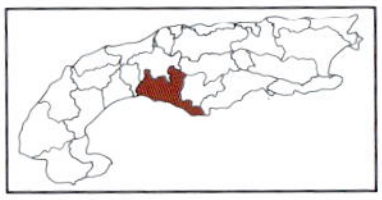

40–100 cm hoch, kahl oder spärlich behaart, wohlriechend; Blätter gefiedert, mit 3–8 Paaren an Fiederblättchen; Blättchenrand dicht und scharf gezähnt, jederseits mit 15–26 Zähnen; Blütenähren 5–8 cm lang; Kelchblätter hellgrün, Staubblätter hängend, weiß, später gelb und rostrot. Blütezeit VII–IX.

VERWECHSLUNG: Keine.

LEBENSRAUM: Feuchtwiesen, steinige und kiesige Bachufer; kalkmeidend. 700–2300 m NN.

VERBREITUNG: Endemit der Südalpen (Bergamasker und Rätische Alpen).

5 | Gelbling
Sibbaldia procumbens – Rosaceae

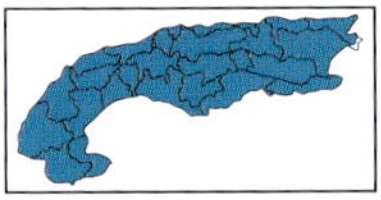

1–5 cm hoch, niederliegend; Blätter 3-teilig, bläulichgrün, lang gestielt; Blättchen verkehrt-eiförmig, vorn gestutzt, mit 3 Zähnen, oberseits fast kahl, unterseits behaart; Blütenstand 3–10-blütig; Kronblätter hellgelb bis gelbgrün, schmal-oval, kürzer als die blaugrünen Kelchblätter. Blütezeit VI–VIII.

VERWECHSLUNG: Kaum.

LEBENSRAUM: Bodensaure Schneetälchen; kalkmeidend. 1900–3300 m NN, vereinzelt auch tiefer, wie herabgeschwemmt am Rhein bis fast zum Bodensee (400 m NN).

VERBREITUNG: Arktisch-alpine Art, zirkumpolar verbreitet: Grönland, Island, Spitzbergen, Nordamerika, Nordeuropa, Schottland, Nordrussland, Zentralasien, Kamtschatka, Beringstraße. Südlich davon zahlreiche disjunkte Vorkommen, so in den Alpen, Vogesen, Pyrenäen, in der Tatra und im Kaukasus.

NAME: Benannt zu Ehren des schottischen Arztes und Botanikers Robert Sibbald (1643–1720), der eine erste Darstellung der Flora Schottlands lieferte.

1A
1B
2
3A
3B
4
5

1 | Rotblatt-Rose
Rosa glauca – Rosaceae

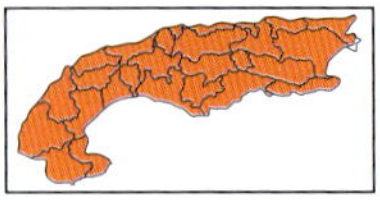

1–3 m hoch; Blätter auffallend blau bereift, oft purpurn gefärbt; Blättchen eiförmig, 1,5–4,5 cm lang und 1–2,5 cm breit, einfach gesägt, drüsenlos; Stamm und Äste mit gleichartigen Stacheln, diese gerade bis ± gebogen; Kelchblätter ganzrandig, selten leicht gefiedert; Kronblätter purpurrosa; Frucht ziegelrot bis rotbraun, kahl. Blütezeit VI–VII.

VERWECHSLUNG: Innerhalb der bestimmungsschwierigen Gattung lässt sich die Rotblatt-R., *R. glauca*, aufgrund der blau bereiften Blätter relativ leicht von den anderen Arten unterscheiden. Die blattoberseits ebenfalls oft blau bereifte Berg-R., *R. montana*, unterscheidet sich durch dicht stieldrüsig besetzte Früchte.

LEBENSRAUM: Gebüsche, Waldränder, Steinhaufen. Bis 2070 m NN.

VERBREITUNG: Südeuropäisch-montane Art, von den Pyrenäen bis zum Schwarzwald und zu den Karpaten.

ALLGEMEIN: Der Alpenraum beheimatet etwa 33 Rosen-Arten. Die Wildrosen sind taxonomisch schwierig, weil sie zur Bildung von Hybriden neigen, die sich aufgrund spezieller cytogenetischer Mechanismen zum Teil wie Arten verhalten.

2 | Hängefrucht-Rose
Rosa pendulina – Rosaceae

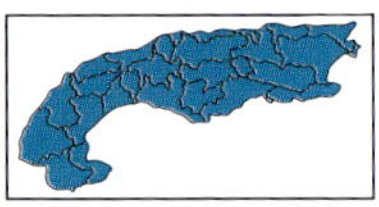

0,5–2 m hoch, durch Ausläufer koloniebildend; Blätter mit 7–11 Blättchen, diese eiförmig, kahl, doppelt-gesägt; Stacheln dünn, gerade; Blütenzweige meist stachellos; Kelchblätter ungeteilt, kahl, nach der Blüte aufgerichtet; Kronblätter purpurrot; Frucht hängend, eiförmig bis länglich-flaschenförmig, rot, mit Stieldrüsen und Stachelborsten. Blütezeit V–VII.

VERWECHSLUNG: Die Art lässt sich durch die meist flaschenförmigen Hagebutten relativ leicht von anderen Rosen-Arten unterscheiden. Allerdings gehört die Hängefrucht-R., neben der Essig-R., *R. gallica*, zu den heimischen Arten, die sich am häufigsten mit anderen Wildrosen kreuzen.

LEBENSRAUM: Krummholz, Hochstaudenfluren, Bergwälder, felsige Hänge. Bis 2600 m NN.

VERBREITUNG: Südeuropäisch-montane Art von Nordspanien bis in den Thüringer Wald und ins Pirin-Gebirge.

3 | Apfel-Rose
Rosa villosa – Rosaceae

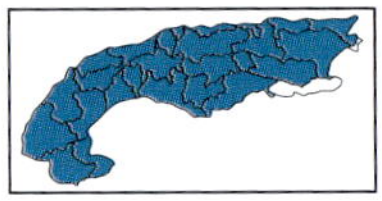

0,5–1,5 m hoch, mit kurzen Ausläufern; Blätter meist 7-zählig, graugrün bis blaugrün; Blättchen meist auffallend groß, bis 7 cm lang und 3 cm breit, Rand gesägt, drüsig; Stacheln völlig gerade; Kelchblätter am Grund verdickt, ungeteilt bis gefiedert; Kronblätter rosa, am Vorderrand alle dicht drüsig gewimpert (Lupe); Frucht kugelig, 15–30 mm im ∅, meist mit Stieldrüsen und Drüsenborsten, reif hängend. Blütezeit VI–VII.

VERWECHSLUNG: Die Art ist besonders in den Alpen sehr vielgestaltig und ähnelt besonders der Weich-R., *R. mollis*, bei der aber die Kronblätter am Vorderrand nur spärlich und abschnittsweise drüsig gewimpert sind (Lupe).

LEBENSRAUM: Sonnige, trockene, steinige Hänge. Bis 2500 m NN.

VERBREITUNG: Südeuropäisch-montane–südwestasiatische Art, von den Pyrenäen bis in den Iran.

ANMERKUNG: Im Alpenraum sind etwa 35 Rosen-Arten beheimatet, die einander meist stark ähneln. Ein sicheres Bestimmen setzt ein intensives Studium mit dieser Gattung voraus.

4 | Friaul-Spiere
Spiraea decumbens – Rosaceae

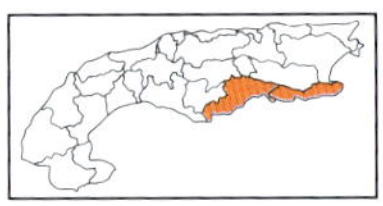

10–25 cm hoher Strauch mit niederliegenden, bis 50 cm langen Ästen; Blätter kahl (subsp. *decumbens*) oder beiderseits dicht graufilzig (subsp. *tomentosa*), schmal-elliptisch bis länglich-eiförmig, vorn abgerundet bis spitz, gesägt, 1–3 cm lang, 1–1,5 cm breit; Blütenstiele und Blütenstände kahl (subsp. *decumbens*) oder dicht behaart (subsp. *tomentosa*); Kronblätter weiß bis gelblichweiß, fast kreisrund, etwa 2,5 mm lang. Blütezeit V–VI.

VERWECHSLUNG: Mit der Ulmen-S., *S. chamaedryfolia*, welche aber 1–2 m hoch wird und 5–7 mm lange Kronblätter hat.

LEBENSRAUM: Sonnige Kalkfelsfluren, Felsschutt, Bachalluvionen, Mauern; über Kalk und Dolomit. Bis 2000 m NN.

VERBREITUNG: Endemit der Südostalpen.

ANMERKUNG: Unterteilt sich in die mehr westlich verbreitete subsp. *decumbens* (Bild **4A**) und in die mehr östlich verbreitete subsp. *tomentosa* (Bild **4B**).

1A

1B

2

3A

3B

4A

4B

1 | Eberesche, Vogelbeere
Sorbus aucuparia – Rosaceae

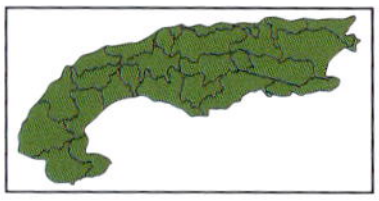

Bis 15 m hoher Baum oder Strauch; Blätter unpaarig gefiedert, mit 5–9 Blättchenpaaren; Blättchen eilanzettlich, 4–6 cm lang, scharf gezähnt; Doldentrauben 200–300-blütig; Kronblätter weiß, 4–5 mm lang, Griffel meist 2–4. Blütezeit V–VI.

VERWECHSLUNG: Mit dem Speierling, *S. domestica*, der aber 30–60-blütige Doldentrauben hat und Kronblätter, die 6–8 mm lang sind.

LEBENSRAUM: Lichte Wälder, Felshänge, Krummholzgebüsch, Schläge usw. Bis 2400 m NN.

VERBREITUNG: Eurosibirische Art, nördlich bis zum Nordkap und östlich bis ins Ob-Gebiet.

ANMERKUNG: Tritt in den Alpen in 2 Unterarten auf:
- subsp. *aucuparia*: diesjährige Äste und Blattunterseiten behaart.
- subsp. *glabrata*: diesjährige Äste und Blattunterseiten fast kahl.

2 | Zwergmehlbeere
Sorbus chamaemespilus – Rosaceae

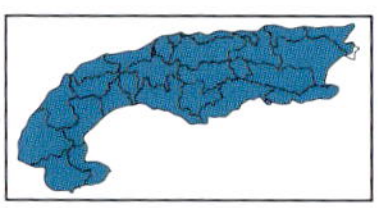

0,6–2 m hoher Strauch; Blätter ungeteilt, Spreite eiförmig, 5–10 cm lang, meist kahl, fast ledrig, oberseits dunkelgrün, oft glänzend, unterseits blaugrün; Blattrand gesägt; Blüten in Doldenrispen; Kronblätter rosa; Frucht eiförmig bis rund, rot oder braunrot. Blütezeit VI–VII.

VERWECHSLUNG: Die Echt-Mehlbeere, *S. aria*, hat cremeweiße Kronblätter und wird bis zu 15 m hoch.

LEBENSRAUM: Krummholz, Gebüsche, lichte Bergwälder; kalkliebend. 1300–2400 m NN, vereinzelt auch tiefer, wie bei Feldkirch in Vorarlberg (520 m NN).

VERBREITUNG: Südeuropäisch-montane Art von den Pyrenäen bis zu den Gebirgen des Balkans. Nördlich bis ins Riesengebirge.

3 | Ostalpen-Meister
Asperula neilreichii – Rubiaceae

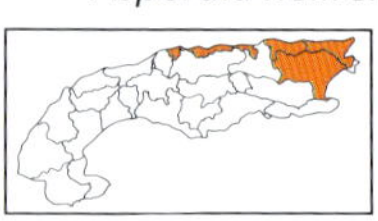

2–12 cm hoch, dichtrasig; Blätter gegenständig; untere Stängelblätter zur Blütezeit vorhanden, zurückgekrümmt; mittlere und obere Stängelblätter lineal, 0,5–1 mm breit; Krone rosa bis weiß, Kronröhre 1,5–2,5 mm lang, 1–1,5 × so lang wie die Kronzipfel. Blütezeit VI–IX.

VERWECHSLUNG: Der Grannen-M., *A. aristata*, hat 2,5–4 mm lange Kronröhren, die 2–3 × so lang wie die Kronzipfel sind. Der in den Südwestalpen endemische Seealpen-M., *A. hexaphylla*, hat 6-zählige Blattquirle und 5–7 mm lange Kronröhren.

LEBENSRAUM: Felsschutt, Felsspalten; karbonatstet. 400–1900 m NN.

VERBREITUNG: Ostalpisch-karpatische Art.

NAME: Benannt zu Ehren des österreichischen Juristen August Neilreich (1803–1871), der u. a. eine Flora von Wien und eine Flora von Niederösterreich verfasste.

4 | Turin-Meister
Asperula taurina – Rubiaceae

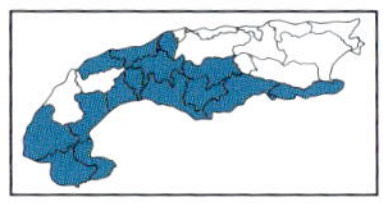

20–40 cm hoch; mittlere und obere Blätter 3–6 cm lang, elliptisch, mit 3 Längsnerven, zu 4 quirlständig; Blütenstand kopfig; Hüllblätter breit-lanzettlich bis eiförmig; Krone weiß; Kronröhre 6–8 mm lang. Blütezeit V–VI.

VERWECHSLUNG: Das Rundblatt-Labkraut, *Galium rotundifolium*, hat 0,5–2 cm lange Blätter und kleine, im ∅ nur etwa 3 mm messende Blüten.

LEBENSRAUM: Buchenwälder und andere Edellaubwälder. Bis etwa 1300 m NN.

VERBREITUNG: Südeuropäische Art.

5 | Alpen-Labkraut
Galium anisophyllon – Rubiaceae

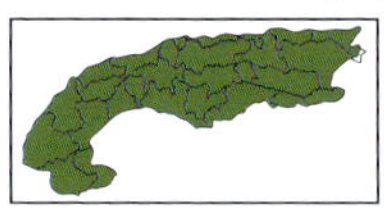

5–15 cm hoch, dichtrasig, mit zahlreichen sterilen Trieben; Blätter lineal, nach vorn zu allmählich verbreitert und abrupt zugespitzt, mit Stachelspitze; mittlere Blätter zu 7–9 im Quirl; Blattrand durch rückwärts gerichtete Stachelchen rau. Krone weiß bis gelblichweiß. Fruchtstiele gerade. Blütezeit VI–IX.

VERWECHSLUNG: Das Schweiz-L., *G. megalospermum*, hat hell-grünlichgelbe Kronen und meist 6–7-zählige Blattquirle.

LEBENSRAUM: Weiden, Gesteinsfluren, Schneeböden, Wiesen. 1300–3000 m NN, nicht selten auch tiefer herabgeschwemmt.

VERBREITUNG: Südeuropäisch-montane Art.

ALLGEMEIN: Die Gattung der Labkräuter umfasst rund 400 Arten, wovon 46 im Gebiet der Alpen beheimatet sind. 9 Arten sind in ihrer Verbreitung auf die Alpen beschränkt.

1A
1B
2A
2B
3
4
5

1 | Schweiz-Labkraut
Galium megalospermum – Rubiaceae

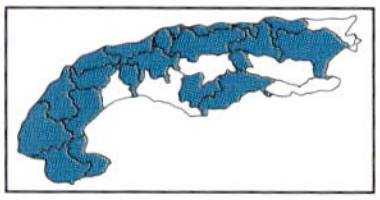

2–8 cm hoch, dichtrasig, Stängel im Schutt weit kriechend; Blätter 3,5–5 × so lang wie breit; Blattquirle meist 6–7-zählig; Blattrand durch Stachelchen rau. Krone grünlich-cremefarben. Fruchtstiele abwärts gekrümmt. Blütezeit VI–IX.

VERWECHSLUNG: Mit dem Alpen-L., *G. anisophyllon*, (siehe S. 354). Das sehr ähnliche Westalpen-L., *G. pseudohelveticum*, hat 7–8-zählige Blattquirle und Blätter, die 5–6 × so lang wie breit sind. Es ist in den französischen und italienischen Westalpen endemisch.

LEBENSRAUM: Felsschutt; kalkstet. 1800–3200 m NN, mehrfach auch bis in tiefe Lagen herabgeschwemmt.

VERBREITUNG: Endemit der Alpen.

2 | Honig-Labkraut
Galium meliodorum – Rubiaceae

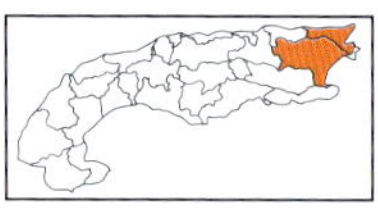

15–40 cm hoch, mit kurzen Ausläufern; Stängel kahl, aufsteigend, Stängelbasis grün; Blätter dicklich, schmal-lanzettlich, 10–20 mm lang, 0,5–2,1 mm breit; Blattrand glatt, ohne Stachelchen; Blüten nach Honig duftend; Krone gelblich- bis grünlichweiß. Blütezeit VI–VIII.

VERWECHSLUNG: u. a. mit dem Traunsee-L., *G. truniacum*. In den Bergamasker Alpen endemisch ist das ähnliche Monte-Arera-L., *G. montis-arerae* (Bild **2B**) mit 5–12 mm langen Blättern.

LEBENSRAUM: Schutt- und Gesteinsfluren; kalkstet. 1300–1800 m NN.

VERBREITUNG: Endemit der Nordostalpen.

3 | Norisch-Labkraut
Galium noricum – Rubiaceae

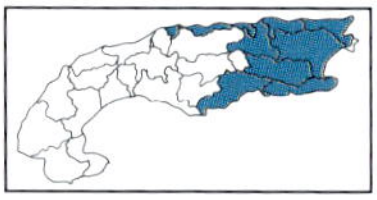

2–10 cm hoch; Blätter dicklich, stark glänzend, mit 0,1 mm langer Stachelspitze, lineal-lanzettlich, 5–8 mm lang, die größten Blätter breiter als 1 mm; Krone gelbgrünlichweiß, 3,5–5 mm im ∅. Blütezeit VII–IX.

VERWECHSLUNG: v. a. mit dem Monte-Baldo-L., *G. baldense*, bei dem aber auch die größten Blätter weniger als 1 mm breit sind und dessen Blüten 3–3,5 mm ∅ haben.

LEBENSRAUM: Steinige Magerrasen, Gesteinsfluren; kalkliebend. 1400–2500 m NN.

VERBREITUNG: Endemit der Ostalpen.

4 | Tende-Labkraut
Galium tendae – Rubiaceae

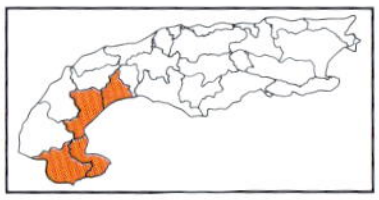

3–15 cm hoch, dichtrasig, mit kurzen Ausläufern; Blätter 6–10 mm lang, 1–2 mm breit, in 6–8-zähligen Blattquirlen; untere und obere Blätter ähnlich aussehend; Krone gelbgrünlichweiß, ausgebreitet, 2,5–3 mm im ∅. Blütezeit VI–VIII.

VERWECHSLUNG: v. a. mit dem Perlschnur-L., *G. margaritaceum*, bei dem aber die Blätter auffallend verschiedenartig sind. Die unteren sind eiförmig, die oberen lineal-lanzettlich.

LEBENSRAUM: Felsschutt, Felsspalten; kalkmeidend. 1500–2900 m NN.

VERBREITUNG: Endemit der Westalpen.

5 | Dreizählig-Labkraut
Galium trifidum – Rubiaceae

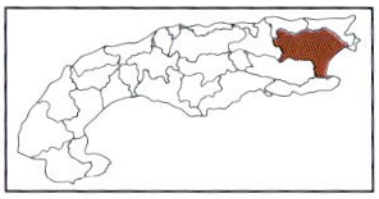

5–15 cm hoch; Stängel sehr zart, liegend, aufsteigend oder aufrecht; Blätter zu 4 quirlig, ohne Stachelspitze; Blüten ca. 1 mm im ∅, in 2–3-blütigen Trugdolden; Krone meist 3-zipfelig. Blütezeit VI–VII.

VERWECHSLUNG: Die Art lässt sich durch die 3-zähligen Kronen leicht von den anderen Labkraut-Arten unterscheiden.

LEBENSRAUM: Spülsaum am Ufer kleiner Gebirgsseen. 1700–1800 m NN.

VERBREITUNG: Eurosibirisch-nordamerikanische Art, in den Alpen nur in den Seetaler und Gurktaler Alpen.

ANMERKUNG: In den Alpen Glazialrelikt.

6 | Traunsee-Labkraut
Galium truniacum – Rubiaceae

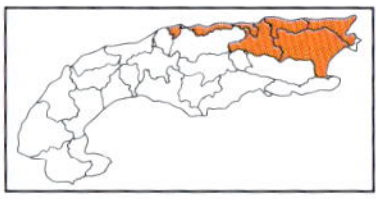

25–40 cm hoch, ohne Ausläufer; Stängel kahl, aufrecht, Stängelbasis rötlich gefärbt; Blätter dünn, schmal-lanzettlich, 0,5–2,1 mm breit; Blattrand glatt, ohne Stachelchen; Krone blassgelb bis cremeweiß. Blütezeit VI–VIII.

VERWECHSLUNG: Das Glanz-L., *G. lucidum*, hat unterirdische Ausläufer und grüne Stängelbasen. Das Honig-L., *G. meliodorum*, hat aufsteigende Stängel, dickliche Blätter und grüne Stängelbasen.

LEBENSRAUM: Gesteinsfluren; karbonatstet. 450–2000 m NN.

VERBREITUNG: Endemit der Nordostalpen.

1
2A
2B
3
4
5
6

1 | Ostalpen-Weide
Salix alpina – Salicaceae

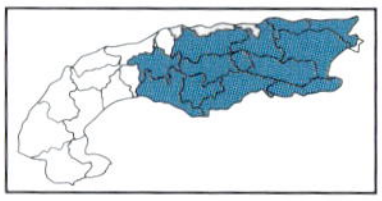

5–30 cm hoher, niederliegender Strauch; Blattspreite breit-lanzettlich bis verkehrt-eiförmig, 1,5–3 cm lang, beiderseits gleichfarben grün, kahl, in der Jugend beiderseits seidenhaarig; Blattnerven durch deutliche Netznerven verbunden; Blattrand ganzrandig; Blüten erscheinen mit den Blättern. Blütezeit VI–VII.
VERWECHSLUNG: v. a. mit der Kurzzahn-W., *S. breviserrata*, und mit der Stumpfblatt-W., *S. retusa*, bei der aber die Blattnerven nur ganz undeutlich durch Netznerven verbunden sind.
LEBENSRAUM: Schutt- und Felsfluren, Zwergstrauchheiden, Weidenspaliere, Pionierrasen; kalkliebend. 1400–2400 m NN.
VERBREITUNG: Ostalpisch-karpatische Art der Alpen und Karpaten, isoliert in Mazedonien.

2 | Kurzzahn-Weide
Salix breviserrata – Salicaceae

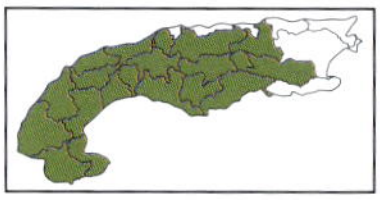

5–50 cm hoher, niederliegender Strauch; Blattspreite breit-lanzettlich bis verkehrt-eiförmig, 1,5–3 cm lang, beiderseits gleichfarben grün; Blattrand dicht gesägt bis gezähnt; Blüten erscheinen mit den Blättern; Früchte dicht kraus behaart. Blütezeit VI–VII.
VERWECHSLUNG: v. a. mit der Ostalpen-W., *S. alpina*, welche aber ganzrandige Blätter hat. Die Ruch-W., *S. foetida*, hat unterseits bläulich bereifte Blätter.
LEBENSRAUM: Zwergstrauchheiden, Weidengebüsch, Rasen, Schuttfluren. 1700–2600 m NN, vereinzelt auch tiefer, wie im Vennbachtal beim Brenner (1450 m NN) oder höher, wie oberhalb der Gandegghütte ob Zermatt (3000 m NN).
VERBREITUNG: Südwesteuropäisch-montane Art.
ANMERKUNG: Im gemeinsamen Areal mit der Ostalpen-W., *S. alpina*, treten oft intermediäre Hybridschwärme auf.

3 | Glanz-Weide
Salix glabra – Salicaceae

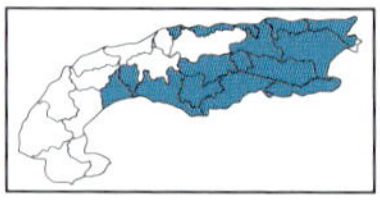

0,3–1,5 m hoher Strauch; Blätter kahl, Blattspreite elliptisch bis verkehrt-eiförmig, oberseits auffallend lackartig glänzend, unterseits bläulichgrün bereift; blüht vor dem Erscheinen der Blätter; Fruchtknoten kahl. Blütezeit V–VI.
VERWECHSLUNG: v. a. mit der Braun-W., *S. waldsteiniana*, welche aber blattunterseits zur Spitze hin schwach behaart ist und einen stets behaarten Fruchtknoten hat.
LEBENSRAUM: Schuttfluren, Latschengebüsch, Rotkiefernwälder, sonnige Standorte; kalkliebend. 1400–2100 m NN, mehrfach auch tiefer steigend, wie im Nesselgraben bei Reichenhall (580 m NN).
VERBREITUNG: Ostalpisch-illyrische Art der Ostalpen und Dinarischen Gebirge.

4 | Schweiz-Weide
Salix helvetica – Salicaceae

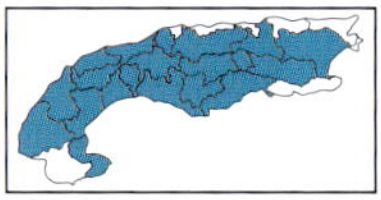

0,3–1,5 m hoher Strauch; Zweige zottig, verkahlend; Blattspreite elliptisch bis eiförmig, 5–8 cm lang, oberseits dunkelgrün, zerstreut behaart, unterseits weißwollig; Blattrand nach unten umgerollt, ganzrandig bis gezähnt; Blüten erscheinen kurz vor der Entfaltung der Blätter; Blütezeit VI–VII.
VERWECHSLUNG: v. a. mit der Seiden-W., *S. glaucosericea*, bei der aber die Blätter oberseits blaugrün und unterseits über bereiftem Grund locker seidenhaarig sind. Die Spieß-W., *S. hastata*, hat unterseits kahle Blätter.
LEBENSRAUM: Silikat-Blockschutthalden, Zwergstrauchheiden, Bachufer; kalkmeidend. 1600–2500 m NN, vereinzelt auch tiefer, wie am Schwarzsteingrund bei Mayerhofen (1400 m NN) oder höher, wie auf der Kesselspitze in den Stubaier Alpen (2700 m NN).
VERBREITUNG: Alpisch-karpatische Art.

5 | Kraut-Weide
Salix herbacea – Salicaceae

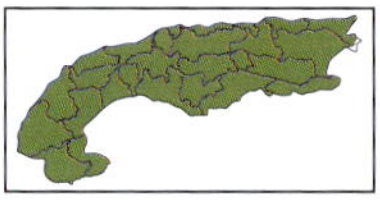

2–5 cm hoher, niederliegender Spalierstrauch, verholzende Triebe unterirdisch; Blattspreite rund bis eiförmig, 0,5–3 cm lang, 1–1,5 × so lang wie breit, beiderseits grün, glänzend, kahl oder unterseits zerstreut behaart; Blattrand fein gezähnt; Blüten erscheinen mit oder knapp nach den Blättern; Staubbeutel zuerst purpurn, dann gelb; fruchtende Kätzchen zuerst grün, dann braunrot. Blütezeit VII–VIII.
VERWECHSLUNG: Mit der Stumpfblatt-W., *S. retusa*, bei der aber die verholzenden Triebe oberirdisch liegen und deren Blätter 1,5–3 × so lang wie breit sind.
LEBENSRAUM: Schneetälchen, feuchter Schutt, feuchte Rasen; kalkmeidend. 1800–3300 m NN.
VERBREITUNG: Arktisch-alpine Art.

1A

1B

2

3

4

5

1 | Tauern-Weide
Salix mielichhoferi – Salicaceae

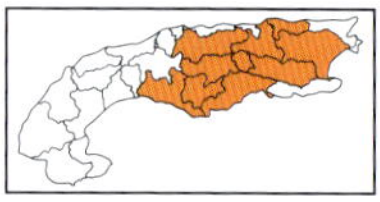

1–4 m hoher, aufrechter, schirmkroniger Strauch/Baum; Äste kahl, glänzend; Blätter 0,5–1 cm lang gestielt, Spreite 3–10 cm lang, elliptisch bis eilanzettlich, kahl, beiderseits gleichfärbig grün, unbereift; Nervennetz blattunterseits vortretend; blüht vor Erscheinen der Blätter. Blütezeit V–VI.

VERWECHSLUNG: v. a. mit der Schwarz-W., *S. myrsinifolia*, welche blattunterseits aber behaart und meist bläulich bereift ist.

LEBENSRAUM: Feuchte Almböden, Grünerlengebüsch, Ufer; basenliebend. 1300–1900 m NN.

VERBREITUNG: Endemit der Alpen.

NAME: Benannt zu Ehren des Salzburger Botanikers Mathias MIELICHHOFER (1772–1847), der die Weidenart entdeckte. Als Montanist setzte er sich für die Verbesserung der Arbeitsbedingungen in Salzburger Bergbaubetrieben ein. Nach ihm sind neben der Weidenart die Laubmoosgattung *Mielichhoferia* und die Orchideenhybride *Dactylorhiza* × *mielichhoferi* (= *D. majalis* subsp. *alpestris* × *D. traunsteineri*) benannt.

ALLGEMEIN: Weiden treten im Gebiet der Alpen zahlreich auf. Im Deutschen werden dabei die schmalblättrigen Sippen oft als „Felbern", die breitblättrigen als „Salchern" bezeichnet.

2 | Netz-Weide
Salix reticulata – Salicaceae

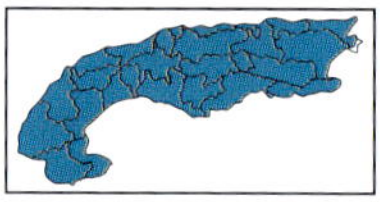

1–10 cm hoher, niederliegender Spalierstrauch; Blattspreite kreisrund bis breit-eiförmig, 1–4 cm lang, mit eingesenktem Nervennetz, dadurch runzelig, oberseits dunkelgrün, unterseits grau-weiß; Blüten erscheinen mit den Blättern. Blütezeit VI–VIII.

VERWECHSLUNG: Im vegetativen Zustand u. U. mit dem Zwerg-Kreuzdorn, *Rhamnus pumila*, bei dem die Blattnerven aber nicht netzartig, sondern zu 4–9 beiderseits parallel verlaufen.

LEBENSRAUM: Kalk-Schneeböden, Weidenspaliere, Blockhalden, feuchte Felsfluren; kalkliebend. 1400–2700 m NN, vereinzelt höher, wie am Monte Rosa im Wallis (an die 3000 m NN).

VERBREITUNG: Arktisch-alpine Art von Schottland und Spitzbergen bis ins Altai-Gebirge. Arktisches Nordamerika. In Mittel- und Südeuropa in den Gebirgen von den Pyrenäen bis ins bulgarische Pirin-Gebirge.

3 | Stumpfblatt-Weide
Salix retusa – Salicaceae

1–10 cm hoher, niederliegender Spalierstrauch; Blattspreite verkehrt-eiförmig, 1–3 cm lang, 0,5–1,2 cm breit, 1,5–3 × so lang wie breit, beiderseits mit 4–6 Seitennerven, vorne oft ausgerandet, ganzrandig oder am Grunde fein gezähnt, beiderseits grün, kahl und glänzend; die Blüten erscheinen mit den Blättern. Blütezeit VI–VIII.

VERWECHSLUNG: v. a. mit der Quendel-W., *S. serpyllifolia*, welche aber nur 0,3–1 cm lange und 0,2–0,4 cm breite Blätter mit 2–4 Paar Seitennerven hat.

LEBENSRAUM: Schneeböden, Weidenspaliere, steinige Rasen, feuchte Felsfluren, Zwergstrauchheiden. 1400–2600 m NN.

VERBREITUNG: Südeuropäisch-montane Art von den Pyrenäen bis zu den Karpaten und den Gebirgen der nördlichen und mittleren Balkanhalbinsel.

4 | Braun-Weide
Salix waldsteiniana – Salicaceae

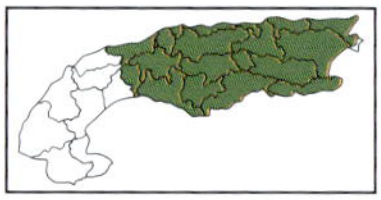

0,3–2 m hoher Strauch; Blattspreite elliptisch bis verkehrt-eiförmig, 2–5 cm lang, oberseits glänzend, unterseits bereift, zur Spitze hin schwach behaart (Lupe); Blattrand entfernt und seicht gesägt bis gekerbt; blüht gleichzeitig mit dem Entfalten der Blätter; Fruchtknoten behaart. Blütezeit VI–VII.

VERWECHSLUNG: v. a. mit der Glanz-W., *S. glabra* (siehe S. 358), der Zweifarben-W., *S. bicolor*, welche aber ganzrandige Blattränder hat und der Ruch-W., *S. foetida*, bei der aber der Blattrand dicht und scharf gesägt-gezähnt ist.

LEBENSRAUM: Latschen-, Weiden- und Grünerlengebüsche, feuchte Schutthalden, Zwergstrauchheiden; kalkliebend. 1200–2200 m NN, vereinzelt auch tiefer, wie in der Nordtiroler Kundler Klamm (650 m NN) oder höher, wie am Kaserer Schartl in den Tuxer Alpen (2450 m NN).

VERBREITUNG: Ostalpisch-illyrische Art von den Ostalpen bis zum Korab-Massiv und zu den bulgarischen Gebirgen.

NAME: Benannt zu Ehren des österreichischen Militärs und Botanikers Franz de Paula Adam Norbert Wenzel Ludwig Valentin VON WALDSTEIN (1759–1823), kurz Franz Adam VON WALDSTEIN. Er bereiste mit Paul KITAIBEL Ungarn und verfasste zusammen mit diesem mehrere botanische Arbeiten. Nach ihm ist neben der Weide u. a. auch die Glockenblumenart *Campanula waldsteiniana* und die Rosengewächs-Gattung *Waldsteinia* benannt.

1

2A

2B

3A

3B

4

1 | Rot-Holunder
Sambucus racemosa – Sambucaceae

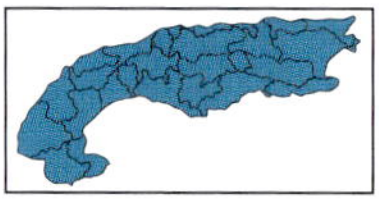

1–4 m hoher Strauch; Blätter unpaarig gefiedert mit meist 5 Blättchen; Mark der Äste ockerfarben; Krone grünlich-blassgelb, radförmig, leicht abfallend; Früchte rot. Blütezeit IV–V.
VERWECHSLUNG: Kaum.
LEBENSRAUM: Waldschläge, Bergwälder, Blockschutt. Bis 2300 m NN.
VERBREITUNG: Europäische Art.

2 | Alpen-Leinblatt
Thesium alpinum – Santalaceae

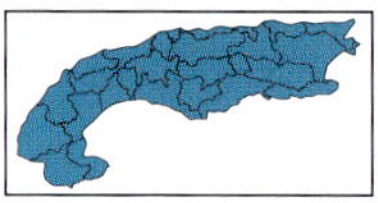

5–25 cm hoch; Stängel liegend bis aufsteigend; Blätter lineal, 0,7–3 mm breit, meist 1-nervig; Blütenstand einseitswendig und unverzweigt; Blüten meist 4-zählig; jede Blüte von 3 Tragblättern gestützt. Blütezeit VI–VII.
VERWECHSLUNG: Mit dem Wiesen-L., *T. pyrenaicum*, das aber meist 5-zählige Blüten und einen allseitswendigen Blütenstand hat.
LEBENSRAUM: Steinige Magerrasen, lichte Kiefernwälder, buschige Abhänge. Bis 2700 m NN.
VERBREITUNG: Europäisch-montane Art von den Gebirgen Spaniens bis Südschweden und Russland.

3 | Wiesen-Leinblatt
Thesium pyrenaicum – Santalaceae

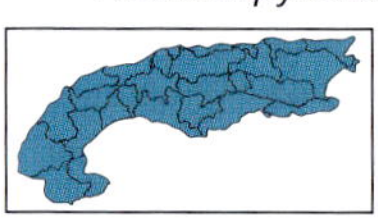

10–40 cm hoch; Blätter lineal, 0,5–2 mm breit, 1–3-nervig; Blütenstand allseitswendig; Blüten meist 5-zählig, jede Blüte von 3 Tragblättern gestützt; Blüten duften. Blütezeit V–VII.
VERWECHSLUNG: Das Bayern-L., *T. bavarum*, hat 3–7 mm breite Blätter mit 3–5 Nerven. Beim Schnabel-L., *T. rostratum*, hat jede Blüte nur 1 Tragblatt und an der Blütenstandsspitze einen Schopf aus Blättern ohne Blüten.
LEBENSRAUM: Magerwiesen, Gesteinsfluren. Bis 2500 m NN.
VERBREITUNG: Europäisch-montane Art.
ANMERKUNG: Tritt in den Alpen in 2 Unterarten auf:
- subsp. *pyrenaicum*: Perigon 3–5 mm lang, ± so lang wie die Frucht.
- subsp. *alpestre*: Perigon 6–8 mm lang, 1,5–2 × so lang wie die Frucht.

4 | Aufsteige-Steinbrech
Saxifraga adscendens – Saxifragaceae

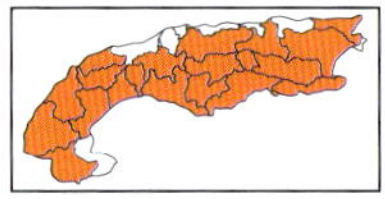

2–25 cm hoch, 2-jährig, ganze Pflanze klebrig-drüsig behaart; Grundblätter keilförmig oder spatelig, 3–25 mm lang, vorn 2–7-zähnig; Stängelblätter zahlreich; Blütenstand mit wenigblütigen, steif aufrechten Ästen; Blütenstiele 0,5–1,5 × so lang wie die Blüte; Kronblätter 3–5 mm lang, milchweiß, vorn meist ausgerandet; Kelchblätter eiförmig, 1–2,5 mm lang. Blütezeit VI–VIII.
VERWECHSLUNG: Mit dem Finger-St., *S. tridactylites*, welcher aber die tieferen Lagen der Alpen besiedelt und Blütenstiele hat, die 2–5 × so lang wie die Blüten sind. Der Mannsschild-St., *S. androsacea*, hat keine oder nur sehr wenige Stängelblätter.
LEBENSRAUM: Mäßig feuchte, kurzgrasige, lückige Weiderasen und Schaflägerstellen, feuchter Kalkschutt. 1800–3480 m NN.
VERBREITUNG: Arktisch-alpine Art.

5 | Bach-Steinbrech
Saxifraga aizoides – Saxifragaceae

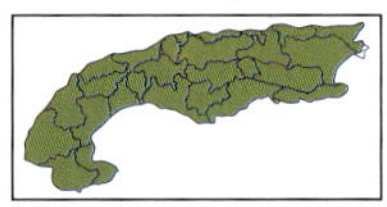

5–20 cm hoch, Rasen bildend; Stängel niederliegend, bogig aufsteigend, dicht beblättert, mit zahlreichen sterilen Trieben; Blätter fleischig, lineal bis lineallanzettlich, bewimpert; Blühsprosse 3–10-blütig, kahl; Kronblätter zitronengelb, orange oder rot.
Blütezeit VI–IX.
VERWECHSLUNG: Keine.
LEBENSRAUM: Quellfluren, steinige Bachufer, feuchte Felsschuttfluren, Schneeböden, alpine Rasen; kalkliebend. Bis 3000 m NN.
VERBREITUNG: Arktisch-alpine Art. Im arktischen Gebiet weit verbreitet, weiter südlich auf die Gebirge beschränkt, in Europa südlich bis in die bulgarischen Gebirge.
ANMERKUNG: Der Bach-Steinbrech tritt ausgesprochen vielfältig auf, v. a. was die Ausfärbung der Kronblätter betrifft. Daneben finden sich (sehr selten) auch Hybriden mit *Saxifraga caesia* (= *S.* × *patens*) und *Saxifraga mutata* (= *S.* × *hausmannii*).

1A
1B
2
3
4
5A
5B

1 | Mannsschild-Steinbrech
Saxifraga androsacea – Saxifragaceae

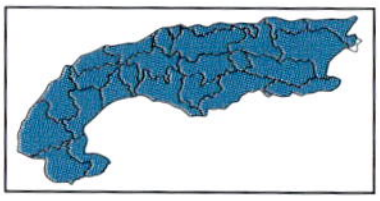

2–8 cm hoch; Rosettenblätter lanzettlich bis spatelförmig, 5–25 mm lang, 2–6 mm breit, ganzrandig oder vorn 3–5-zählig, am Rand mit abstehenden Drüsenhaaren; Blütentriebe abstehend drüsenhaarig, 1–3-blütig; Kronblätter weiß, elliptisch, einander berührend, 2–3 × so lang wie die Kelchblätter. Blütezeit V–VIII.
VERWECHSLUNG: Mit dem Fassa-St., *S. depressa*, bei dem die Blätter aber 6–9 mm breit und 3-lappig und die Blühtriebe 3–7-blütig sind.
LEBENSRAUM: Schneeböden, feuchte Weiderasen, Gesteinsfluren; etwas kalkliebend. 1450–3125 m NN.
VERBREITUNG: Eurasiatische Art, von den Pyrenäen bis zum ostsibirischen Sajangebirge.
ALLGEMEIN: Von den rund 440 Steinbrech-Arten kommen 123 in Europa und 54 in den Alpen vor. Verbreitungszentren der Gattung liegen in den europäischen Gebirgen, dem Himalaya und seinen benachbarten Gebirgen. *Saxifraga* ist die am weitesten nach Norden reichende Blütenpflanzengattung und mit 6000 Meter Seehöhe auch eine der am höchsten steigende.

2 | Blattlos-Steinbrech
Saxifraga aphylla – Saxifragaceae

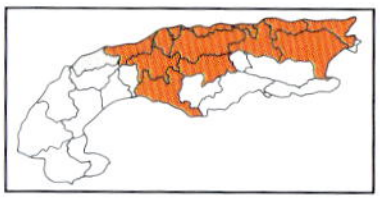

1–4 cm hoch, lockere Polster bildend; Rosettenblätter spatelförmig bis lanzettlich, vorn 3-spaltig, selten ganzrandig oder 5-spaltig, 7–15 mm lang; Stängel blattlos, meist einblütig; Kronblätter blassgelb, 2–2,5 mm lang, 0,3–0,5 mm breit; so lang bis wenig länger als die Kelchblätter. Blütezeit VII–IX.
VERWECHSLUNG: v. a. mit dem Steiermark-St., *S. styriaca* (siehe S. 378). Der Seguier-St., *S. seguieri*, hat 1–3-blütige Stängel mit meist einem Stängelblatt.
LEBENSRAUM: Felsschutt mit langer Schneebedeckung, feuchte Felsspalten; kalkstet. 1730–3200 m NN.
VERBREITUNG: Endemit der Ostalpen mit Verbreitungsschwerpunkt in den nördlichen Kalkalpen.

3 | Spinnweb-Steinbrech
Saxifraga arachnoidea – Saxifragaceae

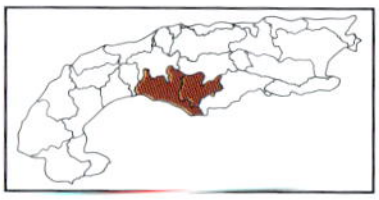

10–30 cm lang, lockere Rasen bildend, mit klebrigen Drüsenhaaren spinnwebenartig überzogen; Stängel zerbrechlich, niederliegend-aufsteigend; untere Blattspreiten rundlich, 3–5-lappig; Kronblätter blassgelb, 2–3 mm lang, länger als die grünlichen Kelchblätter. Blütezeit V–VIII.
VERWECHSLUNG: Kaum.
LEBENSRAUM: Unter überhängenden Felsen, in Höhlen, in feuchtem Kalkmulm. 600–1850 m NN.
VERBREITUNG: Endemit der Insubrischen Alpen.
ANMERKUNG: Molekulargenetische Untersuchungen haben die nahe Verwandtschaft des Spinnweb-Steinbrechs mit dem Glimmer-Steinbrech *(Saxifraga paradoxa)* bekräftigt. Beide Arten werden als Teritärrelikte gewertet, welche vermutlich nicht weit von den heutigen Vorkommen die Kaltzeiten überdauert haben.

4 | Rau-Steinbrech
Saxifraga aspera – Saxifragaceae

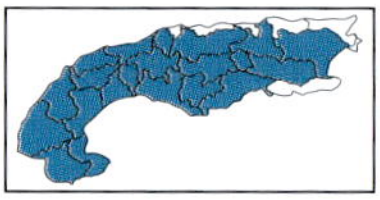

5–20 cm hoch, lockere Rasen bildend; Blätter nicht in Rosetten gehäuft, 5–20 mm lang, lineal-lanzettlich, grannenartig zugespitzt, dornig bewimpert; Blütenstand 1–10-blütig; Kronblätter 5–8 mm lang, oberhalb der Mitte am breitesten. Blütezeit VII–VIII.
VERWECHSLUNG: Mit dem Moos-St., *S. bryoides*, welcher aber dichtrasig und nur 2–5 cm hoch ist, seine Blätter sind 2–6 mm lang.
LEBENSRAUM: Schattige Felsen, Felsschutt, Trockenmauern, steinige Magerböschungen; kalkmeidend, 1500–2400 m NN, vereinzelt auch tiefer, wie im Maggiatal im Tessin (400 m NN) oder höher, wie am Gornergrat im Wallis (2800 m NN).
VERBREITUNG: Südwesteuropäisch-montane Art von den Zentral-Pyrenäen bis in den toskanischen Apennin und in die Ostalpen.

5 | Colli-Berici-Steinbrech
Saxifraga berica – Saxifragaceae

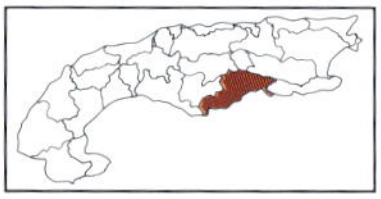

10–20 cm hoch, ausdauernd, sterile Seitensprosse fehlen, Blühsprosse reich verzweigt, meist miteinander verwoben; Blattspreite der Grundblätter nierenförmig, bis zu einem Drittel tief mehrlappig eingeschnitten, langdrüsig behaart; Kronblätter weiß, 5–8 mm lang, asymmetrisch, innerhalb einer Blüte unterschiedlich groß. Blütezeit IV–V.
VERWECHSLUNG: Mit dem Karst-St., *S. petraea* (siehe S. 374).
LEBENSRAUM: Schattige Felsen, Höhlen, unter überhängenden Felsvorsprüngen; kalkstet. 200–300 m NN.
VERBREITUNG: Endemit der Monte Berici am Südfuß der Alpen.

1A

1B

2

3

4

5

1 | Zweiblüten-Steinbrech
Saxifraga biflora – Saxifragaceae

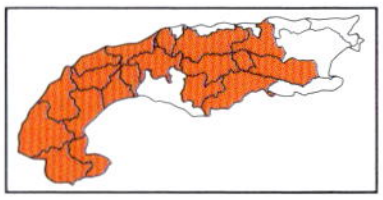

1–5 cm hoch, mit niederliegenden Trieben ± lockerrasig wachsend; Blätter verkehrt-eiförmig bis fast kreisrund, stumpf, oft rötlich überlaufen, an der Spitze mit einem Punkt; Blütenstand 2–7-blütig; Kronblätter purpurrot, elliptisch, 1–2 mm breit, 3-nervig. Blütezeit VII–VIII.

VERWECHSLUNG: Mit der nicht selten auftretenden Hybride *S.* × *kochii* (= *S. biflora* × *S. oppositifolia*), die im Aussehen zwischen den Eltern steht und deren Kronblätter meist über 2 mm breit sind.

LEBENSRAUM: Feuchte Felsschuttfluren und Felsen; über Intermediärgestein, vorwiegend Kalkglimmerschiefer. 2000–3000 m NN, vereinzelt auch höher, wie am Matterhorn (4200 m NN).

VERBREITUNG: Endemit der Alpen.

ANMERKUNG: Die von manchen Autoren als Unterart angesehene „*macropetala*" ist die Hybride aus *S. biflora* × *S. oppositifolia*.

2 | Wimper-Steinbrech
Saxifraga blepharophylla – Saxifragaceae

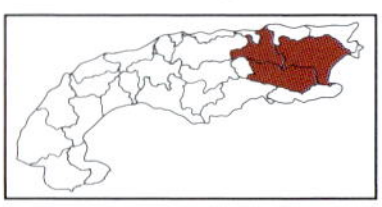

1–5 cm hoch, mit niederliegenden Trieben ± lockerrasig wachsend; Blätter spatelförmig oder vorne gestutzt, mit einem meist unauffälligen, weißlichen, nicht kalkigen Punkt, vorn wenig verdickt, 3–4 mm lang, Rand auffallend lang bewimpert; Blüten einzeln; Kronblätter purpurn, 5–8 mm lang, 2–3 × so lang wie die Kelchblätter; Kelchblätter drüsenlos bewimpert. Blütezeit IV–VII.

VERWECHSLUNG: v. a. mit den nächstverwandten Gegenblatt-St., *S. oppositifolia* (siehe S. 372) und dem Rudolphi-St., *S. rudolphiana* (siehe S. 376).

LEBENSRAUM: Felsen, Felsschuttfluren; kalkmeidend. 2100–3240 m NN.

VERBREITUNG: Endemit der Ostalpen.

3 | Moos-Steinbrech
Saxifraga bryoides – Saxifragaceae

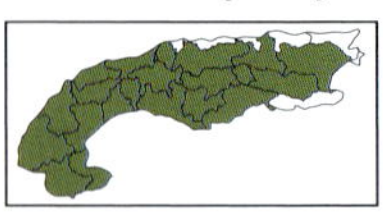

2–5 cm hoch, dichte Polster bildend; Blätter an der Stängelbasis in Rosetten, 2–6 mm lang, bis vorn steifhaarig bewimpert, einwärts gebogen; Blütenstand meist 1-blütig; Kronblätter in der Mitte am breitesten. Blütezeit VII–VIII.

VERWECHSLUNG: Mit dem Rau-St., *S. aspera* (siehe S. 364).

LEBENSRAUM: Windexponierte Felsschuttfluren, Felsen; kalkmeidend, 1800–4050 m NN.

VERBREITUNG: Europäisch-montane Art von den Pyrenäen bis zum Riesengebirge und den Gebirgen Bulgariens.

4 | Burser-Steinbrech
Saxifraga burseriana – Saxifragaceae

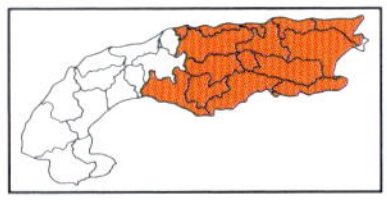

3–10 cm hoch; Grundblätter pfriemlich-lanzettlich, in eine lange, stechende Spitze verlängert; 4–14 mm lang, 0,8–1,3 mm breit, beiderseits mit hellgrauem Überzug; Blütenstand einblütig; Kronblätter weiß, 7–15 mm lang. Blütezeit III–VI.

VERWECHSLUNG: Mit dem Vandelli-St., *S. vandellii*, dessen Blütenstand aber 2–6-blütig ist.

LEBENSRAUM: Felsspalten, Felsschutt; kalkstet. Bis 2200 m NN, vereinzelt auch höher, wie am Hochstadel bei Lienz (2500 m NN).

VERBREITUNG: Endemit der Ostalpen.

NAME: Benannt zu Ehren des deutschen Arztes und Botanikers Joachim BURSER (1583–1649). BURSER entdeckte die Steinbrechart 1620 in den Radstädter Tauern.

5 | Blaugrün-Steinbrech
Saxifraga caesia – Saxifragaceae

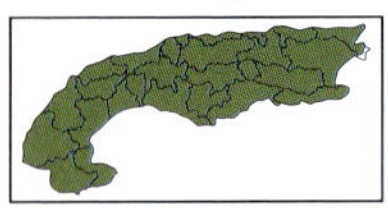

3–12 cm hoch; mäßig dichte und feste Polster bildend; Rosettenblätter blaugrün, vom Grund an stark nach außen gebogen, vorn stumpf, 2–5 mm lang, 0,7–1,5 mm breit, am Rand mit kalkausscheidenden Grübchen; Stängel kahl oder mit sehr wenigen, etwa 0,1 mm langen Drüsenhaaren, mit wechselständigen Blättern und 2–6 Blüten; Kronblätter 3–4 mm lang. Blütezeit VI–IX.

VERWECHSLUNG: Mit dem Sparrig-St., *S. squarrosa*, bei dem die Blätter vorne aber nur schwach nach außen gebogen und spitz sind. Seine Blätter sind kleiner, 2,5–3 mm lang und 0,5–0,9 mm breit. Der Diapensien-St., *S. diapensioides*, hat 6–9 mm lange Kronblätter. Der Waldenser-St., *S. valdensis*, hat dicht drüsenhaarige Stängel, die Drüsenhaare sind 0,2–0,5 mm lang.

LEBENSRAUM: Felsfluren, Felsrasen, Schuttfluren; kalkstet. 1500–2900 m NN, vereinzelt auch tiefer, wie an der Isar bei Ebenhausen (550 m NN).

VERBREITUNG: Südeuropäisch-montane Art von den Pyrenäen bis zur Tatra und in die Gebirge Montenegros.

1
2
3A
3B
4
5A
5B

1 | Schwielen-Steinbrech
Saxifraga callosa – Saxifragaceae

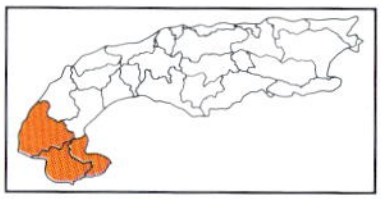

15–60 cm hoch, mit zahlreichen, nichtblühenden Rosetten; Rosettenblätter lineal, bis 10 cm lang und 0,6 cm breit, ganzrandig oder wenig gekerbt, blaugrün, fleischig, mit Kalkkrusten, am Grunde oft rötlich; Blütenstand kahl, bogig überhängend; Kronblätter weiß, oft rot punktiert, 6–9 mm lang. Blütezeit V–VII.

VERWECHSLUNG: v. a. mit dem Pracht-St., *S. cotyledon*, bei dem aber die Blätter 0,9–1,5 cm breit sind und der kalkmeidend ist. Kümmerformen von *S. callosa* können mit dem Rispen-St., *S. paniculata*, verwechselt werden, dieser hat aber Blätter mit gesägtem Rand und einen drüsigen Blütenstand.

LEBENSRAUM: Felsspalten; kalkstet. Bis 1900 m NN.

VERBREITUNG: Westalpisch-apenninische Art.

ALLGEMEIN: Der botanische Gattungsname ist den lateinischen Wörtern „*saxum*" (= Stein) und „*frangere*" (= brechen) abzuleiten und entspringt dem Glauben, dass die Pflanze die Ritzen im Gestein selber sprenge.

2 | Nick-Steinbrech
Saxifraga cernua – Saxifragaceae

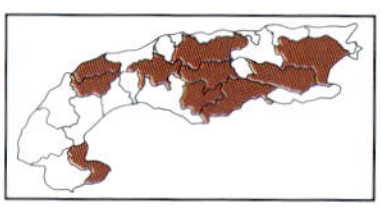

5–30 cm hoch; Grundblattspreiten (3)5(7)-lappig, mit kraus behaarten Stielen; Grund- und Stängelblätter tragen Brutknollen in den Blattwinkeln; Stängel unverzweigt, einblütig oder blütenlos, an der Spitze oft nickend; Kronblätter weiß, 5–9 mm lang. Blütezeit VII.

VERWECHSLUNG: Mit dem Karpaten-St., *S. carpatica*, welcher aber mehrblütig ist und nur in den Achseln der Grundblätter Brutknollen hat. In den Alpen bisher nur von den Seckauer Tauern in der Steiermark bekannt.

LEBENSRAUM: Feuchte, überrieselte Felsen in schattigen Schluchten, Balmen, Höhlen, Lägerfluren. 1500–2830 m NN.

VERBREITUNG: Arktisch-alpine Art. Im arktischen Gebiet weit verbreitet, weiter südlich nur in den Gebirgen.

3 | Pracht-Steinbrech
Saxifraga cotyledon – Saxifragaceae

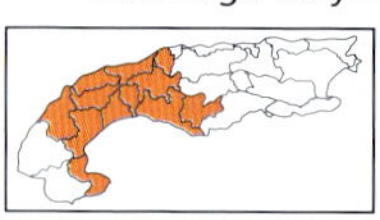

15–75 cm hoch (lang), mit zahlreichen, nichtblühenden Rosetten; Rosettenblätter breit-lineal, vorn spatelig verbreitert, 2–8 cm lang, 9–15 mm breit; Blattrand fein gezähnt; Stängel vom Grund an oder wenig darüber rispig verzweigt, Rispe meist überhängend; Kronblätter weiß, 5–10 mm lang. Blütezeit VI–VIII.

VERWECHSLUNG: v. a. mit dem Schwielen-St., *S. callosa*.

LEBENSRAUM: Warme, frische Silikat-Felsspalten; kalkmeidend, bis 2600 m NN.

VERBREITUNG: Arktisch-alpine Art der Pyrenäen, Alpen, Skandinaviens und Islands.

4 | Krusten-Steinbrech
Saxifraga crustata – Saxifragaceae

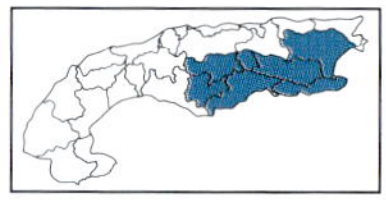

10–30 cm hoch, mit zahlreichen, nichtblühenden Rosetten; Rosettenblätter lineal-lanzettlich, 1–5 cm lang und 1,5–4 mm breit, nach außen (unten) gebogen, spitz, ganzrandig bis ganz seicht gekerbt, mit zahlreichen punktförmigen, von großen Kalkschüppchen bedeckten Vertiefungen; Blütenstand mit 1–3-blütigen Ästen; Kronblätter weiß, ± 5 mm lang. Blütezeit VI–VIII.

VERWECHSLUNG: v. a. mit dem Rispen-St., *S. paniculata*, welcher aber stumpfe, nach innen gebogene, 4–7 mm breite Rosettenblätter hat.

LEBENSRAUM: Kalkfelsen, steinige Hänge, Felsschutt; kalkstet. Bis 2500 m NN.

VERBREITUNG: Ostalpisch-illyrische Art von der Etsch bis Westserbien.

5 | Keilblatt-Steinbrech
Saxifraga cuneifolia – Saxifragaceae

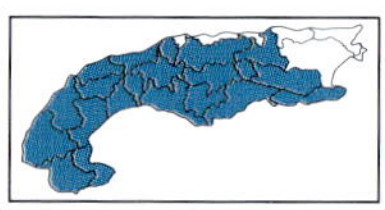

10–20 cm hoch, mit zahlreichen Blattrosetten lockere Rasen bildend; Blattspreiten verkehrt-eiförmig-spatelig, mit wenigen stumpfen Zähnen und knorpeligem Rand, kahl; blütentragende Stängel blattlos; Blütenstand meist drüsenflaumig; Kronblätter weiß, 2,5–4 mm lang, oft mit einem orangeroten Punkt. Blütezeit V–VIII.

VERWECHSLUNG: Möglich mit dem Stern-St., *S. stellaris*, (siehe S. 378).

LEBENSRAUM: Feuchte, schattige Felsen und Blöcke in Wäldern. Bis 2200 m NN.

VERBREITUNG: Südeuropäisch-montane Art von der Sierra Meirama in Nordwestspanien bis in die Ostkarpaten.

ANMERKUNG: Die Art kommt in den Alpen in 2 Unterarten vor:
– subsp. *cuneifolia*: Blütenstände mit weniger als 10 Blüten, nur in den Westalpen und im nördlichen Apennin.
– subsp. *robusta*: Blütenstände mit meist mehr als 10 Blüten, im gesamten Verbreitungsgebiet der Art.

1

2

3

4A

4B

5

1 | Diapensien-Steinbrech
Saxifraga diapensioides – Saxifragaceae

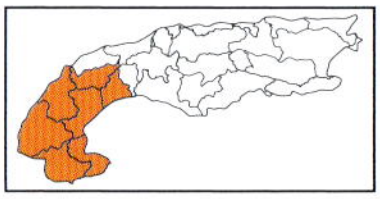

3–8 cm hoch, dichte, feste Polster bildend; Grundblätter dicht dachziegelig angeordnet, dreieckig-eiförmig, stumpf, mit kalkausscheidenden Grübchen, 3–6 mm lang, 1–2 mm breit; Blütenstand 1–6(9)-blütig, dicht drüsig; Kronblätter weiß bis cremefarben, 6–9 mm lang, 2–3 × so lang wie die Kelchblätter. Blütezeit IV–VII.
VERWECHSLUNG: Mit dem Tombea-St., *S. tombeanensis*, bei dem die Grundblätter aber eine aufgesetzte Stachelspitze haben.
LEBENSRAUM: Kalk- und Dolomitfelsen. 850–2800 m NN.
VERBREITUNG: Endemit der Westalpen.

2 | Furchen-Steinbrech
Saxifraga exarata – Saxifragaceae

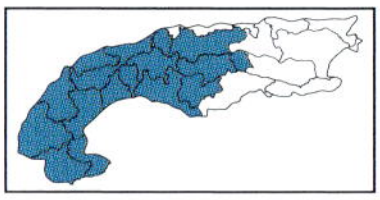

1–12 cm hoch; Grundblätter länglich-keilförmig, vorn 3–7-spaltig, drüsig-klebrig und harzig riechend, oberseits deutlich gefurcht; Stängel 2–4-blättrig; Blütenstand 2–12-blütig; Kronblätter weiß bis rahmgelb, 4–6 mm lang, 1,5–3 × so lang und etwa 2 × so breit wie die Kelchblätter. Blütezeit VI–VIII.
VERWECHSLUNG: Mit dem Moschus-St., *S. moschata*, bei dem aber die Kronblätter grüngelb bis rötlich, etwa gleich breit und nur wenig länger als die Kelchblätter sind.
LEBENSRAUM: Felsschutt, Felsspalten, Grate; kalkmeidend. 1800–3380 m NN, vereinzelt bis in tiefe Lagen herabsteigend.
VERBREITUNG: Gebirge Europas und Kleinasiens von den Westalpen bis in den Kaukasus.

3 | Facchini-Steinbrech
Saxifraga facchinii – Saxifragaceae

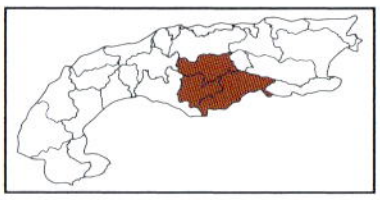

1–5 cm hoch; Grundblätter länglich-lanzettlich bis lineal, vorn abgerundet, 7–10 mm lang und 1–2 mm breit, drüsig behaart; Blütenstand 1–4-blütig; Kronblätter blassgelb bis grüngelb oder purpurn, 1,5–2 mm lang, die Kelchblätter kaum überragend. Blütezeit VII–VIII.
VERWECHSLUNG: Mit dem Flachblatt-St., *S. muscoides*, bei dem die Kronblätter aber 1,5–2 × so lang wie die Kelchblätter sind.
LEBENSRAUM: Felsritzen, Felsgrus; kalkstet. 1800–3360 m NN.
VERBREITUNG: Endemit der Dolomiten.
NAME: Benannt zu Ehren des italienischen Botanikers und Arztes Francesco FACCHINI (1788–1852). FACCHINI lebte als praktischer Arzt eine Zeitlang im Fassatal. Drei Jahre nach seinem Tod erschien eine von ihm verfasste Flora von Südtirol.

4 | Mercantour-Steinbrech
Saxifraga florulenta – Saxifragaceae

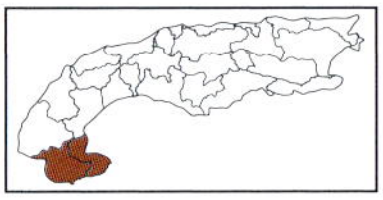

15–40 cm hoch; Rosettenblätter 2–10 cm lang, dunkelblaugrün-glänzend, vorn zugespitzt, am Rand gewimpert; Blütenrispe mit zahlreichen, kleinen, wenig geöffneten Blüten; Kronblätter 5, weiß bis blassrosa, etwa 6 mm lang; Gipfelblüte mit 6–8 Kronblättern. Blütezeit VII–VIII.
VERWECHSLUNG: Keine.
LEBENSRAUM: Steile, oft nordexponierte Silikatfelsspalten; kalkmeidend, 2000–3000 m NN.
VERBREITUNG: Endemit der Seealpen.

5 | Habichtskraut-Steinbrech
Saxifraga hieraciifolia – Saxifragaceae

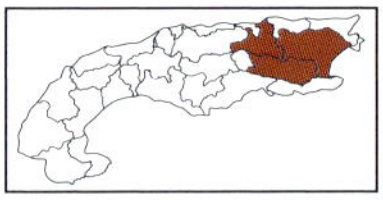

10–40 cm hoch; Stängel kräftig, bis auf die Blätter im Blütenstand blattlos, dicht und lang drüsig behaart; Blätter fast sitzend, 3–7 cm lang, elliptisch, Rand fein gezähnelt bis fast ganzrandig, bewimpert; Blüten in einer dichten, 15–30-blütigen Scheinähre; Krone gelblichgrün bis braunrot. Blütezeit VII–VIII.
VERWECHSLUNG: Keine.
LEBENSRAUM: Feuchte Gesteinsfluren, feuchte Felsrasen, Schluchten; kalkmeidend. 1600–2500 m NN.
VERBREITUNG: Arktisch-ostalpisch-karpatisch-zentralasiatische Art. Glazialrelikt.
ANMERKUNG: Der Habichtskraut-Steinbrech ist unauffällig und in den Alpen ausgesprochen selten. Eine Begegnung mit ihm gehört zu den Glücksfällen. Im Gebiet des Schießeck in den steirischen Wölzer Tauern kommt die Art zusammen mit mehreren anderen interessanten Alpenpflanzen vor, so etwa mit Tauern-Enzian, *Gentiana frigida*, Dreiblüten-Spitzkiel, *Oxytropis triflora*, Alpen-Wiesenraute, *Thalictrum alpinum*, Bunt-Läusekraut, *Pedicularis oederi*, Kopf-Aschenkraut, *Tephroseris integrifolia* subsp. *capitata* usw.

1

2

3A

3B

4

5

1 | Host-Steinbrech
Saxifraga hostii – Saxifragaceae

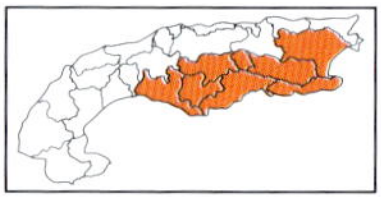

15–60 cm hoch, mit zahlreichen, nichtblühenden Rosetten; Rosettenblätter zungenförmig bis lineal, 2–10 cm lang und 4–9 mm breit, Blattrand gekerbt bis gesägt, am Grund gewimpert, oberseits mit punktförmigen, kalkausscheidenden Vertiefungen; Blütenstand rispenartig, mit 5–12-blütigen Ästen; Kronblätter weiß, 4–8 mm lang, purpurn gepunktet. Blütezeit V–VII.

VERWECHSLUNG: v. a. mit dem Pracht-St., *S. cotyledon*, bei dem aber die Blätter 9–15 mm breit sind und der kalkmeidend ist.

LEBENSRAUM: Felsspalten, Felsrasen; kalkstet. 900–2500 m NN, vereinzelt auch tiefer.

VERBREITUNG: Ostalpische Art, außerdem im Ternowaner Wald und am Krainer Schneeberg im Karst.

ANMERKUNG: In den Alpen in 2 Unterarten:
- subsp. *hostii* (Bild **1B**): Rosettenblätter nach vorne zu deutlich verbreitert, vorne abgerundet.
- subsp. *rhaetica* (Bild **1C**): Rosettenblätter fast parallelrandig, vorn ein spitzes Dreieck bildend.

NAME: Benannt zu Ehren des kaiserlichen Leibarztes Nicolaus Thomas Host (1761–1834). Er war u. a. Verfasser einer „Flora Austriaca".

2 | Moschus-Steinbrech
Saxifraga moschata – Saxifragaceae

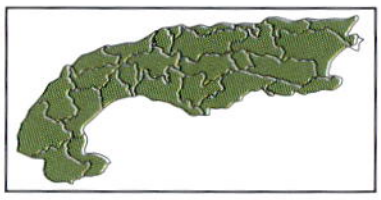

1–12 cm hoch, vielgestaltig; Grundblätter lineal, ungeteilt bis vorn 3-zähnig oder 3-spaltig, schwach drüsig, oberseits kaum oder nicht gefurcht; Stängel 2–5-blättrig; Stängelblätter ungeteilt oder seltener 2–3-spaltig; Blütenstand 2–5-blütig; Kronblätter grüngelb bis rötlich, etwa gleich breit und nur wenig länger als die Kelchblätter, 4–6 mm lang. Blütezeit VI–VIII.

VERWECHSLUNG: Mit dem Furchen-St., *S. exarata* (siehe S. 370).

LEBENSRAUM: Felsschutt, steinige Weiderasen, Schneeböden; basenliebend. 1450–4000 m NN.

VERBREITUNG: Gebirge Europas und Kleinasiens von den Pyrenäen bis zum Kaukasus.

3 | Flachblatt-Steinbrech
Saxifraga muscoides – Saxifragaceae

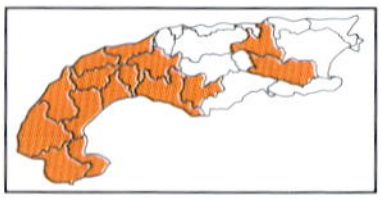

1–5 cm hoch, feste Polster bildend, harzig duftend; Grundblätter lanzettlich, 3–8 mm lang und 1–3 mm breit, am Rand drüsig gewimpert; Blühtriebe dicht drüsig-behaart, beblättert; Kronblätter blassgelb bis hellzitronengelb, vorn gestutzt bis ausgerandet, 1,5–2 × so lang wie die Kelchblätter. Blütezeit VI–VIII.

VERWECHSLUNG: Mit dem Facchini-St., *S. facchinii* (siehe S. 370).

LEBENSRAUM: Rasenpolster, Felsgrus, Felsschutt, besonders in Gratlagen. 1800–4200 m NN, vereinzelt auch tiefer, wie am Fuße des Hufigletschers (1450 m NN).

VERBREITUNG: Endemit der Alpen von den Cottischen Alpen bis zum Lungau.

4 | Kies-Steinbrech
Saxifraga mutata – Saxifragaceae

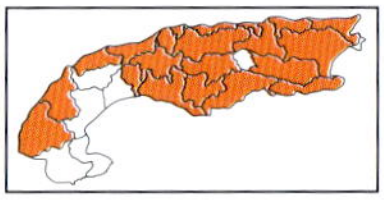

15–50 cm hoch; Rosettenblätter länglich-spatelförmig bis verkehrt-eiförmig, vorn abgerundet, darunter fransig-kerbsägig, 3–7 cm lang; Blühsprosse aufrecht, meist pyramidenförmig verzweigt, dicht drüsenhaarig; Kronblätter gelb, orange oder rot. Blütezeit VI–VII.

VERWECHSLUNG: Im blühenden Zustand keine.

LEBENSRAUM: Feuchte Felsen, Felsschutt, Bachkies, alpine Rasen; karbonatliebend, bis 1900 m NN, vereinzelt auch höher, wie an der Frau Hitt in Tirol (2200 m NN).

VERBREITUNG: Alpisch-südkarpatische Art.

5 | Gegenblatt-Steinbrech
Saxifraga oppositifolia – Saxifragaceae

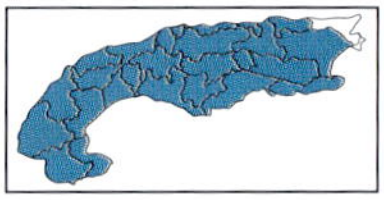

1–5 cm hoch, mit niederliegenden Trieben ± lockerrasig wachsend; Blätter eiförmig bis lanzettlich, mit stumpfer Blattspitze und 1(3) weißen, kalkigen Punkt, vorn stark verdickt, 2–4 mm lang; Blüten einzeln; Kronblätter purpurn, 7–10 mm lang, 2–3 × so lang wie die Kelchblätter; Kelchblätter bewimpert. Blütezeit IV–VII.

VERWECHSLUNG: Der Wimper-St., *S. blepharophylla*, hat spatelförmige Blätter mit vorne einem meist unauffälligen, nicht kalkigen Punkt. Der Rudolphi-St., *S. rudolphiana*, ist dichtrasig mit kompakten Pölstern, seine Blätter sind 1–2 mm lang. Der Wulfen-St., *S. retusa*, hat kahle Kelchblätter, 2–5-blütige Blütenstände und Blätter mit vorne 3–5 Punkten.

LEBENSRAUM: Felsen, Felsschutt, Gletschermoränen, Geröllhalden, Steinrasen; ± kalkreiche Silikatböden. 1700–3800 m NN, vereinzelt auch tiefer, wie an der Klus bei Landquart (580 m NN).

VERBREITUNG: Arktisch-alpine Art.

1A

1B

1C

2

3

4

5

1 | Rispen-Steinbrech
Saxifraga paniculata – Saxifragaceae

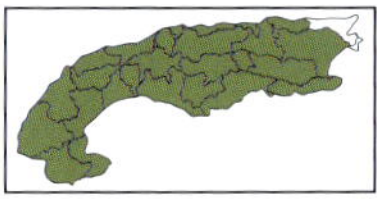

5–40 cm hoch, mit zahlreichen, nichtblühenden Rosetten; Rosettenblätter verkehrt-eilänglich, 1–3 cm lang, 4–7 mm breit, nach vorn zu deutlich verbreitert, stumpf, graugrün, nach innen gebogen (vorn aufgebogen); Blattrand fein gezähnt, mit kalkausscheidenden Grübchen; Blütenstand rispig verzweigt, drüsig; Rispenäste 1–5-blütig. Blütezeit V–VIII.
VERWECHSLUNG: v. a. mit dem Krusten-St., *S. crustata* (siehe S. 368), dem Schwielen-St., *S. callosa* (siehe S. 368) und dem Host-St., *S. hostii*, welcher aber 5–12-blütige Rispenäste hat. Der in den Seealpen endemische Löffelblatt-St., *S. cochlearis*, hat vorn löffelartig verbreiterte Rosettenblätter.
LEBENSRAUM: Felsen, steinige Rasen; kalkliebend. Bis 3400 m NN.
VERBREITUNG: Europäisch-nordamerikanische Art.

2 | Glimmer-Steinbrech
Saxifraga paradoxa – Saxifragaceae

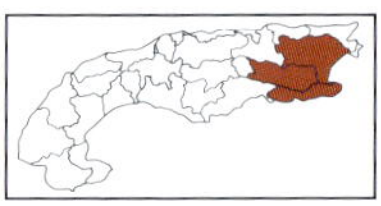

5–20 cm hoch, fast kahl; Stängel niederliegend bis aufsteigend, zerbrechlich; Grundblattspreiten handförmig gelappt mit 5–7 ganzrandigen Abschnitten; Kronblätter grün, 1,5–2,5 mm lang, ± so lang wie die grünen Kelchblätter. Blütezeit VI–VIII.
VERWECHSLUNG: Im nichtblühenden Zustand mit dem Wechselblatt-Milzkraut, *Chrysosplenium alternifolium*, welches aber nierenförmige Blattspreiten mit mehr als 12 stumpfen Kerben hat.
LEBENSRAUM: Halbhöhlen, Balmen und Silikatfelswände an Standorten mit hoher Luftfeuchtigkeit und trotzdem mit einem gewissen Regenschutz; über Glimmerschiefer, selten auch harte Gneise. 400–1580 m NN.
VERBREITUNG: Endemit der zentralen Ostalpen von der Stub- und Packalpe im Norden über Kor- und Saualpe bis zum Bachergebirge im Süden. In Slowenien reicht das Areal südlich bis zur Hudinja-Schlucht bei Vitanje.

3 | Piemont-Steinbrech
Saxifraga pedemontana – Saxifragaceae

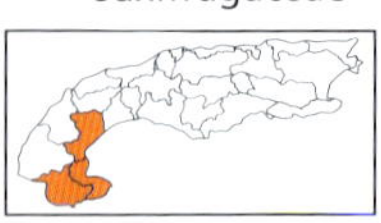

3–20 cm hoch, polsterbildend, mit nichtblühenden Trieben; Grundblätter in Rosetten, dicht-drüsig, handförmig gelappt mit keiligem Grund, fast bis zur Mitte in 3–7 Abschnitte geteilt; Blütenstand 3–10-blütig, rispenartig gedrängt; Kronblätter weiß, 10–15 mm lang, 3-nervig; Kelchblätter halb so lang wie die Kronblätter. Blütezeit VI–VIII.
VERWECHSLUNG: Mit dem Furchen-St., *S. exarata*, möglich. Dieser hat aber 4–6 mm lange Kronblätter.
LEBENSRAUM: Schattige Felswände, Felsschutt; kalkmeidend. 1500–2800 m NN.
VERBREITUNG: In mehreren Unterarten von Marokko bis Rumänien. Die subsp. *pedemontana* ist in den Westalpen endemisch.

4 | Karst-Steinbrech
Saxifraga petraea – Saxifragaceae

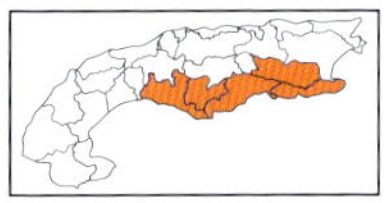

10–20 cm hoch, 2-jährig, sterile Seitensprosse fehlen, Blühsprosse reich verzweigt, meist miteinander verwoben; Grundblattspreiten handförmig geteilt mit 3 gezähnten Abschnitten, langdrüsig behaart; Kronblätter weiß, 7–11 mm lang, symmetrisch, gleich groß. Blütezeit IV–VII.
VERWECHSLUNG: Mit dem Colli-Berici-St., *S. berica*, welcher aber ausdauernd ist und ungleichmäßig große Kronblätter hat.
LEBENSRAUM: Schattige, feuchte Kalkfelsen, grottenartige Vertiefungen, unter vorspringenden Wänden; kalkstet. Bis 2000 m NN.
VERBREITUNG: Ostalpisch-illyrische Art vom Comersee bis ins kroatische Karstgebiet.

5 | Wulfen-Steinbrech
Saxifraga retusa – Saxifragaceae

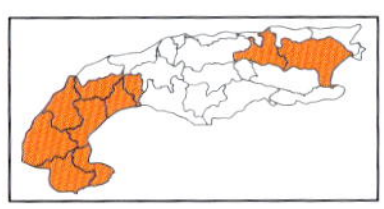

1–5 cm hoch, mit niederliegenden Trieben, dichtrasig, kompakte Pölster bildend; Blätter länglich-lanzettlich bis eilanzettlich, spitzlich, 2–4 mm lang, an der Spitze mit 3–5 Punkten; Blütenstand 2–5-blütig; Kronblätter purpurn, ca. 4 mm lang, 2 × so lang wie die Kelchblätter. Blütezeit V–VIII.
VERWECHSLUNG: Mit dem Gegenblatt-St., *S. oppositifolia* (siehe S. 372).
LEBENSRAUM: Windexponierte, im Winter oft schneefreie Grate; kalkmeidend. 2100–3400 m NN.
VERBREITUNG: Südeuropäisch-montane Art von den Pyrenäen bis ins bulgarische Rila-Gebirge.
ANMERKUNG: Tritt in den Alpen in 2 Unterarten auf:
- subsp. *retusa* (Bild **5A**): Kelchblätter drüsenlos, West- und Ostalpen.
- subsp. *augustana* (Bild **5B**): Kelchblätter drüsenhaarig, Westalpen.

1A

1B

2

3

5A

4

5B

1 | Rundblatt-Steinbrech
Saxifraga rotundifolia – Saxifragaceae

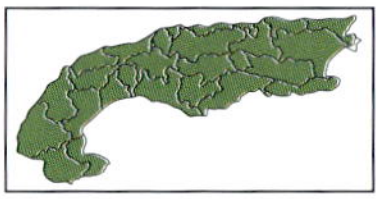

20–50 cm hoch, verzweigt und reichblütig; Spreiten der grundständigen Blätter rundlich-nierenförmig, tief und spitz gekerbt bis handförmig gelappt; Blattstiel 2–7 × so lang wie die Blattspreite; Stängelblätter nach oben kleiner werdend; Kronblätter 6–11 mm lang, weiß, sehr hübsch gelb und rot gepunktet. Blütezeit VI–IX.
VERWECHSLUNG: Im nichtblühenden Zustand mit dem Milzkraut, *Chrysosplenium alternifolium*, doch hat dieses stumpfe Blattlappen.
LEBENSRAUM: Schattig-feuchte Wälder, Hochstauden- und Karfluren, Latschen- und Grünerlengebüsch. Bis 2400 m NN.
VERBREITUNG: Südeuropäisch-montane Art von den Pyrenäen bis in den Kaukasus. In den Alpen vereinzelt bis ins nördliche Alpenvorland reichend.

2 | Rudolphi-Steinbrech
Saxifraga rudolphiana – Saxifragaceae

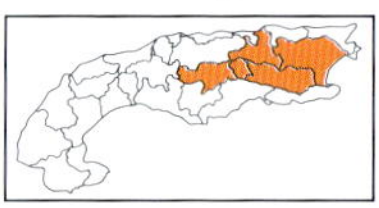

1–5 cm hoch, kompakte Pölster bildend, dichtrasig; Blätter verkehrt-eiförmig bis zungenförmig, spitzlich, 1,5–2 mm lang, Spitzen auffallend stark rückwärts gebogen, mit deutlicher Kalkablagerung; Blüten einzeln; Kronblätter purpurn; Kelchblätter drüsig bewimpert. Blütezeit IV–VII.
VERWECHSLUNG: Der Wimper-St., *S. blepharophylla*, und der Gegenblatt-St., *S. oppositifolia*, haben einen ± lockerrasigen Wuchs, Kelchblätter, die drüsenlos bewimpert sind und Blätter, die 2–4 mm lang sind.
LEBENSRAUM: Felsgrus, schattige Felsen; über Intermediärgestein. 2300–3000 m NN, vereinzelt auch höher, wie am Kitzsteinhorn (3200 m NN).
VERBREITUNG: Endemit der Ostalpen.
NAME: Benannt zu Ehren des deutschen Botanikers und Zoologen schwedischer Herkunft Karl Asmund RUDOLPHI (1771–1832). RUDOLPHI war ab 1797 Professor der Anatomie und Physiologie in Greifswald und ab 1810 in Berlin.

3 | Mauerpfeffer-Steinbrech
Saxifraga sedoides – Saxifragaceae

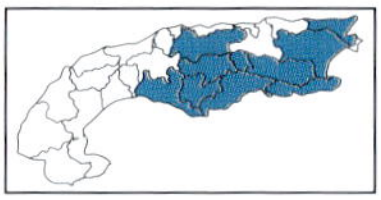

1–6 cm hoch, lockere bis dichte Rasen bildend; Grundblätter lanzettlich, fast stets ungeteilt, stachelspitz, ganzrandig; 3–12 mm lang, 1–3 mm breit, hellgrün, kurz drüsenhaarig; Blühtriebe meist 1–2-blütig; Kronblätter blass-gelblichgrün bis gelb, schmal dreieckig bis eiförmig, kürzer als die Kelchblätter; Antheren gelb. Blütezeit VI–IX.
VERWECHSLUNG: Mit dem Hohenwart-St., *S. hohenwartii*, welcher aber lineale Kronblätter hat, die mindestens so lang wie die Kelchblätter sind, seine Antheren sind orange. Der Presolana-St., *S. presolanensis* (Bild **3B**), hat 8–12 cm hohe Blühtriebe und Kronblätter, die 2–2,5 × so lang wie die Kelchblätter sind. Er ist ein Endemit der südlichen Bergamasker Alpen.
LEBENSRAUM: Feuchte Gesteinsfluren, Felsschuttfluren; kalkstet. 1600–3200 m NN.
VERBREITUNG: Ostalpisch-apenninische Art.

4 | Seguier-Steinbrech
Saxifraga seguieri – Saxifragaceae

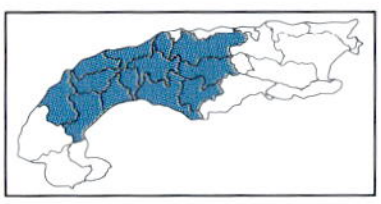

2–8 cm hoch, dichte flache Rasen bildend; Grundblätter spatelig-lanzettlich, 6–35 mm lang, 1–3,5 mm breit, am Rand von kurzen Drüsenhaaren bewimpert; Blühtriebe 0–2-blättrig und 1–3-blütig; Kronblätter blass-grünlichgelb, einander nicht berührend, etwa so lang wie die Kelchblätter. Blütezeit VII–VIII.
VERWECHSLUNG: Im nichtblühenden Zustand mit dem Mannsschild-St., *S. androsacea*, welcher aber lange, bandförmige Drüsenhaare hat.
LEBENSRAUM: Felsschuttfluren, Felsspalten; kalkmeidend. 1900–3700 m NN.
VERBREITUNG: Endemit der Alpen.
NAME: Benannt zu Ehren des französischen Jesuiten und Naturforschers Jean Francois SÉGUIER (1703–1784). SÉGUIER verfasste eine Flora von Verona und beschrieb die Art als *S. alpina minima*.

5 | Sparrig-Steinbrech
Saxifraga squarrosa – Saxifragaceae

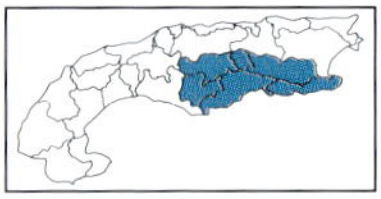

3–5 cm hoch; sehr dichte und feste Polster bildend; Rosettenblätter graugrün, vom Grund an nur schwach nach außen gebogen, vorn spitz, 2,5–3 mm lang, 0,5–0,9 mm breit, am Rand mit kalkausscheidenden Grübchen; Stängel mit wechselständigen Blättern und 2–6 Blüten; Kronblätter rundlich. Blütezeit VII–VIII.
VERWECHSLUNG: Mit dem Blaugrün-St., *S. caesia* (siehe S. 366)
LEBENSRAUM: Felsspalten, Felsschutt; kalkstet. 1200–2800 m NN.
VERBREITUNG: Endemit der Südostalpen.

1

2

3A

3B

4

5

1 | Echter Stern-Steinbrech

Saxifraga stellaris subsp. *robusta* – Saxifragaceae

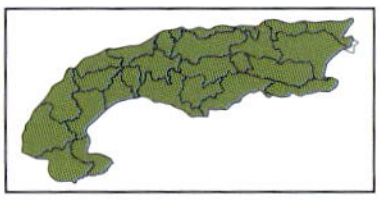

5–20 cm hoch; mit Ausläufern lockere Rasen bildend; Blätter in grundständiger Rosette, glänzend, verkehrt-eiförmig, vorn grob spitz gesägt, ohne Stiel; Stängel bis auf die Tragblätter blattlos, 3–15-blütig; Blütenstand ohne Brutknospen; Kronblätter weiß, mit 2 gelben Punkten. Blütezeit VI–VIII.
VERWECHSLUNG: Mit dem Brut-Stern-St., *S. stellaris* subsp. *prolifera* (Bild **1B**), welcher aber im Blütenstand zahlreiche Brutknospen und nur wenige oder gar keine Blütenblätter hat. Er ist in den zentralen Ostalpen endemisch. Der Keilblatt-St., *S. cuneifolia*, unterscheidet sich u. a. durch den vorhandenen Blattstiel.
LEBENSRAUM: Quellfluren, Bachufer, Schneetälchen. 1400–3000 m NN, mehrfach auch tiefer, wie bei Grono im Misox (300 m NN), vereinzelt höher, wie am Monte Rosa (3100 m NN).
VERBREITUNG: Südeuropäisch-montane Unterart von Portugal bis zu den Rhodopen.
ANMERKUNG: Die Nominatunterart subsp. *stellaris* besiedelt die arktischen Gebiete.

2 | Steiermark-Steinbrech

Saxifraga styriaca – Saxifragaceae

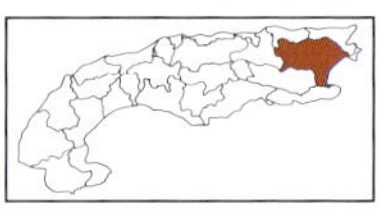

1–6 cm hoch; Rasenpolster-Pflanze, alle Triebe potenziell Blüten bildend; Rosettenblätter etwas fleischig, 10–25 mm lang, 3-lappig; Stängelblätter 0–1, länglich, meist ungeteilt; Blütenstand 1-blütig; Kronblätter gelblichgrün, 0,3–0,7 mm breit; Kelchblätter grün, stumpf-dreieckig, viel breiter als die Kronblätter. Blütezeit V.
VERWECHSLUNG: Mit dem Blattlos-St., *S. aphylla*, bei dem aber nichtblühende Triebe meist zahlreich vorhanden sind und der erst im Hochsommer blüht.
LEBENSRAUM: Windexponierte, flachgründige, frische Rasen und Schneetälchen über Intermediärgestein. 1860–2400 m NN.
VERBREITUNG: Endemit der Ostalpen. Erst 1996 entdeckt worden.

3 | Zart-Steinbrech

Saxifraga tenella – Saxifragaceae

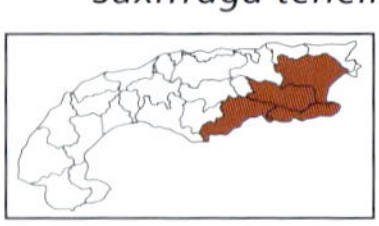

5–12 cm hoch, lockerrasig, mit dicht beblätterten, kriechenden Trieben; Grundblätter lineal-lanzettlich, 8–12 mm lang, steif, stachelspitzig, glänzend, am Grund bewimpert; Stängelblätter meist 4–6; Blütenstand 2–9-blütig; Kronblätter gelblichweiß, 2,5–3 mm lang, etwa 1,5 × so lang wie die Kelchblätter. Blütezeit VI–VII.
VERWECHSLUNG: Mit dem Rau-St., *S. aspera*, welcher aber bis vorn steifhaarig bewimperte Blätter und 5–8 mm lange Kronblätter hat.
LEBENSRAUM: Schattige, feuchte Felsen und Felsschutt; kalkstet. 700–2000 m NN.
VERBREITUNG: Endemit der Südostalpen.

4 | Tombea-Steinbrech

Saxifraga tombeanensis – Saxifragaceae

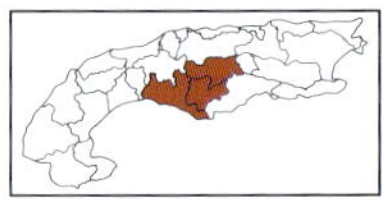

3–8 cm hoch, dichte, feste Polster bildend; Grundblätter dicht dachziegelig angeordnet, eiförmig-lanzettlich, mit aufgesetzten, nach innen gekrümmten Spitzchen, 2–5 mm lang, 1–1,5 mm breit; Stängelblätter zahlreich, wie der Stängel drüsig behaart; Blütenstand meist 1–4-blütig; Kronblätter weiß, 9–12 mm lang. Blütezeit V–VI.
VERWECHSLUNG: Mit dem Diapensien-St., *S. diapensioides* (siehe S. 370).
LEBENSRAUM: Felsspalten; kalkstet. 1100–2300 m NN.
VERBREITUNG: Endemit der östlichen Südalpen von den Judikarischen Alpen bis zum Mendelpass.

5 | Vandelli-Steinbrech

Saxifraga vandellii – Saxifragaceae

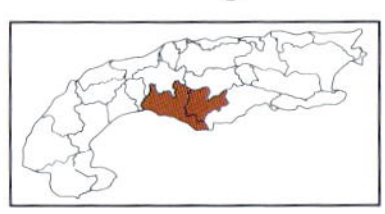

3–7 cm hoch; Grundblätter lanzettlich bis eilanzettlich, in eine lange, stechende Spitze verschmälert; 6–10 mm lang, 1,5–2,3 mm breit, grün; Blütenstand 2–6-blütig; Kronblätter weiß, 7–9 mm lang. Blütezeit V–VI.
VERWECHSLUNG: Mit dem Burser-St., *S. burseriana* (siehe S. 366).
LEBENSRAUM: Felsspalten; kalkstet. 1000–2600 m NN.
VERBREITUNG: Endemit der italienischen Südalpen vom Comer See bis zur lombardischen Seite des Ortler-Massivs.
NAME: Benannt zu Ehren von Domenico VANDELLI (1735–1816), italienischer Mathematiker und Naturforscher, der die Flora der Südostalpen erforschte und dabei die Art entdeckte.

1A

1B

2

3

4

5

1 | Jura-Braunwurz
Scrophularia juratensis – Scrophulariaceae (Syn.: *S. canina* subsp. *hoppei*)

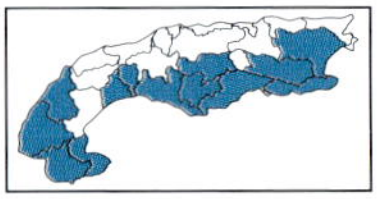

20–60 cm hoch, im Blütenstand drüsenhaarig, sonst kahl; Blätter fiederteilig; Krone rotbraun, weiß berandet; Kronenoberlippe länger als die halbe Kronröhre. Blütezeit VI–VIII.
VERWECHSLUNG: Die Hunds-B., *S. canina*, hat Kronenoberlippen, die kürzer als die halbe Kronröhre sind und einen Blütenstand mit fast sitzenden Drüsen.
LEBENSRAUM: Bachgeröll, Schotter- und Felsschuttfluren; kalkliebend. Bis etwa 2500 m NN.
VERBREITUNG: Südeuropäisch-montane Art.

2 | Frühlings-Braunwurz
Scrophularia vernalis – Scrophulariaceae

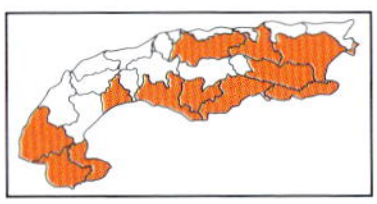

20–80 cm hoch; locker wollig behaart, im Blütenstand auch drüsig; Stängel 4-kantig; Blätter ungeteilt, Spreite herzförmig, drüsenhaarig; Krone gelb. Blütezeit IV–VI.
VERWECHSLUNG: Keine.
LEBENSRAUM: Frische Edellaubwälder, Waldschläge, Lägerfluren, Gebüsch. Bis etwa 1800 m NN.
VERBREITUNG: Südeuropäische Art von der Iberischen Halbinsel bis zum Iran. Durch die ehemalige Kultur als Bienenweidepflanze mancherorts auch eingebürgert.

3 | Woll-Königskerze
Verbascum alpinum – Scrophulariaceae

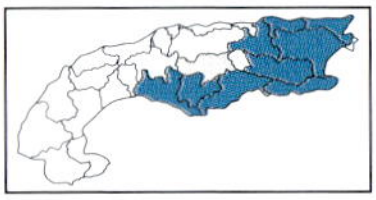

50–120 cm hoch; Stängel unten dicht wollig behaart; Grundblattspreite mit herzförmigem Grund; Blätter unterseits filzig-weißwollig, oberseits schwach behaart bis fast kahl; Blütenstand ährenförmig, nicht verzweigt oder am Grund mit wenigen seitlichen Trauben; Kelch locker sternhaarig; Krone fast kahl; Staubfadenbart purpurviolett. Blütezeit V–VII.
VERWECHSLUNG: Bei der Dunkel-K., *V. nigrum*, ist der Stängel unten zerstreut flockig-sternhaarig, der Kelch und die Krone außen sind dicht sternhaarig.
LEBENSRAUM: Waldschläge, Felsrasen, Schuttfluren. Bis etwa 2000 m NN.
VERBREITUNG: Südosteuropäisch-montane Art.

4 | Boerhaave-Königskerze
Verbascum boerhavii – Scrophulariaceae

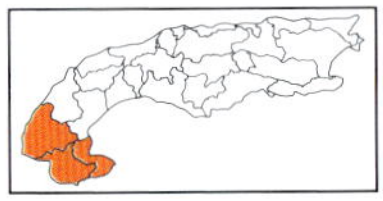

40–120 cm hoch, weißwollig-flockig behaart; Grundblattspreiten eiförmig bis elliptisch, 10–30 cm lang, 4–12 cm breit; Blattrand gezähnt bis gerkerbt; Blütenstand einfach; Krone 22–32 mm im ∅; Staubfäden purpurviolett-wollig. Blütezeit IV–VII.
VERWECHSLUNG: u. a. mit der Windblumen-K., *V. phlomoides*, bei der aber die Staubfäden gelb sind.
LEBENSRAUM: Steinrasen, trockene Ruderalstellen. Bis etwa 1900 m NN.
VERBREITUNG: Westmediterrane Art.
NAME: Benannt zu Ehren des niederländischen Mediziners, Botanikers und Chemikers Herman Boerhaave (1668–1738), der sich im Bereich der Arzneiwissenschaften außerordentlich verdient machte. Nach ihm ist auch die Gattung *Boerhavia* aus der Familie der Wunderblumengewächse benannt. Seine Büste wurde in der Walhalla aufgestellt.

5 | Chaix-Königskerze
Verbascum chaixii – Scrophulariaceae

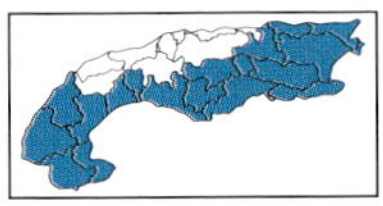

50–90 cm hoch; Grundblattspreite mit keiligem Grund; Blütenstand verzweigt, aus mehreren traubig angeordneten ährenförmigen Ästen zusammengesetzt; Krone 15–22 mm im ∅; Staubfadenbart purpurviolett. Blütezeit VII–X.
VERWECHSLUNG: Bei der Dunkel-K., *V. nigrum*, ist der Blütenstand nicht verzweigt oder hat am Grund einige wenige seitliche Trauben.
LEBENSRAUM: Magerwiesen, Felsrasen, Eichenwaldsäume. Bis etwa 1400 m NN.
VERBREITUNG: Südeuropäisch-asiatische Art, östlich bis nach W-China.
ANMERKUNG: *V. chaixii* tritt im Alpenraum in 2 Unterarten auf:
- subsp. *chaixii*: Grundblattspreite mit zugespitzten Kerbzähnen, unterseits graufilzig behaart.
- subsp. *austriacum*: Grundblattspreite mit abgerundeten Kerbzähnen, unterseits behaart, aber grün.

NAME: Benannt zu Ehren des französischen Botanikers und Geistlichen Dominique Chaix (1730–1799), der sich um die Erforschung der Flora der Dauphine Verdienste erwarb.

1
2
3A
3B
4
5

1 | Berg-Königskerze
Verbascum crassifolium – Scrophulariaceae (Syn.: *V. thapsus* subsp. *montanum*)

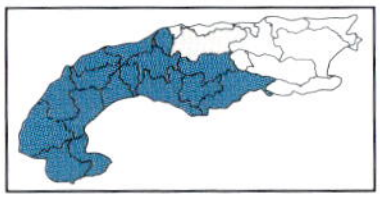

30–150 cm hoch; Blätter gelblich bis rotbraun behaart; Grundblattspreiten lang und deutlich gestielt; obere Stängelblätter sitzend, am Stängel nicht oder nur wenig herablaufend; Krone weit trichterförmig, 15–30 mm im ∅; untere Staubfäden nur im oberen Teil kahl, sonst wollig behaart; Narbe nierenförmig. Blütezeit VI–IX.
VERWECHSLUNG: Die Kleinblüten-K., *V. thapsus*, hat Grundblattspreiten, die sehr kurz und undeutlich gestielt sind, alle Stängelblätter laufen mit ihren Rändern bis zum nächstunteren Stängelblatt herab, die unteren Staubfäden sind gänzlich kahl. Die Großblüten-K., *V. densiflorum*, hat flach ausgebreitete, im ∅ 30–50 mm messende Kronen und eine keulenförmige Narbe.
LEBENSRAUM: Sonnige Felshänge, Gebüschsäume. Bis etwa 2300 m NN.
VERBREITUNG: Südwesteuropäisch-montane Art.
ALLGEMEIN: Wollbienen der Gattung *Anthidium* nutzen die Königskerzenhaare als Baumaterial für ihre Niststuben. Sie tragen abgeschabte Pflanzenwolle der Blätter und Stiele in Hohlräume verschiedenster Art und betten darin ihre Brutzellen. Andere Wildbienen wie Mauerbienen, Keulhornbienen, Maskenbienen oder Blattschneiderbienen finden in den abgestorbenen, markerfüllten Königskerzenstängeln zusagende Nistplätze.

2 | Heide-Königskerze
Verbascum lychnitis – Scrophulariaceae

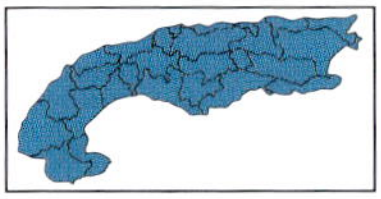

50–150 cm hoch; Stängel kantig; Blätter oberseits locker kurzhaarig bis fast kahl, unterseits weißfilzig; Grundblattspreite mit keiligem Grund; Krone 12–18 mm im ∅; Staubfädenbart weißlich. Blütezeit VI–VII.
VERWECHSLUNG: v. a. mit der Flocken-K., *V. pulverulentum*, die aber einen stielrunden Stängel hat und Blätter, die beidseitig weißfilzig behaart sind.
LEBENSRAUM: Halbtrockenrasen, Säume, Lichtungen warmer Eichenwälder, Halbruderalstellen, Böschungen. Bis 1800 m NN.
VERBREITUNG: Eurasiatische Art, östlich bis zum Kaukasus und Sibirien.

3 | Krain-Tollkraut
Scopalia carniolica – Solanaceae

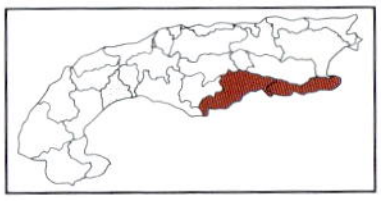

20–40 cm hoch, kahl; Blattspreite elliptisch bis verkehrt-eiförmig, meist ganzrandig; Krone außen glänzend purpurbraun, innen gelblich. Blütezeit III–IV.
VERWECHSLUNG: Keine.
LEBENSRAUM: Grauerlenwälder und andere Edellaubwälder. Bis 1000 m NN.
VERBREITUNG: Südosteuropäische Art.
NAME: Der Gattungsname ehrt den österreichischen Arzt und Naturforscher Johann Anton Scopoli (1723–1788), der 16 Jahre als Arzt in einem Bergwerk in Idrija in Krain arbeitete und zu dieser Zeit seine „Flora Carniolica" verfasste. 56 neue Pflanzenarten beschrieb er aus diesem Gebiet.

4 | Bittersüß-Nachtschatten
Solanum dulcamara – Solanaceae

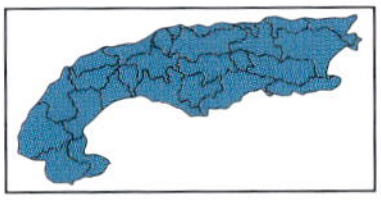

30–250 cm hoch, ± kletternd; Stängel unten verholzt; Blätter gestielt, einfach oder am Grund mit 1–2 Teilblättchen; Krone violett; Frucht eiförmig, leuchtend rot, glänzend. Blütezeit VI–VIII.
VERWECHSLUNG: Keine.
LEBENSRAUM: Erlenbruchwälder, Ufergebüsche, Auwälder, Röhrichte, feuchte Waldschläge und Ruderalfluren. Bis 1700 m NN.
VERBREITUNG: Eurosibirische Art.

5 | Deutsch-Ufertamariske
Myricaria germanica – Tamaricaceae

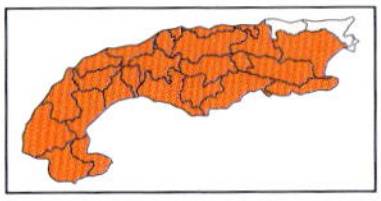

Bis 2 m hoher Strauch mit rutenartigen Zweigen; Blätter lineal-lanzettlich, blaugrün, 2–5 mm lang, sich oft dachziegelig überdeckend; Blüten in dichten Trauben; Kronblätter meist 5, blassrosa bis weiß. Blütezeit VI–VII.
VERWECHSLUNG: Keine.
LEBENSRAUM: Kies- und Schotterbänke fließender Gewässer, Kies- und Sandgruben. Bis 2000 m NN, vereinzelt auch höher, wie am Findelen-Gletscher im Wallis (2350 m NN).
VERBREITUNG: Eurasiatische Art von den Pyrenäen und Norwegen bis Afghanistan und Armenien.

1A
1B
2
3
4A
4B
5

1 | Weiß-Seidelbast
Daphne alpina – Thymelaeaceae

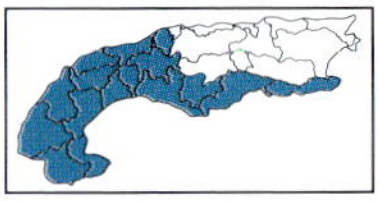

20–80 cm hoher, sommergrüner Strauch; Blätter ei-lanzettlich, 1–4 cm lang, zumindest in der Jugend beidseitig behaart, zur Blütezeit bereits entwickelt; Kronblätter milchweiß, behaart; Frucht orangerot. Blütezeit IV–VI.
VERWECHSLUNG: Mit weißblühendem Echt-S., *D. mezereum*.
LEBENSRAUM: Sonnige Felsfluren, Felsschutthalden, lichte Kiefernwälder; kalkstet. Bis 1900 m NN.
VERBREITUNG: Südeuropäisch-montane Art.
ALLGEMEIN: *Daphne* als botanischer Gattungsname für den Seidelbast war bei den alten Griechen der Name des Lorbeers *(Laurus nobilis)*. Die Übertragung des Namens vom Lorbeer zum Seidelbast gründet auf dem Lorbeer-Seidelbast *(Daphne laureola)*, der mit seinen grünen Blüten, den glänzenden, immergrünen Blättern und den schwarzen Steinfrüchten dem Lorbeer entfernt ähnelt.

2 | Lorbeer-Seidelbast
Daphne laureola – Thymelaeaceae

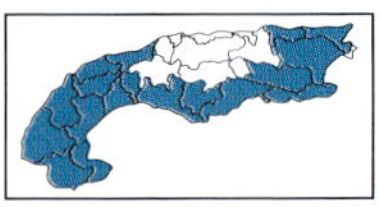

40–100 cm hoher, immergrüner Strauch; Blätter breit-lanzettlich, ledrig; Kronblätter gelblichgrün, kahl, schwach duftend; Frucht schwarz. Blütezeit II–IV.
VERWECHSLUNG: Keine.
LEBENSRAUM: Wintermilde, sommerwarme Edellaubwälder, besonders Buchenwälder; kalkliebend. Bis 1200 m NN.
VERBREITUNG: Westeuropäisch-mediterrane Art.

3 | Echt-Seidelbast
Daphne mezereum – Thymelaeaceae

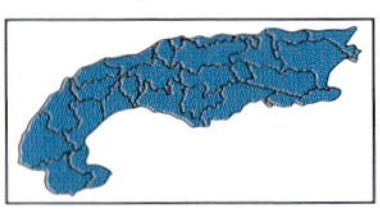

30–100 cm hoher, sommergrüner Strauch; Zweige nur an der Spitze beblättert; Blätter lanzettlich, 3–12 cm lang, kahl; Blüten vor den Blättern erscheinend; Kronblätter purpurrosa, anliegend behaart, stark duftend; Frucht leuchtend rot. Blütezeit II–V.
VERWECHSLUNG: Weißblühende Pflanzen können mit dem Weiß-S., *D. alpina*, verwechselt werden, der aber 1–4 cm lange, zumindest in der Jugend beidseitig behaarte Blätter hat. Diese sind zur Blütezeit bereits entwickelt.
LEBENSRAUM: Edellaubwälder, Hochstaudenfluren, Felsschutt. Bis 2600 m NN.
VERBREITUNG: Europäisch-westasiatische Art.

4 | Felsen-Steinröslein
Daphne petraea – Thymelaeaceae

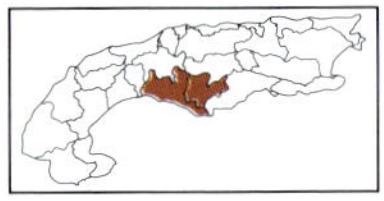

Niederliegender 2–8 cm hoher, reich verzweigter Spalierstrauch; Blätter lanzettlich, 0,8–1,2 cm lang, ca. 2–3 mm breit; Blütenstand 3–5-blütig; Kronblätter rosa, flaumig behaart. Blütezeit VI.
VERWECHSLUNG: Mit dem Streifen-St., *D. striata*, dieses hat aber 10–25 mm lange Blätter.
LEBENSRAUM: Felsspalten meist senkrechter, sonniger Dolomitfelsen, Felsschutt; kalk- und dolomitstet. 700–2000 m NN.
VERBREITUNG: Endemit der Südalpen von den Bergstöcken des Ledro- und Idrosees bis zum Nordende des Gardasees.
ANMERKUNG: Das Felsen-Steinröslein bildet (sehr selten) Naturhybriden mit dem Weiß-Seidelbast, *Daphne alpina*. Solche, bisher westlich vom Gardasee gefundenen, blassrosa blühenden Pflanzen werden *Daphne × reichsteinii* genannt.

5 | Streifen-Steinröslein
Daphne striata – Thymelaeaceae

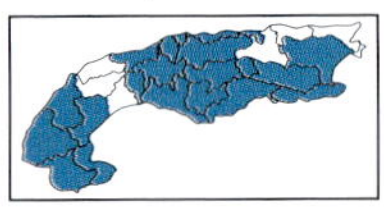

5–30 cm hoher, sparrig verzweigter Zwergstrauch; Blätter immergrün, kahl, lederig, lanzettlich, 10–25 mm lang, etwa 5–6 × so lang wie breit, an den Zweigenden büschelig gehäuft; Blüten duftend; Kronblätter purpurrosa, Perigonröhre kahl. Blütezeit V–VII.
VERWECHSLUNG: Das Flaum-St., *D. cneorum*, hat eine außen dicht anliegend behaarte Perigonröhre und Blätter, die 3–4 × so lang wie breit sind.
LEBENSRAUM: Zwergstrauchheiden, trockene, steinige Magerrasen, Felsschuttfluren, Latschengebüsche und lichte Nadelwälder; kalkliebend. 1200–2600 m NN, vereinzelt auch tiefer, wie bei Völs in Südtirol (900 m NN) oder höher, wie am Sass Corviglio in Graubünden (2860 m NN).
VERBREITUNG: Endemit der Alpen.
ANMERKUNG: Die Vorkommen im steirischen Kemetgebirge in der Dachsteingruppe sind erst im Jahr 2015 entdeckt worden und liegen gut 100 km entfernt vom Hauptverbreitungsgebiet.

1
2
3A
3B
4
5

1 | Echt-Speik
Valeriana celtica – Valerianaceae

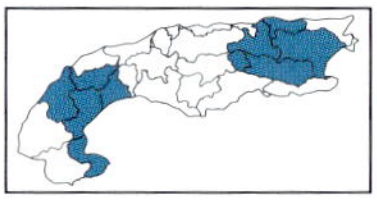

5–15 cm hoch, kahl; Grundblätter schmal verkehrt-eiförmig bis lanzettlich, in den Stiel verschmälert, ganzrandig; Stängelblätter lineal-keilig, ganzrandig; Krone cremeweiß bis grünlichgelb oder trübrot; Früchte mit 4–6 mm langen, federigen Pappusborsten (Bild **1B**). Blütezeit VI–VIII.

VERWECHSLUNG: Der kalk/dolomitstete Ostalpen-B., *V. elongata*, hat eiförmige bis dreieckige Stängelblätter.

LEBENSRAUM: Tiefgründige Matten, Krummseggenrasen, Felsrasen; kalkmeidend. 1700–2800 m NN.

VERBREITUNG: Endemit der Alpen.

ANMERKUNG: Tritt in den Alpen in 2 Unterarten auf:
- subsp. *celtica*: Blätter 3-nervig, in den Westalpen.
- subsp. *norica*: Blätter 5-nervig, in den Ostalpen.

2 | Ostalpen-Baldrian
Valeriana elongata – Valerianaceae

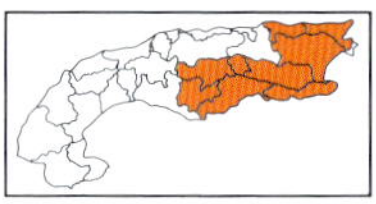

5–25 cm hoch; Blätter oberseits glänzend; Blattspreiten eiförmig bis dreieckig, gekerbt bis grob stumpf gezähnt; Blüten duftend; Krone grünlich bis bräunlich. Blütezeit VI–VIII.

VERWECHSLUNG: Echt-Speik, *V. celtica*.

LEBENSRAUM: Felsspalten, Felsschutt; karbonatstet. 1400–2300 m NN.

VERBREITUNG: Endemit der Ostalpen.

3 | Berg-Baldrian
Valeriana montana – Valerianaceae

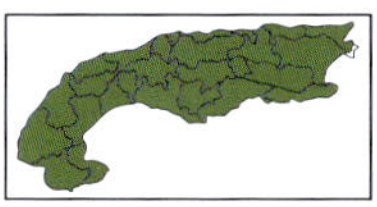

15–50 cm hoch; Spreite der Grundblätter eiförmig, am Grund keilig oder abgestutzt, selten leicht herzförmig; Stängel mit 3–8 Laubblattpaaren; Stängelblätter alle ungeteilt, eiförmig-lanzettlich; Krone hellrosa, selten weiß. Blütezeit V–VII.

VERWECHSLUNG: Mit dem Dreischnittig-B., *V. tripteris*. Der in den Alpen nur ganz im Westen vorkommende Rundblatt-B., *V. rotundifolia*, der auch nur als Varietät von *V. montana* angesehen wird, hat rundliche Grundblattspreiten und breit-eiförmige Stängelblätter.

LEBENSRAUM: Steinige Hänge, Ruhschuttfluren; kalkstet. 700–2700 m NN, vereinzelt auch tiefer.

VERBREITUNG: Südeuropäisch-montane Art.

4 | Felsen-Baldrian
Valeriana saxatilis – Valerianaceae

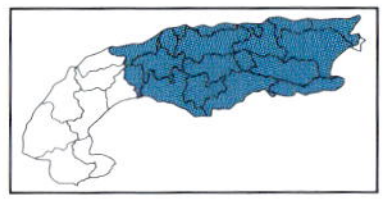

10–25 cm hoch; Grundblätter schmal verkehrt-eiförmig bis lanzettlich, in den Stiel verschmälert, ± ganzrandig, am Rand bewimpert; Stängelblätter lineal; Blütenstand locker traubig-rispig; Krone weiß. Blütezeit VI–VII.

VERWECHSLUNG: Kaum.

LEBENSRAUM: Kalk- und Dolomitfelsspalten; karbonatstet. Bis 2800 m NN.

VERBREITUNG: Ostalpisch-apenninische Art.

5 | Zwerg-Baldrian
Valeriana supina – Valerianaceae

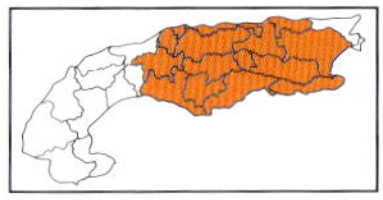

2–12 cm hoch, mit kriechenden Trieben lockere Rasen bildend; Stängel angedrückt kurzhaarig; Blätter bewimpert, die Spreiten verkehrt-eiförmig, ± ganzrandig; Blütenstand kopfig, von Hochblättern umhüllt; Krone blassrosa. Blütezeit VI–VIII.

VERWECHSLUNG: Der Weiden-B., *V. saliunca*, hat kahle Stängel und Blätter und schmal-spatelige, oft gezähnte Blattspreiten.

LEBENSRAUM: Feinschuttfluren, Schneetälchen; kalkliebend. 1800–2900 m NN, vereinzelt tiefer herabgeschwemmt, wie im Allgäuer Oytal (1000 m NN).

VERBREITUNG: Ostalpisch-apenninische Art.

6 | Dreischnittig-Baldrian
Valeriana tripteris – Valerianaceae

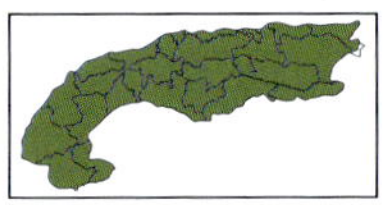

20–60 cm hoch; Spreite der Grundblätter deutlich herzförmig, seicht gezähnt; Stängel mit 3–8 Laubblattpaaren; obere Stängelblätter 3-schnittig, selten auch 5-schnittig oder ungeteilt; Krone weiß, selten hellrosa. Blütezeit IV–VII.

VERWECHSLUNG: Der Berg-B., *V. montana*, hat am Grund keilig oder abgestutzte Grundblattspreiten, seine Stängelblätter sind alle ungeteilt.

LEBENSRAUM: Feucht-schattige Felshänge, Felsblöcke in Wäldern; kalkliebend. Bis 2700 m NN.

VERBREITUNG: Südeuropäisch-montane Art.

1A
1B
2
3
4
5
6

1 | Ostalpen-Stiefmütterchen
Viola alpina – Violaceae

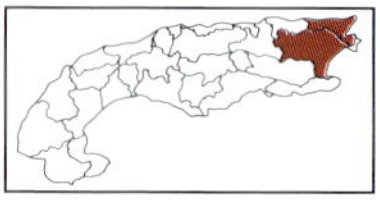

3–10 cm hoch, ohne Stängel; Blattspreite eiförmig, an der Basis gestutzt bis schwach herzförmig; Nebenblätter scheinbar am Blattstiel angewachsen; Blütenkrone blauviolett, 2–3 cm im ∅; Sporn 3–4 mm lang. Blütezeit V–VI.
VERWECHSLUNG: v. a. mit dem Sporn-St., *V. calcarata*, welches aber einen Stängel, wenn auch manchmal recht kurz, hat.
LEBENSRAUM: Gesteinsfluren, Felsspalten, Magerrasen; kalkstet. 1500–2250 m NN.
VERBREITUNG: Ostalpisch-karpatische Art.
ALLGEMEIN: Rund 500 (620) Arten umfasst die Gattung *Viola*, welche zum überwiegenden Teil in der nördlichen gemäßigten Zone und in den Gebirgen Südamerikas zu finden sind. Acht Arten leben in Australien und Neuseeland, 8 auf den Sandwichinseln. Europa beheimatet 91 Arten, die Alpen 32. Nach neueren Erkenntnissen aus der Karyologie und Biogeografie wird eine südamerikanische Herkunft der Gattung angenommen, von wo die Gattung sich auf die Nordhalbkugel und darüber hinaus ausgebreitet hat.

2 | Argentera-Stiefmütterchen
Viola argenteria – Violaceae
(Syn.: *V. nummulariifolia*)

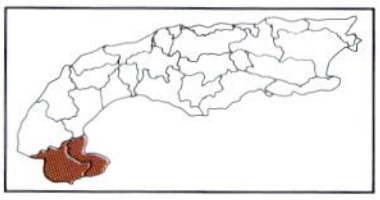

3–5 cm hoch, kahl, mit niederliegenden, kurzen Stängeln; Blattspreiten breit-eiförmig bis herzförmig, 0,5–2 cm lang, ganzrandig; Blattstiel etwa so lang wie die Spreite; Nebenblätter lanzettlich; Blütenkrone hell violettblau, etwa 1 cm im ∅; Sporn 1,5–3 mm lang, purpurviolett, stumpf. Blütezeit VII–IX.
VERWECHSLUNG: v. a.. mit dem Sand-Veilchen, *V. rupestris*, welches aber behaart ist und einen hellvioletten Sporn hat.
LEBENSRAUM: Lange schneebedeckter Felsschutt, Schneetälchen; kalkmeidend. Etwa 1500–2700 m NN.
VERBREITUNG: Westalpisch-korsische Art.

3 | Zweiblüten-Veilchen
Viola biflora – Violaceae

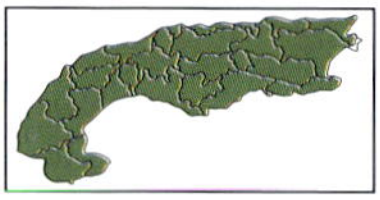

5–15 cm hoch; Stängel kahl, unverzweigt, 1–2-blütig; Blattspreite nierenförmig, breiter als lang; Kronblätter kräftig gelb, mit dunklen Adern; die seitlichen Kronblätter schief aufwärts gerichtet. Blütezeit V–VIII.
VERWECHSLUNG: Keine.
LEBENSRAUM: Schattig-feuchte Gesteinsfluren, Hochstaudenfluren, im Krummholz, Balmen, Wälder. 400–2800 m NN, vereinzelt auch tiefer, wie bei Margreid im südlichen Südtirol (260 m NN) oder höher, wie am Gornergrat im Wallis (3000 m NN).
VERBREITUNG: Arktisch-alpine Art Eurasiens und Nordamerikas. In den Gebirgen Europas von den katalonischen Gebirgen bis zu den Rhodopen.

4 | Hunds-Veilchen
Viola canina – Violaceae

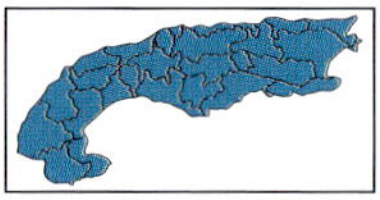

5–30 cm hoch; Grundblätter fehlen; 3–6 Stängelblätter, Blattspreite breit-lanzettlich, mit herzförmigem Grund; Nebenblätter schmal-lanzettlich, gezähnt bis entfernt gefranst; Krone blassviolett, in der Blütenmitte weißlich; Sporn 4–7 mm lang, weiß bis gelblichweiß. Blütezeit IV–VI.
VERWECHSLUNG: u. a. mit dem Hain-V., *V. riviniana*, welches aber Grundblätter hat und deren Krone lila ist.
LEBENSRAUM: Kalkarme Magerwiesen, Heiden, lichte Wälder. Bis 2300 m NN.
VERBREITUNG: Eurasiatische Art von Island bis Japan.
ANMERKUNG: Tritt in den Alpen in 3 schwer abtrennbaren Unterarten auf: subsp. *canina*, subsp. *ruppii* und subsp. *schultzii*.

5 | Mont-Cenis-Stiefmütterchen
Viola cenisia – Violaceae

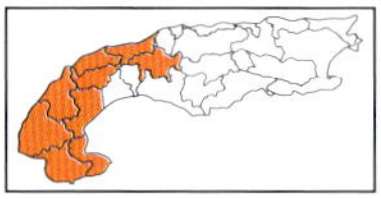

3–10 cm hoch, mit sehr kurzem, aufsteigendem Stängel; Blattspreiten klein, rundlich-eiförmig, ganzrandig; obere Nebenblätter mehr als halb so lang wie die Blätter, gestielt, meist ungeteilt und ganzrandig; Blütenkrone 2–2,5 cm im ∅, violett, mit meist gelber Mitte; Sporn 5–8 mm lang. Blütezeit VI–VIII.
VERWECHSLUNG: Mit dem Sporn-St., *V. calcarata*, welches aber 2,5–4 cm große Blüten hat und Blätter mit jederseits 1–5 Zähnen.
LEBENSRAUM: Kalk- und Dolomitgeröll. 2000–2900 m NN, vereinzelt auch tiefer, wie an der Lizerne im Wallis (1200 m NN) oder höher, wie am Rocciamelone bei Susa (3300 m NN).
VERBREITUNG: Endemit der Alpen.

1
2
3
4
5

1 | Sporn-Stiefmütterchen
Viola calcarata subsp. *calcarata* – Violaceae

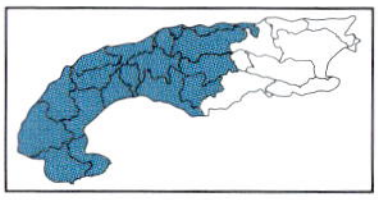

3–10 cm hoch, mit sehr kurzem, aufsteigendem Stängel. Blätter alle ± grundständig, Spreite eiförmig bis lanzettlich, meist deutlich länger als breit, jederseits mit 1–5 Zähnen; Nebenblätter höchstens so lang wie der Blattstiel, lineal bis spatelförmig, am Grunde meist mit 1–2 groben Zähnen; Krone blauviolett, purpurn, gelb, weiß oder mehrfarbig, 2,5–4 cm im ∅; Sporn so lang wie die Kronblätter. Blütezeit V–VII.

VERWECHSLUNG: Mit den anderen Unterarten, bei denen die Nebenblätter aber ganzrandig (subsp. *zoysii*) oder fiederteilig (subsp. *cavillieri*) sind. Bei der subsp. *villarsiana* haben die Nebenblätter 2–4 schmale seitliche Abschnitte.

LEBENSRAUM: Magerwiesen, ruhender Schutt, Weiden. 1500–3000 m NN, gelegentlich tief herabgeschwemmt, wie am Rhein bei Fläsch (520 m NN).

VERBREITUNG: Alpische Sippe der westlichen Alpen und des südlichen Jura.

2 | Cavillier-Stiefmütterchen
Viola calcarata subsp. *cavillieri* – Violaceae

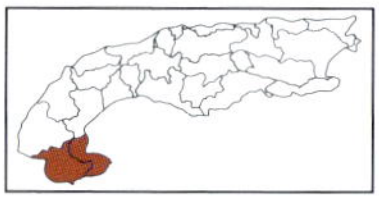

3–15 cm hoch, mit sehr kurzem, aufsteigendem Stängel. Blätter alle ± grundständig; Blattspreite lanzettlich, deutlich länger als breit, jederseits mit 1–5 Zähnen; Nebenblätter fiederteilig, mit seitlichen Abschnitten, die erheblich schmäler als der lineal-lanzettliche Endzipfel sind; Krone blauviolett, purpurn, gelb, weiß oder mehrfarbig, 2,5–4 cm im ∅; Sporn so lang wie die Kronblätter. Blütezeit V–VII.

VERWECHSLUNG: v. a. mit dem Sporn-St., *V. calcarata* subsp. *calcarata*, und dem Villars-St., *V. calcarata* subsp. *villarsiana*.

LEBENSRAUM: Magerwiesen, ruhender Schutt, Weiden. 1500–2900 m NN.

VERBREITUNG: Westalpisch-apenninische Sippe.

NAME: Benannt zu Ehren des Schweizer Botanikers Francois Georges CAVILLIER (1868–1953), der sich v. a. um die Flora der Seealpen verdient gemacht hat.

3 | Villars-Stiefmütterchen
Viola calcarata subsp. *villarsiana* – Violaceae

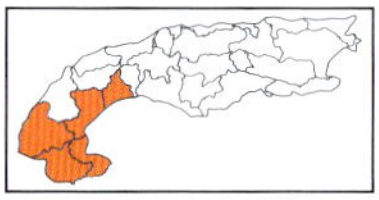

3–15 cm hoch, mit sehr kurzem, aufsteigendem Stängel. Blätter alle ± grundständig, eiförmig bis lanzettlich, jederseits mit 1–5 Zähnen; Blattspreite deutlich länger als breit; Nebenblätter mit 2–4 schmalen seitlichen Abschnitten, diese nur wenig schmäler als der lanzettliche Endzipfel; Krone blauviolett, purpurn, gelb, weiß oder mehrfarbig, 2,5–4 cm im ∅; Sporn so lang wie die Kronblätter. Blütezeit V–VII.

VERWECHSLUNG: Mit dem Sporn-St., *V. calcarata* subsp. *calcarata*, und dem Cavillier-St., *V. calcarata* subsp. *cavillieri*, bei dem die Nebenblätter fiederteilig sind mit seitlichen Abschnitten, die erheblich schmäler als der lineal-lanzettliche Endzipfel sind.

LEBENSRAUM: Magerwiesen, ruhender Schutt, Weiden. 1500–3000 m NN.

VERBREITUNG: Endemit der Südwestalpen.

NAME: Die Unterart ist zu Ehren des französischen Botanikers Dominique VILLARS (1745–1814) benannt, dessen Name auch in der zu den Fieberkleegewächsen zählenden Gattung *Villarsia* zu finden ist.

4 | Karawanken-Stiefmütterchen
Viola calcarata subsp. *zoysii* – Violaceae

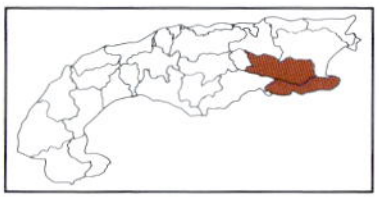

3–8 cm hoch, mit sehr kurzem, aufsteigendem Stängel. Blätter alle ± grundständig; Blattspreite fast kreisrund; Nebenblätter ungeteilt und ganzrandig; Krone immer gelb, 2,5–4 cm im ∅; Sporn so lang wie die Kronblätter. Blütezeit V–VI.

VERWECHSLUNG: Mit dem Sporn-St., *V. calcarata* subsp. *calcarata*.

LEBENSRAUM: Magerwiesen, Felsspalten; kalkliebend. 1600–2300 m NN.

VERBREITUNG: Ostalpisch-illyrische Sippe der Südostalpen und der Dinarischen Gebirge.

NAME: Benannt zu Ehren des Krainer Botanikers Karl VON ZOIS (1756–1799), dessen Namen auch das Zoysgras, *Zoysia*, aus der Familie der Süßgräser trägt.

1A
1B
2A
2B
3A
3B
4

1 | Comolli-Stiefmütterchen
Viola comollia – Violaceae

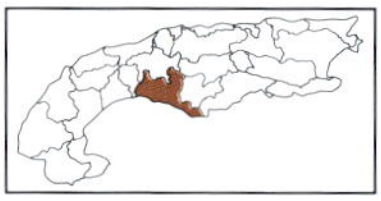

3–8 cm hoch, mit niederliegendem Stängel; Blattspreiten eiförmig bis kreisrund, ganzrandig; Nebenblätter ähnlich, aber kleiner; Blütenkrone 20–25 mm lang, violettrosa, auf der Unterseite heller; unterstes Kronblatt mit gelbem Schlundfleck; Sporn 2–4 mm lang.
Blütezeit VII–VIII.
VERWECHSLUNG: v. a. mit dem Mont-Cenis-St., *V. cenisia*, welches aber violette Blütenkronen und einen 5–8 mm langen Sporn hat und im kalkreichen Gestein wächst.
LEBENSRAUM: Ruhender Felsschutt; kalkfliehend. 1500–2500 m NN.
VERBREITUNG: Endemit der Bergamasker Alpen vom Val Barbellino bis zum Monte Legnone.
NAME: Benannt zu Ehren von Giuseppe Comolli (1780–1849), Autor einer Flora des Comer Sees und des veltlinischen Hochlandes.

2 | Duby-Stiefmütterchen
Viola dubyana – Violaceae

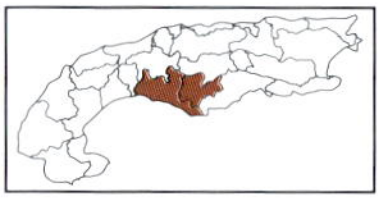

8–25 cm hoch, vielstängelig, kahl oder sehr kurz behaart; Blätter gestielt, Spreiten der unteren Blätter eiförmig, die mittleren und oberen schmal lanzettlich bis lineal, in den Stiel verschmälert; Nebenblätter mit 5–7 linealen Abschnitten, fast so lang wie die Blätter; Blütenkrone 20–25 mm lang, kräftig violett; Sporn etwa 5 mm lang, gerade. Blütezeit V–VII.
VERWECHSLUNG: v. a. mit dem Monte-Guglielmo-St., *V. culminis*, bei dem der Sporn aber etwa 10 mm lang ist und das in verschiedenen Farben (violett, gelb, weiß, mehrfarbig) blüht.
LEBENSRAUM: Kalkschutthalden, Felsspalten, lückige Rasen; kalkstet. 900–2100 m NN, vereinzelt auch tiefer, wie herabgeschwemmt bei Turano (670 m NN).
VERBREITUNG: Endemit der südlichen Kalkalpen von der Grigna bis zum Monte Baldo.
NAME: Benannt zu Ehren des Schweizer Botanikers und Pfarrers Jean Etienne Duby (1798–1885), der sich besonders um die Pflanzengattung *Primula* verdient gemacht hat und der die Art 1817 an den Corni di Canzo in den Bergamasker Alpen entdeckte.

3 | Gelb-Stiefmütterchen
Viola lutea – Violaceae

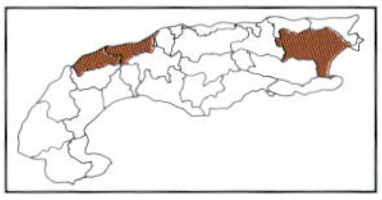

8–20 cm hoch, Stängel am Grunde niederliegend; untere Blattspreiten fast kreisrund, die oberen lineal-lanzettlich; obere Nebenblätter fiederspaltig-geteilt, mit ganzrandigem Endabschnitt; Blütenkrone 2–4 cm lang, gelb, selten 2-farbig violett-gelb (Bild **3B**). Blütezeit VI–VIII.
VERWECHSLUNG: Mit dem Wild-St., *V. tricolor*, bei dem die Nebenblätter aber einen gekerbten Endabschnitt haben.
LEBENSRAUM: Magerwiesen, Weiderasen; 1000–2100 m NN.
VERBREITUNG: Europäisch-montane Art von Süd-Frankreich bis in die Sudeten. In den Alpen in 2 Unterarten:
– subsp. *lutea* in der westlichen Schweiz, kalkliebend.
– subsp. *sudetica* in der Obersteiermark, kalkfliehend.

4 | Sumpf-Veilchen
Viola palustris – Violaceae

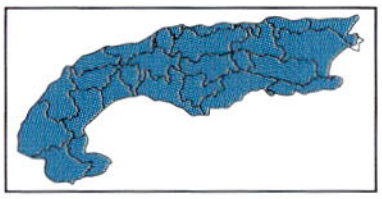

4–10 cm hoch, ohne Stängel; Blattspreiten rundlich-nierenförmig, etwas breiter als lang, kahl; Blütenkrone lila, das untere Blütenblatt violett geadert.
Blütezeit IV–VII.
VERWECHSLUNG: Durch den Standort und die Blattform praktisch unverwechselbar.
LEBENSRAUM: Moore, torfige Wiesen, Waldsümpfe, Erlenbrüche; kalkfeindlich. Bis 2300 m NN, vereinzelt auch höher, wie am Schwarzsee bei Zermatt (2550 m NN).
VERBREITUNG: Europäisch-nordamerikanische Art, nördlich bis Island und zum Nordkap, südlich bis zur Sierra Nevada.

5 | Fieder-Veilchen
Viola pinnata – Violaceae

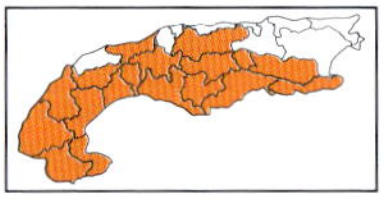

3–8 cm hoch, ohne Stängel; Blätter grundständig, bis nahe zum Grund fiederspaltig, mit mehreren Abschnitten; Blütenkrone hellviolett, duftend, mit geradem oder etwas aufwärts gebogenem Sporn. Blütezeit V-VII.
VERWECHSLUNG: Keine.
LEBENSRAUM: Kalkschutt, Kiefernwälder, lückige Magerwiesen; kalkliebend, 900–2400 m NN, vereinzelt auch tiefer, wie in Graubünden bei Felsberg (610 m NN).
VERBREITUNG: Alpische Art von den Westalpen bis zu den nördlichen Dinariden.

1

2

3A

3B

4

5

1 | Pyrenäen-Veilchen
Viola pyrenaica – Violaceae

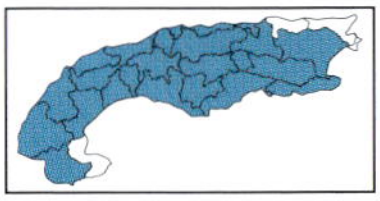

6–10 cm hoch, ohne Stängel und Ausläufer; Blattspreite der Sommerblätter schwach behaart bis kahl, am Grund herzförmig, etwa so lang wie breit; Kelchblätter kahl; Blütenkrone hell-blauviolett, am Grund weiß, duftend. Blütezeit IV–VI.

VERWECHSLUNG: v. a. mit dem Wiesen-V., *V. hirta*, welches aber einen behaarten Kelch hat und nicht duftet.

LEBENSRAUM: Felsschuttfluren, lichte Wälder, Hochstaudenfluren, Felsspalten; schattenliebend, kalkliebend. 1000–2200 m NN. Im Bachschutt und in Lawinenrunsen auch tiefer.

VERBREITUNG: Südeuropäisch-montane Art von den Kantabrischen Gebirgen bis ins Kaukasus-Gebiet.

ALLGEMEIN: Veilchen-Arten neigen zur Bildung von Hybriden. Im Alpenraum sind mindestens 40 solcher Bastarde beschrieben worden, vorwiegend oder sogar ausschließlich in der Sektion *Viola*.
Viola-Arten sind Raupen-Futterpflanze für verschiedene Perlmuttfalter, so etwa Silberfleck-Perlmuttfalter, *Boloria euphrosyne*, Feuriger Perlmuttfalter, *Argynnis adippe*, Großer Perlmuttfalter, *Argynnis aglaja*, Mittlerer Perlmuttfalter, *Argynnis niobe*, und Kaisermantel, *Argynnis paphia*.

2 | Schweiz-Veilchen
Viola thomasiana – Violaceae

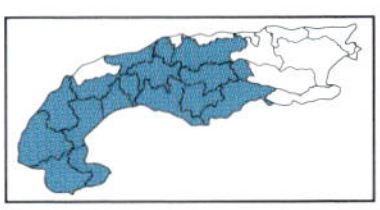

5–12 cm hoch, ohne Stängel und Ausläufer; Blattspreite länglich-eiförmig bis herzförmig, ca. 1,5 × so lang wie breit, behaart, mit stumpfwinkeligem Ausschnitt; Vorblätter unterhalb der Mitte des Blütenstiels; Blütenkrone violett bis blassrosa, duftend, mit dem Sporn 10–16 mm lang; Sporn schlank und dünn, gleich gefärbt wie die übrige Krone. Blütezeit IV–VII.

VERWECHSLUNG: v. a. mit dem Hügel-V., *V. collina*, bei dem aber der Sporn weißlich ist und die Vorblätter in oder oberhalb der Blütenstielmitte sind.

LEBENSRAUM: Felsspalten, Magerwiesen, Weiden, lichte Wälder; kalkmeidend. 1500–2300 m NN, vereinzelt tiefer, wie am Luganer See (300 m NN).

VERBREITUNG: Endemit der Alpen.

NAME: Benannt nach der Entdeckerfamilie Thomas aus Bex im Rhonetal, welche als Waldhüter hervorragende Kenner der Westschweizer Alpenflora waren. v. a. Abraham Thomas (1740–1824), sein Sohn Louis Thomas (1784–1823) und der Pflanzensammler Emanuel Thomas (1788–1859) durchstreiften die Walliser Heimat.

3 | Wild-Stiefmütterchen
Viola tricolor – Violaceae

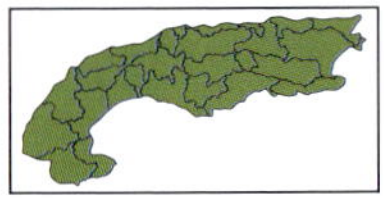

10–30 cm hoch, mit gut ausgebildetem, oft verzweigtem Stängel; Blattspreite rundlich bis lanzettlich, beiderseits mit 1–5 Zähnen; Nebenblätter ½–1 × so lang wie die Blätter; Blütenkrone 1,5–3,5 cm lang, gelb, violett, weiß oder meist mehrfarbig; Sporn 1–2 × so lang wie die Kelchblattanhängsel. Blütezeit IV–X.

VERWECHSLUNG: v. a. mit dem Acker-St., *V. arvensis*, welches aber nur 1–1,5 cm lange Blüten hat, und dem Gelb-St., *V. lutea* (siehe S. 392).

LEBENSRAUM: Magerwiesen, Felsschuttfluren, Böschungen, felsige Hänge. Bis 2500 m NN, vereinzelt auch höher, wie am Riffel bei Zermatt (2700 m NN).

VERBREITUNG: Eurasiatische Art von Island bis ins Altai-Gebiet.

ANMERKUNG: Die Art wird von manchen Autoren in 2 Unterarten unterteilt:
- subsp. *tricolor*: alle Kronblätter violett bis lila oder unteres Kronblatt gelb bis weiß, Sporn 3–5 mm lang.
- subsp. *saxatilis*: Kronblätter alle gelb, manchmal die 2 oberen lila, Sporn 5–6 mm lang.

4 | Valdieri-Stiefmütterchen
Viola valderia – Violaceae

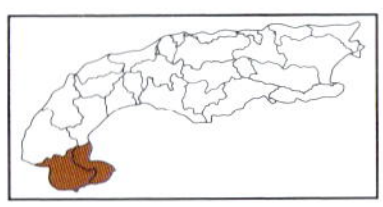

5–15 cm hoch, im unteren Stängelbereich dicht beblättert; Blattspreite 10–25 mm lang, ±ganzrandig, die unteren fast kreisrund, die oberen lanzettlich bis keulenförmig; Nebenblätter den Blättern ähnlich, aber kleiner, mit mehreren ungleichen Abschnitten; Blütenkrone 2–2,5 cm lang, rotviolett; Sporn 8–10 mm lang, gerade. Blütezeit VI–VII.

VERWECHSLUNG: Mit dem Sporn-St., *V. calcarata*, welches aber 2,5–4 cm lange Blütenkronen und Blattspreiten mit jederseits 1–5 Zähnen hat. Das Duby-St., *V. dubyana*, unterscheidet sich u. a. durch den 4–6 mm langen Sporn.

LEBENSRAUM: Felsschutt, steinige Rasen, Felsen; kieselliebend. 1200–1900 m NN.

VERBREITUNG: Endemit der Seealpen.

1

2

3A

3B

4

Monokotylen

1 | Kiel-Lauch
Allium carinatum – Alliaceae

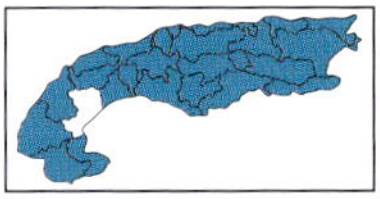

20–60 cm hoch; Blätter flach oder rinnig, 2–4 mm breit, grün; Hüllblätter den Blütenstand überragend; Blütenstand mit oder ohne Brutzwiebeln; Perigon 5–8 mm lang, purpurrosa; Staubblätter viel länger als das Perigon. Blütezeit VI–VIII.

VERWECHSLUNG: Beim Schlangen-L., *A. scorodoprasum*, überragen die Staubblätter das Perigon nicht.

LEBENSRAUM: Magerwiesen, Gebüsch, Wegränder, Trockenrasen. Bis 2000 m NN.

VERBREITUNG: Europäische Art.

ANMERKUNG: Tritt in den Alpen in 2 Unterarten auf:
- subsp. *carinatum* (Bild **1A**): Blütenstand mit Brutzwiebeln, im Großteil der Alpen, in den Südwestalpen selten.
- subsp. *pulchellum* (Bild **1B**): Blütenstand ohne Brutzwiebeln, v. a. in den Süd- und Südwestalpen.

2 | Gelb-Lauch
Allium flavum – Alliaceae

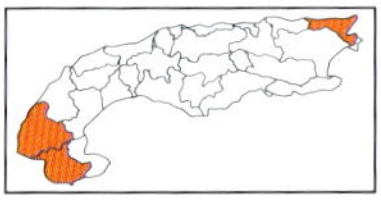

25–60 cm hoch; Blätter blaugrün, bis 2 mm breit; Doldenhülle aus 2 getrennten Hüllblättern bestehend; Blütenstand ohne Brutzwiebeln; Perigon gelb; Staubblätter länger als das Perigon. Blütezeit VI–VIII.

VERWECHSLUNG: Keine.

LEBENSRAUM: Trockenrasen, trockene Wiesen. Bis 1500 m NN.

VERBREITUNG: Mediterrane Art von Spanien bis zum Kaukasus und Vorderasien.

3 | Insubrien-Lauch
Allium insubricum – Alliaceae

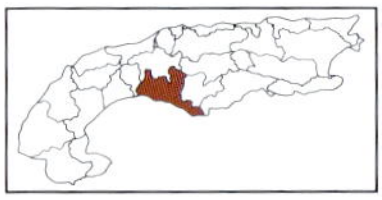

10–30 cm hoch; Stängel 3-kantig; Blätter grundständig, den Stängel umschließend, 2–6 mm breit; Blütenstand 3–6-blütig, stets nickend, mit häutigen Hüllblättern; Perigon purpurn. Blütezeit VII–VIII.

VERWECHSLUNG: Mit dem Narzissen-L., *A. narcissiflorum*.

LEBENSRAUM: Schutthalden, Felsrasen, Felsbänder; kalkstet. 1400–2100 m NN.

VERBREITUNG: Endemit der Südalpen.

4 | Berg-Lauch
Allium lusitanicum – Alliaceae

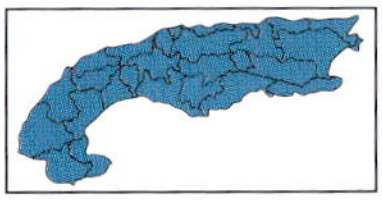

10–40 cm hoch; Stängel kantig, blattlos oder ganz unten beblättert; Blätter ± flach, ungekielt, 2–4 mm breit; Blütenstand dicht, ohne Brutzwiebeln; Hüllblätter den Blütenstand nicht überragend; Blütenstand 2–4 cm im ∅; Blütenstiele länger als das Perigon; Staubfäden überragen das Perigon. Blütezeit VII–IX.

VERWECHSLUNG: Der Steif-Lauch, *A. strictum* (Syn.: *A. lineare*), hat einen runden Stängel und Blütenstiele, die etwa so lang sind wie das Perigon. Der in Kärnten und Slowenien endemische Steineralpen-L., *A. kermesinum*, hat ein kräftigpurpurnes Perigon und einen im ∅ 1,5–2 cm messenden Blütenstand.

LEBENSRAUM: Sonnige Felsrasen, Kiefernwälder, Felsspalten. Bis 2300 m NN.

VERBREITUNG: Eurasiatische Art.

5 | Narzissen-Lauch
Allium narcissiflorum – Alliaceae

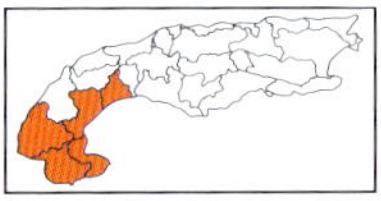

10–40 cm hoch; Stängel rund, beblättert, im oberen Teil zusammengedrückt-2-kantig; Blätter lineal; Blütenstand 3–10-blütig, anfangs nickend, später aufrecht; Perigon purpurrosa, glockenförmig. Blütezeit VII–VIII.

VERWECHSLUNG: Der Insubrien-L., *A. insubricum*, hat einen 3-kantigen Stängel und stets nickende Blütenstände.

LEBENSRAUM: Schutthalden, Felsen; kalkstet. 1300–2400 m NN.

VERBREITUNG: Endemit der Westalpen.

6 | Gelbweiß-Lauch
Allium ochroleucum – Alliaceae
(Syn.: *A. ericetorum*)

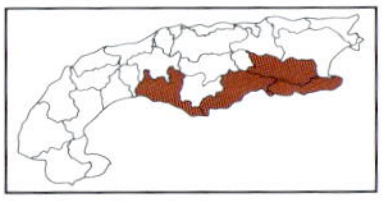

10–40 cm hoch; Stängel rund, nur im unteren Teil beblättert; Blätter flach, 2–5 mm breit; Blütenstiele 4–10 mm lang; Perigon gelblichweiß, manchmal rosa überlaufen. Blütezeit VII–VIII.

VERWECHSLUNG: In der Blüte ähnlich ist der Allermannsharnisch, *A. victorialis*, doch hat dieser 3–6 cm breite Blätter.

LEBENSRAUM: Felsrasen, Felsen; kalkstet. Bis etwa 2000 m NN.

VERBREITUNG: Südeuropäisch-montane Art.

1A
1B
2
3
4
5
6

1 | Glocken-Lauch
Allium oleraceum – Alliaceae

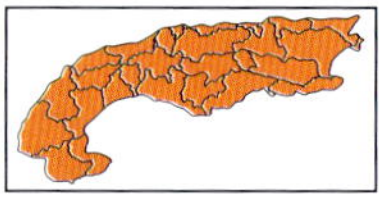

30–80 cm hoch; Stängel unten beblättert; Blätter flach oder rinnig, 2–4 mm breit, kahl; Blütenstand mit purpurbraunen Brutzwiebeln; Perigon breit-glockenförmig, grünlichweiß bis schmutzigpurpurn, mit dunkleren Mittel- und Randlinien; Staubfäden etwa so lang wie das Perigon. Blütezeit VII–VIII.
VERWECHSLUNG: Der Rispen-L., *A. paniculatum*, hat behaarte Blätter.
LEBENSRAUM: Wiesen, Gebüsche, Wegränder. Bis 2100 m NN.
VERBREITUNG: Europäische Art.

2 | Schnitt-Lauch
Allium schoenoprasum – Alliaceae

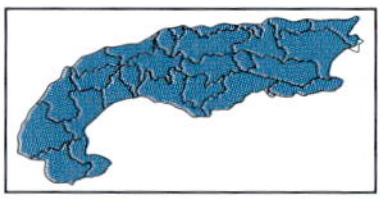

15–50 cm hoch, Horste bildend; Blätter röhrig, rund, glatt; Blütenstand kugelig, dicht, ohne Brutzwiebeln; Perigon purpurrosa, 8–15 mm lang; Blütenstiele kürzer als das Perigon. Blütezeit VI–VIII.
VERWECHSLUNG: Der Steif-L., *A. strictum*, hat flache, nicht röhrige Blätter.
LEBENSRAUM: Nasswiesen, Niedermoore, Quellfluren. Bis 2700 m NN.
VERBREITUNG: Eurosibirisch-nordamerikanische Art.

3 | Kugel-Lauch
Allium sphaerocephalon – Alliaceae

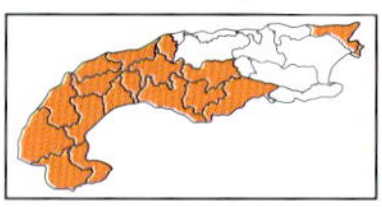

20–80 cm hoch; Blätter im Querschnitt halbkreisförmig, mit weißer Rinne; Doldenhüllblätter 2, während des Blühens bleibend; Blütenstand ohne Brutzwiebeln; Blütenstiele höchstens doppelt so lang wie das Perigon; Perigon kräftig dunkelpurpurn oder weißlich mit grünem Nerv, 3,5–6 mm lang. Blütezeit VI–VII.
VERWECHSLUNG: Der Rund-L., *A. rotundum*, hat flache Blätter, die kapuzenförmig enden. Der Schlangen-L., *A. scorodoprasum*, hat Brutzwiebeln im Blütenstand, ebenso wie der Weinberg-L., *A. vineale*.
LEBENSRAUM: Felshänge, Trockenwiesen, Gebüsche. Bis 2200 m NN.
VERBREITUNG: Mediterrane Art.

4 | Bär-Lauch
Allium ursinum – Alliaceae

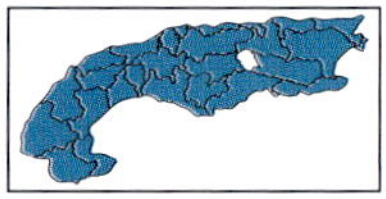

15–40 cm hoch, beim Zerreiben intensiv nach Knoblauch riechend; Blätter grundständig, gestielt, Spreite eilanzettlich, 3–6 cm breit; Blütenstand locker schirmförmig, mit 6–20 Blüten; Perigon weiß, Perigonblätter 7–12 mm lang. Blütezeit V.
VERWECHSLUNG: Der mediterrane, in tiefen Lagen der West- und Südalpen auftretende Neapel-L., *A. neapolitanum*, hat 0,5–2 cm breite Blätter.
LEBENSRAUM: Edellaubwälder, Auwälder. Bis 2000 m NN.
VERBREITUNG: Europäische Art.

5 | Allermannsharnisch
Allium victorialis – Alliaceae

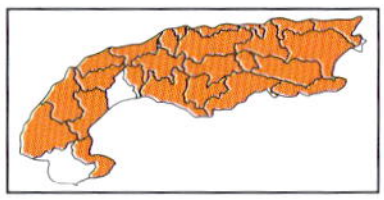

30–60 cm hoch; Stängelblätter breit-lanzettlich, 10–30 cm lang, 3–6 cm breit; Blütenstand ohne Brutzwiebeln, mit mehr als 30 Blüten, von den Hüllblättern nicht überragt; Perigon blass-grünlichgelb. Blütezeit VI–VIII.
VERWECHSLUNG: Kaum.
LEBENSRAUM: Bergwiesen, Mähder, Hochstaudenfluren. 1400–2700 m NN.
VERBREITUNG: Eurasiatische Art.

6 | Weinberg-Lauch
Allium vineale – Alliaceae

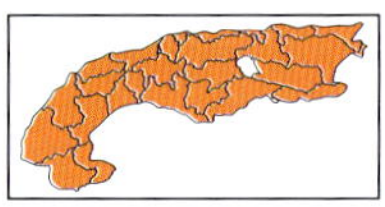

30–80 cm hoch; unten mit 2–4 halbstielrunden bis röhrigen, rinnenförmigen Blättern; Blütenstand kugelig, oft nur aus Brutzwiebeln bestehend, diese oft schon auf der Mutterpflanze grün treibend; 1 Hüllblatt, den Blütenstand überragend; wenn Blüten vorhanden, dann diese mit hellgrünem bis purpurnem Perigon. Blütezeit VI–VIII.
VERWECHSLUNG: Der Schlangen-L., *A. scorodoprasum*, hat flache Blätter und 2 Hüllblätter, die kürzer als der Blütenstand sind.
LEBENSRAUM: Trockenrasen, Gebüsche, Ackerränder, Weinberge. Bis 1800 m NN.
VERBREITUNG: Europäische Art.

1
2
3
4
5A
5B
6

1 | Frühlings-Knotenblume
Leucojum vernum – Amaryllidaceae

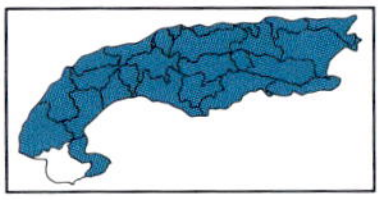

10–30 cm hoch; einblütig; Blätter fleischig, dunkelgrün, lineal; Blüten duftend; Perigonblätter glockig zusammenneigend, weiß mit gelbgrünem Fleck. Blütezeit II–IV.
VERWECHSLUNG: Die Sommer-K., *L. aestivum*, hat 2–6-blütige Stängel. Der Nizza-Knotenblume, *Acis nicaeensis*, fehlen die gelbgrünen Flecken auf den Perigonblättern.
LEBENSRAUM: Auwälder, sumpfige Wiesen, Waldlichtungen, Obstgärten. Bis etwa 1800 m NN.
VERBREITUNG: Südeuropäische Art.

2 | Gelb-Narzisse
Narcissus pseudonarcissus – Amaryllidaceae

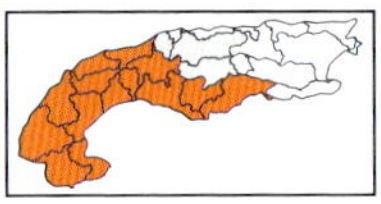

15–50 cm hoch; Stängel einblütig; Blätter lineal, 7–15 mm breit, fleischig; Perigonblätter hellgelb, Nebenperigon dottergelb, becherförmig, so lang wie die Perigonzipfel. Blütezeit III–VI.
VERWECHSLUNG: Keine.
LEBENSRAUM: Bergwiesen, Waldlichtungen. Bis etwa 2000 m NN.
VERBREITUNG: Westeuropäische Art.

3 | Stern-Narzisse
Narcissus radiiflorus – Amaryllidaceae

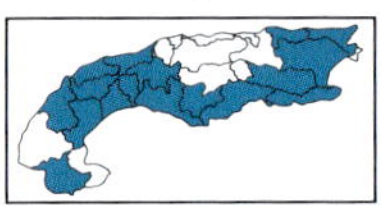

20–40 cm hoch; Stängel einblütig; Blätter lineal, 5–8 mm breit; Perigonzipfel schmal-verkehrt-eiförmig, am Grund deutlich keilig verschmälert, 22–30 mm lang, am Grund einander nicht überlappend; Nebenperigon 8–10 mm im ∅. Blütezeit IV–VI.
VERWECHSLUNG: Bei der Dichter-N., *N. poëticus*, sind die Perigonzipfel am Grund nur wenig verschmälert, sie überlappen sich einander. Ihr Nebenperigon misst 12–15 mm im ∅.
LEBENSRAUM: Bergwiesen, Feuchtwiesen. Bis etwa 2100 m NN.
VERBREITUNG: Südeuropäisch-montane Art.

4 | Trauben-Graslilie
Anthericum liliago – Anthericaceae

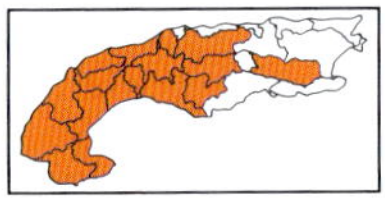

30–70 cm hoch; Blätter grundständig, lineal, bis 40 cm lang, 3–7 mm breit; Blütenstand eine allseitswendige Traube; Perigonblätter 1,6–2,2 cm lang, 2–4 mm breit, alle gleich breit, die Staubblätter um 0,6–1 cm überragend. Blütezeit V–VI.
VERWECHSLUNG: Die Rispen-G., *A. ramosum*, hat 1–1,4 cm lange Perigonblätter, die inneren sind deutlich breiter als die äußeren. Die Trichterlilie, *Paradisea liliastrum*, hat 3–6 cm lange und 8–16 mm breite Perigonblätter.
LEBENSRAUM: Trockenrasen, Felshänge, Kiefernwälder. Bis 1900 m NN.
VERBREITUNG: Europäische Art.

5 | Rispen-Graslilie
Anthericum ramosum – Anthericaceae

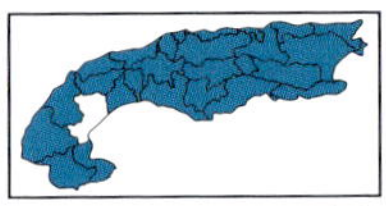

30–80 cm hoch; Blätter grundständig; Blütenstand eine Rispe; Perigonblätter 1–1,4 cm lang, 2–6 mm breit, die inneren deutlich breiter als die äußeren, die Staubblätter um 0,1–0,2 cm überragend. Blütezeit VII–VIII.
VERWECHSLUNG: Mit der Trauben-G., *A. liliago*.
LEBENSRAUM: Trockenrasen, Kiefernwälder, bewachsener Flussschotter; kalkliebend. Bis 1900 m NN.
VERBREITUNG: Europäische Art.

6 | Trichterlilie
Paradisea liliastrum – Anthericaceae

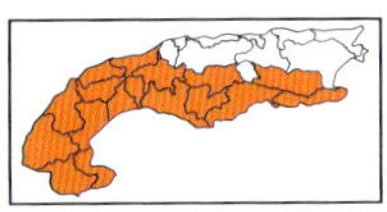

30–50 cm hoch; alle Blätter grundständig, 20–40 cm lang, 2–8 mm breit; Blütenstand eine einseitswendige, 2–15-blütige Traube; Perigonblätter 3–6 cm lang und 8–16 mm breit. Blütezeit VI–VII.
VERWECHSLUNG: u. U. mit der Trauben-Graslilie, *Anthericum liliago*.
LEBENSRAUM: Bergwiesen. Bis 2500 m NN.
VERBREITUNG: Südeuropäisch-montane Art.
NAME: Der botanische Gattungsname ehrt den italienischen Grafen und Gartenfreund Giovanni Paradisi (1760–1826). 1811 entdeckte der Botaniker Giovanni Mazzucato in den Julischen Alpen die Trichterlilie und benannte sie nach seinem Gönner.

1
2
3
4
5
6A
6B

1 | Binsenlilie
Aphyllanthes monspeliensis – Aphyllanthaceae

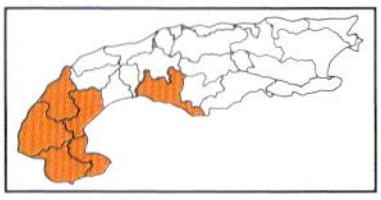

10–40 cm hoch, horstig wachsend; Stängel binsenartig, blaugrün, gerippt; Blätter zurückgebildet am Stängelgrund in Form von rotbrauner, 3–8 cm langer Blattscheiden; Kronblätter 6, hellblau, dunkler genervt. Blütezeit IV–V.

VERWECHSLUNG: Keine.

LEBENSRAUM: Trockenböschungen, Garigues, lichte Wälder; kalkliebend. Bis etwa 800 m NN.

VERBREITUNG: Mediterrane Art von Marokko und Portugal bis in die Südalpen.

2 | Feinblatt-Spargel
Asparagus tenuifolius – Asparagaceae

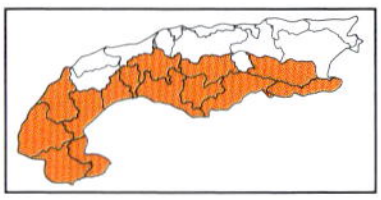

30–80 cm hoch; Stängel verzweigt; Blätter haarfein, zu 10–25 in den Achseln von kleinen, häutigen Schuppenblättern; Perigonblätter 6,5–8 mm lang; Blütenstiel unmittelbar unter der Blüte gegliedert; rote Frucht im ∅ 12–16 mm. Blütezeit V–VI.

VERWECHSLUNG: Beim Echt-S., *A. officinalis*, sind die Blätter zu 3–8 gebüschelt, die Frucht misst im ∅ rund 8 mm.

LEBENSRAUM: Gebüsche an sonnigen Südhängen, warme Felshänge, lichte Wälder. Bis etwa 1100 m NN.

VERBREITUNG: Südeuropäische Art von Süd-Frankreich bis zur Ukraine und nach Anatolien.

3 | Weiß-Affodill
Asphodelus macrocarpus – Asphodelaceae (Syn.: *Asphodelus albus* p. p.)

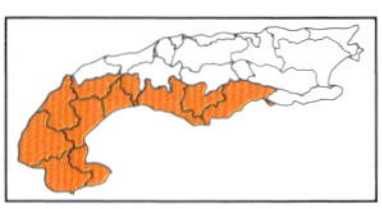

60–120 cm hoch; alle Blätter grundständig, lineal, fleischig-rinnig, 30–70 cm lang; Blütenstand eine endständige, dichtblütige Traube; Deckblätter dunkelbraun; Kronblätter weiß, mit pupurbrauner Mittelader. Blütezeit V–VII.

VERWECHSLUNG: Keine.

LEBENSRAUM: Bergwiesen, Felsfluren, Weiden. 800–2200 m NN.

VERBREITUNG: Mediterran-montane Art von Marokko bis Bulgarien.

4 | Frühlings-Lichtblume
Colchicum vernum – Colchicaceae (Syn.: *Bulbocodium vernum*)

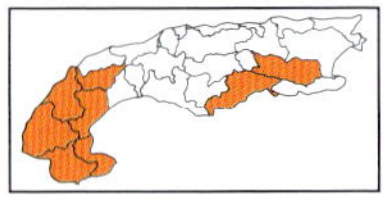

5–20 cm hoch; Blätter bis 15 cm lang, bis 1,5 cm breit, mit kapuzenförmiger Spitze, gleichzeitig mit der Blüte erscheinend; Perigonblätter rosa, selten auch weiß, der ausgebreitete Teil 4–5 cm lang, am Grund jederseits mit einem Zahn; je Blüte ein Griffel. Blütezeit II–III.

VERWECHSLUNG: Die Herbst-Zeitlose, *C. autumnale*, blüht im Herbst und hat 3 Griffel je Blüte. Die Alpen-Zeitlose, *C. alpinum*, blüht im Spätsommer. Der ausgebreitete Teil ihrer Perigonblätter misst 2–3 cm.

LEBENSRAUM: Sommertrockene, im Frühling vom Schmelzwasser durchnässte Böden, trockene Felsbänder. Bis 2100 m NN.

VERBREITUNG: Südeuropäisch-kaukasische Art von den Pyrenäen bis Vorderasien.

5 | Trauer-Segge
Carex atrata – Cyperaceae

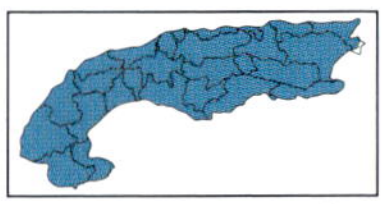

15–30 cm hoch; Stängel glatt; Blätter 3–5 mm breit; Blütenstand 2–4 cm lang, ± aufrecht, mit 3–5 zylindrischen, 1–2 cm langen Ähren; Ähren 0,5–2 cm lang gestielt; Deckblätter schwärzlich. Blütezeit VI–VIII.

VERWECHSLUNG: Die Kohlschwarz-S., *C. aterrima*, ist 30–60 cm hoch, ihre Blätter sind 5–9 mm breit, ihr Blütenstand ist nickend.

LEBENSRAUM: Steinige Magerrasen, Felsfluren; kalkliebend. 1700–3000 m NN.

VERBREITUNG: Arktisch-alpine Art von Grönland bis Japan und Taiwan.

6 | Monte-Baldo-Segge
Carex baldensis – Cyperaceae

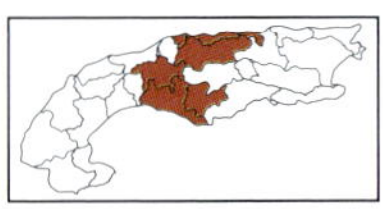

10–30 cm hoch; Stängel gefurcht; Blätter flach, 2–3 mm breit; Tragblätter laubblattartig, 2–10 cm lang; Ähren weiß; Blütenstand endständig, kopfig, mit dicht gedrängten Ährchen. Blütezeit VI–VII.

VERWECHSLUNG: Durch die weißen Ähren unverwechselbar.

LEBENSRAUM: Steinrasen, Felsschuttfluren; kalkstet. Bis 2400 m NN.

VERBREITUNG: Endemit der Ostalpen.

1

2

3

4

5

6

1 | Krumm-Segge
Carex curvula – Cyperaceae

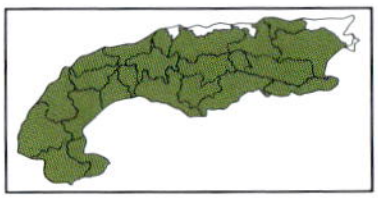

5–25 cm hoch; Stängel glatt; Blätter 1–2 mm breit, im obersten Drittel infolge regelmäßig eintretender Pilzinfektion früh absterbend; Ährenstand kopfig, länger als breit; seitliche Ähren fast sitzend, aufrecht; Tragblätter deckblattartig, 5–15 mm lang; Narben 3; Fruchtschläuche braun, 3-kantig. Blütezeit VII–VIII.
VERWECHSLUNG: Mit den zahlreichen weiteren Seggen-Arten der Alpen, so etwa der Schneehuhn-S., *C. lachenalii*, die aber 2 Narben hat.
LEBENSRAUM: Nährstoffarme Böden mit kurzer Schneebedeckung, oft bestandsbildend. 1800–3400 m NN.
VERBREITUNG: Südosteuropäisch-montane Art von den Ost-Pyrenäen bis zu den Karpaten und den Gebirgen der Balkanhalbinsel.
ANMERKUNG: Tritt in den Alpen in der kalkmeidenden Nominatform subsp. *curvula* und in der kalkliebenden Unterart subsp. *rosae* auf.
ALLGEMEIN: Die Gattung der Seggen, *Carex*, ist die artenreichste im Alpenraum. Die insgesamt rund 2000 Arten umfassende Gattung ist fast weltweit verbreitet, sie fehlt in den tropischen Tiefländern, wo sie nur in Südost-Asien mit wenigen Arten vertreten ist. Europa beheimatet 180 Arten, 108 davon das Gebiet der Alpen. Auf die Alpen beschränkt ist die Monte-Baldo-Segge (siehe S. 404).

2 | Polster-Segge
Carex firma – Cyperaceae

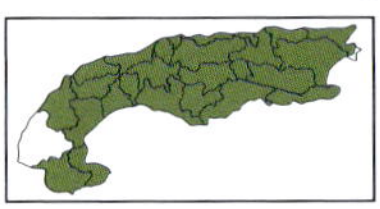

5–20 cm hoch, mit Rosetten dichte Polster bildend; Blätter weit abstehend, oft ± waagrecht am Boden ausgebreitet, 2–3 mm breit, kaum über 7 cm lang, dunkelgrün; Stängel die Blätter weit überragend; Blütenstand mit 1–3 weiblichen Ähren und einer endständigen männlichen Ähre. Blütezeit VI–VIII.
VERWECHSLUNG: Durch ihren charakteristischen Wuchs kaum verwechselbar.
LEBENSRAUM: Namengebend für die Polsterseggenrasen in meist windexponierten Lagen; kalkstet. 1600–2900 m NN, vereinzelt auch bis in tiefe Lagen herabreichend, so in den niederösterreichischen Ötschergräben oder bei Kufstein (490 m NN).
VERBREITUNG: Südosteuropäisch-montane Art der Alpen, Karpaten, dinarischen Gebirge und des Apennins.

3 | Gelb-Segge
Carex flava – Cyperaceae

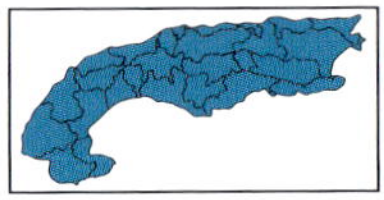

10–50 cm hoch; Stängel glatt, 3-kantig; Blätter flach, 3–5 mm breit; Blütenstand mit 2–4 dicht stehenden, 1–1,5 cm langen und ± 1 cm breiten weiblichen Ähren; männliche Ähre kurz gestielt. Blütezeit V–VII.
VERWECHSLUNG: Mit den anderen Arten aus der *Carex flava*-Gruppe, so: Oeder-S., *C. oederi*, ist 5–20 cm hoch, hat 1,5–3 mm breite, rinnig gefaltete Blätter und 3–6 dicht gedrängte, 0,5–1 cm lange und ± 0,5 cm breite weibliche Ähren.
LEBENSRAUM: Moore, Röhrichte, Nasswiesen. Bis etwa 2500 m NN.
VERBREITUNG: Eurasiatisch-nordamerikanische Art.

4 | Wenigblüten-Segge
Carex pauciflora – Cyperaceae

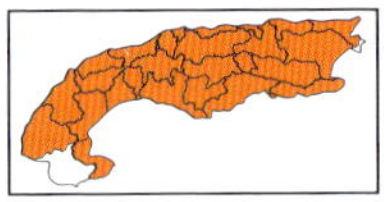

5–20 cm hoch, lockerrasig; Stängel 3-kantig, oben rau; Blätter flach, etwa 1 mm breit; Blütenstand eine ca. 1 cm lange, lockere endständige Ähre; Fruchtschläuche 5–8 mm lang, strohgelb, reif rückwärts gerichtet. Blütezeit V–VII.
VERWECHSLUNG: Durch den wenigblütigen Blütenstand eine der (wenigen) leicht bestimmbaren Seggen-Arten.
LEBENSRAUM: Moore; kalkfeindlich. Bis 2200 m NN.
VERBREITUNG: Eurosibirisch-nordamerikanische Art.

5 | Alpen-Haarbinse
Trichophorum alpinum – Cyperaceae

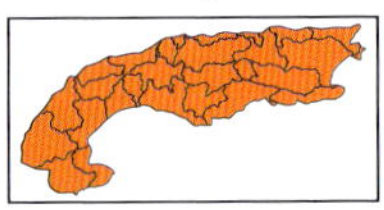

10–30 cm hoch, mit unterirdisch kriechendem Rhizom; Stängel 3-kantig, rau; Ährchen 8–12-blütig; Perigonborsten weiß, zur Fruchtzeit 1,5–2,5 cm lang, geschlängelt, einen krausen Schopf bildend. Blütezeit IV–VI.
VERWECHSLUNG: Die Rasen-H., *T. cespitosum*, (Bild **5B**) hat einen gefurchten, aber runden Stängel, 3–6-blütige Ährchen und höchstens 3 mm lange Perigonborsten.
LEBENSRAUM: Hoch- und Zwischenmoore; kalkmeidend. Bis etwa 2200 m NN.
VERBREITUNG: Eurosibirisch-nordamerikanische Art.

1

2

3

4

5A

5B

1 | Schmalblatt-Wollgras

Eriophorum angustifolium – Cyperaceae

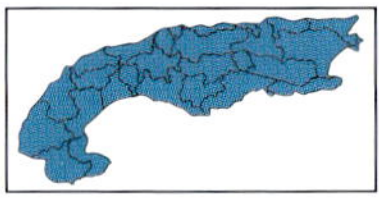

20–50 cm hoch, Rhizom mit 5–20 cm langen Ausläufern; Stängel stielrund oder nur oben stumpf 3-kantig; Blätter 3–6 mm breit, in eine lange, 3-kantige Spitze ausgezogen; Ährchen 3–5, 10–22 mm lang; Ährchenstiele glatt. Blütezeit IV–V.

VERWECHSLUNG: Das Breitblatt-W., *E. latifolium*, hat keine Ausläufer und 5–12 Ährchen, die 6–10 mm lang sind.

LEBENSRAUM: Bodensaure Moore. Bis 2600 m NN.

VERBREITUNG: Eurosibirisch-nordamerikanische Art.

2 | Scheuchzer-Wollgras

Eriophorum scheuchzeri – Cyperaceae

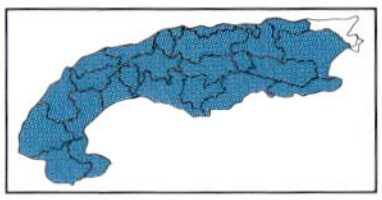

10–35 cm; mit Ausläufern; Stängel rund, mit einem einzigen aufrechten, endständigen, kugeligen Ährchen; Blattscheiden nicht deutlich aufgeblasen. Blütezeit VI–IX.

VERWECHSLUNG: Das Scheiden-W., *E. vaginatum*, ist ohne Ausläufer, die oberste Stängelblattscheide ist aufgeblasen, der Stängel ist oben 3-kantig.

LEBENSRAUM: Verlandungszonen von Tümpeln, Nasswiesen, Niedermoore; kalkmeidend. 1500–2700 m NN.

VERBREITUNG: Arktisch-alpine Art.

NAME: Benannt zu Ehren des Schweizer Arztes und Naturforschers Johann Jakob Scheuchzer (1672–1733), nach dem auch der vorzeitliche Riesensalamander *Andrias scheuchzeri*, benannt ist.

3 | Gelb-Taglilie

Hemerocallis lilioasphodelus – Hemerocallidaceae

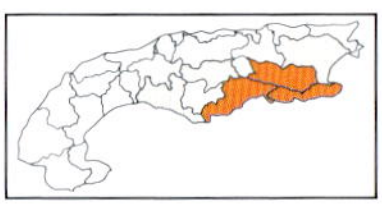

50–100 cm hoch; Blätter 40–60 cm lang, 0,6–1,5 cm breit; Blüten duftend; Perigonblätter gelb, 5–8 cm lang, mit glattem Rand. Blütezeit V–VI.

VERWECHSLUNG: Keine.

LEBENSRAUM: Frische Wiesen, feuchte, lichte Wälder, auch vollsonnige, ziemlich trockene Hänge. Bis etwa 1600 m NN.

VERBREITUNG: Endemit der Südostalpen?

ANMERKUNG: Die Art ist in den Südostalpen urheimisch. Der botanische Gattungsname setzt sich aus den altgriechischen Wörtern „*hemera*" (= Tag) und „*kallos*" (= Schönheit) zusammen, da die einzelnen Blüten nur einen Tag lang blühen.

4 | Pyrenäen-Schaftmilchstern

Loncomelos pyrenaicus – Hyacinthaceae (Syn.: *Ornithogalum pyrenaicum*)

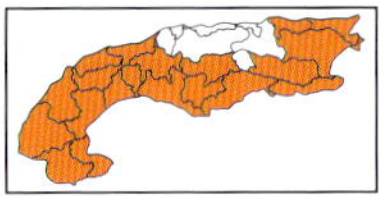

30–80 cm hoch; Blätter grundständig, lineal, 5–15 mm breit, hohlrinnig, zur Blütezeit abgedorrt; Blütenstand eine allseitswendige, 30–50-blütige Traube; Perigon weiß bis grünlichgelb; Griffel 3 mm lang; Fruchtknoten zur Blütezeit grün. Blütezeit V–VI.

VERWECHSLUNG: Der Kurzgriffel-Sch., *L. brevistylus*, hat außer dem grünen Rückenstreifen rein weiße Perigonblätter, der Griffel ist 2 mm lang, der Fruchtknoten ist zur Blütezeit gelb.

LEBENSRAUM: Wiesen, Bachauen, Gebüsche, Buchenwälder. Bis etwa 1300 m NN.

VERBREITUNG: Südeuropäisch-mediterrane Art.

ANMERKUNG: Tritt in den Alpen in 2 Unterarten auf.

5 | Zweiblatt-Blaustern

Scilla bifolia s.lat. – Hyacinthaceae

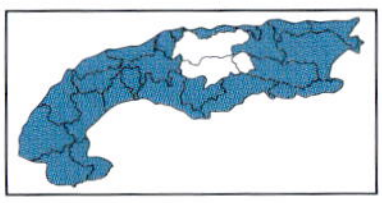

10–25 cm hoch, mit 2 lineallanzettlichen, 3–15 mm breiten, vorne kapuzenförmig zusammengezogenen Stängelblättern; Blütenstand 2–9-blütig; Perigonblätter 6, blau, sternförmig ausgebreitet, 6–12 mm lang. Blütezeit III–V.

VERWECHSLUNG: Der vielfach verwildert auftretende Sibirien-Schmuckblaustern, *Othocallis siberica* (Syn.: *Scilla siberica*), hat nickende Blüten und 12–15 mm lange Perigonblätter.

LEBENSRAUM: Laubwälder, Auwiesen, Obstgärten. Bis etwa 1600 m NN.

VERBREITUNG: Südeuropäische Sammelart.

ANMERKUNG: *Scilla bifolia* s. lat. umfasst eine Artengruppe, die besonders in Südost-Europa und im östlichen Mittelmeergebiet formenreich ist. Im Alpenraum kann man *S. bifolia* s. str., *S. drunensis* und *S. vindobonensis* unterscheiden.

1

2

3A

3B

4

5

1 | Alpen-Krokus
Crocus albiflorus – Iridaceae

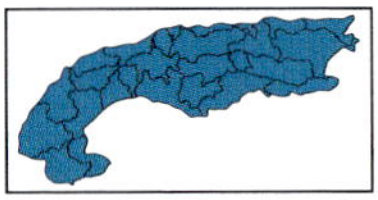

4–15 cm hoch, einblütig; Blätter grundständig, lineal, mit weißem Mittelnerv und nach unten gerollten Rändern, zur Blütezeit noch wenig entwickelt; Perigon weiß oder violett; Perigonzipfel 15–40 mm lang, 5–10 mm breit; Griffel kürzer als die Staubblätter. Blütezeit III–VI.
VERWECHSLUNG: Beim Illyrisch-K., *C. exiguus*, sind die Griffel mindestens so lang wie die Staubblätter.
LEBENSRAUM: Bergwiesen, Weiden. Bis 2600 m NN.
VERBREITUNG: Südeuropäisch-montane Art.

2 | Illyrisch-Krokus
Crocus exiguus – Iridaceae
(Syn.: *C. vittatus, C. vernus* p.p.)

5–15 cm hoch, einblütig; Blätter grundständig, lineal, mit weißem Mittelnerv, zur Blütezeit höchstens 7 mm breit; Perigon violett; Perigonzipfel 20–50 mm lang, am Ende meist mit dunkler, V-förmiger Zeichnung; Griffel mindestens so lang wie die Staubfäden. Blütezeit II–VI.
VERWECHSLUNG: Mit dem Alpen-K., *C. albiflorus*
LEBENSRAUM: Wiesen, Weiden, Auwälder, Obstgärten, Edellaubwälder. Bis 2200 m NN, so etwa auf der Koralpe.
VERBREITUNG: Südosteuropäische Art von der Steiermark und von Kärnten ostwärts bis Rumänien.

3 | Gras-Schwertlilie
Iris graminea – Iridaceae

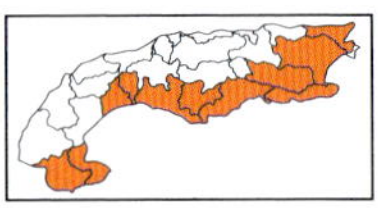

15–30 cm hoch; Stängel 2-schneidig zusammengedrückt; Blätter 5–15 mm breit, glänzend, sattgrün, nach der Blütezeit flach am Boden ausgebreitet; Blüten intensiv nach Obst duftend. Blütezeit V.
VERWECHSLUNG: Keine.
LEBENSRAUM: Halbtrockenrasen, Magerrasen, Gebüsch, lichte Wälder, kalkliebend. Bis etwa 1500 m NN.
VERBREITUNG: Südeuropäische Art von Nord-Spanien bis zur Ukraine und zur Balkanhalbinsel.
ALLGEMEIN: Von den rund 210 Schwertlilien-Arten sind 30 in Europa und 9 im Gebiet der Alpen beheimatet.

4 | Cengio-Alto-Schwertlilie
Iris pallida subsp. *cengialti* – Iridaceae

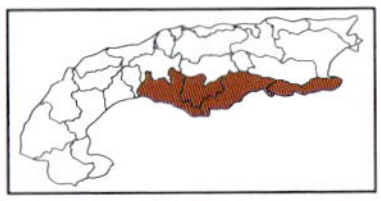

20–70 cm hoch; Stängel die Blätter überragend, 2–3-blütig; Blätter bläulich bereift, mit vorspringenden Nerven; Blütenscheiden gelblichweiß, zur Blütezeit trockenhäutig; Blüten duftend; Perigonzipfel blauviolett, Bart orangegelb. Blütezeit IV–V.
VERWECHSLUNG: Bei der südosteuropäischen, im Gebiet kultivierten und teilweise verwilderten Nominatform, der Blassviolett-Sch., *I. pallida* subsp. *pallida*, fehlt die vorspringende Blattnervatur.
LEBENSRAUM: Steinrasen, Felsnischen; kalkstet. 300–1000 m NN.
VERBREITUNG: Endemit der Südostalpen.

5 | Zwerg-Schwertlilie
Iris pumila – Iridaceae

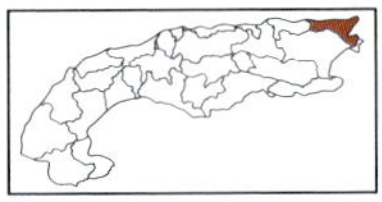

8–15 cm hoch; Stängel 1–7 cm lang; Blätter graugrün, 6–17 mm breit, nicht immergrün; Blüten blau, violett, purpurn, gelb, weiß oder mehrfarbig; Perigonröhre 25–90 mm lang, äußere Perigonzipfel zurückgeschlagen. Blütezeit IV.
VERWECHSLUNG: Ebenfalls sehr vielfarbig ist die in den tieferen Lagen der Südwestalpen auftretende Tyrrhenien-Sch., *I. lutescens*, die aber immergrüne Blätter hat.
LEBENSRAUM: Felssteppen, lückige Trockenrasen. Bis 700 m NN.
VERBREITUNG: Südosteuropäisch-westasiatische Art.

6 | Sibirien-Schwertlilie
Iris sibirica – Iridaceae

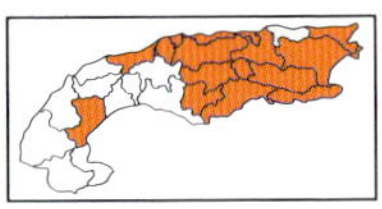

40–80 cm hoch; Blätter 4–8 mm breit; äußere Perigonblätter weißlich mit violettblauen Adern, gegen den Grund zu gelb, innere Perigonblätter violettblau. Blütezeit V–VI.
VERWECHSLUNG: Keine.
LEBENSRAUM: Sumpfwiesen, Nasswiesen. Bis etwa 1300 m NN.
VERBREITUNG: Eurosibirische Art.

1A
1B
2
3
4
5
6

1 | Sumpf-Siegwurz
Gladiolus palustris – Iridaceae

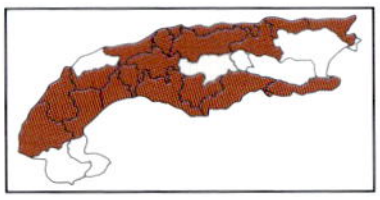

30–50 cm hoch; Stängel beblättert; Blätter lineal-lanzettlich, auch das unterste Stängelblatt spitz; Blütenstand einseitswendig, 3–8-blütig; Perigonblätter 6, purpurn; jede Blüte mit einem Vorblatt. Blütezeit VI–VII.
VERWECHSLUNG: Bei der Illyrien-S., *G. illyricus*, sind die Blüten ± 2-zeilig angeordnet. Bei der Dachig-S., *G. imbricatus*, ist das unterste Stängelblatt stumpf.
LEBENSRAUM: Sumpfwiesen, Niedermoore. Bis etwa 1400 m NN.
VERBREITUNG: Europäische Art.

2 | Jacquin-Simse
Juncus jacquinii – Juncaceae

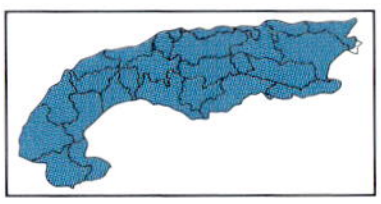

10–30 cm hoch; Stängel mit einem Blatt im obersten Drittel, dieses den Blütenstand weit überragend; grundständige Blätter dünn, höher als der Stängel; Blütenstand kopfig, endständig, 5–12-blütig; Narbe rosa, korkenzieherartig. Blütezeit VI–VIII.
VERWECHSLUNG: 26 weitere *Juncus*-Arten kommen in den Alpen vor.
LEBENSRAUM: Feuchte Rasen, Quellfluren; kalkmeidend. 1600–3000 m NN.
VERBREITUNG: Alpisch-apenninische Art.
NAME: Benannt zu Ehren des österreichischen Botanikers Nikolaus Joseph von Jacquin (1727–1817), der zusammen mit seinem Sohn 7 Jahrzehnte die Botanik von Wien prägte.

3 | Braun-Hainsimse
Luzula alpinopilosa – Juncaceae

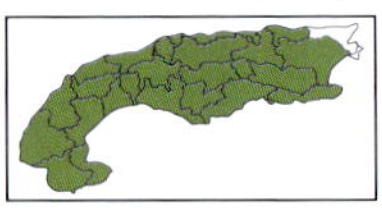

10–30 cm hoch; untere Stängelblattspreiten 1–4 mm breit, spärlich behaart; Hochblatt kürzer als der Blütenstand; Blütenstand locker, aufrecht bis nickend, mit abstehenden Ästen und 2–5-blütigen Köpfen; Perigonblätter bräunlich, ca. 2 mm lang, mit granniger Spitze; reife Frucht dunkelbraun, fast kugelig (Bild **3**). Blütezeit VI–VIII.
VERWECHSLUNG: Die Wimper-H., *L. pilosa*, hat 5–10 mm breite Blattspreiten.
LEBENSRAUM: Felsschutt, Schneetälchen; kalkmeidend. 1600–3300 m NN, vereinzelt auch tiefer, wie im Tiroler Sellrain (1250 m NN).
VERBREITUNG: Südwesteuropäisch-montane Art.

4 | Gold-Hainsimse
Luzlula lutea – Juncaceae

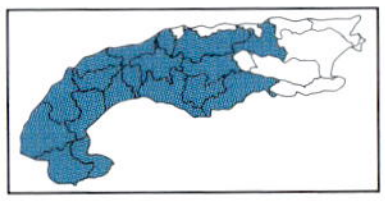

10–25 cm hoch; Blätter 3–6 mm breit, nur an der Scheidenmündung zerstreut behaart, sonst kahl; Blattscheide rotbraun; Blütenstand aus 6–10-blütigen, nickenden Knäueln bestehend; Blüten lang gestielt; Perigonblätter gelblich. Blütezeit VI–VIII.
VERWECHSLUNG: Mit der Gelblich-H., *L. luzulina*, bei der aber die Blüten einzeln und aufrecht stehen und die Blätter behaart und nur 2–3 mm breit sind.
LEBENSRAUM: Felsrasen, Felsschutt; kalkmeidend. 1500–3400 m NN.
VERBREITUNG: Südwesteuropäisch-montane Art.

5 | Schnee-Hainsimse
Luzula nivea – Juncaceae

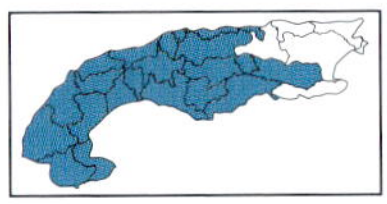

40–70 cm hoch; Ausläufer 5–10 cm lang; Grundblätter 3–6 mm breit, anliegend bewimpert; Blütenbüscheln 6–20-blütig; Perigonblätter reinweiß, 5 mm lang, doppelt so lang wie die Frucht. Blütezeit VI–VIII.
VERWECHSLUNG: Die Weißlich-H., *L. luzuloides*, hat weißliche, aber nicht reinweiße, etwa 3 mm langen Perigonblätter, die so lang wie die Frucht sind.
LEBENSRAUM: Wälder; kalkmeidend. Bis etwa 2200 m NN.
VERBREITUNG: Südeuropäisch-montane Art.

6 | Hundszahnlilie
Erythronium dens-canis – Liliaceae

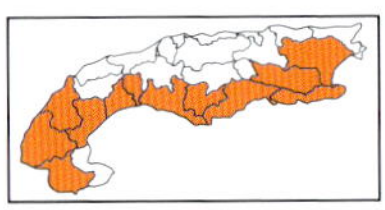

8–20 cm hoch; Stängel unter der Mitte mit 2 gegenständigen, breit-lanzettlichen, bis 10 cm langen, braun gescheckten Blättern; Blüten einzeln, Perigonblätter purpurn, innen am Grund braungelb und weiß gezeichnet. Blütezeit III–V.
VERWECHSLUNG: Keine.
LEBENSRAUM: Edellaubwälder, frische Wiesen. Bis etwa 1800 m NN.
VERBREITUNG: Eurasiatische Art.
ANMERKUNG: Der botanische Gattungsname leitet sich vom altgriechischen „*erythros*" (= rot) ab. Der Artbeiname ist lateinisch, bedeutet „Hundezahn" und beschreibt die schmale, oben spitz gezähnte Zwiebel.

1
3
2
4
5
6A
6B

1 | Alpen-Schachblume

Fritillaria tubaeformis subsp. *tubaeformis* – Liliaceae

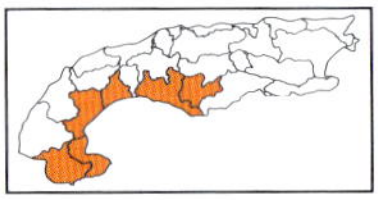

10–30 cm hoch, kahl; Stängel aufrecht, im aufgeblühten Zustand mit überhängender Blüte, fast bis zum unteren Drittel beblättert; Blätter meist 6, wechselständig, 4–9 cm lang, 6–12 mm breit, blaugrün; Blütenkrone glockenförmig, purpurrot mit bläulichem Schein, innen kräftig purpurn gefleckt; Perigonblätter 4–5 cm lang, alle stumpf. Blütezeit V–VI.
VERWECHSLUNG: Bei der in den Südwestalpen endemischen Piemont-Sch., *F. involucrata*, sind die obersten Stängelblätter zu 3 quirlständig angeordnet.
LEBENSRAUM: Bergwiesen, Steinrasen; kalkliebend. 1000–2100 m NN.
VERBREITUNG: Endemit der Alpen.

2 | Moggridge-Schachblume

Fritillaria tubaeformis subsp. *moggridgei* – Liliaceae

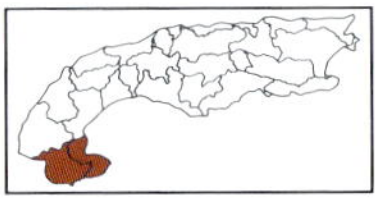

8–20 cm hoch, kahl; Blätter meist 5, wechselständig, 6–12 mm breit, bläulichgrün; Blütenkrone glockenförmig, Perigonblätter gelb, mit angedeutetem purpurnem Schachbrettmuster, etwa 4 cm lang. Blütezeit V–VI, in der Regel 2–3 Wochen nach der Schneeschmelze.
VERWECHSLUNG: Keine.
LEBENSRAUM: Frische Bergwiesen; kalkliebend. Etwa 1000–2000 m NN.
VERBREITUNG: Endemit der Seealpen.
NAME: Die Unterart ist zu Ehren des englischen Botanikers John Traherne Moggridge (1842–1874) benannt. Krankheitsbedingt hielt sich Moggridge an der Riviera auf und schrieb hier, unterstützt von seinem Vater Matthew Moggridge, eine „Flora von Mentone".

3 | Röhren-Gelbstern

Gagea liotardii – Liliaceae (Syn.: *G. fistulosa, G. fragifera*)

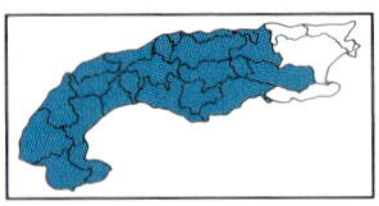

5–20 cm hoch; Grundblätter 1–2, röhrig-hohl, halbstielrund bis stielrund, 2–3 mm breit, schmäler als die Hochblätter; Stängelblätter 2, den Deckblättern genähert; Blütenstiele behaart; Perigonblätter stumpf. Blütezeit V–VII.
VERWECHSLUNG: Unterscheidet sich von allen anderen im Alpenraum vorkommenden *Gagea*-Arten durch die röhrigen Grundblätter.
LEBENSRAUM: Nährstoffreiche Wiesen, Lägerfluren, gerne um Almhütten; kalkmeidend. 1200–2500 m NN.
VERBREITUNG: Südeuropäisch-montane Art.
NAME: Benannt zu Ehren des französischen Botanikers Pierre Liotard (1729–1796). Liotard war Arbeitersohn, konnte kaum lesen und schreiben und hat sich trotzdem in das Pflanzensystem Linnés vorbildlich eingearbeitet.

4 | Späte Faltenlilie

Gagea serotina – Liliaceae (Syn.: *Lloydia serotina*)

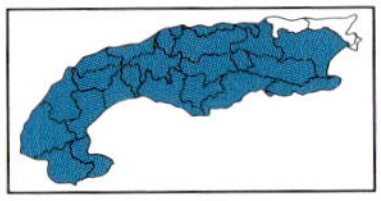

5–15 cm hoch; grundständige Blätter meist 2, linealfadenförmig; Stängelblätter lineal-lanzettlich; Blüten aufrecht-trichterförmig; Perigonblätter weiß mit rotbrauner Zeichnung. Blütezeit VI–VIII.
VERWECHSLUNG: Keine.
LEBENSRAUM: Windexponierte Rasen, Gesteinsfluren, Felsspalten. 1600–3100 m NN.
VERBREITUNG: Arktisch-alpine Art.
NAME: Benannt zu Ehren des britisch-französischen Botanikers James Lloyd (1810–1896), der sich um die Erforschung der Flora Frankreichs Verdienste erwarb.
ANMERKUNG: Die Art wird heute meist wieder innerhalb der Gattung der Gelbsterne als *Gagea serotina* geführt. Diesen Namen trug die Pflanze bereits im Jahr 1816. Der botanische Artbeiname bedeutet spät und ist etwas irreführend, blüht die Pflanze doch oft schon recht früh im kurzen Bergsommer.

5 | Wild-Tulpe

Tulipa sylvestris – Liliaceae

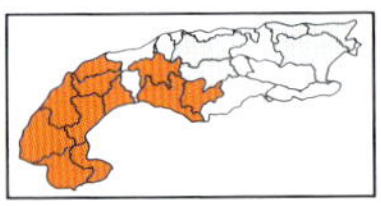

20–40 cm hoch; Blätter schmal-lanzettlich, 8–20 cm lang, 0,8–2 cm breit; Blüten einzeln, aufrecht; Perigonblätter 6, spitz. Blütezeit IV–VI.
VERWECHSLUNG: Keine.
LEBENSRAUM: Bergwiesen, felsige Hänge, Auen, Gebüsche, alte Parkanlagen. Bis 2100 m NN.
VERBREITUNG: Mediterrane Art.
ANMERKUNG: Tritt im Alpenraum in 2 Unterarten auf:
- subsp. *sylvestris*: Perigonblätter beidseitig gelb, außen manchmal grünlich; Blüten vor dem Aufblühen nickend.
- subsp. *australis*: Perigonblätter gelb, außen rot überlaufen; Blüten vor dem Aufblühen aufrecht.

1

2

3

4

5

1 | Feuer-Lilie
Lilium bulbiferum – Liliaceae

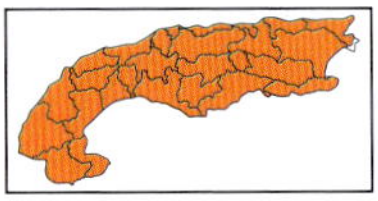

30–100 cm hoch; Stängel dicht beblättert, mit oder ohne Brutknöllchen; Blätter schmal-lanzettlich, wechselständig, sitzend; Blüten endständig, aufrecht, einzeln oder zu 2–5 in doldigem Blütenstand; Perigonblätter lebhaft orange; nicht selten auch ohne Blüten und sich dann vegetativ vermehrend. Blütezeit VI–VII.

VERWECHSLUNG: Keine.

LEBENSRAUM: Bergwiesen, Gesteinsschutt, trockene Böschungen, Waldränder, Felsheiden, Auwälder. Bis etwa 2400 m NN.

VERBREITUNG: Südeuropäisch-montane Art.

ANMERKUNG: Tritt in den Alpen in 2 Unterarten auf:
- subsp. *bulbiferum*: Mit Brutzwiebeln in den oberen Blattachseln, Perigonblätter meist ohne Flecken.
- subsp. *croceum*: Ohne Brutzwiebeln in den Blattachseln, Perigonblätter mit schwärzlichen Flecken.

ALLGEMEIN: Lilien sind wertvolle Nektarpflanze für langrüsselige Schmetterlinge. Die Blüten des Türkenbundes verströmen besonders abends und nachts einen schweren, süßen Duft, der Schwärmer anlockt. Sie zählen zusammen mit dem Taubenschwänzchen zu den Hauptbestäubern. Da die Blüten bei dieser Art hängen und zusätzlich einen öligen Überzug besitzen, fällt es den Schmetterlingen, die frei schwebend nicht verharren könne, schwer, sich festzuhalten. Eulenfalter wie die Gammaeule schaffen das Kunststück, indem sie sich mit den Vorderbeinen festhaken und flügelschwirrend Bestäubungsdienste leisten.
Die Feuer-Lilie wiederum besitzt Nektarien an den Spitzen der Laubblätter und Knospen, die der Anlockung verschiedener Ameisenarten der Gattungen *Formica*, *Lasius* und *Myrmica* dienen, welche als Schutz vor dem Fressfeind Lilienhähnchen dienen.

2 | Krain-Lilie
Lilium carniolicum – Liliaceae

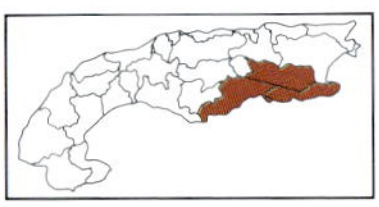

30–80 cm hoch; Stängel aufrecht, kahl, dicht beblättert; Blätter wechselständig lineal-lanzettlich, 5–18 mm breit; Blütenstand 1–3-blütig; Perigonblätter stark zurückgebogen, leuchtend orange, gegen den Grund zu mit dunklen Punkten; Staubbeutel orange. Blütezeit VI.

VERWECHSLUNG: Mit der Pompone-L., *L. pomponicum*.

LEBENSRAUM: Hochstaudenfluren, Felsschutt, Bergwiesen, lichtes Gebüsch; kalkstet. Bis 2300 m NN.

VERBREITUNG: Südosteuropäisch-montane Art.

3 | Türkenbund-Lilie
Lilium martagon – Liliaceae

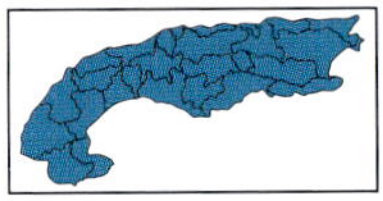

40–90 cm hoch; Stängel dicht beblättert; Blätter breit-lanzettlich, mittlere Stängelblätter quirlständig zu 4–8; Blüten hängend; Perigonblätter stark zurückgebogen, purpurn mit dunklen Flecken. Blütezeit VI–VII.

VERWECHSLUNG: Keine.

LEBENSRAUM: Wälder, Bergwiesen, Waldlichtungen, Böschungen; kalkliebend. Bis etwa 2300 m NN.

VERBREITUNG: Eurasiatische Art.

4 | Pompone-Lilie
Lilium pomponicum – Liliaceae

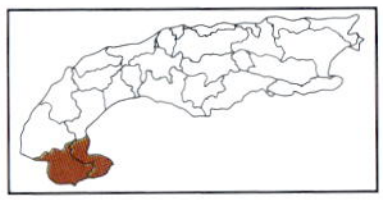

30–90 cm hoch; Stängel aufrecht, kahl, dicht beblättert; Blätter schmal lineal-lanzettlich, 3–5 mm breit; Blütenstand 1–9-blütig; Perigonblätter stark zurückgebogen, leuchtend scharlachrot; Staubbeutel orangerot. Blütezeit VI–VII.

VERWECHSLUNG: Mit der Krain-L., *L. carniolicum*, die aber 5–18 mm breite Blätter hat.

LEBENSRAUM: Felsschutt, Steinrasen, Felsen, Magerrasen; kalkstet. Etwa 800–2400 m NN.

VERBREITUNG: Endemit der Westalpen.

5 | Weißer Germer
Veratrum album – Melanthiaceae

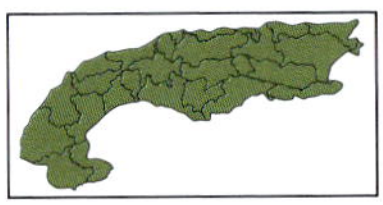

50–150 cm hoch; Blätter schraubig am Stängel angeordnet, bis 20 cm lang, unterseits flaumig behaart, tief längsgefaltet; Blütenstand 20–60 cm lang; Perigon weiß bis grün, selten auch gelblich. Blütezeit VI–VIII.

VERWECHSLUNG: Kann im nichtblühenden Zustand mit dem Gelb-Enzian, *Gentiana lutea*, verwechselt werden, doch hat dieser gegenständige, kahle, blaugrüne Blätter.

LEBENSRAUM: Weiden, Wiesen, Hochstaudenfluren, Lägerstellen. Bis etwa 2700 m NN.

VERBREITUNG: Eurosibirische Art.

ANMERKUNG: Tritt in den Alpen in 2 Unterarten auf:
- subsp. *album* (Bild **5A**): Perigon innen weiß, außen grün-weiß.
- subsp. *lobelianum* (Bild **5B**): Perigon beiderseits grün.

1

2

3

4

5A

5B

1 | Kamm-Hundswurz
Anacamptis pyramidalis – Orchidaceae

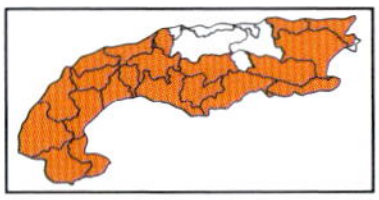

20–50 cm hohe Pflanze; Blätter 4–10, ungefleckt, schmal-lanzettlich, 8–25 cm lang und 0,7–2 cm breit, Blütenstand pyramidenförmig bis zylindrisch, dicht- und reichblütig. Blütenkrone purpurrosa, Lippe 6–9 mm lang und breit, mit 2 aufrechten Längsleisten an der Basis, tief 3-lappig. Sporn fadenförmig, 10–15 mm lang, abwärts gerichtet. Blütezeit V–VII.

VERWECHSLUNG: Keine.

LEBENSRAUM: Trockene bis wechselfrische Magerwiesen, Gebüsche und lichte Wälder; kalkliebend. Bis etwa 1700 m NN.

VERBREITUNG: Westeuropäisch-mediterrane Art von Marokko und Irland bis Estland und Turkmenistan.

2 | Schmalblatt-Waldvöglein
Cephalanthera longifolia – Orchidaceae

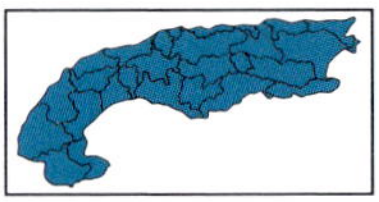

15–50 cm hoch, Stängel kahl, dicht beblättert mit 4–14 2-zeilig angeordneten Blättern, diese lanzettlich, bis 18 cm lang, 4–6 × so lang wie breit, rinnig gefaltet, Blütenstand mit bis zu 40 Blüten; Blütenkrone leuchtendweiß; Lippe 2-gliedrig, mit orangegelben Längsleisten und goldgelber Spitze. Blütezeit IV–VI.

VERWECHSLUNG: Mit dem Breitblatt-W., *C. damasonium*, bei dem die Blätter aber nur 2–3 × so lang wie breit sind. Von weißen Spielformen des Purpur-W., *C. rubra*, durch den kahlen Stängel unterschieden.

LEBENSRAUM: Wälder, Magerwiesen, Gebüsch; kalkliebend. Bis 1800 m NN.

VERBREITUNG: Eurasiatische Art von Nordwestafrika, England und Südskandinavien bis in den Pamir.

3 | Purpur-Waldvöglein
Cephalanthera rubra – Orchidaceae

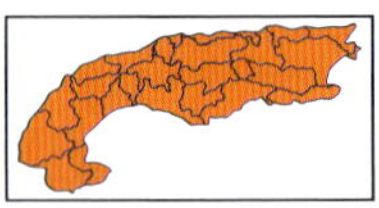

20–60 cm große Pflanze; 3–6 lanzettliche Blätter, diese bläulichgrün, rinnig gefaltet, 5–10 cm lang und 1–3 cm breit; Blütenstand locker, mit 4–15 purpurrosa Blüten; die Blütenblätter bilden einen baldachinartigen Helm; Lippe 2-gliedrig, mit mehreren gelbbraunen Längsleisten und pinker Spitze. Blütezeit V–VII.

VERWECHSLUNG: Mit rosa Spielformen des Schmalblatt-W., *C. longifolia*.

LEBENSRAUM: Lichte Wälder, v. a. Kiefern-, Eichen-, Buchen- und Laubmischwälder, Waldschläge, beschattete Wiesen; kalkstet. Bis 2100 m NN.

VERBREITUNG: Europäisch-westasiatische Art von Nordafrika, Spanien, England und Südskandinavien bis zum Ural und in den Nordiran.

4 | Zwergständel
Chamorchis alpina – Orchidaceae

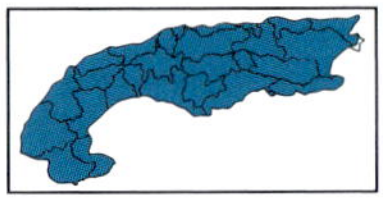

5–15 cm hohe, kleinwüchsige, leicht zu übersehende Pflanze; Stängel blassgrün, kantig; 4–10 Blätter in grundständiger Rosette, diese grasartig lineal-lanzettlich, Blütenstand dichtblütig mit 5–15 kleinen Blüten; Lippe gelb mit grünem Zentrum, zungenförmig, ungeteilt bis schwach 3-lappig mit rückwärts gebogenen Rändern. Blütezeit VI–VIII.

VERWECHSLUNG: Mit der Hohlzungen-Fingerwurz, *Dactylorhiza viridis*, diese hat aber oval-lanzettliche Blätter und einen beblätterten Stängel.

LEBENSRAUM: Polsterseggenrasen, trockene Gebirgsmagerrasen, windausgesetzte Grate mit geringer winterlicher Schneebedeckung; kalkliebend. 1400–2900 m NN.

VERBREITUNG: Arktisch-alpine Art Skandinaviens, der Alpen und der Karpaten.

ANMERKUNG: Der Zwergständel ist die einzige Orchidee Europas, die von Ameisen bestäubt wird. Die spezielle Wuchsform in Verbindung mit dem Blütenbau kann als Anpassung an die Ameisenbestäubung angesehen werden. Die Größe der Blütendetails passen zu den Abmessungen von Kopf, Körper und Beinen der Ameisenart *Formica lemani*.

5 | Korallenwurz
Corallorhiza trifida – Orchidaceae

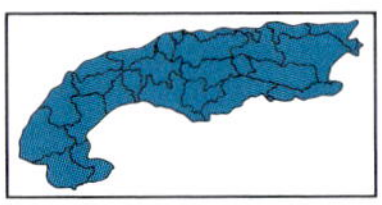

7–25 cm hoch; zarte, wenig auffällige Pflanze mit korallenartig verzweigtem Rhizom; Stängel dünn, gelbgrün bis braunpurpurn; Laubblätter fehlen; Blütenstand locker mit 3–10 kleinen, grünlichen Blüten; Lippe weiß, am Grunde mit wenigen roten Flecken, stumpf zungenförmig, mit gewelltem Rand, stark nach unten gekrümmt; Sporn fehlt. Blütezeit V–VII.

VERWECHSLUNG: Keine.

LEBENSRAUM: Schattige, humusreiche Nadel- und Laubwälder, seltener in Bergwiesen und auf modernden Baumstümpfen. Bis 2550 m NN.

VERBREITUNG: Eurosibirisch-nordamerikanische Art von den Pyrenäen und Island bis Sibirien, Nordchina und Nordamerika.

1
2
3A
3B
4
5

1 | Frauenschuh

Cypripedium calceolus – Orchidaceae

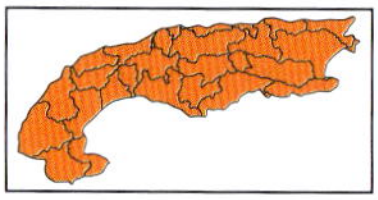

25–60 cm hohe Pflanze mit 3–5 großen, breitelliptisch bis eiförmigen, kräftig geaderten Blättern; Blütenstand 1–2-blütig, Blüte groß mit pantoffelförmiger gelber Lippe; Kelch- und Kronblätter (bis auf die Lippe) schwarzrot, spiralig gedreht, 3,5–5 cm lang. Blütezeit V–VII.

VERWECHSLUNG: Keine.

LEBENSRAUM: Lichte Edellaub- und Kiefernwälder, Schluchtwälder, Gebüsche, Halbtrockenrasen, Latschengebüsche; kalkliebend. Bis 2200 m NN.

VERBREITUNG: Eurasiatische Art von Spanien, England und Nordskandinavien bis Sachalin und Korea.

ANMERKUNG: Der Frauenschuh ist eine Kesselfallenblume. Durch den wirksamen Farbkontrast des gelben Schuhs zum Braunrot der Perigonblätter werden Insekten angelockt, wobei das Gelb entscheidend ist. Die Insekten gleiten an dem nach innen gebogenen Rand des Schuhs ab und sind zunächst gefangen. Farblose helle Fenster im hinteren Teil des Schuhs signalisieren einen Ausweg. Sie zwängen sich durch die kleinen Öffnungen seitlich der Narbe ins Freie, wobei sie sich mit Pollen beschmieren bzw. diesen abstreifen. Nach der Bestäubung wird die Blüte bald welk, unbefruchtete Blüten bleiben länger ansehnlich.

2 | Blut-Fingerwurz

Dactylorhiza cruenta – Orchidaceae

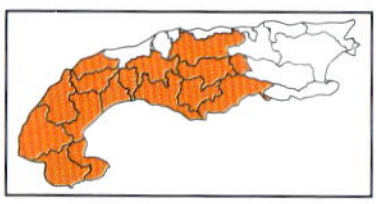

15–35 cm hoch, gedrungen, aber kräftig; Stängel dick, hohl, mit 3–5 Blättern, diese eiförmig bis lanzettlich, beidseitig purpurbraun gefleckt, vom Stängel abstehend, nicht bis in den Blütenstand reichend; Blütenstand zylindrisch, gedrungen, dichtblütig, mit 10–30 Blüten; Blüten klein, Perigonblätter rosa bis purpurn; Lippe ungeteilt bis angedeutet 3-lappig, mit Schleifen und Ringen gezeichnet. Blütezeit VI–VII.

VERWECHSLUNG: v. a. mit der Fleisch-F., *D. incarnata*, und besonders deren ebenfalls beidseitig gefleckter Varietät *hyphaematodes*. *D. incarnata* unterscheidet sich durch Blätter, die an der Spitze kapuzenartig zusammengezogen sind und die meist bis in den Blütenstand reichen.

LEBENSRAUM: Flach-, Hang- und Quellmoore, nasse Wiesen, entlang von Rinnsalen. Bis 2600 m NN.

VERBREITUNG: Eurosibirische Art von den Alpen und Skandinavien bis Sibirien.

ALLGEMEIN: Die Gattung *Dactylorhiza* neigt zur Bildung von Hybriden. Fast regelmäßig können Bastarde gefunden werden, wenn 2 oder mehrere Fingerwurz-Arten gemeinsam auftreten. Nicht selten sind auch Hybridschwärme zu beobachten.

3 | Fuchs-Fingerwurz

Dactylorhiza fuchsii – Orchidaceae

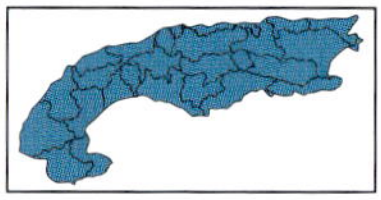

Vielgestaltig, 15–70 cm hoch; Stängel vollmarkig, oben kantig, oft purpurn überlaufen; Blätter 5–10, in der Regel oberseits gefleckt, lanzettlich, 5–20 cm lang, 1,2–3 cm breit, obere Blätter tragblattartig; Blütenstand kegelförmig, dichtblütig; Perigonblätter rosa bis purpurn oder weiß; Lippe tief 3-lappig, mit Schleifenmuster, Punkten und Strichen; Sporn länglich zylindrisch, 6–12 mm lang und 1,4–2,5 mm dick. Blütezeit V–VIII.

VERWECHSLUNG: u. a. mit der Breitblatt-F., *D. majalis*, die aber einen hohlen Stängel hat.

LEBENSRAUM: Sehr anpassungsfähig, so in Wiesen, Weiden, Halbtrockenrasen, Bürstlingrasen, Wäldern, Sümpfen, an Straßenrändern, Flach- und Quellmooren, Waldlichtungen. Bis 2500 m NN.

VERBREITUNG: Eurosibirische Art von Spanien, Irland und Skandinavien bis Sibirien.

NAME: Zu Ehren des Tübinger Medizinprofessors Leonhard FUCHS (1501–1566) benannt, der in seinem Buch „De Historia Stirpium" ein Bild dieser Art veröffentlichte.

4 | Lappland-Fingerwurz

Dactylorhiza lapponica – Orchidaceae

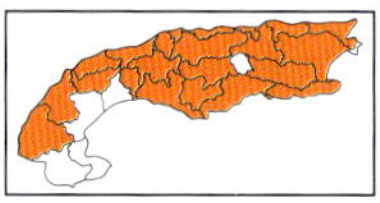

10–30 cm hoch; Stängel hohl, im oberen Teil violettbraun überlaufen; Blätter 2–5, lanzettlich, 2,5–8 cm lang und 0,8–2 cm breit, oberseits gefleckt, nach außen hin zunehmend gefleckt, wobei die Dichte der Flecken ab etwa der Blattmitte zunimmt, das unterste Blatt ist charakteristisch klein und kurz-eiförmig; Blütenstand kurz, locker- und armblütig mit 3–20 Blüten; Perigonblätter dunkelrosa bis purpurn. Blütezeit VI–VII.

VERWECHSLUNG: v. a. mit der Breitblatt-F., *D. majalis*, die aber 4–6 Laubblätter und einen 15–50-blütigen Blütenstand hat.

LEBENSRAUM: Kalkreiche Überrieselungsmoore, Quellmoore und karbonatreiche Niedermoore; kalkstet. 500–2000 m NN.

VERBREITUNG: Nordeuropäisch-alpische Art Skandinaviens und der Alpen.

1
2A
2B
3
4A
4B

1 | Breitblatt-Fingerwurz
Dactylorhiza majalis – Orchidaceae

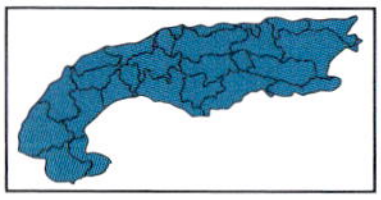

15–40 cm hoch; Stängel dick, hohl, oben kantig und purpurn überlaufen; Blätter 4–6, auf der Oberseite gefleckt, eiförmig bis breit-lanzettlich, 2–4 × so lang wie breit; Tragblätter breit, länger als die Blüten, purpurn oder zumindest purpurn überlaufen; Blütenstand dicht- und vielblütig mit 15–50 Blüten, Perigon dunkelrosa bis purpurn; Lippe 3-lappig mit stumpfem Mittellappen oder ungeteilt mit vorgezogener Spitze (subsp. *alpestris*), Lippe mit auffälligem Schleifenmuster, Sporn konisch, leicht abwärts gerichtet. Blütezeit IV–VII.

VERWECHSLUNG: v. a. mit der Traunsteiner-F., *D. traunsteineri*, bei der die Blätter aber 6–10 × so lang wie breit sind. Die Fuchs-F., *D. fuchsii*, hat einen markigen Stängel.

LEBENSRAUM: Feuchte bis nasse Magerwiesen, bodenfeuchte Stellen von Mähwiesen und Weiden, Flach- und Quellmoore. Bis 2500 m NN.

VERBREITUNG: Europäische Art von Nordspanien und dem Nordwestbalkan bis Südskandinavien, im Osten bis zum Ural.

2 | Holunder-Fingerwurz
Dactylorhiza sambucina – Orchidaceae

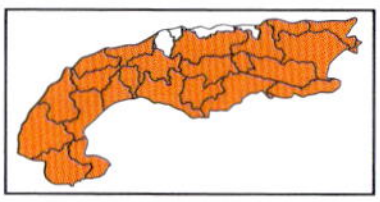

10–30 cm hoch, Stängel hohl, mit 4–7 Blättern; Blätter lanzettlich, 5–12 cm lang, 1–3 cm breit, grün, glänzend, ungefleckt; Tragblätter groß, so lang oder länger als die Blüten; Perigon gelb oder purpurrot; Lippe 7–12 mm lang, 9–17 mm breit, mit schleifenförmiger Musterung, bestehend aus purpurnen Punkten, Lippengrund auch bei den roten Pflanzen mit Gelbtönen; Sporn dick, walzenförmig-konisch, abwärts gebogen, 10–18 mm lang und 2,5–4,5 mm stark. Blütezeit IV–VI.

VERWECHSLUNG: Die gelbe Farbvariante mit dem Bleich-Knabenkraut, *Orchis pallens*. Dieses hat aber ungezeichnete Lippen.

LEBENSRAUM: Frische bis mäßig trockene Magerrasen, Gebüschsäume, Magerweiden, Zwergstrauchheiden, blumenreiche Heuwiesen. Bis 2400 m NN.

VERBREITUNG: Europäische Art von Spanien und Südskandinavien bis in die Karpaten und in die Ukraine.

ANMERKUNG: Die Holunder-Fingerwurz gehört zu den Nektartäuschblumen, die eine Belohnung für die bestäubenden Insekten nur vortäuschen. Deshalb tritt sie in mehreren Farbformen auf, um der Lernfähigkeit der Bestäuber entgegenzuwirken.

3 | Traunsteiner-Fingerwurz
Dactylorhiza traunsteineri – Orchidaceae

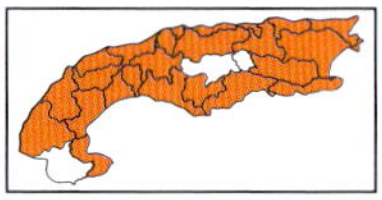

15–40 cm hohe, schlanke Pflanze; Stängel dünn, grün, im oberen Teil kantig und oft purpurn; Blätter 3–5, schräg abstehend bis steil aufwärts gerichtet, schmal-lanzettlich, 5–18 cm lang und 0,5–1,8 cm breit, 5–10 × so lang wie breit, gefleckt oder ungefleckt, rinnig bis gekielt; Blütenstand zylindrisch, 3–8 cm lang mit 5–15 Blüten, locker- und wenigblütig; Blüten verhältnismäßig groß, Perigon dunkelrosa bis purpurn.
Blütezeit V–VII.

VERWECHSLUNG: v. a. mit der Breitblatt-F., *D. majalis*, (siehe S. 422) und der Lappland-F., *D. lapponica*, die aber eilanzettliche Blätter hat, die 2–4 × so lang wie breit sind.

LEBENSRAUM: Feuchte bis nasse Wiesen, Nieder- und Quellmoore; basen-, meist kalkreiche Böden.
Bis 2150 m NN.

VERBREITUNG: Europäische Art.

NAME: Benannt zu Ehren des österreichischen Apothekers Joseph TRAUNSTEINER (1798–1850), der die Art 1830 bei Kitzbühel entdeckte.

4 | Hohlzungen-Fingerwurz
Dactylorhiza viridis – Orchidaceae
(Syn.: *Coeloglossum viride*)

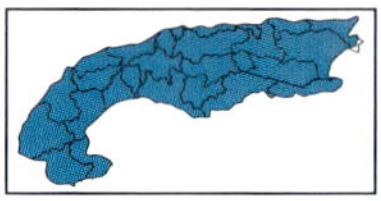

Kleine, 5–25 cm hohe Pflanze; Stängel kantig, hellgrün; Blätter 3–7, am Stängelgrund gehäuft, 2,5–10 cm lang und 1,5–7 cm breit, eilanzettlich, spitz; Blütenstand zylindrisch, mit 5–25 Blüten; Perigon grün, gelbgrün oder braunrot, Lippe zungenförmig, hängend bis leicht zurückgeschlagen, zur Spitze hin verbreitert, 3-lappig, Mittellappen deutlich kürzer, Sporn sackartig. Blütezeit V–VIII.

VERWECHSLUNG: Möglich mit dem Zwergständel, *Chamorchis alpina*, welcher aber grasartig schmale Blätter und keinen Sporn hat.

LEBENSRAUM: Bodensaure Magerrasen, Weiden und Magerwiesen, Zwergstrauchheiden, Waldlichtungen, lichte Nadelwälder. Bis 2800 m NN.

VERBREITUNG: Eurosibirisch-nordamerikanische Art von Südspanien und Island bis Sibirien und Nordamerika.

ANMERKUNG: Der deutsche Name „Hohlzungen-Fingerwurz“ ist neueren Datums und wurde erst mit der Eingliederung der Gattung *Coeloglossum* in *Dactylorhiza* notwendig. Durch diese Benennung wird auch dem botanischen Laien schnell klar, dass die ehemalige „Hohlzunge“ nun zur Gattung der Fingerwurze gehört.

1

2A

2B

3

4A

4B

1 | Rot-Ständelwurz
Epipactis atrorubens – Orchidaceae

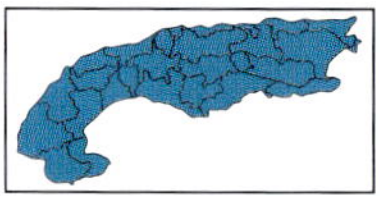

15–60 cm hoch; Stängel oben dicht flaumig behaart und meist purpurn überlaufen; 5–11 Blätter, diese schmal- bis breit-eiförmig, 4–8 cm lang und 1–4 cm breit, zugespitzt; Blütenstand mit 10–40 Blüten, diese stark nach Vanille duftend; Perigonblätter purpurrot, 5–8 mm lang; Lippe 5–6 mm lang, Lippenvorderglied mit 2 seitlichen runzeligen Wülsten, am Rande gekerbt; Fruchtknoten behaart. Blütezeit VI–VII.

VERWECHSLUNG: Mit rötlich blühenden Formen der Grün-St., *E. helleborine*, doch fehlen dieser die runzeligen Wülste an der Lippe. Ihr Fruchtknoten ist kahl.

LEBENSRAUM: Kiefernwälder, Magerrasen, Kalkschutthalden, Straßenböschungen, lichte Laubwälder, Felswände; auf Kalkböden warmer Lagen. Bis 2400 m NN.

VERBREITUNG: Eurasiatische Art von Spanien und Schottland bis Sibirien und zum Kaukasus.

ANMERKUNG: *E. atrorubens* variiert in der Blütenfarbe stark. So kann man immer wieder Pflanzen mit gelbgrünen, zweifarbig gelb-roten, blass orangebraunen Blüten und mehr finden. Diese Farbabweichungen können in jeder Population auftreten und sind taxonomisch wertlos – für die Freude des Betrachters aber höchst wertvoll. Triploide Pflanzen, mit einer Chromosomenzahl von 2n = 60 (statt der bei *E. atrorubens* üblichen 2n = 40) zeichnen sich durch die auffallende Größe und spätere Blütezeit aus.

2 | Grün-Ständelwurz
Epipactis helleborine – Orchidaceae

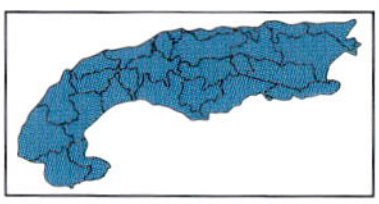

25–80 cm hoch; Stängel unten kahl, oben kurz weißlich flaumhaarig; 4–12 Blätter, diese sind stark geadert, eiförmig bis lanzettlich, abstehend, 6–17 cm lang, nach oben kleiner werdend; Blütenstiel am Grund purpurn; Perigon grünlich, oft purpurn überlaufen; Lippenvorderglied am Grund mit 2 glatten bis gefurchten Höckern, Spitze zurückgekrümmt. Fruchtknoten kahl. Blütezeit VI–VIII.

VERWECHSLUNG: Im Alpenraum treten zumindest 11 weitere, schwer unterscheidbare Sippen aus der *Epipactis helleborine*-Gruppe auf, zu deren Bestimmung Spezialliteratur notwendig ist.

LEBENSRAUM: Wälder, Gebüsche, Wegränder, Kalkschutt, auch Wiesen. Bis 2300 m NN.

VERBREITUNG: Eurasiatische Art von Spanien und Schottland über Skandinavien bis Sibirien und zum Himalaja.

3 | Sumpf-Ständelwurz
Epipactis palustris – Orchidaceae

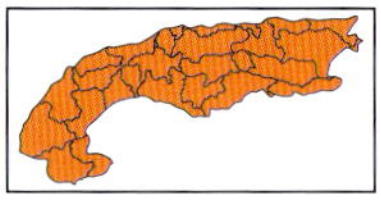

20–60 cm hoch; mit 4–8 länglich-lanzettlichen Blättern, diese 7–18 cm lang und 1,5–4 cm breit; Blütenstand lockerblütig, 5–15 cm lang mit 6–20 Blüten; Perigon weiß, mit purpurne Zeichnung; Lippe bis 12 mm lang, mit großem Lippenvorderglied, dieses rundlich, am Rand gewellt und gekerbt, weiß, am Grunde mit 2 gelben Wülsten. Blütezeit VI–VIII.

VERWECHSLUNG: Keine.

LEBENSRAUM: Kalkreiche Niedermoore und Feuchtwiesen, Seeufer; kalkliebend. Bis 2200 m NN.

VERBREITUNG: Eurasiatische Art von Spanien und Schottland bis Sibirien und zum Iran.

ANMERKUNG: Schon Darwin entdeckte im Jahr 1877 den Gelenk-Mechanismus an der Lippe der Sumpf-Ständelwurz. Kleinere Insekten landen auf der Vorderlippe, welche sich dadurch nach unten biegt. Auf dem Weg zur Nektaraufnahme in die Hinterlippe wird die Vorderlippe wieder entlastet, schnellt zurück und schiebt das Insekt in einer Radialbewegung an der Klebdrüse und den Pollenpaketen vorbei nach oben und hinten in die Blüte.

4 | Widerbart
Epipogium aphyllum – Orchidaceae

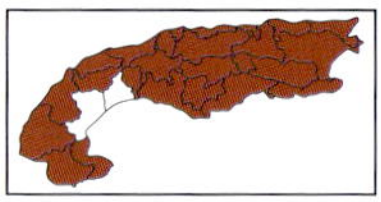

Blasse, fremdartig anmutende Pflanze ohne Blattgrün; Stängel ohne Blätter, 10–25 cm hoch; Blütenstand locker, mit 1–8 hängenden Blüten; Lippe nach oben gerichtet; Blütenhüllblätter schmal, blassgelb bis zartrosa, nach unten gerichtet; Lippe weißlich, mit 4–6 Längsleisten aus rotpurpurnen Papillen. Blütezeit VI–VIII.

VERWECHSLUNG: Keine. Kann von Laien mit dem Fichtenspargel, *Hypopitys monotropa* agg., verwechselt werden, doch hat dieser einen mit Schuppenblättern besetzten Stängel.

LEBENSRAUM: Schattige, frische Edellaubwälder und Fichtenwälder, besonders in montanen Buchenwäldern und Fichtenforsten. Bis 1900 m NN.

VERBREITUNG: Eurosibirische Art von Spanien und Skandinavien bis Kamtschatka und Japan.

ANMERKUNG: Das Verbreitungsgebiet des Widerbarts ist groß. In diesem tritt er aber selten auf und manches Mal, wenn die Bedingungen nicht entsprechen, setzt er jahrelang mit der Blüte aus. In Großbritannien konnte der Widerbart, auch liebevoll Waldgeist genannt, nach 23 Jahren der Verschollenheit 1986 wiederentdeckt werden. 2001 konnte *Epipogium aphyllum* erstmals für Taiwan nachgewiesen werden, 2011 dann auch neu für Kroatien.

1
2
3
4A
4B

1 | Netzblatt
Goodyera repens – Orchidaceae

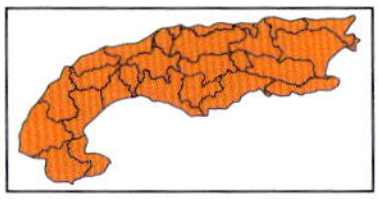

7–25 cm hoch; Blattspreiten herzförmig bis spitz-eiförmig, 1,5–3,5 cm lang und 1–2 cm breit, kurz gestielt, netzartig genervt (als Besonderheit dieser Orchidee, daher auch der deutsche Name Netzblatt), Blütenstand mit 5–15 Blüten, diese einseitswendig bis schwach spiralig angeordnet; Blüten klein, Blütenhüllblätter weiß, (bis auf die Lippe) helmartig zusammenneigend, Kelchblätter außen auffällig drüsig behaart. Blüte VI–VIII.

VERWECHSLUNG: u. U. mit den Drehähre-Arten, *Spiranthes* spec., doch haben diese keine netznervig geaderten Blätter.

LEBENSRAUM: Nadelwälder, besonders in moosreichen Kiefern- und Fichtenwäldern. Als flachwurzelnde Moderhumuspflanze konkurrenzschwach – bevorzugt daher Moospolster, die auf einer Nadelschicht gedeihen. Bis 2150 m NN.

VERBREITUNG: Eurosibirisch-nordamerikanische Art von Portugal und Norwegen bis Japan, Kamtschatka und Nordamerika.

NAME: Benannt zu Ehren des englischen Botanikers John Goodyer (1592–1664), der in Oxford botanisch tätig war.

2 | Mücken-Händelwurz
Gymnadenia conopsea – Orchidaceae

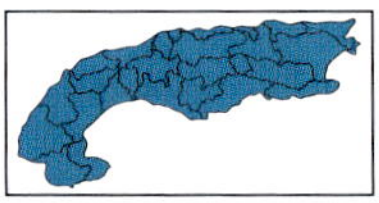

15–80 cm hoch; Blätter 3–10, bis 25 cm lang und 4 cm breit, lineal-lanzettlich, die oberen viel kleiner; Blütenstand 5–30 cm lang mit bis zu 50 Blüten; Perigon hellrosa bis intensiv lilarosa, selten weiß, meist duftend; Lippe 3-lappig, Mittellappen etwas länger als die Seitenlappen; Sporn 1–2 cm lang, viel länger als der Fruchtknoten, dünn, abwärts gebogen, mit sichtbarem Nektar. Blütezeit VI–VIII.

VERWECHSLUNG: Mit der Duft-H., *G. odoratissima*, die aber einen 0,4–0,7 cm langen Sporn hat, der kürzer als der Fruchtknoten ist.

LEBENSRAUM: Magerwiesen verschiedener Art: Halbtrockenrasen, wechselfeuchte Wiesen, Feuchtwiesen, Nieder- und Quellmoore, Kalk-Magerrasen, Bürstlingrasen, alpine Matten; lichte Eichen- und Kiefernwälder. Bis 2800 m NN.

VERBREITUNG: Eurosibirische Art von Portugal und Nordskandinavien bis Japan und Südchina.

3 | Duft-Händelwurz
Gymnadenia odoratissima – Orchidaceae

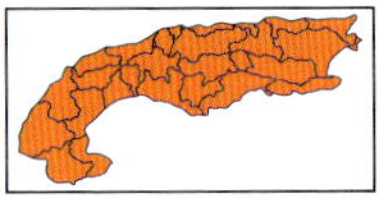

10–30 cm hoch, schlank; 6–10 schmale Blätter, diese am Stängelgrund gehäuft, bis 12 cm lang, bis 0,8 cm breit, grasartig rinnig gefaltet und daher noch schmäler wirkend; Blüten klein, Perigon unterschiedlich gefärbt von weiß und hellgelb bis rosa und purpurn, kräftig nach Vanille duftend; Lippe bis 5 mm lang mit deutlich längerem Mittellappen. Sporn 4–7 mm lang, kürzer als der Fruchtknoten, schwach nach unten gebogen. Blütezeit VI-VIII.

VERWECHSLUNG: Mit der Mücken-H., *G. conopsea.*

LEBENSRAUM: Alpine Matten über Kalk, Magerrasen, lichte Kiefernwälder, Feucht- und Nasswiesen, Flach- und Quellmoore; kalkstet. Bis 2600 m NN.

VERBREITUNG: Europäische Art von Nordostspanien und Südschweden bis in die Karpaten.

4 | Einblatt-Weichständel
Malaxis monophyllos – Orchidaceae

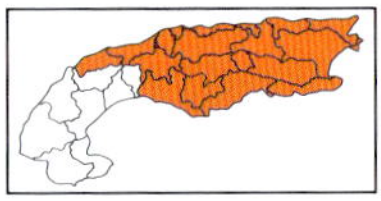

7–30 cm hoch; Stängel dünn, kahl, hellgrün, oben kantig; Blatt meist eins, seltener 2–3, hellgrün, elliptisch-eiförmig, 3–10 cm lang, 1,5–4,5 cm breit; Blütenstand lang zylindrisch, 40–100-blütig; Blüten sehr klein, Perigon hellgrün, mit nach oben gerichteter Lippe; Lippe 1,5–2,5 mm lang, eiförmig mit ausgezogener, dreieckiger Spitze. Blütezeit VI–VII.

VERWECHSLUNG: Mit den anderen grünlich blühenden Orchideen, von denen sich *M. monophyllos* durch nur ein grundständiges Blatt und den langgestreckten, fischgrätenartigen Blütenstand mit den winzigen Blüten unterscheidet.

LEBENSRAUM: Frische, moosige Wälder, kräuterreiche Bergwiesen; Kalk und hohe Luftfeuchtigkeit liebend. Bis 1960 m NN steigend.

VERBREITUNG: Eurosibirische Art von den Alpen und Mittelskandinavien bis Japan und Südchina.

ANMERKUNG: Die Gattung *Malaxis* umfasst 409 Arten, welche über die gesamten Tropen und Subtropen beider Hemisphären verbreitet sind mit einem Verbreitungsschwerpunkt in Südostasien. Nur wenige Arten stoßen in temperierte Klimazonen vor. In den Alpen sind 2 Arten beheimatet: *M. monophyllos* und die noch seltenere und unscheinbarere *M. paludosa.*

1A

1B

3

2

4

1 | Brand-Keuschständel
Neotinea ustulata – Orchidaceae

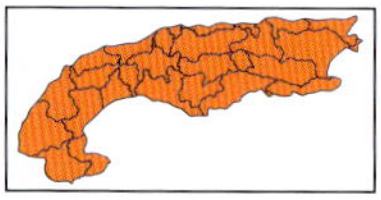

10–50 cm hoch; Blätter 5–9, untere rosettenartig genähert, hellgrün bis bläulichgrün; Blütenstand reichblütig, zuerst kegelförmig, dann zylindrisch; Blüten klein, nach Honig duftend; Blütenhüllblätter (ohne der Lippe) einen halbkugeligen, außen schwarzroten Helm bildend; Lippe 5–8 mm lang, weiß mit purpurnen Punkten, Sporn 1–2 mm lang, zylindrisch, abwärts gerichtet. Blütezeit IV–IX (subsp. *aestivalis*).
VERWECHSLUNG: Keine.
LEBENSRAUM: Halbtrockenrasen, trockene bis wechselfeuchte Magerrasen, Pfeifengraswiesen, Sumpfwiesen, lichte Gebüsche; kalkliebend. Bis 2400 m NN.
VERBREITUNG: Europäisch-westasiatische Art von Spanien und Südskandinavien bis zum Ural und in den Kaukasus.
ANMERKUNG: Tritt in den Alpen in 2 Unterarten auf, wobei die Nominatform subsp. *ustulata* von IV–VI blüht und 10–25 cm hoch ist und die subsp. *aestivalis* von VII–IX blüht und 25–50 cm hoch ist.
NAME: Der Gattungsname ehrt den italienischen Botaniker Vincenzo Tineo (1791–1856), der in Palermo als Professor tätig war.

2 | Herz-Zweiblatt
Neottia cordata – Orchidaceae
(Syn.: *Listera cordata*)

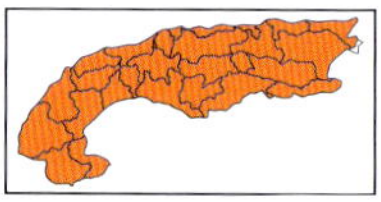

5–20 cm hoch, unscheinbar; Stängel dünn, Blätter 2, klein, herzförmig bis dreieckig, gegenständig, 1–3 cm lang und breit, oberseits glänzend; Blütenstand 5–15-blütig; Perigon von grüner Grundfarbe, oft kräftig braunrot überlaufen; Früchte meist schon reif, während die Blüten noch nicht abgewelkt sind. Blütezeit VI–VIII.
VERWECHSLUNG: Keine.
LEBENSRAUM: Feuchte, moosige, bodensaure Nadelwälder, Latschengebüsche, Schneeheide-Kiefernwälder, moosige Baumstrünke, tundrenartige Zwergstrauchheiden. Gerne in Gesellschaft von Wald-Sauerklee *(Oxalis acetosella)* und Heidelbeere *(Vaccinium myrtillus)*. Bis 2300 m NN.
VERBREITUNG: Eurosibirisch-nordamerikanische Art.
ANMERKUNG: Die Variabilität des Herz-Zweiblatts ist gering. Sie beschränkt sich auf das Vorhandensein von 3 oder 4 Stängelblättern und auf Blüten, denen der Purpuranteil fehlt.
ALLGEMEIN: *Neottia* (inkl. *Listera*) besteht aus 40 Arten, von denen 3 in den Alpen beheimatet sind. Mannigfaltigkeitszentrum der Gattung ist Ostasien. Aus dem Himalaja-Gebiet sind 17 Arten bekannt. Die Artenzahl der Gattung wird steigen, da in den letzten Jahrzehnten weitere ostasiatische Sippen beschrieben wurden.

3 | Vogel-Nestwurz
Neottia nidus-avis – Orchidaceae

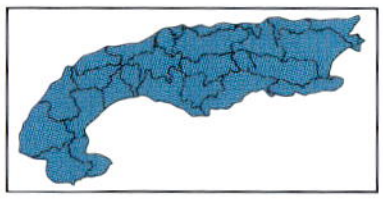

10–40 cm hoch, fast ganz ohne Blattgrün, braun, ohne Laubblätter; Stängel dick und kräftig, gerillt, kahl, mit wenigen scheidenförmigen Schuppenblättern; Blütenstand reichblütig, Blütenhüllblätter braun, zu einem lockeren Helm zusammenneigend; Lippe am Grund mit einer napfartigen Vertiefung, nektarführend. Blütezeit V–VII.
VERWECHSLUNG: Mit Arten der Gattung Sommerwurz, so etwa mit der Salbei-Sommerwurz, *Orobanche salviae*, die aber behaart ist. Die Arten der Gattung Fichtenspargel, *Hypopitys* spec., haben glockenförmige Kronen und anfangs nickende Blütenstände.
LEBENSRAUM: Schattige, humose, nährstoff- und basenreiche Laub- und Nadelwälder und Saumgesellschaften; vorrangig im Kalk-Buchenwald. Bis 2050 m NN.
VERBREITUNG: Eurosibirische Art von Portugal und Skandinavien bis Südsibirien und in den Iran.
ANMERKUNG: Von den weltweit rund 22.000 Orchideenarten sind bislang rund 200 bekannt, die keine Photosynthese betreiben. Von dieser Gruppe ist in den Alpen die Vogel-Nestwurz am häufigsten.

4 | Groß-Zweiblatt
Neottia ovata – Orchidaceae
(Syn.: *Listera ovata*)

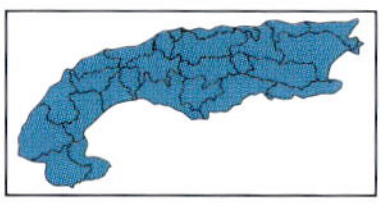

20–60 cm hoch; Stängel grün, oben behaart, am Grunde mit 2–3 braunen Schuppenblättern, darüber 2 Laubblätter, diese breit-oval, deutlich genervt, 4–12 cm lang, 3–8 cm breit; Blütenstand reichblütig, mit 10–60 grünen Blüten; Lippe tief 2-spaltig, in der Mitte mit einer nektarführenden Längsfurche; Sporn fehlt. Blütezeit V–VII.
VERWECHSLUNG: Keine.
LEBENSRAUM: Wiesen, Wälder, Niedermoore, Wegränder, Weiden. Bis 2500 m NN.
VERBREITUNG: Eurasiatische Art von Spanien und Island bis zum Himalaja.
ANMERKUNG: Die Blüten sondern reichlich Nektar ab und werden dadurch von einer Vielzahl an Insekten besucht. Wenn ein Insekt die Rostelldrüse am Narbenrand berührt, löst es eine explosionsartige Reaktion aus. Ein klebriger Tropfen wird ausgeschleudert, der die Pollinien mit dem Kopf des Insekts verbindet.

1A

1B

2A

2B

3

4

1 | Erzherzog-Johann-Kohlröschen
Nigritella archiducis-joannis – Orchidaceae

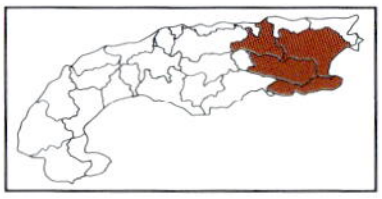

5–20 cm groß; Blätter zahlreich, die unteren am Grunde rosettenartig gehäuft, grasartig lineal, rinnig; Blütenstand halbkugelig bis kugelig; Blütenknospen rosa bis fleischfarben, in der Knospe nicht oder nur wenig dunkler als in der voll entwickelten Blüte; mittleres Kelchblatt und die Kronblätter gerade vorgestreckt und mit der Lippe eine Röhre bildend, die Blüte erscheint daher weitgehend geschlossen. Blütezeit VI–VII.

VERWECHSLUNG: Mit den anderen hellblütigen Kohlröschen-Arten, von denen sie sich durch den eingerollten Vorderabschnitt der Lippe, den der Lippe ± anliegenden Kronblättern und die damit geschlossen wirkenden Blüten unterscheidet.

LEBENSRAUM: Kalkmagerrasen; kalkstet. 1540–2150 m NN.

VERBREITUNG: Ostalpische Art.

NAME: Benannt zu Ehren des Erzherzogs Johann von Österreich (1782–1859), der u. a. begeisterter Bergsteiger und Blumenfreund war.

ANMERKUNG: Die Art galt in den ersten Jahren nach ihrer Beschreibung als Endemit der Steiermark. 1996 konnten sie am Salzburger Gosaukamm im Gebiet des Leckkogels gefunden werden. In den darauf folgenden Jahren gelangen Funde am Kärntner Hochobir und im Triglav-Stock der Julischen Alpen Sloweniens.

2 | Österreich-Kohlröschen
Nigritella austriaca – Orchidaceae

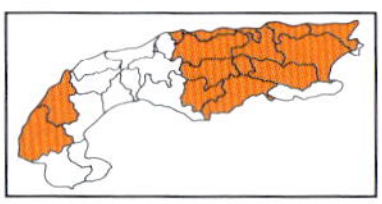

8–20 cm groß; Stängel kantig, hellgrün; Blätter grasartig lineal, an der Basis gehäuft, rinnig; Blütenstand halbkugelig bis kugelig, meist breiter als hoch; Blütenhülle schwarzrot, duftend, aber nicht so angenehm wie *N. rhellicani*; Blütenhüllblätter weit abstehend, Kronblätter etwa halb so breit wie die lanzettlichen Kelchblätter; Lippe zugespitzt dreieckig, weit offen, 6,8–10 mm lang. Blütezeit VI–VII.

VERWECHSLUNG: v. a. mit dem Rhellicanus-K., *N. rhellicani*, (siehe S. 432).

LEBENSRAUM: Kalkmagerrasen. 1080–2400 m NN.

VERBREITUNG: Südwesteuropäisch-montane Art von den Pyrenäen bis zu den Ostalpen.

ANMERKUNG: In den Alpen wird von der in den Ostalpen weit verbreiteten Nominatform subsp. *austriaca* die in den französischen Alpen vorkommende Unterart subsp. *iberica* abgetrennt.

3 | Zweifarben-Kohlröschen
Nigritella bicolor – Orchidaceae

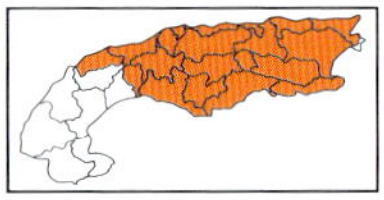

Pflanze 7–25 cm hoch; Blätter grasartig lineal, rinnig, am Grund rosettenartig gehäuft, 5–11 cm lang, Blütenstand groß (im Verhältnis zu den anderen *Nigritella*-Arten); Tragblätter grün mit rötlicher Ränderung bis ganz braunrot; Blütenhülle rosarot, an der Basis aufgehellt; Kelchblätter ausgebreitet, 5,1–7,5 mm lang, 1,5–2,6 mm breit; Kronblätter 4,4–6,4 mm lang und 1–1,5 mm breit; Lippe 6,2–7,6 mm lang und 4–5 mm breit. Blütezeit VI–VII.

VERWECHSLUNG: Mit den anderen hellblütigen Kohlröschen-Arten, insbesondere mit dem Roten K., *N. miniata*, welches aber einen einheitlich roten Blütenstand und 2,6–4,1 mm breite Lippen hat. Eine eindeutige Trennung dieser beiden Sippen ist nicht immer möglich.

LEBENSRAUM: Alpiner Kalkmagerrasen; kalkstet. 1000–2130 m NN.

VERBREITUNG: Südeuropäisch-montane Art der Ostalpen, Dinarischen Gebirge und Karpaten.

ANMERKUNG: *Nigritella bicolor* wurde erst im Jahr 2010 von *N. miniata* abgetrennt. Die Abtrennung dieser neuen Sippe ergab, dass weitaus mehr Funde der früheren Sammelart *N. rubra* zu *N. bicolor* als zu *N. miniata* zu stellen sind.

4 | Westalpen-Kohlröschen
Nigritella corneliana – Orchidaceae

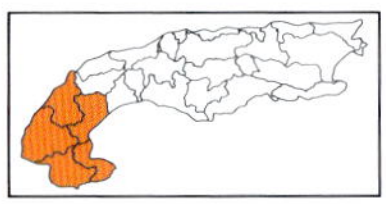

10–30 cm hoch mit kantigem, bis oben beblättertem Stängel; Blätter grasartig, lineal, bis 10 cm lang; Blütenstand dicht, eiförmig-zylindrisch, Blütenhülle hellrosa bis leuchtend rot oder zinnoberrot; Kelchblätter 6–8 mm lang und etwa 2 mm breit; Lippe aufwärts gerichtet, über dem Grund sattelförmig verengt, 7–10 mm lang; Sporn 1 mm lang, stumpf. Blütezeit VII.

VERWECHSLUNG: Mit im gleichen Gebiet vorkommenden roten Farbspielformen des Rhellicanus-K., *N. rhellicani*, welches aber eine 5,5–7 mm lange Lippe hat.

LEBENSRAUM: Kalkmagerrasen. 1900–2500 m NN, vereinzelt auch tiefer wie am Mt. Mounier (1750 m NN), oder höher, wie bei Sestriere (2600 m NN).

VERBREITUNG: Endemit der Südwestalpen von den Seealpen bis zu den Cottischen Alpen.

NAME: Benannt zu Ehren der Genfer Botanikerin Cornelia Rudio, welche die Pflanze Anfang des 20. Jahrhunderts am Col du Lautaret auf 2300 m NN fand.

1A

1B

2

3

4A

4B

1 | Steineralpen-Kohlröschen
Nigritella lithopolitanica – Orchidaceae

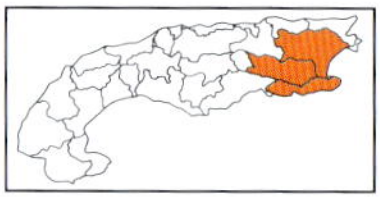

8–22 cm hoch; Laubblätter grasartig lineal, rinnig, die unteren am Grunde rosettenartig gehäuft, die oberen tragblattartig; Blütenstand zuerst halbkugelig bis kugelig, später stumpfkegelig; Blüten weit geöffnet, Blütenhülle hellrosa bis dunkelrosa, die Blütenknospen intensiver gefärbt als die offenen Blüten; bauchiger Basisteil der Lippe etwa 2 mm breit. Blütezeit VI–VII.
VERWECHSLUNG: Besonders mit dem Widder-K., *N. widderi*, bei dem aber der bauchige Basisteil der Lippe etwa 3 mm breit ist.
LEBENSRAUM: Kalkmagerrasen; kalkstet. 1500–2100 m NN.
VERBREITUNG: Ostalpische Art.
ALLGEMEIN: Von den gegenwärtig 16 bekannten *Nigritella*-Arten sind 13 in den Alpen beheimatet mit Verbreitungsschwerpunkt in den Ostalpen.
Von manchen Autoren werden die Kohlröschen innerhalb der Gattung Händelwurz *(Gymnadenia)* geführt, doch rechtfertigt alleine das einheitliche, eigenständige Erscheinungsbild der Kohlröschen eine Abtrennung von dieser Gattung.

2 | Rhellicanus-Kohlröschen
Nigritella rhellicani – Orchidaceae

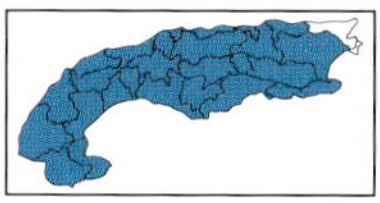

5–20 cm hoch mit kantigem, bis oben beblättertem Stängel; Blätter 10–25, grasartig lineal, rinnig, am Grund rosettenartig gehäuft, Deckblätter schmal-lanzettlich, spitz, etwa so lang wie die Blüten, die untersten zumindest in der vorderen Hälfte mit einem Papillensaum (starke Lupe); Blütenstand mit 20–75 Blüten, zu Blühbeginn kegelförmig, später walzlich bis kugelig, meist höher als breit; Blütenhülle schwarzrot, stark duftend; Lippe 5–7 mm lang; Sporn 1,1–1,5 mm lang. Blütezeit VI–VIII.
VERWECHSLUNG: Mit dem Österreich-K., *N. austriaca*, welches aber einen Blütenstand hat, der meist breiter als hoch ist und Lippen, die 6,8–10 mm lang sind.
In den Westalpen um den Mont Cenis kommt eine groß- und reichblütige *Nigritella*-Sippe namens Mont-Cenis-Kohlröschen, *N. cenisia*, vor. Sie ist in den französischen und italienischen Südwestalpen vom Col du Galibier bis zum Col du Petit Saint Bernard endemisch.
LEBENSRAUM: Alpine und subalpine Rasengesellschaften über kalkreichem und kalkarmem Untergrund. 1050–2800 m NN.
VERBREITUNG: Südeuropäisch-montane Art von den Gebirgen Nordspaniens bis zu den Karpaten und den Gebirgen der Balkanhalbinsel.
NAME: Zu Ehren des Schweizers Johann MÜLLER aus Rellikon am Greifensee, genannt Rhellicanus, benannt, der die Pflanze 1536 als Erster erwähnt.

3 | Steiermark-Kohlröschen
Nigritella stiriaca – Orchidaceae

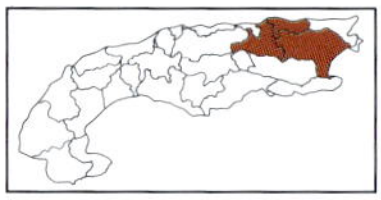

7–20 cm hoch; Blätter grasartig lineal, rinnig, die unteren am Grunde rosettenartig gehäuft, Deckblätter rot gerändert bis rot; Blütenhüllblätter dunkelrosa, zur Spitze hin weiß und daher jede Blüte auffallend 2-farbig; Kelchblätter 6–7,3 mm lang und 1,6–2,8 mm breit; Kronblätter 5,2–6,7 mm lang und 1,3–1,8 mm breit; Lippe 7,8–8,2 mm lang und (ausgebreitet) 5,6–5,8 mm breit, tütenförmig eingerollt. Blütezeit VI–VII.
VERWECHSLUNG: Das Steiermark-K., *N. stiriaca*, lässt sich von den anderen Arten durch die Zweifarbigkeit der Blüten, welche innen rosa und außen weißlich gefärbt sind, gut unterscheiden.
LEBENSRAUM: Kalkmagerrasen; kalkstet. 1250–1900 m NN.
VERBREITUNG: Ostalpische Art.

4 | Widder-Kohlröschen
Nigritella widderi – Orchidaceae

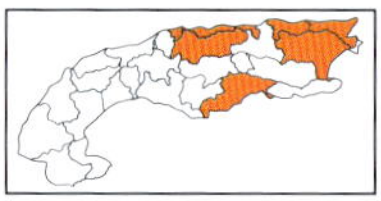

5–17 cm hoch; Blätter grasartig lineal, am Stängelgrund rosettenartig gehäuft; Blütenstand halbkugelig bis eiförmig; Blütenhülle hellrosa, in der Knospe dunkler, die unteren Blüten heller als die oberen, die untersten oft fast weiß; Kelchblätter 6,5–8 mm lang und 2,2–2,5 mm breit; Kronblätter 5,7–6,3 mm lang und 1,5–2 mm breit; Lippe 6,7–8 mm lang und 4,5–5,7 mm breit, am Grunde bauchig erweitert. Blütezeit VI–VII.
VERWECHSLUNG: v. a. mit dem Steineralpen-K., *N. lithopolitanica*.
LEBENSRAUM: Alpiner Kalkmagerrasen. 1400–2050 m NN.
VERBREITUNG: Ostalpisch-apenninische Art der östlichen Kalkalpen und des zentralen Apennins.
NAME: Benannt zu Ehren des steirischen Botanikers Felix Josef WIDDER (1892–1974), der sich schon Mitte des vergangenen Jahrhunderts mit den verschiedenen Kohlröschen-Sippen beschäftigt hat.

1A

1B

2A

2B

3

4

1 | Gardasee-Ragwurz
Ophrys benacensis – Orchidaceae

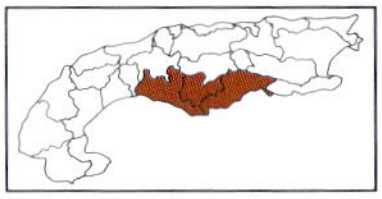

10–30 cm hoch; Stängel hellgrün; Blätter rosettig, lanzettlich, hellgrün bis bläulichgrün; Blütenstand mit 3–6 Blüten; Lippe schwarzpurpurn, mit kurzer brauner Randbehaarung, 13–19 mm lang und breit, Lippenmal groß, glänzend braunviolett, oft hell umrandet; Narbenhöhle etwas breiter als hoch. Blütezeit IV–V.
VERWECHSLUNG: Mit der Drome-R., *O. drumana*, welche aber eine nur 8–13 mm lange Lippe hat, später blüht und auf die Südwestalpen beschränkt ist.
LEBENSRAUM: Magerwiesen, felsige Trockenrasen, Olivenhain-Ränder, aufgelassene Rebhaine. Bis 850 m NN.
VERBREITUNG: Endemit der Südostalpen.

2 | Fliegen-Ragwurz
Ophrys insectifera – Orchidaceae

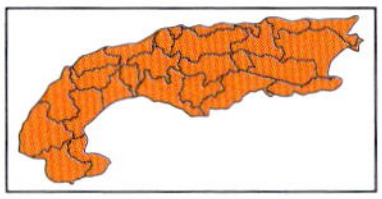

Pflanze 15–40 cm hoch; Stängel hellgrün; Blätter rosettig, lanzettlich, hellgrün bis bläulichgrün; Blütenstand langgestreckt, locker mit 2–10 Blüten; Lippe insektenartig, rotbraun bis schwarzbraun, an der Basis mit 2 schwarzen Schwielen, tief 3-lappig, der Mittellappen tief eingebuchtet, Mal im Lippenzentrum flächig blaugrau; Blütezeit V–VII.
VERWECHSLUNG: Keine.
LEBENSRAUM: Magerrasen, Halbtrockenrasen, lichte Kiefernwälder, Latschengebüsch, verfestigter Bachschutt, Heißländen, Niedermoore; kalkliebend. Bis 2000 m NN.
VERBREITUNG: Europäische Art von Nordspanien und Griechenland bis Schottland und Westrussland.

3 | Manns-Knabenkraut
Orchis mascula – Orchidaceae

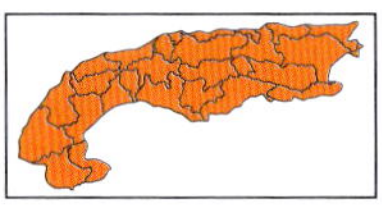

20–60 cm hoch; Stängel oben purpurn überlaufen; Blätter lanzettlich, 4–17 cm lang und 1–3,5 cm breit, ungefleckt, gestrichelt oder gefleckt, Blütenstand mit 8–50 Blüten; Tragblätter purpurn, häutig, Blütenhülle rosa bis purpurn; Lippe 3-lappig, 7–14,5 mm lang und 7,5–18 mm breit, Sporn zylindrisch, stumpf, aufwärts gerichtet. Blütezeit IV–VII.
VERWECHSLUNG: u. U. mit der Klein-Hundswurz, *Anacamptis morio*, die aber eine grün geaderte Blütenhülle hat.
LEBENSRAUM: Magerwiesen, lichte Wälder, Almweiden. Bis 2600 m NN.
VERBREITUNG: Europäische Art von den Kanaren, Marokko und Norwegen inselartig bis zum Ural und in den Nordiran.
ANMERKUNG: Tritt in den Alpen in 2 Unterarten auf, wobei die Nominatform subsp. *mascula* (Bild **3A**) 7–10 mm lange seitliche Kelchblätter hat die subsp. *speciosa* (Bild **3B**) 12–15 mm lange seitliche Kelchblätter.

4 | Bleich-Knabenkraut
Orchis pallens – Orchidaceae

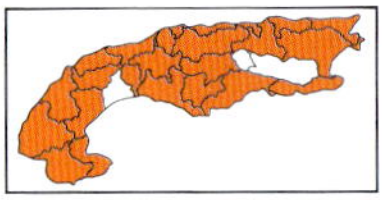

15–40 cm hoch; Stängel kräftig, hellgrün; Blätter 4–6, ungefleckt, glänzend, 6–12 cm lang und 1,5–4 cm breit, Blätter in einer grundständigen Rosette, Blütenhülle hellgelb, holunderartig duftend, Lippe fast flach bis schwach gewölbt, seicht 3-lappig, ohne jede Zeichnung; Sporn zylindrisch, 7–14 mm lang, stumpf, horizontal bis aufwärts gebogen. Blütezeit IV–VI.
VERWECHSLUNG: Mit der gelben Form der Holunder-Fingerwurz, *Dactylorhiza sambucina*. Diese hat aber immer eine purpurne Lippenzeichnung und der Sporn ist abwärts gebogen.
LEBENSRAUM: Lichte Wälder, Bergweiden, Magerrasen; kalkliebend. Bis 1900 m NN.
VERBREITUNG: Südeuropäische Art von Nordspanien bis zum Kaukasus.

5 | Spitzel-Knabenkraut
Orchis spitzelii – Orchidaceae

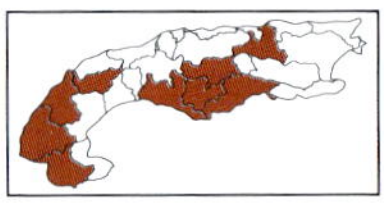

Pflanze 20–35 cm hoch; Stängel hellgrün, oben purpurn überlaufen; Blätter 2–7, grundständig, ungefleckt, glänzend, Blütenstand zylindrisch mit 10–20 Blüten; Blütenhülle olivgrün, purpurn gezeichnet, Lippe 8–15 mm lang und 9–18 mm breit, tief 3-lappig, purpurrosa mit purpurnen Flecken, Sporn kegelförmig, dick, abwärts gebogen. Blütezeit VI–VII.
VERWECHSLUNG: Mit dem Manns-K., *O. mascula*, dem aber das Olivgrün in der Blütenhülle fehlt.
LEBENSRAUM: Weiderasen, Krummholzgebüsch, lichte Bergwälder. 700–2000 m NN.
VERBREITUNG: Mediterrane Art mit inselartiger Verbreitung von Marokko bis zum Iran.
NAME: Benannt zu Ehren des Münchner Forstrates und Pflanzensammlers Anton von Spitzel (1807–1853), der die Art als Reichenhaller Forstmeister erstmals nahe Saalfelden gefunden hat.

1

2

3A

3B

4

5

1 | Weiß-Waldhyazinthe
Platanthera bifolia – Orchidaceae

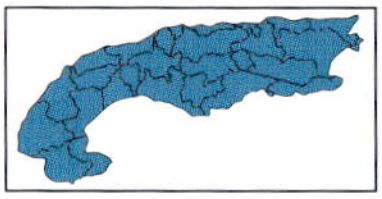

15–50 cm hoch; nahe am Boden 2 Blätter, selten mehr, diese eiförmig bis breit-lanzettlich, 7–20 cm lang, ungefleckt, glänzend; oberhalb am Stängel 3–5 tragblattartige Blättchen; Blütenstand zylindrisch, besonders abends angenehm duftend; Blütenhülle weiß bis schwach grünlichweiß, Lippe zungenförmig, weiß, zur Spitze hin verschmälert und grünlich werdend; Antherenfächer parallel, etwa 1 mm voneinander entfernt; Sporn fadenförmig, nicht verdickt, 15–32 mm lang, abwärts gebogen. Blütezeit V–VII.

VERWECHSLUNG: Mit der Grünlich-W., *P. chlorantha*. Diese hat aber nach unten zu auseinander gespreizte Antherenfächer und einen Sporn, der am Ende flach gedrückt und verbreitert ist.

LEBENSRAUM: Wälder, Magerrasen, Flachmoorwiesen, Hang- und Quellmoore, Zwergstrauchheiden. Bis 2500 m NN.

VERBREITUNG: Eurasiatische Art von Nordspanien und Nordskandinavien bis Sibirien und zum Himalaja.

2 | Grünlich-Waldhyazinthe
Platanthera chlorantha – Orchidaceae

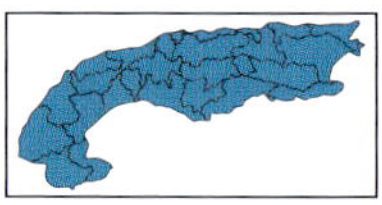

20–50 cm hoch; nahe am Boden 2 große Blätter, diese eiförmig bis breit-lanzettlich, glänzend; oberhalb am Stängel 3–5 tragblattartige Blättchen; Blüten besonders abends angenehm duftend; Blütenhülle grünweiß, Lippe zungenförmig, zur Spitze verschmälert, grünlich; Antherenfächer nach unten zu auseinanderspreizend, oben etwa 2 mm, unten etwa 4 mm voneinander entfernt; Sporn fadenförmig, bis 4,5 cm lang, gegen das Ende zu flachgedrückt und verbreitert. Blütezeit V–VII.

VERWECHSLUNG: Mit der Weiß-W., *P. bifolia*.

LEBENSRAUM: Lichte Kiefern- und Buchenwälder, Magerwiesen, Moore; kalkliebend. Bis 2100 m NN.

VERBREITUNG: Europäische Art von Nordspanien und Mittelskandinavien bis zur Ukraine und zum Kaukasus.

ANMERKUNG: Die meisten der früher als Hybriden aus *P. bifolia* und *P. chlorantha* angesehenen Pflanzen werden nach neueren Untersuchungen zu einer eigenen Art namens Müllers Waldhyazinthe, *Platanthera muelleri*, gerechnet.

3 | Weißzüngel
Pseudorchis albida – Orchidaceae

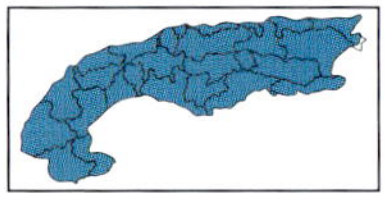

10–30 cm hoch; Blätter 4–8, die unteren 2–8 cm lang und 1–2,5 cm breit, ungefleckt; Blütenstand 2–12 cm lang mit 20–100 Blüten; Blütenhülle klein, weiß, gelblichweiß oder grünlichweiß; Blütenhüllblätter helmartig zusammenneigend; Lippe 3-lappig, Mittellappen stumpf zungenförmig, alle Lappen fast gleich lang oder Mittellappen vorgezogen; Sporn 2–3 mm lang, abwärts gerichtet. Blütezeit VI–VII.

VERWECHSLUNG: Mit der Einknolle, *Herminium monorchis*. Diese hat aber nur 2 Blätter, ihre Blüten duften nach Honig. Die Kelch-Simsenlilie, *Tofieldia calyculata*, hat grasartig schmale Blätter.

LEBENSRAUM: Magerrasen, Weiden, lockere Zwergstrauchbestände, Moore, Polsterseggenrasen. 600–2500 m NN.

VERBREITUNG: Eurasiatische Art von Spanien und Skandinavien bis Kamtschatka.

ANMERKUNG: Tritt in den Alpen in der kalkmeidenden Unterart *albida* mit 30–100-blütigem Blütenstand und der kalkliebenden Unterart *tricuspis* mit 20–30-blütigem Blütenstand auf.

4 | Kugelständel
Traunsteinera globosa – Orchidaceae

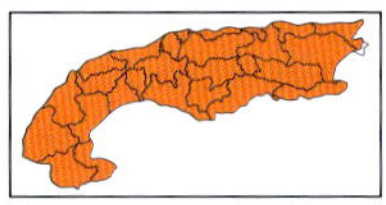

30–60 cm hoch, schlank; Stängel und Blätter grün bis blaugrün, kahl; Blätter 4–6, am Stängel verteilt, länglich-lanzettlich, 5,5–13 cm lang und 1–3 cm breit; Blütenstand dicht- und reichblütig, beim Aufblühen pyramidenförmig, später kugelförmig; Blütenhüllblätter rosa; Lippe rosa, purpurn gepunktet, tief 3-lappig, Sporn dünn, 2,5–3 mm lang, abwärts gebogen. Blütezeit VI–VII.

VERWECHSLUNG: Mit dem Dreizahn-Keuschständel, *Neotinea tridentata*. Dieser ist aber nur 10–30 cm hoch, hat einen 5–10 mm langen Sporn und blüht von Ende April bis Anfang Juni.

LEBENSRAUM: Frische Magerrasen, kalkreiche Bergwiesen, artenreiche Bergmähder, zwischen lockeren Latschenbeständen; kalkliebend. 300–2600 m NN.

VERBREITUNG: Südeuropäisch-montane Art der Gebirge von Nordostspanien bis zur Krim.

NAME: Geehrt wird mit dem Gattungsnamen der österreichische Apotheker Joseph Traunsteiner (1798–1850) aus Kitzbühel, der sich um die Flora Tirols und Vorarlbergs verdient gemacht hat.

1A
1B
2
3A
3B
4

1 | Borstgras, Bürstling
Nardus stricta – Poaceae

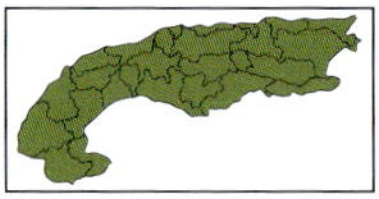

10–30 cm hoch, dichte Horste bildend; Blattspreiten borstlich, steif, graugrün; Blütenstand eine 3–10 cm lange, sehr schlanke, einseitswendige Ähre; Ährchen einblütig, 7–15 mm lang, purpurn. Blütezeit V–VII.

VERWECHSLUNG: Kaum.

LEBENSRAUM: Bodensaure Magerrasen und Weiden, Charakterart des Bürstlingrasens; kalkmeidend. Bis etwa 2900 m NN.

VERBREITUNG: Eurosibirische Art.

2 | Alpen-Rispe
Poa alpina – Poaceae

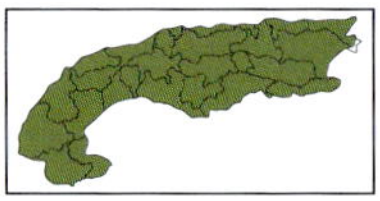

15–40 cm hoch; Stängel am Grund durch Blattscheiden zylindrisch verdickt; Blätter 2–5 mm breit, die oberen mit 2,5–4 mm langem, zerschlitztem Blatthäutchen; Blüten zu Brutknospen umgebildet (pseudovivipar); Rispe ± pyramidenförmig, untere Zweige weit abstehend; Ährchen 5–10-blütig. Blütezeit VI–VIII.

VERWECHSLUNG: Die Kriech-R., *P. cenisia*, hat 3–5-blütige Ährchen und abgerundete obere Blatthäutchen.

LEBENSRAUM: Fettweiden, Lägerfluren, Wiesen, Schuttfluren. Bis 3600 m NN.

VERBREITUNG: Eurosibirisch-nordamerikanische Art.

3 | Rundkopf-Blaugras
Sesleria sphaerocephala – Poaceae

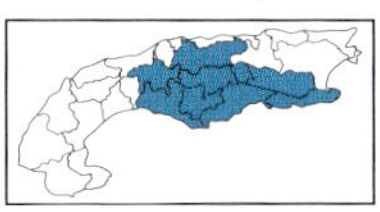

5–20 cm hoch; Blattspreiten borstenförmig gefaltet; Blütenstand kugelig, 0,5–1,3 cm im ∅, gelblichweiß bis graublau; Deckspelzen unbegrannt oder Grannen höchstens 0,5 mm lang. Blütezeit VII–VIII.

VERWECHSLUNG: Das Eikopf-B., *S. ovata*, hat Deckspelzen mit 5 deutlichen Grannen.

LEBENSRAUM: Steinrasen, Felsschutt, Felsspalten; kalkliebend. 1500–2800 m NN.

VERBREITUNG: Endemit der Ostalpen.

NAME: Benannt zu Ehren des italienischen Botanikers und Arztes Lionardo Sesler (†1785), der sich v. a. um die Erforschung der Primelgewächse Verdienste erwarb.

4 | Duft-Weißwurz
Polygonatum odoratum – Ruscaceae

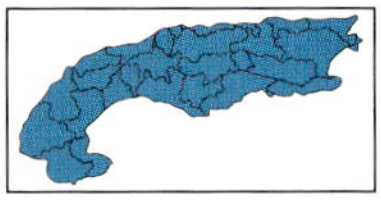

15–50 cm hoch; Stängel scharfkantig, unverzweigt, bis oben hin 2-zeilig beblättert; Blätter blaugrün, eilanzettlich, 2–5 cm breit; Blüten duftend, meist einzeln in den Achseln der Blätter, selten zu 2–3; Staubfäden kahl. Frucht schwarzblau. Blütezeit IV–VI.

VERWECHSLUNG: Die Wald-W., *P. multiflorum*, hat einen stielrunden Stängel und ist duftlos. Ihre Blüten hängen zu 2–5 in den Achseln der Blätter.

LEBENSRAUM: Trockenrasen, Gebüsch, Geröllhalden, lichte Kiefernwälder; kalkliebend. Bis etwa 2000 m NN.

VERBREITUNG: Eurasiatische Art.

ALLGEMEIN: In manchen, v. a. älteren Florenwerken werden die Liliengewächse weiter gefasst und darin auch Familien wie die *Ruscaceae* subsumiert. Der Grund für diese, nach den heute vorliegenden phylogenetischen Befunden kaum vertretbare Zusammenfassung ist hauptsächlich der einheitliche Blütenbau. Die Amaryllisgewächse und die Schwertliliengewächse sind bloß aufgrund des äußerlich auffallenden Merkmals unterständiger Fruchtknoten schon seit langem als eigene Familien bewertet worden. Zahlreiche ältere wie neuere Forschungsergebnisse, besonders über Samenbau, Embryologie, Phytochemie, DNA usw., zeigen, dass die „alten", weit gefassten Liliengewächse sehr verschiedenartige und nicht näher miteinander verwandte Gruppen umfassen.

5 | Quirl-Weißwurz
Polygonatum verticillatum – Ruscaceae

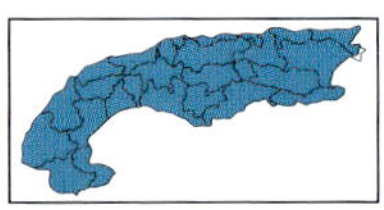

30–100 cm hoch, unverzweigt; Stängel kantig, gleichmäßig quirlig beblättert; Blätter lineal-lanzettlich; Blüten in 2–7-blütigen, achselständigen Trauben, geruchlos; Frucht rot, später oft schwarzblau. Blütezeit V–VII.

VERWECHSLUNG: Keine.

LEBENSRAUM: Wälder, Hochstaudenfluren, Fichtenforste. Bis etwa 2400 m NN.

VERBREITUNG: Eurasiatische Art vom Polarkreis in Norwegen und den Gebirgen der Iberischen Halbinsel über Mitteleuropa bis Kleinasien, den Kaukasus und bis nach Afghanistan.

ANMERKUNG: Weißwurze gehören zu den Hummelblumen. Da der Blüteneingang durch die Narbe und die sie dicht umgebenden Staubbeuteln verschlossen wird, ist der im Blütengrund geborgene Nektar nur für langrüsselige Insekten erreichbar.

1
2
3
4A
4B
5A
5B

1 | Maiglöckchen
Convallaria majalis – Ruscaceae

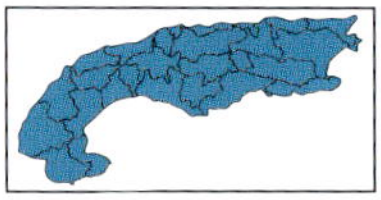

10–25 cm hoch; mit 2 übereinander stehenden, breit-lanzettlichen bis elliptischen, unterseits glänzenden Blättern; Blütenstand einseitswendig, 5–10-blütig; Frucht eine rote Beere. Blütezeit V–VI.

VERWECHSLUNG: Die Blätter des giftigen Maiglöckchens können mit denen des Bär-Lauchs, *Allium ursinum*, verwechselt werden, doch hat dieser u. a. eine glänzende Blattoberseite und den intensiven Knoblauchgeruch.

LEBENSRAUM: Wälder, Bergwiesen, Geröllhalden. Bis etwa 2400 m NN.

VERBREITUNG: Eurasiatische Art.

2 | Schattenblümchen
Maianthemum bifolium – Ruscaceae

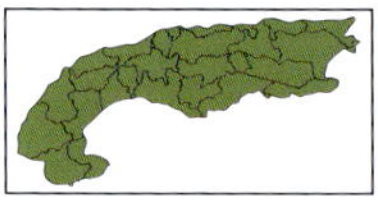

5–15 cm hoch; mit 2 über der Mitte einander genäherten Blättern; Blattspreite herzförmig; nichtblühende Pflanzen mit nur 1 Blatt; Blütenstand 10–15-blütig; Blüten aufrecht; Perigonblätter zurückgeschlagen; Frucht purpurn gesprenkelt. Blütezeit V–VI.

VERWECHSLUNG: Keine.

LEBENSRAUM: Bodensaure Wälder. Bis etwa 2100 m NN.

VERBREITUNG: Eurosibirische Art.

3 | Kelch-Simsenlilie
Tofieldia calyculata – Tofieldiaceae

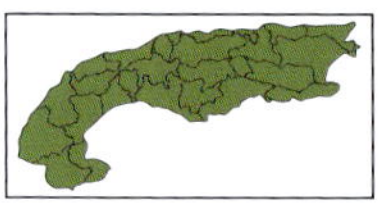

10–30 cm hoch; Blätter 5–10 cm lang, 4–8 mm breit; Blütenstand 2–6 cm lang, 15–40-blütig; Deckblätter ungeteilt; Blütenstiel direkt unterhalb des Perigons mit 3-teiligem Vorblatt; Perigonblätter hell-grünlichgelb. Blütezeit VI–VIII.

VERWECHSLUNG: Mit der Zwerg-S., *T. pusilla*.

LEBENSRAUM: Quellfluren, feuchte Felshänge, Niedermoore, feuchte Wiesen; kalkliebend. Bis etwa 2600 m NN.

VERBREITUNG: Europäische Art.

NAME: Benannt zu Ehren des englischen Botanikers und Wasserbauingenieurs Thomas Tofield (1730–1779), Mitarbeiter der „Flora Anglica".

4 | Zwerg-Simsenlilie
Tofieldia pusilla – Tofieldiaceae

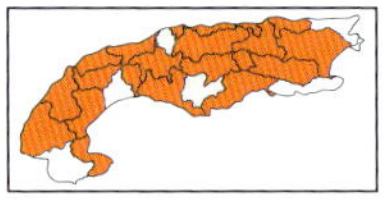

5–10 cm hoch; Blätter 1–5 cm lang; Blütenstand kopfig, 0,5–1,5 cm lang, 5–10-blütig; Deckblätter 3-lappig; Blütenstiel ohne Vorblatt; Perigonblätter weißlich. Blütezeit VII–VIII.

VERWECHSLUNG: Die Kelch-S., *T. calyculata*, hat 5–10 cm lange Blätter, ungeteilte Deckblätter und hellgrünlichgelbe Perigonblätter.

LEBENSRAUM: Quellmoore, Schneetälchen, Felsrasen. 1800–2700 m NN.

VERBREITUNG: Arktisch-alpine Art.

ANMERKUNG: Die lange Zeit unterschiedenen Unterarten subsp. *pusilla* und subsp. *austriaca* sind nicht länger aufrechtzuerhalten, da es sich bei den als „subsp. *austriaca*" betrachteten Populationen um Hybriden mit *T. calyculata* handelt.

5 | Einbeere
Paris quadrifolia – Trilliaceae

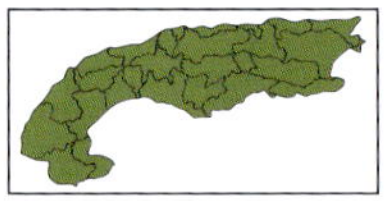

10–30 cm hoch; Stängel unverzweigt, einblütig, oben mit einem Quirl von meist 4, seltener 5–6 zugespitzten Blättern; Blüte grün, mit 8 freien Perigonblättern; Frucht eine schwarzblaue, bereifte Beere. Blütezeit IV–VI.

VERWECHSLUNG: Keine.

LEBENSRAUM: Auwälder, frische Wälder. Bis etwa 1900 m NN.

VERBREITUNG: Eurasiatische Art.

6 | Knotenfuß
Streptopus amplexifolius – Uvulariaceae

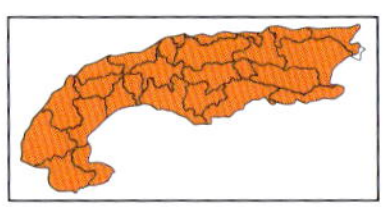

30–100 cm hoch; Stängel hin und her gebogen, oft verzweigt; Blätter eilanzettlich, wechselständig, stängelumfassend; Blüten meist einzeln an auffallend dünnen, geknieten Stielen; Perigon grünlichweiß; Frucht oval, leuchtend rot. Blütezeit VI–VII.

VERWECHSLUNG: Mit den Weißwurz-Arten, *Polygonatum* spec., doch haben diese keine stängelumfassenden Blätter.

LEBENSRAUM: Schluchtwälder, Hochstaudenfluren, feucht-schattige Felshänge. 800–2300 m NN.

VERBREITUNG: Europäisch-nordamerikanische Art.

1
2
3A
3B
4
5
6

Literaturauswahl

Aeschimann D., Lauber K., Moser D. & Theurillat J. (2004): „Flora alpina"; 3 Bände, Haupt-Verlag, Bern

Altrichter S. & R. (2011): „Die schönsten Blütenwanderungen in Südtirol"; Leopold-Stocker-Verlag, Graz

Bettinger A., Buttler K., Caspari S., Klotz J., May R. & Metzing D. (Red.) (2013): „Verbreitungsatlas der Farn- und Blütenpflanzen Deutschlands"; Netzwerk Phytodiversität Deutschlands e. V, Schiffweiler

Denk T. (1999): „Die Flora des Gumpenecks und des Walchengrabens in den Wölzer Tauern (Steiermark)"; Joannea Botanik 1, 1999.

Fischer M., Oswald, K. & Adler W. (2008): „Exkursionsflora für Österreich, Liechtenstein und Südtirol, 3., verbesserte Auflage der Exkursionsflora von Österreich (1994)"; Linz, Biologiezentrum der Oberösterreichischen Landesmuseen.

Fischer M. & G. Schneeweiss (Redaktion) (2001–2017): „Neilreichia" I–VII; Institut für Botanik der Universität, Wien

Fischer R. (2004): „Blütenvielfalt im Pannonicum"; IHW-Verlag, Eching

Fitschen J. (2007): „Gehölzflora – Bestimmen der in Mitteleuropa wildwachsenden und angepflanzten Bäume und Sträucher"; Quelle & Meyer, Wiebelsheim

Foelsche G., Foelsche W., Gerbaud M. & Gerbaud O. (1998): *Nigritella cenisia* Foelsche & Gerbaud, species nova, Nouvelle espèce de Frande et d'Italie. – L'Orchidophile.

Foelsche W. (2007): „*Nigritella stiriaca* – 100 Jahre Steirisches Kohlröschen". – Joannea Botanik 6

Foelsche W. & K. Zernig (2007): „*Nigritella minor* spec. *nova*, ein neues Kohlröschen aus der Steiermark". – Joannea Botanik 6

Genaust H. (1996): „Etymologisches Wörterbuch der botanischen Pflanzennamen"; Birkhäuser, Basel

Golob B. (Schriftleitung) (1999): „Der Hochobir – aus Natur und Geschichte"; Naturwissenschaftlicher Verein für Kärnten, Klagenfurt

Golob B. (Schriftleitung) (2003): „Die Nockberge – ein Naturführer"; Naturwissenschaftlicher Verein für Kärnten, Klagenfurt

Grabherr G. und Polatschek A. (1986): „Lebensräume und Flora Vorarlbergs"; Vorarlberger Landschaftspflegefonds; United Book Group B & Media

Hartl H., Kniely G., Leute G. H., Niklfeld H. und Perko M. (1992): „Verbreitungsatlas der Farn- und Blütenpflanzen Kärntens"; Naturwissenschaftlicher Verein für Kärnten

Hartl H., Peer Th. & Fischer M. (2014): „Nationalpark Hohe Tauern. Pflanzen"; Tyrolia, Innsbruck & Wien

Hegi G. (1906–2017): „Illustrierte Flora von Mitteleuropa"; vielbändig, P. Parey bzw. Blackwell Wissenschafts-Verlag bzw. Weissdorn-Verlag

Hess D. (2001): „Alpenblumen" Erkennen-Verstehen-Schützen; Ulmer-Verlag, Stuttgart

Holzner W. & al. (1986): „Österreichischer Trockenrasenkatalog"; Grüne Reihe des Bundesministeriums für Gesundheit und Umweltschutz, Wien

Holzner W. & al. (2013–2016): „Ökologische Flora von Niederösterreich", Band 1–4; Cadmos-Verlag, Schwarzenbek

Hörandl E., Florineth F. & Hadacek F. (2002): „Weiden in Österreich und angrenzenden Gebieten"; Eigenverlag des Arbeitsbereiches Ingenieurbiologie und Landschaftsbau, Universität für Bodenkultur Wien

Jalas J. & Suominen J. (1972–2014): „Atlas Florae Europaeae"; vielbändig, Botanical Museum Finnish Museum of Natural History

Janchen Erwin (1977): „Flora von Wien, Niederösterreich und Nordburgenland"; Wien

Joss S. (2008): „Blütenwanderungen in der Schweiz"; AT-Verlag, Baden und München

Klein E. & Kerschbaumsteiner H. (1996): „Die Orchideen der Steiermark – Eine Ikonographie und Verbreitungsübersicht" Mitteilungen der Abteilung für Botanik am Landesmuseum Joanneum Nr.23/24

Kohlross H. (2006): „Die Schwarzföhre in Österreich. Ihre außergewöhnliche Bedeutung für Natur, Wirtschaft und Kultur"; Eigenverlag H. Kohlross, Gutenstein

Koò A. J. (1994): „Pflegekonzept für die Naturschutzgebiete des Burgenlandes"

Kretzschmar H., Eccarius W. & Dietrich H. (2007): „Die Orchideengattungen Anacamptis, Orchis, Neotinea" EchinoMedia

Kurtto A., Lampinen R. & Junikka L. (2004): „Atlas Florae Europaea 13"; Helsinki

Langer W. & Sauerbier H. (1997): „Endemische Pflanzen der Alpen"; IHW-Verlag, Eching

Langer W. & Sauerbier H. (2000): „Alpenpflanzen"; IHW-Verlag, Eching

Langer W. & Sauerbier H. (2005): „Alpenpflanzen"; IHW-Verlag, Eching

Lauber K. & Wagner G. (1996): „Flora Helvetica"; Haupt-Verlag, Bern

Lippert W. (1981): „Fotoatlas der Alpenblumen"; Gräfe und Unze-Verlag, München

Lippert W. & Meierott L. (2014): „Kommentierte Artenliste der Farn- und Blütenpflanzen Bayerns; Bayrisch-Botanische Gesellschaft, München

Marzell H. (2000): Nachdruck von 1977: „Wörterbuch der deutschen Pflanzennamen", Band 3

Matz H. & Gepp J. (2008): „Moorreiche Steiermark"; Naturschutzbund Steiermark, Graz

Matzer M. & Siebenhofer W. (2002): „Steiermark – Natur-Erlebnis Österreich"; Styria-Verlag, Graz

Maurer W. (ab 2006): „Flora der Steiermark" Band I, II/1 und II/2 – IHW-Verlag

Naess A. (1987): "Self-Realization: An Ecological Approach to Being in the World." The Trumpeter 4(3): 35–42.

Pacher D. (1881): „Systematische Aufzählung der in Kärnten wildwachsenden Gefäßpflanzen"; Flora von Kärnten, Klagenfurt.

Perko M. L. (2004): „Die Orchideen Kärntens"; Arge Naturschutz, Klagenfurt.

Pils G. (1999): „Die Pflanzenwelt Oberösterreichs" – Ennsthaler

Polatschek A. (2001): „Flora von Nordtirol, Osttirol und Vorarlberg"; Band 1–5 – Tiroler Landesmuseum Ferdinandeum

Rabitsch W. & Essl F. (2009): „Endemiten" Naturwissenschaftlicher Verein für Kärnten, Klagenfurt.

Reimer M. (2011): „Die schönsten Blütenwanderungen in Oberbayern"; Frischluft-Edition

Rey S. & Ch. (2011): „Das Edelweiß"; AT-Verlag, Aarau

Schefczik Johann (1978): „Zur Kenntnis der Pflanzendecke des Gahns-Gebietes" in Mitteilungen des Joanneum

Schönswetter P., Schneeweiss G., Gutermann W., Schratt-Ehrendorfer L., Tribsch A., Frajman B., Köckinger H., Latzin S., Starlinger F., Greimler J., Hülber K., Sinn E. & Niklfeld H. (2011): „Floristische Neufunde aus den Ostalpen" Neilreichia Band 6; Verein zur Erforschung der Flora Österreichs

Schweighofer Wolfgang (2001): „Flora des Bezirkes Melk"

Stimpfl O. (2010): „Blumenwanderungen in Südtirol"; Folio-Verlag, Wien und Bozen

Vitek E & al. (2007): „Die Pflanzenwelt der österreichischen Alpen"

Vöth Walter (1999): „Lebensgeschichte und Bestäuber der Orchideen am Beispiel von Niederösterreich"; Stapfia 65

Wagner Richard & Mecenovic Karl (1973): „Flora von Eisenerz und Umgebung", in Mitteilungen des Landesmuseum Joanneum

Waldburger E. & al. (2003): „Flora des Fürstentums Liechtenstein in Bildern"; Haupt-Verlag, Bern

Wiesmeier M. (2011): „Blütenwanderungen in Oberbayern" AT-Verlag, Aarau

Wittmann H., Siebenbrunner A., Pilsl H., Heiselmayer P. (1987): Verbreitungsatlas der Salzburger Gefäßpflanzen – Sauteria Schriftreihe Band 2

Zernig K. (Schriftleitung), (ab 2009): „Joannea Botanik"; Universalmuseum Joanneum, Graz

Zimmermann A., Kniely G., Melzer H., Maurer W., Höllriegl R. (1989): „Atlas der gefährdeten Farn und Blütenpflanzen der Steiermark" Amt der Steiermärkischen Landesregierung, Graz

Register

Impressum

BILDNACHWEIS

Fotos von A. Axmann S. 207 (5B), S. 235 (1), S. 275 (1B); W. Baier S. 29 (2A), S. 41 (4), S. 59 (1B), S. 67 (5), S. 71 (1), S. 73 (3B), S. 179 (2B), S. 211 (5), S. 289 (3), S. 367 (4); Botanik im Bild/H. Wagner S. 379 (5); F. Dunkel S. 39 (2), S. 57 (4), S. 97 (3), S. 121 (4), S. 133 (4), S. 149 (5), S. 169 (3), S. 219 (2/4), S. 227 (1B), S. 237 (1), S. 303 (2), S. 309 (2), S. 365 (5), S. 391 (1), S. 395 (4); W. Franz S. 261 (1), S. 361 (1); M. Futterknecht S. 51 (4A); O. Gerbaud S. 93 (3), S. 227 (1A); M. Grabler S. 55 (4), S. 121 (3); L. Griebl S. 145 (3); G. Gübitz S. 205 (1B), S. 297 (2); P. Hubert S. 23 (5B) , S. 25 (1), S. 69 (1), S. 91 (3B), S. 155 (1A/3/5), S. 183 (4), S. 185 (1A), S. 201 (2A), S. 225 (1B), S. 233 (4), S. 263 (1), S. 269 (2), S. 293 (2), S. 309 (1A/1B), S. 329 (2B), S. 359 (1A), S. 367 (5A), S. 373 (3), S. 389 (1), S. 401 (2/3), S. 411 (5), S. 415 (4), S. 441 (2); D. Jakely S. 59 (1A), S.101 (3), S. 195 (3B), S. 204 (2B), S. 417 (5A), S. 427 (4), S. 437 (1B); F. Kummert S. 305 (3B), S. 311 (5); W. Kussegg S. 29 (4B), S. 33 (1), S. 51 (6A/6B), S. 87 (1A), S. 135 (1/3A), S. 141 (1A), S. 143 (4A), S. 149 (4), S. 151 (2), S. 157 (2), S. 167 (4), S. 181 (4), S. 183 (3B), S. 191 (4B), S. 193 (1A), S. 205 (1), S. 207 (4), S. 211 (3), S. 223 (3), S. 231 (2), S. 239 (2B), S. 275 (3), S. 315 (3), S. 321 (5), S. 327(1), S. 333 (3), S. 343 (1), S. 351 (3B), S. 363 (5B), S. 367 (2/3B/5B), S. 369 (1), S. 379 (1A), S. 387 (1B), S. 389 (2), S. 393 (3A), S. 399 (5), S. 407 (4), S. 417 (4), S. 425 (3); F. Le Driant S. 39 (5), S. 51 (2), S. 55 (5), S. 213 (4/5), S. 221 (2), S. 349 (4); P. Nachbaur S. 105 (2); B. Ocepek S. 119 (1A), S. 339 (2), S. 393 (3B); A. Pleschberger S.137 (1/4/5), S. 139 (2), S. 223 (1/2), S. 225 (5B), S. 231 (1A/3), S. 235 (3), S. 389 (5), S. 395 (2); H. Salzburger S. 83 (4A); K. Schebesta S. 59 (3), S. 101 (4), S. 419 (2), S. 425 (2), S. 435 (2); H. Schön S. 103 (4), S. 119 (2), S. 185 (2A), S. 199 (2), S. 405 (4/5), S. 425 (1); W.Seiche S. 87 (3), S. 115 (5), S. 413 (1); B. Schubert S. 419 (1), S. 423 (2A), S. 435 (3A), S. 437 (2); U. Tinner/FloraFoto S. 371 (4); F. Tod S. 195 (4); G. Tritthart S. 25 (4/5B), S. 35 (4), S. 37 (5B), S. 39 (1B), S. 47 (5A), S. 51 (1), S. 57 (1/3), S. 61 (5A), S. 63 (2), S. 75 (3), S. 79 (1/6), S. 81 (2C), S. 87 (4), S. 89 (2), S. 91 (3A/3C), S. 99 (1B), S. 101 (2B/5), S. 113 (3), S. 127 (4C), S. 135 (2A/5), S. 141 (1B), S. 143 (2/4B), S. 149 (1A), S 159 (4B), S. 161 (5), S. 169 (1), S. 179 (2), S. 189 (5A), S. 197 (4), S. 205 (4), S. 211 (6), S. 219 (3B), S. 225 (2), S. 229 (4/6), S. 233 (2), S. 235 (4/5/6B), S. 245 (3), S. 249 (5), S. 251 (4), S. 253 (3), S. 255 (1), S. 259 (3B), S. 265 (1/3), S. 285 (4), S. 289 (2/4), S. 293 (1A/1B), S. 299 (4), S. 301 (2), S. 305 (2A/2B), S. 307 (1), S. 309 (3), S. 333 (2), S. 345 (2), S. 349 (5), S. 351 (5), S. 355 (4), S. 359 (5), S. 361 (2A/2B), S. 367 (1), S. 369 (3), S. 377 (2/4), S. 383 (3), S. 385 (5), S. 387 (1A/2), S. 391 (1B/4), S. 393 (4), S. 403 (6A), S. 407 (1/2/5B), S. 409 (1), S. 411 (1A/2/6), S. 413 (2), S. 427 (1B), S. 429 (2A), S. 433 (1A/3), S. 439 (3); J. Weinzettl S. 77 (1), S. 193 (1B), S. 217 (2), S. 243 (2B), S. 255 (5B), S. 267 (1A), S. 387 (4).
Alle weiteren Fotos von Norbert Griebl.

Schwarz-Weiß-Zeichnungen von Wolfgang Lang und Marianne Golte-Bechtle.

Kartenmaterial von KOSMOS Kartografie, Stuttgart

DANK

Mein herzlicher Dank gilt den vielen Helfern für dieses Buch, die durch Fotos, Fundmeldungen oder anderer Information zum Gelingen beigetragen haben: Andreas Axmann, Dr. Wilhelm Baier, Christina Dombrowski, Dr. Franz-Georg Dunkel, Gerlinde Fischer, Prof. Dr. Manfred A. Fischer, Franz Fohringer, Dr. Wilfried Robert Franz, Albert Fröhlich, Dr. Olivier Gerbaud, Markus Grabler, Lilly Griebl, Prof. Dr. Gerald Gübitz, Ulrich Heidtke, Peter Hubert, Dietmar Jakely, Siegfried Kanitsch, Helene und Rudolf Khun, Fritz Kummert, Walter Kussegg, Peter Nachbaur, Bernhard Ocepek†, Armin Pleschberger, Hubert Salzburger, Karl Schebesta, Hans Schön, Fritz Schreiber, Bernhard Schubert, Lucia Schubert, Werner Seiche, Elfriede Stopper, Josef Stoppert†, Franz Tod, Gertrud Tritthart und Josef Weinzettl.

AUTORENPORTRÄT

Norbert Griebl, Jahrgang 1969, ist Gärtner aus Leidenschaft, „Pflanzennarr" seit Kindesbeinen und unermüdlich auf der Suche nach den schönsten Blumen dieser Erde – sei es am heimatlichen Berggipfel rund um Stainz in Österreich oder im patagonischen Feuerland. Diese Liebe zu den Pflanzen spiegelt sich in seinen Büchern, Exkursionen und Vorträgen wider.
Alpenpflanzen faszinieren fast alle Menschen, die die Natur lieben. Das karge, oft lebensfeindliche Umfeld in dem diese Pflanzen vorkommen, gepaart mit den häufig strahlenden Farben, erweckt bei vielen Menschen Interesse und Bewunderung. Norbert Griebl hat auf ungezählten Bergtouren die Pflanzenwelt der Alpen in Fotos festgehalten und möchte mit diesem Buch dem Leser ermöglichen, diese Vielfalt der Alpenpflanzen genau kennen zu lernen und richtig zu bestimmen.

IMPRESSUM

Umschlaggestaltung von BÜRO JORGE SCHMIDT, München, unter Verwendung zweier Fotos von shutterstock © Scisetti Alfio und shutterstock © Marina Lohrbach (beide Arnika, *Arnica montana*) sowie einer Zeichnung von Quagga Illustrations, Berlin, 2018 (Edelweiß *Leontopodium alpinum*).

Mit 1.340 Fotos, 1.040 Verbreitungskarten und 107 Zeichnungen.

Unser gesamtes lieferbares Programm finden Sie unter **kosmos.de**.
Über Neuigkeiten informieren Sie regelmäßig unsere Newsletter, einfach anmelden unter **kosmos.de/newsletter**.

FSC www.fsc.org
MIX
Papier aus verantwortungsvollen Quellen
FSC® C015829

Gedruckt auf chlorfrei gebleichtem Papier

ISBN 978-3-440-17498-2
Projektleitung: Claudia Salata
Redaktion und Lektorat: Susanne Drosihn
Grundlayout: Peter Schmidt Group GmbH, München,
überarbeitet durch Walter Typografie und Grafik GmbH Würzburg
Satz: typopoint GbR, Ostfildern
Produktion: Markus Schärtlein
Druck und Binden: Printer Trento S.R.L, Trento
Printed in Italy / Imprimé en Italie

46

47

48

49

50

51

52

53

54

55

56

57

58

59

60